LES DOUZE MOIS

2872.76. — Boulogne (Seine). — Imprimerie JULES BOYER.

LES DOUZE MOIS

CALENDRIER AGRICOLE.

PAR

VICTOR BORIE

80 GRAVURES

PARIS

LIBRAIRIE AGRICOLE DE LA MAISON RUSTIQUE

26, RUE JACOB, 26

—

1877

©

PRÉFACE

Je mets une préface en tête de mon livre afin de dire à mes lecteurs ce que j'ai voulu faire.

Ils diront, eux, si j'ai tenu ce que j'avais promis.

On publie partout, en Angleterre, en Allemagne, en France, des Calendriers agricoles qui s'appellent des Almanachs, ou des Almanachs qui s'appellent Calendriers.

J'ai voulu faire comme tout le monde, non un Almanach, mais un Calendrier.

Mon Calendrier diffère des autres en ce qu'il est peut-être plus méthodique, à coup sûr, plus simple, et, je crois, plus complet.

Ce qui est, à mon avis, un grand mérite pour le livre, et un mince mérite pour l'auteur.

C'est pourquoi je puis parler à l'aise de mon Calendrier; du reste il est si peu de moi !

Je crois qu'il faut aux praticiens des traités simples, concis, clairs, où l'on dogmatise plutôt qu'on ne discute. Il faut dire aux gens, dans telle circonstance : Faites ceci, faites cela.

Mais, pour pouvoir parler ainsi, m'objecterez-vous, il faut avoir une autorité plus grande que n'est la vôtre.

Si je parlais en mon nom, vous auriez raison.

On ne peut pas être homme des champs et homme de cabinet en même temps. Cela se rencontre, mais c'est rare. Et puis y a-t-il un seul homme qui ait pu acquérir, dans toute sa vie, assez de savoir et d'expérience agricoles pour pouvoir commander aux autres en vertu d'une science personnellement et directement acquise dans la culture du sol?

Nous nous empruntons tous les uns aux autres.

Les praticiens trouvent les méthodes nouvelles, perfectionnent les usages anciens; les savants étudient les phénomènes de la végétation des plantes, du développement des animaux, en recherchent les lois et tirent les conclusions.

Aidés par la science, les praticiens intelligents constituent pour ainsi dire le dogme,

Et les écrivains vulgarisent ce que les autres ont étudié, ce qu'ils ont cherché, ce qu'ils ont trouvé.

Tel est le concours mutuel que se prêtent le savant qui cherche, le cultivateur qui pratique et l'écrivain qui propage ensuite les bonnes choses que d'autres ont trouvées.

C'est ainsi que j'ai fait pour mon *Calendrier agricole*. J'ai emprunté à tous les hommes dont le nom fait autorité dans la matière, cultivateurs ou écrivains, les préceptes utiles, les bonnes méthodes, les sages conseils, que j'ai condensés, résumés dans chaque mois de l'année.

L'agriculture est une industrie à part.

La plupart des autres industries se meuvent selon certaines lois un formes, sont soumises à certaines évolutions dont on peut prévoir facil ment et le commencement et l'issue. Tout le travail du chef d'exploita tion se réduit presque à une question commerciale d'achats de matières premières et à un problème d'économie dans les procédés de fabrication. Dans l'agriculture, c'est bien autre chose : l'imprévu domine, car le succès d'une opération dépend des phénomènes météorologiques les plus inattendus, les plus variables, les moins connus de tous les phénomènes de notre monde.

Il faut donc qu'en même temps que le cultivateur a l'œil à tout il puisse prendre ces déterminations promptes, rapides, qui maîtrisent les éléments contraires et commandent au succès.

Cette faculté d'improvisation ne s'acquiert qu'à la suite d'une étude approfondie et d'une longue pratique.

Un calendrier agricole ne peut prévoir, à coup sûr, ces événements accidentels de la vie des champs, mais il peut fournir à l'homme la force nécessaire pour les dominer.

Les travaux d'une ferme sont variés, compliqués presque à l'infini. Chaque jour, pour ainsi dire, apporte une tâche nouvelle et un labeur nouveau. Les ouvriers peuvent commettre des omissions ou des fautes, le maître doit tout prévoir et ne rien oublier. Le chef d'une exploitation est un général d'armée; chaque soir est la veille d'une bataille qui recommence chaque matin. Il réunit ses hommes, distribue ses ordres et donne des indications précises, des conseils utiles au succès du travail. La fortune de l'exploitation repose sur sa tête; c'est de son coup d'œil expérimenté que dépend souvent le succès d'une moisson compromise.

Il faut à ce chef d'industrie un guide sûr, non pour lui enseigner ce qu'il sait déjà lui-même, mais pour lui rappeler ce qu'il pourrait avoir oublié. Si le calendrier mensuel est un *memento* pour le cultivateur expérimenté, il devient un professeur élémentaire pour le jeune homme qui entre dans la carrière, pour l'ouvrier qui a acquis plus de pratique que de théorie.

C'est à ces divers points de vue qu'est rédigé le livre que je publie.

Il se divise en quatre parties :

La première comprend des *Proverbes et Maximes* agricoles.

La deuxième est composée de *Causeries agricoles*, où je cherche, avec mon lecteur, la solution de certaines questions générales.

La troisième partie est intitulée : *Travaux du mois*, comprenant les travaux des champs, c'est-à-dire les labours, défrichements, cultures, récoltes, charrois, clôtures, entretiens de chemins; les travaux de la ferme, c'est-à-dire le battage au fléau et à la machine, les usines agricoles, les fumiers, la laiterie; les travaux forestiers, les travaux spéciaux, viticulture, sériciculture; les travaux horticoles et aussi les animaux domestiques, bœufs, vaches, moutons, porcs, attelages, poulailler et rucher, traités dans des chapitres spéciaux.

Enfin, la quatrième partie renferme les *Variétés*, éléments d'agriculture, biographies, études spéciales, etc., etc.

Le plan de mon livre n'est point compliqué. J'ai cherché à dire des choses utiles en leur donnant une forme agréable. Si mon travail est bon à quelque chose, l'honneur en reviendra aux maîtres dont j'ai consulté les œuvres précieuses et dont j'ai toujours scrupuleusement cité le nom et aux hommes spéciaux qui ont bien voulu me communiquer les notes inédites dont je me suis servi pour traiter certaines questions agricoles.

Si j'ai quelque chose à revendiquer dans les *Douze Mois* c'est peut-être la forme, c'est-à-dire pas grand'chose.

LES
DOUZE MOIS

JANVIER

Iʳᵉ PARTIE. — PROVERBES ET MAXIMES

Aimes-tu tes enfants,
Cultive bien les champs.

— ∞ —

Le maître dès son réveil
Au ménage est un soleil.

— ∞ —

Serein l'hiver, pluie en été,
Ne sont pas grande pauvreté.

— ∞ —

Sous l'eau la faim,
Sous la neige le pain.

— ∞ —

Le mauvais an
Entre en nageant.

— ∞ —

Quand est sec le mois de janvier
Ne doit se plaindre le fermier.

— ∞ —

Janvier d'eau chiche
Fait le paysan riche.

— ∞ —

De saint Paul (25 janvier) la claire journée
Nous dénote une bonne année;
S'il fait vent, nous aurons la guerre;
S'il neige ou pleut, cherté sur terre.

— ∞ —

Si le bœuf a rempli ta grange,
C'est aussi le bœuf qui la mange.

— ∞ —

On doit ses premiers soins aux vergers, aux forêts;
Plantez, plantez d'abord, vous bâtirez après.

— ∞ —

Au décours du mois de janvier
La serpe au bois et le levier.

— ∞ —

Pour réussir dans la carrière agricole, il faut, avant tout, cette loyauté, cette probité qui commandent l'estime, la confiance et le crédit; il faut cette rectitude de jugement qui permet de distinguer le bon du mauvais, cet esprit d'ordre et de conduite qui équivaut à un capital, cette activité d'intelligence et de corps qui multiplie la force dont on peut disposer, et cette puissance de volonté et de persévérance, sans laquelle on ne peut attendre des résultats longs à se produire; il faut aussi cette fermeté, cette aménité et ce tact sans lesquels il n'est pas possible de conduire les hommes.   (A. Bella.)

— ∞ —

Le labourage et le pastourage, voilà les deux mamelles dont la France est alimentée, les vraies mines et trésors du Pérou.   (Sully.)

— ∞ —

L'agriculture fait la fixité et la moralité des populations qui s'y livrent. Il n'y a pas de code de législation ou de morale, excepté la religion, qui contienne autant de moralisation qu'un champ qu'on possède ou qu'on cultive.   (Lamartine.)

— ∞ —

Changeons l'épée en soc de charrue.
(P. Enfantin.)

— ∞ —

Le législateur doit songer à fixer dans les champs le plus grand nombre possible de citoyens; car, à égalité de revenus, le pauvre y jouira de plus de santé et de plus de bonheur que dans les villes.
(De Sismondi.)

— ∞ —

L'agriculture est un progrès chaque fois qu'elle parvient à obtenir plus d'utilité pour les mêmes frais, ou la même utilité pour de moindres frais.
(J. B. Say)

— ∞ —

> Il n'y a pas de bonne culture avec une mauvaise administration, ni de bonne administration avec une mauvaise comptabilité. (ROYER.)
>
> —∞—
>
> Il faut surtout que les propriétaires s'accoutument à voir leurs fermiers faire des profits, et à n'exiger, sous forme de rachat, qu'une portion de ce profit;

> sans cela, le fermier n'aurait aucun intérêt à l'effectuer. (Mathieu de DOMBASLE.)
>
> —∞—
>
> Celui qui cultive le mieux la terre est aussi celui qui la défend le mieux. Les bons laboureurs sont encore les meilleurs soldats.
> (DUPIN aîné.)

IIᵐᵉ PARTIE. — TRAVAUX DU MOIS

CHAPITRE PREMIER

Causeries

§ Iᵉʳ — L'HOMME ET LA TERRE.

Tant vaut l'homme, tant vaut la terre.

C'est le bon cultivateur qui fait la bonne récolte ; une terre bien soignée rapporte beaucoup, une terre mal cultivée rapporte peu. Ces principes sont élémentaires, et pourtant on ne saurait les répéter trop souvent.

Tout le progrès agricole est là.

La prospérité d'une ferme dépend entièrement de l'activité, de l'intelligence, de l'expérience et de la science du fermier. Je ne crains pas de dire « la science, » parce que l'agriculture est réellement une science, malgré que la plupart de nos concitoyens en fassent une chose sans nom, sans but et sans règle, abandonnée aux hasards d'une direction routinière.

On nous dit souvent : « Je connais des paysans illettrés, ignorants de tout, excepté de l'art qu'ils ont appris de leurs pères, qui pourtant passent, dans leurs pays, pour d'habiles cultivateurs. » Il existe de ces hommes exceptionnels, en effet, qui devinent une partie de ce qu'ils n'ont pas appris. Ces esprits pénétrants sortent bien vite de la foule en accomplissant, en pure perte, de véritables prodiges ; que serait-ce si on leur eût enseigné à lire et s'ils avaient lu ?

Je me rappelle l'histoire d'un homme d'un grand esprit qui croyait avoir trouvé le moyen de fondre, d'un seul jet, des lettres d'imprimerie. C'eût été une véritable fortune. Il dépensa une année à faire construire sa machine sans vouloir demander l'assistance d'aucun ingénieur. Pour faire mouvoir les organes de son mécanisme, il avait dû faire fabriquer plusieurs engins secondaires. Un jour, un ingénieur vint le voir et s'arrêta stupéfait. Avant d'en arriver à son procédé proprement dit, notre savant avait passé une année et dépensé un véritable effort de génie à *inventer* trois ou quatre mécanismes inventés et perfectionnés par d'autres depuis vingt ans.

Les agriculteurs illettrés en sont là ; ils inventent des procédés de culture que le dernier élève de nos écoles régionales serait honteux d'ignorer.

Il faut apprendre l'agriculture comme on apprend toutes les industries. Le blé ne pousse pas tout seul ; c'est triste à dire, mais c'est comme ça. On fabrique, dans le monde des charrues qui valent mieux que l'araire de Triptolème et de Cincinnatus. C'est une erreur de croire que la terre ait besoin de se reposer. Pour avoir du blé, il faut du fumier ; pour avoir du fumier, il faut élever du bétail ; pour élever du bétail, il faut avoir de quoi le nourrir ; et pour nourrir le bétail, il faut faire du fourrage. C'est une chaîne sans fin ; un cercle fécond qui fait engendrer la richesse par la richesse elle-même.

Mais il ne suffit pas de reconnaître la vérité de ces principes élémentaires pour faire de la bonne culture. L'industrie agricole est peut-être la plus difficile de toutes les industries, et c'est sans doute pour cela que c'est celle que l'on étudie le moins. Tout le monde se croit apte à cultiver spontanément la terre, comme tout le monde se croit apte à trancher, au coin de son feu, les questions les plus ardues de la politique du jour. Il faut étudier l'agriculture, si vous ne l'avez pas apprise, comme vous étudieriez l'imprimerie si vous vouliez vous faire imprimeur, comme vous étudieriez la fabrication de la bière si vous vouliez vous faire brasseur.

La plupart des autres industries sont soumises à des lois invariables, à des mouvements uniformes, à des évolutions régulières qu'un esprit rompu aux affaires, possédant des connaissances spéciales, peut parfaitement étudier, apprendre ou prévoir. Il y a peu de vicissitudes dans le tissage des draps ou dans l'impression des toiles peintes; tout s'y réduit à peu près à une question commerciale d'achat de matières premières et à un problème de procédés économiques de fabrication. En agriculture c'est autre chose; l'imprévu domine, car tout dépend des phénomènes météorologiques, les plus inconstants, les plus inattendus et les moins observés de tous les phénomènes de la physique.

L'agriculteur doit être toujours prêt à faire face à toutes les nécessités; il doit prévoir les besoins de l'avenir et aviser, en même temps, aux choses du présent. « Il est à la fois producteur et commerçant, dit un excellent agronome. M. E. Lecouteux; au premier titre, il doit posséder la *pratique de détails*, c'est-à-dire celle qui, au besoin, saurait mettre la main à l'œuvre, puis la *pratique d'ensemble*, c'est-à-dire celle qui, du premier coup d'œil, saisit tous les rapports des diverses opérations entre elles, et sait maintenir l'harmonie générale des services. Au second titre, le cultivateur doit être initié à la pratique des affaires, à la *pratique commerciale*. »

Toutes ces qualités qu'exige la direction d'une ferme, on les acquiert en partie par la pratique du travail, en partie par l'étude de la science. La pratique, c'est la vie de chaque jour; la science, on la trouve dans les livres. Mais on n'a pas tous les jours sous la main ce guide précieux où les agronomes ont déposé le fruit de leurs études et de leurs méditations, où les agriculteurs praticiens ont déposé le fruit de leur expérience.

Les soins qu'exige la direction d'une ferme sont infinis; les travaux qu'elle nécessite sont si variés, que le meilleur esprit peut faillir à un moment donné; songera-t-on, à l'heure dite, à toutes les mesures qu'il faut prendre, à tous les travaux qui doivent être commandés?

C'est pour rappeler sans cesse au cultivateur son devoir de chaque jour, de chaque heure, de chaque instant, qu'on a fait les *calendriers agricoles*. C'est dans le même but que je publie celui-ci.

Non pas que j'aie la prétention d'avoir tout prévu. Quel est celui qui peut se vanter, en ce monde, de tout prévoir? Mais, en indiquant une bonne partie des choses à faire, j'appelle naturellement l'esprit sur les choses oubliées. Les conseils que je donne ne sont pas toujours de moi. Si on trouve quelque mérite dans ce travail, l'honneur en revient aux maîtres de la science, agronomes ou praticiens, à qui j'ai emprunté des préceptes et des conseils.

La science agricole n'est pas œuvre d'imagination dont la trace tout individuelle puisse être remarquée; c'est un édifice commun auquel chacun apporte, l'un un grain de sable, l'autre un bloc de granit. Mais, comme souvent les choses empruntent une valeur particulière à la bouche qui les a énoncées, je me suis fait un devoir de ne pas formuler un précepte sans en indiquer la source, rendant à chacun ce qui lui appartient.

Je ne sais si je fais une œuvre utile. L'avenir le dira. Dans tous les cas, si le but est manqué, ce ne sera point faute de soins assidus ni de recherches consciencieuses.

§ II. — LE PROBLÈME AGRICOLE.

Une surface de terre étant donnée, lui faire produire la plus grande somme de denrées consommables.

Voilà le problème que doivent se poser les cultivateurs.

Mais il y a différentes sortes de consommations parce qu'il y a différentes sortes de besoins.

Il faut donc consulter la hiérarchie des besoins pour régler la hiérarchie des consommations, et, par conséquent, celle des produits. Quels sont les premiers besoins de l'homme, les plus urgents, les plus implacables ? C'est la nourriture du corps ; la nourriture de l'esprit vient après. L'homme qui ne mange pas meurt. Il faut donc songer d'abord à nourrir les hommes.

Sous notre climat, l'homme qui est soumis à un labeur assez rude ne trouve pas dans l'usage exclusif du pain ou des farineux une réparation suffisante ; il faut y ajouter de la viande. M. Payen, membre de l'Institut, déclare que la ration normale d'un homme devrait être de 300 grammes environ par jour.

En France, la consommation moyenne de la viande est de 57 grammes ; elle est, en Angleterre, de 224 grammes.

On dit que les Anglais nous précèdent dans la route du progrès agricole ; la distance qui nous sépare d'eux est dans le rapport de ces chiffres 224 à 57.

Les Anglais, plus habiles que nous, ont songé tout de suite à augmenter la production de la viande. Le problème du progrès agricole est tout entier dans ce fait :

Augmentation de la production de la viande.

La viande, c'est l'engrais ; l'engrais, c'est le blé, c'est le fourrage ; le fourrage, c'est le bétail, c'est la viande.

On reconnaît infailliblement à la production du bétail :

L'agriculture du progrès et l'agriculture de la routine :

L'agriculture riche et l'agriculture pauvre.

Beaucoup de bétail, beaucoup de viande, beaucoup d'engrais, beaucoup de fourrages, beaucoup de blé ;

La richesse !

Peu de bétail, peu de viande, peu d'engrais, peu de fourrages, peu de blé ;

La misère !

Comparons l'Angleterre à la France ! Prenons l'ensemble de la production agricole dans les deux pays au point de vue de la production du bétail, et voyons pour combien la viande et le blé entrent dans la production totale de l'agriculture des deux nations :

La production agricole française est évaluée à 5 milliards de francs. La viande entre dans ce chiffre pour 880 millions et le froment pour 600 millions.

Ainsi la viande, en France, ne forme pas le sixième de la production totale, tandis qu'en Angleterre elle en forme le tiers.

Or l'homme qui mange de la viande est plus robuste que celui qui vit de farineux, et il lui faut, en volume, une moindre quantité de nourriture. En poussant au développement de la production de la viande, les agriculteurs anglais ont donc choisi, parmi tous les produits agricoles, le plus substantiel, le plus riche et le plus utile aux consommateurs en même temps qu'aux producteurs, car,

En multipliant l'élève du bétail, on s'enrichit ;

En multipliant la culture du blé, on s'appauvrit.

Voulez-vous la preuve écrasante de la vérité absolue de cette double proposition ? Comparez encore, comparez toujours la France à l'Angleterre :

Trois hectares de terre française nourrissent DEUX Français ;

Trois hectares de terre anglaise nourrissent QUATRE Anglais.

C'est éclatant comme la lumière du soleil.

§ III. — LE PROPRIÉTAIRE ET LE CULTIVATEUR.

Supposons que j'achète une terre et que je l'abandonne sans m'occuper de chercher un fermier ou un colon, cette terre ne portera aucun fruit, et mon capital demeurera improductif.

Mais je serai propriétaire, c'est-à-dire que j'aurai le droit d'user et d'abuser de mon immeuble; le sol m'appartiendra; je serai enfin le seigneur et maître de mes domaines, j'aurai ressuscité au profit de ma petite vanité une ombre d'autorité féodale.

Mais supposons maintenant que j'appelle à moi un cultivateur et que je lui dise : « Voici ma terre, je vous l'afferme; faites-la produire. » Ce fermier apportera avec lui un nouveau capital avec lequel il achètera des matières premières et des instruments, avec lequel il payera ses ouvriers.

Ce fermier sera le cultivateur de la terre; il lui fera porter des fruits : ce sera un véritable industriel. Le capital qu'il aura appliqué à sa culture sera comme le capital appliqué à faire marcher l'usine du mécanicien : ce sera un capital d'exploitation.

Il y a donc deux capitaux en agriculture : le capital-propriété et le capital-exploitation.

Maintenant ces deux capitaux peuvent-ils exiger la même rémunération? Évidemment non.

Quand je fais acquisition d'une propriété de 100,000 fr., je sais que cette propriété ne me rapportera que 2 1/2 pour 100. Or, comme le taux légal est de 5 p. 100, je paye tout simplement 2,500 fr. par an pour acheter la satisfaction, l'honneur et tous les avantages attachés au titre de propriétaire foncier.

Si la terre se vend si cher, c'est-à-dire si un immeuble rapportant 2,500 fr. se vend 100,000 fr. au lieu de 50,000 fr., son prix normal au cours moyen de l'argent, c'est que la terre est très-demandée. L'acheteur paye non pas la valeur de l'immeuble, mais il paye sa propre convenance. Il ne faut donc pas s'en prendre à la terre, si la terre ne rapporte que 2 1/2 pour 100, il faut s'en prendre à ceux qui la payent trop cher.

L'achat d'une propriété n'est pas habituellement une spéculation, c'est bien plutôt une affaire de luxe.

Supposez qu'à un domaine fût encore attaché un titre de marquis, et que ce titre fît vendre le domaine deux ou trois fois sa valeur, est-ce que vous vous en prendriez à la terre du petit revenu qu'elle donnerait au capital?

Il faudrait s'en prendre au vilain qui aurait payé sa *savonnette* trop cher.

Par conséquent, quand on dit que l'agriculture ne rapporte pas au capital un intérêt rémunérateur, on se trompe. On confond la propriété agricole avec l'industrie agricole.

Le capital véritablement engagé dans l'agriculture, c'est le capital d'exploitation; — qu'il appartienne au maître ou au fermier, peu importe. — Ce capital rapporte tout autant à l'industriel agriculteur qu'il rapporterait à l'industriel mécanicien.

La question est de le bien employer.

Nous en avons eu l'année dernière un exemple éclatant.

Le prix d'honneur de Saône-et-Loire a été remporté, en 1858, par M. Berland, qui, après avoir été maître-valet pendant plusieurs années chez M. de Tournon, a appliqué ses épargnes à l'amélioration du domaine. En 1840, M. Berland entre en qualité de fermier, sans capital, grâce au bienveillant appui que lui donne M. de Tournon, et c'est dans les dernières années que les bénéfices, multipliés par l'emploi intelligent du capital épargné par le fermier, grossissent le plus rapidement.

En 1840, M. Berland ne possédait que son intelligence et ses bras. Au 9 juillet 1857, l'inventaire porte l'avoir du fermier de M. de Tournon à 96,000 fr.

Qu'on nous dise maintenant que le capital appliqué à l'agriculture est un capital mal placé !

Si vous voulez devenir propriétaire, seigneur de vos domaines, payez votre gloire.

Mais, si vous voulez *placer* votre argent dans une propriété, cultivez-la vous-même.

Là où le propriétaire se ruine, le cultivateur s'enrichit.

CHAPITRE II

Comptabilité agricole.

Il n'y a pas d'agriculture sérieuse sans comptabilité.

La comptabilité est l'instrument à l'aide duquel on peut se rendre compte de ce qu'on fait. Quel est l'homme qui consentirait à marcher sans savoir où il va? à donner de l'argent à la terre sans savoir ce que cet argent devient? Cependant nous voyons tous les jours des cultivateurs qui ne tiennent aucune espèce de note de l'argent qu'ils donnent ni de l'argent qu'ils reçoivent.

Dès le siècle dernier, les fermiers anglais avaient, en général, une comptabilité très-bien tenue. Ça a été la source de tous leurs succès.

Pour une culture pauvre, basée sur l'assolement triennal, un carnet où sont portées les recettes et les dépenses, peut, à la rigueur, être suffisant; on peut se contenter de ce qu'on appelle une tenue de livres en partie simple. Une double addition et une soustraction lui donnent, à la fin de l'année, le résultat de sa situation.

Mais, si l'exploitation est plus compliquée, si elle se compose de cultures diverses, d'engraissement et d'élève de bestiaux, alors la tenue en partie double devient nécessaire. Il ne s'agit plus de connaître le résultat d'une opération unique, basée sur des cultures uniformes, il faut établir séparément le prix de revient pour chacune des opérations différentes qui constituent l'ensemble de l'exploitation. On peut perdre sur une chose et gagner sur l'autre. Il est donc important de connaître parfaitement l'opération qui a réussi

afin de pouvoir la recommencer dans les mêmes conditions, et l'opération qui a manqué afin de rechercher les causes d'insuccès et de changer les conditions de culture ou d'élevage ou de renoncer au besoin à une branche improductive.

Mais, pour établir une bonne et exacte comptabilité, il est nécessaire d'être bien fixé sur la valeur des éléments qui doivent la composer. Quelques-uns de ces éléments sont d'une nature assez rebelle à l'évaluation exacte. Je renverrai au remarquable travail que contient le tome V du *Cours d'agriculture* de M. le comte de Gasparin, pour établir la valeur numéraire: 1° des produits récoltés destinés à la vente; 2° des produits récoltés destinés à la consommation; 3° des engrais; 4° des cultures; 5° des journées d'attelage; 6° du bétail de vente.

Il est impossible de clore un compte sans avoir réduit toutes ces valeurs hétérogènes en une valeur homogène, la monnaie.

Dans les exploitations industrielles, l'usage assez général est de clore l'inventaire au 31 décembre. En agriculture les opinions sont divisées sur ce point. Mais je crois devoir me rallier à l'usage adopté par l'École impériale de Grignon, qui clôt son inventaire au 30 avril; à cette époque presque toutes les valeurs douteuses sont réalisées et peuvent être appréciées aussi exactement que possible. Les gerbes sont battues, les racines et les fourrages en grande partie consommés; les opérations de la distillerie, de la féculerie, etc., sont closes. Les chiffres peuvent donc offrir une plus grande certitude qu'au 31 décembre.

Nous donnerons donc, dans le Calendrier d'avril, les règles selon lesquelles on doit dresser l'inventaire, et nous poserons les bases d'un mode de comptabilité très-simple, qui nous a semblé en même temps très-satisfaisant.

Nous prendrons conseil, pour ce travail, de M. Monginot, l'un de nos plus habiles professeurs de comptabilité.

CHAPITRE III

Travaux des champs.

A cette époque de l'année, les travaux des champs sont assez limités par les rigueurs de la saison et par la courte durée des jours : c'est une raison pour veiller au temps et profiter des moments favorables qui peuvent s'offrir au cultivateur attentif.

§ Ier. — LABOURS D'HIVER.

Si le sol est débarrassé de la neige et que le temps soit doux et point humide, et sur-tout s'il n'y a pas encore eu de fortes gelées, il faut s'occuper de labourer les terres qui doivent être ensemencées au printemps. Pour les terres fortes, on considère géné-ralement comme très-favorables les labours d'automne, c'est-à-dire ceux qui sont pra-tiqués peu de temps après que ces terres ont été dépouillées de leurs produits. « Mais après ces labours, dit M. L. Thouin, ceux d'hiver, autant qu'ils précèdent la gelée, remplissent à peu près le même but. Cepen-dant, en pratique, on attend assez ordinai-rement la fin de cette saison; de sorte qu'il faut ensuite labourer coup sur coup au

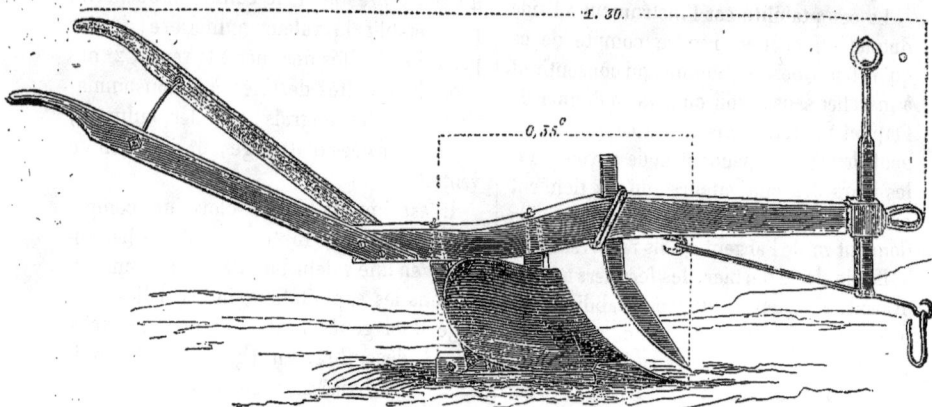

Fig. 1. — Charrue de Bella.

printemps, ce qui n'est jamais, à beaucoup près, aussi profitable. »

Les labours doivent être aussi profonds que possible, selon la quantité d'engrais ou le capital dont on dispose. « J'ai constam-ment vu les cultivateurs pauvres, dit M. Jamet dans les cantons où on écor-che la terre, et ils sont tous riches dans les pays où le terrain est profondément retourné : les labours profonds sont donc une bonne chose. » Cela se conçoit aisé-ment. Lorsque les labours sont légers, l'eau de la pluie séjourne à la surface du sol et baigne constamment la racine des plantes; lorsqu'ils sont profonds, l'eau se répand dans une masse plus considé-rable; elle la maintient dans un état de fraîcheur moins exagéré et se prolongeant pendant les premiers jours du printemps, qui, dans nos climats, sont généralement très-secs. De là est venu cet axiome plein de justesse : « Les labours profonds dessè-chent les terrains mouillés et rafraîchissent les terres sablonneuses. »

Mais ce n'est pas avec l'araire antique, en usage dans les provinces du centre, de l'ouest et du midi de la France, que vous pourrez donner à vos labours la profondeur nécessaire. Cet instrument est bon tout au plus à servir de rayonneur. Il faut une charrue puissante, solide, remuant profon-dément et vigoureusement le sol, tout en donnant le moins de tirage possible. La charrue (fig. 1) de M. Bella, directeur de l'école de Grignon, et celle de M. Bodin, directeur de la ferme-école de Rennes, donneront un spécimen des instruments employés aux labours profonds par l'agriculture progressive. Ces charrues sont établies économiquement, sans que pour cela le bon marché nuise le moins du monde à leur solidité.

Cependant, lorsqu'on n'est pas satisfait des travaux de la charrue profonde, ou plutôt lorsqu'on n'a pas cet instrument à sa disposition, on peut opérer un véritable défoncement en faisant suivre une charrue ordinaire par une seconde charrue qui ouvre un second sillon dans la raie tracée par la première. On va ainsi jusqu'à 45 centimètres de profondeur. Les bons labours ordinaires n'ont pas plus de 20 à 25 centimètres.

§ II. — DÉFRICHEMENTS.

Le meilleur moment pour opérer les défrichements, c'est l'hiver, pendant les mois de décembre, janvier et février. Les défrichements peuvent être de trois sortes : ils ont pour objet, ou des prairies naturelles, ou des prairies artificielles, ou des landes.

A. *Défrichement des landes.*

Lorsqu'il s'agit de défricher une lande dans le terrain de laquelle se trouvent des racines ligneuses, on a recours à une charrue très-puissante, ou bien à des charrues ordinaires renforcées. En Angleterre, on emploie particulièrement une charrue entièrement construite en fer, qui a eu de grands succès au concours de Trappes, où elle a été reconnue la meilleur, c'est-à-dire celle qui faisait le meilleure travail en exigeant le moins de tirage. C'est la charrue Howard. Le double but de ce labourage est de détruire la végétation qui couvre le sol et d'exposer la couche inférieure de ce sol au contact de l'air atmosphérique. M. Trochu, de Belle-Isle, qui a pratiqué, avec un grand succès, des défrichements importants, déclare qu'après bien des recherches est des

tâtonnements il a dû donner la préférence à une charrue tourne-oreille très-forte, construite par lui-même, avec avant-train et garnie de trois coutres successifs. Le grand avantage de cette charrue consistait en ce qu'elle lui permettait d'exécuter le défrichement d'une pièce, quelle que fût son étendue, en ne faisant qu'une seule planche.

On peut aussi utiliser les beaux jours du mois de janvier en pratiquant les travaux nécessaires pour ameublir les labours des défrichements qui ont été faits l'année précédente. Quelques agronomes, et M. Trochu, qui fait autorité dans la matière, est de ce nombre, laissent le sol défriché par un premier labour exposé pendant toute une année aux influences atmosphériques.

L'ameublissement s'opère au moyen des travaux suivants :

1° Un hersage énergique sur la longueur des bandes retournées ; 2° un labour croisé par-dessus le premier, pour couper les bandes en mottes carrées ; 3° un roulage avec le rouleau Crosskill ou tout autre rouleau brise-mottes ; 4° un léger hersage pour séparer les racines des terres auxquelles elles sont attachées ; 5° enfin l'enlèvement au râteau et la mise en tas des racines séparées des terres ; puis la stratification (la mise par couches) des racines avec des couches alternatives de fumiers d'étables et d'écuries pour accélérer leur décomposition.

B. *Défrichement des prairies artificielles.*

Lorsqu'on veut défricher une culture permanente de trèfle, luzerne ou sainfoin, l'araire Dombasle est parfaitement suffisante ; on donne un seul labour de $0^m,15$ à $0^m,20$ de profondeur, afin d'attaquer la plante par sa racine.

C. *Défrichement de prairies naturelles ou de pâturages.*

Ce défrichement s'opère par un labour léger, qui écroûte seulement le sol. Il faut bien retourner les mottes, les racines en l'air ; les pluies, les neiges et les gelées qui surviennent font périr les gazons. On peut donner un hersage après le labour. Si on labourait profondément, le second labour qui doit précéder, au printemps, l'ensemencement du chanvre ou du lin, aurait pour résultat de ramener le gazonnement à la surface du sol.

§ III. — SEMIS ET CULTURES.

C'est pendant le mois de janvier que l'on fume les prés. Les charrettes qui transportent les engrais peuvent impunément pénétrer sur le gazonnement durci par la gelée sans y laisser d'ornières nuisibles. On profite aussi de cette époque pour employer des femmes à l'épierrement des prairies artificielles.

En janvier, on sème les betteraves sous châssis, suivant la méthode Kœchlin. Ce procédé consiste à semer la graine de betterave sur couche et sous châssis vers le 15 janvier, pour repiquer les plants vers le 15 avril à 0^m,50 les uns des autres sur des lignes espacées de 1 mètre. 40 mètres de châssis suffisent pour élever 20,000 plants destinés à planter, 1 hectare produisant, selon M. Kœchlin, 300,000 kilogr.

On sème le trèfle sur la neige, si elle n'est pas très-épaisse ou directement sur la terre. Ces semis sont en usage dans le nord de l'Europe et dans l'Isère.

Par des temps de gelée et de glace, on conduit le fumier dans le champ pour les cultures printanières. On l'enfouit aussitôt après le dégel.

On fume en couverture avec du fumier à demi décomposé les vieilles luzernes pour les rajeunir, et les jeunes, pour activer, au besoin, leur végétation. On peut aussi appliquer cette fumure au trèfle.

Sur les sols non calcaires, on marne les luzernières.

§ IV. — RÉCOLTES

On arrête à la houe, au fur et à mesure des besoins, les tubercules de topinambours. Cette opération dure du 15 décembre au 15 mars.

On coupe, depuis décembre jusqu'en février, l'ajonc marin, et on le pile ou le hache pour le donner au bétail.

Je donne, pages 29 et 30, les détails sur le mode employé en Bretagne pour la préparation de cet ajonc.

On récolte le genêt et la bruyère pour en faire la litière.

Dans le midi, on termine la cueillette des olives.

On recueille le fruit du pin et l'épicéa ainsi que la semence d'aune.

§ V. — CHARROIS.

Pendant que le sol est encore couvert de neige, on laisse les attelages à l'étable ou à l'écurie ; mais, lorsqu'il gèle assez vigoureusement pour rendre les chemins ce qu'on appelle *roulants*, il est bon d'utiliser le travail des bœufs ou des chevaux en les employant aux différents services de la ferme.

On profite de ce beau temps soit pour transporter dans les champs les fumiers qui seront tout prêts à être enfouis par les premiers labours du printemps, soit pour aller chercher les marnes à la carrière et les répandre en petits tas sur toute la surface des terrains que l'on veut marner.

On peut enlever aussi les feuilles qui ont été réunies à l'automne et entassées dans des fosses à l'abri du vent ; on les mélange par couches avec de la terre pour faire les composts qui trouveront plus tard leur emploi.

Si les cours sont favorables, il faut profiter des jours de gelée, où le labourage n'est pas possible, pour conduire le blé au marché. Les routes sont plus faciles et les attelages fatiguent moins.

§ VI. — CLÔTURES.

Comme il n'est pas possible, à cause de la saison, d'entreprendre des travaux suivis

pendant le mois de janvier, on doit utiliser les moments perdus en employant les
ouvriers de la ferme à visiter les clôtures,
les réparer, tondre les haies, curer et
relever les fossés. A ce propos, je recommanderai un système de clôtures que l'on
peut appliquer aux enclos les plus rapprochés de la ferme, aux jardins, aux ver-

gers, lorsque le terrain est précieux et
qu'on ne veut pas le laisser envahir par les
haies ou gaspiller par les fossés. Ce mode
de clôture, que j'ai vu employer avec succès à Belle-Isle, a été imaginé par l'habile
propriétaire de Bruté, M. Trochu. Il est
simple, économique et très-ingénieux,
comme toutes les constructions de la belle

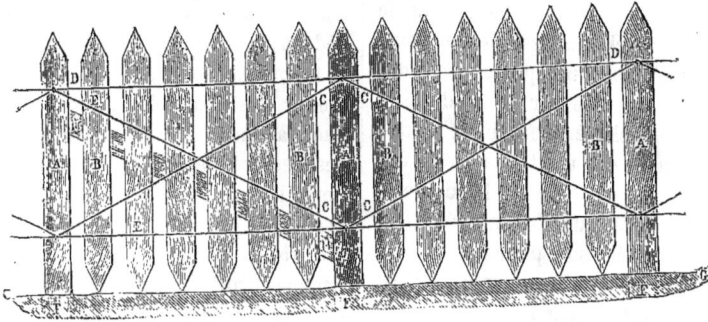

Fig. 2. — Clôtures de Bruté.

ferme de Bruté. On plante, de distance en
distance, des poteaux A (fig. 2) qui sont
fixés solidement en terre. Les lames B forment la clôture ; elles peuvent être débitées

Fig. 3. — Pointe double.
(Grandeur naturelle.)

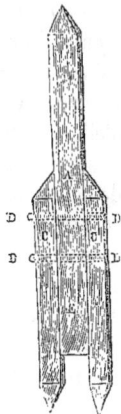

Fig. 4. — Pieu de la clôture
réparé.

à la scie, ou simplement refendues comme
des lattes. Des fils de fer C servent de croisillons sur les lames, les maintiennent à
leur place. Leur numéro de grosseur doit
être moins fort que celui des fils suspen-

seurs D qui sont attachés horizontalement
aux poteaux A par des pointes doubles
(fig. 4) qui servent aussi au clouage des
croisillons. A la base de l'avant-dernier et
à la tête du dernier poteau de soutien
d'une ligne, on fixe solidement l'écharpe H
pour maintenir l'écartement du sommet de
ces poteaux, contre lesquels agissent la
traction des fils suspenseurs horizontaux
D et le poids des lames de bois.

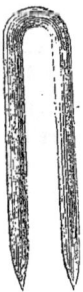

Lorsque la partie du poteau A, enterrée dans le sol, vient à pourrir, on enfonce à coups de masse les jumelles CC
dans la terre, on fixe entre ces jumelles
le poteau A, dont la partie conservée est
soulevée hors de terre, et on lie ensemble
ces trois pièces avec les deux fortes che-
villes en bois D (fig. 4).

Dans les provinces du midi, c'est pendant
le mois de janvier que l'on répare les
murs de terrassement. On sait que les col-
lines sont garnies de terrasses étagées. Sur
chaque plate-forme, on met la vigne au
bord du mur extérieur, puis le blé au centre et l'olivier contre le mur qui supporte
la terrasse supérieure.

Dans l'ouest, on creuse ou on répare les fossés qui servent à la séparation des terres de landes.

§ VII. — CHEMINS D'EXPLOITATION.

Le moment est favorable pour fournir, si cela est possible, les prestations en nature et pour s'occuper de l'entretien des chemins de l'exploitation.

Mathieu de Dombasle fait remarquer avec raison combien il est important, pour le cultivateur, d'améliorer ses voies de communications. Aujourd'hui que le réseau des chemins vicinaux créé par la loi de 1836 est à peu près achevé, l'œuvre est rendue plus facile, mais elle n'est pas moins urgente. « Si un cultivateur, dit M. de Dombasle, calculait ce qu'il lui en coûte pendant toute l'année, soit pour l'augmentation des attelages de ses voitures, soit, ce qui revient au même, par la diminution du poids qu'il peut transporter sur chaque voiture, dans l'état de dégradation ordinaire des chemins d'exploitation, il reconnaîtrait parfaitement qu'il trouverait une immense économie à réparer lui-même ses chemins, quand même il devrait supporter seul une dépense qui devrait profiter à d'autres qu'à lui. Dans beaucoup de cas, avec des chemins passables et dans la belle saison, un seul mauvais pas, produit par une fondrière ou la montée trop rapide d'un pont, force à augmenter les attelages pour tous les transports de fumier ou de récolte, de manière à accroître de vingt-cinq ou de cinquante pour cent la dépense de tous les charrois de l'exploitation. Dans une grande ferme, cet excédant de dépenses se portera peut-être chaque année à 2 ou 3,000 fr.; et, si le cultivateur voulait consacrer tous les mois d'hiver à la réparation de ses chemins les travaux de ses attelages ou de ses valets, pour une valeur d'une couple de cent francs, il arriverait, en peu d'années, à mettre dans le meilleur état au moins les chemins qui lui sont le plus utiles. » L'illustre agronome ajoute qu'on pourrait faire les mêmes observations aux propriétaires. En effet, tout le monde sait combien le bon état des routes augmente la valeur d'une propriété.

En général, ce ne sont pas les matériaux qui manquent pour la réparation des chemins. On peut conduire sur le bord des routes les pierres retirées des champs.

Plus tard, si la *forme* du chemin est bien faite, et si on travaille sur un terrain siliceux, par exemple, il faut choisir pour procéder à l'empierrement un temps assez sec. Si le sol est trop détrempé on s'expose à engloutir des quantités énormes de cailloux dans la boue. Il ne faut pas jeter sur le sol des pierres grosses et petites; au lieu d'améliorer la voie on la rend souvent plus impraticable encore, en la transformant en une route hérissée d'aspérités. On place dans les ornières profondes et dans les endroits marécageux les grosses pierres, que l'on recouvre toujours d'une épaisseur de $0^m.18$ à $0^m.20$ de pierres concassées de la grosseur d'une noix. Ce cailloutage forme une surface solide qu'on appelle Mac-adam et sur laquelle les charrettes roulent avec la plus grande facilité.

Le chemin une fois mis en bon état, il faut l'entretenir pendant toute l'année, c'est-à-dire veiller aux ornières et les combler avec des cailloux concassés aussitôt qu'elles se forment, afin d'empêcher qu'elles ne se creusent et ne rendent, au bout de peu de temps, de plus grands travaux nécessaires. Il faut entretenir les moindres chemins comme on le voit faire aux cantonniers des grandes routes. Deux heures bien employées aujourd'hui vous épargneront un travail de deux jours quelques mois plus tard.

CHAPITRE IV

Travaux de la ferme.

Le mois de janvier est plus spécialement affecté qu'aucun autre aux travaux de la ferme, c'est-à-dire aux travaux d'intérieur. La neige qui couvre le sol ou les froids rigoureux empêchent ordinairement le cultivateur de se livrer aux travaux extérieurs. Il ne faut pourtant pas laisser à l'écurie ou à l'étable les attelages inoccupés. On profitera des loisirs de la mauvaise saison pour battre les gerbes qui auraient été mises en meules ou déposées dans le gerbier depuis la moisson.

§ Ier. — BATTAGE AU FLÉAU ET A LA MACHINE.

Pendant l'hiver, on bat dans l'intérieur des bâtiments. Cette opération a lieu soit au fléau, soit à la machine. Les machines à battre, dont le travail, relativement à la paille, se rapproche le plus du fléau, sont les machines qui battent en travers. Elles laissent la paille intacte et sont généralement fixes; le prix de revient du travail en est un peu plus élevé que celui des machines locomobiles qui battent en long et brisent la paille.

Les batteuses locomobiles sont surtout utilisées pendant la belle saison, lorsqu'on bat en plein air. Nous en reparlerons lorsque le moment de la moisson approchera.

Nous emprunterons à M. Pépin-Lehalleur, rapporteur du jury de l'exposition de 1856, un parallèle fort instructif entre le battage au fléau et le battage au moyen de la machine battant en travers, dont je donne ici un spécimen (fig. 5 et 6) dans les belles machines de M. Cumming, d'Orléans.

« Admettons, dit-il, des gerbes d'un poids moyen de 11 kilogrammes, rendant au battage convenablement fait 34 % de leur poids en grains; l'hectolitre de blé résultera de 225 kilog. environ de ces gerbes; admettons aussi le salaire et les prix suivants : 0f,275 l'heure pour le batteur au fléau, et pour l'engreneur de la machine à battre; 0f,25 pour les manœuvres alimenteurs ou botteleurs; 0f,125 pour la femme déliant es gerbes et les passant à l'engreneur;

enfin, 0f,50 pour chaque collier, la journée de travail étant de dix heures. »

Ces bases établies, le rapporteur recherche le prix de revient de l'hectolitre de blé obtenu par le battage au fléau.

« Dans les meilleures conditions, un homme robuste et expérimenté bat au fléau 46 kilog. de gerbes par heure de travail, dont le quart environ a été absorbé par les opérations successives de délier les gerbes, étaler, retourner, secouer et lier la paille; il lui faudra donc 4 heures 89 pour battre un hectolitre de grain; le prix de l'hectolitre de blé obtenu par le battage sera donc (au minimum) dans les conditions de salaire ci-dessus admises : 0f,275 × 4,89 = 1f,34.

Le prix de revient de l'hectolitre de blé obtenu par le battage de la machine en travers est ensuite établi ainsi qu'il suit par l'honorable rapporteur :

« Les meilleures machines à battre en travers, dans les différentes épreuves effectuées sous nos yeux, ajoute M. Pépin-Lehalleur, ont mis de 12 à 15 minutes pour battre vingt gerbes dans les conditions ci-dessus définies et vanner assez convenablemen' leur grain, non cependant sans qu'il ne fût nécessaire de le passer une seconde fois au tarare, pour le rendre marchand. Nous supposons que cette espèce de machine à battre, pour rendre le travail supportable pour les hommes et les chevaux, ne bat normalement vingt gerbes qu'en vingt minutes, c'est-à-dire soixante gerbes à l'heure, d'un poids de 660 kilogrammes; il en résultera que pour battre 225 kilogrammes, correspondant à l'hectolitre, la machine devra travailler pendant trente-quatre minutes.

« Le personnel nécessaire et suffisant pour alimenter la machine et botteler la paille est de quatre hommes et une femme; un homme pour rapprocher les gerbes, une femme pour les délier, les étendre et les passer à l'engreneur, deux manœuvres pour botteler la paille. Ainsi se trouve réalisé le principe si fécond de la division du travail; le prix de revient de l'hectolitre de blé battu par une machine en travers sera donc de 0^f, 73. »

M. Pépin-Lehalleur établit ainsi qu'il suit le prix de revient :

1° Un engreneur. . . 0^h.34×1×0^f.275 = 0^f.093
2° Trois manœuvres. . 0 .34×3×0 .24 = 0 .255
3° Une femme. . . . 0 .34×1×0 .25 = 0 .042
4° Deux chevaux. . . 0 .34×2×0 .50 = 0 .54
                                    ――――――
                                    0^f.730

Le blé est vanné, mais il a besoin de passer une seconde fois au tarare. Il faut aussi répartir sur le nombre d'hectolitres battus chaque année, pour l'intérêt à 5 p. 0/0, pour l'amortissement du capital et l'entretien de la machine, 15 p. 0/0 des 2,500 fr. que coûte cette machine, soit 75 fr. chaque année.

L'avantage sera toujours au profit du battage à la machine, surtout si on s'arrange pour battre pour soi ou pour ses voisins une quantité assez considérable de grain. Le battage au fléau est généralement condamné, et peu à peu les agriculteurs l'abandonnent. C'est une opération longue, pénible, qui laisse de 5 à 10 p. 0/0 de grain dans la paille et occupe beaucoup de bras au moment où l'agriculture se plaint du manque de travailleurs. Avec le battage au fléau, on ne peut, lorsqu'on est pressé d'argent ou lorsque les cours montent, porter assez vite au marché les quantités de blé nécessaires.

Depuis quelques années, une nouvelle et utile industrie a été créée. Des particuliers, parmi lesquels je citerai M. le marquis de Selve, dans Seine-et-Oise, et des sociétés industrielles, comme le *Crédit départemental* de M. Claudon et Ce, ont entrepris le battage à façon des récoltes. De sorte que le petit cultivateur, qui n'a ni l'argent nécessaire ni l'ouvrage suffisant pour alimenter une grande machine à battre et son moteur à vapeur, peut cependant profiter des avantages que procure le battage des grains sur une grande échelle.

Il ne sera pas inutile, pour la gouverne des cultivateurs, de donner un aperçu des prix pratiqués dans les départements de l'Oise, de l'Eure et du Pas-de-Calais, par la société du Crédit départemental, qui se sert presque exclusivement des machines battant en travers de M. Cumming.

Machines à manéges conservant, secouant la paille et vannant le grain, traitant, dans une journée, 7 à 800 gerbes avec cinq personnes d'équipe, 16 fr. de location par jour.

Machines locomobiles à vapeur, force de quatre chevaux, traitant dans une journée 1,500 à 1,800 gerbes; huit personnes d'équipe, 40 fr. Machines de la force de six chevaux, traitant de 2,500 à 3,000 gerbes, 60 francs par jour.

Avec la machine à manége, l'entreprise fournit un conducteur-engreneur. Avec la petite machine à vapeur, elle fournit un mécanicien et un aide, avec la grande, un mécanicien et deux aides qui sont nourris par le cultivateur. Celui-ci fournit les chevaux pour faire mouvoir le manége et pour transporter le matériel.

§ II. — USINES AGRICOLES.

La distillerie des betteraves a pris, dans ces derniers temps, à cause de la cherté des alcools un grand développement. C'est une industrie tout à fait agricole. L'introduction de la culture de la betterave dans un assolement est un grand progrès. La betterave est une plante sarclée qui nettoie la terre, l'ameublit et paye largement la fumure qu'on lui donne, dont profitera la céréale qui suivra. En outre, la pulpe, mélangée avec des fourrages hachés fournit une excellente nourriture pour les bestiaux. Enfin, comme le travail peut très-bien être proportionné à l'importance et aux besoins de la ferme, il est facile de le régler de façon qu'il produise journellement la quantité de pulpe nécessaire à la consommation des bestiaux.

La distillerie a dû commencer vers le

1er octobre, pour finir du 10 au 15 mai. Les travaux débutent lorsque le vert, c'est-à-dire la nourriture herbacée finit, pour être terminés lorsque le vert recommence. Au mois de janvier, la distillerie doit donc être en pleine activité. Elle occupe une partie des ouvriers de la ferme, que la mauvaise saison laisse sans ouvrage. Au reste, nous reviendrons sur cette importante question dans le calendrier du mois d'octobre.

Dans certains pays, c'est ausi le moment où l'on fabrique l'huile de noix. On a laissé sécher le fruit pendant un mois ou deux. Les femmes passent leurs soirées à casser les enveloppes et à trier l'amande desséchée au milieu des fragments de coquilles. On utilise les vieux chevaux à l'écrasement du fruit sous une meule verticale tournante. Puis on met la pâte sous le pressoir, et l'on exprime l'huile à chaud ou à froid, selon que l'on veut obtenir de l'huile à brûler ou de l'huile à manger.

§ III. — LA RÉPARATION DES OUTILS.

On peut utiliser les journées inoccupées et les veillées de l'hiver à la réparation des outils et des instruments de la ferme. Si on attendait, pour se livrer à ces soins, que l'époque des travaux fût venue, le temps manquerait certainement et on serait obligé ou de se servir d'instruments en mauvais état, ou de faire une dépense inutile en achetant des outils neufs.

Pendant les veillées d'hiver, on fait les paniers, les claies et tous les travaux d'osier.

§ IV. — LES FUMIERS.

On ne saurait donner trop de soins à l'aménagement et à la conservation des fumiers. Le fumier est la richesse du cultivateur, et d'un fumier plus ou moins bien soigné dépend l'avenir de la récolte.

Quelques personnes croient qu'on peut, sans inconvénient, déposer, pendant l'hiver, le fumier à la porte de l'étable ou de l'écurie. C'est un erreur. Outre qu'en don-

nant ce conseil on donne une sorte d'encouragement à la négligence et à la paresse, on s'expose à faire perdre aux fumiers, — à celui du cheval surtout, — une partie de ses principes fertilisants. D'un autre côté, ces tas multipliés embarrassent la cour, et donnent à la ferme un triste aspect de saleté et de désordre.

Le choix de l'emplacement où on élèvera le tas de fumier est important. Cet emplacement doit être, autant que possible, exposé au nord.

Voici comment on pourra organiser l'emplacement destiné à recevoir les fumiers.

On construira deux plates-formes séparées par une fosse à purin, revêtue de ciment romain ou de béton, et occupant la largeur des deux plates-formes. Le sol des plates-formes, rendu imperméable par une forte couche d'argile, sera en pente, et les pentes se dirigeront vers la fosse à purin. Des rigoles seront disposées de façon à conduire dans la fosse à purin les eaux ménagères de la ferme ainsi que les liquides des étables, des écuries et de la porcherie. Une petite construction en planche, placée à l'angle de la fosse à purin, contiendra les latrines à l'usage de tout le personnel de la ferme.

Au milieu de la fosse à purin, on placera une pompe aspirante munie d'un double dégorgeoir; des canaux, construits avec deux voliges, réunies par leurs arêtes en formant un V, serviront à distribuer le purin sur toute la surface du fumier; des trous pratiqués dans ces planches aident à répartir également l'engrais liquide. Ces légers canaux sont soutenus au-dessus de la surface du fumier par une espèce de compas formé de deux morceaux de bois.

J'ai vu une organisation de ce genre, chez M. Trochu, à Belle-Isle, établie avec la plus grande économie, et je ne crois pas avoir jamais rencontré rien de plus satisfaisant. Ces fumiers sont arrosés chaque jour, le matin, dès le commencement des travaux de la journée. Un homme pour faire mouvoir la pompe et un enfant pour diriger l'irrigation suffisent parfaitement à ce travail.

Au reste, je ne puis mieux compléter ces indications qu'en donnant un extrait des instructions, rédigées par M. Trochu, pour les employés de sa ferme.

« 1° Faire des couches très-minces de fumier, de chacune, des espèces dont on dispose (fumier de cheval, fumier d'étables, fumier de porc, engrais végétaux, etc.), et qui doivent être très-égales sur toute l'étendue de la plate-forme; elles doivent être tassées également partout avec le pied.

« 2° Placer d'abord la couche des fumiers chauds qui doivent être divisés à la fourche avec un grand soin, et les couvrir de la couche des fumiers froids, de manière que la première soit parfaitement et également recouverte. Les litières de porcs, de bœufs ou de vaches doivent toujours servir de couvertures aux couches déposées dans la journée.

« Employer, dans la formation des couches de la base de chaque tas, les matières ligneuses d'une décomposition lente et difficile, telles que les pailles de colza, de féveroles, les bruyères, ajoncs, genêts, etc., qui doivent toujours être placées sur les fumiers chauds (fumier de cheval, etc.) recouverts avec les fumiers froids (litières d'étables, etc.).

« 4° Former sur chaque couche de fumier, quelle que soit sa nature, une *bordure* en terre, boue ou marne de 60 à 80 centimètres de largeur et peu épaisse, en ayant soin de donner à la partie de la couche de fumier qui est placée sous cette bordure la moitié moins d'épaisseur qu'à la couche générale du tas, afin que la bordure ne dérange pas le niveau général de la surface du tas. Les matières destinées à former la bordure sont transportées à l'avance et placées à portée des ouvriers. Les bordures en terre, qui forment avec les

couches minces de fumier placées entre elles une espèce de mur entourant les tas, doivent être fortement pressées.

« 5° Arroser le tas à mesure qu'il s'élève, en pratiquant de mètre en mètre, en tous sens, sur sa surface, des trous avec une barre de fer ou de bois, pour que le purin pénètre dans toute la masse. Celle-ci doit être entretenue assez humide pour que, par une température de 20 degrés, on n'aperçoive sur sa surface aucun dégagement. On sait que les liquides, ajoutés à la masse des fumiers, en modèrent la fermentation.

« 6° Couvrir les tas, lorsqu'ils ont atteint environ 2 mètres de hauteur, avec une couche épaisse de 33 centimètres au moins des matières (terre, argile ou marne) ayant servi à confectionner les bordures. On pratique des trous dans cette croûte supérieure afin de faciliter l'entrée des purins d'arrosement dans la masse du fumier. »

Les fumiers ainsi manipulés se décomposent, pour ainsi dire, en vase clos, très-lentement et presque sans déperdition apparente de gaz. Leur masse devient parfaitement homogène, compacte et d'un noir brun foncé. Maintenus en contact continuel, pendant leur fermentation, avec un purin très-chargé et d'une nature très-active, ces fumiers lui servent en quelque sorte de filtre et s'emparent de ses parties les plus riches.

Dans beaucoup de pays on laisse le fumier dans les étables pendant plusieurs semaines et même pendant des mois entiers. Puis on transporte directement le fumier de l'étable aux champs. L'usage des fumiers frais a des inconvénients précisément à cause de l'activité exagérée qu'ils donnent à la végétation. Cependant, dans quelques circonstances, on pourrait les employer avec avantage; mais il vaut mieux, selon la plupart des agronomes, traiter les fumiers comme je viens de l'indiquer.

« Lorsqu'on laisse le fumier dans les étables pendant plusieurs semaines, dit

Fig. 5. Machine moyenne à battre de M. Cumming.

Fig. 6. — Machine à battre de M. Cumming
dite à grand travail.

M. Moll, ce qui a lieu, surtout en hiver, [...] où l'on se sert de genêts, de [...], d'ajoncs ou de buis pour litière, [...] avoir soin d'étendre chaque jour et [...] sur le devant les excréments [...] derrière les bêtes, autre[...] position de celles-ci deviendrait [...] incommode. »

[...] fumiers sont, en général, très-négli[...] France. On fait les tas sans précau[...] et sans soin; les purins, absorbés par [...] ou entraînés et délayés par l'eau des pluies, ne sont point utilisés pour l'amélioration du fumier, ni pour la fertilisation des prairies; ils se perdent soit dans les entrailles du sol où se trouve le tas de fumier, soit dans les fossés des chemins. On évalue ce gaspillage au quart de la masse des matières fertilisantes qui devraient enrichir notre sol; et, comme la terre produit proportionnellement aux fumiers qu'on lui donne, on pourrait presque estimer au quart de la récolte générale la totalité de la perte.

Nous ne cesserons donc d'engager les cultivateurs à veiller à leurs fumiers. Ce ne sont pas des capitaux qu'ils exigent, mais du soin, et personne n'a le droit d'en manquer.

§ V. — LA LAITERIE.

Le défaut d'espace nous oblige à remettre au mois prochain les détails complets relatifs à la laiterie.

CHAPITRE V

Travaux forestiers.

C'est au moins au mois de janvier que l'on pratique les trous destinés aux transplantations, afin de laisser pendant tout l'hiver la terre qui forme les parois de ces fosses exposée à l'action de l'atmosphère.

Il faut éviter de faire des coupes de bois pendant les grandes gelées qui nuiraient aux arbres environnants aussi bien qu'aux arbres attaqués; cependant les forestiers sont d'accord pour faire une exception en faveur des essences d'aunes. On choisit précisément l'époque des grands froids pour exploiter les aunaies, parce que les terrains marécageux sont plus praticables; c'est aussi pour cette raison que l'on recommande de mettre les grands froids à profit pour enlever des forêts le bois provenant des coupes régulières.

« On continue de récolter, en janvier, dit M. Moll, la graine de pin et d'épicéa. On cueille les cônes des arbres abattus. On les conserve dans une grange ou dans tout autre lieu sec, jusqu'au printemps. Les cônes recueillis dans ce mois s'ouvrent plus facilement que ceux des mois précédents. Lorsqu'il arrive déjà du dégel, on peut recueillir sur l'eau la semence d'aunes dans les lieux humides implantés de cette essence. On la pêche avec de petites trubles garnies d'un canevas grossier. Cette semence ainsi récoltée doit se conserver dans l'eau jusqu'au moment de l'employer, car, mise à sec, elle se gâte ordinairement. On peut encore actuellement récolter la semence de frêne. On coupe ou l'on brise à cet effet l'extrémité des branches. »

CHAPITRE VI

Travaux spéciaux.

§ Ier. — CULTURE DE LA VIGNE.

Dans le Midi, on commence à tailler la vigne vers le mois de janvier.

On emploie les mauvaises journées et les longues soirées d'hiver à préparer les échalas, à les débiter et à les aiguiser.

§ II. — SÉRICICULTURE.

La sériciculture est pour quelques départements du Midi une importante industrie qui se rattache directement à l'agriculture. Cette industrie est appelée à gagner plusieurs contrées de la France, où l'on jouit d'un climat tout à fait tempéré, et elle est destinée à y apporter avec elle de nouvelles sources de richesse et de prospérité. Nous ne négligerons point cette importante partie des travaux du mois.

M. Chavannes a bien voulu me communiquer, à ce sujet, des notes inédites d'où j'extrais les renseignements suivants :

La tâche du sériciculteur se borne, pendant le mois d'hiver, à préserver de toute altération la graine qu'il *posera* au printemps suivant. Il ne doit pas perdre de vue que sa graine contient à l'état embryonnaire les vers qu'il se propose d'élever plus tard : que, pour être latente, leur vie n'en est pas moins réelle, et que, par conséquent, il ne saurait apporter trop de soins à soustraire ces œufs à l'influence de toutes les causes qui pourraient agir défavorablement sur le germe qu'ils contiennent.

Soit que l'on ait laissé les œufs sur les toiles où ils ont été pondus, soit qu'on les en ait détachées, leur conservation exige les mêmes précautions. Il faut les tenir dans un lieu sec et où ils soient à l'abri des souris : les suspendre à un plafond est une excellente méthode. Les chambres où l'on couche, où l'on fait du feu, ne conviennent nullement. Il est bon de visiter la graine tous les huit jours, de déplier les linges, ou d'ouvrir les boîtes qui contiennent les œufs détachés. Ces boîtes en bois léger, plutôt qu'en fer-blanc, ne doivent être qu'à moitié pleines, et elles sont percées de trous très-fins. L'épaisseur de la couche d'œufs ne doit pas dépasser trois centimètres. Si en visitant les linges on aperçoit la moindre trace d'humidité, on les laisse à l'air pendant plusieurs heures ; car rien n'est plus funeste à la graine que l'humidité, et la perte de couvées entières n'a souvent pas d'autre cause.

Beaucoup d'éducateurs redoutent *à tort* que le thermomètre descende au-dessous de zéro dans le local où ils ont déposé leur graine. Les froids les plus vifs de nos climats n'ont aucune action nuisible sur elle. Une élévation de température est seule à craindre, parce qu'elle peut, en se prolon-

geant pendant quelques jours, provoquer le début du travail embryonnaire, qui ne s'arrête plus sans compromettre la vie des larves.

CHAPITRE VII
Animaux domestiques.
§ Iᵉʳ. — LES BŒUFS.

On engraisse les bœufs selon trois méthodes différentes : 1° dans les pâturages exclusivement ; 2° en partie dans les pâturages et en partie à l'étable ; enfin 3° exclusivement à l'étable. Cette dernière méthode d'engraissement s'appelle *pâture* ou *pouture* ; c'est celle que l'on pratique à l'époque où nous nous trouvons.

On engraisse deux sortes de bœufs : les bœufs de travail et les bœufs précoces. L'époque favorable pour engraisser les bœufs de travail est entre sept et dix ans. Les bœufs précoces, ne travaillant jamais, sont ordinairement prêts à être conduits au boucher vers la troisième année.

Toutes les races de bœufs et tous les bœufs ne sont pas propres à recevoir l'engraissement précoce. Le type des animaux précoces a été créé en Angleterre, c'est le durham. On comprend très-bien, en voyant un durham et un bœuf de travail, quelle différence profonde sépare ces deux races appelées à deux destinations, selon quelques auteurs, incompatibles, le travail et la précocité. J'emprunterai à M. Jamet la description des meilleurs animaux de boucherie. « Les bœufs les plus amendants, les plus tendres, dit le savant professeur, ce sont ceux qui ont la peau moelleuse et se détachant bien, les épaules larges, la poitrine épaisse et profonde, les côtes relevées, les reins droits, le flanc petit, les hanches et les molettes (têtes des os des cuisses qui viennent s'emboîter dans le bassin) éloignées les unes des autres. Il faut encore qu'ils aient les cuisses fortes et bien descendues, les avant-bras gros, les jarrets

larges, les jambes minces et les pieds petits. Joignez à cela une tête légère avec un
front large, des yeux bien sortis, des cornes fines ; un cou pas trop gros, peu ou
point de gorge (fanon). Vous aurez alors un
animal parfait, qui s'engraissera facilement jeune et qui consommera beaucoup
moins de nourriture qu'un autre pour faire
une même quantité de viande de meilleure
qualité. »

Les races indigènes qui remplissent le
mieux ces conditions, et qui ont semblé
montrer le plus de disposition à l'engraissement, ont été classées dans l'ordre suivant par M. Baudement, professeur de zootechnie au Conservatoire des arts et métiers,
après avoir étudié cinq concours de Poissy :
1° choletais et nantais, 2° durham-manceaux, 3° limousins, 4° garonnais, 5° dur-
ham-schwitz-normands et durham-nor-
mands, 6° durhams, 7° charollais, 8° dur-
ham-charollais, 9° salers.

On n'engraisse encore que peu d'animaux
précoces en France. On ne pousse à l'engrais que des bœufs qui ont déjà fourni
quelques années de travail. C'est particulièrement de ceux-là que nous nous occuperons.

« Les bêtes à l'engrais demandent une
nourriture substantielle, dit M. Villeroy. Le
cultivateur qui, avec de bons prés, possède
des terres fortes produisant le sainfoin,
la luzerne, l'avoine, la féverole, celui-là a
tout ce qu'il faut pour réussir dans l'engraissement. »

Les principaux pays d'engraissement
sont : la Normandie, la Vendée (Chollet) et
le Limousin. Je ferai d'abord connaître les
différentes méthodes d'engraissement employées dans ces pays, en empruntant la
plupart de mes renseignements à un article
de Tessier, inséré dans le dictionnaire de
Déterville.

La Basse-Normandie jouit presque exclusivement, en France, du privilége de pouvoir engraisser les bœufs avec de l'herbe.
Les magnifiques prairies qui sont consa-
crées à cet engraissement s'appellent herbages. On met deux fois par an les bœufs à
l'engrais. Ceux qui entrent en automne
s'appellent bœufs d'hiver. On n'en place
que douze dans un herbage qui, pendant
l'été, en engraisserait cinquante. Ce n'est
que pendant le temps de neige qu'on leur
donne du foin ou des racines. Ils sont gras
dans le mois de juin, et se vendent à Paris
après ceux du Limousin.

Ceux qui entrent sur les herbages au
printemps sont de petits bœufs amenés de
loin, et qui sont prêts à la fin de l'été.

On proportionne le nombre des bœufs à
l'étendue et à la qualité de l'herbage. On fait
successivement passer les bœufs des herbages inférieurs dans ceux qui sont meilleurs,
parce qu'à mesure qu'ils engraissent les
animaux deviennent plus difficiles. S'il n'y
a pas de ruisseau dans l'herbage, on y pratique des mares, ou bien on mène trois
fois par jour les bœufs à un abreuvoir voisin. La tranquillité est une condition essentielle pour un prompt engraissement, dans
l'étable comme dans la prairie. On cite, dans
la vallée d'Auge, une année où on ne réussit généralement pas les engraissements,
parce que des ouvriers, qui travaillaient
pour le gouvernement, passaient continuellement à travers les herbages.

Les bœufs qui n'engraissent pas assez
promptement dans l'herbage reçoivent de
plus tous les jours une ou deux rations de
foin et de farine de graine de lin.

En Limousin, on achète les bœufs à la
fin de l'hiver, et on les nourrit au foin sec
jusqu'à ce que l'herbe soit assez forte. Après
le mois de mai, on les laisse nuit et jour
dans les pâturages. Dans les premiers
temps, on les assujettit à un léger travail :
quelques-uns engraissent assez promptement pour être vendus à l'entrée de l'hiver.
Les autres, qu'on a employés aux labours
d'été, sont enfermés dans des enclos où ils
trouvent un regain abondant jusqu'aux gelées. A cette époque, on fait rester tous les
bœufs à l'étable, on les examine, et ceux

qui n'ont pas assez profité sont saignés à la jugulaire. Tous sont appareillés aux deux côtés d'une aire, et chaque couple a une auge devant soi dans laquelle on met, plusieurs fois par jour, des raves ou des topinambours coupés en morceaux, de manière qu'il y ait juste la quantité nécessaire pour un repas, afin d'empêcher les indigestions. Cette nourriture aux racines dure un mois; si on la continuait plus longtemps, elle relâcherait trop les animaux. On peut ajouter aux racines coupées de la paille d'orge ou d'avoine hachée. On donne pendant ce temps-là quatre rations de foin s'élevant à 15 kilog., c'est-à-dire aux deux tiers environ de la nourriture totale. Au bout d'un mois, on substitue aux racines de la farine de blé mêlée avec de la farine de sarrasin. On en donne 1 kilog. 500 par tête et par jour. Enfin on suspend à la crèche un sac de sel, afin que l'appétit des bœufs se développe en le léchant. Lorsque les châtaignes sont très-abondantes, elles entrent pour une partie dans la ration de farine.

Les bœufs limousins arrivent à Paris en mars, avril et mai.

Dans la Vendée, c'est-à-dire dans le voisinage de Chollet, on engraisse les bœufs exclusivement à l'étable.

Lorsque les semailles sont terminées, vers les premiers jours de novembre, on ne fait plus sortir les bœufs que pour les promener, et on les nourrit abondamment avec du foin choisi, des choux et des raves. On partage leur journée en douze repas, de manière qu'ils n'aient pas deux fois de suite le même aliment. Chaque repas est peu abondant, Dès quatre heures du matin, on donne du foin, puis des raves, puis du foin, etc. Au printemps, on fait entrer dans leur régime du seigle, des vesces et autres plantes coupées en vert. Sur la fin, on ne les fait plus sortir, même pour boire, et c'est alors qu'on leur distribue du seigle, du froment, de l'avoine, le plus souvent grossièrement moulues et délayées

dans de l'eau, ainsi que des châtaignes et des glands. Une propreté scrupuleuse est indispensable : on lave la crèche et l'auge, on renouvelle la litière, on étrille et on bouchonne les animaux tous les jours, on enlève le fumier tous les huit jours. Avec tous ces soins, on met cinq ou six mois à engraisser un bœuf.

Ces bœufs gras arrivent à Paris pendant les mois de juin et de juillet.

J'ai cru devoir exposer complétement les méthodes d'engraissement des principaux centres de production du bétail gras, parce qu'elles comprennent les trois manières employées généralement pour engraisser les bœufs, et que chaque cultivateur peut y puiser des enseignements utiles selon les conditions diverses dans lesquelles il est placé.

Dans le grand-duché de Bade, certains agriculteurs prennent des bœufs à l'engrais. Le propriétaire des animaux paye leur engraisseur 80 fr. les 100 kilog. de poids acquis, ce qui peut donner une idée du prix de revient déboursé par l'agriculteur. Les engraisseurs supposent qu'un bon animal doit gagner en poids 1 kilog. pour 20 kilog. de nourriture consommée au-delà de la ration d'entretien, qui est évaluée à 1 kilog. 333 gr. pour 100 kilog. du poids vif. Ils ont pour système de faire consommer le plus possible d'aliments aux bêtes que l'on engraisse. On leur donne de fortes doses de farine et de tourteaux.

L'usage des tourteaux, qui agissent par la farine contenue dans le marc des graines oléagineuses après l'extraction de l'huile, doit être adopté avec réserve. La graisse produite par l'emploi des tourteaux est moins ferme et moins estimée des bouchers que celle des animaux engraissés avec des céréales.

Quel que soit le mode d'engraissement adopté, il faut toujours observer cette règle générale : plus on pousse rapidement les animaux, plus s'abaisse le prix de revient du poids acquis. Donc, en forçant la ration quotidienne, on gagne du temps et on économise de l'argent; avec le même capital on peut opérer sur deux bœufs au lieu d'un.

En résumé, dans le reste de la France, on donne, pendant le mois de janvier, un mélange de racines, betteraves, carottes et rutabagas, avec des fourrages hachés. Après avoir nourri, comme en Limousin, les animaux moitié aux racines et moitié au foin sec et à la paille, pendant un mois ou six semaines, de façon qu'ils aient consommé en nourriture un équivalent de 27 à 50 kilogrammes pour les grands bœufs, on substitue peu à peu aux racines leur équivalent en avoine, seigle, orge, sarrasin, maïs, féveroles et pois; le tout écrasé ou concassé.

Pour pouvoir modifier la nourriture des bestiaux et substituer un aliment à un autre, il est bon de connaître l'équivalent de chaque espèce de denrées relativement au foin sec qui a de tous temps servi de type. Selon Mathieu de Dombasle, 1 kilogr. de foin sec équivaut à 4 kilogr. de pommes de terre, de betteraves ou de carottes, et à 5 kilogr. de raves ou de navets. Les feuilles de choux sont encore moins nutritives que les navets. D'un autre côté, 2 kilogr. de foin équivaut à 1 kilogr. d'avoine, seigle, orge, sarrasin, maïs, féveroles et pois; le tout écrasé ou concassé. Au reste, je donnerai, dans la prochaine livraison, des tableaux d'équivalents qui sont réputés les plus exacts.

La pulpe provenant des distilleries de betteraves est un excellent aliment pour les animaux de travail aussi bien que pour les animaux d'engrais. On estime généralement que 1,000 kilogr. de pulpes contiennent autant de matière nutritive que 1,000 kil. de betteraves crues. « Les résidus, dit M. Payen, mélangés aux fourrages hachés, facilitent la consommation et l'assimilation de ces fourrages, dont la propriété nutritive se trouve dès lors notablement augmentée; fournissant une plus grande quantité d'aliments applicables à la production de la viande, ils rendent au sol, sous forme d'engrais, tout ce qui ne peut être assimilé par les animaux. »

Dans certaines exploitations agricoles, on calcule, en moyenne, pour la nourriture d'une tête de gros bétail, bœuf de travail ou à l'engrais, 30 kilogr. de pulpe de distillerie mélangés avec 4 ou 5 kilogr. de menue paille et de fourrages hachés. On y ajoute environ 2 kilogr. de tourteaux de graines oléagineuses, ou leur équivalent en foin, céréales ou autres graines.

M. Bella, directeur de l'école impériale de Grignon, a adopté pour les rations quotidiennes de ses bœufs à l'engrais 10 pour 100 du poids total de la bête en pulpes, et le complément en menue paille, fourrage haché et tourteaux.

On utilise très-heureusement les siliques de colza, que l'on n'avait pu donner aux animaux jusqu'ici en les mélangeant avec les pulpes de betteraves. M. Decauville, qui a obtenu la prime d'honneur dans Seine-et-Oise, en 1858, engraisse ainsi son bétail et s'en trouve très-bien.

Je me suis un peu étendu sur l'engraissement des bêtes à cornes, c'est-à-dire sur la production de la viande, cette importante fonction de l'agriculture, afin de n'avoir plus à revenir sur des détails indispensables, et auxquels j'aurai soin de renvoyer si cela est nécessaire.

§ II. — LES VACHES.

Appliquez à la vache la description du bœuf précoce que j'ai empruntée à M. Jamet, et vous aurez l'image d'une vache laitière type. Si la tête est délicate, si les cornes sont légères, si l'ossature est fine, si la peau moelleuse se détache facilement de l'épaule, si les côtes sont relevées, l'échine droite, les hanches larges, la vache sera bonne laitière; ajoutez à ces signes les écussons observés et classés avec tant de justesse par feu Guénon, ainsi qu'on peut en voir un exemple (fig. 7), et vous serez sûr d'avoir une excellente laitière.

surtout si cette qualité est remarquable dans la race dont la bête provient.

« Pour les vaches laitières, dit M. Ville-roy, la nourriture doit être très-délayée. Plus elles boivent, plus elles produisent de lait. Le lait, substance liquide, est surtout produit par des aliments liquides, 50 kil. de trèfle vert produisent plus de lait que 50 kilogr. réduits à 11 kilogr. de trèfle sec,

et une vache donnera d'autant plus de lait qu'elle boira plus d'eau avec la même quantité d'aliments solides. Il ne faut cependant pas tomber dans l'excès en voulant nourrir les vaches uniquement avec le liquide: une certaine quantité de nourriture solide, ne fût-ce que de la paille, est d'absolue nécessité. Je crois que l'on peut admettre que les aliments solides doivent faire le tiers de la ra-

Fig. 7. — Vache laitière.

tion, c'est-à-dire qu'une vache qui consomme par jour 15 kilogr. d'aliments en recevra 10 kilogr. délayés et 5 en foin ou regain. »

« Les racines, comme betteraves, pommes de terre, carottes, navets, dit Mathieu de Dombasle, doivent faire une bonne partie de la nourriture des vaches à lait; sans cela, on ne pourra les entretenir qu'avec une très-grande quantité de foin, régime qui ne maintient jamais les animaux en aussi bon état que lorsqu'ils reçoivent une portion de nourriture fraîche. Une ration

journalière d'un litre ou deux de féveroles concassées ou humectées vingt-quatre heures à l'avance, ou de deux ou trois livres de tourteaux de lin ou de colza, augmente considérablement aussi la production du lait. »

Il faut éviter avec soin de donner aux vaches, ni à aucun animal domestique, les racines entières ou en morceaux trop gros. On risquerait de les voir étouffer.

Dans les contrées où l'on fabrique l'huile de faîne, on évite d'employer les tourteaux de cette graine à la nourriture du bétail. La faîne contient de l'acide prussique, et les effets de ses tourteaux sont souvent mortels sur les chevaux. M. Villeroy assure que les ruminants peuvent en consommer impunément, et même qu'ils produisent un excellent effet sur les vaches laitières. Pendant tout un hiver, il en a donné 2 à 3 kilogr, à chacune de ses vaches; il a constaté que ces animaux se portaient à merveille, et que la sécrétion du lait avait même augmenté. Une vache qui donnait 24 litres avant ce régime en a donné 27 et jusqu'à 30 litres.

« Une vache, dit un proverbe, est comme une armoire, on ne peut en tirer que ce qu'on y a mis. » C'est là une vérité qui semblera bonne au premier abord, pourtant elle est loin d'être admise absolument dans la pratique de chaque jour. Entre le conseil et l'action il y a souvent un abîme. Je citerai, à ce sujet une série d'axiomes posés par un savant agriculteur allemand, et qui contiennent autant de vérités utiles que de mots.

1. La même quantité de fourrage consommée par 10 vaches produit plus de lait que si elle était consommée par 15 et même par 20 vaches.

2. Ces 10 vaches exigent un moindre capital; par conséquent, leur compte a moins d'intérêt à servir, et le produit en est beaucoup plus considérable.

3. Avec moins de bêtes on a moins de risques.

4. On a aussi moins de travail pour les soins à leur donner, par conséquent économie de soin et de main-d'œuvre.

5. Une bête grasse à réformer pour une cause quelconque a une bien plus grande valeur qu'une bête maigre. Si un accident survient à une bête maigre, elle est presque totalement perdue.

6. Si la paille que mangeraient 20 vaches sert à faire à 10 une litière abondante, les 10 vaches produisent plus de fumier, et, parce qu'elles sont bien nourries, ce fumier est de meilleure qualité.

7. S'il survient une année de disette, on peut encore, en réduisant la nourriture, conserver toutes les bêtes et ne pas être forcé de vendre, ce qui, dans de telles circonstances, n'a jamais lieu qu'avec grande perte.

8. Les bêtes toujours bien nourries mangent régulièrement et ne sont pas exposées aux accidents qui arrivent si souvent aux bêtes affamées.

Il n'est pas inutile de donner, en terminant, quelques lignes fort intéressantes de M. Villeroy, relatives à l'influence exercée par les aliments sur la quantité et aussi la qualité du lait.

« On reconnaît au goût, dit le savant agronome, le lait de vaches nourries de résidus de distillerie, de navets, de choux, etc.

« Le beurre des vaches nourries avec des aliments de mauvaise qualité est blanc et maigre. En hiver, la même quantité de crème produit moins de beurre qu'en été, et le beurre est moins bon.

« Le meilleur lait, en hiver, est produit par de très-bon foin ou regain, du trèfle ou de la luzerne, avec des pommes de terre cuites, des carottes, des tourteaux d'huile, du grain égrugé.

« Les carottes sont nourrissantes et colorent le beurre.

« Les racines de persil donnent au beurre un goût agréable. On recommande dans le même but les plantes suivantes, séchées et réduites en poudre: thym, sauge, cumin des prés (carvi), fenouil et baies de genièvre; on croit qu'une poignée suffit pour 5 vaches.

« On recommande les feuilles de céleri, que l'on conserve salées dans des tonneaux ou cuves, et que l'on donne aux vaches par petites portions dans leurs boissons. Elles sont un assaisonnement à leurs autres aliments et contribuent à parfumer le lait. »

L'avoine convient peu aux vaches laitières, qu'elle échauffe, à moins qu'elle ne soit convertie en farine et en boissons. La farine d'avoine, d'orge, de seigle, de blé et de son prises en barbotage, augmentent la quantité de lait.

Les betteraves engraissent, mais n'agissent pas sensiblement sur la lactation.

Les résidus de la laiterie, lait caillé, petit-lait, lait de beurre, conviennent très-bien aux vaches laitières.

Je n'ai pas besoin de recommander le sachet de sel, comme on le donne en Limousin pour le bœuf de pouture.

§ III. — LES VEAUX.

La vache porte neuf mois et dix jours environ. Les saillies ont lieu ordinairement au mois d'avril, par conséquent c'est dans le mois de janvier que les vaches commencent à vêler.

Il est important que la vache ait reçu une nourriture substantielle au moins deux mois avant l'époque présumée du part, sans cela elle devient sujette aux accidents; elle produit un veau débile et malingre, et il devient difficile, même avec une nourriture excellente, mais tardive, de la rétablir pendant la lactation. Par une économie mal entendue on perd, à la fois, le veau et le lait.

Si la parturition est lente, il ne faut point essayer de secourir la mère en aidant le veau à sortir. Il faut laisser agir la nature, à moins qu'on n'ait eu la précaution d'appeler un médecin-vétérinaire, ce qui est toujours plus sage et moins coûteux que de s'exposer à perdre l'animal et peut-être son fruit.

On élève les veaux en les faisant teter ou en les faisant boire au baquet.

Dans tous les cas, il faut donner au veau le premier lait de sa mère, qui est légèrement purgatif. Cette purgation chasse des intestins de l'animal le méconium, matière excrémentielle qui existe dans les intestins avant la naissance du veau.

« Si on veut laisser teter un veau, dit M. Villeroy, dès qu'il est né on le met devant sa mère, qui le lèche; et au bout de deux heures environ il peut déjà se tenir sur ses jambes et teter.

« Les veaux qu'on laisse près de leur mère sont exposés à divers accidents; quelquefois, en les léchant, la vache leur arrache le cordon ombilical; d'autres fois leur mère ou la vache voisine marche dessus. On évite tout cela en les séparant tout de suite de leur mère, ce qui n'entraîne pas pour le veau le moindre inconvénient.

« Mais, d'un autre côté, il peut convenir de laisser teter les veaux, parce que la succion, favorisant l'extension des vaisseaux lactés, attire le lait et doit ainsi réellement augmenter sa production; tandis que la vache que l'on trait retient souvent son lait, ce qui peut lui porter un préjudice sensible.

« On peut, après que le veau a été léché par sa mère et a teté une première fois, le placer dans une autre partie de l'étable, d'où on l'amène à sa mère deux ou trois fois par jour pour le laisser teter. »

Mathieu de Dombasle ajoute :

« On suit dans divers cantons différentes méthodes pour nourrir les veaux ; la plus économique et la meilleure est de ne pas les laisser teter du tout, en les habituant dès le moment de leur naissance, à boire dans un baquet. Les huit ou dix premiers jours, on leur donne du lait fraîchement trait: ensuite on peut le remplacer par du lait écrémé que l'on fait tiédir avant de le donner au veau. Quelques personnes délayent dans ce lait un peu de tourteau de lin ou de farine; mais, si l'on n'y en met qu'une très-petite quantité, comme une once ou deux (30 à 60 grammes), cette addition est insignifiante pour la nourriture du veau, et, si l'on en augmente la proportion, l'animal prend facilement la diarrhée. Tout ceci se rapporte aux veaux d'élève; car pour ceux que l'on veut engraisser pour la boucherie, ils ne doivent jamais recevoir que du lait non écrémé et pur: pour les veaux d'élève même, ce dernier régime

leur fait acquérir bien plus de développement que le lait écrémé.

« Lorsqu'on veut suivre cette méthode,
le veau doit être emporté immédiatement
après sa naissance, avant que la mère ait
pu le voir et le lécher. De cette manière,
elle ne s'aperçoit même pas de cette séparation et n'en éprouve aucun trouble. »

Voici maintenant comment M. Villeroy
élève les veaux de son étable :

« Chez moi, dit-il, on leur laisse pendant
dix jours le lait de leur mère, qu'ils boivent
ou tettent trois fois par jour. Ce temps
écoulé, le lait est écrémé, c'est-à-dire qu'on
donne au veau le lait qui a été trait douze
heures auparavant et dont on a enlevé la
crème, mais qui est encore tout à fait
doux. On le fait tiédir, et la ration ordinaire d'un veau est d'environ 5 litres le
matin et autant le soir. Selon Pabst, un
veau, après les premiers huit ou dix jours,
doit recevoir 27 à 30 pour 100 de lait de
son poids. Riedesel estime cette quantité à
un tiers du poids.

« J'ai trouvé qu'il est bon de faire faire
au veau trois repas ; si les œufs sont abondants, alors on lui en fait avaler deux. On
fait avaler les œufs avec la coquille ; on
fracture légèrement l'œuf, on le met dans
la bouche du veau, et on achève de le
briser en l'enfonçant dans le gosier. On
regarde la substance calcaire de la coquille
comme utile à la digestion.

« Le veau est ainsi nourri de lait écrémé
et pur pendant quelques jours. Dès qu'on
s'aperçoit que cette nourriture n'est pas
assez substantielle, on y ajoute un peu de
farine d'orge, d'avoine ou de féveroles, ou
de tourteaux de lin en poudre. Je crois les
tourteaux meilleurs, en même temps qu'ils
sont moins chers. On commence par une
cuillerée, on le fait cuire avec de l'eau, et
cette espèce de bouillie, versée bouillante
dans le lait, lui donne la température convenable. A mesure que le veau grandit, on
augmente la quantité de tourteaux et on le
nourrit ainsi pendant environ un mois.

« On commence alors à mêler à sa boisson
un peu de lait caillé, et on en augmente
successivement la quantité, de manière à
le substituer tout à fait au lait écrémé. Le
mélange de tourteaux a toujours lieu de la
même manière, et l'on continue ainsi jusqu'à ce que, si les besoins du ménage le
permettent, le veau ait atteint l'âge de six
mois. Pendant ce temps, il a commencé à
manger ; on lui donne un peu de bon regain en hiver, du vert en été ; et, si l'avoine
n'est pas trop chère, chaque jour une
jointée d'avoine égrugée et humectée.

« Le veau est alors élevé, mais on continue la boisson avec les tourteaux en
poudre, ou avec l'avoine égrugée, que chez
moi on mélange avec les résidus de la distillerie.

« Il est très-important que le sevrage ait
lieu insensiblement et que le veau ne dé-
périsse pas lorsqu'il est privé de lait. »

La diarrhée est à peu près la seule maladie à laquelle les veaux soient sujets pendant le premier âge. Mathieu de Dombasle
guérit cette diarrhée en donnant aux veaux,
pendant quelques jours, de l'eau d'orge,
préparée comme pour la tisane, coupée
d'un volume égal de lait. M. Villeroy mêle
au lait un peu de farine de blé torréfié ou
de farine de graine de lin. On peut aussi
employer la magnésie ou la rhubarbe à la
dose de 20 grammes dans un demi-litre
d'infusion de camomille ou de menthe
poivrée.

Il est toujours temps d'appeler le vétérinaire si le mal persiste.

§ IV. — LES MOUTONS.

J'extrais d'un excellent livre, encore
dit, de M. de Guaita une grande partie des
indications concernant les soins à donner
au troupeau.

Quelque froid qu'il fasse, on pourra
toujours, sans inconvénient, faire sortir les
bêtes à laine pendant quelques heures de
la journée, pourvu que l'air soit sec. Ce qui
leur est nuisible, ce n'est pas le froid,

contre lequel les garantit leur épaisse toison, c'est l'humidité du sol et de l'atmosphère. Aussi, pendant le dégel, sera-t-il prudent de les laisser à la bergerie. « *Le grand hiver*, disent les bergers, *n'est pas l'hiver des moutons;* » en effet, pour eux, le véritable hiver, le temps de la souffrance, est le mois de février, où la température commence à se détendre, et où l'air se charge de vapeurs. La neige ne doit pas effrayer le berger, même s'il voit ses moutons en manger; les expériences de Daubenton prouvent qu'elle ne leur est pas nuisible. Tant qu'elle n'a que 0m.10 à 0m.15 d'épaisseur, et que sa surface n'est pas gelée, elle n'empêche pas le pâturage: les bêtes apprennent bien vite à la gratter avec le pied pour découvrir les brins d'herbe qui restent encore sur le sol.

En hiver, plus peut-être encore qu'en été, il est important de laisser toujours à la disposition des moutons du sel, soit en blocs, soit dans de petits sacs de toile que l'on suspend aux extrémités du râtelier. Dans les salines de l'Est, on peut obtenir le sel gemme en morceaux à 11 fr. 50 ou 12 fr. les 100 kilog.; on place les blocs dans les râteliers mêmes. Les moutons vont les lécher, et prennent ainsi la quantité de cette substance qui leur est nécessaire; en outre de ses propriétés toniques, le sel a l'avantage d'exciter l'appétit et de rendre les aliments plus digestifs. Les bergers allemands ont l'habitude de l'employer en poudre; ils en répandent deux fois par semaine une certaine quantité dans les mangeoires, le soir, au moment où ils font rentrer les moutons, puis ils laissent ceux-ci sans boire jusqu'au lendemain matin. Nous n'approuvons point cette pratique. Les moutons, n'ayant pas le sel continuellement à leur disposition, se jettent alors sur cette friandise avec trop de voracité; les gros poussent les plus faibles et leur volent leur part; il s'ensuit que quelques-uns en mangent trop, et que d'autres n'ont pas ce qui leur est nécessaire.

Une excellente manière de faire consommer le sel consiste à en saupoudrer les fourrages en les montant en meules ou en les rentrant dans les greniers au moment de la fenaison; on en emploie environ 3 kil. par 1,000 kilog. de fourrage sec. En fermentant, le foin *sue*, comme chacun le sait; l'humidité dissout alors le sel, qui pénètre le foin et le rend plus sain et beaucoup plus savoureux; les moutons ne laissent jamais perdre aucune parcelle des fourrages qui ont été préparés par cette méthode.

Le foin qui a contracté quelque mauvaise odeur par son séjour au-dessus des étables est impropre, comme je l'ai déjà dit plus haut, à la nourriture des bêtes à laine, aussi bien que des chevaux, surtout s'il s'y montre des moisissures; dans ce dernier cas, c'est tout au plus si on peut l'utiliser comme litière; quant à l'employer comme aliment, il n'y faut point songer. Enfin les fourrages *rouillés* et ceux qui ont été *vasés* leur occasionnent des maladies de poitrine, et aussi, dans certains cas, le *chancre à la bouche* ou *glossanthrax*. Lorsqu'ils consomment de pareils fourrages, ils sont plus disposés que jamais à contracter toutes sortes de maladies, mais ils les rebutent jusqu'à ce que la faim les presse par trop.

Le son est pour les bêtes à laine une fort bonne nourriture; nous l'avons employé avec avantage à leur entretien et à leur engraissement. On l'accuse à tort d'être dépourvu de principes nutritifs, sous prétexte que le peu qu'il en contient n'est dû qu'à la présence de la farine qui y reste attachée, et qui, avec les procédés de mouture actuellement en usage, ne s'y trouve qu'à dose homœopathique. L'un de nos éleveurs les plus distingués, M. Félix Villeroy, a déjà combattu cette idée, qui se fonde sur une base entièrement fausse, à savoir que le son est à peu près exclusivement composé de ligneux. Dans un opuscule du plus haut intérêt, intitulé: *Recherches sur la valeur nutritive des ourrages et autres substances destinés à l'alimentation des bestiaux*, M. Isidore Pierre publie une analyse du son de froment qui est concluante. Il y a trouvé :

Amidon, dextrine et matière sucrée	de 500 à 550 gr.
Azote	de 25 à 30
Matières grasses	de 30 à 40
Cellulose indigestible	de 9 à 10
Substances minérales	de 5 à 6
Eau	de 125 à 150

En dehors de ses propriétés nutritives, le son a l'avantage de rafraîchir les animaux par son action mécanique.

§ V. — LES PORCS.

Il y a des préjugés bien difficiles à déraciner.

Dans l'immense majorité des fermes de nos campagnes, l'étable à porcs est un type de saleté. Ce n'est pas par suite de la négligence que l'étable est sale, c'est un parti pris : on s'imagine que les ordures engraissent les porcs, ou tout au moins les tiennent en bonne santé.

Tous les auteurs, depuis Olivier de Serres jusqu'à Mathieu de Dombasle, depuis Mathieu de Dombasle jusqu'au plus mince écrivain de ce temps-ci, sont d'accord pour recommander aux cultivateurs d'apporter le plus grand soin dans le nettoyage de leur porcherie. Le porc, qui aime à se vautrer dans les marais et les bourbiers, « veut coucher à sec dans son logis, dit Olivier de Serres, sur litière nette; autrement ne pourrait-il se multiplier, non pas même vivre qu'en langueur. » La saleté proverbiale du porc est encore un préjugé. « Le mouton, le bœuf, le cheval, dit M. Élizée Lefèvre, satisfont leurs besoins où ils se trouvent; s'ils sont couchés ils ne se lèvent point pour fienter et dorment paisiblement sur leurs ordures : le porc au contraire, quand il est libre dans sa loge, choisit toujours la place la plus éloignée, et, quand on essaye de l'attacher, il se recule autant que sa longe le lui permet.» Au reste, des expériences ont démontré que le porc engraissait plus rapidement dans une étable bien curée.

On engraisse les porcs avec les parties vertes des plantes, choux, raves, luzerne, trèfle, hachés, déposés dans des réservoirs et salés; avec des betteraves et des pommes de terre qu'on leur donne cuites et mêlées aux eaux grasses; avec des résidus de laiterie, petit-lait, lait aigri; avec de la farine de seigle, de sarrasin, d'orge ou de maïs mêlés dans les résidus de laiterie où les eaux grasses aux racines cuites. Les glands sont aussi très-bons, surtout lorsqu'on les a fait germer.

La chair des animaux morts, cuite, produit le meilleur effet et donne un lard savoureux et ferme.

Il faut éviter les faînes qui produisent un lard insipide, flasque et huileux; les tourteaux donnés en trop grande quantité amèneraient le même résultat. Les tourteaux provenant de l'huile de noix provoquent presque à coup sûr la *ladrerie*.

Les porcheries doivent avoir leur porte sur une basse-cour pavée, où se trouve une mare dans laquelle les porcs puissent aller se vautrer, surtout pendant l'été. On divise ordinairement les cours en compartiments réservés aux groupes d'animaux de la même taille.

J'ai visité une des plus belles porcheries de France, non par le luxe des bâtiments, mais par la beauté des sujets que renfermaient les boxes : c'est celle de M. Pavy, qui a remporté les deux coupes d'honneur à Poissy en 1857 et en 1858.

Les animaux sont renfermés dans de petites boxes très-propres, formées dans un vaste bâtiment, par des séparations à hauteur d'appui; des chemins permettent au porcher de circuler au milieu des boxes et de conduire les bêtes dans les cours. Les truies qui vont mettre bas ou qui viennent de mettre bas sont placées dans une infirmerie spéciale.

On laisse les porcelets à leur mère pendant six semaines. Après le sevrage, on les nourrit avec du lait coupé par trois quarts d'eau pour une partie de lait ; puis on donne une bouillie cuite composée de farine et de son ; enfin, lorsqu'ils semblent accoutumés à ce nouveau régime, on les met à la ration ordinaire.

Cette ration se compose d'un barbotage composé d'eau et de tourteaux de colza : 12 tourteaux pour 4 seaux d'eau. On délaye, puis on jette dans le baquet de chaque animal quelques feuilles de betteraves. En hiver, ce sont des tranches de navets ou de betteraves : les betteraves valent mieux.

Enfin, pour les mères qui allaitent et pour ceux qu'on veut pousser à la graisse, on ajoute au barbotage quelques poignées de pommes de terre cuites.

En hiver, les porcs reçoivent trois rations et quatre en été.

Quand on redoute un coup de sang, les cris que poussent, sans motif apparent, les animaux sont un des symptômes du danger qu'ils courent. Il suffit alors de faire une petite incision aux oreilles et sous la queue.

Si les porcelets ont la diarrhée, maladie assez commune à leur âge, on mélange à la bouillie de farine ou au lait de l'eau de riz : elle est aussitôt arrêtée.

§ VI. — LES ATTELAGES.

Le cultivateur soigneux, qui note chaque jour, sur ses feuilles de journées, le nombre d'heure de travail de ses chevaux, sera plus frappé que tout autre de la perte que lui cause le chômage de ses attelages. Il avisera aux moyens de ne pas leur faire perdre une heure, quelle que soit la dureté de la saison. Quand les travaux des champs ne sont pas possibles, on a recours aux charrois, au manège, pour battre la récolte en retard, couper les racines, broyer l'orge et, au besoin, faire marcher le petit moulin de la ferme, dont je parlerai plus tard.

J'ai exposé en détail, dans le chapitre III, plusieurs manières d'utiliser les attelages pendant le mois.

La nourriture à l'écurie peut être légère-

ment modifiée. On diminue la ration d'avoine et d'orge de moitié environ, et on remplace cette moitié par son équivalent de carottes blanches à collet vert, dont la culture s'est tellement répandue depuis quelques années, que je connais une grande maison qui débite chaque année près de cent mille kilogrammes de graines aux cultivateurs.

Lorsque l'avoine est rare, les cultivateurs ont recours à d'autres graines moins chères, comme l'orge écrasée, avec laquelle madame Millet-Robinet nourrit ses chevaux. M. de Béhague donne à ses chevaux du seigle cuit. A Grignon, on remplace 6 litres d'avoine par 3 litres de seigle. Ce régime, qui est très-favorable aux chevaux, offre cependant un inconvénient, c'est que les animaux ainsi nourris s'empâtent. Pour y remédier et pour diviser les aliments, on donne la cossette de colza mélangée au seigle.

Enfin, Mathieu de Dombasle employait ordinairement, au lieu d'avoine, un mélange des grains les moins chers, le sarrasin, le maïs, l'orge, en donnant toujours le même poids à la ration.

M. Dailly substitue dans la ration de ses chevaux, qui est de 9 kilog. d'avoine, 2 kilog. de seigle cuit à pareil poids d'avoine. M. Delafond, professeur à Alfort, préfère à la cuisson, qui entraîne des dépenses, la macération pendant douze heures, dont il s'est très-bien trouvé. Avant de donner le grain macéré, on fait écouler l'eau.

L'ajonc épineux, qui croît dans les terrains argilo-siliceux et humides, peut devenir une excellente ressource pour nourrir les bestiaux, et particulièrement les chevaux pendant l'hiver.

On trouve l'ajonc en Bretagne et en Gascogne. Dans ces deux pays, on utilise, en général, l'ajonc qui y pousse naturellement.

En Bretagne, il est surtout appliqué à la nourriture des bestiaux. Les cultivateurs emploient les longues soirées d'hiver à hacher les ajoncs. Ils commencent à couper à la hache, en tronçons de 4 à 6 centimètres, l'ajonc placé sur une aire, puis, s'armant d'un lourd maillet de bois dur, ils le broient en frappant dessus à tour de bras. M. Lorgeril a calculé que, pour préparer ainsi 50 kilogrammes d'ajonc, il fallait 1,080 coups de hache et 600 coups de maillet. On a inventé des instruments pour opérer plus rapidement cette préparation. Les hache-ajoncs, munis de cylindres broyeurs et de lames tranchantes, débitent cette plante aussi mince qu'on le désire.

En Gascogne, l'ajonc est surtout employé en litières. Cette utilisation permet la culture du maïs, qui ne pourrait être suivie sans cela, à cause du manque de paille pour les litières et le fumier.

§ VII. — LE POULAILLER.

Je dois à mon confrère, M. Charles Jacque, les notes, inédites pour la plupart, relatives aux soins à donner aux volailles pendant le mois de janvier.

Dès cette époque, on prépare, on confectionne et on nettoie les parcs qui doivent recevoir les sujets que l'on destine à *racer*. Un parc convenable doit avoir de 25 à 100 mètres carrés de superficie. Le sol doit être sablonneux, sec, meuble, perméable, afin qu'il n'y ait jamais de boue. On y plante quelques arbres à fruits ou des acacias qui poussent vite et donnent de l'ombre. Quelques petits massifs de groseillers permettent aux poules d'aller chercher la fraîcheur pendant les grandes chaleurs de l'été. La clôture du parc doit être assez élevée du côté du nord pour former un abri. On peut très-bien établir deux ou trois parcs dans le verger. Dans ces parcs, on élève les poules de races pures, qui serviront plus tard à alimenter la basse-cour.

Voici comment un cultivateur aisé doit former sa basse-cour : C'est au mois de janvier que l'on réunit les sujets de chaque espèce qui ne doivent plus être séparés. Il faut choisir les énormes coqs de Cochinchine fauves ou noirs, ou noirs marqués de roux ou perdrix, et les mettre avec de belles poules de Crèvecœur ou de Houdan. On peut aussi renverser les rôles et mettre les poules de Cochinchine avec les coqs de Crèvecœur ou de Houdan. Il faut que les coqs n'aient pas plus de deux ans et que leurs pattes soient en très-bon état. Les poules doivent être nées dans la saison même; les jeunes poules sont celles qui pondent le mieux.

On ne recueille les œufs pour couver que quinze jours ou trois semaines après le mariage, afin d'être bien sûr qu'ils ont été fécondés par le mâle. Si on a des œufs de bonne heure, on les gardera pour les mettre à couver dès la fin de janvier ou le commencement de février, afin d'obtenir des poulets précoces. On conservera ces œufs dans un endroit tempéré et sain, enfouis dans du son et séparés les uns des autres.

Dans cette saison froide, on doit donner aux volailles de la basse-cour des grains échauffants, sarrasin, avoine, petit blé, en y ajoutant des pâtées chaudes et leur donnant à boire, deux fois par jour, de l'eau presque tiède. On loge les poulettes de l'année dans une écurie chaude, et on leur donne la même nourriture qu'aux volailles de la basse-cour, afin d'obtenir des pontes précoces.

§ VIII. — LE RUCHER.

M. Hamet, professeur d'apiculture au jardin du Luxembourg et rédacteur en chef de l'*Apiculteur praticien*, a bien voulu me communiquer les notes pleines d'intérêt sur les travaux de l'apiculture pendant le mois de janvier.

Tant que le froid dure, il faut toucher le moins possible aux ruches; seulement, il faut examiner soigneusement si les souris ne se frayent pas quelque passage dans celles en paille. On sait que ces quadrupèdes malfaisants inquiètent les ruches en automne et au printemps; mais c'est en hiver qu'ils y exercent les plus grands ravages. S'ils peuvent y pénétrer, ils y resnt longtemps et mangent la cire et les abeilles. Le rétrécissement des entrées, que nous recommandons expressément, a donc le double avantage d'abriter les abeilles contre les bises froides et contre la dent des souris. Pour prendre ces rongeurs, on se sert de souricières vulgaires ou de vases renversés et appuyés sur une planchette amorcée ou sur une noix ébréchée. Il faut placer ces piéges sous une ruche vide afin que les chats n'aillent pas les enlever lorsqu'une souris est prise. — S'il fait quelques beaux jours sans gelée, une personne soulève tout doucement chaque ruche laissée au rucher, tandis qu'une autre enlève, avec les barbes d'une plume, les mouches mortes qui se trouvent sur le tablier. — Ne pas laisser sortir les abeilles lorsque la terre est couverte de neige ; pour cela, on bouche l'entrée des ruches au moyen d'une toile métallique ou d'une toile de fil un peu claire. — On veille à garantir le plus possible les ruches des fortes bises, de l'impression de la chaleur, de la lumière, et surtout des rayons du soleil. — Si les derniers jours de janvier sont doux, il faut laisser sortir librement les abeilles des ruches restées au rucher. Quelquefois même elles commencent, dans le Midi, à récolter du pollen sur le châton en fleur du noisetier. Malheureusement, à cette époque, souvent un nuage couvre le soleil, une bise survient qui surprend les abeilles trop imprudentes avant qu'elles aient pu rentrer au logis, et ce sont autant de travailleuses perdues pour la colonie. — Continuation de la fabrication des ruches pendant les longues veillées de ce mois.

CHAPITRE VIII.

Travaux horticoles.

§ Ier. — LE JARDIN FRUITIER.

Au mois de janvier, on peut planter les **arbres** fruitiers, en ayant soin, si c'est pos-

sible, de les placer dans des trous creusés quelques jours auparavant.

On procède à la taille des arbres à fruits à pépins si le temps est doux. La taille des arbres à fruits est malheureusement fort peu répandue dans nos campagnes. Quand on se décide à tailler un arbre, on tranche à tort et à travers ; et, au lieu d'améliorer l'arbre, on détruit toute sa fécondité. La manière de conduire et de développer par la taille les arbres fruitiers est devenue une science, grâce principalement aux travaux de MM. Hardy et du Breuil, auxquels je renvoie les cultivateurs qui ne voudront pas laisser tarir, dans leur jardin ou dans leur verger, une véritable source de richesses inépuisables.

Pendant l'hiver, on prépare les treillages, on consolide les piquets et les fils de fer des contrespaliers, et on prépare les paillassons pour les fraîches nuits du printemps. M. le docteur Guyot a inventé, à cet effet, des paillassons tissés au métier qui reviennent à très-bon marché et sont d'une utilité incontestable. C'est le bon moment pour fabriquer ces paillassons.

§ II. — LE JARDIN POTAGER.

On laboure à la bêche s'il n'y a pas trop d'humidité. On fume les carrés de légumes et on enfouit de la chaux, du plâtre, des cendres et des composts préparés l'année précédente.

En cas de pluie, il faut dégarnir les pieds d'artichauts afin d'éviter la pourriture. Si le froid menace de revenir, il faut rapprocher les feuilles et la litière.

C'est au mois de janvier que l'on ouvre les fosses destinées à recevoir les plants d'asperges. Elles doivent avoir de 60 centimètres à 1 mètre de largeur, — ce qui permettra de mettre deux ou trois rangs d'asperges, — et de 50 à 60 centimètres de profondeur. On rejette la terre sur les côtés : elle s'ameublit par le contact de l'air, et peut servir à recharger la couche plus tard. Si le sous-sol n'était pas perméable, on le drainerait en mettant des branchages brisés au fond de la fosse. On étend par-dessus un lit de fumier de 30 centimètres, bien comprimé, que l'on recouvre de 10 centimètres de terre. Si le sous-sol est sain, on peut se dispenser de mettre du fumier. Seulement il faut toujours avoir soin de passer la terre à la claie, car le moindre caillou fait courber l'asperge et la rend amère.

On peut semer des fèves de marais (fève julienne, verte de chêne, et fève de Windsor), ainsi que des pois (michaud de Hollande). Ce sont des semis hâtifs qui doivent être faits au pied d'un mur exposé au midi, et lorsque le temps est doux.

Si on a pu disposer de quelques paillassons fabriqués selon la méthode de M. Guyot pour abriter un bout de planche d'oseille, de persil, de cerfeuil, de poirée, ces plants donneront encore quelques produits.

§ III. — LE JARDIN D'AGRÉMENT.

S'il ne gèle pas, on taille les rosiers greffés sur églantier à haute tige, et les rosiers en buisson. On garnit le parterre de crocus, de touffes de perce-neige, ellébores, tussilages odorants, saxifrages à feuilles épaisses. On couvre de paille sèche les planches de jacinthes plantées à l'air libre en automne.

IIIᵐᵉ PARTIE. — VARIÉTÉS

Biographies agricoles.

MOREL DE VINDÉ.

Le vicomte Charles-Gilbert Morel de Vindé naquit à Paris le 28 janvier 1759. Il fut nommé conseiller au parlement de Paris en 1778. Pendant la Révolution, il se retira dans ses domaines, qui étaient considérables, et passa des jours tranquilles à étudier l'agriculture et à pratiquer les choses qu'elle enseignait.

Il écrivit plusieurs ouvrages agricoles. Les seuls titres de ses ouvrages suffiront pour donner une idée de l'importance des sujets qui y sont traités : *Modèle d'un bail à ferme*, 1799 ; *Mémoire sur l'exacte parité des laines mérinos de France et d'Espagne*, Paris, 1809 ; *Mémoire et instruction sur les troupeaux de progression*, Paris, 1808 ; *Suite des observations sur la monte et l'agnelage*, Paris, 1808 ; *Notice sommaire sur les assolements adoptés à la Celle-Saint-Cloud, près Versailles*, 1816 ; *Essai sur les constructions rurales*, 1824 ; furent les tra-

vaux principaux qu'il publia pendant une vie longue et honorablement remplie.

Mais le titre le plus sérieux et le plus important de Morel de Vindé à l'estime des agriculteurs, c'est un petit traité publié pour la première fois en 1822, et qui a obtenu les honneurs de plusieurs éditions.

Dans ce travail intitulé : *Quelques Observations pratiques sur les assolements*, le savant agronome a posé avec beaucoup de clarté les bases de la théorie rationnelle qui est la source de tous les progrès de l'agriculture. Le traité des assolements de Morel de Vindé, écrit, il y a bientôt quarante ans, peut encore être lu et consulté avec fruit par les agriculteurs qui consentent à étudier leur art.

Morel de Vindé, nommé pair de France, en 1815, et membre de l'Académie des sciences (section d'économie rurale) en 1824, mourut à Paris en 1842, à l'âge de quatre-vingt-trois ans, laissant après lui un nom aimé de tous ceux qui aiment l'agriculture.

FÉVRIER

Iʳᵉ PARTIE. — PROVERBES ET MAXIMES

Le labourer et l'épargner
Est ce qui remplit le grenier.

Celui son bien ruinera
Qui par autrui le maniera.

De votre bien baillerez au fermier
Ce que par vous ne pourrez manier.

Belle avoine de février
Bonne espérance au grenier.

Janvier et février
Comblent ou vident le grenier.

Que si janvier est bouier
Ne le sont ni mars ni février.

Février entre tous les mois
Le plus court et le moins courtois.

Pluie en février
Vaut du fumier.

Toute culture a pour but de créer la plus grande quantité d'alimentation humaine sur une surface donnée. (LÉONCE DE LAVERGNE.)

Le premier principe à suivre dans le choix d'un assolement consiste à l'adapter aux moyens que l'on possède pour le mettre à exécution, et aux ressources dont on dispose (DE GASPARIN.)

La science des assolements consiste dans la juste proportion des récoltes à vendre et de celles qui doivent être consommées. (SCHWERTZ.)

La culture associée à la nourriture du bétail à l'étable peut, beaucoup plus facilement et plus promptement que toute autre, faire succéder alternativement les récoltes des fourrages et celles des grains. (THAER.)

La culture améliorante, c'est l'avenir commercial et manufacturier de la France. (E. LECOUTEUX.)

La meilleure organisation de la propriété rurale est celle qui attire vers le sol le plus de capitaux, soit parce que les détenteurs sont plus riches relativement à l'étendue des terres qu'ils possèdent, soit parce qu'ils sont entraînés à y dépenser une plus grande partie de leurs revenus. (LÉONCE DE LAVERGNE.)

Le capital a changé la face de l'industrie; il doit amener les mêmes conséquences dans la culture. (E. LECOUTEUX.)

Sans capital et sans crédit suffisant, une entreprise agricole ne saurait être faite avec avantage. (THAER.)

L'exploitation par fermiers ne peut avoir lieu que dans les pays où il existe déjà des capitaux accumulés dans la classe agricole. (DE GASPARIN.)

Avant tout, il faut s'assurer que la terre qu'on veut acquérir est dans une juste proportion avec le capital qu'on possède. (THAER.)

IIme PARTIE. — CAUSERIES.

CHAPITRE PREMIER

Les premières études.

On n'achète pas une propriété comme on achète une maison; on ne loue pas une férme comme on loue un appartement.

« Il faut s'assurer avant tout, dit un illustre agronome allemand, que la terre que l'on veut acquérir est dans une juste proportion avec le capital que l'on possède. »

Qu'est-ce qui ruine, la plupart du temps, les petits propriétaires? La manie de s'arrondir. On a péniblement amassé mille francs et on s'empresse d'acheter un champ de quinze cents francs; on emprunte le surplus, les intérêts s'accumulent, et au bout de quelque temps le billet de cinq cents francs que l'on doit a mangé le billet de mille francs que l'on possédait.

Au lieu d'acheter de la terre, achetons du fumier.

Pour faire pousser du blé, il faut non-seulement de la terre, mais il faut aussi de l'argent ; de l'argent pour avoir de bonnes semences, de l'argent pour le drainage, de l'argent pour l'irrigation, de l'argent pour les machines, de l'argent pour le bétail. La terre livrée à elle-même ne produit rien, la terre livrée à l'homme seul produit peu, la terre livrée à l'intelligence et au capital étroitement unis atteint rapidement son maximum de production.

C'est pourquoi, lorsqu'on achète une terre, il faut pouvoir disposer d'un capital proportionné à l'importance de la terre que l'on veut acquérir ;

C'est pourquoi, lorsqu'on afferme une terre, il faut pouvoir disposer d'un capital proportionné à l'importance de la terre que l'on veut affermer.

Cette première condition remplie, tout n'est pas encore dit. Il faut étudier avec détails les conditions dans lesquelles se trouve la terre que l'on vient d'acquérir, la ferme que l'on vient de louer.

Il faut étudier la situation géographique du sol, son altitude au-dessus du niveau de la mer, car cette altitude influe sur la température moyenne et peut modifier le climat indiqué par la situation géographique. Il faut aussi se fixer sur la position géologique déterminée par les couches générales des terrains qui peuvent êtres granitiques, jurassiques, tertiaires, ou provenir d'alluvions, etc.

Il est bon ensuite d'adopter une classification du sol, soit celle de Leclerc-Thouin, soit celle de M. de Gasparin, soit aussi celle que j'ai exposée dans les *Travaux des champs*, et qui a pour base la composition des sols, la nature de leurs produits et la puissance de leurs facultés productives. Toutes les classifications sont à peu près aussi bonnes et aussi incomplètes les unes que les autres. Quel que soit le degré d'exactitude d'une classification du sol, cette opération remplit toujours parfaitement son objet, qui est de mettre un certain ordre dans les études et les travaux du cultivateur.

On examine les propriétés physiques du sol, sa densité, sa ténacité, sa perméabilité, sa fraîcheur, sa couleur, l'épaisseur du sol et la nature du sous-sol; une analyse chimique de chaque variété de terrain complète cette série d'observations.

Il est bon de tenir compte de l'exposition et de l'inclinaison de chaque champ; de l'importance des abris naturels ou artificiels formés par les montagnes ou les rideaux d'arbres, des circonstances accidentelles (grêle, gelées, inondations, etc.) auxquelles ils sont plus particulièrement exposés.

Rechercher les plantes caractéristiques qui croissent naturellement sur ces sols; tenir compte des arbres et des plantes cultivés dans le pays. Connaître le prix moyen de location de l'hectare dans la contrée, ainsi que les différents assolements usités. Ces assolements ont toujours une raison d'être tirée des conditions particulières dans lesquelles se trouvent les cultivateurs; ce sont ces raisons d'être qu'il faut étudier et tâcher d'apprécier à leur véritable valeur.

Il faut enfin étudier les voies de communication et les débouchés; non-seulement les chemins de l'exploitation, mais le réseau de routes qui peuvent mettre la ferme en communication avec les places où l'on doit conduire les produits.

Presque tous les cultivateurs ont plus ou moins étudié ces diverses conditions, ils ont instinctivement cherché à se rendre compte d'une partie de ces faits, dont l'importance ne peut échapper à personne; mais il est utile de ne négliger aucun des côtés d'une aussi grande étude; de combiner la culture et l'assolement avec la connaissance méthodique, approfondie de ces éléments indispensables pour donner au propriétaire cultivateur ou au fermier une idée complète de la terre qu'il doit travailler.

Pour voyager avec sécurité, il faut bien connaître son cheval; pour cultiver avec profit, il faut bien connaître son champ.

CHAPITRE II

De l'assolement.

J'appelle assolement progressif la culture alterne, la culture véritablement améliorante.

Cette culture est appuyée sur les principes suivants :

Les greniers à grains sont dans les étables;

Le pain est dans la viande;

A l'accroissement des populations il faut l'accroissement du bétail.

Il vaut mieux cultiver en blé une petite surface bien fumée qu'une grande surface mal fumée. Pour moins de terrain, moins de semence et moins de travail, on obtient plus de produit.

L'objet principal de la culture alterne, ou culture avec fourrages artificiels et plantes industrielles, c'est, autant que possible, de ne faire revenir les céréales sur le même sol qu'après une année d'absence, et, pendant cette année d'absence, de cultiver, sur le même terrain, des plantes qui, tout en donnant un produit lucratif, permettent l'ameublissement du sol, sa fumure et l'extirpation des mauvaises herbes.

Les céréales sont indispensables au bien-être de l'humanité; elles donnent le pain et le pain est la base de la nourriture humaine.

Mais les céréales *épuisent* le sol et le *salissent* en facilitant le développement des plantes parasites.

Il faut chercher à résoudre ce double problème :

Faire des céréales le plus fréquemment possible, tous les deux ans, par exemple, et alors chercher, pour l'année libre, une culture qui permette de nettoyer le sol, de le fumer, de l'ameublir, et qui, tout en payant les frais de ces travaux, donne un bénéfice au cultivateur, si c'est une plante industrielle, ou fournisse à l'alimentation des animaux.

Les *plantes sarclées* remplissent parfaitement ces conditions. Les turneps, les féveroles, les choux, ameublissent le sol, le nettoient, fournissent de l'engrais, et augmentent la rente du cultivateur par la vente du bétail qu'elles nourrissent. Les betteraves, le colza, le pavot remplissent le même objet en y ajoutant le produit qu'ils donnent comme plantes industrielles.

Voici donc quels sont les principes qui doivent diriger un agriculteur dans le choix de ses diverses cultures :

Alterner, autant que possible, la culture des céréales avec celle des plantes fourragères, telles que trèfles, vesces en vert, maïs-fourrage, carottes, betteraves, etc., ou avec celle des plantes industrielles, telles que colza, lin, chanvre, etc.

Les particularités tenant au climat, à la nature du sol, aux nécessités locales, peuvent modifier l'alternance des cultures; mais il ne faut s'éloigner que le moins possible des principes qui précèdent, et que les agriculteurs les plus distingués ont unanimement adoptés.

Cependant il y a des contrées où l'assolement triennal, composé de trois soles : jachère, blé et avoine, avec une sole en dehors de la rotation destinée aux prairies artificielles, doit être conservé pendant quelque temps. Cet assolement exige un petit capital, de médiocres connaissances spéciales, à cause des produits peu variés qu'il donne et du peu de difficultés que présente la succession des trois soles.

Une charrue par 40 hectares, quelques herses, un ou deux rouleaux, un tarare et une machine à battre suffisent. On a un cheval pour 15 hectares et au minimum l'équivalent d'une tête de gros bétail en bêtes à laine. L'engrais est représenté par une fumure de 25,000 kil. par hectare, tandis que, dans la culture alterne, on applique sur les racines qui précèdent le blé jusqu'à 60,000 kilogrammes.

La culture alterne permet d'entretenir des ouvriers toute l'année; l'assolement triennal oblige le cultivateur à recourir, dans certaines circonstances, à des ouvriers étrangers que l'on ne trouve pas toujours.

La culture alterne est la culture du progrès. Elle est bien supérieure en produits à la culture triennale.

Cependant il ne faudrait pas légèrement abandonner l'assolement triennal pour l'assolement progressif.

M. Gustave Heuzé résume parfaitement, en ces termes, les conditions dans lesquelles doit se trouver le cultivateur pour adopter utilement la culture alterne, culture essentiellement améliorante :

« La culture alterne n'est possible, dit-il :

« 1° Que si les terres sont de bonne qualité;

« 2° Si on dispose d'un capital qui permette de faire à la terre et aux cultures les avances qu'elles réclament;

« 3° Si aucune partie des terres n'est très-éloignée des bâtiments d'exploitation;

« 4° Si les routes qui conduisent au marché sont en bon état;

« 5° Si les marchés sont assez importants pour qu'on puisse y écouler facilement les produits fournis par le bétail et les plantes commerciales;

6° Si la population est nombreuse et laborieuse;

7° Enfin, si la durée du bail est longue et permet de rentrer dans les avances faites à la terre. »

La culture alterne est la culture du progrès; il dépend surtout du cultivateur de vaincre les difficultés qui pourraient s'opposer à son adoption.

L'assolement triennal pur est considéré comme un assolement de transition. Il permet d'attendre la science et l'argent.

Aux environs de Paris, l'assolement triennal a été perfectionné et la jachère a été utilisée pour la culture du colza, des betteraves, etc., culture qui était rendue possible par un capital d'exploitation considérable, par la vente des pailles à Paris et aux environs et par l'achat d'engrais.

Une culture de transition n'est pas faite pour durer toujours; le mot seul le dit.

CHAPITRE III

La loi sur le drainage.

Faut-il drainer les terrains marécageux? — cela va sans dire. Faut-il drainer les terres humides et à sous-sol argileux, imperméable? — L'expérience a mille fois prouvé, aussi bien en France qu'en Angleterre et ailleurs, l'utilité incontestable de cette opération. Quant aux terres saines et à sous-sol perméable, on les améliore de diverses façons, avec des labours, avec des amende-ments ou avec des engrais.

Quel effet produit le drainage? — Il débar-rasse les terres de l'excès d'humidité prove-nant des sources naturelles ou des pluies; il établit, dans les profondeurs du sol, un courant continu des eaux pluviales entraî-nant avec elles une certaine quantité d'air. Or l'eau de pluie contient de l'azote à l'é-tat d'ammoniaque, l'air contient aussi de l'azote, qui, se combinant avec l'hydrogène, forme de l'acide azotique. L'air et la pluie constituent donc un engrais assez puissant.

Pour drainer un champ ou un pré, on creuse dans le sol, de dix en dix mètres environ, dans le sens des pentes, des fossés, évasées par en haut. Ces fossés ont une lar-geur de dix centimètres au fond (c'est le diamètre extérieur des tuyaux ordinaires) et une ouverture de 45 à 60 centimètres, selon que le fossé a 1^m.20 ou 1^m.50 de pro-fondeur.

On place les tuyaux, bout à bout, au fond du fossé qui est bien battu. Lorsque les tranchées sont profondes ou qu'il s'agit de drains collecteurs, chargés de recevoir l'eau provenant des tuyaux ordinaires, on recouvre les tuyaux d'une couche de pierres cassées; par-dessus on place l'argile bien tassée à l'aide d'un pilon en bois. Dans les fossés peu profonds, on supprime les cail-loux et on met l'argile immédiatement sur les tuyaux; cette couche d'argile a de 15 à 25 centimètres d'épaisseur, et on la recouvre avec la terre végétale.

L'eau, trouvant une issue permanente, s'échappe par les simples tuyaux et se rend dans les drains collecteurs (dont le diamètre est plus grand) qui la conduisent dans les ruisseaux ou l'utilisent pour l'irrigation des prairies inférieures.

D'après les différents auteurs qui ont écrit sur le drainage, on évalue l'étendue de terres susceptibles d'êtres drainées en France de 7 à 12 millions d'hectares. J'ai pris les deux chiffres extrêmes. M. Belgrand, ingé-nieur des ponts et chaussées, dans un travail sur l'*Hydrologie du Bassin de la Seine*, es-time que, sur 4,310,000 hectares, 1,874,000 devraient être drainés.

Le drainage d'un hectare peut revenir, prix moyen, de 300 à 400 francs, dans les circonstances les plus ordinaires.

Vous voyez que pour drainer ses terres il faut de l'argent. Malheureusement le capi-tal manque le plus souvent aux propriétaires qui rêvent cette amélioration ; c'est pour cela que la Chambre a voté 100 millions pour être affectés aux premiers besoins du drainage en France ; c'est pour cela que le gouvernement a autorisé la Société de Crédit foncier à servir d'intermédiaire entre l'État qui fait le prêt et le propriétaire qui le re-çoit.

On trouve peu d'argent chez le notaire, le prêt revient à 8 p. 100 ; l'échéance est rap-prochée, et il faut tôt ou tard rembourser le capital. Le Crédit foncier prête pour vingt-cinq ans à 6 p. 100, et, quand on a payé cet intérêt pendant vingt-cinq ans, le capital se trouve payé et l'emprunteur se trouve libéré.

Maintenant quelles formalités faut-il rem-plir pour obtenir un prêt sur le drainage?

C'est très-simple, et l'administration est disposée à simplifier, dans la pratique, les formes jugées indispensables en théorie.

Vous vous faites délivrer par votre maire, sur papier libre, un extrait de la matrice et un extrait du plan cadastral.

Puis vous écrivez sur une feuille de pa-pier timbré de 35 cent. une demande rédi-gée à peu près comme il suit :

« Monsieur le Ministre,

« Le soussigné (noms, prénoms), demeu-rant à... commune de..., département de..., a l'honneur de vous exposer qu'il désire obtenir un prêt du Trésor, par application des lois des 17 juillet 1856 et 28 mai 1858 sur le drainage.

« Les parcelles, au nombre de .., que le soussigné se propose de drainer sont figu-rées sur l'extrait ci-joint du plan cadastral

et inscrites au n°... de la matrice cadas-
trale dont l'extrait est ci-annexé :

« Les parcelles sont exploitées par lui-
même ou par M.... à titre de fermier ou de
colon partiaire.

« Le revenu actuel est de...

« La dépense approximative de l'opération sera de...

« Le soussigné désire emprunter la
somme de...

« Le soussigné à l'honneur d'être, » etc.

Vous placez la feuille de 35 centimes et
les deux extraits sous enveloppe ; vous mettez sur l'adresse : « A monsieur le ministre
de l'agriculture, du commerce et des travaux publics, à Paris, » et vous jetez le tout
à la poste sans affranchir.

Puis vous attendez.

Il est évident que vous savez d'avance
quels terrains vous voulez drainer et quelle
somme vous voulez emprunter. Il vaut
mieux demander plus que moins, — cela ne
vous engage à rien.

Vingt jours après environ, l'ingénieur du
département vient visiter vos parcelles et
examiner votre plan. S'il lui paraît défectueux, il vous donne des conseils ; si vous
n'avez personne pour faire faire ce plan, il
vous le fera dresser gratuitement.

Quinze jours plus tard, le Crédit foncier
vous invite à déposer chez le percepteur
vos titres de propriété. Pour vous prêter
de l'argent sur votre terre, il faut bien savoir si elle vous appartient.

Après avoir vérifié vos titres on vous répond que la demande est acceptée, et vous
commencez vos travaux.

Au bout de quelque temps, vous demandez un à-compte. L'ingénieur s'assure que
les travaux sur lesquels porte la dépense
sont faits, et la somme demandée comme
à-compte vous est immédiatement versée,
et ainsi de suite, jusqu'à parfait achèvement
des travaux.

Des compagnies s'organisent, en ce moment, pour se mettre au lieu et place des

propriétaires, ce qui simplifiera encore,
pour le propriétaire, une chose aussi simple par elle-même.

Vous payez, en tout et pour tout, outre
les frais d'actes, un intérêt de six pour cent
pendant vingt-cinq ans. Or voici quels résultats financiers a donnés le drainage en
Angleterre.

Un sol très-humide a coûté 335 fr. par
hectare ; il rapportait, avant le drainage,
62 f.34 par an, en moyenne. Après le drainage, il a rapporté 112 f.30.

Un sol profond d'alluvion et de marais,
ayant nécessité un canal de décharge très-
coûteux et revenant à 627 fr. l'hectare, rapportait 46 f.78 et a produit 124 f.78.

Enfin un sol de landes et de marécages
dont le drainage a coûté 502 f.28, et qui
rapportait 7 f.79, a produit 43 f.60.

Ces exemples, pris dans diverses natures
de sol, prouvent quels sont les bénéfices
résultant du drainage des terres rendues
presque improductives par l'excès d'humidité.

Quant aux résultats hygiéniques, nous
irons aussi les chercher en Angleterre, où
l'opération du drainage a pris d'immenses
développements. Voici des chiffres donnés
par M. Pearson, du district de Woolton. Les
cas de fièvre et de dyssenterie, qui étaient au
nombre de 30 en août 1847, étaient réduits
à 2 au bout d'une année de drainage en
août 1848 ; en septembre 1848, on en
avait 7, au lieu de 17 l'année précédente ;
en octobre 4 au lieu de 9 ; en novembre 3
au lieu de 9 ; enfin, en décembre 1848, 0
au lieu de 12 qui avaient été constatés l'année précédente.

Ces chiffres parlent trop haut pour qu'on
ait besoin d'y rien ajouter.

Le drainage des terres humides est donc
une opération très-utile au point de vue
hygiénique des campagnes comme au point
de vue financier.

Que faut-il donc pour décider les propriétaires à drainer leurs terres humides ?

Que l'utilité de cette opération soit démontrée? — Elle l'est surabondamment.

Un ingénieur pour faire les plans? — Les ingénieurs des ponts et chaussées et leurs agents sont mis gratuitement à la disposition des propriétaires.

De l'argent? — Le Crédit foncier a, cette année, dix millions à leur offrir.

Qu'exige-t-on de plus? Pour mon compte, je l'ignore.

IIIme PARTIE. — TRAVAUX DES CHAMPS.

CHAPITRE PREMIER
Comptabilité agricole.

L'inventaire du cultivateur devra être clos au 30 avril. Dans les livraisons de *mars* et d'*avril*, nos lecteurs trouveront des notions suffisantes pour pouvoir établir eux-mêmes leur tenue de livre d'une manière très-simple et en même temps très-complète. Cependant les agriculteurs qui préféreraient clore leurs comptes au 31 décembre pourront très-facilement appliquer à cette époque notre mode de comptabilité.

CHAPITRE II
Travaux des champs.

§ Ier. — MODIFICATION DE L'ASSOLEMENT.

Le mois de février peut être considéré comme point de départ d'un assolement nouveau. C'est à cette époque de l'année que le cultivateur examine le produit de ses diverses cultures, la situation générale des marchés qui l'environnent, l'état de rareté ou d'abondance de certaines denrées, et qu'il modifie son assolement selon les divers besoins qu'il veut pouvoir satisfaire ou selon que telle ou telle récolte a manqué.

Le cultivateur qui a un assolement régulier a dû se ménager, dès le début, la facilité de remplacer une plante par une autre, évitant d'impatroniser une même plante dans chaque sole. C'est donc le moment favorable pour modifier l'aménagement des soles qui laissent à désirer.

La récolte d'automne est en terre, les semences de printemps vont être confiées au sillon; le changement opéré dans ces cultures pourra devenir le signal des améliorations nécessitées par un assolement mal approprié. Aucune époque n'est plus opportune pour faire une tentative de progrès.

« Les cultivateurs, dit M. Moll, qui suivent un système libre dressent et combinent actuellement (février) leur plan de culture pour les récoltes printanières, se guidant, à cet égard, sur le temps, sur le sol, sur l'apparence des récoltes autour d'eux, et en général sur toutes les circonstances qui influent sur le rendement, sur le prix et sur la vente des divers produits.

« Les cultivateurs qui ont un assolement déterminé décident également, vers cette époque, des changements que les circonstances énumérées plus haut, de même que le manque de l'une ou l'autre des récoltes hivernales, les forcent à y faire. Quelque convenable que soit un système de culture pour une localité déterminée, il est souvent nécessaire d'y apporter des modifications, car les circonstances ne sont pas toujours les mêmes. »

Ces dernières paroles de M. Moll sont pleines de sagesse, et nous inviterons les agriculteurs à les méditer. D'ailleurs, un célèbre agronome que nos lecteurs connaissent avait résumé en deux mots cette théorie : « Les circonstances font les assolements. »

§ II. — LABOURS D'HIVER.

On continue les labours que la saison rend praticables. L'époque des semences approche, et il faut toujours pouvoir laisser un intervalle de quelques jours entre les derniers labours et le hersage qui accompagne l'ensemencement.

Si vous voulez faire des betteraves, des carottes, des choux, des pommes de terre, c'est-à-dire si vous devez fumer fortement, vous pourrez labourer profondément et défoncer le terrain; les défoncements de la fin de l'automne sont ceux qui valent le mieux; la terre du sous-sol, ramenée successive-

ment à la surface par les labours, s'améliore par le dégel. Évitez pourtant de ramener en une seule fois une forte portion du sous-sol à la surface; si ce sous-sol est de l'argile, du sable ou du schiste, on mélange peu à peu ces sols infertiles à la terre végétale dont ils augmentent la profondeur. Ce soin-là est nécessaire lorsqu'on a adopté un assolement qui ramène trop fréquemment les céréales.

J'ai parlé, dans mon Calendrier de *janvier*, de la charrue Bella pour les labours pro-

Fig. 8. — Araire Bodin.

fonds ; si on veut défoncer, on peut faire suivre cette charrue, ou bien, par exemple, la charrue Howard, entièrement en fer (fig. 9

et 10), par l'araire de M. Bodin, de Rennes, dont je donne le dessin (fig. 8). Mais il faut avoir soin d'enlever le versoir de la seconde

Fig. 9. — Charrue Howard.

A soc, B versoir, C étançon antérieur, D age, E régulateur, E tige ou régulateur, F maillon d'attelage terminant la charrue de tirage G, H tige coudée fixant les roues à l'axe, I decrottoir, K peloir et sa tige, M coutre et sa boîte L, N mancherons.

charrue dont le soc fouille la terre dans la raie ouverte par la première; de cette manière, on obtient un labour profond sans ra-

mener à la surface du sol une trop grande quantité de la terre du sous-sol.

Si on a des terres argileuses qui aient été

labourées avant l'hiver et qui aient été ameublies par l'effet des gelées, M. Moll recommande de semer sur guérets et de recouvrir à la herse. Il y aurait un inconvénient à donner un nouveau labour, le dessous du sol étant encore humide et compacte. « L'avantage de cette méthode se fait surtout remarquer dans les printemps secs, ajoute M. Moll : tandis que les avoines, fèves, vesces, orges, semées sur un labour de printemps, lèvent avec peine et sont souvent atteintes par la sécheresse avant d'avoir

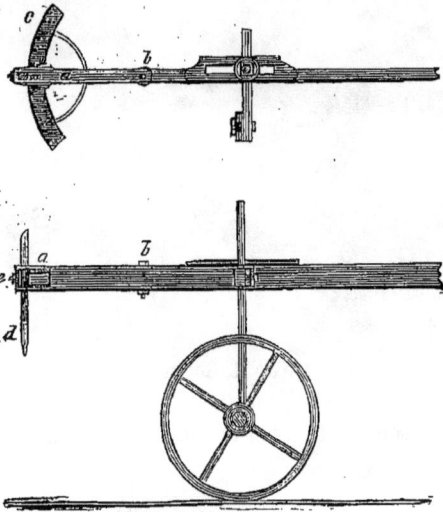

Fig. 10. — RÉGULATEUR DE LA CHARRUE HOWARD.

Pièce double *a* tournant autour d'un arc vertical *b* fixé dans l'axe; tige verticale *d* pouvant être élevée ou abaissée, et retenue à la hauteur voulue par une vis de pressoir *e*. L'arc double en fer *c*, formant l'extrémité antérieure de l'axe, est embrassé par la pièce *a*, de façon qu'au moyen d'une cheville fixée dans l'une des dix-neuf trous alternes, le laboureur pourra fixer, à trois ou quatre millimètres près, la position de la tringle de traction dans le plan horizontal.

pris assez de vigueur pour lui résister, celles qui sont semées sur un labour d'hiver, ayant trouvé une terre meuble en dessus, humide en dessous, c'est-à-dire la circonstance la plus favorable pour la germination et pour la végétation, lèvent promptement et couvrent déjà la terre lorsque arrive la sécheresse. »

Pour faire cette opération, il faut disposer d'une herse puissante comme celles qu'on trouve en Angleterre. Dans le Calendrier de *mars*, je ferai connaître les différentes herses que l'on peut se procurer.

L'*extirpateur*, ou herse à socs, est employé pour rompre un labour d'hiver. « Il remue beaucoup mieux la terre que la herse, dit M. Moll, détruit plus complétement les mauvaises herbes déjà levées, fait trois fois autant de besogne que la charrue et un travail bien préférable dans cette circonstance. »

Lorsque la terre n'a reçu qu'un labour, et qu'elle doit être labourée de nouveau, on emploie le *scarificateur*, ou herse formée par des coutres.

Nous ferons plus intimement connaissance avec ces instruments, à l'aide de dessins, dans la livraison de *mars*.

§ III. — LES SEMAILLES.

Le succès de la récolte dépend de l'époque des semailles, des conditions dans lesquelles elles ont été faites, de la manière dont elles ont été opérées, et enfin de la qualité des semences employées.

Il n'est pas possible d'assigner aux semailles une époque absolument fixe; les Anglais ont à ce sujet un adage d'une sagesse profonde : « Soyez plutôt hors du temps que de la température, » disent-ils, et ils ont raison.

Pour semer avec succès, il faut savoir saisir l'occasion favorable.

Il est reconnu que, pour les ensemencements d'automne, les terres argileuses doivent être ensemencées avant les terres calcaires ou siliceuses. « Le contraire arrive précisément pour les semailles exécutées au printemps, dit Antoine de Roville, les terres argileuses, humides des pluies de l'hiver, ne peuvent encore laisser marcher la charrue ou la herse que déjà les terres siliceuses et calcaires sont ressuyées. C'est donc par celle-ci qu'il convient de commencer. » On sait, du reste, que la fin de février et le mois de mars sont, en général, assez secs dans nos climats. A cette époque règnent presque inclusivement les vents d'est **ou** nord-est qui dessèchent rapidement le sol.

Une graine pour pouvoir germer est soumise à deux conditions : absence de lumière et présence de l'oxygène; la couche de terre qui recouvre la semence doit être assez épaisse pour arrêter les rayons lumineux, assez légère pour permettre à l'oxygène de l'air de pénétrer jusqu'à la graine et d'exercer sur elle son action fécondante.

On comprend maintenant que la profondeur à laquelle on enterre cette graine doit être variable selon la nature des sols. En effet, « cette profondeur n'est point absolue, dit Antoine de Roville; elle varie avec la nature du sol, l'époque de la semaille et la grosseur de la semence. Plus une graine est grosse, plus elle veut être enterrée profondément. Cet axiome est général, mais pas universel. Plus le sol est argileux, plus il faut enterrer superficiellement, et la raison en est tirée de ce que l'argile est une terre tenace, peu perméable aux influences extérieures; et il est impossible à l'oxygène de pénétrer une couche qui ne lui laisse aucun passage. Ce sol, par sa ténacité, offre également, à la sortie de la jeune plante, des obstacles qu'elle ne peut souvent surmonter. »

La semence doit être choisie avec soin au moment de la récolte et précieusement conservée pour l'époque des semailles. Dans les petites exploitations, et pour les cultures qui ne sont pas pratiquées sur une grande échelle, la récolte de la semence peut être faite avec un soin plus minutieux. Mais, lorsqu'on opère sur de grandes quantités de graines, comme pour les céréales, on a recours aux trieurs, dont nous nous entretiendrons plus en détail dans le Calendrier de *mars*, à propos des semailles des céréales de printemps.

La nécessité des précautions relatives aux semailles peut se résumer en ces mots : « Qui ne sème rien n'a rien; qui sème mal récolte mal. »

A. Le pavot.

L'industrie tire du *pavot* ou *œillette* deux produits différents : de *l'opium* ou de *l'huile d'œillette*. Quel que soit l'usage auquel on le destine, sa culture est la même.

« Le pavot, dit Mathieu de Dombasle, doit se semer le plus tôt qu'il est possible, après que la terre est ressuyée; souvent on peut le faire dès le mois de janvier, mais en général on ne doit pas passer celui de février. Les sols légers, sablonneux ou graveleux, mais cependant riches et profonds, sont ceux qui conviennent le mieux à cette plante; elle se sème presque toujours sur un labour d'automne. On en cultive deux variétés : dans l'une, la semence est grise, et les capsules s'entr'ouvent au moment de la maturité; dans l'autre, qui a ses semences blanches, les capsules restent toujours fermées. Cette dernière paraît préférable, parce qu'elle n'est pas sujette comme l'autre à laisser répandre ses semences par les grands vents, cependant quelques personnes croient qu'elle est moins productive. »

Il faut au pavot un terrain doux, léger, substantiel, profondément ameubli par les labours; on le fume à raison de 40 voitures de fumier de ferme par hectare, ou leur équivalent en engrais artificiel.

On sème à la volée, à raison de 2 kilogr. 500 gr. par hectare, sur des terres labourées à plat ou en billons. On recouvre par un léger coup de herse, ou bien, selon la recommandation de M. de Dombasle, en faisant passer sur la terre un châssis en bois garni d'épines, lorsque le sol est ressuyé.

B. La féverole de printemps.

On cultive deux variétés de féveroles :

La *féverole d'hiver*, dont nous nous occuperons en *octobre*;

La *féverole de printemps*; c'est la plus répandue dans le nord de la France.

Cette légumineuse est particulièrement cultivée sur des terres argileuses, rendues, par leur trop grande ténacité, impropres à la végétation du millet, de la lentille, du sarrasin, etc. Cette faculté de réussir dans des circonstances semblables la rend très-précieuse pour le cultivateur.

La culture de la féverole de printemps est très-répandue dans le Poitou, la Flandre, etc. On lui donne ordinairement trois labours : le premier, très-profond, avant les gelées; le deuxième en travers, aussitôt après les derniers froids de l'hiver, et le troisième immédiatement avant le semis. On sème après la *Chandeleur*.

Dans le centre et dans le nord de la France, l'ensemencement se fait depuis le mois de février jusque dans le courant d'avril; mais on ne donne habituellement que deux labours, et on remplace souvent le second par deux ou trois traits d'extirpateur.

On sème généralement à la volée, à raison de 200 à 250 litres de semences par hectare. On peut associer la féverole à de l'avoine et aux pois gris. On enterre la semence à 0^m.08 de profondeur, au moins, selon Mathieu de Dombasle, et de 0^m.06 à 0^m.10 de profondeur, selon M. Gustave Heuzé.

Mathieu de Dombasle recommande l'ensemencement en lignes, avec espacement de 0^m.66 à 0^m.75. On répand alors la semence dans la raie ouverte par la charrue, soit à la main, soit à l'aide d'un semoir, en ayant soin de laisser des raies vides. Les féveroles cultivées en lignes donnent presque toujours double récolte et permettent les sarclages à l'aide de la houe à cheval, ce qui constitue une grande économie de main d'œuvre.

La féverole réussit bien sur les défrichements. Le savant praticien de Bruté, M. Trochu, substitue, dans l'assolement, la féverole à l'avoine, elle salit moins la terre et la prépare à la récolte du colza qui la suit; elle est plus précoce que l'avoine et fatigue moins le sol. M. Trochu la cultive en ligne, selon la méthode de Mathieu de Dombasle.

C. L'avoine.

On peut semer l'avoine en février, dit Mathieu de Dombasle. Les semailles hâtives sont souvent les plus productives. Mais l'époque ordinaire des semailles est en mars. Au mois de février, on a toujours à redouter les dernières gelées, qui peuvent détruire en quelques jours les espérances de la moisson prochaine.

D. Betteraves.

On sème ordinairement la betterave depuis la fin de mars jusqu'au milieu du mois de mai; cependant, dans la région du Midi, on commence à ensemencer vers la fin de février.

« Le moment le plus favorable pour faire les semis en place, dit M. Heuzé, est lorsque la température moyenne de l'air a atteint 8 à 9 degrés au-dessus de zéro. En général, les semailles hâtives sont celles qui donnent les meilleurs résultats; toutefois, lorsqu'on sème trop tôt, beaucoup de plants montent à graine dans le courant de l'été. »

On sème les betteraves en lignes, soit à l'aide d'un rayonneur à cheval, soit à l'aide d'un semoir. On répand 5 à 6 kilogrammes de grain par hectare, ce qui représente de 250,000 à 300,000 graines; on les enterre à une profondeur de 0^m.02 à 0^m.04. A l'aide du rayonneur à cheval, on trace les rayons sur le sol. Des femmes déposent dans le sol les graines, qui sont recouvertes par un léger coup de herse. Quatre femmes suffisent, selon M. Heuzé, pour ensemencer un hectare dans une journée.

Lorsqu'il s'agit d'une exploitation importante, et qu'il est nécessaire de faire les travaux avec une grande rapidité, on a recours à un semoir traîné par un cheval. Le semoir trace le rayon, répand la graine et la recouvre en même temps. Le semoir à cuillers, fabriqué à Grignon, est parfaitement convenable, parce qu'il est peu compliqué et bien combiné pour la pratique.

Pour hâter et mieux assurer la germina-

LES DOUZE MOIS.

fait tremper pendant quelques heures dans
du vinaigre léger, c'est une excellente méthode.

E. *Choux pommé et rutabaga.*

Le chou quintal, chou cabus ou chou
d'Alsace, est la meilleure variété de choux
pommé, c'est la plus rustique et la plus
productive. On sème d'abord en pépinière,
de la fin de février au commencement de
mars, pour transplanter en mai ou juin;
il faut que le sol de la pépinière soit fumé
longtemps d'avance, bien ameubli et divisé
en planches de 1ᵐ.20. M. Heuzé, dans son
traité des *Plantes fourragères,* où l'on trouve
d'excellents renseignements, assure que 200
à 300 grammes de semences en pépinière
suffisent pour fournir le plant nécessaire à
un hectare, si la graine est de bonne qualité.

On sème aussi le rutabaga en pépinière
à raison de 75 à 100 grammes pour un are;
on divise la pépinière en trois parties, que
l'on ensemence vers la fin de février, le 10
et le 25 mars, afin d'être sûr d'obtenir successivement des semis bien levés.

Il faut avoir le plus grand soin des pépinières; les sarcler et les éclaircir à plusieurs
reprises. Dans le cas où on craindrait de ne
pas avoir assez de plant, on repique, sur une
terre riche et bien ameublie, les plants résultant des éclaircissages, en ayant soin de
couper l'extrémité déliée des racines.

F. *Pois gris.*

Le *pois gris* ou *bisaille* est une plante des
régions froides, car elle demande une terre
fraîche et un climat humide.

Le pois gris de printemps se sème vers
la fin de février jusqu'en juin, à la volée,
sur une terre ameublie, à raison de 250
litres de graine par hectare; on peut l'allier
à de l'avoine de printemps.

Il vaut mieux le cultiver comme fourrage
vert; il est bon pour les moutons, les vaches
et les bœufs; à l'état de fourrage sec, il est
un peu dur et grossier.

G. *Le panais*

Le *panais* n'est guère cultivé que dans
une partie de la Bretagne, particulièrement
dans le département des Côtes-du-Nord. Il
y a deux variétés : le *panais rond* et le *panais long*; c'est cette dernière variété que
l'on cultive en grand.

Le panais exige une terre très-profonde,
un peu argileuse, meuble et fraîche. On
laboure avec une très-forte charrue, et des
ouvriers munis de pelles bretonnes, à fer
recourbé, suivent la charrue en fouillant la
raie jusqu'à une profondeur de 0ᵐ.60; on
pourrait cependant remplacer cette coûteuse
préparation en se servant d'une charrue
sous-sol.

On sème du 15 février au 15 mars en
lignes espacées de 0ᵐ.40 à 0ᵐ.50, en employant de 3 à 5 kilogrammes de graine
par hectare et recouvrant légèrement avec
un coup de herse. M. Trochu a renoncé au
panais dans ses défrichements de Belle-Isle,
pour adopter le rutabaga, dont le produit
lui paraît plus certain.

H. *Plantation des topinambours.*

On plante les topinambours, soit en automne, soit à la fin de l'hiver, en février ou
en mars. Cette opération se fait à la charrue; il faut planter les tubercules entiers,
sans les couper, et de 15 à 25 hectolitres
par hectare, selon la grosseur des tubercules. Les lignes doivent être espacées de
0ᵐ.50 et les tubercules de 0ᵐ.25 à 0ᵐ.30.

M. Boussingault, qui a étudié spécialement la culture du topinambour, fume à la
dose de 22,500 kil. par hectare, pour obtenir, en moyenne, 330 hectolitres pesant
26,400 kil.

§ IV. — RÉCOLTES.

Il y a peu de chose à récolter au mois
de février. Dans la région de l'Ouest, on
commence la récolte des *nabusseaux,* navets
à racine fusiforme, que l'on arrache à la fin
de l'hiver, lorsque la tige est en fleur. C'est
le premier fourrage que l'on donne aux
bêtes à cornes.

On coupe rez terre les tiges de choux-moelliers. On divise les tiges longitudinalement pour les donner aux bestiaux. Dans l'ouest de la France, on arrache quelques feuilles de choux non pommés.

On achève de couper et à piler l'ajonc marin, que M. Trochu appelle avec beaucoup de raison le *trèfle d'hiver*.

Le pastel, qui réussit parfaitement sur les sables et sur les sols pauvres, peut être livré aux bêtes à laine pendant les mois de février et de mars. Après avoir été pâturé de bonne heure, il repousse avec beaucoup de facilité. C'est le premier fourrage que l'on puisse faire consommer sur place.

§ V. — PRAIRIES NATURELLES.

L'arrosage des prairies et des pâturages, à la fin de l'hiver, est très-favorable à la végétation.

L'arrosage a lieu, dans ce temps-ci, de deux manières. Le mois de février est ordinairement pluvieux; lorsque les prairies sont situées dans les terrains inférieurs, elles peuvent recevoir les eaux de pluie entraînant les limons et les détritus des champs supérieurs. Le cultivateur fera bien de prolonger les rigoles d'écoulement de ces champs jusque dans le pré, en ayant soin d'établir un léger barrage en terre, dirigé transversalement au sens de la pente et muni de bâtardeaux. Cette disposition produira un limonage périodique, soit en automne, soit au printemps, qui améliorera sensiblement la prairie. Mais, si ce limonage avait lieu pendant la végétation de l'herbe, il produirait les plus fâcheux résultats.

On arrose aussi avec de l'eau provenant de sources, de ruisseaux ou de réservoirs. Cet arrosage a lieu pendant la végétation. Les rigoles d'arrosage doivent être bien nettoyées, réparées et mises en bon état. « Il faut, dit M. Stephens, excellent praticien anglais, que l'irrigateur surveille l'arrosage encore de plus près pendant le mois de février, parce qu'à cette époque l'herbe commence à végéter de nouveau.

Si, lorsque la température s'est radoucie, on laisse trop longtemps couler l'eau sans interruption sur la prairie, il s'y forme une écume blanchâtre extrêmement nuisible à la jeune herbe. On a également à craindre la gelée à cette époque; car, si les eaux ont été détournées de dessus le pré trop tard dans la soirée, pour que la surface ait bien pu se ressuyer avant le moment du gel, les plantes, alors très-tendres, en souffriront beaucoup. Pour prévenir le premier de ces inconvénients, on ne doit arroser que par périodes de huit jours, et, pour éviter le second, il faut toujours retirer les eaux de bonne heure dans la matinée.

Si, à la fin de février ou au commencement de mars, l'herbe de la prairie ou de l'herbage était assez haute pour faire pâturer les animaux, il faudrait arrêter l'irrigation et ne pas laisser pénétrer les bêtes dans le pâturage avant qu'il fût bien desséché.

Je terminerai ces indications en empruntant au *Calendrier du cultivateur de l'Ouest* (inédit), par M. Heuzé, les passages suivants :

« Le pâturage dans les prairies naturelles cesse communément à la Chandeleur. A partir de cette époque, le cultivateur doit se préoccuper des soins que réclament ces prairies. On doit d'abord étendre les taupinières. Cette opération peut être exécutée avec une pelle de fer ou un *fossoir*, ou bien au moyen d'un grand cadre de bois armé d'une lame de fer et traîné par un cheval. Cet instrument, que l'on appelle *étaupinoir*, est très-simple et peut être construit par le cultivateur. On étend parfaitement les taupinières, et on fait en un jour le travail de dix ouvriers.

« On enlève ensuite les plantes nuisibles qui n'ont point été arrachées, détruites pendant l'hiver, et, au moyen du râteau, on ramasse les feuilles mortes tombées des arbres, restées sur le gazon, et qui nuiraient infailliblement au développement des plantes, si elles séjournaient plus longtemps sur la prairie ; car, en se décomposant, elles donnent naissance à du tanin. Puis on détruit les buttes qui existent, et qui ne sont autres que des taupinières recouvertes d'herbes, et on disperse les excréments des animaux. Cet épandage est fort important. Lorsqu'on laisse intacte au sein d'une prairie de la fiente d'animaux, la production herbacée est toujours irrégulière ; et, d'un autre côté, on tend à favoriser l'existence et la multiplication d'insectes nuisibles aux plantes fourragères. Enfin, on nettoie les rigoles de desséchement qui ont été dégradées ou comblées par les pieds des animaux, afin de faciliter l'égouttement du sol, pour qu'il s'échauffe plus promptement et que la végétation des plantes soit plus précoce.

« Dans un grand nombre de localités de la région de l'Ouest, on termine les travaux qu'exigent chaque année, à cette époque, les prairies naturelles, en procédant à un *balayage* complet. Cette opération, que l'on exécute au moyen de *balais de houx*, a pour but de détacher les feuilles et la *mousse* qui existent sur le gazon. On a proposé, pour enlever les mousses des prairies, de les herser avec une herse d'épines ; ce moyen est très-avantageux, surtout sur les grandes prairies, mais il est bien inférieur à l'action du balai. Le balayage des prairies doit être pratiqué sur toutes celles qui sont encloses par des haies vives. Cette opération est une des plus importantes à exécuter ; elle concourt toujours à assurer une production en foin plus abondante. »

§ VI. — DÉFRICHEMENT DES PATURAGES.

C'est ordinairement dans ce mois, selon M. Heuzé, qu'on commence le défrichement des pâturages que l'on appelle *friches, pâtures, pâtis*. Le labour est souvent exécuté à plat, quelle que soit la disposition du sol ; mais quelquefois aussi on laboure de nouveau en billons. Pour *charruer* à plat, on rassemble plusieurs billons en une seule planche. D'abord, la charrue écrête ou

taille fortement un billon sur la droite, et rejette la bande dans la raie ; puis elle taille le billon voisin, et appuie une seconde bande contre la première ; ensuite elle attaque la partie qui reste du premier billon, rejette la bande dans la raie ouverte par la charrue, taille de nouveau le billon voisin, et renverse aussi la bande dans la raie ouverte par le second trait. Ceci exécuté, on attaque un autre billon, et la bande de terre qui résulte de cette taille est renversée dans la raie qui séparait ce billon de celui qui a été détruit ; et on continue ainsi jusqu'à ce que toute la superficie du champ soit labourée. Parfois, on *fend* le billon en deux, et chaque partie est rejetée dans les raies qui le limitaient. Quelquefois encore, on se contente de tailler tous les billons, de combler les raies ; quand ce travail est terminé, on abandonne la terre à elle-même, ou on donne un hersage énergique transversalement à la direction des billons. Ce hersage a pour but de *guéreter* la terre et de détruire, ameublir la partie médiane laissée intacte par la charrue. Enfin, souvent, lorsque le sol est léger, quand les ados sont peu élevés, on *traverse* les billons. Un champ *tracé* lors du premier *charruage* est toujours mieux labouré, mieux divisé, et les opérations qui suivent s'exécutent toujours plus facilement.

Quand on refait les billons, on opère comme à l'ordinaire ; c'est-à-dire, on taille un billon sur les deux côtés, et on refend la partie qui reste en adossant les bandes sur celles renversées dans les raies ; puis on attaque le billon suivant, et on fend encore la partie médiane. De cette manière, les billons occupent l'emplacement des raies, et celles-ci la place des billons.

Quel que soit le mode suivi, il faut, pour que le labour soit bon, que les bandes soient bien renversées et que l'herbe ou le gazon soient complétement couverts.

§ VII. — CLÔTURES, CHEMINS, SILOS, ETC.

On taille les haies vives, nettoie les

fossés, répare les digues et les saignées qui servent à faire couler l'eau des champs. Il est bon aussi de veiller à ce que l'eau enfermée dans les étangs, grossie par les pluies d'hiver, ne déborde pas et ne passe par-dessus les digues, ce qui peut causer de grands dommages. Si on craint une submersion, on ouvre la bonde pendant quelques heures.

Les soins que nous avons recommandés pour l'entretien des chemins d'exploitation peuvent s'appliquer aussi au mois de février.

Les agronomes recommandent de surveiller assidûment à la fin de l'hiver les silos dans lesquels on conserve les racines. « Dès que la terre qui couvre les silos de racines, dit M. de Dombasle, est dégelée, il est prudent de s'assurer, par une inspection, de l'état où ils se trouvent ; pour cela on creuse au pied des silos, de distance en distance, des trous qui pénètrent jusqu'à la masse des racines, et l'on en détache un certain nombre, afin de s'assurer si elles sont saines. »

Le mal qui est à redouter pour les racines, c'est la fermentation ; la fermentation dégage une chaleur qui n'est point en rapport avec la température du sol environnant. Il faut alors se hâter de trancher dans le vif et de séparer les racines altérées de celles qui sont encore saines, car toute la masse serait bientôt perdue, la chaleur produite par la putréfaction devenant rapidement, à son tour, un élément de destruction.

CHAPITRE III
Travaux de la ferme.

Au mois de février, la température, généralement un peu adoucie, permet au cultivateur de se livrer plus assidûment à des travaux extérieurs, il lui reste, par conséquent, moins de temps pour s'occuper des travaux de la ferme. Si, pendant les mois les plus froids, les occupations sédentaires n'ont pas été vivement conduites, on risque de se trouver pris au dépourvu.

Le battage des grains se continue ; les usines sont en pleine production ; les attelages font de plus longs séjours dans les champs, cependant il est encore temps d'achever les mille petits travaux qui précèdent les grands ensemencements de mars.

§ Ier. — LES GRENIERS.

Je comprends sous cette dénomination tous les approvisionnements qui sont mis à couvert dans les bâtiments de la ferme.

Dans beaucoup de contrées, les fourrages et les pailles sont disposés en meules, soit dans les cours de la ferme, soit derrière les bâtiments, à portée des étables. Cette méthode est surtout utile pour les grandes exploitations, qui auraient difficilement les constructions nécessaires pour engranger leurs récoltes. On couvre les meules avec de la paille, et elles sont à l'abri de toutes les intempéries.

En Angleterre, les granges sont inconnues ; nous parlerons en détail, à l'époque de la moisson, des différents systèmes de meules et de couvertures de meules que nous y avons vu mettre en usage.

Les greniers à grains doivent être planchéiés avec soin. Le châtaignier est un excellent bois pour faire des planchers durables et bien joints. Le plancher doit être tenu avec une propreté extrême ; les pièces doivent avoir autant que possible des fenêtres nombreuses, bien closes et opposées les unes aux autres, afin de faciliter la circulation de l'air lorsque cela devient nécessaire. On place quelquefois les différentes espèces de grains dans des cellules de 1m.50 de hauteur, quand on est obligé de gagner de la place ; de simples cloisons sont préférables, parce qu'elles facilitent le pelletage. Comme on est obligé d'aérer fréquemment les greniers, il est bon de clouer aux ouvertures des fenêtres une toile métallique qui empêche les oiseaux, les chauves-souris, etc., de venir dévorer le grain.

Les cultivateurs qui ont un bon tarare, et les bons tarares ne manquent pas, auront soin de ventiler leur blé et de n'avoir chez eux que du grain très-propre. Ce travail de nettoyage, qui peut être fait à peu de frais, soit au moment du battage, soit à temps perdu, est largement payé par le prix élevé que le blé nettoyé atteint sur les marchés.

« Lorsque le temps se radoucit vers la fin de février, dit M. Moll, les insectes qui dévorent les grains commencent à sortir de leur léthargie. Le grain doit être alors remué souvent, particulièrement lorsque les froids succèdent à des temps doux. On tâche

Fig. 11. — Grand concasseur-écraseur d'avoine de Peltier.

alors, autant que possible, d'aérer les greniers et de mettre le grain en contact avec le froid; cette précaution suffit quelquefois pour faire périr une grande partie des insectes et pour débarrasser le grenier pour quelque temps au moins. »

La semence a dû être choisie et mise à part, à l'époque de la récolte; elle doit être entretenue avec le plus grand soin, car de la bonne semence dépend la bonne récolte.

Lorsque nous nous occuperons des ensemencements de mars, nous donnerons des détails sur l'emploi du trieur de grains.

Un bon cultivateur est comme un bon général d'armée, il connait toujours le chiffre effectif des forces dont il dispose et sait se rendre compte de l'importance de ses approvisionnements. L'ignorance de ces détails, en apparence insignifiants, peut faire commettre de grandes fautes. Si les fourrages sont rares, le cultivateur s'inquiète, s'effraye et vend à vil prix des animaux qu'il aurait pu parfaitement mener à bien. Cela se voit malheureusement trop souvent.

Cependant il n'est quelquefois guère possible d'évaluer exactement les ressources de la ferme. L'époque critique, c'est la fin de l'hiver. Le plus dur de la saison est passé,

et la masse des approvisionnements est assez diminuée pour qu'un homme expérimenté se rende facilement compte de sa situation; il faut qu'il examine l'état des foins, des pailles et des racines, afin de bien savoir si ses ressources sont en harmonie avec ses besoins, en tenant bon compte de l'état plus ou moins favorable de la saison et de ce qu'il peut retirer de ses pâturages et des fourrages artificiels. « Dans une ferme bien ordonnée, ajoute M. Moll, on doit avoir des racines jusqu'en avril, si ce sont des

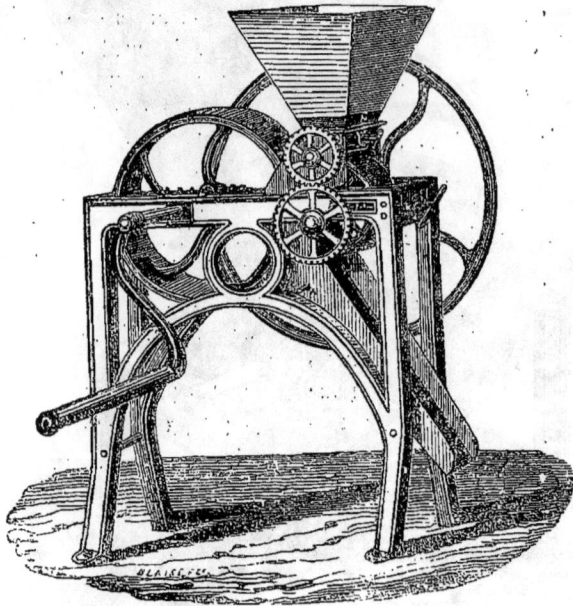

Fig. 12. — Petit concasseur-écraseur d'avoine de Peltier.

moutons qui constituent le bétail principal, et jusqu'en mai, si ce sont des vaches. Quant au foin, la provision devrait toujours être suffisante pour qu'on ne soit obligé de toucher au foin nouveau que trois mois après la fenaison. »

Si on craint de ne pas avoir assez de nourriture pour le bétail habituel, c'est le moment de vendre les bêtes à l'engrais ou celles dont on croit devoir se défaire pour diminuer suffisamment la consommation. En ce moment, on peut savoir très-bien ce qu'on fait.

§ II. — CONSERVATION DES OUTILS, HANGARS.

La conservation des instruments, outils et ustensiles de la ferme est une chose importante, que l'on néglige malheureusement très-souvent. On laisse les charrues, les herses, les rouleaux, les charrettes, pendant la bonne ou la mauvaise saison, en plein air, exposés à la pluie ou au soleil. Quand il s'agit d'instruments en fer recouverts d'une épaisse couche de peinture à l'huile, l'inconvénient est moins grand. Cependant, à la longue, les corps gras qui amoindrissent les frottements aux points d'articulation ou de rotation, se décomposent et disparaissent. L'oxydation gagne ces parties délicates, non-seulement les mouvements sont considérablement gênés, mais le fer s'use plus rapidement.

Dans les fermes bien tenues, dans les grandes comme dans les petites exploitations, on construit économiquement de vastes hangars, dont la charpente légère est recouverte de papier goudronné. Ce système de couverture est peu coûteux par lui-même, et il ne nécessite pas l'emploi de ces lourds chevrons et de ces nombreuses et solides pièces de bois qui font tout de suite monter la construction à un prix considérable. La couverture en papier goudronné demande un peu de soin. On la visite tous les ans, à l'entrée de l'hiver, et on enduit d'une nouvelle couche de goudron fondu les parties qui ont besoin de cette restauration.

J'ai vu, dans plusieurs pays, dans la magnifique ferme de M. Decauville, à Petit-Bourg, par exemple, des couvertures semblables qui avaient coûté une somme insignifiante et qui duraient depuis très-longtemps. Elle exige des soins, mais n'a-t-elle pas cela de commun avec tout ce qui existe dans ce monde?

On abrite, sous ce hangar, les outils, les instruments, les échelles, les machines pendant la belle saison, les charrettes chargées de fourrages ou de gerbes lorsqu'elles sont surprises par la pluie et qu'on n'a pas le temps de les décharger. Il faut seulement veiller à ce que les choses soient rangées avec ordre et de façon qu'il ne faille pas tout changer de place pour disposer d'un instrument ou quelquefois d'un simple outil. Évitons le temps perdu; il ne se regagne jamais. Cet axiome est surtout vrai pour les agriculteurs, qui ont toujours à compter avec le ciel, que nous accusons de caprice parce que les lois qui régissent les saisons nous sont inconnues.

§ III. — LA LAITERIE.

J'emprunterai à un cultivateur allemand, M. Sannert, quelques recommandations pleines d'intérêt sur l'organisation de la laiterie. Ce travail, recommandé, du reste, par une de nos célébrités agronomiques, M. Villeroy, a été couronné en Allemagne dans un concours ouvert sur la fabrication du beurre et du fromage.

On doit attacher la plus grande importance dans le choix et l'aménagement du local destiné à la laiterie. Une laiterie mal située ou malpropre peut faire beaucoup de tort. Comme les laiteries sont rarement assez vastes pour qu'on puisse placer tous les vases sur le sol, on pose autour de la pièce des rayons en planches larges et solides, suffisamment élevés les uns au-dessus des autres. Dans les pays où la conduite de la laiterie est le mieux entendue, les vases à lait sont placés sur le sol. En Hollande, on les pose sur un petit mur à hauteur d'appui élevé tout autour de la laiterie.

Le local de la laiterie doit être suffisamment haut et aéré pour que l'air y soit toujours sec. Un air humide détermine souvent la moisissure. Les murs doivent être chaque année blanchis à la chaux. Le sol doit être entretenu parfaitement propre et sec. Si c'est un plancher, il est bon qu'il soit recouvert d'une épaisse couche de peinture à l'huile. Les sols en dalles ou en ciment sont les plus communs; ils ont l'inconvénient d'être un peu plus froids l'hiver. Lorsque le sol est en dalles, on place les vases sur des planches posées sur le pavé ou bien sur des bancs en bois disposés autour de la salle.

Un thermomètre doit constamment être suspendu dans la laiterie. La question de température est de la plus haute importance. Si l'on considère qu'en été la température du lait qui vient d'être trait reste ordinairement à 30 ou 32 degrés, et s'abaisse très-peu jusqu'au moment où il arrive dans la laiterie, tandis qu'en hiver elle descend à 19 ou 22 degrés, on comprendra que la laiterie doit avoir, selon les saisons, des températures différentes, pour que le lait refroidisse promptement, que l'acide ne se développe pas trop tôt, et que la séparation complète de la crème puisse avoir lieu. L'expérience a appris que la température la plus favorable est, en été, 12 degrés, au printemps et à l'automne, 13, et en hiver 15 degrés. Il ne peut y avoir à cet égard aucun doute ; toute modification à ces températures entraîne fatalement une perte dans le rendement du lait. On règle plus facilement la température dans un local situé au-dessous du niveau du sol ; mais cet avantage ne doit pas être obtenu aux dépens de la circulation de l'air. L'exposition la plus favorable est celle du nord. En hiver, la laiterie doit être chauffée. Le chauffage par l'air chaud est le meilleur système. Si on chauffe avec un poêle, il faut tâcher d'avoir un poêle en faïence et de le disposer de façon que la bouche du fourneau soit en dehors de la laiterie.

Les vases à lait sont en métal, en verre, en grès ou en bois. Ces derniers sont les plus difficiles à tenir propres ; mais ils offrent, d'un autre côté, certains avantages, le bois étant moins bon conducteur du calorique que les autres substances que je viens d'énumérer. Dans plusieurs fermes bien tenues, j'ai pourtant vu adopter les vases de verre de préférence à tous les autres. Ils n'ont que le défaut d'être un peu chers et assez fragiles. Les vases doivent être larges et peu profonds. En général, en France, on se sert de pots de la contenance de deux ou trois litres et qui ont une forme tout opposée à celle que l'expérience et la théorie ont désignée ; les pots sont étroits et profonds. Les agronomes et les savants allemands sont unanimes sur ce point. Selon Sprengel, le lait, pour bien crémer, ne doit pas avoir, dans les vases, plus de 6 à 9 centimètres de hauteur.

La propreté des vases est une condition indispensable pour empêcher le lait de tourner. Pour les vases en métal, en verre ou en grès, on doit les laver tous les jours avec de l'eau chaude contenant un mélange de sable et de cendre, et les frotter avec une brosse rude. De temps en temps, une forte lessive est nécessaire : on fait dissoudre 1 gramme de soude dans 5 litres d'eau chaude ; on laisse tremper les vases pendant dix minutes dans cette lessive ; puis on les brosse fortement avec du sable, et on les rince à l'eau froide. Quant aux vases en bois, on les couvre extérieurement et intérieurement d'un lait de chaux, appliqué avec un pinceau ; on l'y laisse quelque temps, puis on nettoie avec la brosse, du sable et de l'eau chaude.

Pendant tout l'hiver, on doit écrémer le lait après quarante à cinquante heures. Le moment convenable est facile à reconnaître : on enfonce une lame de couteau dans le lait, en écartant avec précaution la crème ; si, sous cette couche de crème, le lait présente l'aspect d'un liquide aqueux, bleuâtre, transparent, ce signe indique qu'il est temps d'écrémer.

Le meilleur lait est celui que produisent les vaches que l'on peut laisser toute l'année au pâturage.

CHAPITRE IV
Travaux forestiers.

Au moment de s'occuper des travaux forestiers, il est bon d'appeler l'attention du propriétaire sur les meilleurs systèmes de plantation à appliquer dans leurs propriétés. Les bois sont la richesse d'une propriété ; mais il ne faudrait pas que leur présence nuisît aux autres cultures. « Il est peu de propriétés rurales, dit Mathieu de Dombasle, où l'on ne trouve quelque portion de terre plus ou moins étendue dont le produit est presque nul, soit dans l'état de friche où elle se trouve, soit en état de culture; tantôt parce qu'elle est trop éloignée du centre d'exploitation, tantôt parce qu'elle est d'une nature aride et infertile, ou habituellement imprégnée d'eau souterraine ou superficielle, dont on ne pourrait la débarrasser sans des travaux trop coûteux. C'est là qu'il convient presque toujours, sous le rapport économique, d'établir des plantations en massifs : il en coûtera bien moins, pour produire ainsi un nombre d'arbres déterminé, qu'en les disséminant en bordures autour des pièces de terre et le long des chemins, où les arbres sont exposés à une multitude d'accidents et de dégâts, et où ils nuisent toujours plus ou moins aux récoltes des pièces de terre qui les avoisinent et à la conservation des chemins, sur lesquels ils entretiennent l'humidité, en arrêtant l'action des vents et du soleil. »

Les essences recommandées sont :

Le *chêne commun*, le *charme* et l'*érable champêtre*, qui conviennent à tous les terrains ni trop secs ni trop humides ;

Le *châtaignier*, le plus sobre de tous les arbres ; il croît avec vigueur sur les sols les plus arides. Son fruit est précieux, et son bois égale en durée, pour les charpentes et la grosse menuiserie, le meilleur de tous les bois. Le *bouleau*, qui, pour la sobriété, vient immédiatement après le châtaigner ; c'est la providence des terrains granitiques, maigres, où la couche végétale a peu de profondeur.

Le *hêtre*, le *frêne*, l'*orme*, pour les sols frais, substantiels. « On doit éviter, dit Mathieu de Dombasle, le voisinage du frêne pour les terres arables ou les prairies, parce qu'il leur nuit beaucoup à une grande distance de son tronc. »

L'*aune* ou *verne*, les *saules*, pour les terrains humides et marécageux ; le *peuplier commun*, le *peuplier de Virginie*, le *peuplier suisse*, le *peuplier du Canada*, le *tremble*, qui est aussi un peuplier, pour les terrains bas et frais ; l'*acacia robinier* ou *faux acacia*, pour les sols sablonneux et frais.

Le *pin sylvestre* ou ses variétés, le *pin de Riga* ou de *Haguenau*, le *pin d'Écosse*, le *pin Laricio* ou *pin de Corse*, réussissent parfaitement dans les terres de landes. Ils résistent parfaitement aux plus fortes gelées. Les montagnes de l'Auvergne sont couvertes de magnifique bois de pin sylvestre. Le *pin maritime*, qui est plus sensible au froid, convient aux terrains sablonneux, peu fertiles et dépourvus de calcaire. C'est cette essence de pin qui forme les plantations des landes de la Gascogne.

Le *sapin commun* ne vient guère bien que sur les montagnes, l'*épicéa*, qui est une espèce de sapin, réussit presque partout.

Enfin le *mélèze*, qui exige un sol mouillé, substantiel et frais, doit être préféré pour les plantations qui abritent les habitations, pour les jardins d'agrément, car c'est un des arbres qui croissent le plus promptement.

Les pins maritimes doivent être semés en place. Il suffit d'ameublir la terre à quelques centimètres de profondeur pour assurer le succès des semis, tandis que pour les pins sylvestres, au contraire, il faut un sol profondément ameubli.

En général, les semis en place sont plus faciles et moins coûteux que les transplantations, et il faut les préférer, excepté dans certains cas particuliers, lorsqu'on opère sur des terrains riches et frais qui se couvrent promptement d'une grande abondance d'herbe, surtout des espèces traçantes. « Là, dit Mathieu de Dombasle, il en coûterait trop de frais pour exécuter les sarclages nécessaires pour empêcher les herbes d'étouffer les jeunes plantes. Il est aussi des terrains très-peu consistants, surtout dans la classe des sols crayeux, où les semis réussissent difficilement, parce que le jeune plant y est exposé à se déchausser. Dans ces divers cas, on doit exécuter des semis en pépinière, pour garnir ensuite les terrains par voie de transplantations. »

Pendant le mois de février, le moment est favorable pour s'occuper des pépinières destinées à fournir plus tard à la propriété les plantations régulières. On sème les glands, les faînes, les érables et les aunes, et on prépare le sol qui doit recevoir les ensemencements d'arbres résineux.

C'est aussi le moment de procéder aux transplantations d'arbres à feuilles caduques qui n'ont point été faites à la fin de l'automne ou qui doivent être terminées dans la première quinzaine de mars au plus tard, c'est-à-dire avant que la séve soit en mouvement.

L'exploitation des bois et des taillis est plus facile dans ce moment-ci que dans le mois précédent. On a moins à craindre de l'effet des gelées sur les arbres blessés.

Dans la plupart des petites propriétés boisées, le travail se borne à l'exploitation des taillis. Je ne puis mieux clore ce chapitre qu'en reproduisant les règles excellentes posées par M. Moll à ce sujet. « Les bois venus de semence, ou ceux qui ne sont pas visiblement unis aux souches ou aux racines, ne conserveront qu'un chicot d'un pouce au-dessus du sol. Chez les essences qui drageonnent, on peut couper tout le jeune bois jusqu'à la souche, et même celle-ci jusqu'au dessous du collet. Il en est de même des essences qui, comme le tilleul, émettent des jets sur la vieille écorce. Chez les essences qui manquent de cette propriété, on laissera les chicots de un à deux pouces de longueur du jeune bois. C'est sur ces chicots que se fait l'émission des jets. Cette précaution est d'autant plus nécessaire que la souche est plus vieille; suivant la force, on peut lui laisser 3, 4, 5 chicots ou plus. »

Les mêmes précautions s'appliquent à l'exploitation des *tétards*, qui doit aussi occuper ce mois.

CHAPITRE V
Travaux spéciaux.

§ Ier. — CULTURE DE LA VIGNE.

Le mois de février est une époque favorable à la plantation de la vigne. Quelques renseignements sur les terrains qui conviennent plus particulièrement à la vigne seront ici tout à fait à leur place.

Il résulte des observations qui ont été faites dans les pays vignobles que la présence de l'argile rouge à plusieurs décimètres au-dessous de la surface du sol est une condition favorable à la production des bons vins rouges. Cette disposition se rencontre dans le Médoc, dans la Champagne, dans la Touraine, etc. Les terrains granitiques, formés de détritus de granit (vins de Condrieux, de l'Ermitage, de Saint-Peray, de la Romanée); les terrains schisteux (vins de Côte-Rôtie, de la Malgue, de l'Anjou); les terrains volcaniques, formés de matières rejetées par d'anciens volcans éteints (vins du Rhin); les terrains calcaires ou crayeux (vins de Champagne), etc., sont aussi très-favorables à la culture de la vigne. En résumé, le sable et l'argile purs ne conviennent nullement à la vigne; on doit aussi ajouter les terrains profonds, riches et très-avantageux à la culture du blé, où la vigne vient très-mal.

Il faut que la situation du terrain soit assez élevée sans être placée au sommet d'une haute colline, et que le champ soit un peu incliné vers le midi ou vers le levant; cependant je dois dire que l'on récolte d'excellent vin sur des coteaux orientés vers le nord, mais il faut toujours préférer l'exposition du midi. Il ne faut pas non plus que la pente soit trop rapide; elle ne doit guère dépasser 20 degrés.

L'influence du choix des cépages sur la qualité des vins est incontestable. Un de mes amis a fait transporter du département de Lot-et-Garonne des cépages destinés à renouveler une vigne située dans une partie de l'Indre, où l'on ne fait qu'une affreuse piquette, âpre, sans couleur et ne se conservant pas. Il y a huit ans de cela. On récolte dans cette même vigne, aujourd'hui, un excellent vin de table, bien coloré, agréable au goût et de bonne conserve. Les clos voisins continuent à récolter de la piquette.

Il faut aller demander de bons cépages là où l'on boit de bon vin.

Les méthodes de plantation sont très-variées, mais c'est partout une opération longue et coûteuse. J'indiquerai ici, d'après M. Moll, une méthode peu connue, pratiquée dans le Languedoc, et qui offre, selon le savant professeur, de grands avantages. « On commence, dit-il, par donner au sol avec la charrue sans avant-train un labour à 50 centimètres de profondeur; puis on herse et on roule, ou l'on aplanit le terrain à bras. Cela fait, un ouvrier, habitué à cette sorte de travail, trace avec une petite houe à long manche sur laquelle il est à cheval des rayons espacés entre eux de 1m.15 à 1m.50. D'autres rayons croisent ceux-ci à angles droits. Le plant se met à tous les points où les deux rayons se coupent. Le planteur, armé d'une pince en fer, ouvre à cette place un trou de 40 à 50 centimètres, dans lequel on dépose le sarment, qu'on chausse avec la pince et avec le pied.

« La plantation d'un hectare de vigne, par cette méthode, ne coûte que 7 à 9 fr. Au bout de trois à quatre ans, la vigne commence à produire. »

Au mois de février, on peut aussi procéder au *provignage*, afin de remplacer les pieds qui ont manqué. On ouvre des tranchées de 20 à 25 centimètres de profondeur, dans lesquelles on couche les sarments destinés à former de nouveaux ceps. On les enfouit avec soin, et on les fait surgir de terre à la distance voulue, en ayant soin de ne laisser dans la taille que deux yeux au-dessus du sol.

On relève aussi, à cette époque, les terres, soit à bras, soit à la charrue. Dans une grande partie du Médoc, on commence la taille. Dans les pays méridionaux, où les fortes gelées ne sont pas à craindre, on taille pendant tout l'hiver. Dans les contrées froides, on taille une première fois en automne, lorsque la sève est arrêtée et avant les gelées, de sorte que la partie humide, c'est-à-dire la moelle aqueuse, puisse sécher et fermer ainsi la plaie faite par la serpette ou le sécateur qui est préférable. S'il gelait sur cette taille, la plante périrait. Cette précaution de commencer la taille en automne abrège considérablement le travail de la deuxième taille du mois de février, qui doit être opérée par un temps doux.

§ II. — DE L'ÉCHENILLAGE.

L'échenillage est une opération si importante, que le gouvernement en a fait une question d'ordre public. Deux lois (la loi du 26 ventôse an IV et celle du 28 avril 1832) en ont fait l'objet de dispositions spéciales. L'échenillage doit avoir lieu avant le 19 février (1er ventôse) sous la surveillance des autorités municipales. « Tous propriétaires, fermiers, locataires ou autres, dit la loi de ventôse, faisant valoir leurs propres héritages ou ceux d'autrui, sont tenus, chacun en droit de soi, d'écheniller ou de faire écheniller les arbres étant sur lesdits héritages, à peine d'amende. »

Ceux qui n'échenillent pas sont punis comme ayant contrevenu à l'article 471 du Code pénal, et condamnés à une amende de 1 à 5 francs.

C'est très-bien d'exiger des cultivateurs qu'ils détruisent, dans leur propre intérêt et dans celui de leurs voisins, ces ennemis de leurs cultures; mais ordonner ne suffit pas, et la meilleure volonté peut rester impuissante, si on n'a pas appris autre chose que le texte vague d'un article de loi.

Les cultivateurs ont un grand nombre d'insectes à détruire. Une chenille des plus communes, le *liparis chrysorrœa* (vulgairement appelé *cul-brun*), cause de grands dégâts aux arbres fruitiers. Ces chenilles,

nées en septembre, passent l'hiver en société sous une tente soyeuse qu'elles filent
en commun à l'extrémité des branches, et
qui est divisée en autant de cellules qu'il y
a d'individus. Il faut enlever la portion des
branches à laquelle est fixée leur tente et
brûler le tout immédiatement.

Le *liparis salicis* s'attaque au saule et au
peuplier; les œufs sont déposés sur le tronc
de ces arbres par plaques plus ou moins
arrondies, recouvertes d'une matière gommeuse d'un blanc luisant qui les fait remarquer de loin. Grattez ces œufs avec un racloir ou lame de couteau.

La chenille du *bombyx Neustriæ*, connue
des jardiniers sous le nom de *livrée*, est
aussi très-commune en France. Les œufs,
ayant la forme d'un polygone tronqué, aux
arêtes arrondies, sont déposés en forme de
bague ou de bracelet autour des petites
branches. Le meilleur moyen de détruire
cet insecte vorace est de couper les petites
branches qui sont entourées de ces brace-
lets d'œufs et de les jeter au feu.

Ce n'est pas seulement pendant le mois
de février que l'on doit détruire les insectes
malfaisants. Cette chasse doit se faire en été
pour certains insectes qui, comme le han-
neton, ne peuvent être détruits qu'en mai
ou juin.

CHAPITRE VI
Animaux domestiques.
§ Ier. — LES BŒUFS.

J'ai peu de chose à ajouter à ce que j'ai
dit le mois dernier, relativement à l'entretien des bœufs d'engrais. Il y a cependant
une remarque utile à faire; un grand nombre d'agriculteurs laissent les déjections des
bœufs et des vaches séjourner aux jambes
et aux fesses de ces animaux, imaginant
que ces ordures attachées aux poils entretiennent une bonne santé et même poussent
à la graisse: c'est une grave erreur. Il faut
étriller et panser les individus de la race
bovine comme on panse et on étrille le cheval. Ces soins sont un peu pénibles, d'accord; mais les animaux s'en trouvent beaucoup mieux. La saleté ne convient ni aux
bêtes ni aux hommes.

§ II. — LES VACHES.

La nourriture des vaches, soit qu'on
veuille pousser à la production du lait, soit
qu'on veuille les engraisser, doit toujours
être en proportion des résultats qu'on veut
obtenir.

Il règne sur la valeur de la viande de vache un préjugé d'autant plus difficile à détruire, que des arrêtés municipaux récents
tendent à le confirmer. Une vache assez
jeune et bien portante fournit une chair au
moins aussi succulente que celle du bœuf;
si cette vache a été castrée, l'engraissement
est plus rapide et la viande meilleure. Il ne
faut donc jamais laisser passer sans protesta-
tion cette idée qui tend à faire déconsidérer
la femelle du bœuf. Une vieille vache maigre
ne vaut pas grand'chose; mais est-ce qu'un
vieux bœuf maigre vaut davantage?

L'engraissement des vaches demande autant de soins que celui des bœufs.

Les agriculteurs des environs de Paris
sont à l'abri de ce préjugé et n'hésitent pas
à engraisser de belles vaches dans leurs
étables. M. Decauville, de Petit-Bourg, a
cherché à utiliser pour l'engraissement de
ses vaches, et même pour ses chevaux, les
farines qui sont quelquefois à bas prix; il
achète à Corbeil de la farine de troisième qualité au prix de 27 fr. la culasse de 157 kilogrammes, il ajoute, par culasse, 30 kilogrammes de fonds de cuve de sa distillerie
de betteraves. On fabrique, dans sa ferme,
de 100 à 110 pains de 5 kilogrammes provenant de deux culasses de farine, soit 365
kilogrammes, et 60 kilogrammes de fonds
de cuve. L'ouvrier reçoit 2 fr. par culasse
pour la manutention; chaque culasse consomme 80 kilogrammes de bois, évalués à
4 fr., on revend la braise 2 fr., de sorte
que le kilogramme de pain revient à 15 cen-

times. Chaque vache reçoit, selon son aptitude, de 1 à 2 kilogrammes de pain coupé et mélangé à 40 ou 50 kilogrammes de pulpe de distillerie.

Ce pain se conserve frais plus de quinze jours. Les fonds de cuve lui donnent une très-légère acidité qui le rend apéritif. On ne met pas d'eau, les liquides provenant des cuves servent à manutentionner le pain et en même temps introduisent dans le pain les éléments nutritifs qu'ils contiennent : phosphate, matières grasses et substances azotées.

Le vêlage (voir *Janvier*) est encore plus fréquent dans ce mois qu'en janvier. J'ai peu de chose à ajouter à ce sujet ; j'ai dit que les vaches doivent être bien nourries avant le vêlage, si on veut obtenir de beaux produits et éviter bon nombre d'accidents. Lorsque la vache est à lait, il va sans dire que son régime ne doit pas être diminué, au contraire, car les animaux ne rendent que ce qu'on leur donne. M. Moll recommande pour ce moment des *soupes* qui conviennent parfaitement, et qui ont pour résultat d'épargner le fourrage. Ces soupes se composent de fourrages quelconques coupés et hachés (voir p. 60 et 61 pour les hache-pailles), que l'on fait cuire ou seulement tremper dans l'eau bouillante afin de les ramollir et les rendre plus facilement assimilables. Ceux que l'on emploie le plus souvent à cet usage sont : les balles de grain, les siliques de colza, la paille et le foin hachés ; on y joint des racines de toute espèce, betteraves, carottes, pommes de terre cuites, des tourteaux d'huile, du grain concassé, du son, etc.

Je parlerai plus tard des fourneaux destinés à faire cuire économiquement les racines, fourrages, etc., au moyen de la vapeur.

§ III. — LES VEAUX.

Les soins indiqués dans le Calendrier de *janvier* conviennent parfaitement au mois de février.

§ IV. — LES MOUTONS.

J'emprunte à M. de Guaita les détails inédits qui suivent; j'ai donné une certaine extension à cette partie du Calendrier qui traite du mouton, parce qu'il est difficile de renvoyer aux auteurs, les bons livres manquant sur cet intéressant sujet :

« La plupart des cultivateurs font saillir leurs brebis dans le mois de septembre, et leurs agneaux naissent par conséquent en février. Quand la monte s'est faite avec rapidité, résultat que l'on doit toujours chercher à obtenir, les parts se succèdent sans interruption, et, pour peu que le troupeau soit nombreux, il devient indispensable de donner au berger un aide entendu, qui le remplace, tandis qu'il prend un peu de repos.

« L'approche immédiate du part s'annonce par des signes auxquels il est impossible de se méprendre. Les brebis s'étendent fréquemment, montrent de l'inquiétude, ne restent pas un moment en place, cherchent à s'isoler, se couchent, se relèvent, frappent du pied, bêlent, et vont sentir et caresser les agneaux déjà nés. Bientôt les douleurs commencent ; elles sont immédiatement précédées de l'expulsion d'une poche remplie d'eau, et durent quelquefois jusqu'à vingt-quatre heures.

« Trop souvent les bergers nuisent aux brebis par des explorations indiscrètes, lorsque les douleurs se prolongent un peu; beaucoup d'entre eux ont la manie de chercher à les aider en exerçant des tractions sur la tête et les pieds de l'agneau, lorsqu'il n'y a au contraire qu'un peu de patience à avoir. Nous engageons fort les propriétaires à combattre de tout leur pouvoir cette détestable pratique.

« Lorsque le berger s'apercevra que la brebis manque de forces pour pousser, et que le travail se ralentit par suite de son affaiblissement, il pourra lui donner un cordial quelconque, tel qu'un ou deux verres de gros vin ou de cidre tiède. Si, au contraire, la chaleur des oreilles, les battements précipités du pouls, la rougeur de la conjonctive, la sécheresse de la langue, les battements du flanc et la respiration haletante de la brebis indiquent qu'elle est échauffée et agitée, il la calmera par une légère saignée et par des boissons d'eau d'orge tiède et légèrement miellée. A part ces deux cas, il devra laisser agir la nature. Tant que la brebis marchera, qu'elle se lèvera à son approche, tant qu'elle ne manifestera pas des douleurs extraordinaires, il la laissera tranquille. Tout au plus pourra-t-il regarder si les *mouillures* (on appelle ainsi les eaux qui accompagnent l'accouchement) ont suffisamment lubrifié les parties, et, dans le cas contraire, y suppléer en introduisant dans le vagin, à l'aide d'une seringue, un mélange d'eau tiède et d'huile battues ensemble.

« L'état du temps a une grande influence sur les brebis qui agnellent, et surtout sur la durée des douleurs. Si la bergerie est très-aérée, si le temps est froid et sec, les efforts expulsifs seront peu énergiques, et le travail sera lent. Nous ne pouvons trop recommander au berger de ne pas se presser d'aider les brebis, et de se fier à la nature. C'est dans ce cas surtout que sa patience sera mise à l'épreuve, car les douleurs pourront quelquefois durer vingt-quatre heures et plus. Si, au contraire, la bergerie est mal ventilée, s'il y fait chaud, si l'atmosphère est humide et l'air lourd, le part sera beaucoup plus rapide. Mais ce n'est pas là un avantage ; pour peu qu'il soit laborieux, la brebis s'épuisera alors rapidement par ses efforts, qui se succéderont à de courts intervalles ; c'est alors, si le berger ne veut pas voir se déclarer quelque inflammation dangereuse, qu'il fera bien de ne pas tarder à lui porter secours.

« Dans la très-grande majorité des cas, lorsqu'on a bien nourri les brebis pendant la gestation, sans cependant les engraisser, et qu'elles ont été saillies par un bélier dont la taille n'était pas trop disproportionnée avec la leur, les choses se passent ré-

gulièrement, et le berger n'a pour ainsi dire qu'à regarder faire. Divers obstacles peuvent cependant entraver la mise-bas, alors même que la mère n'est ni pléthorique ni épuisée. Ainsi quelquefois la grosseur de la tête du fœtus rend le part assez laborieux pour qu'à un certain moment la brebis tombe épuisée et cesse ses efforts. Il devient alors nécessaire de relever son énergie à l'aide d'un breuvage, et d'aider la nature en exerçant des tractions légères sur les jambes de devant et sur la mâchoire inférieure de l'agneau, en ayant soin de combiner toujours ces tractions avec les efforts que fait la brebis, c'est-à-dire de ne tirer que lorsqu'elle pousse. Dans les intervalles des efforts expulsifs, le berger devra n'employer de force que juste ce qu'il en faut pour ne pas perdre de terrain en laissant rentrer ce qui était sorti.

« Aussitôt qu'il aura réussi à faire sortir la tête tout entière, il pourra sans danger attirer à lui le reste du corps, ce qui ne souffrira pas de difficultés, à moins que le fœtus ne soit mal placé. Nous l'engageons même à en faire rapidement l'extraction, car dans quelques cas les contractions de l'utérus sont assez violentes pour étouffer l'agneau, lorsqu'on les laisse s'exercer sur son cou, sous prétexte de laisser respirer un instant la mère.

« Les positions anormales du fœtus sont bien moins fréquentes chez la brebis que chez les grands ruminants. Selon Youatt, elles seraient presque toujours le résultat des mouvements désordonnés que font les brebis effrayées et poursuivies par les chiens, ou de la manière brutale avec laquelle les bergers les manient trop souvent au commencement des douleurs. Il est certain que ces causes peuvent exercer une certaine influence sur la position de l'agneau ; mais il arrive aussi que les mauvaises présentations, qui rendent toujours le part plus difficile, et qui le rendraient impossible sans l'aide du berger, existent quelquefois naturellement.

« Les positions anormales varient à l'infini. Les plus fréquentes sont le reploiement du museau de l'agneau en dessous, de sorte qu'il présente la nuque au lieu du mufle; l'engagement du cordon ombilical dans les jambes de devant ou de derrière du fœtus; la position en travers de l'une des jambes de devant; la présentation de l'arrière-train au lieu du train de devant. Le berger doit commencer par couper ses ongles, afin de ne pas risquer de blesser les parties délicates de la brebis. Dans le premier cas, celui de la présentation de la nuque, après avoir huilé sa main et son bras, il repoussera doucement le fœtus jusqu'à ce qu'il puisse saisir son museau et le ramener à la position normale; dans le second, il introduira sa main dans le vagin et cherchera à briser le cordon, ce qui n'est aucunement dangereux et n'occasionne jamais d'hémorragie, puis il tâchera de bien placer le membre dégagé de ce lien; dans le troisième, il repoussera l'agneau, pour pouvoir déployer la jambe et attirer à lui le pied; dans le quatrième, enfin, après avoir repoussé le fœtus, il cherchera les pieds de derrière, les attirera doucement à lui, et fera sortir l'agneau à reculons. Dans tous les cas, avant de repousser le fœtus, il devra attacher un cordeau aux membres déjà sortis, afin de toujours être sûr de les retrouver. Il est inutile de dire que toutes ces opérations doivent être faites avec la plus grande douceur et avec toutes les précautions possibles.

« L'espace ne nous permet pas de détailler ici tous les cas qui peuvent se présenter; nous croyons en avoir dit assez pour donner à un homme intelligent l'idée de ce qu'il doit faire dans chaque cas particulier.

« Lorsque le part a été très-laborieux, il arrive quelquefois que la matrice se renverse au dehors. Cet accident, qui effraye beaucoup les jeunes bergers, n'offre pourtant pas de dangers bien graves lorsqu'on s'en aperçoit à temps. On se hâte alors de laver l'organe avec du lait tiède, puis on le fait rentrer aussi délicatement que possible. Pour l'empêcher de ressortir, on réunit les lèvres de la vulve à l'aide d'un ou deux points de suture, puis on injecte une infusion légère de thé noir ou d'écorce de chêne tiède.

« Youatt pense qu'il vaut mieux, au lieu de chercher à faire rentrer la matrice, pratiquer une ligature bien serrée le plus près possible de la vulve, de manière à en provoquer la chute, qui a lieu sans hémorragie deux ou trois jours après. Il est vrai que cette opération est plus simple que la réduction, mais elle offre quelque danger, et de plus rend la brebis stérile; on ne peut plus l'utiliser que pour la boucherie.

« La brebis, comme les femelles de la plupart des autres espèces, cherche à dévorer le *délivre* au moment où il tombe; mais il est au moins inutile de le lui laisser manger, quoique cela ne lui fasse point perdre son lait.

« Quelques heures après la mise-bas, on lui donnera de l'eau blanche tiédie et légèrement salée, avec un peu de son, d'avoine ou d'orge. Si le part l'a affaiblie, on pourra lui donner une rôtie au vin ou au cidre. Dès le lendemain, il sera bon de lui présenter une nourriture plus solide, qui pourra se composer de bon foin, de paille fraîche, de racines, de verdure s'il y en a, de grains, etc., pourvu que le tout soit d'excellente qualité. Il faudra néanmoins, pendant les premiers jours, observer une certaine mesure quant à la quantité.

« Les soins à donner à l'agneau sont fort simples. En venant au monde, il éternue, comme pour préparer ses poumons à inhaler l'air qu'il va respirer. Sa mère ne tarde pas à le lécher, ce qui le débarrasse de l'enduit visqueux qui agglutine sa toison. Il ne tarde pas à se lever, et tout chancelant encore il prend déjà le pis de sa mère. Le berger doit alors le guider, mettre la tétine dans sa bouche et y exprimer quelques gouttes de lait. Quelquefois les brebis qui en sont à leur premier agneau se défendent quelque peu ; sans les brutaliser, ce qui ne servirait à rien, le berger les contiendra doucement en levant une de leurs pattes de derrière, afin que l'agneau puisse aisément prendre le pis. Si elles se refusent à lécher l'agneau, on les y amènera en le saupoudrant d'un peu de sel et de son.

« Les brebis portent quelquefois deux et même trois petits. En général, elles peuvent parfaitement en nourrir deux, mais il n'est pas bon de leur en laisser trois. Il vaut mieux donner le troisième à une bête qui vient de perdre son agneau ou qui n'en a qu'un. Pour le lui faire accepter, il suffit le plus souvent de le coucher entre ses jambes pendant la nuit ; le matin, en le trouvant, elle se croit sa mère. Lorsqu'on donne un agneau à nourrir à une brebis qui a perdu le sien, le meilleur moyen est de le lui présenter couvert de la peau fraîche de son prédécesseur. Au reste, certaines races se prêtent à ces substitutions mieux que d'autres ; les brebis de race mérinos les acceptent mieux que toutes les autres. On peut même dire qu'en général, dans les bergeries qui en sont composées, l'allaitement se fait en commun ; tous les agneaux tettent toutes les mères.

« Après le part, le berger visitera le pis des brebis, pour couper la laine qui peut le couvrir ; sans cette précaution, les agneaux pourraient l'avaler en tétant, et il se formerait dans la caillette des boulettes de poil auxquelles le vulgaire donne le nom de *gobbes*, et les vétérinaires celui d'*égagropiles*. Ce sont ces mêmes boulettes qui formaient autrefois les *bézoards*, si fameux par les propriétés merveilleuses qu'on leur attribuait.

« Jusqu'au moment où les agneaux seront sevrés, il sera nécessaire de les tenir avec leurs mères dans un endroit séparé de celui où se trouvent, nous ne dirons pas des béliers, qui doivent en tout temps être mis à part du reste du troupeau, mais les moutons et même les brebis qui n'ont point porté ;

ce point est essentiel pour leur tranquillité. Après le sevrage, on pourra remettre les mères avec le reste du troupeau et se contenter de conduire les agneaux à part. »

§ V. — LES PORCS.

C'est généralement pendant le mois de février que les truies commencent à mettre bas. « On a remarqué, dit M. Moll, que les cochons nés à cette époque devenaient généralement plus forts que ceux des portées suivantes ; aussi choisit-on parmi les premiers les animaux que l'on destine à la reproduction. »

Lorsqu'on s'aperçoit, au gonflement des mamelles, à l'élargissement de la vulve et aux grognements de la femelle, que le moment approche où elle va mettre bas, on la met dans une loge séparée et on la surveille avec soin. Aussitôt après le part, on enlève le *délivre* et on donne à la mère une boisson tiède composée d'eau, de lait et de farine. Si la bête paraissait épuisée, on lui ferait avaler une petite quantité de vin cuit avec des épices ou des plantes aromatiques. Quant aux porcelets, on augmente progressivement la quantité de leur nourriture (voir le Calendrier de *Janvier*).

§ VI. — LES ATTELAGES.

A cette époque, les travaux des attelages deviennent plus fatigants ; il faut augmenter la provende des animaux et la rendre plus substantielle.

Pour les bœufs, on ajoute de bon foin à la ration de paille et de racines, qui n'est plus aussi nutritive qu'en automne.

Pour les chevaux, on a recours à un procédé qui est très-employé à Londres pour les chevaux d'omnibus, de louage, des chemins de fer, des brasseries, etc., et qui convient surtout lorsqu'un travail suivi ne permet pas aux animaux de prendre un repos assez long pour dormir et manger à leur aise. On leur donne un mélange de foin, de paille hachée et d'avoine écrasée. A Paris, les chevaux de la Compagnie impériale des voitures, ceux du chemin de fer de l'Ouest et de quelques autres entreprises particulières sont nourris de cette façon. Les fourrages hachés et l'avoine écrasée sont plus facilement absorbés; l'avoine est entièrement digérée et assimilée, et peu à peu la ration peut être diminuée sans affaiblissement des animaux.

Je donnerai quelques chiffres comme démonstration pratique. M. Renault, le savant directeur de l'Ecole vétérinaire d'Alfort, a constaté, à Londres, des faits analogues. Je parlerai de ce que j'ai vu.

Je citerai le chemin de fer de l'Ouest.

Les attelages se composent de chevaux percherons. Le service accéléré du camionnage occupe les chevaux 14 heures par jour; le service des omnibus 6 heures. Voici les deux régimes de chevaux camionneurs :

ANCIEN RÉGIME.		NO RÉGIME	
	kil.		kil.
Avoine en grains....	12	Avoine écrasée.....	7
Foin en bottes......	6	Foin haché.........	4
Son......	1	Orge écrasée........	4
Paille entière....	7	Paille entière.......	6

Voici maintenant les deux régimes des chevaux d'omnibus :

Fig. 13. — Hache-paille à disques verticaux.

ANCIEN RÉGIME.		NOUVEAU RÉGIME.	
	kil.		kil.
Avoine en grains....	9	Avoine écrasée......	5
Foin en bottes......	5	Foin haché..... ...	3
Son..............	1	Orge écrasée	3
Paille entière.......	6	Paille entière.......	6

ANCIEN RÉGIME.		NOUVEAU RÉGIME.	
	kil.		kil.
Avoine en grains....	10	Avoine écrasée.. .	7.5
Foin en bottes......	5	Foin haché.......	4
Paille entière......	5	Paille haché.......	3
Son : 6 lit. en toute saison.		Son : 4 lit. en été seulem^t.	

Je parlerai encore d'une entreprise de laiterie, dans Paris, dont le service se fait à grande vitesse. La distribution commence à minuit et finit à 9 heures du matin. Les chevaux vont toujours au trot; on estime la charge pour un cheval à 1,750 kil. Voici les deux régimes :

Le nouveau régime dure depuis plus d'un an, et les entreprises y trouvent une économie réelle. Les piqueurs, les conducteurs, les cochers que j'ai consultés ne se sont nullement aperçus du changement de régime.

On hache la paille et le foin au moyen de

deux instruments représentés par les fig. 13 et 14. On écrase l'avoine à l'aide de l'écraseur-concasseur dont j'ai parlé aux pages 48 et 49 (fig. 11 et 12); c'est un excellent instrument, que l'on trouve chez M. Peltier, rue des Marais-Saint-Martin, 45. Dans les

Fig. 14. — Hache-paille à couteaux héliçoïdaux.

très-fortes exploitations, le grand modèle, mis en mouvement par un manége ou une machine à vapeur, est indispensable; mais, dans une bonne ferme ordinaire, le concasseur à bras suffit parfaitement.

§ VII. — LE POULAILLER.

J'ai peu de choses à ajouter aux soins indiqués par M. Charles Jacque (voir le Calendrier du mois de *janvier*). Les poules commencent à pondre; si les dindes se disposent à couver, on les met sur des œufs de poule ou de canard.

Les pigeonneaux venus dans ce mois sont préférables, comme reproducteurs, à ceux qui naissent plus tard; il faut les conserver.

Il est bon de blanchir à la chaux les murs des poulaillers et des pigeonniers à cause des insectes nuisibles.

§ VIII. — LE RUCHER.

« Les soins à apporter aux ruches de février sont à peu près les mêmes qu'en janvier, » dit M. H. Hamet, il suffit de veiller aux souris, d'empêcher les abeilles de sortir si la terre est couverte de neige, et, enfin, de s'assurer du poids des ruches, afin de connaître si quelques-unes manquent de vivres. Dans ce cas, on leur donne quelques rayons de miel, en observant les précautions, recommandées dans ses ouvrages, par le savant professeur d'agriculture du jardin du Luxembourg.

CHAPITRE VII
Travaux horticoles.

§ Iᵉʳ. — LE JARDIN FRUITIER.

On continue la plantation des arbres fruitiers. Dans les premiers jours du mois, on enterre au pied des arbres à fruits à noyaux plantés dans les terrains siliceux ou schisteux un compost de chaux et de gazon. On taille les arbres en se servant du sécateur de préférence à la serpette.

Si quelques arbres sont languissants, on laboure et fume au pied, mais en ne se servant que d'engrais très-consommé.

§ II. — LE JARDIN POTAGER.

On laboure à la bêche les carrés du jardin et les plates-bandes. Dans la dernière quinzaine du mois, on sème en pleine terre les fèves de marais et les oignons blancs. On découvre les artichauts le jour pour les couvrir la nuit. On récolte les choux de Bruxelles et les champignons de couche.

§ III. — LE JARDIN D'AGRÉMENT.

On plante en seconde bordure les *crocus*, les *iris nains* et les *pensées*. On commence à donner de l'air, pendant quelques heures, aux plantes vivaces qui ont été empaillées. On transplante dans les plates-bandes les *campanules, œillets de poëte, héliantes vivaces, aconits, phlox vivaces*, etc. Dans les parties ombragées, on plante du *muguet* et des *anémones*.

Veiller à ce qu'on ne donne pas plus de 5 à 6 degrés au-dessus de zéro de chaleur artificielle à l'orangerie ou à la serre froide.

IVᵐᵉ PARTIE. — VARIÉTÉS.

Système métrique des poids et mesures.

§ Iᵉʳ. — EXPOSÉ DU SYSTÈME.

Par décret du 8 mai 1790, l'Assemblée constituante voulut mettre un terme aux nombreux abus qui résultaient de la diversité des poids et mesures en usage dans les relations commerciales ; elle chargea l'Académie des sciences de déterminer une longueur dont le modèle fût invariable pour toutes les mesures et pour les poids. L'Académie prit pour cette unité la *dix-millionième* partie de la distance du pôle à l'équateur, c'est-à-dire du quart de la circonférence de la terre.

Cette mesure prit le nom de MÈTRE.

Deux lois, celle du 18 germinal an III et celle du 19 frimaire an VIII, consacrèrent la grande opération qui donna à la France une mesure déterminée par des calculs positifs.

Pour n'avoir pas à recommencer de longtemps cette opération, un mètre en platine fut déposé au Corps législatif sous le nom d'étalon *prototype*.

Une fois le MÈTRE, mesure de longueur, arrêté comme base fixe, invariable, on put en déduire tous les autres poids et mesures.

Pour les mesures de superficie, c'est-à-dire pour les terrains, on fit une mesure nommée ARE, égale à un carré de 10 mètres de côtés.

Pour mesurer les solides, et particulièrement le bois de chauffage, on fit une mesure d'un mètre dans les trois sens : longueur, largeur et profondeur, nommée STÈRE, et qui n'est autre chose que le MÈTRE CUBE.

Pour les liquides, les grains, les noix et autres matières sèches, on créa une mesure dont la contenance est égale à un décimètre cube, et qui s'appelle LITRE.

On conçoit assez facilement que du MÈTRE, unité de *longueur*, on ait pu former les unités de mesures de *superficie*, de *solidité*, et de *capacité* ; mais ce qui pourrait surprendre au premier abord, c'est qu'on soit parvenu à déduire de cette unité les poids. La difficulté a pourtant été vaincue, puisque le GRAMME, unité fondamentale de l'espèce, est égal au poids d'un centimètre cube d'eau ramenée à son maximum de densité, c'est-à-dire distillée et élevée à la température de 4 degrés centigrade.

La mesure de longueur s'appellera donc MÈTRE.
Celle de superficie . . . . ARE.
Celle de solidité . . . . STÈRE.
Celle de capacité . . . . LITRE.
Celle de poids . . . . GRAMME.

Ces mesures peuvent s'appliquer à l'évaluation de toutes espèces de quantités : ce sont elles qui ont été définitivement mises en vigueur par la loi du 4 juillet 1837; leurs noms étaient déjà depuis longtemps connus.

Il faut maintenant s'occuper de certains termes qui pourraient décourager au premier coup d'œil par leur forme étrangère ; ces mots sont au nombre de SEPT : ce sont les multiples et sous-multiples des unités génériques de poids et mesures exprimées plus haut, et, quoique empruntés à une langue qui n'est pas la nôtre, ils sont faciles à retenir.

Il y a d'abord les multiples : ils ont été tirés du grec, et se trouvent au nombre de QUATRE, savoir :

Déca, qui veut dire Dix. 10
Hecto, — Cent. 100
Kilo, — Mille. 1,000
Myria, — Dix mille. . . . 10,000

Ces quatre indications de quantités sont appelées multiples, parce qu'en les joignant, soit à l'unité fondamentale, le MÈTRE, soit aux unités secondaires, l'ARE, le STÈRE, le LITRE, le GRAMME, on représente par un mot composé ces différentes unités prises autant de fois que l'indiquent les dénominateurs DÉCA, dix, HECTO, cent, KILO, mille, MYRIA, dix mille.

DÉCAMÈTRE représentera Dix mètres.
DÉCALITRE — Dix litres.
DÉCAGRAMME — Dix grammes.
HECTOMÈTRE — Cent mètres.
HECTOLITRE — Cent litres.
HECTOGRAMME — Cent grammes.

En appliquant à ces dénominations et aux suivantes, afin de remplir l'intervalle qu'elles laissent entre elles, ce principe, consacré par une disposition de la loi du 8 germinal an III, que chaque unité de poids et mesures a son DOUBLE et sa MOITIÉ, on pourra facilement se faire une idée exacte de tous les multiples et sous-multiples des poids et mesures.

Ceux-ci, les sous-multiples ou diminutifs, sont appelés ainsi, parce que, rapprochés des unités de poids et mesures, ils indiquent des fractions de ces unités, dix, cent,

mille fois plus petites; ces sous-multiples se composent de TROIS mots seulement; ce sont:

Déci, diminutif de Déca;
Centi, — Hecto;
Milli, — Kilo.

Ces trois mots viennent du latin. Si on les joint aux unités MÈTRE, ARE, STÈRE, LITRE, GRAMME, on aura alors de nouveaux mots qui représenteront des fractions dix, cent, mille fois plus petites que le *mètre*, l'*are*, le *stère*, le *litre*, le *gramme* [1].

Ainsi DÉCIMÈTRE exprimera une fraction dix fois plus petite que le mètre, c'est-à-dire un dixième de mètre.

DÉCILITRE, une fraction dix fois plus petite que le litre, c'est-à-dire un dixième du litre, etc., etc.

Il en sera de même de CENTI et de MILLI, qui exprimeront des centièmes et des millièmes de l'unité à laquelle ils seront joints.

Pour se fixer invariablement sur ce qui vient d'être dit, il faut d'abord se rappeler que le système métrique décimal repose en entier sur DOUZE termes seulement; et ensuite, afin de faire plus nettement ressortir la simplicité de ce système, faire subir une classification aux termes qui le composent.

On pourra diviser ces termes en trois classes :

La PREMIÈRE comprendra les *cinq* unités génériques de poids et mesures : MÈTRE, ARE, STÈRE, LITRE, GRAMME.

La SECONDE, les multiples de ces unités représentés par les *quatre* mots suivants : DÉCA, HECTO, KILO, MYRIA, lesquels multiplient les unités de la première classe par dix, cent, mille, dix mille.

[1] Il y a exception pour l'*are* et le *stère*. On est convenu de retrancher certaines combinaisons, et de ne se servir habituellement que des suivantes :

HECTO-ARE, par syncope HECTARE, cent ares, ou dix mille mètres carrés.
ARE. . . . . cent mètres carrés, carré de dix mètres de côté.
CENTIARE. . . . . . centième de l'are, ou un mètre carré.
DÉCASTÈRE. . . . . . Dix stères.
DEMI-DÉCASTÈRE. . . . Cinq stères.
DOUBLE-STÈRE. . . . . Deux stères.
STÈRE. . . . . Mètre cube.
DEMI-STÈRE. . . . . . Moitié du stère.
DÉCISTÈRE. . . . . . Dixième du stère.

Enfin la TROISIÈME classe renfermera les sous-multiples ou diminutifs, au nombre de *trois*, et qui ont été nommés DÉCI, CENTI, MILLI, pour désigner la dixième, la centième, la millième partie du *mètre*, de l'*are*, du *stère*, du *litre*, du *gramme*.

Tableau du Système métrique.

UNITÉS.	Mètre, mesure de longueur;	
	Are, — de surface;	
	Stère, — de volume ou de solidité;	
	Litre, — de capacité;	
	Gramme, — de pesanteur.	
MULTIPLES.	Myria, qui signifie 10,000 fois	Plus grand que l'unité.
	Kilo, — 1,000 fois	
	Hecto, — 100 fois	
	Déca, — 10 fois	
S.-MULTIP. ou DIVISEURS	Déci, — 10 fois	Plus petit que l'unité.
	Centi, — 100 fois	
	Milli, — 1,000 fois	

DÉNOMINATIONS DES UNITÉS

§ II. — MANIÈRE D'ÉCRIRE ET D'ÉNONCER LES QUANTITÉS DÉCIMALES DE POIDS ET MESURES.

Les multiples et sous-multiples des poids et mesures suivent, comme on le voit par le tableau précédent, une progression *décuple*, croissante ou décroissante, semblable à celle de la numération décimale, c'est-à-dire qu'ils deviennent *de dix en dix fois plus grands, et de dix en dix fois plus petits*. On doit donc, en les écrivant, placer ces nombres entre eux comme dans le calcul décimal, de façon que l'unité principale, mètre, are, stère, litre ou gramme, soit le point central d'où partent deux séries décimales, l'une *ascendante* allant vers la gauche, qui représentera des unités de dix en dix fois plus grandes; l'autre *descendante* allant vers la droite, qui représentera des unités de dix en dix fois plus petites.

Voici cette numération figurée.

Myria. Kilo. Hecto. Déca.	UNITÉ	Déci. Centi. Milli.
0 0 0 0	0	0 0 0
Dizaine de mille... Mille... Centaine... Dizaine...	PRINCIPALE.	Dixième... Centième... Millième...

Le nom de chaque mesure se place im-médiatement après les unités et avant les fractions; s'il n'y a pas d'unité, on la remplace par un zéro; et on énonce ce nombre comme un entier, en prononçant à la fin le nom de la dernière subdivision.

EXEMPLE :

1^m.20. (un mètre vingt centimètres).
0^m.50 (cinquante centimètres).

Il y a différentes manières d'énoncer les quantités décimales de poids et mesures, selon les multiples ou sous-multiples que l'on voudra prendre pour unité. Celle que je viens d'indiquer est la plus usuelle.

Les travaux entrepris pour déterminer cette mesure, le MÈTRE, qui devait engendrer toutes les autres, furent conduits avec des précautions extraordinaires. « L'Institut de France, dit l'illustre Arago, et le gouvernement de notre pays ont donné à cette occasion un grand et bel exemple au monde, exemple unique dans l'histoire des sciences: ils ont voulu qu'un congrès de savants de toutes les nations qui voudraient bien envoyer des députés s'assemblât pour prendre connaissance de toutes les observations, de toutes les expériences déjà faites, pour les vérifier et les recommencer au besoin, pour s'assurer de l'exactitude de toutes les déterminations et de tous les calculs. »

L'Espagne, le Danemark, le Piémont, la Toscane, les Républiques batave, ligurienne, helvétique, romaine; plus tard l'Angleterre et la Prusse, prirent part à ces travaux en envoyant au congrès l'élite de leurs savants.

Aujourd'hui le système décimal est adopté en France, en Belgique, en Piémont, dans le royaume Lombardo-Vénitien, en Portugal et dans le Chili. Les poids métriques seulement sont en usage en Hollande, en Suisse, en Prusse, en Danemark, dans le duché de Bade et dans les deux Hesses. Le système décimal tout entier sera obligatoire en Espagne à partir de 1860.

Un jour prochain viendra où ce système, magnifique par sa simplicité, sera admis par le monde entier.

MARS

Iʳᵉ PARTIE. — PROVERBES ET MAXIMES

·sr son travail fermier qui s'enrichit,
Au maître porte aussi profit.

—∞—

Voulez-vous recevoir vos termes,
Ne portez pas trop haut vos fermes.

—∞—

Mars pluvieux,
An disetteux.

—∞—

Poussière de mars, poussière d'or.

—∞—

Taille tôt, taille tard,
Rien ne vaut taille de mars.

—∞—

Quand en mars beaucoup il tonne,
Apprête cercles et tonne.

—∞—

Quand mars mouillé sera,
Bien du lin se récoltera.

—∞—

L'ignorance est un vice radical qui s'oppose, dans tous nos départements les plus pauvres, aux progrès de l'agriculture. (A. THOUIN.)

—∞—

Privés du secours des sciences accessoires, les faits agricoles ne parlent qu'un langage équivoque et ne constituent plus qu'un empirisme trompeur que l'on décore faussement du nom de pratique.
(DE GASPARIN.)

—∞—

L'agriculture est ce qu'on sait et veut la faire. Simple routine et métier pour les uns, elle devient une industrie productive et une science pour les autres.
(E. LECOUTEUX.)

—∞—

L'assolement alterne et la nourriture à l'étable se prêtent un mutuel appui. (SCHWERTZ.)

—∞—

Un propriétaire doit passer des baux à long terme et éviter de louer trop cher, afin de rendre possibles les améliorations. (DROZ.)

—∞—

Dans l'agriculture, le principe fondamental, c'est de rendre toujours largement à la terre, n'importe sous quelle forme, tout ce qu'on lui enlève par les récoltes. (LIÉBIG.)

—∞—

Beaucoup de prairies, soit naturelles, soit artificielles, la plupart utilisées par le pâturage; deux racines, la pomme de terre et le turneps; deux céréales de printemps, l'orge et l'avoine, et une seule céréale d'hiver, le froment; toutes ces plantes enchaînées entre elles par un assolement alterne, c'est-à-dire par l'intercalation régulière des céréales dites récoltes blanches (*white crops*) avec les plantes fourragères dites récoltes vertes (*green crops*), et débutant par des racines ou plantes sarclées pour finir par le froment : voilà toute la culture anglaise.
(LÉONCE DE LAVERGNE.)

—∞—

Rien n'indique mieux un bon cultivateur que les soins qu'il donne à ses instruments agricoles.
(JOHN SINCLAIR.)

—∞—

La vie rurale a contribué puissamment à la suprématie agricole et même à la suprématie politique de l'Angleterre. (E. LECOUTEUX.)

—∞—

Le cultivateur est l'artisan, l'agriculteur est l'artiste, l'agronome est le savant qui ouvre la voie dans laquelle les deux autres doivent marcher. (DE GASPARIN.)

—∞—

IIᵐᵉ PARTIE. — CAUSERIES.

CHAPITRE PREMIER

Les fourrages.

Le but de toute culture est de produire des céréales, c'est-à-dire du pain; du bétail, c'est-à-dire de la viande; et des plantes industrielles, c'est-à-dire du sucre, de l'alcool, de l'huile, de la toile, etc.

Mais le blé ne vient pas sans engrais, ou il vient mal et ne paye pas la peine et l'argent qu'il a coûtés; les betteraves, le colza, le pavot, le lin, ne poussent pas non plus sans engrais. Ce sont donc les engrais qui donnent au sol la fertilité convenable.

Or qu'est-ce qui produit les engrais? — Le bétail.

Qu'est-ce qui nourrit le bétail? — Les fourrages.

La base de toute bonne culture, c'est la production des fourrages. Sans fourrages, vous n'avez ni blé, ni plantes industrielles, parce que vous manquez d'engrais; vous manquez d'engrais parce que vous n'avez pas de bétail.

Ce raisonnement me semble clair comme la lumière du soleil, et cependant on agit, dans une grande partie de la France, comme si la production des fourrages n'avait qu'une importance secondaire.

Si le hasard a ménagé dans la propriété quelques prairies, tant mieux; on les entretiendra pour nourrir les bêtes de travail, mais on ne cherchera pas à les étendre; on s'en remettra aux pâturages pour nourrir le cheptel. La grande affaire du cultivateur, c'est de mettre en céréales de grandes surfaces de terrains qui coûtent beaucoup de travail, beaucoup de semence, et rapportent fort peu.

Ces cultivateurs ignorent cette loi des terres cultivées en céréales : « Le sol rapporte non en proportion de l'étendue des surfaces ensemencées, mais en proportion de l'engrais appliqué à sa culture. »

Qui fume beaucoup récolte beaucoup; qui fume peu récolte peu; qui ne fume point ne récolte rien.

C'est donc sur la culture des plantes fourragères que le cultivateur intelligent doit concentrer ses efforts.

Cultivons le plus de fourrage possible afin de nourrir le plus de bétail possible, qui nous donnera du lait, de la viande et du fumier, c'est-à-dire la prospérité de la ferme.

Nous possédons une foule de plantes fourragères dont les différentes espèces sont appropriées à toutes les variétés de terrain. Là où ne réussit pas la luzerne ou le sainfoin, vous semez le trèfle ou le ray-grass.

Le premier soin d'un cultivateur est donc de créer des prairies naturelles, et de les bien irriguer partout où il peut. L'irrigation est aux prairies ce que les fortes fumures sont aux terres à blé; elle produit des effets vraiment merveilleux.

Puis on cultive des fourrages artificiels, fourrages vivaces ou fourrages annuels, selon les assolements, selon les terrains, selon les circonstances.

Si la terre est suffisamment fertile et assez profonde, on fait des racines, des betteraves, des navets, des pommes de terre.

Si la couche végétale est mince, si le sol est pauvre, après que le champ a porté un seigle ou un sarrasin, on sème du ray-grass, des lupins, etc.

Ainsi le but essentiel du cultivateur, c'est de créer des fourrages, afin d'entretenir du bétail ou des troupeaux.

S'il a sous la main un sol calcaire, riche et profond, il pourra nourrir ce qu'on appelle le gros bétail.

Si la destinée lui a confié une terre pauvre, un sol ingrat, les sobres troupeaux de bêtes à laine, vivant de peu et fumant la terre pendant les parcages de l'été, lui permettront d'améliorer sa propriété.

L'aptitude fourragère du sol est très-variable, et c'est par des recherches intelligentes, par des tâtonnements successifs, que le cultivateur apprendra quelle est la plante qui convient le mieux à la terre qu'il cultive.

Il ne faut pas se laisser décourager par les mécomptes. Les plus grands agriculteurs font encore des écoles; seulement ils ne s'y font pas prendre deux fois.

L'écart entre les produits *maxima* et *minima* d'une culture fourragère est énorme; ces produits varient, à l'hectare, entre 2,000 kilogrammes, et 25,000 kilogrammes de foin sec ou leur équivalent.

La moyenne du rendement des prairies naturelles et artificielles est de 5,000 kilogrammes à l'hectare, dans les pays de moyenne culture, sur les terrains de moyenne fertilité.

Les racines, qui constituent aussi un fourrage, représentent le double d'équivalent nutritif. Un hectare de racines produit, en moyenne, l'équivalent de 12,000 kilogrammes de foin sec à l'hectare. Aussi, dans les terrains profonds, les racines servent-elles de pivot à toutes les améliorations culturales.

Avec la betterave, qui est en France notre racine de prédilection, vous faites de l'alcool; avec la pulpe, dont on a retiré le sucre ou l'alcool, vous nourrissez votre bétail et vos troupeaux.

Une plante qui donne de l'argent par son alcool, de la viande par sa pulpe, et de l'engrais par la viande qu'elle nourrit, que peut-on désirer de plus?

Les cultivateurs ont donc à choisir, selon la nature des terrains dont ils disposent, les variétés de plantes fourragères qui conviennent le mieux à ces terrains.

Ils doivent prendre parmi ces fourrages ceux qui produisent le plus et qui exigent les moindres frais. Récolter beaucoup de fourrages au prix de beaucoup plus d'argent qu'ils ne rapportent, ce n'est pas améliorer sa terre, c'est se ruiner. Le problème à résoudre est donc celui-ci :

« Faire payer par le sol les améliorations qu'il reçoit. »

CHAPITRE II
Histoire d'une culture améliorante.

« Vous parlez tous les jours d'amélioration du sol, de culture améliorante, nous dit-on : tout cela est bel et bon sur le papier; mais nous voudrions bien vous y voir. »

Personne n'ignore qu'il y a loin de la théorie à la pratique, et qu'il est plus facile de dire ce qu'il faut faire que de faire ce qu'on vous dit.

Mais, comme nos théories agricoles ont des faits pour origine, il nous est facile de joindre l'exemple au précepte.

Nous allons prendre une ferme très-connue.

Il s'agit d'un domaine composé de terres sèches et calcaires, où se rencontrent, en plus ou moins grandes proportions, la chaux, la silice et l'argile.

Ces terres étaient autrefois soumises à l'assolement triennal. On les labourait à une dizaine de centimètres de profondeur. On les fumait quelquefois, tous les six ans, mais légèrement. On y récoltait de 12 à 15 hectolitres de blé; il fallait que l'année fût bien favorable, et toutes les terres ne donnaient pas ce produit.

Cependant, à cette époque, ce chiffre rentrait dans la moyenne des rendements des bonnes propriétés du voisinage.

Il y a une trentaine d'années de cela, ce domaine tomba dans les mains d'un homme qui, après avoir été un officier supérieur de mérite, était destiné à devenir une des illustrations agricoles de la France.

C'était en 1827. On commençait à se douter, en France, qu'il y avait une science appelée l'agriculture, et qu'en étudiant les préceptes de cette science on pouvait arriver à doubler les produits du sol.

La ferme s'appelait Grignon, et le cultivateur s'appelait Auguste Bella, chef d'escadron d'état-major qui avait déjà fait, en Lorraine, ses preuves d'excellent agriculteur.

Au premier coup d'œil, Auguste Bella comprit qu'il fallait deux choses à Grignon pour réussir : le capital et les débouchés.

Pour les débouchés, Paris était là. Le capital fut bientôt trouvé.

Il est souvent plus facile de trouver de l'argent que de savoir le dépenser. Le savant agronome, qui devait illustrer la ferme de Grignon, ne fut point embarrassé pour donner à son capital un emploi convenable.

Son système d'amélioration fut basé sur deux éléments: les labours profonds (0ᵐ.20 à 0ᵐ.25) et les fortes fumures.

Le domaine a 240 hectares de terres labourables et 20 hectares de prairies naturelles. Voici comment il divisa son terrain : tout le secret de la prospérité de Grignon est dans cet intelligent assolement.

Les terres labourables furent réparties en 8 soles ; chacune de ces 8 soles devait être occupée pendant 6, 7 ou 8 ans par une prairie artificielle ; les sept autres soles furent soumises à l'assolement suivant :

1ʳᵉ année. Racines sarclées et fumées à la dose de 60,000 kil. (1,800,000 kil. pour toute la sole).

2ᵉ année. Céréales de mars avec semis de trèfle.

3ᵉ année. Trèfle fauché deux fois:

4ᵉ année. Céréales d'automne.

5ᵉ année. Fourrages fauchés ou pâturés en vert, suivis d'une fumure équivalant à 30,000 k. de fumier par hectare (900,000 kil. pour toute la sole).

6ᵉ année. Colza ou navette.

7ᵉ année. Céréales d'automne.

Chaque sole avait une étendue de 30 hectares ; total 210 hectares, non compris la sole de prairies artificielles permanentes.

On remarquera que cet assolement repose sur le principe des récoltes alternées. Les terres du domaine étaient donc parta-

gées de cette façon : 140 hectares de prairies naturelles artificielles, trèfles, fourrages annuels, racines et 120 hectares de céréales ou de plantes oléagineuses. 140 hectares représentaient les fumiers, c'est-à-dire une des sources principales d'amélioration ; 120 hectares représentaient le revenu en argent, c'est-à-dire l'amélioration réalisée.

Maintenant voici quel était le bétail de la ferme au début de la culture et à l'époque du plein rapport :

	1829	1853
Chevaux..	16	25
Bœufs.	7	8
Vaches, taureaux, élèves. . .	53	86
Moutons.	768	994
Porcs..	42	50

J'ai dit ce que rapportait Grignon lorsque Auguste Bella prit la direction de la ferme : l'hectare rendait de 12 à 15 hectolitres de blé au plus.

Voici le rendement moyen pendant la 1ʳᵉ et pendant la 2ᵉ rotation de sept années chacune. On pourra se rendre compte de la marche des améliorations, je donne le produit à l'hectare :

	1ʳᵉ ROTATION.	2ᵉ ROTATION.
Froment d'automne. .	21ʰ.47	24ʰ.18
Froment de printemps.	22 .13	28 .04
Méteil.	17 .40	18 .23
Seigle.	15 .12	26 .72
Orge..	27 .44	37 .44
Avoine.	39 .00	54 .75
Colza, navette, pavot.	24 .00	19 .00

Que pourrai-je ajouter de plus? Les rendements ont considérablement augmenté, et les revenus aussi. Qu'une terre produise le double, c'est bien ; mais, si le produit vous coûte le double, il n'y a aucun bénéfice pour le cultivateur. Le problème est complexe, il faut produire davantage sans augmenter la dépense en proportion. C'est ce qui est arrivé à Grignon. Les terres qui rapportaient 50 francs l'hectare ont pu être facilement élevées à 100 francs. Voilà ce que nous appelons une véritable amélioration.

Améliorer le sol, tout en améliorant la bourse du propriétaire.

IIIME PARTIE. — TRAVAUX DES CHAMPS.

CHAPITRE PREMIER.
Comptabilité agricole.

Dans la livraison d'*avril*, nos lecteurs trouveront des indications précises et des modèles complets pour tenir une comptabilité en partie double, à partir du 1er mai, époque où l'on peut établir l'inventaire avec le plus de certitude.

CHAPITRE II
Travaux des champs.

§ Ier. — DERNIERS LABOURS D'HIVER.

« Un des soins les plus importants que doive prendre un cultivateur, dit Mathieu de Dombasle, c'est de ne jamais toucher la terre au printemps ou en été, soit pour les labours, soit pour le travail de l'extirpateur, de la herse, des houes à main ou à cheval, que lorsque le sol est complétement ressuyé. Il y aura souvent une différence de moitié, ajoute-t-il, entre le produit d'un champ cultivé un jour de beau temps et dans un état bien ressuyé, et celui d'un champ voisin cultivé, deux jours après, par la pluie. »

Il va sans dire que cette recommandation ne s'adresse pas aux agriculteurs qui cultivent des sols sablonneux ou calcaires perméables.

Pendant ce mois, on termine les derniers labours, qui doivent précéder les récoltes printanières. Dans les *terres blanches* (argileuses); cette préparation a lieu immédiatement avant l'ensemencement.

Si on n'a pas fumé pendant l'automne ou dans les jours favorables d'hiver, ainsi que le recommandent les principaux agronomes, il faut enfouir le fumier par un ou plusieurs labours, selon l'époque de la semaille.

« Quand les terrains compactes n'ont pas été labourés avant l'hiver, dit M. Moll, on doit se hâter, dans ce mois, de leur donner la dernière façon; on ne herse alors qu'au moment de la semaille, à moins qu'on n'ait à redouter que la sécheresse ne durcisse trop la surface. Dans ce cas, on saisit le moment où le guéret a déjà perdu une partie de son humidité, sans cependant s'être desséché complétement, pour faire passer, à plusieurs reprises, de fortes herses qui préparent la terre convenablement pour la semaille, et font ce que nos paysans appellent la *mie*. »

§ II. — ENTRETIEN DES RAIES D'ÉCOULEMENT.

Aussitôt après l'ensemencement, il faut s'occuper de nettoyer les *raies d'écoulement* et les *raies debout* pratiquées sur les céréales d'hiver, afin d'empêcher le séjour des eaux provenant des dernières pluies. Les raies d'écoulement traversent les champs dans le sens des pentes; elles sont inutiles dans les champs convenablement drainés. Les *raies debout* entourent entièrement le champ et sont toujours nécessaires, que le sol soit drainé ou qu'il ne le soit pas; elles servent à empêcher les haies des voisins de gagner du terrain, car il paraît qu'il y a des *haies qui marchent*. On sait très-bien qu'en coupant les racines de la haie d'un côté, on arrive peu à peu à la faire reculer chez le voisin. Les *raies debout* protègent non-seulement contre les empiétements du voisin, mais aussi contre les envahissements du gazon, en même temps qu'elles retiennent les terres.

On se sert habituellement, pour faire ces différentes raies, de la charrue-butoir, à double versoir, suivie du rabot de raies de M. de Dombasle. On adapte le rabot derrière le butoir, et il aplanit les talus formés par la charrue des deux côtés de la raie. Si on laissait les talus, ils empêcheraient l'écoulement des eaux.

Nous rappellerons ces divers travaux à l'époque des semailles d'automne.

§ III. — FAÇON A DONNER AUX RÉCOLTES SUR PIED.

C'est dans ce mois que l'on herse le blé, l'avoine d'hiver, l'escourgeon, et qu'on commence à biner le colza et les cardères.

La *herse* est une espèce de râteau auquel on attelle un cheval. Mais, la herse agissant par un mouvement continu, on ne pourrait pas facilement la débarrasser des herbes encombrantes, comme on le fait pour le râteau du jardinier, que l'homme peut pousser à son gré, en avant ou en arrière. Pour obvier autant que possible à cet inconvénient, on a placé, dans certains cas, les dents sur plusieurs rangs, de sorte que les dents de chaque rang correspondent avec les intervalles du rang qui souvent les précède. On attache à l'arrière de la herse une courroie que le charretier tient dans la main, et à l'aide de laquelle il soulève la herse lorsqu'elle est *bourrée*, c'est-à-dire entravée par les herbes, sans avoir besoin d'arrêter les chevaux.

Il y a deux sortes de herses : la herse légère, ordinairement construite en bois, destinée aux terres sablonneuses et peu compactes. La herse Valcour, qui fut adoptée à Roville comme une des plus parfaites, peut être considérée à la fois comme une herse légère et comme une herse forte selon qu'elle est entièrement construite en bois, ou qu'elle est formée d'un bâtis en bois garni de dents en fer (fig. 15). On remarquera que le crochet d'attelage n'est

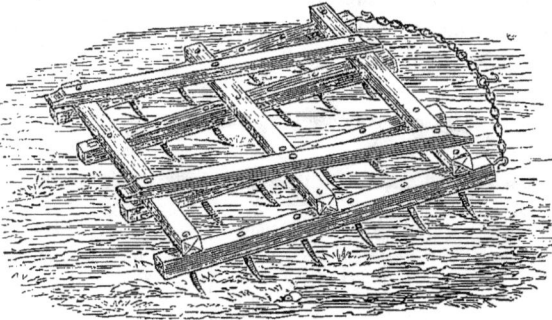

Fig. 15. — Herse Valcourt.

pas attaché au milieu de la chaîne; on le place un peu à gauche de l'angle obtus, en cherchant sa position par le tâtonnement. Si le crochet était juste au centre, les sillons tracés par chaque ligne de dents se confondraient. On dispose le point d'attache de façon à faire marcher l'instrument de biais et à obtenir autant de raies parrallèles qu'il y a de dents à la herse.

La herse anglaise de Howard (fig. 16), qui est aussi une herse légère, quoiqu'elle soit construite en fer, se compose de deux ou trois parties; les lignes ponctuées indiquent la trace des dents dont je viens de parler. La forme du bâtis en zigzag permet de fixer la ligne de tirage au milieu de la volée d'attelage.

Cette herse et la herse forte du même fabricant (fig. 17) sont disposées d'une façon toute particulière. Elles sont articulées, c'est-à-dire qu'elles suivent toutes les ondulations du terrain, sans que jamais les dents cessent d'agir sur le sol : cette particularité en a fait des instruments excellents et leur a valu le premier prix à l'exposition universelle de Paris. Les herses Howard commencent à se répandre beaucoup en France.

Le hersage qu'il faut donner aux céréales d'automne, pendant ce mois-ci, doit être énergique. Il ne faut pas craindre d'arracher quelques plants de blé ; cette perte légère sera bientôt réparée par le nouveau développement de la végétation des autres pieds, qui seront plus à l'aise. Cependant il faut avoir la précaution de herser plus légèrement les terrains sablonneux et peu compactes.

« J'ai vu des essais, dit M. Moll, tentés

Fig. 16. — Herse légère de Howard.

dans le but de connaître jusqu'à quel point le blé pouvait être hersé sans inconvénient. Certaines parties avaient été mises en tel état, qu'on y apercevait à peine quelques traces de blé : ces parties furent les plus belles de la moisson. »

Dans les terres très-légères et calcaires, on remplace le hersage par un *ploutrage*,

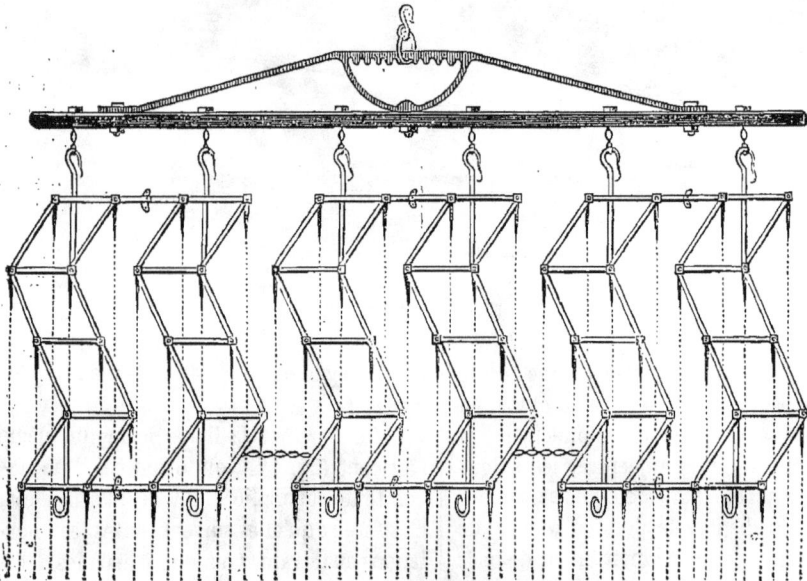

Fig. 17. — Herse forte de Howard.

opération qui consiste à traîner sur le champ une herse renversée, sans patins, ou simplement une barre de bois assez lourde. Dans le cas où le sol serait sali par trop de mauvaises herbes, il faudrait, si le colza a été semé en lignes, avoir recours au binage à la main. On peut aussi se servir de la houe à cheval.

On donne un binage aux cardères semés en septembre, et on sarcle la gaude d'hiver. Pour ce sarclage, on se sert de la houe à long manche, en ayant soin de laisser, autant que possible, les plantes espacées de 15 à 20 centimètres, ainsi que le recommande Mathieu de Dombasle.

Le binage est une opération coûteuse et qui ne doit guère s'appliquer que dans les sols riches, pouvant payer largement, par leur fertilité naturelle et par l'action de l'engrais appliqué, les frais de culture. « Dans les sols pauvres, dit M. Moll, ils sont toujours onéreux ; aussi doit-on se garder d'y cultiver des plantes en ligne qui exigent beaucoup de culture à bras. »

§ IV. — FUMURES, PLATRAGES.

Aux approches du printemps, vers la fin de février ou le commencement de mars, on sème souvent les céréales avec un engrais pulvérulent. Dans les sols légers, sablonneux ou calcaires, il vaut mieux appliquer cet engrais en couverture que de l'enfouir. On le répand sur le sol au moment des semailles ou au printemps, quand la végétation est encore peu avancée. L'engrais en couverture est aussi très-favorable aux céréales d'hiver, dans les sols argileux, seulement le transport et l'épandage dans les champs en est plus difficile.

C'est la seule manière d'appliquer l'engrais sur les prairies artificielles et prairies naturelles. Cependant on a tout récemment inventé une charrue qui soulève le gazon en mottes, pendant qu'une trémie, placée derrière le soc, laisse tomber sous la motte l'engrais pulvérulent ; un rouleau raffermit le gazon qui est retombé à sa place. On est pas encore bien édifié sur la valeur de cet instrument et de cette opération.

Les engrais que l'on répand en couverture sont, outre le fumier décomposé, les riches composts, les tourteaux pulvérisés, le guano, les touraillons, la fiente de pigeons en poudre, la suie, la poudrette, les engrais pulvérulents du commerce, dont la valeur est bien reconnue, tels que l'engrais Penbron, l'engrais Derrien, etc.

« Si l'on appliquait avant les grandes pluies de l'hiver, dit Mathieu de Dombasle, ces espèces d'engrais (pulvérurents), qu'on n'emploie qu'en très-petite quantité, et dont les principes sont très-solubles, les pluies les entraîneraient presqu'en totalité. C'est lorsque la récolte commence à végéter qu'il est le plus profitable de les employer ; mais il faut aussi qu'il tombe un peu de pluie après qu'ils ont été répandus, sans cela leur action est à peu près nulle. »

On plâtre, en général, toutes les légumineuses : les trèfles, les sainfoins, les luzernes, la jarosse, la vesce, etc. Franklin fut un des promoteurs du plâtrage en Amérique. Il écrivit sur un champ de trèfle, près de Wasington, ces mots : Ceci a été plâtré, et bientôt on vit ces paroles faire saillie au milieu des champs, et indiquer, par la belle venue des plantes qui les formaient, la faculté fécondante du plâtre.

Puvis recommande de semer le plâtre, au printemps, sur la végétation déjà commencée, lorsque les fourrages ont de 12 à 15 centimètres de hauteur. « On le répand, dit-il, à la main, le soir ou le matin, à la rosée, par un temps calme et couvert, avant ou après une petite pluie ; de grandes pluies nuisent beaucoup à son effet ; aussi, pour éviter les grandes pluies de printemps, dans les environs de Marseille, on préfère ne l'employer qu'après la première coupe. »

Dans certaines contrées on met le plâtre, après la moisson, sur les trèfles de l'année. L'illustre agronome assure qu'il procure une bonne coupe au mois d'octobre, et que les récoltes de l'année suivante en éprouvent encore tout l'effet.

La dose ordinaire est égale au volume de semence de blé que l'on emploierait pour un hectare. C'est de tous les amendements celui qui produit le plus d'effet à petite dose, quand il agit, car il ne fait pas sentir son action sur tous les terrains.

On l'emploie aussi sur les prairies sèches pour augmenter le produit en développant de préférence la végétation des légumineuses qui entrent dans la composition de ces prairies; mais il faudrait alterner avec les engrais animaux, si on veut obtenir une amélioration soutenue.

§. V. — DES ENSEMENCEMENTS.

Nous sommes en pleines semailles de printemps.

Avant de nous occuper en détail des diverses semailles qui doivent être faites pendant le mois de mars, il n'est peut-être pas inutile de dire quelques mots sur les ensemencements en général.

Il y a trois manières de distribuer la semence : à la volée, au plantoir et au semoir. La première manière est encore la plus répandue, quoiqu'elle ne soit pas la meilleure, c'est celle que l'on a pratiquée de tout temps dans tous les pays. Le semeur porte la graine dans un sac ou dans un long tablier suspendu à son cou ; si c'est un tablier, il roule fortement son extrémité inférieure autour du bras gauche, et jette les poignées de semence devant lui, en leur faisant décrire une demi-circonférence de droite à gauche. Le contraire a lieu s'il sème de la main gauche.

On sème encore à la main, en répandant derrière la charrue la graine dans le sillon; le second trait de labour recouvre tant bien que mal la graine répandue.

On voit tout de suite quels inconvénients nombreux et graves entraîne après elle cette méthode d'ensemencement.

Le bons semeurs sont rares et se payent très-cher. Mais, quelle que soit l'habileté du semeur et le calme de l'air, la graine est souvent inégalement répartie ; elle est enterrée d'une manière incomplète ou recouverte d'une couche trop épaisse de terre; le grain qui n'est pas enterré dans le sol est fréquemment dévoré par les oiseaux. Il en résulte de grandes places vides au moment où la plante se développe, tandis qu'à côté les semences trop agglomérées se nuisent mutuellement.

L'ensemencement au plantoir est géné-

ralement abandonné pour le blé, le froment, etc., et plus particulièrement restreint à la culture du maïs, de la betterave, etc.

Reste le semoir qui répand la semence en lignes ou à la volée.

A. *Les semoirs.*

Les semailles en lignes consistent à déposer, selon une ligne droite, les graines à une distance voulue les unes des autres et par quantités toujours égales et calculées d'avance. Pour les plantes qui acquièrent une certaine dimension, l'ensemencement en lignes est indispensable. Pour les céréales, qui sont si souvent envahies, en France surtout, par les plantes parasites, l'ensemencement en ligne, plus employé en Angleterre, serait très-utilement adopté dans une foule de circonstances, parce qu'il permet de détruire facilement les mauvaises herbes à l'aide d'une houe à cheval spéciale.

Je reproduirai un passage dans lequel un illustre agronome, M. le comte de Gasparin, a résumé, avec une netteté et une justesse remarquables, les conditions que doit réunir un bon semoir.

« Un bon semoir, dit-il, doit répandre à volonté les grains à une distance voulue; il doit les répandre uniformément et sans interruption toutes les fois que la machine marche, et, la machine continuant à marcher, on doit pouvoir interrompre la transmission des grains ; car il est un cas, comme à la fin des sillons, et quand on retourne pour en recommencer un autre, où l'ensemencement doit s'arrêter.

« Le semoir doit permettre d'effectuer avec facilité les changements dans la distance entre les lignes des semis et des plantes entre eux dans ces lignes.

« Les semences doivent en sortir avec facilité, c'est-à-dire que leur nombre doit être proportionné à la rapidité de la marche de l'instrument. Il ne doit pas s'engorger, ce qui serait cause que plusieurs lignes pourraient manquer de graines. Cette disposilion serait un vice radical dans un semoir.

« La semence doit être recouverte avec soin après le passage du semoir, sans que l'instrument destiné à cet usage puisse faire la *traîne*, c'est-à-dire, sans qu'il s'engorge de terre ou dérange les semences, une fois qu'elles ont été posées à leur place.

« Le semoir doit être solide, peu sujet aux dérangements, et les réparations qu'il nécessite doivent pouvoir être faites par les ouvriers ordinaires.

« Enfin sa marche doit être facile, de manière que le cheval puisse soutenir la vitesse de un mètre par seconde. »

Le jury de l'Exposition universelle de 1856 donna le premier prix à deux semoirs : le semoir à toutes graines, de M. Hornsby (Angleterre), pour les grandes exploitations, qui était un véritable chef-d'œuvre de mécanique agricole, et le semoir à toutes graines de M. de Calbiac pour les petites exploitations, qui était surtout remarquable par l'heureuse simplicité de sa construction.

Le semoir de M. Hornsby (fig. 19) est un semoir à godets. Il consiste en une caisse à deux compartiments ou trémies, portée sur deux roues. Dans un compartiment se place la graine, dans l'autre l'engrais pulvérulent.

Une tige tournante, sur laquelle sont attachés des disques, traverse le compartiment de la graine ; ces disques sont garnis de cuillers ou godets qui, en plongeant, se remplissent d'une quantité voulue, et, dans leur évolution, rejettent cette graine qui va tomber dans un tube en caoutchouc aboutissant à une gorge pratiquée dans l'intérieur du soc N.

L'engrais, distribué par un cylindre garni de saillies, tombe également, en quantité déterminée, dans une série d'entonnoirs M ; le premier entonnoir est engagé dans un second, celui-ci est engagé dans un troisième, ainsi de suite. Ils conduisent l'engrais dans une gorge pratiquée dans des socs placés en avant des premiers.

La caisse est soulevée par les manivelles ABE suivant la pente du terrain. Des poids

L forcent les socs, dont la tige est élastique, à entrer dans le sol ; on règle l'entrure au moyen du moulinet J, et le débrayage s'opère au moyen du levier CK.

La révolution des roues fait marcher tout le mécanisme au moyen d'un système d'engrenages HG.

Voici maintenant ce qui se passe lorsqu'on met le semoir en marche, en y attelant un ou deux chevaux, selon la force et la grandeur de l'instrument.

Le tube de l'engrais trace un sillon assez profond. A mesure qu'il entr'ouvre le sol, l'engrais tombe par quantités égales dans le sillon ouvert. Après le tube de l'engrais, vient un griffon O qui comble ce sillon.

Le tube de la semence, qui suit immédiatement, mais qui a moins d'entrure que celui de l'engrais, trace, à son tour, un sillon dans la couche nouvellement remuée où est enfoui l'engrais, et y dépose la graine, qui se trouve ainsi enveloppée dans un mélange de matière fécondante.

Ce semoir, qui a une apparence compliquée, fonctionne très-régulièrement, sans se déranger et les réparations ordinaires en peuvent être faites facilement. Malheureusement il coûte encore assez cher (de 700 à 1,500 fr.).

Le semoir en lignes à toutes graines de M. de Calbiac (fig. 20), qui a obtenu le premier prix pour les petites exploitations, ne coûte que 200 fr. La trémie qui contient le grain est agitée par un mouvement de va-et-vient déterminé par une tringle d'acier B dont l'extrémité parcourt la surface d'une roue ondulée A, et qui fait tomber les grains dans les entonnoirs. Il ne distribue pas l'engrais. Dans ce semoir, on ne trouve ni roues dentées, ni engrenages, ni leviers coudés ; il est d'une extrême simplicité. Voici, au reste, ce qu'en disait, dans son rapport, M. le marquis de Ridolfi, membre du jury international :

« La nouveauté du système qui produit le mouvement alternatif, l'élégance de ce petit instrument qui peut cependant être construit plus rustiquement à moindre prix ;

sa simplicité qui ne nuit point à la bonté de son travail ; la facilité avec laquelle il se prête à l'ensemencement en billons, par le rehaussement des tubes rayonneurs, la commodité pour le semeur de surveiller le passage de la graine qui coule sous ses yeux dans les tubes : telles sont les principales causes qui ont déterminé le jugement favorable du jury. Ce semoir, inventé dans le Midi, n'a besoin d'aucun mécanicien ; le menuisier et le serrurier du pays peuvent en construire un partout. »

Le semoir de Calbiac, attelé d'un seul cheval, sème de 6 à 7 hectares par jour.

B. Le trieur.

Mais, que l'on sème à la volée, au plantoir ou au semoir, si la graine employée n'est pas choisie avec soin et débarrassée des mauvaises graines qui mûrissent souvent avec le blé, le cultivateur aura fait une pauvre besogne.

C'est pour trier le bon grain de l'ivraie que M. Pernollet a inventé son trieur. Cet instrument (fig. 18) se compose tout simplement d'un cylindre en tôle un peu incliné, et divisé en quatre compartiments dans lesquels tombe le grain. Au-dessous de chaque compartiment, percé de trous de formes

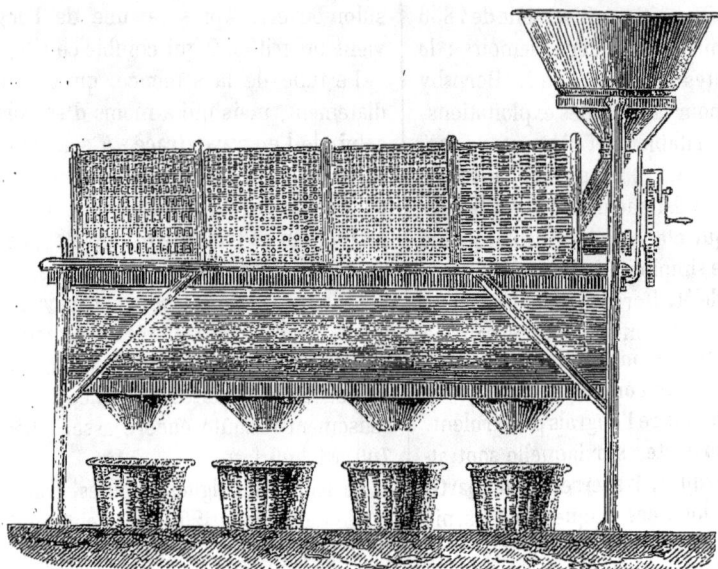

Fig. 18. — Trieur Pernollet.

différentes, se trouvent des trémies. Par le premier compartiment, percé d'ouvertures allongées, s'échappent l'ivraie et les grains menus ; par le second et le troisième, percés de trous ronds, s'échappent la nielle et les grains arrondis ; enfin le quatrième compartiment, percé d'ouvertures allongées, comme le premier, mais dirigées dans un autre sens, est destiné à donner passage au blé nettoyé et trié. Les gros grains et les corps étrangers, tels que pois, gra-

viers, etc., sortent par l'extrémité inférieure du cylindre.

On peut aussi se servir du trieur Vachon.

Je terminerai ces détails préliminaires en empruntant à Mathieu de Dombasle un moyen simple et ingénieux de reconnaître la pureté germinative des semences. Il ne suffit pas que la graine soit bien triée, il faut aussi qu'elle n'ait pas perdu la faculté de se reproduire.

On garnit le fond d'une assiette de deux

morceaux de drap un peu épais que l'on a humectés à l'avance, et que l'on place l'un sur l'autre. On répand sur le morceau de drap supérieur, sans qu'ils se touchent entre eux, quelques-uns des grains de semence que l'on veut essayer. On couvre avec une troisième pièce de drap aussi humectée. On place le tout dans un lieu modérément chauffé, en ayant soin de tenir les morceaux de drap constamment humides sans être jamais submergés. Au bout de quelques jours les bonnes graines se gonflent et poussent leur germe; les mauvaises se couvrent de moisissure. On connaît à peu près ainsi la quantité de bonnes et de mauvaises graines que renferment les sacs destinés aux ensemencements.

§ VI. — SEMAILLES DE PRINTEMPS.

Nous allons maintenant examiner rapidement les différentes semailles du mois de mars; comme on ne peut donner à ces matières aucun ordre naturel, nous les classerons selon la lettre alphabétique.

A. Avoine de printemps.

On cultive surtout en France l'avoine de printemps. Cette céréale est particulièrement destinée aux climats septentrionaux; elle aime les terres fraîches, un peu humides.

L'avoine croît à peu près partout. Elle prospère également dans les terres argileuses, compactes, dans les terrains tourbeux, les marais, les étangs nouvellement desséchés et les sables un peu humectés, sur un riche défrichement, sur un labour profond comme sur une lande écobuée. Cependant elle ressemble aux autres céréales en un point important : pour qu'elle réussisse complétement, il faut qu'elle vienne après une culture sarclée qui ait détruit les mauvaises herbes. On peut aussi la faire venir après le défrichement d'une prairie naturelle ou artificielle, par exemple, sur un défrichement de trèfle, et après un seul labour.

L'avoine est une plante robuste qui exige peu de travaux préparatoires et peu de soins. Habituellement on se contente d'un seul labour donné immédiatement avant la semaille. Il vaut beaucoup mieux, selon Mathieu de Dombasle, donner le dernier labour en automne ou en hiver, et enterrer la semence, au mois de mars, par un trait d'extirpateur ou de scarificateur. Quelques agriculteurs donnent deux labours; cette méthode devient nécessaire quand une avoine suit un blé.

Un vieux proverbe dit : « Avoine de février remplit le grenier. » Ce proverbe a en partie raison. Les avoines mises les premières en terre sont toujours les plus belles et mûrissent plus vite que les autres; mais, comme nous l'avons dit dans le calendrier de *février*, on court le risque grave des gelées tardives, qui peuvent détruire, en quelques heures, toutes les espérances du cultivateur.

Nous en concluons qu'il est plus prudent et plus sage de semer en mars.

On cultive plusieurs variétés d'avoine, dont les principales sont :

1° L'avoine *commune*. C'est la plus répandue, ainsi que l'indique son nom.

2° L'avoine *noire de Brie*. Son grain noir est de très-bonne qualité.

3° L'avoine *de Hongrie*. Il y a deux variétés, à grains blancs et à grains noirs. Cette dernière est extrêmement productive dans les bons terrains. La blanche est très-productive en paille, les grains de l'avoine de Hongrie forment une grappe assez serrée, placée d'un seul côté de la tige.

4° L'avoine *courte*. Elle est très-profitable sur les terres médiocres; on la cultive dans les contrées montagneuses, en Auvergne, en Limousin, dans le Forez, en Espagne, etc.

5° L'avoine-*patate*. Variété fort estimée en Angleterre; le grain est blanc, court, fort pesant et abondant en farine. Elle est sujette à prendre le charbon.

En France, on sème de deux à trois hectolitres par hectare; en Angleterre, on va jusqu'à cinq ou six hectolitres et même plus. Selon Mathieu de Dombasle, il est bon de semer plus que nous ne le faisons.

« Dans les départements du Nord-Est, ajoute-t-il, la culture de l'avoine, placée dans l'assolement triennal, ne donne pas plus de 20 hectol. par hectare. Après un trèfle, on obtient généralement un produit de 30 hectol. au moins; et dans des sols très-riches, comme de vieux prés rompus, il n'est pas très-rare que le produit de l'avoine s'élève jusqu'à 60 ou 70 hectolitres. »

Un hectare d'avoine, coupée en vert, peut fournir de 15,000 à 20,000 kilog. de fourrage vert.

B. Avoine élevée ou fromental.

L'avoine élevée, ou fromental, n'est pas une céréale. C'est une des graminées les plus grandes et les plus productives que l'on trouve en France. On l'a confondue quelquefois avec le ray-grass.

Cette plante est excellente pour les prés hauts et moyens; elle redoute plus l'excessive humidité que la sécheresse. Elle donne des produits remarquables dans les terres argilo-calcaires ou argilo-siliceuses.

Il faut semer dru en mêlant, si vous voulez, à des légumineuses telles que trèfle, lupuline, sainfoin, etc., et faucher de bonne heure, parce que cette graminée, à cause de sa haute taille, est sujette à sécher sur pied. C'est une des plantes de prairies qui montent le plus franchement en regain.

M. Heuzé dit qu'il faut répandre 50 kilog. par hectare, M. Leclerc-Thouin, assure qu'on peut aller jusqu'à 100 kilogr. Ce dissentiment apparent a pour cause, sans aucun doute, le plus ou moins de propreté de la graine.

C. Blé de printemps

Blé de printemps ou blé d'hiver, c'est toujours le même blé que l'on sème; seulement le blé semé au printemps, pendant plusieurs années consécutives, acquiert

ainsi une disposition à végéter plus rapidement. Il y a cependant des variétés qui ne peuvent guère être semées en automne, parce qu'elles sont trop délicates pour l'hivernage, ce sont : le blé de mars ordinaire, le blé pictet, le blé de Toscane, les amidonniers, etc.

Le succès des froments de printemps est beaucoup moins certain que celui des froments d'automne, et leur culture est moins productive, cependant les sols frais et légers, mais profonds, s'accommodent mieux des froments de mars. A Grignon, on les place toujours après des racines fortement fumées, et on en obtient des produits très-élevés.

Dans une ferme bien administrée, on cultive quelquefois des blés de mars, afin de trouver une ressource dans le cas où les blés d'hiver, qui constituent la majeure partie des produits céréales, viendraient à manquer.

On sème ce blé en mars, comme l'indique son nom. Dans les départements du Centre on doit procéder à l'ensemencement vers le commencement du mois, le plus tôt est le meilleur.

« On a remarqué, dit M. Moll, que le blé de mars était plus sujet que l'autre à la carie. »

D. Betteraves.

Je renvoie pour le semis de betterave aux Calendriers de janvier et de février. Et à ce propos, je ferai remarquer qu'en donnant le rendement de 300,000 kilogr. à l'hectare, attribué à la méthode Kœchlin, j'avais soin de dire : « selon M. Kœchlin, » ainsi qu'a fait, du reste, M. Heuzé dans son Cours d'agriculture pratique (tome V.).

E. Carottes.

La carotte se cultive en grand dans tous les climats. Il faut consacrer à cette culture les sols légers, meubles, profonds et un peu frais, les terres argilo-siliceuses, silico-calcaires et calcaires-argileuses lui conviennent particulièrement. Il faut éviter de mettre les carottes dans un sol fortement argileux, pierreux ou graveleux. On doit rechercher les terres profondes à sous-sol perméable, parce que l'extrémité de cette racine, qui est très-pivotante, dépasse souvent la couche arable et pourrirait si elle venait à baigner dans des eaux stagnantes retenues par un sous-sol imperméable au fond de la couche végétale.

Elle exige un labour de 25 à 30 centimètres. Lorsqu'on croit devoir en donner plusieurs, les autres peuvent n'avoir que de 12 à 15 centimètres. Si on emploie du fumier, il faut qu'il soit bien consommé, mais on ne fume pas ordinairement cette récolte.

Comme cette plante exige des soins de sarclage très-minutieux, il ne faut la placer que dans un sol bien nettoyé des mauvaises herbes par une précédente récolte. Les carottes peuvent se succéder à elles-mêmes pendant plusieurs années consécutives.

Les semis se font toujours en lignes espacées de 0m.40 quand on veut biner à bras, et de 0m.50 quand on veut biner à l'aide de la houe à cheval. Les plants doivent être espacés de 0m.12 à 0m.16.

On sème, en général, en mars et en avril. Dans les départements du Centre on sème en mai. Dans ceux du Midi, c'est à la fin de juin. On a trois manières de semer : à la main, à la bouteille ou au semoir. Pour semer à la main, on emploie 4 à 5 kilogrammes de graines par hectare : au semoir, il n'en faut que 2 ou 3 kilogrammes pour obtenir le même résultat. L'ensemencement à la bouteille tient le milieu entre l'emploi de la main et l'usage du semoir. On se sert d'une bouteille remplie aux trois quarts de graines persillées, et fermée par un bouchon que traverse un fort tuyau de plume. *Persiller* la graine de carotte veut dire la réduire dans un état semblable à la graine de persil. Cela se fait en frottant les graines de carotte dans les mains pour enlever les petites aspérités qui les recouvrent.

On rayonne le sol et on répand la semence dans les petites rigoles. On se sert de la bouteille lorsqu'on n'a pas d'ouvriers habitués à semer à la main. Hersez légèrement et lorsque le temps sera suffisamment sec, donnez un coup de rouleau pour comprimer la terre sur la graine.

L'ensemencement au semoir est plus expéditif et plus régulier.

« Il y a très-peu de récoltes, dit Mathieu de Dombasle, qui surpassent la valeur de celle-ci dans leur application à la nourriture des bestiaux. On peut calculer qu'en général un terrain donné produit, en carottes, une récolte de moitié plus considérable en poids qu'une récolte de pommes de terre, et double en volume. La carotte est un des aliments les plus sains qu'on puisse donner à toute espèce de bétail. C'est la racine qui convient le mieux en particulier à l'entretien des chevaux, et un supplément de nourriture de 8 à 10 kilogr. de carottes par tête contribue à les tenir en bon état pendant tout l'hiver. »

Les principales variétés de carottes, pour la culture en grand, sont : 1° la *carotte longue* ou *rouge de Flandre*, variété très-répandue et très-bonne ; 2° la *carotte rouge pâle de Flandre*, variété productive de bonne garde et assez hâtive ; 3° la *carotte blanche des Vosges*, variété recommandée par M. de Dombasle pour les sols peu profonds ; 4° la *carotte jaune d'Achicourt*, ou *jaune longue*, variété excellente, productive, de bonne garde ; 5° la *carotte blanche à collet vert*, dont la racine allongée, presque cylindrique, sort d'un tiers environ hors de terre. Cette variété, qui est très-productive, s'est beaucoup répandue, malgré le peu de confiance qu'elle avait inspiré à M. Dombasle, qui s'exprimait ainsi à ce sujet : « Cette variété semble être aux carottes ce que la racine de disette est relativement aux diverses variétés de betteraves. »

F. *Chicorée sauvage.*

La chicorée est cultivée comme plante

fourragère; elle demande des terres argilo-calcaires ou calcaires-argileuses profondes. On la sème à la volée, en recouvrant légèrement, dans une céréale de printemps, à raison de 12 kilogrammes à l'hectare. En Angleterre, on sème en lignes distantes les unes des autres de 0ᵐ.16 à 0ᵐ.20.

On l'associe quelquefois au trèfle rouge, au sainfoin ou à la pimprenelle.

Cette plante fournit un excellent fourrage vert, tonique, à cause de son amertume.

La *chicorée sauvage améliorée*, dont les feuilles sont plus développées, a été obtenue, il y a quelques années, par M. Jacquin.

G. Garance.

La *garance* est une des principales cultures industrielles du midi de la France, et particulièrement du département de Vaucluse. On la cultive aussi en Alsace sur une grande échelle.

Il lui faut une terre calcaire légère, substantielle, fraîche, bien fumée et surtout bien débarrassée des mauvaises herbes et des plantes à racines traçantes. On défonce à 50 centimètres, et on enterre le fumier par deux labours. On prépare le sol en planches de 1ᵐ.50 de largeur, en laissant une séparation de 0ᵐ.30 non plantée. Les meilleurs semis se font en mars ou avril, — mars vaut mieux, — sur rayons ouverts, à la houe à main, à raison de 60 à 90 kilogr. de graines par hectare. On va même en ce moment-ci jusqu'à 120 kilogr.

Dans le Midi, on a souvent recours à l'irrigation pour maintenir la fraîcheur dans les champs de garance.

On récolte la garance semée, au bout de trois ans, selon les pays ; mais, pendant sa croissance, elle fournit un fourrage vert que l'on coupe en septembre sans nuire à la racine. La garance se cultive aussi en transplantant les racines. Lorsque les racines ont été choisies à l'époque de la récolte, elle vient en deux ans.

H. Gaude.

La *gaude* est encore une plante qui sert à la teinture; ses fleurs et ses tiges fournissent une belle couleur jaune. Cette plante robuste peut végéter partout, mais la récolte en est naturellement plus abondante sur les sols fertiles.

L'ensemencement en juin ou juillet est préférable, quant au rendement. Mais le produit des semailles de mars est plus estimé, parce que les tiges sont plus fines ; la gaude d'automne et celle de printemps sont, du reste, deux variétés fort distinctes.

On sème, selon M. de Dombasle, 6 à 7 kilogrammes de graines par hectare, et on ne l'enterre presque pas. On passe le rouleau sur la semaille, ou, mieux, on la fait piétiner par un troupeau de moutons.

I. Gesse cultivée.

On l'appelle aussi *lentille d'Espagne, pois breton, pois cassé, lentille suisse*. Elle est surtout cultivée dans les provinces du Midi et en Espagne comme plante fourragère.

Cette légumineuse peut être semée en mars ou en avril, quoique, dans le midi de l'Europe, elle soit semée de préférence en automne. On la sème à raison de 180 à 200 litres de graines par hectare.

« Elle réussit très-bien, dit M. Heuzé, dans les terres calcaires et les sols légers, médiocres et perméables ; elle redoute les terrains argileux et humides, mais elle résiste très-bien aux sécheresses du printemps et de l'été. »

Dans les contrées méridionales, on l'associe souvent à l'avoine.

J. Graines de pré.

« C'est dans ce mois, dit Mathieu de Dombasle, que se sèment ordinairement les graines de prés dans l'avoine. Lorsqu'on les sème dans le blé, on le fait souvent en février, à moins qu'on ne veuille biner le blé ; alors on ne sème la graine de pré qu'au moment du dernier binage, ou au moment du hersage, si on ne doit pas biner ensuite. »

K. *Laitues.*

Mathieu de Dombasle engage aussi les cultivateurs qui élèvent un certain nombre de porcs à semer à différentes reprises, en mars, avril et mai, quelques ares de laitues, que ces animaux aiment beaucoup. On sème à la volée à raison de 750 grammes pour dix ares, et en lignes distantes de 35 à 40 centimètres, à raison de 500 grammes

pour la même étendue de terrain, en ayant soin d'enterrer très-peu la semence.

Il faut un sol très-riche, meuble et fortement amendé.

L. *Lentille ers.*

La *lentille ers* est aussi connue sous les noms de *lentille bâtarde* et *lentille ervillière*. Elle est cultivée, dans le Midi, comme plante fourragère. Il lui faut un sol calcaire et sec, selon M. Laure. En Provence, elle est d'autant plus productive qu'elle est cul-

Fig. 19. — Semoir de Hornsby, à toutes graines, pour les grandes exploitations.

tivée sur un sol plus maigre ; elle redoute beaucoup les gelées.

Dans le Midi, on sème en automne. Dans les contrées du Nord, il faudrait semer en mars, avril ou mai, à raison de 50 kilogr. de graine par hectare.

On la fait consommer en vert par les bêtes à laine. Dans le midi de la France, on donne les graines aux mulets, et on les emploie à l'engraissement des bœufs, des porcs et des volailles.

M. *Lentillon.*

On le nomme aussi *lentille à la reine, petite lentille* et *lentille rouge.* Il végète aussi bien dans le Nord que dans le Midi.

Il y a le *lentillon d'hiver* et le *lentillon de printemps;* ce dernier est le plus répandu. « On le cultive, dit M. Heuzé, dans un grand nombre de départements du Nord, de l'Est et du Centre.

Le lentillon réussit sur les terres silico-argileuses, silico-calcaires, siliceuses et graveleuses. Il redoute les sols argileux, humides et froids.

On sème à la volée en mars et avril; il faut de 120 à 150 litres de graines par hectare.

On le consomme rarement en vert. Les tiges sèches donnent d'excellent foin, très-aromatique, et qui convient au gros bétail aussi bien qu'aux brebis et aux agneaux.

N. *Lin de printemps.*

Le *lin* fournit un double produit : sa tige donne une très-belle filasse; sa graine fournit de l'huile. Il exige un sol très-meuble, très-riche, et fortement amendé pour les récoltes précédentes. Si on voulait fumer directement le lin, il faudrait se servir exclusivement d'engrais pulvérulents. On prépare la terre par trois labours suivis de hersages et de roulages :

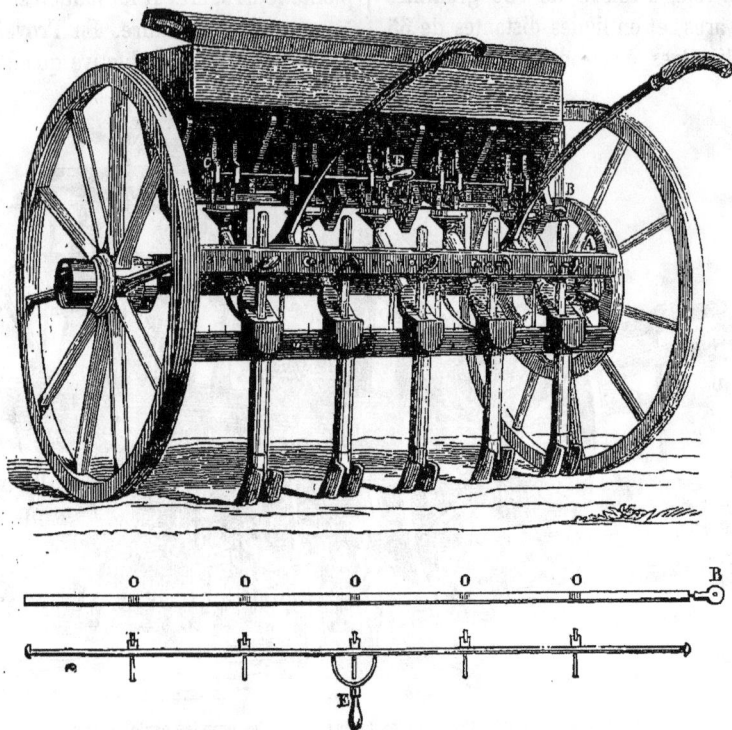

Fig. 20. — Semoir de Calbiac, à toutes graines, pour les petites exploitations.

c'est la coutume de Flandres, dont le lin est si estimé. En France, on donne ordinairement un labour à la charrue, un hersage et une façon au hoyau. M. de Dombasle conseille un bon labour et deux ou trois cultures à l'extirpateur. Après le dernier labour, donné en mars, ou le dernier travail à l'extirpateur, on herse plusieurs fois et ensuite on sème à la volée, à raison de 100 à 175 kilogr. pour un hectare, puis

on enterre à la herse et on passe le rouleau.

Pour avoir de bonne filasse, il faut semer dru; pour avoir de bonne graine, il faut semer moins épais.

Le lin réussit très-bien sur un pré rompu. On donne alors un seul labour au printemps, immédiatement avant la semaille; ensuite plusieurs hersages pour bien ameublir le sol.

Le *lin d'été* se sème en mars, avril et mai.

Le lin que l'on tire de *Riga* (Russie) est cultivé dans le Nord et dans l'Ouest. La graine qu'il fournit en France est la plus estimée ; on la désigne sous le nom de graine *après-tonne*, tandis que celle qui vient directement de Riga est désignée sous le nom de graine *enrobée*, parce que, dans la tonne, elle arrive enveloppée d'un linge de toile. La sous-variété, à *fleurs blanches*, est très-répandue ; elle donne de la filasse de deuxième qualité, mais elle réussit facilement, donne des produits réguliers et paraît avoir la faculté de se reproduire, en France, par graine, sans dégénérer.

Le *lin à graine jaune*, introduit par M. Vilmorin, est encore peu connu en France.

O. *Lupuline.*

La *lupuline, minette dorée, trèfle jaune ;* cette légumineuse a tous ces noms et croît sous tous les climats, dans le midi comme dans le nord de la France. C'est une plante fourragère pour les terrains de médiocre qualité.

Elle est pour les terres à seigle ce que le trèfle est pour les terres à froment.

Dans les sols très-pauvres, on la fait tout simplement pâturer.

Les sols calcaires, les argiles marneuses, les coteaux crayeux et arides lui conviennent très-bien.

On sème, dans une récolte de graine, 15 à 18 kilogrammes par hectare.

Dans le Midi, on sème en septembre ou octobre ; mais dans le Nord en mars.

Elle ne donne qu'une coupe et ne demande aucun soin d'entretien. On fait consommer en vert, sur place, au mois de mai ; elle ne météorise point les animaux.

P. *Luzerne.*

Cette légumineuse est vivace. Elle est originaire de l'Asie, et a une prédilection pour les climats méridionaux. Cependant elle croît parfaitement au centre et même au nord de la France. Elle redoute une excessive humidité, mais elle supporte des froids très-vifs.

« De toutes les plantes dont on peut former une prairie, dit Mathieu de Dombasle, la luzerne est, sans contredit, la plus productive ; mais c'est aussi la plus exigeante. » En effet, il lui faut absolument une terre profonde, perméable et très-riche. Ses racines atteignent jusqu'à 4 mètres de profondeur. Les terrains d'alluvion, les sols limoneux, argilo-calcaires, argilo-siliceux et calcaires-siliceux, les terres caillouteuses, les sables des dunes, lui conviennent parfaitement.

Il faut bien se garder de semer la luzerne sur un sol compacte et humide, tourbeux et marécageux ; elle y viendrait mal.

Le développement des racines de la luzerne indique suffisamment la préparation du sol qu'elle exige. Il faut faire suivre la charrue ordinaire par une charrue profonde (voir *janvier*, p. 7), afin de défoncer le sol et de l'ameublir, mais en évitant avec soin de le faire venir à la surface.

La luzerne dure quelquefois six à huit ans, et même davantage.

Dans le Midi, on la sème en automne ; mais, dans les contrées septentrionales, on sème au printemps, « lorsque les cerisiers sont en fleur, » dit un proverbe champêtre. Mathieu de Dombasle recommande de la semer en mars, ou seulement en avril, si on a à craindre des gelées tardives qui peuvent lui faire beaucoup de tort. Ordinairement on fait la luzerne sur une avoine, un froment ou une orge de mars, de manière que la tige et les feuilles de la céréale protègent la jeunesse de la plante fourragère. Ces deux plantes peuvent très-bien végéter ensemble sur le même terrain et se rendre service pendant le temps de leur première pousse, comme nous venons de le dire ; mais c'est à la condition de couper le tout en vert.

L'ensemencement à la volée, dans un terrain parfaitement nettoyé de mauvaises herbes, est aujourd'hui universellement répandu. On emploie de 20 à 25 kilogrammes de graine par hectare : il faut que le sol soit bien régulièrement garni par la plante.

On fume à raison de 30,000 kilogrammes de fumier par hectare.

On sème quelquefois le trèfle rouge mêlé avec la luzerne. L'utilité de cette pratique est très-contestée.

Q. Pastel.

Le pastel est le premier des fourrages que l'on puisse faire pâturer aux bêtes ovines vers la fin de l'hiver, c'est-à-dire en février et mars ; ce qui le rend non moins précieux, c'est sa grande rusticité. « Il réussit très-bien sur les sables, sur les terres caillouteuses, dit M. Heuzé, et sur les sols argileux à sous-sols imperméables ; mais il acquiert toujours plus de vigueur sur les terrains calcaires. Sur les sols calcaires-argileux ou calcaires-siliceux, il produit des feuilles nombreuses et développées. Quoiqu'il ait une très-grande aptitude à réussir sur les sols pauvres, il fournit toujours des tiges plus fortes et des feuilles plus larges lorsqu'il végète sur des terres de fertilité ordinaire. »

Le pastel fournit malheureusement un rendement médiocre.

La graine de pastel est excessivement aplatie, violette et légère. On sème à la volée lorsque le temps est calme, à raison de 10 à 12 hectolitres de graine par hectare. On recouvre légèrement par un coup de herse.

R. Pimprenelle.

C'est encore un excellent pâturage précoce pour les premiers jours du printemps, lorsqu'on a eu soin de ne la point faire pâturer en automne. Les vaches et les chevaux ne l'acceptent qu'à l'état frais. Les bêtes à laine la mangent tout aussi bien lorsqu'elle est desséchée. Elle donne un pâturage assez abondant sur les mauvaises terres crayeuses, sablonneuses, calcaires ou siliceuses. Elle croît même pendant l'hiver et résiste aussi bien aux grands froids qu'aux plus grandes sécheresses.

On sème à la volée, selon Mathieu de Dombasle, 30 kilogrammes à l'hectare ; 26 kilogr. selon M. Heuzé. Il faut recouvrir légèrement à la herse. On peut l'associer au sainfoin, à la chicorée ou au ray-grass.

S. Ray-grass.

On cultive deux sortes de ray-grass :
1° Le ray-grass ordinaire, ou ivraie vivace, mieux connu sous la dénomination de gazon anglais ;
2° Le ray-grass d'Italie.

Le ray-grass d'Italie diffère du premier par ses tiges plus élevées, ses feuilles plus larges et ses épinettes barbus ; mais ils se cultivent tous les deux de la même manière.

Le ray-grass ordinaire prospère à peu près partout ; cependant il produit davantage sous un climat humide et brumeux comme celui de l'Angleterre. On le cultive en grand et avec succès dans le nord, le centre et l'ouest de la France.

Il lui faut une terre fraîche sans être humide. Les sols argilo-calcaires et argilo-siliceux sont ceux qui lui conviennent le mieux. Les terres crayeuses, sablonneuses, sèches, brûlantes, ne lui valent rien.

On sème ordinairement, en mars ou avril, sur des terres couvertes de céréales d'hiver ou de printemps, ce qui dispense de toute préparation du sol. S'il s'agissait de terres susceptibles de souffrir des chaleurs de l'été, on sèmerait en septembre, après la première céréale qui suit la fumure. On répand de 40 à 60 kilogrammes de graines par hectare.

La graine de ray-grass d'Italie est barbue ; c'est ce qui la distingue des ray-grass ordinaires.

On peut allier le trèfle rouge au ray-grass. Mais il faut semer en deux fois, parce que les graine, n'ayant point la même pesanteur spécifique, ne se mélangerait point dans le sac du semeur. On enterre le ray-grass par un hersage et on répand ensuite la graine de trèfle, que l'on couvre par un coup de rouleau. Cette alliance se pratique surtout dans les terres en période pacagère. On emploie 8 à 10 kil. de graines de trèfle pour 25 à 30 kilog. de graines de ray-grass.

Quand la terre est peu fertile, on active au besoin, au printemps, la végétation par une couverture d'engrais pulvérulent, du guano, par exemple, à la dose de 150 à 300 kilog. par hectare.

T. Sainfoin ou esparcette.

Le *sainfoin* est vivace. Il s'appelle aussi, dans quelques contrées, *Esparcette* et *Bourgogne*. On le cultive dans toutes les parties de l'Europe. C'est un fourrage très-précieux, parce qu'il s'accommode des terrains médiocres; il réussit sur des terres calcaires, sur des terres sèches, sablonneuses et graveleuses, pourvu que le sous-sol soit perméable, car la racine est très-pivotante; elle plonge directement à une assez grande profondeur.

Les terres argileuses, froides, compactes ou humides ne lui conviennent pas. Il craint beaucoup l'humidité et résiste à la sécheresse; aussi est-il une grande ressource pour la culture du Midi.

On prépare les terres comme pour la luzerne. (V. page 82.)

On sème à la volée au mois de mars.

Pour le Midi, les semis d'automne valent mieux. Quelle que soit l'époque des semailles, on ensemence ordinairement sur une céréale en terre. On répand par hectare 4 à 5 hectolitres de graines, ou 125 à 160 kil. Cette légumineuse est la plante fourragère des pays pauvres. On ne la fume pas fortement. La plus petite fumure est de 8,000 à 10,000 kilog. de fumier pour obtenir 1,000 kilog. de foin sec.

En Champagne, où les terres sont pauvres, on fume à raison de 15,000 kilog. de fumier, et on récolte par hectare 1,200 à 1,500 kilog. de foin.

On sème quelquefois le sainfoin avec le trèfle rouge pour rendre la récolte plus abondante.

U. *Trèfle.*

On cultive deux espèces de trèfle de printemps:

1° Le *trèfle rouge*, *trèfle commun*, *trèfle de Hollande;*

2° Le *trèfle blanc*, *trèfle rampant.*

Le trèfle rouge se cultive principalement dans le nord de l'Europe. Il a exercé une grande influence sur l'agriculture de ces contrées en permettant aux cultivateurs de perfectionner leurs assolements.

Ce fourrage ne demande pas précisément une terre très-fertile. Il lui faut surtout un sol frais, un climat humide et brumeux. Les terrains compactes et les terrains sablonneux lui sont également peu favorables. Il faut choisir de préférence à toutes les autres les terres que l'on appelle terres à froment. Les terrains drainés lui conviennent beaucoup.

Il faut que le champ soit bien labouré et bien hersé. Si on pouvait faire précéder la culture du trèfle d'une plante sarclée, afin de détruire toutes les mauvaises herbes, on ferait bien.

Le trèfle enrichit le terrain par les racines qu'il laisse dans la terre, par les feuilles et les fragments de tiges qui restent sur le sol après la fauchaison; mais il exige une forte nourriture, et il est nécessaire de le fumer beaucoup, à peu près autant que la luzerne. Mais il n'en est pas de même dans le Midi, où on le sème très-souvent sur un sol nu.

On sème le trèfle rouge quelquefois en automne, mais le plus souvent au printemps, après le hersage des céréales. Dans nos climats, l'automne ne convient guère au semis. On sème habituellement au commencement du printemps, avec les avoines, les orges, les blés de mars, le maïs, etc. Dans le Nord, on sème rarement le trèfle rouge seul sur un sol nu; il accompagne presque toujours une autre récolte.

La quantité de graine semée varie de 15 à 20 kilogr. par hectare. « 20 kilogr. même ne sont pas trop, » dit Mathieu de Dombasle. Quand le terrain n'est pas très-fertile, on peut associer le ray-grass au trèfle.

On fume le trèfle en couverture pendant l'hiver. Le plâtre et les cendres ont une action très-heureuse sur les trèfles placés dans des sols non calcaires. On remplace avantageusement les engrais minéraux par de la poussière de chaux répandue en juillet ou en août par un temps sec.

Le trèfle fournit deux coupes, une en mai ou juin, l'autre en août ou septembre; on peut faire pâturer le regain à la fin d'octobre.

« Le *trèfle blanc* ou *rampant*, dit Mathieu de Dombasle, se sème en mars, et ordinairement dans une récolte de grains; il est vivace et convient particulièrement pour le pâturage des moutons; il réussit beaucoup mieux que le trèfle rouge dans des terrains très-légers, sablonneux ou calcaires. Si on le sème seul, on met 8 kilogr. de graine par hectare; mais on l'associe communément, pour former des pâturages, à d'autres plantes appropriées à la nature du sol, et surtout à des graminées. Cette graine, de même que celle du trèfle commun, se conserve pendant deux ou trois ans moyennant les soins convenables. »

V. Vesces de printemps.

Il faut à la *vesce de printemps* une température un peu fraîche, un peu humide. Elle réussit surtout dans les terres argileuses, argilo-calcaires, argilo-siliceuses, partout enfin où l'argile domine.

On fait précéder les semailles de deux labours à plat, en ayant soin de détruire scrupuleusement les herbes parasites qui lui nuisent beaucoup.

Selon Mathieu de Dombasle, elle peut,

dans beaucoup de cas, utiliser la jachère comme préparation pour le blé. Alors on doit la semer en mars sur un labour, et lui appliquer l'engrais que l'on destinait à la jachère. Après l'avoir coupée, on donne immédiatement un premier labour, et un second avant les semailles.

On peut semer aussi depuis le mois de mars jusqu'au mois de juillet, et même répéter les semailles tous les quinze à vingt jours, de manière à avoir du fourrage vert pendant tout l'été. Les semis de mars ne sont pas toujours heureux. On sème de 180 à 200 litres par hectare.

Les vesces se sèment rarement seules. On les associe à des céréales qui les soutiennent; les vrilles des vesces s'enroulant autour de leurs tiges.

La vesce de printemps, comme la féverole, vient très-bien avec l'avoine; il faut mélanger l'avoine dans la proportion de 10, 15 ou 20 de cette céréale pour 100 parties de vesces.

§ VII. — PLANTATIONS.

A. *Pommes de terre.*

La pomme de terre est généralement cultivée au printemps. Elle réussit dans tous les terrains profonds qui ne sont pas humides. Les terrains argileux sont les seuls sur lesquels elle végète mal. Elle demande des terres parfaitement ameublies par des labours profonds. On donne ordinairement un labour avant l'hiver, un second en février et un troisième au moment de la plantation. M. de Gasparin conseille d'appliquer jusqu'à 80,000 kil. de fumier par hectare, pour récolter 30,000 kil. de tubercules. M. Heuzé pense qu'une fumure de 30,000 kil. suffit pour obtenir le même produit.

La plantation se fait depuis mars jusqu'en mai. Dans les terres un peu humides, il faut planter tard; dans les terres perméables il faut au contraire planter à la fin de l'hiver; il vaut mieux planter les tubercules entiers que des fragments de tubercules.

Dans les environs de Paris, on plante à la bêche. L'ouvrier fait un trou, et un enfant qui le suit jette un tubercule dans ce trou; l'ouvrier fait un pas en arrière et creuse un nouveau poquet avec la terre duquel il recouvre le précédent. Ce travail revient de 12 à 15 fr. l'hectare. On exécute souvent ce travail à la houe plate ou à dents; l'ouvrier travaille à cheval sur la ligne de poquets et jette lui-même la pomme de terre dans son trou.

Dans la grande culture, on plante à la charrue, à plat ou en billon. Cette méthode est la plus expéditive et la plus économique.

Les lignes sur lesquelles sont plantées les pommes de terre doivent être espacées de 0^m.50 à 0^m.65; on plante les tubercules à 0^m.30 de distance.

B. *Porte-graines.*

En mars et avril on plante les carottes, betteraves, navets, panais, que l'on a mis de côté, au moment de l'arrachage, pour servir de porte-graines. On les plante à un mètre de distance, dans un endroit bien aéré et exposé au soleil; il faut séparer les races en les plantant à une très-grande distance les uns des autres afin d'éviter les hybridations accidentelles.

§ VIII. — RÉCOLTES.

On coupe le colza d'hiver aussitôt qu'il commence à fleurir. Si on attend que les fleurs soient épanouies, les tiges sont trop dures pour les animaux. On coupe aussi la navette d'hiver pour la donner aux bêtes à cornes. Il est bon de ne pas attendre la complète floraison, comme pour le colza. Dans la région de l'Ouest on continue l'arrachage des nabusseaux, on fait aussi pâturer le pastel. (Voir *février*, p. 44.)

§ IX. — PRAIRIES NATURELLES.

J'emprunterai en partie à M. Heuzé le sommaire des travaux à exécuter pour l'entretien des prairies naturelles

Il faut commencer les irrigations du printemps lorsque le temps est chaud et sec; on laisse couler l'eau pendant vingt-quatre heures, avec des interruptions de trois à quatre jours. S'il gèle pendant la nuit, on donne l'eau avant le lever du soleil. Il faut écraser et répandre la terre soulevée par les taupes. Dans les prés secs et élevés, on peut commencer les travaux qui exigent des déplacements de terre. On fait écouler l'eau des prés aigres et marécageux, et on y répand des cendres ou de la suie. On doit se bien garder d'écobuer les prairies marécageuses et tourbeuses envahies par la mousse, on s'expose à déterminer des incendies de la tourbe du sol et d'abaisser le niveau du sol jusqu'à plus de un mètre en contre-bas, ce qui rend infructueux les travaux d'assainissement.

Dans les Flandres, on répand sur les luzernières, au lieu de plâtre, environ 30 hectolitres de cendre de tourbe, moitié au printemps et moitié à l'automne. Dans d'autres contrées, on agit de même pour les trèfières.

CHAPITRE III
Travaux de la ferme.

A mesure que les travaux des champs se multiplient, les travaux de la ferme deviennent moins nombreux, moins importants, surtout si l'on a su mettre à profit les loisirs créés par les rigueurs de la mauvaise saison.

§ Ier. — LA LAITERIE.

Le choix d'une baratte est un fait important dans l'administration d'une laiterie. On recherche dans une baratte deux qualités bien distinctes : 1° séparer rapidement le beurre; 2° obtenir le plus grand rendement possible.

La rapidité de l'opération n'a plus aujourd'hui qu'une importance tout à fait secondaire. On est arrivé à fabriquer, en général, des instruments qui donnent des résultats très-prompts ; ce ne seront pas quelques minutes de plus ou de moins dans le battage d'une certaine quantité de beurre qui pourront faire varier sensiblement les conditions de la production. Mais ce qui est important pour le cultivateur, c'est que son instrument sépare du lait le plus de beurre possible.

Là est le véritable problème économique.

Les expériences du jury chargé d'examiner et de classer les barattes du Concours universel ont été surtout faites à ce point de vue. C'est cette qualité qui l'a décidé particulièrement à accorder le second prix à la baratte Fouju (fig. 21 et 22).

Fig. — 21. — Baratte de Fouju.

Les dessins que nous donnons témoignent de la simplicité et de la puissance de cet instrument.

Cette baratte se compose d'un coffre en bois octogone, garni de fer-blanc à toutes les jointures. D (fig. 21) est la porte par laquelle on introduit le liquide à battre. E est une ouverture fermée par un bouchon pour faire évacuer le petit-lait. La fig. 22 représente une coupe intérieure de la ba-

ratte. A indique la paroi de la baratte, B une annexe fixée à l'axe de la baratte et formée d'une planchette immobile sur cet axe et découpée. C est une manivelle à l'aide de laquelle on imprime à tout l'appareil un mouvement circulaire dans le

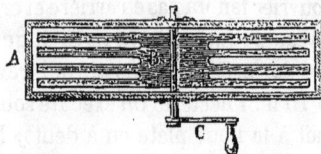

Fig. 22. — Détail de la baratte de Fouju.

plan vertical ; la crème ou le lait rencontrés par les angles du polyèdre sont renvoyés au centre. Comme il n'y a point de batteur intérieur, puisque la baratte tourne tout entière sur elle-même, le beurre ne se met point en grumeaux et se réunit au moyen d'un simple lavage.

C'est une des meilleures barattes connues, et beaucoup de praticiens la préfèrent à la baratte suédoise, en fer-blanc, du major Stienswards, qui a obtenu le premier prix.

§ II. — CONSERVATION DES APPAREILS.

Les travaux de distillerie, de féculerie, sont à peu près terminés. On doit laver, nettoyer les appareils, graisser les rouages d'acier, fourbir les cuivres, envelopper avec soin les pièces délicates pour les mettre à l'abri de la poussière et de l'oxydation.

§ III. — LE CELLIER.

En mars, on s'occupe de soutirer les vins. « Tous les vins, dit M. Moll, surtout ceux qui sont riches en matière extractive, demandent à être soutirés. Néanmoins il ne faut pas abuser de cette pratique qui fait toujours perdre au vin de sa force et de sa couleur. » L'usage du siphon est indispensable pour faire cette opération, si l'on ne veut pas s'exposer à faire perdre au vin de ses qualités.

CHAPITRE IV

Travaux forestiers.

On termine la coupe des taillis, excepté ceux des chênes destinés à fournir l'écorce à tan ; l'écorçage se fait en avril. On continue à faire du charbon.

On plante les arbres résineux. C'est aussi le moment de faire des semis, soit en place, soit en pépinière. Le *hêtre*, le *charme*, l'*aune*, l'*épicéa*, le *sapin*, le *mélèze*, le *frêne*, l'*acacia*, etc., réussissent beaucoup mieux lorsqu'ils ont été plantés. Les semis sont préférables pour les *pins sylvestres*, les *pins maritimes*, les *pins d'Alep*, les *pins laricio*, le *bouleau*, le *chêne*, etc.

Le mois de mars est le meilleur moment pour semer le pin sylvestre et le pin maritime, qui sont appelés à rendre de si grands services aux contrées appauvries par d'immenses terrains infertiles.

« C'est dans le commencement de mars, dit M. Moll, et même plus tôt, que se fait l'extraction de la résine sur les pins sylvestres, maritimes, d'Alep et autres. Elle ne devrait s'opérer que sur les arbres qui ont au moins deux mètres de circonférence à leur base. On pratique au pied un petit bassin ; on fait au-dessus de ce bassin et au bas du tronc une entaille d'un décimètre carré environ en enlevant l'écorce et un peu de l'aubier. On répète les incisions de huit en huit jours, en faisant chaque nouvelle entaille au-dessus de la précédente et de la même grandeur. La matière résineuse s'échappe des pores du bois mis à nu, coule dans ce bassin et le remplit ordinairement à la sixième incision. Cette résine sert à faire l'huile de térébenthine ; ce qui reste après la distillation est le brai gras. »

CHAPITRE V

Travaux spéciaux.

§ Ier. — CULTURE DE LA VIGNE.

On donne le premier labour à la vigne.

Ce travail se fait à la bêche, à la houe, au crochet ou à la pioche, selon les pays. On déchausse les ceps qui ont été buttés pour l'hiver.

§ II. — CULTURE DE L'OLIVIER.

Au mois de mars on plante les oliviers. Les oliviers sont très-lents à venir lorsqu'ils ont été semés. En Corse et dans quelques parties de l'Italie, on arrache des oliviers sauvages venus de graines déposées par les oiseaux qui se nourrissent d'olives. On les greffe en temps utile à deux mètres de hauteur, et on obtient en peu de temps une première récolte. Ce procédé donne des arbres beaucoup plus rustiques.

§ III. — CULTURE DU MURIER.

On étête les jeunes mûriers à deux mètres du sol afin de donner à la tête de l'arbre la plus grande dimension possible. On arrache les bourgeons qui naissent le long de la tige, en en laissant, et seulement au sommet, trois ou quatre, qui sont destinés à former la tête de l'arbre.

CHAPITRE VI

Animaux domestiques.

§ Ier. — LES BŒUFS.

En Normandie, on commence à mettre dans les herbages les petits bœufs d engrais.

On continue l'engraissement à l'étable des bœufs entrepris, pendant l'hiver, pour lesquels on remplace peu après la ration de racines par des farineux, fève, orge ou petits blés.

« Il n'est pas avautageux, dit Mathieu de Dombasle, de mettre le bétail en pâture avant le moment où l'herbe est déjà assez grande pour qu'il puisse bien s'y nourrir. Si on l'y met trop tôt, le pâturage en souffre et le bétail aussi, parce que la petite quantité d'herbe fraîche qu'il pâture le dégoûte de la nourriture sèche qu'il reçoit à l'étable. »

Au mois de mars, on commence à conduire au marché les bœufs qui ont été mis à l'engrais vers le mois d'octobre ou de novembre, c'est-à-dire après les derniers travaux de l'automne.

§ II. — LES VACHES.

Le désir de la reproduction commence à se manifester, dans ce mois, chez les vaches ; il dure de 24 à 36 heures, se reproduit au bout de quelques jours, si la vache n'a pas été saillie. Si ce besoin se représente trop souvent, la vache est dite *taurelière*, et devient stérile. Il ne reste plus qu'à la castrer pour l'engraisser ensuite convenablement.

On continue une nourriture aqueuse et et substantielle aux vaches laitières. Les racines crues, betteraves, navets, rutabagas, leur conviennent parfaitement.

§ III. — LES VEAUX.

« On sèvre actuellement, dit M. Moll, les veaux de janvier et de février. Cela s'effectue facilement lorsqu'on fait boire ; on peut alors commencer le sevrage quinze jours après la naissance, quoiqu'il vaille mieux donner au jeune animal le lait de sa mère pendant un mois au moins. On le remplace ensuite, et progressivement, par du lait écrémé, du lait de beurre, de la bouillie de farine d'orge, de pois ou de purées d'huile. On emploie aussi, avec succès, une infusion de fleur de foin que l'on coupe avec du lait et dans laquelle on délaye de la farine. Le veau doit, en outre, recevoir un peu de bon foin.

« Les veaux d'engrais, venus en janvier, sont bons à vendre dans le courant de ce mois. Il n'y a pas d'avantage à les conserver au delà de deux mois. Vers les derniers temps, on leur fait avaler chaque jour 2 ou 3 œufs qu'on peut aussi leur donner dans un mélange de lait, d'eau ou de farine bouillie ; une décoction de malt de brasseur est aussi fort bonne : on mélange aussi avec du lait.

§ IV. — LES MOUTONS.

On continue de conduire les moutons, pendant quelques jours, dans les pâturages secs ; mais, comme ils ne trouvent pas encore une nourriture suffisante, on leur donne encore tous les matins, avant d'aller pâturer, de la paille ou du foin. On leur donne aussi, pour parer aux inconvénients du changement de nourriture, qui commence à s'opérer sensiblement, du grain moulu mélangé avec du sel et des grains de genièvre pilés.

C'est dans ce moment qu'a lieu l'agnelage tardif : les agneaux doivent accompagner leur mère aux pâturages. On vend les moutons et les agneaux engraissés.

§ V. — LES PORCS.

On sèvre les porcelets. J'ai indiqué dans la livraison de *janvier*, p. 28, les soins à prendre après le sevrage. On donne une nourriture abondante aux porcelets sevrés, (petit-lait, babeurre, bouillie, etc.), tandis qu'on soumet les mères à la diète afin de faire passer plus facilement le lait.

On châtre les porcelets mâles et femelles qu'on ne destine point à la reproduction, ainsi que les verrats que l'on veut engraisser.

§ VI. — LES ATTELAGES.

« A une époque où les travaux sont aussi urgents, dit Mathieu de Dombasle, un cultivateur diligent doit apporter le plus grand soin à ce que les attelages fassent des journées complètes de travail. Neuf heures d'ouvrage en deux attelées, en s'y prenant de grand matin, peuvent très-bien être supportées par des chevaux bien entretenus. Deux ou trois chevaux attelés à un bon araire ou charrue sans avant-train, doivent, dans les neuf heures, labourer de 50 à 60 ares selon la nature du sol, dans tous les terrains où la charrue peut fonctionner avec ces attelages, ce qui est le cas le plus ordinaire. »

Des agronomes très-distingués emploient des attelages de bœufs de préférence aux attelages de chevaux. C'est une question controversée; elle a été traitée en détail par un de nos grands agriculteurs : il ne sera pas hors de propos de citer ici un passage, du travail très-remarquable publié à ce sujet par M. de Béhague, membre de la Société centrale d'Agriculture.

« Si les circonstances économiques ne permettent pas d'entretenir avec profit des bêtes de rente, le bœuf de trait peut, jusqu'à un certain point, en tenir lieu : ainsi nous ne pensons pas que, dans l'état actuel de la consommation, il puisse être avantageux d'élever spécialement et directement pour la boucherie de jeunes bœufs, comme le font les Anglais : au prix de 60 à 65 centimes le kil. de poids vif, il nous semble bien difficile que cette spéculation puisse être profitable, tandis que l'on peut, à ce prix, livrer des bœufs de sept à huit ans ayant atteint cet âge en travaillant.

On peut se procurer de bons bœufs limousins de trois à quatre ans au prix de 750 à 850 fr. la paire; ces bœufs, après quatre ans de travail, peuvent, étant convenablement engraissés, peser de 800 à 850 kil., poids vif, qui, à 60 à 65 cent. le kil., donnent un prix de 450 à 550 fr., ce qui laisse une marge qui, jointe à la valeur des engrais produits, peut payer largement les frais d'un bon engraissement.

« Notre pensée n'est pas de demander que partout le cheval soit remplacé par le bœuf, mais d'amener les agriculteurs des pays où le bœuf n'est pas employé aux travaux des champs à calculer s'ils n'auraient pas avantage à placer sur leurs exploitations ces deux sortes d'attelages. Déjà, dans les fermes où la culture des racines a pris une certaine étendue, on emploie des bœufs et on semble s'en applaudir : près de Paris, M. de Cauville, à Petit-Bourg; M. Pluchet,

à Trappes; M. Hette, à Bresles, ont des attelages de bœufs.

« Si nous établissons par des chiffres la dépense du travail des bœufs au labour comparé à la dépense des chevaux, nous trouvons que l'avantage reste au travail exécuté par les bœufs. Nous allons citer les chiffres que nous donne notre propre comptabilité.

« Un cheval de ferme de quatre ans coûte, d'acquisition, 400 à 600 francs, prix moyen 500 fr.; l'amortissement du prix de ce cheval de 500 fr. représente, pour dix ans, 50 fr. par an, et l'intérêt à 5 pour 100 de ces 500 fr. 25; ensemble, 75 fr.

« La ration journalière d'un cheval de charrue, fournissant, en moyenne, dix heures de travail ou trois mille heures pour l'année, est de

14 litres d'avoine, à 9 fr. l'hectolitre.	1 fr. 26
10 kil. de foin, à 50 fr. les 1,000 kil.	» 50
1 kil. de son, à 12 fr. les 100 kil. . .	» 12
TOTAL.	1 fr. 88

ou, pour les trois cent soixante-cinq jours de l'année, 686 fr. 20, auxquels il faut joindre, pour ferrage, 18 fr.; entretien du harnachement, 30 fr.; amortissement et intérêts du prix d'achat de ce cheval, comme nous l'avons établi ci-dessus, 75 fr., qui donnent, avec les 686 fr. 20 de nourriture, la somme totale de 809 fr. 20, et pour les deux chevaux composant l'attelage d'une charrue, donnant trois mille heures de travail, 1,618 fr. 40 ou 53 cent. 946 l'heure.

« Une bonne paire de bœufs limousins de l'âge de quatre ans coûte de 750 à 850 fr.; disons 800 fr. Comme le bœuf ne perd rien de son capital, nous n'aurons que l'intérêt du prix d'achat à ajouter à son entretien journalier; nous portons de même à 5 pour 100, soit à 40 fr., l'intérêt du prix d'achat de 800 fr.

« La ration d'été d'un bœuf est de 60 k. de vert, représentant 15 kil. de foin, à

50 fr. les 1,000 kil. ou 75 cent., et, pour
la paire, 1 fr. 50.

« La ration d'hiver se compose de 20 kil.
de racines à

15 fr. les 1,000 kil., ci..	30 ct.
Foin, 5 kil., à 50 fr. les 1,000 kil.. . .	25
Paille, 4 kil., à 25 fr. les 1,000 kil. .	10
Total.	65 ct.

« Et, pour la paire, 1 fr. 30.

« Ce qui constitue une moyenne par
jour, pour la nourriture des deux bœufs,
de 1 fr. 40 et, pour l'année de trois cent
soixante-cinq jours, 511 fr., auxquels il
faut ajouter les 40 fr. pour l'intérêt du prix
d'achat et 16 francs pour l'entretien du
joug, etc., somme totale 567 fr., et, pour
les quatre bœufs formant l'attelage de la
charrue marchant dix heures par jour,
1,134 fr. ou 37 cent. 0,80 par heure ;
l'heure de la charrue attelée de *deux che-*
vaux coûte donc 53 cent. 946 l'heure, et
celle employant *quatre bœufs* se relayant,
37 cent. 0,80 ; l'économie ressortant de
l'emploi d'une charrue de *deux che-*
vaux, comparé à celui d'une charrue employant *quatre bœufs* se relayant et fournissant chacun dix heures de travail, est
donc de 16 cent. 146 par heure et, pour
l'année, de 484 fr. 38. Bien que, dans la
pratique, il soit reconnu que deux bœufs
donnent plus de travail en cinq heures
qu'un cheval en dix heures, nous avons
pris cette comparaison d'un à deux pour
rendre plus sensible notre calcul. A Grignon, par exemple, on compte trois chevaux pour quatre bœufs....

« On reproche à l'emploi des bœufs de
beaucoup augmenter les frais de main-d'œuvre en conducteurs ou bouviers, comparés
aux charretiers employés avec les chevaux.
Ceci peut être vrai, mais cela dépend encore des circonstances et de l'économie apportée dans l'arrangement des choses.

« Chez moi un bouvier a quatre bœufs,
dont il se sert alternativement le matin et
le soir, c'est donc de même que pour la
charrue attelée de deux chevaux. Quand
les travaux l'exigent, et c'est l'exception,
les bœufs qui redoublent sont conduits par
les hommes de bras de la ferme ou par des
journaliers. Le bœuf, dit-on, marche moins
vite que le cheval, donc il fait moins de besogne dans le même espace de temps ; ceci
serait juste si le bœuf devait, comme le
cheval, travailler dix ou onze heures; il ne
travaille, étant relayé, que cinq heures ou
cinq heures et demie, il est frais et vigoureux : s'il est d'une bonne race de travail,
il marche tout aussi vite attelé à une charrue Dombasle que les gros chevaux que
nous voyons à la charrue du pays. S'il se
présente un très-lourd travail, comme un
défrichement, au-dessus de la force de trois
chevaux, et qu'il faille en atteler quatre
avec deux conducteurs, ici les quatre bœufs
l'emportent; conduits par un bouvier et
son aide, la besogne sera non-seulement
aussi bien faite, mais à bien meilleur marché et sans accidents ni des harnais ni de
l'instrument; le bœuf, tirant doucement
et sans secousse, s'allonge sur le trait, tient
et résiste où le cheval refuse, après un effort violent qui souvent brise tout et s'oppose à l'unité d'efforts des autres bêtes de
l'attelage. »

M. de Béhague indique, en terminant, une
dernière considération très-importante :
c'est la possibilité de restreindre au moyen
des bœufs la culture fort épuisante de l'a-
voine et de placer en même temps sur la
ferme de bons consommateurs de plantes
sarclées.

§ VII. — LE POULAILLER.

« Dans le mois de mars, toutes les couvées
précoces, m'écrit Charles Jacque, auteur
de l'excellent ouvrage intitulé le *Poulailler*,
doivent être en pleine activité, et les agriculteurs qui n'ont pas commencé leurs éle-
vages en février ne doivent pas tarder plus
longtemps. C'est, au reste, pendant ce mois
que les poulets naissent et croissent avec
le plus de facilité.

« Si on a mis à couver du 15 février au 1er mars, on aura des jeunes du 5 au 20 mars. Il est indispensable de tenir les couveuses pendant l'incubation avec leurs œufs, et longtemps après l'incubation avec leurs poussins, dans des endroits où règne une température douce, égale et complètement à l'abri de l'humidité. Ce que j'ai vu de plus ingénieux, à cet égard, c'est l'intelligente organisation des couvées d'hiver dans la ferme de madame Chartier, à Annet.

« Au-dessus d'une belle étable à vaches se trouve un grand grenier, dont les parois et les toits sont bien clos, ainsi que les grandes lucarnes dont les châssis vitrés laissent au jour un large passage. Dans le plancher du grenier, qui peut être soit en parquet, soit en terre battue, soit en asphalte (jamais en carrelage), sont pratiqués des trous ronds qui permettent à la chaleur dégagée par les vaches de réchauffer constamment la pièce où sont les poules et les poussins. Ce trou est entouré d'un grillage en bois, afin d'empêcher les poussins de tomber dans l'étable.

« Quand le temps est mauvais et que le thermomètre ne marque pas 10 degrés au-dessus de zéro au dehors, on ne fait qu'ouvrir les fenêtres un instant dans la journée pour renouveler l'air. S'il fait beau, on ouvre plus longtemps, de manière à ce que le soleil pénètre largement dans l'appartement; les lucarnes sont ouvertes en plein midi.

« Lorsque les poulets ont au moins un mois ou six semaines, qu'ils sont bien emplumés et que la température commence à s'adoucir, on les descend dans le poulailler commun. On tâche de leur trouver de l'herbe et de leur faire des pâtées cuites qu'on leur donne tièdes. »

§ VIII.—LE RUCHER.

« Nous entrons dans un mois, nous dit M. Hamet, qui réclame tous les soins du cultivateur d'abeilles ; c'est en quelque sorte l'ouverture de l'année apicole. Les ruches qui ont été placées pendant l'hiver dans des appartements, des caves, ou ailleurs, doivent être remises au rucher dès les premiers jours de ce mois. La saison est aussi très-favorable à l'achat des abeilles et à l'établissement des ruchers. On paye plus cher qu'en automne, mais on ne court plus les risques de l'hiver. Cependant il faudra encore des soins ou du moins de la surveillance, pour atteindre le moment de l'essaimage. A la fin de l'hiver, on peut acheter des ruches à une distance beaucoup plus rapprochée qu'à une autre époque : les abeilles n'étant pas encore sorties, ou, si elles sont sorties, ne s'étant encore que peu éloignées, elles ne retourneront pas à leur ancien rucher dès qu'elles s'en seront écartées d'un kilomètre environ. On peut même les prendre à une distance plus rapprochée, mais il faut avoir soin de les mettre à l'état de *bruissement* avant ou après le transport. Cet état les hébête et les bouleverse tellement, que lorsqu'elles sortent la première fois, elles ont soin de remarquer leur habitation et de s'orienter comme le font les jeunes abeilles qui ne sont pas encore sorties et les abeilles d'un essaim nouvellement logé.

A. *Transport des ruches.*

« Le transport est plus facile à cette époque qu'en automne. On peut se servir avec avantage, pour envelopper les ruches, d'une toile circulaire, imaginée par M. Petit-Boussard. La partie centrale de cette enveloppe est en toile métallique assez fine pour ne pas permettre aux abeilles de passer au travers. A son pourtour est ménagée une coulisse où l'on passe un cordon pour serrer le sac. La partie occupée par la toile métallique laisse circuler l'air, si utile aux abeilles que l'on transporte. M. Mauget se sert d'une toile-canevas carrée, qui réunit à peu près les mêmes avantages et qui, ne recevant presque pas de façon, coûte moins cher. Ces deux genres de toiles sont très-commodes.

B. Visites des ruches.

« Dès que les abeilles commencent à sortir, il faut visiter les ruches, s'assurer de leur poids, de la force et de la vigueur des populations, de l'état des édifices. Cette opération se fait dans la matinée, ou le soir avant la nuit. On peut la faire en plein midi, mais il faut alors projeter de la fumée sur les abeilles, afin de les contraindre à se retirer au fond de leur habitation. Les matières dont on se sert pour produire la fumée sont les divers chiffons, la bouse de vache séchée, le foin, le crin, etc., que l'on place dans un enfumoir ou fumigateur, appareil connu des apiculteurs. Quelques-uns se contentent quelquefois de la pipe pour projeter de la fumée. Le tabac, étant très-narcotique, enivre les abeilles et les rend traitables.

« Les colonies qui ont souffert et ont sensiblement diminué doivent être réunies à d'autres. Celles qui ont perdu leur mère doivent également être réunies à d'autres qui ne sont pas dans ce cas. On reconnaît qu'un essaim a perdu sa mère quand, en frappant la ruche avec les doigts, on entend un son lugubre, qui se fait même entendre par intervalle lorsqu'on ne la touche pas ; quand les abeilles fourmillent à l'entrée, se jetant tantôt d'un côté, tantôt d'un autre; quand elles voltigent comme si elles étaient folles et désespérées, faisant entendre un son particulier; quand elles ne *rapportent pas de pollen* lorsque les abeilles des ruches voisines en ont les pattes chargées. On sait que lorsque les mères viennent à mourir entre septembre et la première quinzaine d'avril suivant (zone de Paris), les ruches sont perdues, car les jeunes femelles qui naissent alors ne rencontrent plus de mâles pour se faire féconder, à moins qu'il ne se trouve, dans le rucher ou dans un rucher voisin, des ruches désorganisées qui aient conservé les leurs; dans ce cas, les femelles qu'élèvent artificiellement les ouvrières peuvent être fécondées en automne ou dès les premiers beaux jours du printemps. Il importe d'autant plus de marier les ruches sans mère à des ruches organisées, qu'elles peuvent amener le pillage dans le rucher.

C. Nourrir les ruches qui manquent de provisions

« On s'est assuré du poids de toutes ses ruches; de plus, on les a inspectées avec soin; par conséquent on connaît celles qui n'ont pas assez de vivres pour atteindre l'abondance des fleurs. C'est bien mal comprendre son intérêt que de ne pas venir au secours des abeilles à cette époque; car, moyennant quelques livres de miel, et une petite dépense qui ne peut guère dépasser trois ou quatre francs, on sauve des ruches qui pourront produire quinze francs quelques mois plus tard. C'est donc un argent placé à gros intérêt que celui consacré à nourrir les abeilles après l'hiver, lorsqu'on a affaire à de belles et bonnes populations.

D. Renouveler la cire.

« Voici le moment d'enlever les rayons par trop vieux des ruches, ceux qui sont moisis ou détériorés, et ceux qui contiennent une certaine quantité de *rouget*. Cette opération se fait, pour les ruches vulgaires, au moyen d'un couteau à lame recourbée. Il faut enfumer fortement les abeilles au préalable. On enlèvera également les rayons formés de cellules de mâles qui se trouveraient dans le milieu de la ruche. Mais on se gardera bien, dans la vue de faire une *récolte de cire* ou de rafraîchir les ruches, comme on dit vulgairement, d'enlever des rayons ou parties de rayons qui sont sains et dans de bonnes conditions ; car cette cire serait trop chèrement payée. On ne doit pas ignorer qu'en enlevant, par exemple, 100 grammes de cire en rayon, on prend aux abeilles 2 kilogr. 500 grammes de miel sur leur récolte future. Car, d'après les expériences de Huber, répétées il y a quelques années par MM. Dumas et Milne-Edwards, on sait que les abeilles ont besoin d'absorber 500 grammes de miel pour produire seulement 20 grammes de cire. En supposant ces expériences exactes, et en établissant le prix du miel à 1 franc seulement le kilo, la cire que l'on récolte ainsi revient à 50 francs le kilo, et elle est vendue 2 fr. 50. Belle spéculation, ma foi! Il est pourtant des auteurs qui recommandent de pratiquer à la fin de l'hiver et sur toutes les colonies une récolte spéciale de cire, et d'autres qui ont inventé des ruches pour faciliter cette récolte.

« On peut aussi, à cette époque, faire une récolte partielle de miel sur les ruches grasses qui n'auraient pas été récoltées à une autre saison. Mais il ne faut pas trop en enlever.

E. *Fleurs de mars.*

« Les principales fleurs de mars sont celles du cornouiller, du saule (plusieurs variétés), du buis, de l'amandier, du pêcher, de l'abricotier, de la violette etc. Des apiculteurs croient, mais à tort, que quelques-unes de ces fleurs, telles que celles de l'orme et du petit saule, occasionnent la dyssenterie aux abeilles. Cette erreur provient de ce que la dyssenterie se fait souvent sentir à l'époque où ces fleurs sont épanouies, parce que cette époque est souvent humide. *L'humidité est la principale cause des affections qui atteignent les abeilles.* »

CHAPITRE VII
Travaux horticoles.
§ I". — LE JARDIN FRUITIER.

On termine la plantation des arbres fruitiers, ainsi que la taille des arbres à fruits à pepins et à noyau; les boutures de groseilliers doivent être mises en pépinière. On sépare les touffes de framboisiers.

A cette époque, il faut commencer à prendre des précautions contre les gelées nocturnes et les giboulées. On se sert pour cela d'abris en toiles, attachés aux murs en forme d'auvents, ou bien des paillassons tissés par le procédé Guyot.

§ II. — LE JARDIN POTAGER.

On sème en pleine terre les betteraves, raves, chicorées, pois mange-tout, les pois à rame, les fèves de marais et les carottes. Planter l'ail, l'échalote, les greffes d'asperges, les pommes de terre hâtives, l'oseille. Découvrir les artichauts, en ayant soin de tenir la litière entre les lignes pour les couvrir en cas de froids tardifs.

Le mois de mars est ordinairement très-sec à cause des vents d'est qui règnent surtout pendant cette époque; il faut alors arroser largement, la sécheresse est l'ennemie du potager.

Si le temps est doux, on donne un peu d'air aux couches de melons.

On met en place les porte-graines de toutes espèces de plantes potagères bisannuelles.

Vers la fin de janvier et le commencement de février apparaît à la Halle de Paris la chicorée frisée. A la fin de février et au commencement de mars viennent les artichauds du Midi et des environs de Paris et la romaine; à la fin de mars et au commencement d'avril viennent les asperges de pleine terre.

§ III. — LE JARDIN D'AGRÉMENT.

Au mois de mars on doit terminer les labours et enfouir le fumier dans les plates-bandes libres du parterre; les parties les mieux abritées seront garnies de plantes à floraison précoce. On met en place les greffes de renoncules et d'anémones dans un sol profond. On renouvelle les bordures d'œillets nains. On sème en seconde bordure la julienne de Mahon et les pieds d'alouettes nains. Les reines-Marguerite, les coréiopsis, les balsamines et les tagètes doivent être semées en couche sourde pour être mises en place plus tard.

C'est le moment de tondre les haies de clôture et de donner un peu d'air aux fuchsias et aux pélargoniums de la serre froide.

IVᵐᵉ PARTIE. — VARIÉTÉS.

Les poulardes du Mans.

Les poulardes du Mans s'élèvent exclusivement dans une quinzaine de communes de l'arrondissement de la Flèche.

J'aurais dû intituler ce chapitre : « Poulardes de la Flèche, » mais personne ne m'aurait compris.

Demandez au marché de la Vallée une poularde de la Flèche, vous n'en trouverez pas ; demandez une poularde du Mans, on vous en offrira en un jour plus que l'arrondissement de la Flèche n'en produit en un mois.

Va donc pour la poularde du Mans, puisqu'on ne peut pas « rendre à César ce qui appartient à César. »

Les poulardes du Mans, que l'on vend sur les marchés de Paris, pèsent 3, 4 et même 5 kilogrammes ; on les paye de 12 à 30 fr., selon leur grosseur, et surtout la finesse de l'engraissement, qui se reconnaît à la peau très-blanche, souple, élastique et bien garnie.

C'est à tort que l'on s'imagine quelquefois que l'état d'engraissement auquel, avec des soins, on peut amener des volailles, est un état sérieusement maladif.

Les volailles à l'engrais deviennent quelquefois malades. L'engraisseur est exposé à perdre, en quelques heures, son capital et le fruit de son travail. La santé de l'animal, affirme le docteur Lepelletier (de la Sarthe), qui a étudié avec soin l'industrie de l'engraissement des volailles, exige une surveillance de tous les instants. Tant que les déjections sont sèches et que la crête est rosée, la poularde est dans l'état normal ; mais, si la crête prend une couleur violette et que les déjections deviennent fluides, il faut aussitôt rendre la poularde à sa nourriture ordinaire et à la liberté.

La liberté ramène à la santé les volailles délicates que la claustration tuerait en les engraissant.

Car elles sont soumises à un singulier régime pendant les jours que Dieu leur donne, ces pauvres poulardes succulentes, que vous savourez, après leur mort, sur un lit de cresson !

Il faut environ six semaines pour amener une volaille à son maximum de graisse; six semaines d'un supplice dont vous n'avez pas l'idée !

Les physiologistes assurent heureusement que ces malheureuses bêtes sont très-imparfaitement douées sous le rapport de la sensibilité.

On les renferme d'abord, les volailles, pas les physiologistes, dans un endroit un peu sombre ; on leur donne une pâte de farine de sarrasin, mélangée de moitié ou d'un tiers de son. Elles ont à manger et à boire à discrétion.

Au bout de quelques jours, on les transporte dans des compartiments appelés mues, disposés dans des celliers secs, convenablement aérés, et où règne une température douce et égale.

Cet endroit est complétement privé de lumière, et il y règne un profond silence.

L'animal fait de rares mouvements ; il ne faut pas qu'il soit troublé dans l'importante opération de la digestion.

Deux fois par jour, à heures fixes, le nourrisseur s'introduit dans le cellier; il prend trois poules à la fois, les lie toutes les trois ensemble par les pattes, et les place sur ses genoux. Éclairé par une lampe qui jette une faible lumière, il introduit dans le bec de chacune des poules un petit gâteau de pâte appelé pâton, formé de farines d'orge et de sarrasin délayées dans du lait. Ce pâton a un centimètre et demi de diamètre sur six centimètres de longueur. Le nourrisseur le plonge dans du lait, afin de faciliter son introduction, et il le conduit dans le jabot en faisant glisser la main le long du col de l'animal.

A partir de ce moment, la poularde ne boit plus que quelques gouttes de lait coupé après le repas.

Peu à peu on augmente le nombre des pâtons jusqu'à douze ou quinze par poule et par repas.

Avant de commencer l'opération de l'empâtement, on s'assure si la digestion du repas précédent est opérée. Si elle ne l'est pas, on fait couler dans le bec de la poularde quelques cuillerées de lait pur.

Vers la fin de l'engraissement, on fait faire un repas de nuit.

A cette époque, on a soin, en replaçant la poularde dans la mue, de la changer chaque fois de côté. Elle ne peut plus ni se tenir debout, ni même se mouvoir.

Dans les derniers jours de l'engraissement, on mélange à la pâte un peu de graisse. Cette addition produit d'excellents résultats.

L'engraissement d'une poularde exige, en moyenne, 12 à 14 kilogrammes d'orge et de sarrasin, pesés en graines et produisant environ 17 kilogrammes de pâte.

On calcule, en somme, que le prix de revient d'une belle volaille varie de 8 à 9 francs. On les vend de 12 à 15 francs, et même de 25 à 30 francs pour les bêtes hors ligne. On voit que l'écart entre le prix de vente et le prix de revient est suffisant pour récompenser largement le transport de la bête à Paris et le travail du nourrisseur.

Un nourrisseur peut empâter cent poulardes pendant la saison, qui commence au mois de septembre et finit vers la fin du mois de mars.

Les oies de Strasbourg.

Strasbourg est la patrie du pâté de foie gras.

Le pâté de foie gras est plus généralement une *terrine* qu'un pâté. C'est un foie ou un quartier de foie énorme, entouré d'un hachis truffé et plongé dans un bain de fine graisse de porc.

On mange et on fait des pâtés de foie gras de Strasbourg dans le monde entier, mais on n'engraisse bien les oies qu'à Strasbourg.

A la fin de l'automne, en novembre et décembre, on enferme les oies dans une boîte à deux ou plusieurs compartiments et placée dans un lieu obscur. Chaque case présente en avant une ouverture en forme de meurtrière, par laquelle l'oie passe la tête pour boire dans une petite auge placée extérieurement; le côté opposé est à claire-voie; une échancrure, pratiquée dans le fond, permet aux déjections de tomber hors de la boîte. On engraisse ordinairement avec du maïs sec ou gonflé dans de l'eau chaude. On gave deux fois par jour, ajoutant à chaque repas un peu de sel, une petite gousse d'ail, et, de temps en temps, une cuillerée d'huile de pavot.

On retire alors l'oie de sa cellule pour la gaver, et on la laisse quelques minutes en liberté. Une oie engraisse dans 18 à 24 jours. L'oie ainsi traitée est atteinte d'une véritable hydropisie graisseuse; elle marche lentement, respire avec peine; sa chair est surchargée de graisse; son foie est blanc, ferme et volumineux.

Selon M. Heuzé et Mme Millet-Robinet, à qui j'emprunte ces intéressants détails, les oies pèsent en moyenne, avant leur engraissement, de 3 à 4 kil.; quand elles sont grasses, leur poids varie entre 6 et 8 kil., et elles ont, en graisse, plus du quart de leur poids.

Le foie d'une oie maigre pèse de 60 à 80 grammes; après l'engraissement, il varie entre 200 et 500 grammes, et se vend à Strasbourg de 2 à 5 francs.

AVRIL

1ʳᵉ PARTIE. — PROVERBES ET MAXIMES

Sans t'occuper de ton prochain,
Chrétiennement gagne ton pain.

—∞—

Au dehors fermier vigilant,
Au dedans bonne ménagère,
Peuvent, tous les deux s'entr'aidant,
De leur maître acheter la terre.

—∞—

Avril et mai
Sont la clef de l'année.

—∞—

Pâques vieilles ou non vieilles
Ne viennent jamais sans feilles (feuilles).

—∞—

Pâques pluvieuses,
Parfois fromenteuses,
Plus souvent menteuses.

—∞—

Avril fait la fleur,
Mai s'en donne l'honneur.

—∞—

En mai rosée, en mars grésil,
Pluie abondante au mois d'avril,
Le laboureur est content plus
Que s'il gagnait cinq cents écus.

—∞—

Les seules écoles d'agriculture dont on puisse attendre des résultats utiles pour les progrès de la science agricole sont celles où la pratique intellectuelle occupe beaucoup de place dans l'enseignement. (MATHIEU DE DOMBASLE.)

Il n'y a de bons assolements, base d'un système durable de culture, que celui qui rend suffisamment à la terre, en même temps qu'il donne des produits satisfaisants. (SCHWERTZ.)

—∞—

A chaque genre d'entreprise sa spécialité d'hommes, de terres, de produits. Aux grandes entreprises la culture *par le temps, par le capital et les machines;* aux petites entreprises, la culture *par la main-d'œuvre.* (E. LECOUTEUX.)

—∞—

En France, la culture n'est pas une industrie, à proprement parler : on y compte peu de fermiers, et la plupart de nos cultivateurs, qu'ils soient propriétaires, fermiers ou métayers, n'ont qu'un capital insuffisant.
Voilà nos vrais maux. (LÉONCE DE LAVERGNE.)

—∞—

L'agriculture, élevée au niveau des autres connaissances humaines, est une science sérieuse, réservée à de hautes destinées, et qui, commençant à peine à s'organiser, répand déjà ses lumières et sa vie sur le monde, qui attend d'elle la subsistance de cette population nouvelle que la paix et la civilisation font pulluler de toutes parts.

(Comte DE GASPARIN.)

—∞—

L'élection des bonnes semences est l'un des plus importants articles du gouvernement des terres — à grains; car quelle cueillette misérable pouvez-vous espérer des blés mal qualifiés, semés en vos terres, quoique bien labourées ? (OLIVIER DE SERRES.)

—∞—

7

IIᵐᵉ PARTIE. — CAUSERIES.

CHAPITRE PREMIER

Les débouchés.

Il y a, dans ce monde, des vérités qu'il est bien difficile de faire admettre par la majeure partie du public. Ainsi, depuis des années, les agronomes répètent de toutes les façons cet axiome audacieux : « L'industrie agricole est une industrie; » sans qu'on ait encore consenti à reconnaître cette vérité fondamentale.

Je sais bien que, si cette proposition n'est pas claire pour tout le monde, c'est qu'il y a quelquefois de bonnes raisons pour cela; car on ne nie pas la lumière du jour pour le plaisir de la nier; il faut bien croire que, si on ne voit pas le soleil, c'est qu'on est aveugle, ou que le soleil est caché.

Il faut donc reconnaître que, dans un grand nombre de circonstances, l'industrie agricole peut tromper des regards peu pénétrants, parce qu'elle ne revêt pas les caractères qui constituent une véritable industrie.

Dans beaucoup de contrées, l'agriculture ne travaille que pour elle-même : elle conduit peu ou point au marché, et consomme l'immense majorité de ses produits.

C'est l'agriculture sans débouchés.

Qu'est-ce qui crée les débouchés? — Ce sont les villes.

Qu'est-ce qui met la consommation à la portée de la production? — Ce sont les routes.

Les agglomérations de la population dans les villes et la création des voies de communication sont destinées à transformer l'agriculture française.

Sans débouchés, l'industrie agricole n'est pas une industrie véritable; car ce qu'elle produit alors, elle le produit pour elle-même. Sa fécondité est restreinte, parce qu'elle est obligée de concentrer sur une même nature de terrain, dans des conditions climatériques souvent défavorables, toutes les cultures variées que nécessite sa propre consommation.

Figurez-vous chaque homme obligé de faire ses habits, ses souliers, de construire sa maison, de fabriquer ses meubles, etc. : nous retournerions tout droit à l'état sauvage. Le progrès, dans ce cas, c'est l'échange des produits.

L'agriculture privée de routes et de débouchés en est là; elle ne peut appliquer ce principe fertile de la division du travail, qui a pour résultat d'élever à son maximum d'effet utile le travail individuel de chaque producteur.

« L'agriculture sans débouchés, dit M. E. Lecouteux, c'est le climat violenté; c'est la vigne prenant la place du blé, dans les terres cultivées, et le seigle prenant la place de la vigne; c'est enfin le travail agricole mal appliqué, et, par conséquent, c'est l'industrie manufacturière se rejetant sur le marché extérieur, faute d'une consommation suffisante dans l'intérieur. »

Ce tableau est d'une saisissante vérité, et, malheureusement, pour notre pays il est à craindre qu'il soit encore vrai longtemps. M. Lecouteux appelle cette agriculture l'agriculture du passé; c'est aussi un peu celle du présent.

« L'avenir, au contraire, ajoute-t-il, c'est la révision de notre géographie agricole; c'est chaque culture remise à sa place; c'est, dans toute la force du terme, l'utilisation de nos ressources climatériques; c'est la spécialisation, la division du travail agricole; c'est la production rurale basée sur l'échange des produits; c'est la petite culture et la grande culture prenant chacune ses proportions, son terrain, ses débouchés; celle-ci s'attachant surtout aux denrées alimentaires de première nécessité, les graines et les bestiaux; celle-là prodiguant sa main-d'œuvre aux plantes industrielles, arbustes

et légumes ; c'est, par conséquent, la population rurale croissant en nombre et en
richesses par un meilleur emploi de ses forces productives, et une plus large consommation des produits agricoles et industriels. »

Ainsi, pour que l'industrie agricole puisse
devenir une véritable industrie, il faut qu'elle
ait des débouchés assurés, permanents, que
le cultivateur consulte, pour régler son assolement, non ses besoins personnels, mais
la puissance productive spéciale de sa terre;
non pas qu'il puisse jamais exister nulle part
une spécialisation absolue de production
telle, qu'on ait ici une ferme à colza, là une
ferme à blé, plus loin une ferme à betterave;
mais, dans la rotation de l'assolement, on
peut introduire des éléments différents,
faire prédominer certaines cultures sur les
autres, selon les influences du climat ou
les conditions chimiques et physiques du
sol. Le cultivateur ne doit demander à sa
terre que ce qu'elle produit le mieux, et ne
rechercher, en définitive, qu'un seul résultat : obtenir du sol le plus fort revenu net
possible, sans épuiser le fonds.

Alors l'industrie agricole deviendra une
véritable industrie.

CHAPITRE II

Les mares.

Heureux les habitants de la campagne,
s'ils possédaient l'instruction qui enseigne
une bonne culture, et le capital, qui décuple les produits des champs !

Les habitants des villes sont soumis à
des maladies nombreuses, variées, mystérieuses et graves, qui deviennent plus graves et plus mystérieuses dans leurs causes,
à mesure que l'agglomération de la population augmente.

Le paysan n'a pour ainsi dire pas de maladies, à l'exception de celles qui lui viennent de son ignorance, de sa misère et de
son imprudence.

Consultez les médecins de campagne;
leur clientèle ne sort pas d'un cercle déterminé.

La fièvre d'abord.

A quoi tient la fièvre?

Aux contrées marécageuses : on peut les
drainer.

Aux étangs : on peut les dessécher.

Aux habitations insalubres : on doit les
assainir.

La pleurésie ensuite.

Si les citadins commettaient le dixième
des imprudences que se permettent les
campagnards, recherchant l'eau fraîche et
les ombrages lorsqu'ils sont en sueur, les
villes seraient dépeuplées. On peut éviter
la pleurésie.

La fièvre et la pleurésie, voilà les deux
grandes plaies des campagnes.

La pleurésie tient à l'ignorance et à la
sottise des gens.

La fièvre tient à la pauvreté des campagnes et à l'entêtement des campagnards.

Il ne nous appartient pas de détruire la
première de ces causes fatales; nous pouvons essayer de modifier la seconde.

Lorsque la ferme n'a pas une fontaine
limpide ou un puits suffisant, on y ménage
une mare.

C'est là que vont chaque jour s'abreuver
les bestiaux.

La mare est à proximité de l'étable, et
l'étable touche à la maison.

L'eau stagnante se putréfie rapidement,
souvent les jus du fumier voisin viennent
la corrompre par l'infiltration. Les animaux, en pénétrant dans la mare pour y
boire, apportent avec eux des éléments de
putréfaction.

Or cette eau corrompue rend malades
les animaux qui la boivent, et détruit la
santé des hommes qui respirent ses éma-
nations.

Quand on n'a pas d'autres moyens de se
procurer de l'eau, il faut bien faire des
mares; mais, quand on construit une mare,
pourquoi ne pas prendre toutes les précau-

tions nécessaires pour éviter qu'elle devienne un foyer pestilentiel?

Un savant agronome, qui a rendu à la science et à la pratique agricole de grands services, M. Girardin (de Rouen), indique les moyens d'avoir des mares dont les eaux ne pourront nuire ni à la santé des animaux ni à celle des hommes.

Il faut établir la mare dans un endroit en pente, où les eaux provenant des toits et des terres voisines se rassemblent. Si, à l'aide d'une source ou d'un petit ruisseau, on peut obtenir un renouvellement permanent, quelque léger qu'il soit, l'eau restera toujours pure.

Éloigner la mare des fumiers, des étables et des maisons d'habitation.

Rendre la mare profonde et ménager un moyen d'écoulement des eaux, afin de pouvoir la nettoyer.

Rendre le fond imperméable par un enduit de chaux hydraulique, d'argile et de ciment romain. Par-dessus cet enduit répandre du gravier, des petits cailloux, et, si cela est possible, quelques fragments de charbon de bois.

La partie accessible aux animaux devra être pavée, afin que le piétinement ne forme pas une boue noire et fétide.

Dans toutes les directions qui peuvent fournir de l'eau à la mare, on creuse des tranchées; le fond de ces tranchées est garni de grosses pierres disposées de manière à laisser entre elles des intervalles que l'on comble avec de plus petites pierres; on recouvre le tout avec de la terre.

L'eau coulant dans ces tranchées passe pour ainsi dire dans un filtre et arrive à la mare débarrassée des débris végétaux et de toutes les impuretés dont elle est chargée.

Abriter la mare contre les rayons du soleil par d'épaisses plantations; ce qu'on ne fait presque jamais, et enlever les lentilles d'eau à mesure qu'elles apparaissent à la surface de la mare, qu'elles couvriraient bientôt d'une nappe verte.

Enfin, lorsque, pendant les grandes chaleurs de l'été, l'eau baisse, prend des couleurs diverses, devient louche et sapide, il faut y jeter plusieurs kilogrammes de noir animal grossièrement moulu; l'eau est aussitôt purifiée.

Ces procédés d'assainissement sont simples et peu coûteux; ils ne demandent que des soins.

C'est peu, et souvent c'est beaucoup.

IIIᵐᵉ PARTIE. — TRAVAUX DES CHAMPS.

CHAPITRE PREMIER

Comptabilité agricole.

« Il n'y a pas d'agriculture sérieuse sans comptabilité, » avons-nous dit, dès le début de notre travail.

Nous ajouterons : « Il n'y a pas de comptabilité sérieuse sans exactitude. »

Le but d'une bonne comptabilité, c'est de tenir note de toutes les opérations d'un commerce ou d'une industrie quelconque, afin de pouvoir, à un moment donné, se rendre compte de chaque opération en particulier aussi bien que de l'ensemble de toutes les opérations.

Maintenant il est bien évident que si, par négligence ou par oubli, vous omettez de faire figurer sur vos livres un ou plusieurs des éléments qui contribuent à former chaque produit industriel ou chaque mouvement commercial, à la fin de vos travaux, vous ne serez guère beaucoup plus avancé que si vous n'aviez pas tenu d'autres livres que le brouillon informe où chaque cultivateur, à la tête d'une ferme un peu importante, croit devoir mettre quelques chiffres sommaires, indiquant plus particulièrement les recettes qu'il a faites en espèces.

En général, on écrit assez régulièrement les sommes reçues, mais on néglige fréquemment de prendre note des sommes dépensées.

Si vous voulez tenir une comptabilité exacte et retirer de vos soins le profit que vous êtes en droit d'en attendre, rappelez-vous qu'il faut prendre et conserver précieusement l'habitude de faire figurer sur vos livres toutes vos opérations commerciales et industrielles, de quelque importance qu'elles soient, sans en excepter une seule. Les livres d'un agriculteur ne doivent pas seulement mentionner ses relations avec les tiers; il est tout aussi indispensable, pour apprécier le résultat d'une opération agricole, de tenir compte des opérations que cet agriculteur a faites avec lui-même. Ainsi vous abattez quelques arbres, vous les faites débiter en planches et puis vous entassez les planches dans un coin de votre hangar : vous avez créé un produit qu'il faut de suite évaluer et faire figurer sur vos livres.

Plus tard, vous avez une toiture à réparer, un plancher à faire, vous employez tout ou partie de ces planches, cela ne sort pas de la ferme; c'est la main droite qui vend à la main gauche, c'est vrai; il n'en faut pas moins faire figurer en dépense la quantité de planches employées.

Car le bois est un produit de votre exploitation. Si vous ne l'aviez pas utilisé chez vous, vous l'auriez vendu, et alors il serait entré dans les recettes, représenté par une certaine somme d'argent.

Si vous n'aviez pas eu ces planches à votre portée, il eût fallu en acheter pour faire cette réparation utile à votre exploitation, et alors ces planches auraient figuré aux dépenses, représentées par une certaine somme d'argent.

Il en est de même pour toutes les autres opérations qui ne sont pas limitées aux diverses sources de produits ou aux différents services de la ferme. On doit toujours retrouver leurs traces dans les livres.

Il ne faut cependant pas que ces recommandations préliminaires effrayent ceux de nos lecteurs qui seraient disposés à installer chez eux une tenue de livres régulière. Il est rare, en France, qu'un cultivateur ait sous la main une ferme assez importante pour pouvoir faire les frais d'un employé spécial pour la tenue des livres. En général, le chef de l'exploitation se charge lui-même de tenir les écritures au courant. Il lui faut donc un système de comptabilité facile, simple et expéditif.

Avec le précieux concours de M. Monginot, dont le nom fait autorité en ces matières, nous croyons avoir résolu ce difficile problème.

D'abord nous éviterons de multiplier les livres et de compliquer les opérations.

Que voulons-nous obtenir en somme?

Connaître le produit général de l'exploitation agricole, à la fin de chaque année.

Pouvoir, lorsqu'il nous convient, nous rendre compte des résultats partiels de telle ou telle opération, c'est-à-dire établir le prix de revient de tel ou tel produit.

Pour arriver à ce résultat, nous ouvrirons deux livres, pas davantage, qui seront tenus conformément aux deux principes fondamentaux de toute espèce de comptabilité.

1° Inscription instantanée et successive de toutes opérations;

2° Classement de ces opérations par distinction de nature et par distinction de personne.

En appliquant aux livres que nous allons indiquer ces deux recommandations excessivement importantes et faciles à observer, puisqu'elles ne demandent qu'un peu de soin, le fermier pourra, si cela lui convient, ne consacrer à sa comptabilité proprement dite que quelques heures tous les trois mois. Il aura sous la main tous les éléments nécessaires pour connaître à fond sa situation à tous les moments de l'année.

La première chose que doit faire un cultivateur, c'est acheter un *agenda* ou *memento* divisé par jour. Il y inscrit les engagements de denrées à livrer, les promesses de vente avec les conditions sommaires, tous les renseignements divers dont il doit garder le souvenir, et toutes les opérations qui, n'étant point encore consommées, ne peuvent figurer sur ses livres. Il se sert également d'un *agenda* pour en faire son *livre de caisse*, c'est-à-dire pour inscrire les dépenses en numéraire au fur et à mesure qu'elles ont lieu.

Certains détails indispensables pour faire le compte des cultures et établir le prix de revient des produits ne se trouvent pas dans les deux livres journaux dont il sera question tout à l'heure ; c'est pour cela que nous avons adopté un état quotidien qui sera rempli par le chef de culture, le régisseur ou le fermier lui-même, chaque jour de l'année. Cet état (modèle n° 3) s'appelle *feuille de journée;* il offre simultanément la décomposition des frais de culture, et leur application aux différentes parties de la ferme.

Ces feuilles de journées sont indispensables ; elles forment, avec le *livre de caisse* ou *agenda*, la base principale des deux journaux d'*entrées* et de *sorties*.

En relevant, chaque semaine, chaque quinzaine ou chaque mois, l'addition de ces *feuilles de journées*, on aura le résumé : 1° des heures employées par les travailleurs et par les animaux, avec le chiffre représentatif du prix de leur travail ; 2° de la quantité ainsi que du prix des semences et des engrais qui auront été employés.

On sera aussi amené à faire la récapitulation des champs et des services, qui doivent être débités du prix des travaux effectués, et de celui des objets employés.

§ Ier. — INVENTAIRE.

L'agriculteur comme le commerçant doit commencer sa comptabilité par l'inventaire.

L'inventaire est clos le 30 avril au soir. J'ai dit (page 6) pourquoi j'adoptais le 30 avril de préférence au 31 décembre.

L'inventaire de l'agriculteur doit comprendre :

1° Son *actif*, c'est-à-dire tout ce qu'il possède.

2° Son *passif*, c'est-à-dire tout ce qu'il peut devoir.

L'actif d'une ferme représenté par l'inventaire peut se subdiviser de différentes manières ; ces divisions sont tout aussi bonnes les unes que les autres, pourvu qu'il n'y ait rien d'oublié et que les évaluations en numéraire soient aussi exactes que possible.

L'actif peut être compris dans cinq chapitres.

1° Les instruments, machines, outils et meubles divers.

2° Les animaux ou le cheptel.

3° Les engrais, fumier de ferme, guano, poudrette et engrais artificiels.

4° Les récoltes (blé, seigle, orge, avoine, maïs, racines, etc.).

5° Le numéraire ou les sommes à recevoir.

6° Les avances faites à la terre pour travaux exécutés, labours, fumure, ensemencement, sarclage, binage, sur chaque sole.

Le passif d'un cultivateur est beaucoup plus facile à établir ; il comprend les capitaux empruntés, les sommes à payer, etc.

Chaque article de l'inventaire est représenté par une évaluation en numéraire (voir p. 6). On forme deux totaux qui représentent l'ensemble de l'actif et du passif et dont le rapprochement donne la situation générale de l'opération.

Cet inventaire peut être transcrit soit sur un livre spécial, intitulé *livre d'inventaires*, soit sur des états séparés.

Le rapprochement de l'actif et du passif s'appelle la *balance*. Selon que l'actif dépasse le passif ou que le contraire a lieu, la situation se balance par profits ou pertes.

§ II. — LES DEUX JOURNAUX.

Le cultivateur conserve le détail de son inventaire sur un registre spécial ou sur une feuille séparée.

Puis il ouvre deux livres-journaux. C'est sur ces livres que roule toute notre comptabilité agricole. C'est là que le cultivateur inscrit jour par jour ses opérations; ce sont les véritables livres de comptabilité; tous les autres sont considérés comme livres auxiliaires, et leur forme peut varier selon la manière de voir des praticiens. Nous n'y attachons qu'une importance tout à fait secondaire. On peut arriver aux mêmes constatations de dix manières différentes, toutes également bonnes, pourvu qu'elles soient bien comprises par ceux qui les pratiquent, et basées sur des éléments positifs.

Or, ces éléments positifs, nos deux journaux seuls les fourniront.

Nous appelons donc spécialement l'attention de nos lecteurs sur ces deux livres, dont nous avons fait composer un spécimen (modèles nos 1 et 2).

La méthode que nous allons décrire avec détails est toute nouvelle; M. Monginot a été longtemps avant d'y arriver. En toutes choses, ce qu'il y a de plus difficile à trouver, c'est la simplicité.

Nous ouvrirons donc deux journaux :

L'un, destiné à constater les *entrées*, s'intitulera JOURNAL DES DÉPENSES OU D'ENTRÉES DE VALEURS; il correspondrait à un *journal des achats* pour la comptabilité commerciale ;

L'autre, destiné à constater les *sorties*, s'intitulera JOURNAL DE L'EMPLOI DES VALEURS, et correspondrait à un *journal des ventes* pour la comptabilité commerciale.

Lorsque nous parlons d'*entrées* et de *sorties*, l'esprit conçoit aussitôt l'idée d'une opération d'acquisition ou de livraison, traitée extérieurement avec un tiers. Mais, en agriculture, le cultivateur emploie fréquemment à ses propres besoins divers produits ou acquisitions de son exploita-

tion. Il se vend à lui-même ce qu'il a produit, ou ce qu'il a acquis à l'extérieur. Si donc l'on veut apprécier exactement chaque fait de ce genre, on trouvera que cette attribution particulière forme : une *sortie* pour le compte de la valeur employée, et une *entrée* pour le compte du service qui a profité de cet emploi.

« Dans les ouvrages qui ont été publiés sur la comptabilité agricole, dit M. Monginot, on a bien eu soin de tenir écriture des *emplois d'objets pris dans la ferme;* mais les inscriptions des ces *emplois intérieurs* étant fondues avec celles d'*opérations extérieures,* dans le compte de chaque valeur et de chaque service, n'ont offert d'autres résultats que de tenir au courant la série des faits successifs applicable à chaque *valeur* et à chaque *service.* Cela ne suffit pas; pour la bonne administration de la ferme, il faut encore que l'agriculteur puisse suivre particulièrement le mouvement des objets qui se consomment dans son exploitation, soit qu'ils aient été acquis à l'extérieur, soient qu'ils aient été produits à l'intérieur ; et c'est pour arriver à ce résultat que nous avons imaginé d'ouvrir des colonnes qui centralisent tous ces emplois, en même temps qu'ils sont inscrits dans les colonnes applicables, tant à la catégorie des valeurs employées qu'aux services qui profitent de ces emplois.

« Cette centralisation des *emplois dans la ferme* offre encore l'avantage de faire connaître à l'agriculteur dans quelle mesure la ferme pourrait suffire à ses propres besoins.

« Enfin, comme auxiliaire de chacune des classifications générales de services ou valeurs établies sur les journaux, on dressera des états ou comptes spéciaux, avec les subdivisions qu'on jugera convenables.

« En résumé, les deux journaux représentent : l'un la *dépense* pour obtenir les produits; l'autre le *mode d'emploi* de ces mêmes produits. Si l'on tient en outre à être fixé, d'un seul coup d'œil, sur l'ensem-

F° 1. (Modèle n° 1.)   **Journal des dépenses.**

N° D'ORDRE	DÉTAIL DES OPÉRATIONS.	COMPTES COURANTS.			VALEURS employées dans la ferme. CRÉDIT.	ENTRÉE des denrées par approvisionnement.
		DÉBIT.	CRÉDIT.	PAYEMENTS.		
1	— Du 1ᵉʳ avril 1859. —					
	INVENTAIRE.					
	Actif.					
	Immeubles . . . . . . 125,000 »	. . . . . .	. . . . . .	. . . . . .	. . . . . .	
	Mobilier . . . . . . 4,500 »					
	Bestiaux . . . . . . 10,295 »					
	Basse-cour . . . . . . 225 »					
	Grains, fourrages, provˢ. 7,990 »					7,990 »
	Travaux avancés au sol. 1,000 »					
	Espèces . . . . . . 1,800 »					
	Garnier doit p. compte . . 1,500 »	1,500 »				
	Laurent d° . . . 500 »	500 »				
	152,810 »	. . . . . .	151,810 »			
2	— Du dito. —					
	Passif.					
	A Fleurot, propriétaire . . 1,500 »	. . . . . .	1,500 »			
	A Daniel, mˡ. ferrant . . 200 »	. . . . . .	200 »			
	A René, garçon de ferme . 200 »	1,900 »	200 »			
3	— Du 1ᵉʳ mai. —					
	Payé pour achat de poissons norrins.	. . . . . .		150 »	. . . . . .	
	Payé pour impositions	. . . . . .		125 »	. . . . . .	
4	— Du 4 dito. —					
	Conduit aux champs 30 voitures de fumier, à 4 fr.	. . . . . .		. . . . . .	120 »	
	Consom. p. les chev. 48 d. d'avoine.	. . . . . .			96 »	. . . . . .
5	— Du 7 dito. —					
	Daniel, mˡ ferr., acquitté son mém.	200 »	. . . . . .	200 »		
	René, garçon de ferme, à-compte. .	15 »		. . . . . .	15 »	
	A Gauthier, charron, son mémoire. .	. . . . . .	75 »	. . . . . .	. . . . . .	
6	— Du 8 dito. —					
	Pris pour la ferme 2 moutons évalués.	. . . . . .			40 »	
	A Reverchon, sa livraison de 400 doub. décal. de pommes de terre, à 75ᶜ.	. . . . . .	300 »	. . . . . .	. . . . . .	300 »
7	— Du 10 dito. —					
	Pris pour la consommation 10 hectol. de blé, à 2ᶠ.50.				25 »	. . . . . .
8	— Du 11 dito. —					
	Estimation de bois pris à la ferme pour le hangar	. . . . . .		. . . . . .	380 »	. . . . . .
9	— Du 12 dito. —					
	Relevé du travail des personnes du 1ᵉʳ au 5 courant :					
	Travaux à la culture . . . . 21 »					
	D° aux vignes . . . . 15 »	. . . . . .	. . . . . .	»	41 »	. . . . . .
	D° battage de blé . . . 5 »					
	Relevé du travail des bestiaux :					
	A la culture . . . . 29 »	. . . . . .	. . . . . .	»	34 »	. . . . . .
	Aux bois . . . . 5 »					
10	— Du 15 dito. —					
	Fourrages prélevés pour la consommation des bestiaux	. . . . . .			385.50	. . . . . .
	A REPORTER	4,115 ᵈ»	153,285 ᶜ»	475 ᶜ»	1,156 50 ᶜ	8,290 ᵈ»

IMMEUBLES et CONTRIBUTIONS.	MOBILIER.	CULTURE.	VIGNES.	BOIS.	IMPÔTS et LOCATIONS.	ÉTANGS.	ANIMAUX.	BASSE-COUR et RUCHES.	DÉPENSES diverses.
125,000 »	4,500 »						10,295 »	225 »	
		1,000 »							
						150 »			
					125 »				
		120 »					96 »		
75 »									
								40 »	
								25 »	
380 »									
		21 »	15 »						5 »
		29 »		5 »					
							585.50		
125,580 »	4,575 »	1,170 »	15 »	5 »	125 »	150 »	10,776.50	225 »	70 »

F° 1. (Modèle n° 2.)   **Journal de l'emploi des valeurs.**

N°° D'ORDRE.	DÉTAIL DES OPÉRATIONS.	COMPTES COURANTS.		RECETTES.	VALEURS à employer dans la ferme.
		DÉBIT.	CRÉDIT.		
1	——— Du 1er mai 1859. ———				
	Espèces en caisse à ce jour..	. . . .	1,800 »	1,800 »	
2	——— Du 3 mai. ———				
	Renaudin, ma livraison à ce jour :				
	100 doubles décalitres de blé, à 5f.50.	550 »	. . . .	. . . .	. . . .
	Vendu au comptant 50 d. d. de pommes de terre. .	. . . .	. . . .	50 »	. . . .
3	——— Du 6 dito. ———				
	A Laurent, son payement pour solde.	. . . . . .	500 »	500 »	
4	——— Du 7 dito. ———				
	Prélevé pour les chevaux :				
	48 doubles décalitres d'avoine à 2 fr.	. . . .	. . . .		96 »
	Fumier provenant des chevaux. . . . . . 80 »				
	Fumier provenant des bœufs et vaches. . . 35 »	. . . .	. . . .		120 »
	Fumier provenant des moutons. . . . . . 5 »				
5	——— Du 9 dito. ———				
	Pris deux moutons pour la ferme.	. . . .	. . . .		40 »
	Laurent, ma livraison de ce jour :				
	1,500 œufs à 2 fr. le cent. . . . . . . 30 »				
	45 kilogr. de beurre, à 1 fr. 20 c. le kil. . 48 »	154.25			
	125 litres de haricots blancs à 45 c. le litre. 56.25				
6	——— Du 12 dito. ———				
	Prélevé pour la ferme :				
	10 hectolitres de blé, à 15 fr.	. . . .	. . . .	. . . . .	150 »
	Vendu au comptant 500 bottes de foin. à 30 fr. le				
	cent.	. . . .	. . . .	150 »	. . . .
7	——— Du 18 dito. ———				
	Bois employé pour le hangar..	. . . .	. . . .	. . . .	525 »
8	——— Du 21 dito. ———				
	Joly, ma vente de ce jour :				
	10 pièces de vin rouge, à 35 fr. la pièce. . . .	350 »		. . . .	
9	——— Du 22 dito. ———				
	Produit du travail des employés :				
	Du 1er au 8 mai.	. . . .	. . . .	. . . .	60.75
	Produit du travail des animaux :				
	Du 1er au 8 mai.	. . . .	. . . .	. . . .	54 »
10	——— Du 25 dito. ———				
	Les vaches ont donné du 9 au 16 mai 200 litres de				
	lait. Il en a été vendu au comptant 120 litres, à				
	20 c. le litre,. . . . . 24 »				
	Consommé dans la ferme 80 litres, à 20 c. . 16 »				
	————				
	40 »	. . . .	. . . .	24 »	16 »
	Il a été relevé dans le poulailler 135 œufs.				
	Il en a été vendu 100 pour. . . . . . 4 »				
	Il en a été consommé 35 pour. 1.40				
	————				
	5.40	. . . .	. . . .	4 »	1.40
	A REPORTER.	854.25 ᵈ	2,500 ᶜ »	2,528 ᵈ »	1043.15 ᵈ

IMMEUBLES et MOBILIER.	GRAINES.	FOURRAGES et PAILLES.	VINS et FRUITS.	BOIS.	ANIMAUX.	ÉTANGS.	PLANTES oléagineuses, LÉGUMES et RACINES.	BASSE-COUR et RUCHES.	PRODUITS divers.
....	350 »		....			....	50 »		
....	....	....	....						
....	96 »		....		120 »				
....	....		....		40 »				
....	....	....	....		48 »	....	56.25	30 »	
....	150 »		....						
....	....	150 »							
....	....	....	....	525 »					
....	....	....	350 »						
....	....	....	....			....	....	....	60.75
....	....	....	....		34 »				
....	....	....	....		40 »				
....	....	....					....	5.40	
....	596 »	150 »	350 »	525 »	282 »	....	106.25	35.40	60.75

(Modèle n° 3.)   **Feuille de journée.**

DÉSIGNATION de LA PIÈCE.	NOMS des TRAVAIL-LEURS.	NATURE DU TRAVAIL.	JOURNÉES des travail-leurs.		JOURNÉES des animaux.		SEMENCES.		FUMIERS.		ENGRAIS divers.	
			Heures.	Prix.	Heures.	Prix.	Quantités.	Prix.	Quantités.	Prix.	Quantités.	Prix.
		── Du 1ᵉʳ mai 1859. ──										
Champ Roger.	AUGUSTE..	Labour avec 2 chevaux. . .	12	1.50	24	5 »						
—	PIERRE ..	Conduit 6 voitures de fumier avec 1 cheval et 2 bœufs.	12	1.50	36	4 »	.....	....	6	24 »		
		──── Du 2 dito. ────										
Champ des Cailles.	AUGUSTE..	Labour avec 2 chevaux. . .	12	1.50	24	5 »						
—	PIERRE ..	Conduit 6 voitures de fumier avec 1 cheval et 2 bœufs.	12	1.50	36	4 »	.....	....	6	24 »		
—	ÉTIENNE..	Conduit 6 voitures de fumier avec 1 cheval et 2 bœufs.	12	1.50	36	4 »	.....	....	6	24 »		
		──── Du 3 dito. ────										
Champ Roger.	PIERRE ..	Semé en blé à la volée . .	12	1.50	..	....	4 d.-d.	15 »				
Champ des Cailles.	AUGUSTE..	Hersé avec 1 cheval.	12	1.50	12	2.50						
		──── Du 4 dito. ────										
Bois du moulin	LOUIS....	Coupé et fait des fagots pendant 4 jours.	48	5 »								
A la ferme.	JULIE ...	Soigné les étables pendant 5 jours.	60	5 »								
—	AUGUSTE..	Servi la machine à battre pendant 1 jour.	12	1.50								
—	PIERRE ..	Dᵒ. dᵒ.	12	1.50								
—	ÉTIENNE..	Dᵒ. dᵒ.	12	1.50								
		Deux chevaux à la machine à battre	..	....	24	5 »	15 lit.	5 »	..	....	100 k	35 »
		──── Du 5 dito. ────										
Champ des Graviers.	PIERRE ..	Semé colza au semoir avec guano et 1 cheval	12	1.50	12	2.50						
Vignes.	AUGUSTE..	Biner la vigne.	12	1.50								

ble de la production, on ouvrira un registre spécialement destiné à la constatation successive des produits.

« Ces deux journaux seront tenus constamment à jour. »

Occupons-nous d'abord du *journal de dépenses* ou d'ENTRÉES de valeurs.

¹ J'ai évalué arbitrairement la journée d'un cheval à 2.50 ; celle d'un attelage de bœufs à 1.50

Les colonnes de la page gauche du journal comprennent :

1° Les numéros d'ordre des articles ;

2° Le détail de chaque opération ;

3° Le crédit et le débit des comptes courants ;

4° Les payements effectués ;

5° Les produits et autres valeurs destinés à l'exploitation ;

6° L'entrée des diverses denrées par approvisionnement.

Les colonnes de la page droite représentent les différents services de la ferme entre lesquels se répartissent les dépenses. Quant au dénombrement et à la classification de ces services, voici ce qui nous a paru le plus rationnel et le plus complet :

1° Immeubles et constructions ;
2° Impôts et location ;
3° Mobilier, instruments, machines, etc.;
4° Culture des champs ;
5° Vignes ;
6° Bois ;
7° Étangs ;
8° Bestiaux ;
9° Basse-cour et ruches;
10° Dépenses diverses, telles que nourriture et frais d'intérieur, etc.

Toutes ou presque toutes [1] les valeurs figurant dans la page de gauche sont reportées en détail dans la page de droite, ainsi qu'on le voit par le modèle numéro 1.

Toutes les dépenses qui constituent par leur nature, soit un *payement*, soit une *opération à crédit*, soit une *consommation de valeurs*, rentrent nécessairement dans l'une de ces trois catégories :

1° Dépenses au comptant ;
2° Dépenses à crédit ;
3° Dépenses pour emploi dans la ferme.

Dans les deux premiers cas, on traite avec des tiers ; dans le troisième cas, on opère sur soi-même.

Je vais indiquer, sous forme d'exemples, comment il faut inscrire les opérations dans ces trois cas. Voici deux exemples pour les *dépenses au comptant*.

PREMIER EXEMPLE.
Article du Journal, n° 3.

Payé pour achat de poissons norrins.. 200 fr.

Je porte cette somme de 200 fr. à la colonne des *payements* et à la colonne des *étangs*, qui ont occasionné cette dépense.

[1] Je dis : « Presque toutes. » Voir, pour l'exception, page 110

DEUXIÈME EXEMPLE.
Article du Journal, n° 3.

Payé pour les impositions. . . . . . 125 fr.

Je porte cette somme de 125 fr. à la colonne des *payements* d'abord, puis à la colonne des *impôts et locations*.

Voici maintenant deux autres exemples relatifs aux *dépenses à crédit*, c'est-à-dire lorsqu'on achète un objet ou un service que l'on ne paye pas au comptant.

PREMIER EXEMPLE.
Article du Journal, n° 5.

Je dois à Gauthier, charron, son mémoire, 175 fr.

Je porte d'abord cette somme au *crédit* de la colonne des *comptes courants*, puisqu'elle doit se retrouver dans le compte particulier de Gauthier à son crédit, et puis je l'inscris à la colonne *mobilier*, puisque c'est le mobilier de la ferme qui a bénéficié du travail du charron.

DEUXIÈME EXEMPLE.
Article du Journal, n° 6.

Je dois à Reverchon, pour sa livraison de 400 doubles décalitres de pommes de terre à 75 c. 300 fr.

Je porte d'abord cette somme au *crédit* de la colonne des *comptes courants*, puisqu'elle doit se retrouver dans le compte particulier de Reverchon à son crédit, et puis je l'inscris à la colonne des *entrées par approvisionnement*, puisque c'est l'approvisionnement de la ferme qui s'est accru de ces 400 doubles décalitres de pommes de terre.

Quant aux *dépenses par emploi*, c'est-à-dire lorsqu'on emploie dans l'exploitation les denrées produites ou acquises par la ferme, voici deux exemples qui fixeront le lecteur sur leur mode d'inscription.

PREMIER EXEMPLE.
Article du Journal, n° 4.

Consommé par les chevaux, 48 doubles décalitres d'avoine, pour. . . . . . 96 fr

Je porte cette somme d'abord à la colonne des valeurs employées dans la ferme, qui indique son mode d'*emploi*, et ensuite à la colonne *animaux*, puisque ce sont les animaux qui ont profité de cet emploi.

DEUXIÈME EXEMPLE.
Article du Journal, n° 6.

Pris pour la consommation deux moutons estimés. . . . . 40 fr.

Je porte encore cette somme à la colonne des *valeurs employées dans la ferme*, et, comme sa destination particulière n'est pas prévue dans nos colonnes, je l'inscris à la colonne des *dépenses diverses*, créée pour recevoir toutes les affectations qui ne peuvent rentrer dans notre dénombrement général.

Il y a enfin un quatrième fait qui ne rentre ni dans les dépenses au comptant, ni dans les dépenses à crédit, ni dans les dépenses par emploi, c'est celui de l'*acquittement d'achats à crédit*, c'est le fait de payer ce que l'on doit à son créancier. Un seul exemple suffira pour faire connaître son mode d'inscription.

EXEMPLE.
Article du Journal, n° 5.

Daniel, maréchal ferrant, acquitté son mémoire.. . . . . 200 fr.

Je porte cette somme au *débit* de la colonne des *comptes courants*, parce qu'elle doit figurer plus tard au débit du compte ouvert à Daniel, et aux payements, parce que c'est de l'argent sorti de ma caisse.

L'addition successive de chacune des colonnes indiquera, par les colonnes de *droite*, ce qu'a coûté chaque service de la ferme, et, par les colonnes de *gauche*, les espèces payées, les sommes à porter aux comptes, et la partie des produits de la ferme qui a été employée dans l'exploitation.

Cette méthode d'inscription a un autre avantage : les additions de la page de *gauche* se contrôlent par les additions de la page de *droite*, pourvu qu'on ait soin d'ajouter à la réunion des additions de *droite*

la somme des chiffres qui peuvent se trouver dans la colonne du *débit* des comptes courants, augmentée des mêmes chiffres qui se retrouvent à la colonne des payements.

En effet, lorsqu'on achète à crédit, on inscrit le chiffre de l'acquisition, d'abord au *crédit* de la colonne des comptes courants, puis on le reporte sur la page de droite, dans la colonne du service ou de la valeur augmentée par cette opération. Ces deux chiffres se balancent dans les deux pages.

Plus tard, quand on acquitte un achat fait à crédit, on ne l'inscrit que sur la page de gauche : 1° au *débit* de la colonne des comptes courants, comme contre-partie du chiffre précédemment inséré au *crédit* de la même colonne; 2° dans la colonne des payements pour la décharge de la caisse. On n'a aucune inscription à faire sur la page de *droite* aux services ou aux valeurs, puisqu'elle a déjà été faite. C'est donc pour cela qu'afin de rétablir l'équilibre entre les additions des deux pages on est obligé d'ajouter à l'ensemble des additions de la page de *droite* les sommes inscrites aux *débits* et aux *payements*, lors de l'acquittement de la dette contractée.

Ainsi ce premier journal, s'il est tenu exactement, c'est-à-dire si toutes les dépenses et tous les produits qu'elles ont donnés y sont régulièrement inscrits, donnera le résultat précis et contrôlé d'une partie des opérations de la ferme.

Occupons-nous maintenant du deuxième *Journal*, que nous avons appelé *Journal de l'emploi des valeurs* (modèle n° 2) ou journal des SORTIES de valeurs.

Les écritures du journal sont disposées sur deux pages en regard; la page de *gauche* est divisée en cinq colonnes qui renferment :

1° Les numéros d'ordre des articles;

2° Le libellé de ces articles;

3° Les comptes courants, — débit et crédit;

4° Les recettes en espèces;

5° Les valeurs à employer dans la ferme.

La page de *droite* comprend :

1° Les cessions d'immeubles;

2° Les grains;

3° Les fourrages, la paille;

4° Les vins en fûts;

5° Les plantes oléagineuses, légumes et racines;

6° Les bois;

7° Les étangs;

8° Les animaux et le rucher;

9° La basse-cour;

10° Les produits divers.

La sortie des valeurs appartenant à la ferme a lieu dans les trois cas ci-après, qui correspondent exactement aux trois catégories qui nous ont servi à classer les dépenses :

1° La vente au comptant;

2° La vente à crédit;

3° L'emploi dans la ferme.

Je vais indiquer, comme je l'ai déjà fait pour le premier journal, comment il faut inscrire les opérations dans les trois cas qui précèdent.

EXEMPLE.

Article du Journal, n° 2.

Vendu au comptant :
50 doubles décalitres de pommes de terre. . 50 fr.

Je porte cette somme aux *recettes*, puisque c'est de l'argent entré en caisse, et je l'inscris en même temps à la colonne des *plantes oléagineuses, légumes et racines*, puisque c'est la vente des racines qui a produit cette somme; si, au lieu d'une *racine*, j'avais vendu du *bétail* ou de la *paille*, j'aurais toujours porté une première fois le chiffre sur la page de *gauche*, aux *recettes*, et je l'aurais répété, soit à la colonne *animaux*, soit à la colonne *pailles et fourrages*.

Voici maintenant un exemple de *ventes à crédit*, c'est-à-dire lorsqu'on vend une denrée à quelqu'un qui ne vous paye pas au comptant.

EXEMPLE.

Article du Journal, n° 8.

Vendu à Joly :
10 pièces de vin rouge à 55 fr. . . . . 350 fr.

J'inscris cette somme au *débit* de la colonne des comptes courants, puisque le prix de ce vin m'est dû et que ce chiffre devra être porté au *débit* du compte particulier de Joly, si nos affaires ensemble sont assez importantes pour cela, et je porte le même chiffre à la colonne des *vins*, puisque c'est la vente du *vin* qui a produit cette somme.

Un seul exemple suffira aussi pour l'emploi des valeurs dans la ferme.

EXEMPLE.

Article du Journal, n° 5.

Pris deux moutons pour la ferme. . . . . 40 fr.

J'inscris cette somme à la colonne des *valeurs à employer dans la ferme*, en raison de la consommation qui doit en être faite, et je la porte ensuite à la colonne des *animaux*, parce que les deux moutons font partie des animaux.

Il existe des modes divers d'encaissement et d'acquittement de crédits, qui, sans rentrer absolument dans les trois catégories que nous avons indiquées plus haut, ne constituent pas une *sortie* de valeurs, mais peuvent se rattacher au cas des *ventes à crédit*. Nous allons décrire le mode d'inscription de cette quatrième opération.

Lors de l'encaissement des sommes inscrites au *débit* de la colonne des *comptes courants*, on porte les mêmes sommes au *crédit* de cette colonne, afin d'établir l'équilibre, et on les fait figurer simultanément dans la colonne des *recettes*, puisque c'est de l'argent qui entre en caisse. Cette opération est si simple, qu'un exemple est inutile.

Mais, lorsqu'un crédit est acquitté avec les produits de la ferme, au lieu d'argent, l'article se pose de la même manière que celui d'une vente faite à crédit, c'est-à-dire qu'il faut porter la somme au débit des *comptes courants* et à la colonne de l'objet fourni.

Article du Journal, n° 5.

Laurent, ma livraison de 1,500 œufs à
2 fr. le cent. . . . . 30 fr.

J'inscris cette somme au *débit* de la colonne des comptes courants, puisqu'elle doit figurer au débit du compte particulier de Laurent avec le prix du beurre et des haricots que je lui ai vendus. Je porte le même chiffre à la colonne *basse-cour et rucher*, puisque c'est de la *basse-cour* qu'est sorti ce payement. Je fais de même pour le beurre (colonne des *animaux*), et pour les haricots (colonne des *légumes*).

Enfin, dans le cas où on fait échange de valeurs, avec ou sans retour d'espèces, voici comment on opère :

Bonnot me livre une vache laitière pour   350 fr.
Je lui remets en échange 2 va-
ches grasses pour. . . . . 450 fr.
Il me compte espèces. . . . . 100 fr.
                                        ———
                                        450 fr.

Je porte au *journal des entrées* de valeurs les 350 francs, au *crédit* de la colonne des *comptes courants*, et pareille somme à la colonne des *animaux*, pour la vache qui entre dans la ferme.

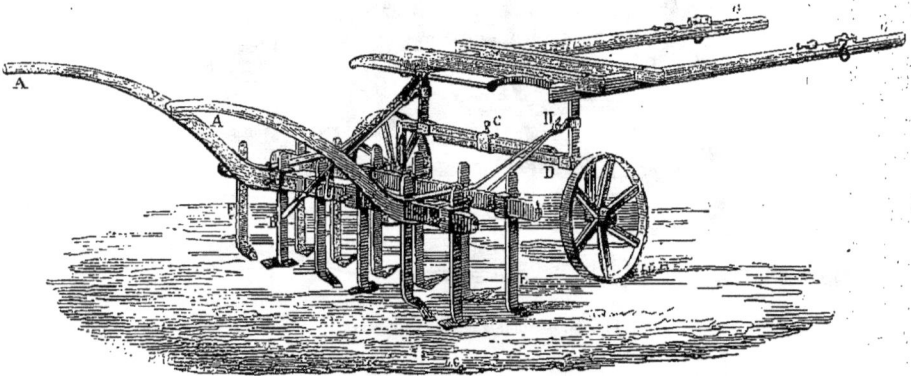

Fig. 23. — Roue à cheval de Smith.

Je porte ensuite au *journal des sorties* de valeurs 450 francs, au *débit* de la colonne des *comptes courants*, et la même somme à la colonne des *bestiaux*, pour les deux vaches grasses qui sont *sorties de la ferme*; puis, les 100 francs reçus au *crédit* de la colonne des *comptes courants* et aux *recettes*.

Ces exemples suffisent, je crois, pour résoudre les difficultés qui peuvent se présenter dans les inscriptions au journal, difficultés peu sérieuses au fond, comme on a pu s'en assurer.

L'addition au bas de chaque page du *journal des sorties des valeurs*, avec reports successifs, résume à l'instant même, par les colonnes de *gauche*, les espèces reçues, les sommes à porter aux comptes courants, et la partie des valeurs existantes dans la ferme qui est destinée aux services intérieurs ; et, par les colonnes de *droite*, ce qui a été fourni par chaque service de la ferme.

Il en est, en outre, du *journal des sorties* comme du *journal des entrées* : les additions d'une page contrôlent les additions de l'autre page, à moins qu'il n'ait été opéré quelques recouvrements sur les crédits accordés aux personnes et portés au *débit* de la colonne des *comptes courants*. Comme, dans ce cas, aucun chiffre dans les classifications de la page de *droite* n'est à tirer, et que l'inscription se fait seulement sur la page de *gauche*, par le *crédit des comptes cou-*

rants et le débit de la caisse (colonne des recettes), il y a lieu de joindre, pour arriver à l'égalité des deux sommes, le total de ces crédits de comptes courants à l'ensemble des colonnes de la page de *droite*, qui ne renferment que des chiffres créditeurs. Un exemple donnera clairement le mécanisme du contrôle des deux journaux :

Fig. 24. — Houe à cheva l de Howard.

Contrôle du *Journal des Entrées*.

Débit.		*Crédit*.	
Débit.....	4,115 »	Crédit......	153,285 »
Entrée des denrées par approvision¹.	8,290 »	Payements..	475 »
Immeubles et contribut⁰ⁿˢ.	125,580 »	Valeurs employées dans la ferme...	1,136.50
Mobilier....	4,575 »	Total	154,896.50
Culture....	1,170 »		
Vignes.....	15 »		
Bois.......	5 »		
Impôts et locations....	125 »		
Etangs......	150 »		
Animaux....	10,776.50		
Basse-cour et ruches.....	225 »		
Dépenses diverses.....	70 »		
Total..	154.896.50		

Contrôle du *Journal des Sorties* ¹.

Crédit.		*Débit*.	
Crédit........	2,300 »	Débit........	834.25
Grains.......	596 »	Recettes......	2,528 »
Fourrages et pailles.......	150 »	Valeurs à employer dans la ferme.......	1,043.15
Vins et fruits..	350 »	Total..	4,405.40
Bois.........	525 »		
Animaux.....	282 »		
Etangs.......	» »		
Plantes oléagineuses, etc...	106.25		
Basse-cour et ruches......	35.40		
Produits divers.	60.75		
Total..	4,405.40		

¹ La lettre italique placée au-dessus des chiffres du total de chaque colonne, dans les modèles n° 1 et n° 2, indique que cette colonne doit figurer soit au *crédit* (lettre *c*), soit au *débit* (lettre *d*).

8

Dans les journaux d'*entrées* et de *sorties*, nous ne faisons figurer aucun des animaux nés dans la ferme. Il n'est pas possible de donner une valeur sérieuse à un animal nouveau-né ; il faudrait presque aussitôt y ajouter une plus-value. On a une feuille d'état indiquant l'*entrée des bestiaux*, et c'est lors des inventaires et au moyen de l'estimation des existences comparée avec le solde du compte *animaux* que l'on peut reconnaître s'il y a bénéfice ou perte sur ce compte spécial. La colonne *bestiaux*, au journal d'*entrées*, indique ce que les bestiaux coûtent ; la même colonne, au journal des *sorties*, indique les produits qu'ils réalisent. Le rapprochement des chiffres de ces deux colonnes donne le solde du compte des animaux.

Nous avons créé une colonne spéciale, dans chaque journal, pour les valeurs employées dans la ferme, afin que l'objet consommé ne soit pas confondu avec l'objet vendu. Il fallait donc une colonne spéciale, sur le journal des *sorties*, pour inscrire généralement l'objet destiné au service de la ferme, et une colonne correspondante sur le journal des *entrées*, pour reconnaître la destination spéciale donnée à chacun de ces mêmes objets.

Le total de la colonne des valeurs à employer pour la ferme doit toujours être égal au total de la colonne des valeurs employées par la ferme ; par conséquent, les erreurs ou omissions sont à peu près impossibles dans l'une ou dans l'autre de ces colonnes.

Je dois, avant de terminer, expliquer deux mots qui se trouvent dans ces colonnes. Le mot *débit*, placé à la suite du titre : *Valeurs employées dans la ferme*, dans le journal des *sorties*, signifie que cette colonne doit tout ce qui lui a été fourni par les colonnes de la page de *droite* ; et le mot *crédit*, inscrit à la suite du titre : *Valeurs employées dans la ferme*, signifie que les objets fournis par la ferme sont classés, à droite, à la charge des Services qu'ils ont absorbés.

On doit comprendre, maintenant, combien il est facile de dresser la balance générale des deux journaux, avec la méthode de centralisation et de classification que nous venons de décrire. Il suffit de relever, dans un tableau synoptique, le dernier total de chaque colonne, pour connaître le mouvement général des valeurs de l'exploitation.

§ III. — LIVRES ET ÉTATS AUXILIAIRES.

Les deux livres-journaux que nous venons de faire connaître constituent, à eux seuls, la comptabilité de la ferme, puisque toutes les opérations s'y trouvent inscrites. Une fois familiarisé avec le mécanisme très-simple des diverses colonnes, il sera facile au cultivateur de se rendre compte en quelques minutes de sa situation.

Cependant, comme aucun détail ne doit être négligé, on aura besoin, à certains moments, de ce qu'on appelle les livres auxiliaires, qui peuvent très-bien, pour une petite exploitation, être remplacés par des états que chacun arrange à sa façon. Pourvu que vous voyiez ce que vous désirez voir, il n'y a rien à dire, quel que soit le chemin que la nature de votre esprit vous fasse prendre pour arriver à votre but.

Les livres auxiliaires dépendent aussi de la manière d'opérer du fermier.

Si vous faites, avec des tiers, des opérations à crédit, il faut avoir un livre de *comptes courants*, une sorte de grand-livre où vous ouvrez un compte par *doit* et *avoir*, à chaque particulier avec qui vous êtes en affaires. Si le nombre en est restreint, ou si les affaires sont peu compliquées et rares, un état par personne, placé dans un dossier général, suffira très-bien.

Si vous voulez développer l'usage d'un compte courant, ce qui sera du reste une bonne chose, non-seulement vous ouvrez un compte courant aux personnes, mais vous en ouvrez aux animaux, aux choses, c'est-à-dire, au bétail de rente, aux vaches laitières, aux troupeaux, à la porcherie, aux attelages, à chaque sole ou à chaque champ, à chaque pré, etc., etc.

Mais les éléments de ces comptes courants, vous les trouvez dans vos deux journaux, dont les livres auxiliaires ne sont que la reproduction partielle dans des combinaisons différentes et dans les *feuilles de journées*.

Pour les fumiers, nous croyons qu'en *comptabilité* il n'est pas possible d'apprécier le fumier à la sortie de l'étable, ni de distinguer le fumier produit par les diverses espèces d'animaux, ce qui rentre dans l'économie rurale. Pour un comptable, il n'y a que *deux* circonstances qui constituent des *sorties* relativement au fumier : 1° la vente à l'extérieur ; 2° la consommation intérieure. Nous recommandons de n'inscrire d'évaluation de fumier qu'au moment de ces deux emplois. Je ne parle pas, bien entendu, de la mention à l'inventaire, qui est indispensable. Dans le premier cas, l'inscription est faite sur le *Journal des emplois de valeurs ;* dans le deuxième cas, elle se retrouve dans les feuilles de journées.

Maintenant, quant aux autres livres ou états auxiliaires, *feuilles de magasin, entrée de bestiaux, nourriture et entretien de bestiaux, sortie de bestiaux, basse-cour, ruches, clôtures,* etc., etc., nous conseillons de le faire sur des feuilles volantes ; l'ouverture d'un registre spécial à chacune de ces opérations exige beaucoup de temps pour tenir les situations constamment au courant, et crée des travaux très-souvent inutiles. Avec l'état sur feuille volante, on n'est obligé de faire le travail que lorsqu'on en a besoin ; et souvent on n'en a jamais besoin.

Dans ces circonstances, chacun se rend compte de sa situation comme il l'entend, et le procédé que le cultivateur a trouvé lui-même est toujours celui qui vaut mieux pour lui, car c'est celui qu'il comprend le mieux. Pour tous ces travaux, qui ne sont pas indispensables, je ne peux pas mieux faire que de renvoyer au livre de M. Mon-

ginot, *Nouvelles Études sur la comptabilité commerciale, industrielle et agricole,* chez l'auteur, boulevard Montmartre, n° 2, à Paris. On y trouvera des détails circonstanciés que je ne puis donner ici.

CHAPITRE II

Travaux des champs.

§ Ier. — LABOURS DE JACHÈRES.

Le but de l'agriculture perfectionnée est de supprimer la jachère, en la remplaçant par des récoltes sarclées et en aidant, au besoin, au nettoiement du sol par des demi-jachères. Cependant, quelquefois, ces moyens ne suffisent pas pour nettoyer le sol infesté par les mauvaises herbes ; il ne faut pas hésiter, dans ces circonstances, à avoir recours au remède de la jachère, que j'appellerai *héroïque*.

Dans l'assolement triennal, où la jachère occupe le tiers des terres labourables, on donne le premier labour de jachère en avril, lorsque les semailles de printemps sont terminées ; mais cet assolement est destiné à disparaître un jour plus ou moins rapproché.

« A mesure que la rente de la terre s'élève, dit M. Moll, les jachères complètes deviennent plus onéreuses et plus rares. Dans beaucoup de contrées à sol léger, on a cessé depuis longtemps de les faire revenir régulièrement. Pour les trois ans, comme l'exige l'assolement triennal, et même dans les terres fortes, on les a restreintes plus ou moins. Partout où le sol n'est pas trop difficile, elles auraient cessé depuis longtemps de faire partie de la culture comme pratique ordinaire, et auraient été presque entièrement remplacées par les racines, les fourrages artificiels, et par quelques plantes dont la récolte précoce ou la plantation tardive permet encore de donner au terrain des façons suffisantes, si ce n'est la division des terres en trois soles, division qui s'accorde mal avec la production des récoltes en question, et qui, en outre, favorise la croissance des mauvaises herbes et le tassement du terrain. Aussi la première condition pour la suppression de la jachère est-elle un changement d'assolement et une rotation des récoltes combinées, de telle sorte qu'une plante qui salit et durcit le terrain soit suivie et précédée par une autre qui le nettoie et l'ameublisse. Toutefois la propreté et l'ameublissement de la terre sont d'une telle importance, que le bon agriculteur n'hésite pas à employer la jachère dans certains cas où les moyens indiqués sont insuffisants. Elle est surtout nécessaire dans les débuts de la culture, et beaucoup d'agriculteurs ont eu à se repentir de l'avoir supprimée dès l'abord, alors que leur terre était encore et trop sale et trop pauvre pour que la culture des plantes sarclées pût y produire de bons effets et y présenter du bénéfice. Son emploi sera encore indispensable, et cela non-seulement dans les commencements, mais pendant tout le cours de la culture, dans les terres trop fortes pour les plantes-racines. Dans les terres fortes, il est convenable d'effectuer le premier labour de jachère avant ou pendant l'hiver. On donne alors, dans le courant de ce mois, un second labour, le *binage*, qui peut être remplacé avec avantage par une culture à l'extirpateur. Dans le courant de l'été, on donne le troisième labour, ou le *remuage*, et en automne le quatrième, ou *semar*.

« Pour que la jachère ait les effets qu'on en attend, et ne rende pas le sol, au contraire, plus sale qu'il ne l'était auparavant, comme cela se voit quelquefois, il est important que les cultures se donnent en temps opportun, c'est-à-dire lorsque la terre n'est ni trop sèche ni trop humide, et au moment le plus convenable pour la destruction de mauvaises herbes. Sous ce dernier rapport, il y a deux cas à considérer. Lorsque ce sont principalement des mauvaises herbes annuelles et se reproduisant de graines, telles que le *sénevé*, la *folle avoine*, et au-

tres qui empoisonnent le terrain, on herse, et, s'il le faut, on roule après chaque labour, afin de favoriser la levée des graines que recèle la terre. On attend, pour donner la culture suivante, que le sol ait verdi, c'est-à-dire se soit couvert de plantes spontanées, en ayant bien soin, toutefois, de ne pas attendre que ces plantes aient pu venir à graine. La culture qu'on donne alors les détruit, et, ramenant à la surface une autre couche de terre qu'on soumet au même traitement, permet de la nettoyer comme la première.

« Si ce sont, au contraire, des plantes à racines traçantes, telles que le *chiendent*, dont on veut débarrasser le sol, on ne laboure que par un temps sec, sans herser ni rouler après, ce qui favoriserait la conservation de l'humidité dans la terre; quand le chiendent, qui a été retourné, semble mort, on donne en long plusieurs forts hersages avec de lourdes herses en fer. Les racines qu'elles ont ramenées à la surface sont enlevées pour être utilisées, comme je l'ai dit plus haut. La profondeur et la largeur de raies doivent varier dans les divers labours, afin que ce ne soit pas toujours les mêmes bandes que retourne la charrue. Dans chaque contrée, on observe, à cet égard, certaines règles qui, toutefois, sont plus souvent basées sur une routine aveugle que sur les résultats d'expériences faites. La règle générale est de faire le premier labour aussi profond que possible; le suivant, qui peut-être remplacé par un coup d'extirpateur, lorsqu'il ne s'agit pas de détruire du chiendent, est ordinairement superficiel. Le troisième se donne plus profond que le second, mais moins que le premier.

§ II. — FAÇONS A DONNER AUX RÉCOLTES SUR PIED.

Avant d'indiquer les roulages, sarclages, binages à donner dans ce mois-ci aux récoltes sur pied, il sera bon de nous occuper des différents instruments appropriés à ces usages.

A. Les houes à cheval.

Les houes à cheval sont, en général, de deux sortes : elles s'appliquent ou au sarclage des céréales cultivées en ligne ou au sarclage des plantes dites *plantes sarclées*, c'est-à-dire cultivées en lignes, assez distantes les unes des autres.

Le sarclage des blés semés à la volée ne peut se faire qu'à bras; le sarclage des blés en lignes peut être opéré au moyen de la houe à cheval.

Les lignes de blé ne sont ordinairement espacées que de 18 à 25 centimètres; il faut donc que les bineurs mécaniques soient établis avec beaucoup de précision et qu'ils soient munis d'appareils de direction et de stabilité prompts et efficaces, la moindre déviation latérale de l'instrument pouvant détruire des lignes entières de plantes à sarcler. En outre, les couteaux sarcleurs doivent biner un assez grand nombre de lignes à la fois (de six à douze, selon les différents modèles employés habituellement). — C'est dans cette particularité que se trouve l'économie du travail. Pour pouvoir faire convenablement ce travail compliqué, les couteaux sarcleurs doivent être indépendants, c'est-à-dire pénétrer en terre chacun séparément et en vertu de leur propre poids, de façon que, quelles que soient les inégalités de la surface du champ, ces couteaux pénètrent de la même façon dans la bande occupée par l'instrument. On évite ainsi que quelques couteaux ne pénètrent trop profondément dans certains endroits en saillie, et ne soulèvent des lignes de blé, tandis que dans les vallonnements ils n'agiraient point.

Pour les larges houes à céréales, l'uniformité du travail tient particulièrement à cette indépendance des couteaux.

La houe à cheval de M. Garrett est, à ce titre, l'instrument le plus parfait que l'on ait encore fabriqué jusqu'ici dans le grand modèle : elle sarcle une bande qui peut avoir jusqu'à 2m.40 de largeur. Chaque couteau est fixé à l'arrière sur un levier ayant son point de rotation à l'avant; le couteau porte sur la terre et n'y pénètre que par l'effet de son propre poids ajouté à celui du levier. Les couteaux et les leviers étant tous d'un même poids, le binage se fait à une profondeur uniforme sur toute la largeur de la bande, quelque inégal que soit le sol, qu'il soit cultivé à plat ou même en billons.

L'extrémité postérieure de chaque levier peut s'élever ou s'abaisser entre les branches verticales d'une fourchette fixe. Ces fourchettes-guides sont placées d'avance à l'écartement que doivent avoir les couteaux, de sorte que ceux-ci, pendant la marche de l'instrument, conservent forcément entre eux le même écartement; il suffit donc que le conducteur, placé à l'arrière, ait soin de tenir un des couteaux sarcleurs constamment dans l'intervalle de deux lignes de blé, pour que tous les autres soient en place. Cette houe, qui est un peu compliquée, convient surtout aux grandes exploitations et satisfait à toutes les exigences d'un bineur de céréales. Malheureusement elle coûte assez cher.

La houe à cheval de Smith (fig. 23) est aussi destinée à biner les céréales ; elle est moins parfaite que la précédente, mais moins chère aussi. Les couteaux ne sont point indépendants; cet inconvénient est en partie racheté par le peu de largeur de la voie occupée par cet instrument. Elle ne peut sarcler que six rangs à la fois.

Cette houe à cheval se compose d'une rangée de socs triangulaires E et d'une rangée de lames horizontales F, remplissant les fonctions de socs, et se faisant aux trois quarts face, deux à deux, de façon à présenter leur dos inoffensif à la rangée de plantes que l'on veut biner. On dirige très-aisément l'appareil à l'aide des mancherons A, et du point d'appui H, qui sert aussi de point de tirage. Chaque traverse est dentée; les lames en fer forgé auxquelles sont adaptés les couteaux, s'ajustent dans les coches, à l'aide d'embrasses et de vis de pression. On peut aussi modifier la largeur de la houe; l'essieu est mobile et peut s'allonger ou se raccourcir à volonté au moyen de l'embrasse C et d'une vis de pression. Enfin, à l'aide du levier B on relève l'instrument pour le conduire aux champs; cette houe est faite pour un cheval que l'on attelle en G.

La houe à cheval de Grignon est construite sur le même principe et se recommande par sa grande simplicité, qualité très-recherchée pour les instruments agricoles. Elle porte autant de pieds qu'il y a d'intervalle entre les socs du semoir à céréales de Grignon, dont elle est le complément. Ces pieds sont terminés par des cou-

tres et peuvent être disposés à des distances variables, selon la largeur des raies. Les mancherons ne sont qu'une continuation en arrière des brancards, ce qui donne au charretier une grande facilité pour diriger son instrument au travers des lignes de céréales.

On peut, en écartant les lames et en diminuant le nombre des couteaux, transformer les houes précédentes et les appliquer au sarclage des lignes espacées de 45 à 80 centimètres, c'est-à-dire à la culture des *plantes sarclées* proprement dites. Cependant on emploie à cet usage des houes tout autrement disposées que les houes à céréales.

Fig. 25. — Houe à cheval de Bodin (de Rennes).

Ces instruments n'opèrent que sur une seule ligne à la fois, mais leur travail est beaucoup plus énergique que celui des houes à blé. J'en citerai deux.

La houe à cheval de Howard (fig. 24) est composée d'un châssis en fer A, portant en avant un petit soc B, et plus loin, en arrière, deux couteaux CC à lames pliées d'équerre, la partie horizontale à tranchant arrondi et les pointes dirigées vers l'arrière et tournées en dedans. L'avant de l'age G, plus élevé que le châssis, est muni d'une simple roue E, pouvant être placée plus ou moins haut pour limiter la profondeur du binage. La traction s'opère au moyen d'une

chaîne attachée aux deux extrémités d'une traverse F, oscillant sur l'avant de l'age. On ajoute à l'arrière une herse traînante, formée par deux traverses courbes assemblées au milieu de leur longueur par un boulon-axe. Ces deux traverses portent chacune quatre dents, outre celle du milieu, qui leur est commune. On peut ouvrir plus ou moins le compas de la herse. Elle est supportée par une chaîne attachée au levier H. Quand la herse est *bourrée* par les herbes, on la nettoie en la soulevant au moyen de ce levier.

Cet instrument rend d'excellents services; cependant je lui préfère la houe de Bodin (de Rennes), vendue par M. Péltier, qui joint à une bonne solidité et à une puissance suffisante une grande simplicité.

Cette houe à cheval (fig. 25) n'est autre que la houe de Dombasle perfectionnée. Les mancherons étaient attachés à une haie qui passait au centre du triangle formé par les traverses qui supportent les couteaux. On a supprimé cette pièce médiane et on a placé les mancherons à l'extrémité des traverses auxquelles les couteaux sont attachés. Le laboureur peut régler de cette façon l'écartement des couteaux avec la plus grande facilité, au moyen du quart de cercle dans lequel glissent les deux traverses. On a substitué dans le régulateur les clavettes qui ne s'usent pas aux vis de pression qu'il fallait fréquemment renouveler.

Je n'ai pas besoin d'insister sur l'utilité générale de la houe à cheval et sur les avantages que les cultivateurs trouveront en se servant de ces instruments destinés à remplacer une main-d'œuvre qu'il devient de plus en plus difficile de se procurer. L'objection la plus sérieuse et la plus répandue qui ait été faite aux assolements qui suppriment la jachère et s'appuient sur la culture des plantes sarclées, c'est la difficulté de trouver des bras pour le binage de ces plantes. Or les bras sont tout trouvés quand on possède une houe à cheval qui n'occupe qu'un cheval et un charretier.

B. Hersages.

« Lorsque l'avoine est levée, dit Mathieu de Dombasle, et déjà bien enracinée, un hersage plus ou moins profond, selon l'état de la terre, lui fait toujours grand bien. Il y a une circonstance où cette opération est capitale; c'est lorsque, dans un sol argileux ou dans une terre blanche, de fortes pluies ont battu la surface du sol; si une sécheresse survient alors, elle formera une croûte dure, impénétrable aux rosées ainsi qu'à toutes les influences de l'atmosphère, et qui, d'ailleurs, étranglera les jeunes plantes, et arrêtera ainsi leur croissance. Un hersage donné à propos lorsque le sol commence à se ressuyer et avant que la croûte soit entièrement formée donne les résultats les plus favorables, et les champs qui l'ont reçu souffrent infiniment moins des sécheresses de l'été. »

On applique également avec profit le hersage à l'orge, mais en prenant plus de précautions, afin de ne pas briser les jets, qui sont plus cassants que ceux de l'avoine; il faut l'exécuter au moment le plus chaud du jour et par un grand soleil. Les plantes sont moins fragiles dans ce moment.

Il faut aussi herser les féveroles aussitôt qu'elles sont levées, quand même on devrait les biner plus tard.

Lorsque les pommes de terre que l'on a plantées en mars commencent à laisser paraître leurs pousses à la surface du sol, on donne un hersage vigoureux avec la herse à dents de fer. « Exécuté par un beau temps et très-énergiquement, dit M. Heuzé, il ameublit la partie superficielle de la couche arable, favorise la sortie des germes ou des tiges, et détruit les mauvaises herbes qui ont végété dans la plantation. » Ce hersage peut dispenser souvent d'un binage si on a soin de le répéter une seconde fois en travers du premier.

Lorsque les pousses des topinambours apparaissent à la surface du sol, on donne aussi un solide hersage, exactement comme pour les pommes de terre.

C. Binages, sarclages.

Quand on cultive le blé à la volée, on est forcé de donner ces binages à la houe à main, travail long et dispendieux. Il faut environ vingt personnes pour faire un hectare en un jour. On donne ce binage le plus tard possible. On n'est pas ainsi obligé d'en donner un autre. Trois semaines ou un mois après on arrache les chardons si cela est nécessaire.

La féverole devant être considérée comme une culture préparatoire, on ne peut pas se dispenser de lui donner un binage en avril afin de bien nettoyer le sol. Si les féveroles ont été plantées en lignes, on y fera passer deux ou trois fois la houe à cheval, jusqu'à ce que la hauteur des plantes ne le permette plus. On sera d'ailleurs richement payé de ce soin, assure Mathieu de Dombasle, par la richesse de la récolte.

Aussitôt que la terre commence à se couvrir de mauvaises herbes, on donne un premier binage aux topinambours ; il sera suivi d'autant de façons qu'il sera nécessaire pour maintenir, au pied des topinambours, la terre constamment propre et meuble. Comme on plante maintenant ce tubercule presque toujours en lignes, la houe à cheval fait les trois quarts du travail.

Le premier binage des betteraves se fait à bras au moyen de la rasette flamande, lorsque les plantes ont deux feuilles primordiales. « On ne doit confier ce travail, recommande M. Heuzé, qu'à des ouvriers intelligents, car il doit être fait avec beaucoup de soin. Il ne faut le faire que par un temps sec. Souvent on se contente de faire seulement ameublir les intervalles des lignes, dans la crainte de détruire les plants de betteraves si on travaillait autour de ces frêles sujets. Pour cela, les fermiers du Nord donnent aux ouvriers de 8 à 10 fr. par hectare. A Grignon, on fait faire le premier binage complet ; il coûte de 20 à 22 fr. par hectare. Le second binage s'exécute trois semaines après le premier, quand les betteraves ont trois ou quatre feuilles développées et que les mauvaises herbes commencent à paraître. Si les plantes sont assez vigoureuses, on bine avec la houe à cheval, ce qui fait revenir ce travail à 16 et 18 fr. l'hectare. »

On sarcle à la main les pépinières de choux, de betteraves, de rutabagas, aussitôt que l'on peut distinguer les jeunes plants des mauvaises herbes. Huit jours après, on donne un second sarclage en ayant soin alors d'éclaircir suffisamment les plants.

La graine de panais met de dix à quinze jours à lever. On donne le premier binage quand les plantes ont six semaines ou deux mois, c'est-à-dire quand elles ont de trois à quatre feuilles.

En avril, on sarcle la gaude de printemps à la petite binette à main, ou même au couteau, comme les oignons et les carottes des jardins. C'est un travail fort dispendieux. Aussi il vaut mieux semer la gaude avant l'hiver afin d'éviter les frais de ces sarclages, qui doivent être répétés jusqu'à trois fois.

On sarcle les carottes aussitôt qu'on peut distinguer les jeunes plants des mauvaises herbes. Il faut éviter avec soin de procéder à cette opération quand la terre est trop humide.

C'est surtout pour les pavots que cette précaution est de rigueur. « Les pavots doivent être espacés à 45 et 50 centimètres de distance, dit Mathieu de Dombasle ; mais, dans ce premier sarclage, on les laisse beaucoup plus épais, parce qu'un grand nombre peut encore périr. On achève de les éclaircir dans le second binage qui se donne à la houe à long manche, lorsque les feuilles ont 6 à 8 centimètres de longueur. »

Les lins semés de bonne heure seront sarclés pendant le mois d'avril. C'est une opération longue et coûteuse, mais dont dépend le succès de la récolte. On est souvent obligé d'arracher les herbes lorsque le lin a 14 à 16 centimètres de hauteur. Ce travail exige de grandes précautions pour que les ouvriers ne brisent pas les tiges en marchant au milieu des plants. Ils font ordinairement cette opération les pieds nus.

C'est aussi à cette époque que l'on sarcle et que l'on éclaircit le pastel destiné à la teinture. On se sert de la houe à long manche pour le premier sarclage, et de la houe à cheval pour les autres.

D. *Plâtrages.*

« Les luzernes qui végètent sur des sols non calcaires sont souvent plâtrées au printemps, dit M. Heuzé, lorsque leurs pousses ont de 0^m.10 à 0^m.15 de hauteur, et lorsque l'on n'a plus à craindre de fortes gelées blanches. Le plâtre excite leur végétation et les rend plus productives.

« Dans la Picardie, on remplace souvent le plâtre par des *cendres pyriteuses* ou *vitrioliques*. Les cendres, appliquées comme le plâtre, en temps opportun et dans une proportion convenable, rendent toujours les luzernes plus vigoureuses et plus touffues. En Flandre, au lieu de plâtre, on répand souvent 30 hectolitres de cendres de tourbe, 15 hectolitres à l'automne et 15 hectolitres au printemps......

« Le plâtre, répandu en poudre au printemps, après les dernières gelées, et quand le trèfle commence à couvrir le sol, produit parfois des effets très-sensibles. Sous son influence, les plantes prennent un développement remarquable; les feuilles sont plus larges, plus nombreuses, plus foncées en couleur, et les tiges acquièrent plus de consistance.

« Dans les contrées où les plâtrages sont sans action sur le développement du trèfle, on le remplace par des cendrages. »

§ III. — SEMAILLES DE PRINTEMPS.

Toutes les plantes qui concourent à former les prairies artificielles peuvent être semées avec autant de succès en avril qu'en mars, cependant les semis de mars offrent plus de sécurité. Nous renvoyons, à ce propos, au chapitre qui traite des semailles de printemps, dans notre livraison de *Mars*.

A. *Orge de printemps.*

« C'est en avril, dit Mathieu de Dombasle, qu'on sème le plus communément les orges, quoiqu'on le fasse quelquefois en mars, et qu'on puisse retarder cette semaille, surtout pour quelques variétés, jusque dans le courant de mai.

« Les variétés d'orges de printemps qu'on cultive le plus communément sont : la *grande orge à deux rangs* (*hordeum dis-*

tichum), la *petite orge quadrangulaire* (*hordeum vulgare*), l'*orge nue à six rangs* ou *orge céleste* (*hordeum cœleste*), l'*orge nue à deux rangs* (*hordeum nudum distichum*).

« La grande orge à deux rangs, ou orge plate, est celle qui s'accommode le mieux des semailles hâtives, parce qu'elle souffre moins des dernières gelées du printemps, et que sa croissance est moins prompte que celle des autres variétés. Son grain est gros, pesant, et d'excellente qualité.

« La petite orge quadrangulaire peut se semer plus tard, sa végétation étant beaucoup plus prompte; elle s'accommode mieux aussi d'un sol médiocre, mais son produit est, en général, plus faible, et son grain est moins gros et moins pesant que celui de la grande orge.

« L'orge nue à six rangs, ou orge céleste, a été très-vantée, il y a une vingtaine d'années, sous la dénomination de *blé d'Égypte*. Je la crois plus difficile sur la qualité du terrain que les variétés précédentes; mais son grain a beaucoup plus de valeur, parce qu'il peut très-bien entrer dans la fabrication du pain, auquel il ne donne nullement la saveur particulière au pain d'orge. Son écorce est si fine, que le grain est transparent comme un morceau de gomme, et qu'à la mouture il ne produit presque pas de son. Un quart de farine de cette orge forme un très-bon pain. Sa végétation est très-rapide, et j'ai obtenu une très-belle récolte d'une semaille faite le 2 juin. Les barbes de l'épi tombent au moment de la maturité, et sa paille est mangée par les bestiaux aussi volontiers que celle du blé.

« J'ai cultivé aussi l'orge nue à deux rangs; mais plusieurs inconvénients m'en ont fait abandonner la culture, et, en particulier, la faiblesse de la tige, qui soutient mal un épi trop pesant, de sorte qu'une grande partie des épis tombent avant la maturité. Elle talle aussi fort peu, de sorte qu'elle exige une semaille très-épaisse; lorsqu'elle est claire, une grande partie des derniers épis sont encore verts, lorsque ceux des tiges principales arrivent à la maturité. Sa paille n'a pas plus de valeur que celle de l'orge ordinaire. Du reste, son grain est beaucoup plus gros et d'une plus belle apparence que celui de l'orge céleste, et je le crois d'aussi bonne qualité; mais je n'en ai jamais obtenu que des récoltes très-inférieures en qualité. Peut-être, au surplus, cela tient-il à la nature du sol ou à quelque autre circonstance particulière, car je sais que d'autres cultivateurs en sont contents.

« L'orge, en général, exige un sol riche, léger, ou du moins parfaitement ameubli par les cultures préparatoires. Dans un sol un peu argileux, un labour profond, donné en automne, et deux ou trois cultures à l'extirpateur, au printemps, sont la meilleure préparation qu'on puisse lui donner. Ce grain demande à être enterré un peu profondément : 6 à 8 centimètres, et même 10, dans les sols très-légers, ne sont pas de trop; par cette raison, l'extirpateur ou le scarificateur conviennent mieux que la herse pour couvrir la semence.

« L'orge ne réussit jamais mieux que lorsqu'elle est semée dans un sol bien essuyé : la semer dans la poussière est ce qui lui convient le mieux.

« Pour la grosse orge plate, ainsi que pour l'orge nue à deux rangs, on emploie 250 à 300 litres de semence par hectare : pour la petite orge quadrangulaire, 225 à 250; pour l'orge céleste, 200 suffisent, parce que cette variété talle beaucoup et très-promptement. »

B. *Moutarde blanche.*

On sème, en avril, la moutarde blanche, qui est cultivée pour sa graine oléagineuse; cependant on peut la semer, dans les sols sablonneux hâtifs, en mai et jusqu'au 15 juin. On sème à la volée, à raison de dix litres de graine par hectare, et on l'enterre soit à la herse, soit par un trait léger d'extirpateur. Coupée en vert, cette plante peut être donnée aux bestiaux. Voici pour-

tant ce qu'en dit M. de Dombasle : « Je n'ai jamais employé cette plante comme fourrage; je crois néanmoins qu'à cause de son extrême âcreté elle ne devrait pas être donnée en grande quantité au bétail. » Les observations faites à l'école vétérinaire de Lyon indiquent, du reste, qu'il ne faut administrer ce fourrage qu'avec la plus grande réserve.

C. *Choux non pommés.*

Les semis de tous les choux non pommés se font au mois d'avril, non en place, mais en pépinière, en leur donnant les mêmes soins que pour les choux pommés et rutabagas. (Voir page 34.)

D. *Citrouille ou courge.*

Dans le Maine, l'Anjou, la Touraine, la Franche-Comté, etc., on cultive la citrouille pour la nourriture des animaux domestiques. Pendant l'hiver, elle remplace avantageusement la betterave.

« Comme toutes les plantes de la famille des cucurbitacées, dit M. Heuzé, la citrouille et les courges doivent être cultivées de préférence sur des terres sablonneuses, perméables et exposées au midi dans le centre de la France, et au nord dans les provinces du Midi. Les terres légères, fraîches, sont celles qui leur conviennent le mieux. Cultivées dans des terrains argileux, leurs fruits, en automne, sont sujets à pourrir, étant continuellement en contact avec la couche arable.

« Les terres sur lesquelles on veut établir une culture de citrouilles ou de courges doivent avoir été préparées par un ou plusieurs labours, selon l'ameublissement naturel de la couche arable. Lors de la dernière façon, on dispose le sol à plat ou billons, suivant le mode de culture que l'on doit adopter.

« Quand la citrouille doit végéter sur des *fossés* ou *poquets*, le sol est labouré à plat, et reçoit ensuite un hersage. Alors des ouvriers, armés de pelles ou de bêches, font des trous carrés ou circulaires d'un mètre de diamètre sur 0ᵐ.30 à 0ᵐ.50 de profondeur. Les fossés doivent être placés à 1 à 2 mètres de distance les uns des autres, selon la fertilité du sol et la quantité de fumier que l'on emploie. L'espacement qui a le mieux réussi à Grand-Jouan est de 1ᵐ.50; lorsque les trous ont été creusés, ou à mesure que les ouvriers les exécutent, on les remplit de fumier qu'on couvre ensuite de 0ᵐ.02 à 0ᵐ.03 de terreau ou de bonne terre. »

On sème généralement dans la seconde quinzaine d'avril ou dans les premiers jours de mai, lorsque la jeune plante, qui montre ses cotylédons au bout de huit jours, n'a plus à craindre les gelées tardives.

Voici les variétés de courges ou de citrouilles qui conviennent le mieux pour l'alimentation des animaux, parce qu'elles sont les plus rustiques et les plus productives.

1° *Citrouille de Touraine,* ou *palourde.* Variété très-féconde et très-cultivée en France.

2° *Courge à la moelle.* Très-fertile; chaque pied produit de 4 à 6 fruits.

3° *Courge de l'Ohio.* Cette excellente variété est très-répandue en Amérique et mériterait, selon plusieurs agronomes, d'être cultivée en France.

E. *Spergule.*

La *spergule, morgeline, espargonte,* est un caryophyllée, cultivée depuis longtemps en Belgique et en Allemagne. Elle convient aux climats humides et brumeux, sur les sols sablonneux et frais. Elle végète mal sur des terrains calcaires ou argileux; elle ne croît naturellement que sur les terres légères et siliceuses. Cette plante n'est pas exigeante et ne demande pas un sol riche. La préparation du sol se réduit à un labour et à un hersage. On répand à la volée de 12 à 15 kilogr. de grains par hectare, que l'on recouvre avec un hersage léger, un coup de rouleau, ou au moyen d'un fagot d'épines.

F. *Vulpin, timothy, alpestre, serradelle.*

Le *vulpin des prés* se cultive sur les terrains fertiles et frais, les sols tourbeux et les étangs desséchés. Il redoute cependant les sols humides et les eaux stagnantes. On sème à raison de 80 kilog. de graines par hectare.

Le *timothy,* ou *fléole des prés,* végète bien sur les sols argileux, frais sans être humides. Il réussit dans les terres légères et profondes. On répand 8 kilogr. de graines par hectare, et l'on enterre la semence par un coup de rouleau.

La préparation et la culture pour le *vulpin* et le *timothy* sont les mêmes que pour le *ray-grass vivace.*

La *serradelle,* ou *pied-d'oiseau,* est une légumineuse qui occupe depuis longtemps les terres sablonneuses et sèches, en Portugal. Cette légumineuse est aujourd'hui cultivée en grand dans la Campine (Belgique) et dans la Bretagne. Elle végète sous toutes les latitudes; vient très-bien sur les sables, les terres argilo-siliceuses, sur lesquels elle résiste très-bien aux sécheresses de l'été. On sème en avril et mai 25 à 50 kilogr. de graines à l'hectare. On l'associe d'ordinaire au moka de Hongrie ou à l'avoine, à cause de la tendance de sa tige à se coucher sur le sol. Comme la graine est très-fine, il faut que la couche arable soit bien ameublie par des labours et hersages suffisants.

L'*alpestre* ou *millet long* appartient à la famille des graminées et vient bien sur les sols secs et sablonneux, de moyenne fertilité. Il est moins exigeant et plus rustique que le *millet commun.* On sème 30 à 40 litres par hectare.

Toutes ces plantes, quoique de familles différentes, fournissent un bon fourrage.

G. *Maïs.*

Le *maïs,* ou *blé de Turquie,* ne mûrit pas ses graines sous toutes les latitudes de l'Europe; mais il peut être cultivé partout comme fourrage. Il s'accommode des terres de toute nature, pourvu qu'elles soient suffisamment ameublies et fumées. Cependant un sol argilo-sableux et facile à échauffer lui conviennent plus particulièrement.

La préparation donnée au sol varie selon le pays où l'on cultive le maïs. En Lorraine, on donne trois labours : avant l'hiver, au printemps, et immédiatement avant la semaille. En Bourgogne, en Bresse, etc., on en donne deux : le premier en décembre, le second à l'époque des semailles. Dans le pays basque, on laboure une fois avec la charrue, et une seconde fois avec le scarificateur ; chacun de ces labours est suivi d'un hersage.

On sème en avril ou mai pour récolter en septembre. On peut aussi semer en juin pour succéder à une récolte de printemps ou pour remplacer une récolte détruite par la grêle.

On sème en lignes, en ayant soin d'espacer les lignes des plantes de 0m.60 environ, de manière à former un quinconce. L'ensemencement à la volée est rigoureusement proscrit par les bons cultivateurs.

Le maïs suit ou précède immédiatement le froment sans qu'il en résulte le moindre inconvénient.

En répétant les semis tous les quinze jours, on obtient, dans le Midi, du fourrage vert d'une manière continue depuis le mois de juin jusque dans le courant de septembre.

Les variétés préférables comme plantes fourragères sont :

1° Le maïs quarantain, variété hâtive, convenant très-bien pour les semis tardifs et les contrées septentrionales ;

2° Le maïs jaune gros, variété un peu tardive ;

3° Le maïs de Pensylvanie, variété plus tardive que le précédent, mais fournissant, quand elle a été semée de bonne heure, un abondant fourrage ;

4° Le maïs blanc des landes, un peu moins précoce que le quarantain. Dans le Tarn, on préfère cette variété à toutes les autres ;

5° Le maïs perle, belle variété tardive, mais très-fourragère.

Les variétés reconnues jusqu'ici les plus productives comme grains sont :

1° Le maïs d'août ou d'été, variété généralement cultivée en Italie ;

2° Le maïs d'automne à grains roux ;

3° Le maïs d'automne à grains blancs ;

4° Le maïs de Virginie.

§ IV. — PLANTATIONS.

En avril, on peut repiquer les choux pommés et les rutabagas que l'on a semés en pépinière en février (voir p. 44); planter les betteraves semées sur couche en janvier (voir p. 9, 43 et 77); continuer la plantation des pommes de terre (voir p. 85); et enfin mettre en place les porte-graines que l'on aurait régligé de transplanter en mars (voir p. 86).

§ V. — RÉCOLTES.

Les choux que l'on a plantés en mai et en juin fleurissent toujours au commencement du printemps. C'est lorsque les premières fleurs s'épanouissent qu'on enlève les pieds qui ont passé l'hiver et que l'on a effeuillés en mars. A cette époque, les choux sont très-élevés et garnis de nombreuses ramifications. On ne les coupe pas ras de terre, parce que la partie inférieure des tiges est déjà très-dure et ligneuse. C'est à 0m.10, 0m.15 et mieux 0m.20 que la coupe doit être faite. En agissant ainsi, on ne récolte que des parties herbacées et tendres. Avant de donner ces tiges aux animaux, on les fend longitudinalement avec un couteau, ou on les écrase légèrement à l'aide d'un maillet.

Le colza fleurit ordinairement vers la fin de mars ou pendant le mois d'avril, lorsqu'il a été semé en août, et qu'il est resté sur place jusqu'au printemps. On doit le faucher, pour fourrage, lorsqu'il commence à fleurir.

Dans la région du Midi, la luzerne donne quatre ou cinq coupes. La première coupe a lieu de la fin d'avril à la moitié de mai. Dans les mêmes contrées, on commence à faucher en avril le *ray-grass* lorsqu'il est cultivé seul. Cette récolte hâtive permet à la plante de repousser plus promptement et de donner par conséquent des coupes plus nombreuses et des produits plus abondants.

Vers les premiers jours d'avril, lorsque les tiges du *pastel* commencent à monter, on procède à la fauchaison, car, lorsqu'on coupe de bonne heure, on obtient une seconde pousse dans le mois de mai.

C'est vers la fin d'avril, mais plus ordinairement dans la première quinzaine de mai, qu'on fauche le *trèfle incarnat* pour le faire consommer en vert dans la ferme. A cette époque, les fleurs sont en partie épanouies, et ont acquis leur brillante couleur. Le trèfle incarnat, qui ne donne qu'une coupe, doit être récolté prématurément ; il ne faut pas attendre, pour commencer la fauchaison, que toutes les fleurs soient développées. M. Heuzé affirme que le trèfle incarnat ne météorise pas les bêtes bovines, qualité précieuse en ce qu'elle permet de faucher ce fourrage de très-bonne heure.

Le seigle que l'on a semé en septembre pour être récolté en vert doit être fauché au mois d'avril ou dans les premiers jours de mai, lorsqu'il commence à épier. On le donne ainsi aux chevaux, aux bœufs et aux vaches. Il faut avoir soin de le couper de bonne heure, parce qu'il durcit promptement pendant le complet développement de l'épi.

Dans certaines provinces, on cultive la navette comme plante fourragère. On la coupe en avril, au moment où elle épanouit sa fleur. Ses tiges ont alors de 0m.40 à 0m.75 de hauteur. On la donne en vert aux bêtes à cornes. Il faut, comme pour le seigle, couper ce fourrage à propos, parce qu'après la floraison les tiges durcissent très-vite.

CHAPITRE III
Travaux de la ferme.

A cette époque de l'année, le cultivateur ne quitte guère les champs, et les travaux de la ferme se bornent à pelleter fréquemment les blés que le charançon pourrait attaquer et à donner aux greniers une aération suffisante pour empêcher la fermentation.

CHAPITRE IV
Travaux forestiers.

En avril, on exploite les taillis de chêne et on bine les carrés de transplantation, de même que les carrés de semis assez avancés. Pour ces derniers, on se sert de petite serfonette et même du couteau.

A cette époque, si on ne l'avait déjà fait en mars, on affermit, dans les pépinières ou en place, le jeune plant qui a été déchaussé par les froids.

Le parcours du bétail a lieu en avril ; on a soin de garantir et de défendre, au moyen d'épines, les arbres plantés au bord des chemins et des pâturages, et on établit ou répare les clôtures qui entourent les semis et plantations. On entretient aussi les sillons d'écoulement, car l'eau stagnante ne nuit pas moins aux cultures forestières qu'aux autres.

CHAPITRE V
Travaux spéciaux.
§ Ier. — CULTURE DE LA VIGNE.

« Dès que la première façon est terminée, dit M. Moll, on place les échalas. Chez quelques propriétaires soigneux, on fait le premier accolage immédiatement après, ce qui est le plus convenable. Dans le Midi, où l'on cultive les vignes à la charrue, on procède à l'ébourgeonnement avant l'accolage. »

§ II. — CULTURE DE L'OLIVIER

En avril, les plantations d'oliviers doivent être terminées. On greffe les sauvageons en appliquant le procédé de greffe en écusson.

§ III. — CULTURE DU MURIER.

Vers la fin de ce mois, on sème, dans le centre et dans le nord de la France, les mûriers en pépinière; on sème à la volée, en rayons espacés de 20 à 25 centimètres dans une terre meuble défoncée préalablement à 60 centimètres environ et fumée avec du fumier décomposé ou du vieux terreau de couche. On divise ordinairement les carrés en planches de 1^m.33 de largeur. On recouvre d'environ 2 centimètres de terre meuble.

C'est aussi dans ce mois, selon M. Moll, que l'on coupe les rameaux pour la greffe en flûte ou en sifflet, la plus généralement usitée, et qui se pratique dans les premiers jours de juin. On étend ces rameaux dans un lieu abrité, et on recouvre chaque couche simple de 6 centimètres de sable ou de terre fraîche, sur laquelle on étend successivement d'autres couches alternatives de rameaux et de terre jusqu'à 66 centimètres de hauteur.

CHAPITRE VI

Animaux domestiques.

§ Ier. — LES BŒUFS.

On termine, pendant ce mois, l'engraissement des bœufs à l'étable, et on commence régulièrement l'engraissement dans les *herbages* de la Normandie et les *embouches* du Charolais. Je renvoie, pour cette partie, aux détails circonstanciés contenus dans la livraison de *janvier* (p. 20).

§ II. — LES VACHES.

Les soupes sont toute l'année la principale nourriture des vaches. Elles sont faites, chez M. Villeroy, avec les pelures de pommes de terre et autres légumes, l'eau de vaisselle, un peu de tourteau, le peu de son que l'on a dans le ménage, et une foule de plantes que les bêtes ne mangeraient pas crues, comme les jeunes chardons, les or-

ties, les renoncules des prés. On fait également cuire les feuilles inférieures et le bois des pommes de terre, les feuilles de betteraves, de navets, de choux. « On pourrait dire que chez les pauvres de mon pays, ajoute M. Villeroy, excepté l'herbe, tout passe dans la marmite, tout est cuit et consommé par les vaches, en forme de soupe. Quand on voit les vaches en bon état, et que l'on observe combien peu de valeur ont les aliments qu'elles consomment, on ne peut douter que cette méthode ne soit excellente. »

Elle est excellente, en effet, surtout dans les premiers jours du printemps, lorsque les provisions de racines et de foin s'épuisent, et que le fourrage vert ne peut pas encore former une bonne partie de la ration quotidienne des vaches.

§ III. — LES PORCS.

On commence, vers la fin de ce mois, à donner aux porcs, dans leur soupe, la laitue que l'on a semée dans ce but fin février ou au commencement de mars (voir p. 80).

Les truies portent ordinairement deux fois par an. Selon Parmentier, leur gestation est de cent treize jours, et, d'après une tradition populaire, elle serait de trois mois, trois semaines et trois jours. La plupart des truies, d'après les observations de Tessier, mettent bas du cent seizième au cent vingtième jour. Il faut avoir soin, en tenant compte du temps de la gestation, de donner le verrat à la truie de façon que la portée n'arrive pas pendant les grands froids, ou que les porcelets aient acquis un certain développement avant les rigueurs de l'hiver.

Habituellement on s'arrange pour que les truies mettent bas vers le mois de février ou mars, et on livre à la saillie vers avril ou mai les femelles qui ont mis bas à la fin de l'hiver.

§ IV. — LES ATTELAGES.

Les chevaux ont beaucoup de travail à

cette époque de l'année; c'est le moment de leur donner, ainsi que nous l'avons dit en *février*, une forte et abondante nourriture. Les animaux qui ont mal mangé travaillent mal. C'est la bonne nourriture qui fait la force du cheval, comme elle fait le lait de la vache et la graisse du bœuf. J'ai l'air de répéter là une vérité banale et même très-naïve ; cependant que de cultivateurs espèrent économiser sur leurs animaux et se conduisent avec eux comme si cette vérité était une erreur !

§ V. — LE POULAILLER.

« J'ai entendu toutes sortes de théories, dit M. Jacque, sur les premiers moyens de nutrition ; mais j'ai bien reconnu que les meilleurs consistent en une pâtée ainsi composée :

« On prend gros comme le poing de mie de pain *rassie* que l'on émiette *très-fin* entre les mains. On ajoute un œuf dur qu'on hache très-menu, le jaune et le blanc compris ; on prend des feuilles de salade ou de jeune oseille, de navets, de choux ou de betteraves, etc., que l'on hache fin, et dont on met à peu près gros comme l'œuf. On mélange ensemble ces substances en les brouillant sans les presser ni manier, de façon que les parties restent désunies et ne forment pas une pâte. L'addition de la verdure conserve pendant le jour une certaine fraîcheur qui sert de liaison et empêche la mie de pain de durcir. C'est de cette pâtée que l'on commence à nourrir les poussins : ils en sont extrêmement friands dès le premier jour ; on donne aussi du millet blanc de bonne qualité. Le compartiment réservé aux poulets doit toujours être pourvu de cette nourriture, mise à la portée de ces petits animaux, dans des endroits qui soient abrités.

« Au bout de trois jours, on ajoute du blé, que les poulets, quoique petits, commencent à manger.

« On passe un nombre régulier de fois par jour, afin de remettre de la nourriture s'il en manque ; il faut aussi la varier, c'est-à-dire que chaque jour un des repas est composé d'une nourriture à part, afin qu'un nouvel élément vienne s'ajouter à l'alimentation générale, et réveiller l'appétit des élèves. Ainsi, aujourd'hui, on donne à un des repas du riz cuit ; demain, au repas correspondant, des pommes de terres cuites pétries avec du son ; après-demain de la pâtée de farine d'orge ; le jour suivant, du pain grossier détrempé, etc., etc.

« Pour qu'on puisse se faire une idée exacte de ce que je veux dire, je donne ici la liste des repas que j'ai dressée pour diriger la personne qui est chargée de mes élèves.

« Après les trois premiers jours, addition de blé tous les matins, soit par terre dans un coin, soit dans une augette.

« Depuis ce moment jusqu'à la fin de l'élevage, cette graine doit être donnée à discrétion.

« En outre, tous les matins dès l'apparition du jour, pendant le premier mois, un repas de la pâtée d'œufs.

« A dix heures du matin, un repas de millet.

« A deux heures du soir, riz cuit.

« A six heures du soir, pâtée d'œufs.

« Le lendemain, un des repas, celui de deux heures, est changé de nature : au lieu de riz cuit, on donne une pâtée de pommes de terre avec du son ou du remoulage.

« Le jour suivant, au même repas, on donne de la pâtée de farine d'orge.

« Le jour suivant on reprend le riz cuit, et l'on continue dans le même ordre.

« Au bout d'un mois ou six semaines, la pâtée d'œufs est supprimée, ainsi que le millet, et l'on remplace ces substances par une petite ration d'avoine. Il ne faut jamais donner aux poulets trop de cette graine, qu'ils finissent par préférer à toutes les autres, mais qui les échauffe trop et rend leur chair coriace. On peut leur donner, dans les pays où on en récolte, une partie de sarrasin ou blé noir, ou de maïs cuit, etc.

« Il n'est pas besoin de dire que la pâtée d'œuf, le millet et toutes les nourritures friandes peuvent être continuées tant que l'on veut, pour les poulets très-précieux; leur suppression n'a lieu que par économie.

« La nourriture est variée autant que possible jusqu'à l'achèvement de la croissance. Néanmoins, quelque simplifiée qu'elle soit, il est toujours bon d'y faire entrer une pâtée humide accompagnée d'herbages cuits, comme choux, navets, feuilles de betteraves, etc. Cependant, l'année passée et encore cette année, dans un clos garni d'un épais gazon, et assez grand pour que ce gazon reste toujours abondant, j'ai élevé des poulets auxquels on n'a donné que du blé à discrétion et une petite portion d'avoine. Ils sont parfaitement venus; mais, je le répète, jamais l'herbe n'a manqué, et, dans ce cas surtout, elle est de la dernière importance. D'autres poulets élevés de cette façon ou avec la nourriture variée, et pouvant parcourir un bois taillis de vingt arpents, ce sont ceux qui ont grandi le plus rapidement, et qui sont venus les plus vigoureux.

« On jugera à quel programme on devra s'arrêter, suivant les lieux et la nourriture dont on peut disposer. »

Travaux horticoles.

§ I. — LE JARDIN FRUITIER.

Il faut terminer, pendant ce mois-ci, les semis de pepins d'amandes et de noyaux en pépinière; continuer les greffes en fente, écheniller les arbres fruitiers avec le plus grand soin avant qu'ils aient pris du développement; ébourgeonner les poiriers en espalier et en pyramide; consolider par de bons tuteurs les arbres nouvellement plantés.

Il est bon aussi de continuer les précau-
tions adoptées en mars contre les gelées tardives et les giboulées.

§ II. — LE JARDIN-POTAGER.

Pendant les premiers jours d'avril, on continue les semis en pleine terre (p. 94). Si le temps est doux et qu'il n'y ait pas de gelées à craindre, il faut arroser le matin et même dans la journée.

On sème en place les asperges, on sème sur couche les citrouilles, les courges et les giraumons. On transplante sur couche tiède, sous cloche ou sous châssis, les melons semés et élevés sur couche chaude. Dans le centre de la France, c'est le seul moyen d'obtenir de bons melons un peu précoces.

On peut aussi semer en place des cornichons et des cardons; on commence la récolte des asperges cultivées à l'air libre.

§ III. — LE JARDIN D'AGRÉMENT.

En avril, il faut avoir soin de faire ratisser les allées que l'on a nécessairement un peu négligées pendant l'hiver, et de renouveler le sable que les pluies ont entraîné. On commence à faucher le gazon des pelouses; si les gazons paraissent éclaircis, il ne faut pas hésiter à les refaire. On éclaircit le plant des plantes annuelles semées en place en mars, et on continue les semis des mêmes plants en ménageant de l'espace pour la transplantation successive des plants provenant des pépinières; il faut aussi avoir soin d'enlever les plantes précoces dont la floraison est passée et qui salissent ou embarrassent inutilement les plates-bandes. Les rosiers précoces donnent leurs premières fleurs, mais souvent les pousses florifères sont infectées de pucerons qu'il est facile de détruire avec un peu de soin.

Arroser largement, comme pour le potager, si le temps est sec et doux. On donne de l'air aux orangers pour les préparer à être mis à l'air libre au mois de mai.

MAI

Iʳᵉ PARTIE. — PROVERBES ET MAXIMES

On dict bien vrai, qu'en chacune saison
La femme fait ou défait la maison.

—∞—

Si tu te couches tard, tard tu te lèveras ;
Tard te mettras à l'œuvre, aussi tard dineras.

—∞—

Ce n'est pas le champ, c'est le champ cultivé qui
nourrit.   (*Proverbe russe.*)

—∞—

Qui emprunte pour bâtir bâtit pour vendre.
               (*Proverbe chinois.*)

—∞—

Avril pluvieux,
Mai, gai et venteux,
Dénotent l'an fécond et gracieux.

—∞—

Au mois de mai la chaleur
De tout l'an fait la valeur.

—∞—

Bon temps, bon laboureur ou bonne semence
Donnent du grain en abondance.

—∞—

Telle étable, telle bête.

—∞—

Plutôt riche paysan que pauvre gentilhomme.
               (*Proverbe allemand.*)

—∞—

Voulez-vous assurer des moissons abondantes ?
Connaissez la vertu des terres différentes ;
Chacune a son génie : ici le blé mûrit,
Et la vigne prospère où la pomme périt.
               (ROSSET.)

—∞—

Caton menace du crime de lèse-majesté ceux qui
n'augmentent leur patrimoine de telle sorte que l'accessoire surmonte le principal : disoit aussi estre
grande vergongne, de ne laisser à ses successeurs son
héritage plus grand qu'on ne l'avoit reçu de ses pré-
décesseurs. Comment se fera cela ? Jamais entre les
mains de fermiers, mais bien entre les nostres, si voulons prester à nostre terre, et nostre esprit et nostre
argent. C'est le moyen noble d'augmenter le bien,
tant célébré des antiques.   (OLIVIER DE SERRES.)

—∞—

La religion n'a pas voulu que le jour où l'on demande
à Dieu les biens de la terre (les *Rogations*) fût un
jour d'oisiveté. Avec quelle espérance on enfonce le
soc dans le sillon, après avoir imploré Celui qui dirige
le soleil et qui garde dans ses trésors les vents du
midi et les tièdes ondées !   (CHATEAUBRIAND.)

—∞—

Quoi qu'en puisse dire l'ignorance, l'application des
sciences à la culture est une nécessité de notre temps.
Ce qu'elles ont fait pour l'industrie, elles le feront
certainement pour l'exploitation du sol ; leur inter-
vention sera plus ou moins rapide ; elle est infaillible.
               (LÉONCE DE LAVERGNE.)

—∞—

Plusieurs agriculteurs distingués regardent aujour-
d'hui le renouvellement des semences comme tenant
plus au préjugé qu'à une nécessité réelle ; ils pensent
que si chaque cultivateur épurait ou nettoyait ses
grains par des sarclages répétés dans les champs, et
par des vanages ou des criblages suffisants, il n'aurait pas besoin de changer de semences ; notre col-
lègue Tessier connaît des fermiers soigneux qui ne
les renouvellent jamais et qui ont toujours de superbes
récoltes.   (YVART et HUZARD.)

—∞—

9

IIᵐᵉ PARTIE. — CAUSERIES.

CHAPITRE PREMIER

Les irrigations.

« L'eau fait l'herbe, » dit un axiome allemand.

« L'engrais est la condition *sine quâ non* du succès des arrosages, » dit M. Nadault de Buffon.

Il faudrait pourtant bien s'entendre : si l'engrais est la condition essentielle du succès des arrosages, l'eau ne fait pas l'herbe, c'est l'engrais. Or nous savions déjà qu'une prairie bien fumée multipliait ses produits sans avoir recours à une irrigation particulière.

Qui donc est dans le vrai, de M. Nadault de Buffon ou de l'axiome Allemand ?

Tous les deux ; et la raison en est bien simple : le savant professeur de l'École des ponts et chaussées, lorsqu'il écrivait la note qui précède, parlait des irrigations de l'Italie ; les Allemands, lorsqu'ils formulaient leur axiome, parlaient des irrigations de l'Allemagne ; ce qui n'est pas du tout la même chose.

Il y a irrigation et irrigation, comme il y a fagots et fagots.

En Italie, dans le midi de la France, comme dans tous les pays chauds, l'irrigation a pour unique but de suppléer la pluie du ciel et de conserver au sol le degré d'humidité nécessaire pour entretenir la végétation de l'herbe des prairies. L'eau n'est jamais abondante, l'évaporation est au contraire assez considérable. L'eau est administrée avec une certaine parcimonie. La quantité d'eau employée en Italie ne dépasse guère 1 litre d'eau par seconde et par hectare de prairie arrosée. On conçoit aisément que l'irrigation ne peut avoir pour effet, dans ce cas, que de maintenir la prairie humide et de faciliter l'absorption des engrais. Donc il ne suffit pas d'arroser dans la mesure indiquée (1 litre par seconde et par hectare), qui est aussi la mesure possible pour le midi de l'Europe, pour multiplier considérablement le produit des prairies : il faut aussi avoir recours à l'engrais.

Fumer un pré ! je connais bien des cultivateurs qu'un semblable gaspillage ferait frémir. Et cependant fumer un pré pour avoir plus de foin, avoir plus de foin pour nourrir plus de bétail, c'est récolter à la fois de l'argent par le lait et la viande, c'est créer une éternelle fécondité par la reproduction éternelle du fumier.

En Allemagne et dans le nord de la France, on a raison de dire : « Qui a de l'eau a de l'herbe. »

On ne fume pas les prairies : l'eau d'irrigation suffit à tout. Il pleut abondamment, ce qui n'a lieu ni dans le Midi ni en Italie. En outre, le cultivateur un peu habile dispose de quantités d'eau considérables. C'est par des arrosements larges et à eau courante que s'opère précisément cet effet salutaire qui permet de ne pas employer d'engrais.

Irriguer une prairie, pour les agriculteurs des pays septentrionaux, ce n'est pas la placer dans un état d'humidité constante ; c'est tenir la surface du sol, pendant un temps donné, sous une nappe d'eau courante.

L'action fertilisante de l'eau qui coule à la surface d'une prairie s'exerce de deux manières : l'eau dépose sur le gazon tous les éléments nutritifs qu'elle contient en suspension ; l'eau agit aussi par sa composition chimique, par les nitrates, les phosphates, les carbonates et les gaz qu'elle contient.

L'eau d'irrigation la meilleure est celle qui vient de la source la plus éloignée, parce qu'elle est la plus aérée. L'eau qui descend en cascade se charge d'oxygène et acquiert ainsi des principes féconds.

L'eau stagnante développe la végétation des mauvaises herbes, et d'une prairie fait un marécage, tandis que l'eau courante, appliquée à propos et en quantité suffisante (5 millim. d'épaisseur avec une vitesse de 5 millim. par seconde, d'après M. Villeroy), introduit dans le sol un engrais précieux.

On commence, après les gelées d'hiver, les irrigations de printemps; mais, pour les bonnes prairies, il faut attendre quelques jours, afin que la température de l'eau soit un peu plus élevée. A ce moment, la tâche du cultivateur devient difficile et exige un soin tout particulier.

A mesure que la chaleur adoucit la température de l'atmosphère, l'abondance et la longueur des irrigations doivent diminuer; mais les irrigations deviendront en même temps plus fréquentes.

Lorsque l'herbe sera assez développée pour ombrager le sol, il suffira de mettre l'eau tous les deux ou trois jours pendant quelques heures, afin d'entretenir le gazon dans un état de fraîcheur convenable.

Lorsque la saison est pluvieuse, on n'arrose pas; cela va sans dire.

Lorsque les chaleurs commencent, on arrose la nuit ou par un temps couvert.

Aux approches de la fenaison, on arrose pendant quelques heures; tous les huit jours pour les terrains forts, et, pour les terrains graveleux et brûlants, tous les deux ou trois jours.

Je n'ai pas besoin de dire que, si l'irrigation produit des effets merveilleux sur les terrains sablonneux, poreux, légers, perméables, elle en produit peu ou point sur les sols compactes, argileux à l'excès et imperméables, qui durcissent rapidement au soleil.

Après la sortie des foins, on irrigue largement pendant cinq ou six jours; puis on observe, pendant la pousse des regains, les précautions que je viens de recommander pour l'arrosage en temps chaud.

Mais la meilleure époque pour l'arrosage, c'est l'automne. Nous en causerons de nouveau lorsque l'automne sera venu.

CHAPITRE II
Le Lupin jaune.

Je suis un des premiers qui aient parlé, en France, de ce fourrage nouveau.

On connaissait depuis longtemps le lupin blanc, avec lequel il ne faut pas le confondre. Le lupin blanc, *lupinus albus*, L., appartient à la famille des papilionacées; on l'associe quelquefois au trèfle incarnat dans les provinces du Midi, ou bien on le cultive pour l'enfouir en vert et en faire un engrais.

Le lupin jaune, *lupinus luteus*, Lin.; *L. odoratus*, Hortul., appartient à la même famille que le précédent. C'est en Prusse qu'on l'a cultivé d'abord, vers 1852, comme fourrage.

Les terrains sablonneux, les argiles sablonneux et les sables argileux lui conviennent particulièrement. Il ne vient bien que là où rien ne peut venir. Des racines vigoureuses vont chercher jusqu'à plus d'un mètre de profondeur, dans les entrailles du sol, les sucs épars que la nature y a cachés; les feuilles, qui conservent leur fraîcheur jusqu'à la maturité de la graine, puisent dans l'atmosphère le supplément de nourriture que demande le développement des graines, tandis que, chez les plantes habituées aux sols succulents, la tige est desséchée lorsque la graine commence à mûrir.

Pour ensemencer le lupin jaune, on laboure profondément sans se préoccuper si on ramène à la surface un sous-sol stérile. On ne fume pas.

« Une bonne préparation du sol est indispensable, dit M. Cheru; on laboure à 20 ou 25 centimètres, et l'on ne craint pas, pour atteindre cette profondeur, d'attaquer et de retourner la couche inerte. Le nombre de façons varie suivant la nature du terrain; un labour suffit dans les terres meubles ou sablonneuses, deux ou trois deviennent nécessaires dans les terrains compactes. La graine ne demande pas à être enterrée profondément, et on la recouvre par un ou deux légers coups de herse. »

J'ai trouvé des lupins jaunes semés sur une dune de la côte de Bretagne battue par les vents d'ouest. Les graines que le vent n'avait pas enlevées avaient réussi.

M. de Béhague cultive en grand, dans ses domaines du val de la Loire, ce lupin, afin d'utiliser la couche énorme de sable dont sa terre a été couverte par les inondations. J'ai vu chez lui des lupins très-beaux que les moutons mangeaient avec beaucoup d'avidité. M. de Béhague sème, à la volée, de 240 à 250 litres à l'hectare; lorsqu'il sème en lignes espacées de 0ᵐ.40, à l'aide du semoir à betteraves, il n'emploie que 150 à 160 litres de semences.

En Allemagne, on emploie de 75 à 90 kilogr. à l'hectare. Le kilogramme vaut, à Paris, chez M. Vilmorin, de 90 c. à 1 fr., selon les quantités qu'on achète.

On sème en mai et juin.

Un cultivateur de Seine-et-Oise en a obtenu deux récoltes en une seule année: la première en ligne, pour récolter la graine; la seconde à la volée, pour être coupée en vert dans l'arrière-saison. En novembre dernier, la plante a résisté à des froids de 7 degrés au-dessous de zéro.

Quand les lupins jaunes sont secs, les moutons mangent tout: paille, graine et gousse, et donnent une viande et une graisse d'excellente qualité.

La farine obtenue de la graine de lupin convient très-bien, dans la proportion d'un sixième à un tiers, à l'engraissement des bœufs et des porcs. On mélange cette farine ou même la graine concassée avec du fourrage haché, en commençant par une petite dose qu'on augmente successivement, afin d'habituer l'animal à un léger goût d'amertume que conserve le lupin.

On donne 4 à 5 litres de graine concassée mêlée à la ration d'avoine du cheval; pour les vaches, 3 à 4 litres de graine trempée ou broyée suffisent.

En résumé, c'est surtout pour les moutons que le lupin est utile; c'est la ressource des pays pauvres et des terres privées de l'élément calcaire.

Le lupin vient mal dans les terrains calcaires, c'est-à-dire dans les bonnes terres à blé.

Cette particularité fait naturellement pressentir quel doit être l'emploi et quelle est la mission vraiment providentielle de cette précieuse plante.

IIIᵐᵉ PARTIE. — TRAVAUX DU MOIS.

CHAPITRE PREMIER

Comptabilité agricole.

Si l'on veut bien se reporter à ce que j'ai dit dans la livraison d'*avril*, relativement aux deux livres-journaux qui doivent servir de base à toute la comptabilité agricole, on pourra remarquer que le *journal des entrées de valeurs* représente les frais de fabrication de ces valeurs, tandis que le *journal des sorties de valeurs* représente l'emploi qui a été fait de ces valeurs. Mais, entre le livre des frais de production et le livre de l'emploi des produits, il y a place pour un livre auxiliaire, ou un état

mensuel, si l'on veut, destiné à recueillir la mention de ces produits au fur et à mesure de leur fabrication.

Ce registre ou cet état peut être divisé par jour et par an, ou bien par jour et par mois. On y inscrit que tel jour il est né tant d'agneaux, tant de veaux, tant de poussins; tel jour on a fabriqué tant de beurre; tel jour on a récolté tant de paille, tant de grains, tant de betteraves, tant de pommes de terre, etc.

Pour le beurre, la paille, les grains, les betteraves, les pommes de terre, etc., on peut sortir, dans des colonnes spéciales, la valeur de ces produits en numéraire; mais pour les animaux nouveau-nés on se contente de la simple mention, par les raisons que j'ai exposées page 114, sans leur donner d'évaluations en argent.

Ces colonnes spéciales, où l'on peut reporter en chiffres la valeur des recettes, peuvent subir le classement suivant: *grains,* — *paille et fourrages,* — *vins,* — *bois,* — *bestiaux,*—*ruches,*—*basse-cour et étangs,*—*fruits,*—*plantes oléagineuses,*—*racines,*etc.

Chaque colonne sera partagée en deux subdivisions, l'une pour les quantités, l'autre pour l'évaluation en numéraire. Une colonne spéciale portera les évaluations totales en numéraire, qui seront, en outre, réparties dans les colonnes afférentes à chaque espèce de produits. Le total de cette colonne devra reproduire le total de l'ensemble de toutes les autres colonnes, et servir de moyen de vérification.

Ce registre est, en réalité, l'intermédiaire entre les deux journaux d'*entrées* et de *sorties,* pour tout ce qui se rapporte à la production de la ferme. En effet, si on le rapproche du *journal des dépenses* ou *entrées,* on a facilement la comparaison entre les dépenses et les produits obtenus; d'un autre côté, si on le rapproche du *journal de l'emploi des valeurs* ou *sorties,* on arrive promptement à reconnaître quelles doivent être les existences de produits par la comparaison des quantités successivement constatées sur le registre de la production avec celles inscrites comme sorties sur le *journal de l'emploi des valeurs.*

Ce registre ou cet état rentre dans la catégorie des livres et états auxiliaires.

CHAPITRE II

Travaux des champs.

§ Ier. — LABOURS.

Pendant le mois de mai, les travaux sont moins pressants et moins actifs que pendant les deux mois qui précèdent; il y a une espèce de temps d'arrêt entre les opérations nombreuses des semailles de mars et la récolte des foins et des céréales. Le cultivateur laisse la nature accomplir son grand travail.

Cependant il n'y a pas de repos proprement dit pour le cultivateur. La besogne ne lui manque jamais. « On finit, dit M. Moll, de labourer les terres destinées au maïs, au chanvre, à la petite orge, aux navets, aux récoltes repiquées, au sarrasin, etc. On commence à labourer de nouveau les jachères dans les terres argileuses; lorsqu'elles ont déjà reçu une culture avant ou pendant l'hiver, on peut actuellement leur donner un coup d'extirpateur et retarder le labour jusqu'en juin, si toutefois il n'y a pas eu de fortes sécheresses qui aient durci le sol; si le coup d'extirpateur a été donné en mars ou en avril, on donne actuellement un labour. Dans ces circonstances, les terres moins fortes, les *bonnes,* peuvent attendre jusqu'en juin pour recevoir leur premier labour lorsqu'elles procurent un assez bon pâturage aux bêtes à laine. »

On continue dans le courant de ce mois les menues cultures commencées en avril.

§ II. — CULTURE ET ENTRETIEN DES RÉCOLTES.

A. *Hersages.*

On herse les pommes de terre environ huit jours après la plantation. « Cette culture, dit M. Moll, détruit les quelques mauvaises herbes qui ont germé dans l'intervalle, et en fait germer d'autres, qui à leur tour sont détruites par un hersage énergique, que l'on donne au bout d'une quinzaine de jours, lorsque les tiges de pommes de terre commencent à paraître. On ne doit nullement craindre de nuire à ces dernières en les atteignant avec les dents des instruments; lors même qu'on les coupe elles n'en poussent pas moins vigoureusement. »

On continue de biner les betteraves semées en place. (Voir *Avril,* page 120.)

On bine les carottes au moyen des binettes. Les feuilles découpées et dentelées des carottes se distinguent facilement, à cette époque, des mauvaises herbes.

Lorsque les plants de betteraves semées en ligne sont trop nombreux, on les éclaircit à la main. On fait cette opération vers la fin de mai ou dans le courant de juin, mais il ne faut pas dépasser cette dernière époque. Suivant les variétés, on espace les plants de 0m.25 à 0m.30 ou même 0m,40.

« Cette opération doit être surveillée, dit M. Heuzé. Il ne suffit pas d'enlever les plantes qui sont trop nombreuses sur une longueur déterminée, il faut aussi arracher une ou deux plantes parmi celles qui viennent de la même graine, parce qu'elles se nuiraient réciproquement si elles étaient abandonnées à elles-mêmes. »

On peut profiter des éclaircissages pour combler les lacunes que présentent les lignes et remplacer par les plantes qu'on vient d'arracher les plantes qui ont péri.

Vers la fin de mai, on éclaircit les panais en ayant soin d'espacer les plants de 0m.15 à 0m.25.

Quand on se borne, au moment de l'arrachage, à enlever les tubercules de topinambours que la charrue a mis à découvert, ceux qui restent dans le sol suffisent pour assurer la récolte de l'année suivante. Dans ce cas les touffes ne sont plus disposés en lignes, et il n'est plus nécessaire alors de les biner.

« Ce n'est guère qu'en mai, dit Mathieu de Dombasle, lorsque le blé est déjà un peu grand et en tuyaux, qu'on peut réussir à détruire les chardons. Lorsqu'à cette époque on les coupe entre deux terres, ils ne repoussent plus ; tandis que si on les coupe plus tôt, ils sont bientôt aussi grands qu'ils l'étaient. Cette opération, qu'on ne doit jamais négliger, se fait assez promptement au moyen d'un instrument composé d'une lame plate, étroite et tranchante par son extrémité ; l'autre forme une douille, qui s'emmanche au bout d'un long bâton. L'ouvrier travaille en poussant l'instrument devant lui pour couper la racine du chardon. »

B. Plâtrages.

Mathieu de Dombasle recommande l'emploi du plâtre non-seulement sur la luzerne, le trèfle et le sainfoin, mais aussi sur les vesces ; on l'applique au moment où les plantes commencent à couvrir la terre.

On emploie, en général, dans le plâtrage, autant de plâtre en mesure qu'on mettrait de semence de blé sur la même étendue de terrain, c'est-à-dire environ 2 hectolitres par hectare. D'après des expériences faites par M. de Valcourt et par plusieurs agriculteurs de la Meurthe, et rapportées par Mathieu de Dombasle, il paraît prouvé qu'on peut employer indifféremment le plâtre cru ou calciné, ou même les plâtras, pourvu que les uns et les autres soient réduits en poudre très-fine.

« On ne doit pas répandre le plâtre par un temps sec, dit Mathieu de Dombasle : il faut choisir un temps couvert, ou ne le répandre que le soir, ou de très-grand matin, ou après une pluie, lorsque les feuilles des plantes sont humides.

« Il se rencontre quelques sols où le plâtre ne produit aucun effet sensible sur aucune espèce de récolte ; mais ces cas sont assez rares, et chacun pourra facilement s'assurer, par quelques expériences comparatives, des effets qu'il peut attendre du plâtre sur les diverses espèces de terre qu'il cultive. Cependant, si l'effet se montrait nul dans une expérience, on ne devrait pas se laisser rebuter, et il conviendrait de le recommencer dans d'autres circonstances ; car le plâtre ne développe pas toujours de même son action, sans qu'on puisse bien déterminer les causes de cette différence. C'est ce qui fait dire quelquefois aux cultivateurs que les effets du plâtre sont capricieux.

« On obtient aussi de très-bons effets du plâtre en le répandant sur le sol en même temps que les semences de trèfle, de luzerne ou de sainfoin. On peut n'en répandre qu'un hectolitre par hectare à cette époque, et en répandre une quantité égale au printemps suivant, sur les plantes en végétation. »

§ III. — SEMAILLES DE PRINTEMPS.

Dans le mois de mai on termine à peu près les semailles dites de printemps. J'emprunterai à M. Moll, sur ces derniers travaux, des renseignements pleins de concision et de clarté, inspirés par une longue et bonne pratique.

A. Cameline.

La cameline est une plante oléagineuse qui se cultive comme la moutarde; on sème même souvent ces deux récoltes ensemble. Son produit en graines et en huile est moindre que celui de la moutarde; mais elle a le grand avantage de n'être attaquée par aucun insecte, et de manquer très-rarement. On sème 10 litres de graine par hectare; on récolte en moyenne 10 hectolitres.

B. Chanvre.

Le chanvre veut un sol profond, meuble, et surtout riche. On ne saurait jamais trop fumer. Cette plante est du petit nombre de celles qui, au moyen d'engrais, peuvent revenir chaque année sur le même terrain. Le chanvre ne convient, dans la grande culture, que lorsqu'il est cultivé par la méthode alsacienne, qui consiste à l'arracher dès que les fleurs mâles ont paru. Pour la production de la graine, on en sème quelques pieds isolés dans des champs de pommes de terre ou autres. Chaque pied, pouvant s'étendre, produit beaucoup de semence. La quantité ordinaire, lorsqu'on veut avoir une très-belle filasse, est de 250 ou 300 litres par hectare. On recouvre à la herse et l'on répand après la semaille une partie du fumier qu'on destinait à la récolte. De cette manière, les jeunes pousses sont garanties des attaques des moineaux, qui en sont très-friands.

On cultive, dans quelques parties du Midi, une variété particulière, connue sous le nom de *chanvre du Piémont*, qui s'élève beaucoup plus haut que la variété ordinaire. Il faut au chanvre du Piémont une terre fort riche et un climat chaud. Sa filasse est grossière, mais excellente pour la corderie.

C. Colza et Navette d'hiver.

Le colza et la navette d'été sont deux plantes distinctes, de même que le colza et la navette d'hiver, dont elles ne diffèrent que par la brièveté de leur végétation. On les sème dans le courant de ce mois; l'époque de la récolte est en septembre. Ces plantes exigent un sol riche et frais. On leur consacre ordinairement des terrains bas, sujets au déchaussement et aux inondations d'hiver. Dans quelques contrées, notamment aux environs de Vitry-le-Français, les assolements triennaux mettent aussi la navette d'été dans la jachère. Toutefois, comme on ne fume pas plus qu'auparavant, cette culture a mis le sol en triste état dans plusieurs localités.

Le produit de ces deux plantes est très-variable; rarement il s'élève au delà de 12 hectolitres de graine par hectare. Cette graine passe pour être moins riche en huile que celle des récoltes hivernales.

D. Haricots.

On ne cultive dans les champs que les variétés naines, qui n'ont pas besoin d'être ramées. Le haricot aime un sol argilo-sablonneux meuble, propre et fertile; il supporte mieux la sécheresse que l'humidité. En Alsace, où l'on en cultive beaucoup, le semeur suit la direction des sillons du labour, et, à chaque pas, laisse tomber trois ou quatre grains, qu'il recouvre en marchant dessus. Après la semaille, on passe le rouleau. On peut aussi semer avec le *semoir à brouette*, et mettre alors en lignes distantes de 50 centimètres. Un hectolitre et demi de semence suffit pour un hectare. En Alsace, on récolte souvent 25 hectolitres par hectare; la moyenne est de 15; comme les haricots sont toujours d'un prix élevé, c'est une récolte fort avantageuse, et qui devrait être plus répandue. On en a plusieurs variétés; les blancs se vendent au plus haut prix; mais ce sont, en général, les moins productifs et les plus casuels.

On sème fréquemment les haricots dans les lignes entre les pieds de maïs. Ces derniers doivent être alors à 90 centimètres au moins de distance les uns des autres.

Les haricots semés dans les champs se cultivent tous pour la graine, qui fournit un des aliments les plus nourrissants du règne végétal. Un carré de haricots ne devrait manquer dans aucune ferme, ne fût-ce que pour la consommation du ménage.

E. Millet.

On cultive beaucoup de variétés de millet, qui toutes se rapportent à deux espèces bien distinctes, le millet à *panache* (à panicule), et le millet à *épi* ou millet des oiseaux. La première espèce a la graine plus grosse et de meilleure qualité; elle croît aussi plus promptement et se contente d'un sol plus léger et d'un climat moins chaud que la seconde; mais elle donne un produit moindre, mûrit inégalement et perd facilement sa graine; elle est par conséquent d'une récolte très-difficile, et la paille qu'elle fournit est de moindre qualité que celle du millet à épi. Le millet exige un climat sec et chaud, un sol léger, profond, fertile, et surtout propre; sans cette dernière condition, sa culture devient très-coûteuse, à cause des binages qu'elle nécessite. En général, cette plante est plutôt du domaine de la petite que de la grande culture.

On sème le millet à la volée ou en lignes à 50 centimètres de distance, sur un sol parfaitement émietté. La semence, dont on répand 30 à 35 litres par hectare, doit être de bonne qualité, sans quoi la récolte sera très-sujette au *charbon*.

Le millet donne en moyenne, sur un terrain convenable, 25 hectolitres par hectare. L'hectolitre pèse environ 70 kilogr., qui donnent environ 42 à 44 kilogr. de graine

mondée (dépouillée de l'enveloppe extérieure).

On cultive fréquemment le millet pour fourrage. Tous les bestiaux le mangent avec plaisir; on lui fait à la vérité le même reproche qu'au maïs, de ne pas donner autant qu'il promet : toutefois il a sur celui-ci l'avantage de ne pas coûter autant de semence et de venir plus promptement.

§ IV. — PLANTATIONS.

« Le plant de pépinières semées en mars, dit Mathieu de Dombasle, pourra être bon à repiquer vers la fin de mai ou dans le courant de juin. Les betteraves donnent rarement une récolte abondante lorsqu'on les transplante après le 15 juin, si ce n'est dans les sols très-riches et dans les saisons pluvieuses; mais les autres plantes dont je parle plus loin peuvent très-bien se repiquer plus tard, lorsqu'on les destine à rester en terre jusqu'au printemps, pour être consommées à cette époque, comme on peut le faire dans l'ouest et le centre de la France, où les hivers ne sont pas rudes. De toutes ces plantes, le chou est celle qui exige le sol le plus riche et le plus frais. Pour les transplantations faites à cette époque, on a eu le temps de préparer complétement le sol par plusieurs labours, ou par un ou deux labours à la charrue, et autant de culture à l'extirpateur, ce qui fait une demi-jachère très-efficace, si les cultures ont été données avec soin.

« Les betteraves, choux-navets et rutabagas seront plantés en lignes tracées au rayonneur, sur la terre bien hersée, et espacés de 65 à 75 centimètres; on mettra les plants de 22 à 33 centimètres de distance dans la ligne, selon la richesse du sol. Pour les plantations un peu tardives, on peut rapprocher un peu davantage les plants. Vingt ouvriers plantent aisément un hectare dans la journée, en se servant du plantoir ordinaire des jardiniers.

« Pour les choux de grandes espèces, on espacera les lignes de 67 centimètres à

1 mètre, avec une distance proportionnée entre les plants dans les lignes, selon la grandeur des espèces. »

§ V. — RÉCOLTES.

C'est ordinairement pendant le mois de mai que l'on fait la première coupe de la *luzerne*. On fauche aussi le *trèfle incarnat* et la *spergule* semée en mars, ainsi que les *vesces d'hiver* semées avec du seigle, comme cela se pratique en Belgique.

Les vesces semées seules se coupent seulement en juin. Il est toujours avantageux de couper le plus tôt possible les fourrages verts au printemps, parce que cette récolte un peu prématurée tend à accroître le nombre de celles qui doivent suivre.

Dans les régions de l'ouest et du sud, on fauche l'*avoine d'hiver* qui a été semée en septembre.

On fauche la *chicorée sauvage* quand les feuilles et les tiges ont atteint environ $0^m.30$ de hauteur. Il ne faut pas attendre trop longtemps, parce que les tiges deviennent ligneuses, durcissent et sont refusées par les animaux.

Dans la région du midi, on récolte le *sainfoin*, l'*orge-escourgeon* et la *gesse cultivée*. On fauche cette dernière lorsqu'elle est en pleine fleur ou lorsque les gousses des premières fleurs sont déjà formées et apparentes. Coupée en temps opportun, c'est-à-dire quand la plupart des fleurs sont développées, la gesse cultivée fournit un aliment vert excellent et moins échauffant que la production verte des vesces ; ce fourrage convient aux brebis et agneaux.

On récolte aussi le *timothy* et le *vulpin des prés*. Le premier donne un bon foin, un peu gros ; on le fauche quand il commence à épier ; les bêtes à cornes et les chevaux le consomment avec avidité. Le second fournit un foin aussi fin que le ray-grass, dont les ruminants se montrent très-avides.

On peut faire pâturer la *lupuline*, la *serradelle* semée en septembre, la *spergule* semée en mars, si on ne préfère pas la fau-

cher, et enfin la *vesce d'hiver*. La lupuline est pâturée par les bêtes à laine et même par les bêtes à cornes et les chevaux. Cette légumineuse ne météorise pas les animaux.

§ VI. — PRAIRIES NATURELLES.

J'emprunterai à un charmant livre de M. Joigneaux, les *Champs et les Prés*, la manière de transformer en prairies de vieilles terres cultivées.

« Dans ce cas, dit le maître, commence par les fumer copieusement avec des engrais bien pourris ; ensuite tu y planteras, soit des pommes de terre, soit des betteraves, soit toute autre plante sarclée qui t'obligera de biner et nettoyer le mieux possible les champs en question. Aussitôt après la récolte des tubercules ou des racines, tu donneras un coup de charrue préparatoire, et un second coup à la sortie de l'hiver ; tu feras suivre ce labour de hersages croisés ; tu sèmeras une avoine, et dans cette avoine des graines de pré que tu enterreras très-légèrement avec la herse à dents de bois. Puis tu rouleras, autant que possible, avec le rouleau squelette ou le rouleau pied de mouton. Comme dans le premier cas, tu obtiendras de l'herbe déjà forte et bien enracinée à l'approche de l'hiver. Mais note bien ceci : pour que l'opération réussisse, ne sème pas ton avoine trop serrée ; sème-la, au contraire, un peu claire, afin qu'elle n'étouffe pas la jeune herbe. Sous les climats tempérés, tu pourrais, en outre, semer les graines de pré en même temps que le froment d'automne, ou toutes seules vers la fin d'août, ou enfin au mois de juin, dans une récolte de sarrasin ; mais, tout bien compté et bien prévu, il y a, je le crois, de l'avantage à s'en tenir aux semailles de printemps, soit en même temps que l'avoine ou l'orge, soit même après la levée de ces deux céréales ; ce qui n'empêche ni de herser légèrement, ni de rouler.

« — Pour que l'on sème ainsi deux récoltes en même temps, dit Jean-Pierre, il y a donc profit bien sûr à le faire?

« — Les cultivateurs le croient, répondit M. Mathieu, mais la question est encore à débattre. On est enchanté de ne pas avoir d'interruption dans les récoltes; mais l'on ne s'aperçoit pas que l'avoine ou l'orge vivent de quelque chose, que ce quelque chose-là est pris sur la nourriture de l'herbe, et que ce que l'on croit gagner d'un côté pourrait bien être perdu de l'autre. Je t'assure que si j'avais affaire à une terre bien préparée, j'y sèmerais tout de suite ma graine de pré au printemps, au risque de faire rire les voisins, et dès l'automne de la même année je pourrais faire pâturer l'herbe par les moutons. Avec l'ancien système, on est obligé d'attendre l'année suivante.

« — On dit pourtant que les moutons broutent l'herbe jusqu'au collet.

« — C'est vrai; mais c'est égal : l'herbe ainsi broutée ne gazonnera que mieux; et puis, remarque qu'elle sera fumée sur place et repoussera à faire plaisir. En m'y prenant ainsi, j'aurai une prairie en plein rapport dès la seconde année; autrement, il ne faut y compter qu'à la troisième, à moins que ce ne soit dans les contrées humides qui se rapprochent du Nord, et où quelquefois la graine de foin semée à la sortie de l'hiver fournit déjà une coupe passable à la fin de l'été.

« — Est-ce qu'il n'y a pas de choix parmi les graines de pré? demanda Jean-Pierre.

« — Oh ! que si, mon garçon. Dans nos villages, lorsqu'on fait des prairies naturelles, on a la fâcheuse habitude d'ensemencer avec du poussier de foin qui contient plus de mauvaises graines que de bonnes. Or qui sème de l'ivraie est parfaitement sûr de ne pas récolter du froment; qui sème de la mauvaise herbe ne saurait non plus en récolter de la bonne. Ce qu'il y a de mieux à faire en pareil cas, c'est de prendre la peine de récolter soi-même sa semence au moment où mûrissent les graines des plantes que l'on sait d'excellente qualité. C'est, je le sais, une besogne lente,

longue et ennuyeuse; mais je sais aussi que le temps employé à l'exécuter sera toujours bien payé par les résultats. Si l'on ne veut pas se donner cette peine, on peut acheter sa semence chez les grènetiers des grandes villes, qui la font payer de 45 à 60 francs pour l'hectare. C'est cher, il est vrai; mais il ne faut pas y regarder de trop près. Quand on sème un pré, ce n'est ni pour six mois, ni pour un an.

« La nature des graines à semer, continua M. Mathieu, varie nécessairement plus ou moins avec la nature des terrains, leur état de sécheresse ou de fraîcheur et les climats sous lesquels on opère. Ainsi, pour notre compte, si nous avions à semer de la graine de foin dans des prés secs et un peu arides, nous choisirions, parmi les graminées, la flouve odorante, qui réussit dans tous les sols; la brize moyenne, jolie petite plante connue encore sous le nom d'amourette tremblante; la houlque laineuse, qui s'accommode aussi de tous les sols; l'arrhénatère élevée ou fromental; l'avoine jaunâtre; la fétuque rouge des prés secs calcaires, et enfin l'ivraie vivace, qui est le ray-grass des Anglais et pousse à peu près bien dans toutes les terres comme sous tous les climats. Dans la même circonstance, et pour varier le plus possible les plantes fourragères, je sèmerais avec les graminées que je viens de citer un peu de pimprenelle vivace, qui fleurit de mai jusqu'en septembre; d'anthyllide vulnéraire, qui affectionne surtout les terrains secs calcaires et fleurit de mai en juillet. J'adjoindrais à ces plantes le trèfle rampant ou coucou blanc, qui croît dans les terrains secs les plus médiocres et donne ses fleurs blanchâtres de mai en septembre; le trèfle jaunâtre, qui recherche les terres sèches et montueuses des terrains primitifs, autrement dit granitiques, schisteux, siliceux; la luzerne, la lupuline ou minette, qui, tout en affectionnant les prés frais et riches, ne laisse pas de pousser assez bien dans ceux qui sont secs et pauvres, et destinés au pâturage; le lotier corniculé, qui réussit partout; la véronique officinale; la brunelle commune et la centaurée jacée.

« Si, au lieu d'avoir affaire à des terrains secs et d'une végétation peu active, j'avais à ensemencer en pré des terres fraîches, mais pas trop humides, j'y sèmerais la phléole des prés, le vulpin des prés, le dactyle pelotonné et le paturin des prés. Je pourrais même y ajouter avec avantage la fétuque des prés et l'agrostide traçante. Rien n'empêcherait non plus d'y mettre celles des graminées qui vivent dans tous les sols et que je te citais tout à l'heure, comme qui dirait la flouve odorante, la houlque laineuse, l'arrhénatère élevée ou fromental et l'ivraie vivace ou ray-grass. En dehors des graminées, je pourrais semer encore, pour compléter la chose, l'achemille commune, qui demande les terrains primitifs, granit ou schiste, et fleurit de mai à juin; le trèfle des prés à fleurs d'un rouge clair, qui aime les terres argileuses fraîches et les climats humides; la luzerne cultivée ou ordinaire; la lupuline ou minette; le lotier corniculé; la bugle rampante; la centaurée jacée; le carvi officinal ou cumin des prés, propre surtout aux terrains argilo-calcaires; le selin à feuilles de carvi, qui aime l'humidité, et enfin le silaüs des prés, qui recherche aussi les argiles fraîches.

« — Tout ceci est bel et bon, dit Jean-Pierre; mais une chose m'embarrasse : c'est la quantité des diverses graines à mettre ensemble pour qu'il n'y ait rien à redire sur les proportions.

« — C'est, répondit M. Mathieu, une affaire d'appréciation que je laisse au jugement ou à la fantaisie de ceux qui ont l'intention de créer des prairies permanentes. Il me suffira, pour te jalonner la route et t'empêcher de prendre trop à droite ou trop à gauche, de te dire que, si chacune des graines de graminées devait être semée seule, il en faudrait par hectare 5 kilos pour l'agrostide traçante; 100 kilos pour l'arrhéna-

tère élevée ou fromental; 40 kilos pour le dactyle pelotonné; 50 kilos pour la fétuque des prés; 25 kilos pour la phléole des prés; 25 kilos pour la houlque laineuse; 40 kilos pour l'ivraie vivace ou ray-grass, et 20 kilos pour le paturin des prés. Tu vois, d'après ces chiffres, que les unes tallent beaucoup, tandis que les autres ne tallent guère; à toi maintenant de les mélanger pour le mieux, de manière à n'avoir ni trop des unes ni pas assez des autres.

« — Cela suffit, monsieur Mathieu. J'ai mon terrain, mes graines sont semées, l'herbe pousse, les moutons l'ont broutée; les gazons sont faits, le voici en plein rapport. N'ai-je plus à présent qu'à me croiser les bras?

« — Non, pardieu ! tu auras à t'occuper des irrigations, à étendre les taupinières au printemps, soit avec la houe, soit avec l'étaupinoir; tu devras, à la même époque, fumer ta prairie avec des engrais légers, tels que composts de boues, de cendres de bois, de plâtras, de feuilles pourries, arrosés d'eaux de fumier, de lessive et de savon, ou bien encore avec du fumier de porc ou des pailles de colza et de navette pourries dans les égouts de basse-cour; ou bien enfin tu les arroseras à diverses reprises dans l'année, trois ou quatre fois par exemple, avec du purin étendu de quatre ou cinq fois son volume d'eau. Cette dernière manière de fumer les prairies est la manière anglaise, et c'est la bonne. En voici la preuve : — quand nous récoltons, nous autres, de 9 à 12 milliers de foin sec par hectare, non compris le regain, nous sommes contents; les Anglais, eux, vont au double et ne se contentent pas encore. Imitons-les; ne laissons point perdre les eaux de fumier, fabriquons-en même comme eux en délayant du fumier bien pourri dans de l'eau; puis arrosons en veux-tu en voilà. Nous n'obtiendrons pas ainsi de l'herbe de toute première qualité, c'est sûr; mais elle ne sera pas non plus de qualité mauvaise, et, en revanche, nous en aurons des chariots à ne plus savoir où loger le fourrage. Alors, au lieu d'envoyer nos bêtes par les champs, nous pourrons les nourrir à l'étable une bonne partie du jour; nous pourrons, sans inconvénient, augmenter le nombre de têtes. Il s'ensuivra que nous fabriquerons plus de fumier qu'à présent, qu'il nous sera facile de mieux engraisser nos terres, de récolter plus en paille et en grains, en un mot, de gagner plus de pièces de cinq francs que nous ne gagnons de gros sous à cette heure.

« Remarque bien, Jean-Pierre, quel'herbe des prés ne vit pas plus de l'air qui court que l'herbe des champs. Si tu la nourris mal, elle poussera mal; si tu la nourris bien, elle te remboursera largement de

tes sacrifices. C'est ce que les cultivateurs ne veulent pas se mettre en tête. La plupart. s'imaginent que les prairies se contentent des irrigations, que l'eau nourrit suffisamment pour qu'on n'ait plus besoin de s'en occuper. C'est là une grosse erreur, ne l'oublie pas : l'eau conduit les engrais, les porte aux racines, rafraîchit les plantes qui ont soif, mais elle ne leur donne pas grande force par elle-même. Les eaux que l'on dit bonnes sont celles qui roulent du limon, de la terre neuve, de l'engrais des terres labourées; mais ne me parle point des eaux claires, de celles qui ne roulent rien. Veux-tu les rendre bonnes, celles-ci? Fais-les passer d'abord dans un large trou rempli de fumier, de cendres

Fig. 26. — Crémeuse de M. Élie Neveu.

et de chaux; remue bien le tout au moment où elles passent, et lance-les ensuite dans les rigoles. Ainsi traitées, les eaux se chargeront d'engrais et deviendront excellentes; alors même qu'elles t'arriveraient d'un marais, d'une fange, d'un bois, et seraient acides, elles perdront leur acidité en passant.

« Fumer les prairies tous les ans, c'est le seul moyen de les améliorer et d'en tirer de grosses ressources. »

CHAPITRE III

Travaux de la ferme.

§ Ier. LA LAITERIE.

Lorsque j'ai parlé de la laiterie (p. 50), j'ai indiqué, d'après les bons auteurs, quelles précautions il fallait prendre pour écrémer le lait; j'ai aussi fait connaître la forme des principales espèces de vases à lait. On me signale un appareil fort ingénieux (fig. 26), inventé par M. Élie Neveu, et qui est en usage en Auvergne et en Limousin. Elle se trouve chez M. Peltier, à Paris. Cet appareil se compose d'une espèce de cuvette en fer-blanc supportée par quatre pieds, percée au fond par un trou qui se ferme à l'aide d'un robinet. Un couvercle en bois s'adapte sur la cuvette, conserve la température du lait en même temps qu'il le met à l'abri de la poussière. Deux cheminées grillées, pratiquées dans ce couvercle, permettent la libre circulation de l'air. On fait évacuer le lait par le robinet inférieur avant de recueillir la crème.

La baratte du même fabricant (fig. 27) peut aussi rendre de bons services.

Pour écrémer dans les vases ordinaires, on se sert d'une cuiller en fer-blanc ou en fer battu, fort amincie sur les bords, afin qu'elle puisse être facilement introduite entre la crème et le lait.

« Pendant la belle saison, dit madame Millet-Robinet, le lait peut, selon l'élévation de la température, qui a une grande influence sur la rapidité ou la lenteur de la séparation de la crème, être écrémé 12, 15, 18, 24 ou 36 heures au plus après avoir été trait. Il n'est nullement nécessaire que le lait soit caillé pour l'écrémer, et on n'obtient même du beurre réellement délicat qu'en prenant la crème du lait non caillé ;

Fig. 27. — Barratte de M. Elie Neveu.

il suffit que la crème soit montée, et qu'en écrémant il soit facile de constater la séparation du lait et de la crème, qui est alors bien plus liquide que lorsqu'on a laissé cailler le lait, sans être moins propre à la fabrication du beurre. Elle forme quelquefois une sorte de peau très-ferme sur le lait non caillé : c'est un indice des plus favorables; le beurre qu'on en obtient est d'une qualité très-supérieure. En hiver, il faut un peu plus de temps, et la crème ne

devient jamais aussi épaisse qu'en été ; mais le beurre ne perd rien de sa qualité pour cela. En employant la cuiller en fer-blanc, la séparation de la crème se fait très-facilement et sans perte. »

Il n'y a probablement pas une seule ferme en France où l'on ne fabrique du fromage. Dans nos campagnes, on se sert, pour presser le fromage, d'instruments tout à fait primitifs. Le plus simple et le plus naïf de ces appareils, c'est la presse ;

il se compose d'une table portée par quatre pieds ; une rigole circulaire entoure l'endroit où l'on place le fromage, et sert, à l'aide d'une gorge, à l'évacuation du petit-lait. A l'une des extrémités de la table sont placées deux tiges qui passent par deux trous pratiqués dans la planche qui doit couvrir le fromage ; à l'autre extrémité, il n'y a qu'une tige dans laquelle sont pratiqués des trous. La planche supérieure, chargée de deux à trois grosses pierres, glisse dans les trois tiges. Une cheville, placée dans l'un des trous de la tige isolée,

sert à régler la pression. On voit que cette machine est on ne peut plus rustique, et qu'il est difficile d'obtenir d'un mécanisme pareil (si on peut appeler cela un mécanisme) l'égalité continue de pression qu'exige la bonne fabrication des fromages.

On emploie depuis une vingtaine d'années, en Angleterre, une presse à fromage fabriquée par M. William Dray ; elle consiste en une espèce de plate-forme ronde à jour, formée par des lames de fonte sur champ et entre-croisées de manière à lais-

Fig. 28. — Presse à fromage.

ser couler le petit-lait qui s'échappe du moule placé sur cette plate-forme. L'appareil est soutenu par quatre pieds.

Au-dessus de la plate-forme est suspendu un plateau mû par une vis verticale maintenue dans une boîte en fer. Cette vis fait monter ou descendre ce plateau, au moyen duquel s'exerce la pression. Un système d'incliquetage fort ingénieux, commandé par un bras de levier, à l'extrémité duquel se trouve un poids curseur, imprime à la pression opérée par le plateau une intensité progressive proportionnelle à la diminution de la résistance; car on a remarqué que la densité du fromage aug-

mentant par le tassement de ses molécules, la pression diminuerait au bout d'un certain temps.

La presse de M. Bockelman (fig. 28) est plus simple que celle de M. Dray. Elle peut exercer une pression progressive, mais avec le concours d'une personne ; tandis que, dans la presse de Dray, la pression augmente par le fait même de la diminution de la résistance. A est un levier du premier genre servant à soutenir l'extrémité du levier du second genre E, et à augmenter la pression à mesure que la résistance diminue, en portant successivement l'extrémité du levier A des crochets inférieurs aux crochets supérieurs. On remplit la caisse B d'une quantité suffisante d'objets lourds pour obtenir le degré de pression nécessaire. C'est une forme à fromages percée de trous pour laisser échapper le petit-lait qui tombe sur la table à évier D, garnie de rebords sur trois de ses côtés.

Cette presse peut facilement être construite par un ouvrier de village.

§ II. LA POMPE À PURIN.

Une pompe à purin est un instrument indispensable pour le bon entretien des fumiers (voir p. 14). Il faudrait, autant que possible, dans une ferme modeste, avoir une pompe qui pût servir à l'arrosement des fumiers, des jardins, et même devenir d'un utile secours en cas d'incendie. La pompe de M. Faure (fig. 30) remplit, à mon avis, toutes ces conditions. Je l'avais remarquée l'année dernière au concours régional de Versailles, parmi les instruments exposés par M. Peltier. Son tuyau d'appel plongeait dans la pièce d'eau des Suisses, et son tuyau d'émission lançait l'eau à une très-grande distance avec très-peu d'efforts.

Elle est formée de deux plateaux ou chapelles, l'un supérieur, l'autre inférieur, séparés par un cercle en tôle qui sert de réservoir d'eau, et c'est dans ce réservoir que se trouve le corps de pompe. Quatre clapets en cuivre, s'ouvrant alternativement, deux par deux, donnent passage à l'eau aspirée et à l'eau refoulée. C'est ce jeu de clapets qui fait que cette pompe, tout en n'ayant qu'un seul corps de pompe, est aspirante et foulante; à chaque oscillation du balancier elle aspire et refoule en même temps. La chapelle supérieure a un conduit qui facilite le passage de l'eau dans l'un et l'autre cas.

Les clapets, qui sont en cuivre, reposent sur des embasses aussi en cuivre; comme les surfaces sont ajustées au tour, le joint est toujours bon et bien fait : ces clapets ne peuvent se déranger, car il y a des guides qui les maintiennent en place.

Quatre tiges taraudées, vissées dans la chapelle inférieure et boulonnées sur la supérieure, maintiennent l'appareil en place. Ces pompes s'appliquent à tous les usages. Comme pompes à arroser, elles sont placées sur de simples brouettes; comme pompes domestiques, on les descend dans des puits-citernes, et on les met en mouvement par un volant, balancier ou moteur. Comme pompe à incendie, elles se placent sur un chariot portant une bâche.

Elle est montée sur une brouette et peut être transportée partout. Elle peut fonctionner à bras ou à l'aide d'un moteur, et peut produire de 30 à 1,000 litres à la minute selon le numéro. Il y a neuf numéros, ce qui la met à la portée de toutes les exploitations. Le système d'aspiration est très-simple et peut être réparé par un ouvrier de la campagne.

§ III. LES MAGASINS.

On a fait de longues dissertations sur la nécessité d'adopter, dans les transactions commerciales et dans les marchés, des mesures ou des poids uniformes, et, malgré les bonnes raisons des réformateurs, la routine l'a emporté, même sur les exigences de la loi.

On a été obligé d'adopter le kilogramme; mais on s'est rapproché autant que possible des anciennes quantités en les traduisant en kilogrammes.

On a été obligé d'adopter le litre; mais on a formé avec le litre des combinaisons tendant à reproduire les anciennes mesures.

Je n'ai pas à rentrer ici dans cette longue discussion; mais, quelle que soit l'unité de poids ou de mesure adoptée par le cultivateur, il y a des denrées qui doivent toujours être pesées, car on ne pourra se rendre un compte exact des progrès de l'étable et de l'efficacité de certains régimes, si on ne pèse pas les animaux. Pour peser les denrées, une bonne balance-bascule est indispensable. C'est l'instrument de pesage le plus commode que l'on puisse employer;

il n'exige qu'un assortiment de poids restreint (1 kilogr. pèse 10 kilogr.), ou pas du tout de poids si l'on a un bras de romaine, tandis que le tablier offre de grandes facilités pour les objets encombrants que l'on peut avoir à peser.

S'il s'agit des animaux, et surtout d'animaux d'un grand poids, la balance-bascule ordinaire est inefficace, et l'emploi d'une bascule spéciale devient nécessaire.

La bascule de M. Béranger (fig. 29) don-

nera une idée de cet utile instrument. A est le bras de la romaine avec son poids curseur; à l'extrémité de la romaine est un petit tablier destiné à recevoir les poids pour la régler. La tige B sert de communication avec l'appareil de pesage placé sous le tablier C, où se place l'animal. Une barrière D, dans laquelle est pratiquée la porte E, entoure le tablier pour maintenir l'animal ou les animaux sur le plateau de la bascule.

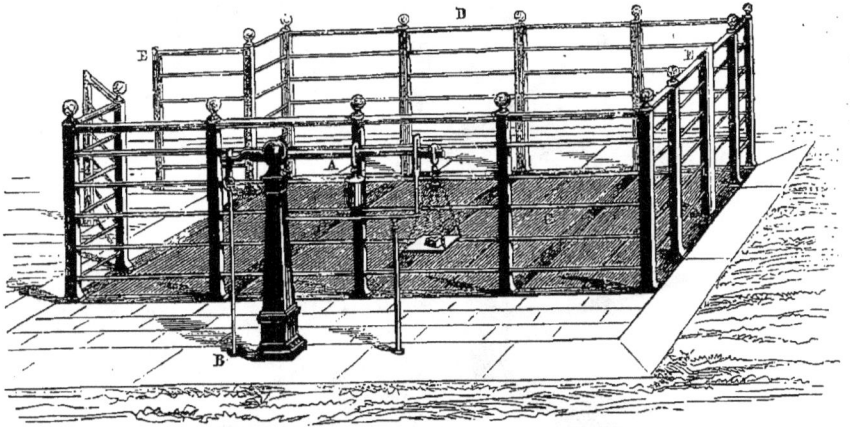

Fig. 29. — Bascule Béranger.

CHAPITRE IV

Travaux forestiers.

Les carrés de transplantations et les carrès de semis ont été binés en avril.

On doit éviter, aussi longtemps qu'on le peut, d'arroser les semis et les sujets transplantés, parce qu'une fois qu'on a commencé il faut continuer jusqu'à la pluie. Si toutefois la sécheresse était très-grande et menaçait de faire du tort, il faudrait bien se résigner à employer ce moyen. On a soin alors de donner une quantité d'eau suffisante pour qu'elle pénètre jusqu'aux racines intérieures. Lorsqu'on a beaucoup à arroser, et que l'eau n'est pas à proximité, on peut se servir avec avantage d'une hotte ordinaire, telle qu'on l'emploie pour le transport à dos des liquides; on pratique à la partie inférieure de cette hotte un

trou dans lequel on fait entrer un petit tuyau de fer-blanc qui se termine par un fourreau de cuir. L'ouvrier qui porte la hotte tient en main l'extrémité de ce fourreau, qu'il dirige à volonté et qu'il presse lorsqu'il veut empêcher l'eau de couler. Il peut arroser ainsi une grande étendue sans beaucoup de peine et sans se baisser.

Ce moyen peut également être employé dans la culture des champs pour les récoltes repiquées.

La plupart des essences feuillues demandent à être transplantées plusieurs fois. On peut éviter ce travail, qui ne laisse pas que d'être coûteux, et, malgré cela, obtenir du plant bien garni de chevelu, en coupant actuellement avec une bêche tranchante, et sans enlever le plant, les racines trop longues et même les pivots trop longs, ensuite on raffermit la terre autour du jeune arbre.

CHAPITRE V

Travaux spéciaux.

§ Iᵉʳ. — TRANSPORT ET ÉPANDAGE DES FUMIERS.

M. Gustave Heuzé vient de publier un travail très-important et très-intéressant sur cette question. J'en extrais quelques passages.

A. *Disposition des fumiers dans les champs.*

C'est au chef de l'exploitation qu'est dévolue la tâche de déterminer et la quantité du fumier à appliquer par hectare, et le poids, le volume que doivent avoir les tas de fumier dans les champs où il en conduit.

Dans les contrées où l'on comprend les avantages que présente une bonne répartition des engrais, les tas de fumier, ou *fumerons*, ont des poids à peu près égaux, et ils sont espacés très-régulièrement les uns des autres. La distance qui sépare les fumerons est le plus ordinairement de 7 à 8 mètres, ce qui donne, au moment de l'épandage, un jet de 3ᵐ,50 à 4 mètres. Quelques agricul-

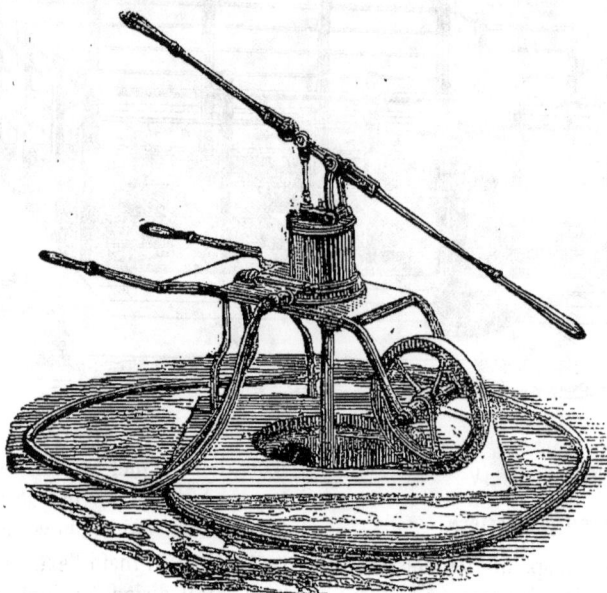

Fig. 30. — Pompe Faure.

teurs veulent que la distance qui sépare les tas soit de 10, 12 et 14 mètres ; cet éloignement est véritablement trop grand : il faut des ouvriers habiles, énergiques, pour qu'à une telle distance le fumier soit convenablement divisé et éparpillé. On ne doit pas oublier que moins le jet est considérable et plus la répartition du fumier est régulière.

Si les tas de fumier sont espacés les uns des autres de 7 mètres en tous sens, chaque tas couvrira une superficie de 49 mètres carrés et leur nombre par hectare sera de 204 ; et si la fumure à appliquer sur cette même superficie est de 40,000 kilog., le poids de chaque fumeron sera

$$\frac{40,000 \text{ kilog.}}{208} = 186 \text{ kilog.}$$

Une voiture de 1ᵐ.25 cube de fumier, soit 900 kilog., contiendrait donc 5 fumerons.

Le moyen le plus certain de déterminer sur-le-champ les points où doivent être placés les fumerons consiste à tracer, au moyen d'une charrue, des lignes parallèles dans le sens de la longueur et de la largeur de la pièce. Chaque point d'intersection des lignes indique les endroits où les tas de fumier doivent exister. On peut aussi recourir à des jalons, mais ce moyen de déterminer la direction des *chaînes* ou lignes de fumerons et la distance qui doit les séparer les uns des autres ne peut être suivi avec avantage que par des laboureurs très-exercés à cette opération. Il faut se rappeler que les premières lignes ne doivent pas être tracées à 7 mètres des côtés du champ ni dans le sens de sa longueur ni dans celui de sa largeur; si les premières lignes avaient été ainsi déterminées, les fumerons qu'on y déposerait auraient à couvrir une superficie carrée plus grande que ceux placés sur les lignes intermédiaires, c'est-à-dire à l'intérieur du champ.

Ainsi, soit une planche de 24^m, 50 de largeur à couvrir de fumier; si les chaînes sont placées suivant les lignes AA, BB, CC (fig. 31), et celles DD, EE, FF, GG, les fumerons ou tas de fumier situés en o,o,o, o,o,o, à l'intersection des lignes longitudinales et transversales, seront éloignés des bords de la planche ab et ad de 7 mètres; ces tas de fumier devront donc couvrir, indépendamment de la superficie comprise entre les bords de cette planche et les li-

gnes A,A et D,D, la moitié de celle déterminée par les lignes A,A et B,B et celles D,D et E,E, c'est-à-dire une superficie carrée de 75^m. 50 et de 110 mètres, suivant la situation des fumerons; tandis que ceux situés en s,s,s,s,s,s, n'auront à couvrir que 49 mètres, étant espacés les uns des autres de 7 mètres et des lignes ponctuées de $3^m,50$ seulement. Pour éviter ces inconvénients, qui nuisent toujours à une égale répartition de l'engrais, il faut diviser la largeur de la planche par un nombre compris entre 7 et 10 en maximum, ce qui donne le nombre de lignes de fumerons, et prendre ensuite la moitié du diviseur: le dernier résultat indique la distance qui doit exister entre la première ligne et le bord de la planche, Ainsi,

$$\frac{24}{8} = \text{lignes de fumerons.}$$

la moitié de 8=4; c'est donc à 4 mètres des limites op et ot (fig. 32) de la planche qu'il faut tracer les premières lignes 1, 1 et 4,4, suivant la longueur et la largeur du terrain. De cette manière, les fumerons a,a,a,a,a,a, couvriront une superficie carrée de 64 mètres, et cette surface sera égale à celle sur laquelle seront étendus les tas i,i,i,i,i,i, placés aux intersections des lignes 2,5; 2,6; 2,7; 3,5; 3,6; 3,7.

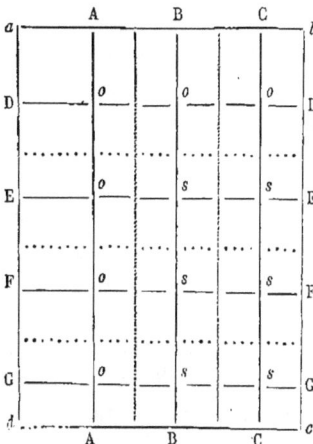

Fig. 51. — Planche à couvrir de fumier.

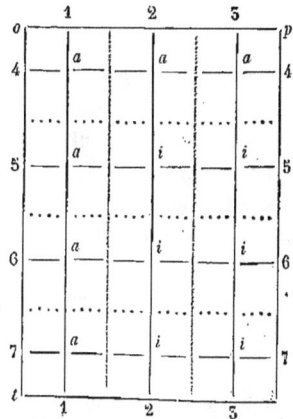

Fig. 32. — Planche divisée selon la méthode de M. Houzé.

On doit donc poser comme principe que les fumerons qui bordent les côtés d'un champ doivent être éloignés de ces bords d'une distance égale à la moitié de l'intervalle qui doit exister entre tous les fumerons.

Quand on constate, lorsqu'on arrive au bout des lignes, que la distance de l'emplacement du dernier tas à la limite du champ est plus forte ou plus faible que cette moitié, on proportionne le poids des derniers tas avec la surface qui reste à fumer ou à couvrir.

Lorsque les champs sont unis et peu déclives, le fumier doit être réparti très-uniformément, et tous les fumerons doivent avoir le même volume, le même poids. Dans les terrains en pente, on s'éloigne souvent de cette règle, et les parties hautes reçoivent une quantité d'engrais plus grande que les parties inférieures. Cette manière d'agir est rationnelle, parce que les eaux pluviales entraînent toujours vers les parties basses une forte partie des principes fertilisants des fumiers, surtout quand ces engrais sont employés à un état de décomposition avancée.

B. *Épandage des fumiers.*

L'épandage des fumiers est une des opérations agricoles les plus importantes. Aussi s'accorde-t-on généralement à reconnaître qu'elle doit être confiée à des ouvriers intelligents et surveillée avec beaucoup de soin par le cultivateur. Cet épandage se fait ou à la tâche ou à la journée. Le travail à la journée est préférable à celui qui est fait à forfait : le fumier est toujours mieux divisé, mieux étendu. Il arrive souvent, quand cet épandage est fait à la tâche, que la manière inégale suivant laquelle on éparpille le fumier entraîne des irrégularités de végétation qui indiquent que certains endroits ont reçu une surabondance d'engrais, tandis que d'autres en sont, pour ainsi dire, dépourvus.

Voici les règles à suivre pour obtenir une répartition convenable : un ou plusieurs ouvriers, suivant la quantité de fumier à répandre et l'étendue à fertiliser, armés de fourches, projettent l'engrais qui compose les fumerons sur l'étendue que chacun doit couvrir ; cette opération exige des hommes vigoureux, surtout lorsque le fumier est aggloméré et que le jet est de 3 à 4 mètres. Ces ouvriers sont suivis de femmes, de jeunes gens, d'enfants même, armés aussi de fourches, ayant pour mission de rompre, de diviser et étendre les agglomérations, les fourchées de fumier le plus également possible à la surface du sol, en évitant d'en mettre dans les dérayures. Les épandeurs doivent être accompagnés d'un homme intelligent chargé de les diriger et de veiller à la bonne exécution de leur travail. Lorsque le fumier est pailleux et chargé de crottin ou lorsqu'il est arrivé à un état de décomposition avancée, les ouvriers qui projettent le fumier doivent avoir la précaution, quand un fumeron a été dispersé, d'enlever au moyen d'une pelle les parties menues qui restent sur l'endroit du tas ; ces débris sont souvent trop petits pour être dispersés avec une fourche.

Le fumier de cheval est le plus facile à épandre ; celui de mouton est le fumier qui offre le plus de difficultés. Le fumier mixte, toujours moins pailleux que celui des chevaux, est certainement l'engrais qu'on répand le plus uniformément.

Dans les contrées où le sol est morcelé, où les façons se font à bras, on trouve avantage à épandre le fumier à la main. Cette opération, beaucoup plus dispendieuse que l'épandage fait par des ouvriers munis de fourches, est nécessaire, indispensable dans les cultures du lin, du chanvre, etc. C'est que le fumier divisé et éparpillé à la main, est mieux étendu sur la couche arable, et produit toujours une végétation plus soutenue et plus uniforme.

Les fumerons peuvent-ils séjourner sur le sol pendant quelques jours ? Le fumier ne doit-il être conduit qu'à mesure que les ouvriers peuvent l'étendre ?

Lorsqu'on examine ces deux questions

sous un point de vue théorique, on reconnaît que le fumier perd de ses propriétés fertilisantes quand il n'est pas éparpillé et enterré le jour même où il a été conduit; mais, si les faits démontrent: 1° que les parties volatiles qui se dégagent des fumerons se répandent dans l'atmosphère ou y sont entraînées par le vent; 2° que les pluies lavent les parties animales et végétales qui constituent le fumier; 3° que les liquides qui s'écoulent des tas et qui pénètrent dans le sol augmentent souvent d'une manière fâcheuse la végétation des plantes sujettes à la verse, on reconnaîtra qu'il est très-difficile, en pratique, d'éviter ces pertes et ces inconvénients, et de suivre les règles admises par la théorie. Tout cultivateur doit agir de manière à laisser le fumier en tas le moins longtemps possible, afin qu'il ne reste pas exposé pendant plusieurs jours à l'action des pluies et de la chaleur. On sait par expérience que, par des temps pluvieux, la fumure offre toujours des inégalités, et que, par un temps sec, les fumiers qui ont fermenté se divisent moins aisément. C'est pour ces motifs que, dans les fermes bien dirigées, les fumiers déposés temporairement en tas dans les champs sont ordinairement éparpillés pendant les premiers jours qui suivent leur transport.

C. Enfouissement des fumiers.

Le fumier décomposé, c'est-à-dire celui qui a subi avant son application une fermentation convenable, est ordinairement bien enterré par la charrue si l'épandage a été parfaitement fait. L'enfouissement du fumier long, ou fumier pailleux, présente quelques difficultés, et dans la plupart des cas il est mal réparti dans la couche labourée. Pour enterrer ce fumier aussi bien que possible, il faut débarrasser la charrue de son coutre et la faire suivre par un enfant ou une femme. Cet ouvrier est muni d'une fourche et tire le fumier dans la raie, de manière qu'il soit bien enterré par la bande de terre que la charrue doit détacher et renverser à son prochain tour. Lorsque la charrue con-

serve son coutre et qu'elle n'est pas suivie par une ou deux femmes, le fumier s'amasse presque toujours en avant de l'étançon antérieur sous forme de paquets, est mal enterré et excède souvent la terre labourée. On comprend que, quand les faits se passent ainsi, il est difficile d'obtenir une répartition uniforme du fumier, bien qu'il ait été répandu très-régulièrement à la surface du sol.

Mais à quelle profondeur le fumier doit-il être enterré?

Cette question ne peut-être résolue sans que la profondeur de la couche arable, le climat que l'on habite, les plantes que l'on cultive, aient été pris en considération. Pour qu'un fumier puisse être véritablement utile aux plantes, il faut qu'il soit réparti uniformément dans toute l'épaisseur de la couche arable. Cependant il ne peut pas être placé à une profondeur moindre que le point où, le plus ordinairement, se maintient la fraîcheur, je veux dire l'humidité que réclament les plantes pendant leur végétation. Si l'engrais est placé au-dessus de ce point, il se dessèche, fermente mal pendant les chaleurs, et ne sert plus aux végétaux, puisque, ainsi placé, il ne peut plus subir, pour ainsi dire, les effets de la décomposition. C'est pour cette raison que les froments, les seigles, végétant sur les sols argilo-siliceux qui manquent de fraîcheur pendant l'été, parce que la couche arable est peu profonde et qu'elle réside sur un sous-sol inerte, sont toujours peu productifs, bien que les fumures appliquées aient été suffisantes. Mais, si l'expérience apprend chaque jour combien sont graves les inconvénients que présente une fumure enterrée trop superficiellement dans les pays méridionaux, dans les terrains secs, dans les sols qui ne retiennent que 12 à 15 pour 100 d'humidité à une profondeur plus grande que celle à laquelle est placé l'engrais, on doit, d'un autre côté, éviter d'enfouir les fumiers trop profondément dans les sols humides et dans les terres où les pluies peuvent entraîner les substances solubles qu'ils contiennent à une profondeur où les racines des plantes cultivées ne parviennent pas. C'est pour ces motifs que les fumiers, dans les contrées humides, dans les pays où il tombe annuellement beaucoup d'eau, dans les localités où ils sont appliqués quelques jours avant les semailles d'automne, sont, en général, enterrés le moins profondément possible.

Lorsque l'engrais est destiné à favoriser l'existence de plantes pivotantes, comme la luzerne, le sainfoin, la carotte, le panais, etc., on doit l'enterrer par un bon labour dont la profondeur est toujours déterminée par celle de la couche arable. Pour de telles plantes, il ne faut pas craindre de placer l'engrais trop bas, car il est certain que leurs racines se porteront toujours vers les points où il sera situé, ainsi que l'humidité. Les plantes annuelles ou bisannuelles, ainsi que les plantes à racines traçantes, demandent, au contraire, que les fumiers soient placés plus superficiellement.

§ II. — CULTURE DE LA VIGNE.

Dans les pays exposés aux gelées tardives, on donne les premiers labours en mai. Dans les autres contrées, et particulièrement dans le Bordelais, on donne les deuxièmes labours ou binages à la fin de mai. « Après avoir mis le second lien aux vignes échalassées, dit M. Moll, on les *rogne*, c'est-à-dire qu'on retranche les parties des sarments qui dépassent l'échalas. »

§ III. — SÉRICICULTURE.

Les soins que réclame la conservation des œufs des vers à soie, nous dit M. de Chavannes, étant les seuls dont les éducateurs aient à se préoccuper pendant tout le cours de ce mois, nous ne reviendrons pas sur les conseils que nous leur avons donnés à cet égard dans une précédente livraison.

Nous voulons aujourd'hui appeler leur attention sur une excellente pratique qui est établie dans certains cantons du département de Vaucluse. Tous les éducateurs savent combien la manière dont on dirige l'éclosion des vers à soie influe sur la santé et la vigueur de la chambrée, et, par conséquent, sur le poids de la récolte ; et cependant beaucoup d'entre eux, faute d'espace, de temps, d'appareils convenables, n'apportent pas, ne sauraient apporter à cette opération délicate et décisive tous les soins voulus. Les uns, pour simplifier la chose, placent leurs graines entre les matelas de leurs lits, la font porter par des femmes dans un sachet placé sous leur corsage. Les mieux avisés, en renonçant à ces procédés *barbares*, se trouvent dans un grand embarras, parce que leurs occupations journalières ne leur permettent pas de surveiller d'assez près et sans une perte de temps considérable la marche de l'éclosion, la température et l'hygrométrie de la boîte, de la chambre ou du cabinet renfermant la graine en travail.

Voici l'usage qui est généralement établi dans plusieurs communes situées sur les deux versants du Liberon.

Ce sont des entrepreneurs, désignés dans le pays sous le nom de *grainassiers*, qui se chargent, moyennant une rétribution d'un franc par once, de faire éclore la graine qu'on leur confie. Nous avons vu chez deux d'entre eux plus de soixante-dix lots de graine appartenant à autant de propriétaires différents, et composés chacun de cinq à vingt-cinq onces. Chaque lot est placé dans une boîte distincte, portant un numéro d'ordre et le nom du propriétaire.

Dès que les vers sont éclos, l'entrepreneur avertit celui à qui ils appartiennent, et, en attendant qu'ils soient enlevés, il leur donne les repas et les soins nécessaires.

On comprend que le *grainassier*, opérant en grand, peut disposer convenablement un local et consacrer tout son temps à cette surveillance incessante qui deviendrait trop onéreuse à chaque particulier. Nous ajouterons que nous n'avons eu qu'à féliciter les *grainassiers* que nous avons vus à l'œuvre de l'installation de leur atelier et des méthodes qu'ils suivaient pour favoriser le travail embryonnaire et préparer une excellente éclosion.

IV. — CULTURE DU HOUBLON.

J'emprunte à M. Moll les règles à suivre :

« Depuis quelques années, les brasseries s'étant multipliées, la culture du houblon s'est étendue et a donné d'assez grands avantages dans plusieurs localités. Cette plante peut être, du reste, assimilée à la vigne sous beaucoup de rapports. Les profits dépendent principalement de la qualité, qui elle-même semble tenir au sol et à l'exposition.

« Le houblon réussit presque partout ; mais il préfère un sol meuble, profond et naturellement riche. La meilleure exposition est au midi et à l'est ; la proximité des routes et autres lieux produisant de la poussière, diminue la qualité du produit.

« C'est en automne que se fait la plantation du houblon, lorsqu'on l'effectue avec des pieds enracinés, tirés d'une vieille houblonnière défrichée. Dans ce cas, on a une bonne récolte dès l'année suivante ; mais, lorsqu'on emploie des rejetons détachés de vieux pieds, c'est dans le courant d'avril ou dans la première quinzaine de mai que s'effectue cette opération ; on choisit les rejetons qui ont une racine grosse et charnue de 48 à 54 centimètres de longueur, et d'où partent quelques radicules. La plantation se fait en lignes distantes de 2 mètres ; on met un intervalle de 1m.66 entre les plants de la ligne.

« Le terrain doit avoir préalablement été défoncé à 50 centimètres de profondeur, soit à la bêche, soit à la charrue.

« Aussitôt que les pousses commencent à paraître, on leur donne des perches de 3 mètres, la première année, et de 5 à 6 mètres dans les années suivantes.

« Au lieu de ces supports, qui sont fort coûteux, on peut employer des fils de fer de la grosseur désignée dans les fabriques sous le numéro 19. Ces fils de fer, tenus aux deux extrémités par des pieux enfoncés obliquement, reposent, à tous les 50 ou 60 mètres de distance, sur un chevalet de 2 mètres environ de hauteur, formé par deux perches réunies à leur extrémité supérieure ; un échalas de 2 mètres à 2m.50 de longueur, se place auprès de chaque pied de houblon, et l'unit avec le fil de fer.

« Afin de conserver le fil de fer, on a soin d'en graisser la surface une fois chaque année, en faisant glisser le long des fils des chiffons de laine trempés dans l'huile.

« Le houblon exige beaucoup d'engrais ; aussi sa culture convient-elle dans les localités où l'on peut s'en procurer du dehors. Les chiffons de laine, la poudrette, les rognures de peaux et de cornes, et la matière fécale, conviennent particulièrement à cette plante. Ces substances doivent être mises contre chaque pied de houblon et recouvertes de terre. C'est au moment de la taille qu'on fume.

« La *taille* s'effectue également dans le courant de ce mois, et même en mars ; on déchausse chaque pied jusqu'aux grosses racines, et l'on met à nu le collet de la plante. Le but de la taille étant de réduire les jets à un petit nombre, on raccourcit convenablement la pousse qui portait les tiges de l'année précédente en ne lui laissant que deux ou trois yeux ou jets latéraux ; les autres sont coupés le plus près qu'on le peut des racines. Il faut pour cela un ouvrier exercé et un instrument bien tranchant.

« La taille exécutée, on couvre de terre meuble les racines et jets amputés ; on épand les engrais par-dessus, et l'on recharge le tout de la terre enlevée, en ayant soin de ne pas passer le point qui correspond aux jets qu'on a conservés.

« Dès que les pousses paraissent, on les butte légèrement à la main ou au buttoir. »

CHAPITRE VI

Animaux domestiques.

§ Ier. — LES VEAUX.

« L'engraissement des veaux, dit M. Villeroy, ne peut être pratiqué que dans le voisinage des grandes villes où la viande a un prix élevé.

« Lorsque le prix du veau est environ à 25 centimes le demi-kilogr., comme ici, on vend les veaux le plus tôt possible, rarement passé l'âge de huit jours. Aussi je ne connais, par ma pratique, d'autres méthodes d'engraisser les veaux que celle qui consiste à leur donner du lait à discrétion ; et cette méthode, qui est la plus simple, paraît être aussi la meilleure. On les laisse teter, ou on leur fait boire au baquet le lait qui vient d'être trait.

« L'engraissement des veaux est considéré comme un placement avantageux du lait.

« Un cultivateur, près Metz, vend à l'âge de six semaines les veaux engraissés de lait seul, au prix de 60 centimes le kilogr. du poids de l'animal vivant, ou de 1 fr. la viande nette. Il estime qu'un veau gagne par jour en poids de un kilogramme à un kilogramme et demi. Passé six à huit semaines, l'augmentation de poids diminue sensiblement.

« Les veaux mâles augmentent beaucoup plus que les femelles.

« Un autre cultivateur, qui s'est livré à l'engraissement des veaux, me fournit les notes suivantes :

« On engraisse les veaux avec du lait seulement.

« On les fait boire au baquet dès leur naissance.

« Ils consomment en moyenne dix litres de lait par jour en deux repas, et produisent 1 kilogr. de viande.

« On les vend à l'âge de six à sept semaines ; passé cette époque, ils consomment plus et produisent moins.

« On les vend à raison de 56 centimes le kilogr. (poids brut).

« Le lait se trouve ainsi vendu à 5 centimes et demi le demi-litre.

« Treize litres de lait donnent un demi-kilogramme de beurre à 1f.50 le kilogramme.

« Le lait se trouve ainsi vendu à 5 centimes 3/4 le demi-litre.

« En faisant du beurre, on a le gros lait, mais aussi de l'embarras et des frais de plus.

« Le poids de l'animal vivant est à la chair nette comme 7 est à 4.

« Les mâles consomment et produisent plus que les génisses.

« Ils sont préférables.

« Il y a plus de différence entre les individus qu'entre les races. »

Selon Mathieu de Dombasle (ann., t. II), les veaux qu'on engraisse consomment, dans les premiers mois, six litres de lait par jour. Leur accroissement est de 5 à 6 kilogr. par semaine (il est à remarquer que Mathieu de Dombasle travaillait sur la très-petite race du pays qu'il habite) ; l'emploi du lait est ainsi plus profitable qu'en faisant du beurre.

Selon Favre, un bon veau de trois semaines donne en viande nette deux tiers de ce qu'il pesait en vie.

M. Villeroy continue :

« A une époque où la viande de veau se vendait ici dans les boucheries 30 centimes le kilogr., j'ai fait tuer pour mon ménage plusieurs veaux de huit à dix jours, du poids environ de 25 kilogrammes de viande nette.

« La province de Norfolk, en Angleterre, fournit des veaux qui lui sont particuliers. On les laisse accompagner leur mère jusqu'à ce qu'ils aient un an et quelquefois davantage ; la mère est toujours extrêmement soignée ; pendant tout le temps qu'elle nourrit, on la traite comme les bêtes qu'on engraisse, et il n'est pas rare qu'elle engraisse en effet assez pour être envoyée au marché avec son veau, qui pèse quelquefois autant qu'elle.

« Il est bien reconnu que la chair de veau de première qualité ne s'obtient que par l'engraissement avec du lait. Les œufs sont le meilleur supplément, après vient le pain, puis la farine. »

§ II. — LES MOUTONS.

C'est vers ce moment que l'on doit commencer à nourrir les bêtes à laine au pâturage. Il est important de ne pas brusquer la transition du sec au vert. M. de Guaita recommande d'avoir soin, pendant quelque temps, de donner soir et matin un repas de fourrage sec, dont on diminuera graduellement la proportion, jusqu'à ce que les bêtes se soient bien habituées à leur nouvelle nourriture, et que d'un autre côté les herbes aient acquis quelque consistance.

Outre les fourrages qui ont été ensemencés pour l'usage des moutons dans l'année précédente, ils trouveront aussi une excellente nourriture dans les terrains vagues où croissent les bruyères et diverses graminées. Les jeunes pousses de bruyères, que les bêtes ovines broutent volontiers au printemps, sont pour elles un tonique fort utile. On ne devra pas négliger non plus de leur faire manger les jeunes chardons qui peuvent se trouver dans les terres en labour, et qui sont fort de leur goût.

En faisant pâturer les moutons, il y a de grandes précautions à prendre. La première, la plus essentielle, celle dont un berger soigneux ne se départ en aucun cas, c'est de ne jamais faire sortir le troupeau le matin avant que le brouillard et la rosée aient entièrement disparu. L'herbe mouillée est funeste aux moutons, surtout celle qui est mouillée de rosée, parce qu'elle est toujours plus froide que celle qui a reçu la pluie.

En Angleterre, où les moutons restent nuit et jour au pâturage, leur instinct leur apprend à ne pas manger avant que le soleil et le vent aient fait disparaître toute trace de rosée; mais les nôtres, en sortant de la bergerie, se mettent à brouter dès qu'ils arrivent dans les champs; c'est donc au berger à ne les conduire qu'à l'heure où tout danger est passé. La rosée du soir, qui n'a pas eu le temps de se refroidir assez pour devenir dangereuse, est moins à craindre que celle du matin. Les bergers disent même assez généralement qu'elle engraisse les moutons. Dans la belle saison, en effet, il n'y a que de l'avantage à laisser les bêtes de graisse dans les champs jusqu'à une heure assez avancée, non parce que la rosée du soir les engraisse, mais parce qu'ils peuvent alors manger plus longtemps. Mais nous ne conseillerons jamais cette pratique pour un troupeau d'élèves.

Souvent, dès le mois d'avril, la chaleur devient très-forte vers le haut du jour, et les coups de soleil sont tout autant à redouter chez le mouton que chez l'homme. La tête du mouton est nue, fort délicate; pour éviter les coups de sang, il est indispensable, pendant le moment de la chaleur, de les rentrer à la bergerie, ou du moins de les placer à l'ombre d'un bouquet d'arbres ou d'une haie. Les grands arbres que l'on trouve de distance en distance dans les champs de quelques parties de la France, rendent de véritables services en abritant les bêtes à laine pendant les heures les plus chaudes du jour; loin de les abattre, le propriétaire de moutons devra donc les conserver avec soin.

En menant ses bêtes à l'abri, le berger devra tâcher de les faire passer près de l'eau, afin qu'ils puissent boire. Les moutons boivent peu, en général, lorsqu'ils pâturent; cependant il ne faut pas négliger de leur donner l'occasion de se désaltérer. Le choix de l'eau n'est pas indifférent; celle des étangs est mauvaise pour les moutons comme pour les autres animaux, à plus forte raison doit-on éviter de leur laisser boire l'eau croupie des mares et des ornières qui se trouvent dans les chemins et dans les champs, comme le font quelque fois les bergers négligents. Un ruisseau de bonne eau courante est ce qu'il y a de mieux ; s'il ne se trouve pas de bonne eau dans le voisinage de la pâture, on en enverra dans un tonneau, et on la présentera aux moutons dans des baquets. Si cela ne se peut, il vaudra mieux laisser les bêtes souffrir un peu de la soif que de leur laisser boire de l'eau stagnante dont l'usage peut leur causer de graves maladies.

Dans les jachères et dans les pâturages pauvres et peu fournis, où l'herbe est courte et maigre, le berger devra laisser vaguer ses moutons tout autour de lui, en se contentant d'avoir soin qu'ils ne s'éloignent pas assez pour échapper à sa surveillance ; ils mangeront bien mieux ainsi, et choisiront à leur aise les herbes qui leur conviendront le mieux. C'est un fort mauvais berger que celui qui a l'habitude d'aller toujours devant lui, traînant son troupeau à sa suite, et ne le laissant pas s'arrêter un instant pour paître tranquillement. Il foule ainsi le pâturage en pure perte, fatigue ses bêtes, gâte l'herbe, et, une fois les moutons habitués à ce manége, il devient presque impossible de les accoutumer à se séparer pour paître chacun pour son compte. Il n'y a qu'un cas où cette pratique soit à suivre ; c'est lorsqu'on commence à mettre le troupeau sur les jeunes trèfles, ou sur toute autre récolte qui peut produire la météorisation. Le berger, dans ce cas, devra marcher sans relâche, afin d'empêcher ses moutons de manger avec trop d'avidité.

Les bêtes étant une fois dispersées pour manger, le berger devra veiller à ce que rien ne vienne les troubler. S'il n'a qu'un chien, il le gardera près de lui ; s'il en a plusieurs, il conservera le plus jeune sous son commandement, et enverra les plus vieux et les mieux dressés aux points que les moutons ne devront pas dépasser ; il les y fera coucher ; ce sera parfaitement suffisant pour empêcher tout dégât.

On aura déjà commencé à sevrer en avril les agneaux nés en février. Il est indispensable, pendant quelque temps, de les mener au pâturage à part, et dans des cantons assez éloignés de celui où se trouvent les brebis, pour que les mères et les petits ne s'entendent pas bêler mutuellement. C'est une fort bonne méthode que d'adjoindre au troupeau d'agneaux un vieux mouton ou une vieille brebis brehaigne qui leur sert de chef et de point de ralliement. On doit leur réserver les pâturages les plus tendres et les plus succulents : Daubenton recommande surtout pour leur usage le trèfle, le mélilot et le ray-grass.

§ III. — LES PORCS.

De tous les animaux domestiques, le porc est celui qui donne le plus évidemment raison aux propagateurs d'animaux perfectionnés. Quand on élève des animaux de la race bovine, on divise ses efforts pour avoir soit du travail, soit du lait, soit de la viande, trois produits qui ne peuvent s'obtenir de la même façon. Pour les animaux de la race ovine, on a encore à choisir entre la chair et la laine. On ne demande qu'une seule chose au porc, de la graisse, du lard et de la chair par surcroît.

La question est donc mieux posée pour ces animaux, aussi a-t-elle été plus facilement résolue.

Un agriculteur de la Mayenne, M. le vicomte de la Tullaye, a puissamment contribué à éclairer le public agricole sur le choix des meilleures races de porcs. Il a fait et publié sur cet important sujet une expérience qui est concluante.

Il a pris 2 porcs, âgés de 7 mois, de race craonnaise, la meilleure de nos races françaises, 3 porcs new-leicester âgés de 6 mois 1/2 et 1 de 4 mois 1/2. Voici les résultats obtenus :

Le 27 novembre 1856, les deux craonnais pesaient 317 kilos.

En 65 jours d'engraissement, ils avaient consommé 11 hectol. d'orge et 2 hectol. de pois (147 fr. 50), et avaient gagné 97 kilos.

Le 27 novembre 1856, les 3 new-leicester pesaient 306 kilos.

En 65 jours d'engraissement, ils avaient consommé 8 hectolitres d'orge (84 fr.), et avaient gagné 171 kilos.

Donc :

Chaque kilogramme de viande ou de graisse obtenu avec les porcs craonnais revenait à 1 fr. 52 c.

Chaque kilogramme de viande ou de

Fig. 33. — Truie anglaise.

graisse obtenu avec les porcs new-leicester revenait à 0 fr. 49 c.

Les craonnais valent 85 c. le kil., poids vif.

Les new-leicester 1 fr. le kilog. poids vif.

Voici le compte qu'a établi M. de la Tullaye :

« J'ai dépensé pour les craonnais. . . . . 147 fr. 50

« Les 97 kil. ont produit, à 85 c. . . . . 82　45

« J'ai PERDU sur les craonnais. . . . . 65　05

« J'ai dépensé pour les new-leicester. . . . . . . 84　»

« Les 171 kilogrammes à 1 fr. ont produit. . . . . 171　»

« J'ai GAGNÉ sur les new-leicester. . . . . 87　»

Il n'y a rien à répondre à ces chiffres. Les races anglaises (fig. 33) auront bientôt détrôné la plupart des races indigènes.

§ IV. — LE POULAILLER.

Je continue d'emprunter à Ch. Jacque des renseignements pleins d'intérêt sur la nourriture des volailles. Je donne à ces extraits un certain développement parce que cette partie de l'économie de la ferme est la moins connue, et qu'elle offre cependant un grand intérêt. Je renvoie, du reste, mes lecteurs à l'excellent livre de Jacque, intitulé le *Poulailler*, où l'auteur s'est montré aussi profond observateur que dessinateur habile et praticien consommé.

Les bons livres agricoles sont malheureusement rares ; le *Poulailler* est du nombre de ces livres.

A. *Alimentation des volailles adultes.*

La nourriture de la volaille peut être d'une assez grande simplicité lorsque celle-ci, une fois adulte, est destinée à parcourir des emplacements tels que des cours de ferme et leurs environs, de grandes cours d'habitation où donnent des écuries, des basses-cours de maisons de campagne, etc., enfin des endroits où l'on met à sa disposition du fumier, de l'herbe, et tous les restes et épluchures provenant des cuisines. C'est alors que les poules peuvent trouver dans leurs continuelles recherches des graines germées ou à demi digérées, des détritus de toutes sortes, d'innombrables insectes que contiennent les fumiers, ainsi que l'herbe qui croît près des murs peu fréquentés, dans les interstices des pierres, au bord des chemins et le long des rues de village.

Alors, disons-nous, la nourriture peut être simple, c'est-à-dire qu'on peut se borner à l'emploi d'une ou deux espèces de graines et de quelques farineux de temps en temps.

Les criblures de granges, l'orge, le petit blé, l'avoine, le sarrasin, le maïs, peuvent, isolément ou réunis, former dans beaucoup de pays la base de la nourriture.

On donne quelques pâtées de pommes de terre de rebut ou de résidus de farines de toutes sortes, tels que remoulage, orge cassée, son à l'eau ou au lait caillé. On ajoute, quand on le peut, de la verdure, des choux, salades, betteraves, navets et autres, nécessaires surtout aux époques du printemps, de la ponte et de la mue. Les herbages et légumes crus ou cuits sont un condiment, un moyen de digestion qui met toujours les volailles en appétit et entretient leur corps en parfait état.

Il faut considérer que la nourriture peut changer selon les productions de chaque pays. On peut la varier plus ou moins que je ne l'indique ; mais qu'on se rappelle bien les principales recommandations, qui sont : la verdure toujours aussi abondante que possible, la nourriture échauffante pendant la ponte, les froids, les temps humides, et l'emploi des graines modifié par quelques pâtées et des herbages cuits ou crus.

On doit rationner les poules, pour les forcer, à certaines époques, à trouver elles-mêmes une partie de leur nourriture ; mais il est indispensable de les gorger pendant les époques de production. L'abondance des pontes compensera amplement la dépense. C'est seulement pendant les temps de repos qu'on peut ménager la nourriture ; toutefois il faut que les poules aient constamment et largement de quoi se suffire, sans quoi les sujets dépériraient et l'espèce s'abâtardirait.

Il est bon de remarquer ici que la variété et le choix de la nourriture ne sont pas seu-

lement utiles à la santé des poules, mais qu'ils entretiennent, dans les contrées où l'on comprend cela, la finesse de la chair, la précocité et la disposition à prendre la graisse.

Tout ce que je viens de dire pour les poules libres est applicable aux poules parquées, excepté que la variété de la nourriture, au lieu de pouvoir être diminuée, doit être augmentée. On conçoit assez que des animaux condamnés à ne jamais sortir d'un espace restreint ne puissent pas trouver longtemps sur leur terrain, bientôt exploité, les différentes substances nécessaires à leur nourriture et à leur hygiène. C'est donc par une grande variété de grains et de pâtées, et par une abondante distribution de verdure et de légumes cuits ou crus, qu'on pourra réussir à remplacer à peu près ce que les poules peuvent trouver en conservant leur liberté. L'oseille, dans les pâtées ou en distribution, renouvelle chez les pondeuses la substance calcaire épuisée par une longue ponte.

Les poules parquées ou non, pour être entretenues en bon état, ne doivent jamais être ni trop grasses ni trop maigres. Un des moyens de donner aux volailles parquées de la verdure sans qu'elles la gâchent est de la suspendre par petites bottes à une hauteur suffisante pour qu'elles puissent l'atteindre. On peut donner aux poules les résidus de betteraves provenant des distilleries, l'orge des brasseries, les marcs de raisins, de pommes ; mais il faut s'abstenir, ainsi que nous l'avons déjà dit, des substances préconisées dans différents livres, comme les hannetons, les vers à soie, les viandes, le sang et autres nourritures, qui communiquent à la chair et aux œufs un goût nauséabond et déterminent chez les races fines et perfectionnées une dégénérescence dans toutes leurs qualités acquises par une nourriture mieux appropriée.

B. *Des graines et de leurs qualités*

Le riz, le blé, l'avoine, le maïs, l'orge, le

sarrasin ou blé noir, le millet, le chènevis, les farines, les pommes de terre, le son, etc., peuvent être employés, quoique de qualité inférieure ; mais ces denrées sont toujours préférables quand elles sont de qualité supérieure. Il faut s'habituer à les connaître, ce qui est assez facile, car leur poids décide presque toujours de leur valeur. Le grain doit être plein, et plus il est nouveau, plus il est sain, plus sa maturité est complète, plus il doit être recherché.

Ainsi l'avoine d'une excellente qualité pèse jusqu'à 150 kilogrammes les 300 litres, et l'on ne doit pas s'arrêter beaucoup à la forme et à la couleur du grain, pourvu que le poids y soit.

Le chènevis doit être gros, d'un beau gris, complètement purgé de grains verts ou blanchâtres, grains récoltés sans être mûrs. Cette nourriture, fort échauffante, peut être donnée aux couveuses qui manquent de chaleur, aux poules qu'on veut forcer à couver, à celles qui sont trop relâchées et à toutes les volailles pendant les temps de pluie prolongée et pendant les grands froids. Il faut en user avec discernement et modération.

Le millet doit être gros, lourd et d'un beau jaune clair. C'est une graine excellente et rafraîchissante qu'on peut donner aux poules précieuses qui ont besoin de se refaire.

Les farines, les remoulages, le son, etc., sont d'autant meilleurs qu'ils pèsent davantage, et que, par conséquent, ils sont plus riches en substances nutritives.

On doit prendre garde aux denrées avariées, moisies, échauffées, et rien ne doit être acheté qu'avec une connaissance parfaite de la qualité et du cours.

Le blé n'est presque jamais donné aux volailles qu'à l'état de petit blé ou criblures de greniers ou de moulins. On doit savoir que ce petit blé n'est presque composé que de grains dits échaudés et non arrivés à maturité. Outre que ces grains sont presque vides et n'ont, en quelque sorte, que

la peau, un grand tiers du mesurage est, la plupart du temps, composé d'autres graines provenant du vannage, et que les poules ne mangent pas. C'est pourquoi, lorsque le vrai blé n'est pas cher, et à moins qu'on ne trouve du petit blé d'un très-beau choix et à très-bon marché, ce qui est rare, on achète tout simplement du bon et vrai blé. Je suis sûr qu'il y a bénéfice très-sensible quand on sait l'acheter et qu'on connaît les cours, à moins qu'on ait soi-même des criblures à faire consommer. Le blé étant une des principales bases de la nourriture, il est donc important que, pour les poulets surtout, il soit très-nourrissant et ne charge pas l'estomac de trop de parties indigestes.

Les farines d'orge, le remoulage, le son, les pommes de terre, etc., employés en pâtée, soit mêlés, soit seuls, soit avec des herbages crus ou cuits, soit préparés à l'eau ou au petit-lait ou au lait caillé, sont des nourritures délicieuses. Non-seulement elles sont recherchées des volailles, mais elles ont une influence énorme sur leur santé, sur la finesse des tissus et sur l'aptitude à l'engraissement.

Le riz, qui est une des meilleures et des plus saines nourritures, est aussi une des moins coûteuses, quand on l'achète par balles, surtout dans les temps où les autres nourritures sont chères. Il n'est pas nécessaire que le riz soit d'un grand choix, pourvu que la qualité en soit bonne et qu'il cuise très-facilement. On prend, au contraire, pour cet usage les sortes de riz les moins recherchées.

C. Confection des pâtées.

Pâtée de pommes de terre, de son et de remoulage. — Les pommes de terre doivent être bien cuites, bien écrasées et mélangées, de façon à être raffermies, avec une certaine quantité de remoulage, de farine d'orge ou de son, ou avec toutes ces substances réunies, et former une pâtée très-ferme distribuée dans des auges. On peut y ajouter toutes sortes d'herbes ou de légumes à demi cuits, ce qui est d'un excellent effet.

Pâtée d'orge concassée, ou farine d'orge. — On fait moudre ou plutôt concasser de l'orge, ce qui produit une farine où toutes les parties de la graine sont conservées.

On met dans un seau une certaine quantité d'eau ou de petit-lait, proportionnée à la quantité de pâtée voulue ; l'expérience montre bientôt quelle quantité de liquide il faut employer. Quelques poignées de farine sont jetées dedans et manipulées jusqu'à ce qu'elles soient délayées. Quelques poignées sont jetées de nouveau, et de nouveau manipulées, aucune partie n'étant laissée au fond du seau sans avoir été imbibée. On recommence toujours jusqu'à ce que la pâtée s'épaississe, et on la travaille alors du poing en enfonçant la main jusqu'au fond et en ramenant la pâtée du fond à la surface. On continue jusqu'à ce qu'elle soit tout à fait ferme, après quoi on la tasse, on l'aplatit bien, et l'on saupoudre la surface d'un peu de farine d'orge sèche. Au bout d'une heure ou deux, la pâtée est tellement raffermie, qu'elle est cassante ; c'est alors qu'elle peut être ainsi distribuée aux volailles, qui en sont extrêmement friandes. En Normandie, on la fait toujours la veille, pour que le lendemain elle ait pris un petit goût fermenté qui la rend encore plus appétissante.

On fait aussi en Angleterre une pâtée de farine d'orge et de farine d'avoine mêlées. Cette pâtée, très-dure, et mise en boulettes grosses comme le poing, se donne de temps à autre aux poulets et aux poules précieuses.

D. *Cuisson des graines.*

Pour faire cuire le maïs, on met trois litres d'eau pour un litre de grain. Quand, placée sur un feu ni trop vif ni trop lent, l'eau est absorbée, le maïs est cuit. Il faut en donner avec modération, surtout aux poules parquées, que cette nourriture en-

graisserait trop ; mais on peut le donner, ainsi que la pâtée d'orge et le riz, aux *poulets de grain* dont on veut affiner la chair et aux volailles amaigries et fatiguées qu'on veut rétablir.

L'orge en grain peut être distribuée crue ou cuite ; elle se fait cuire à un feu ordinaire sans être par trop mouillée. Au bout de trois quarts d'heure, le grain doit s'écraser un peu sous le doigt ; c'est alors qu'il est bon à digérer.

Le riz est excellent ; jeunes et adultes le recherchent avec avidité. Pour le faire cuire, on en met dans une chaudière 10 litres contre 20 litres d'eau. On le retourne à froid avec un bâton, assez longtemps pour que tous les grains soient mouillés ; après quoi, mis sur un feu ordinaire, mais assez fort pour ne pas le laisser languir, le riz est bientôt à sec par suite de l'absorption et de l'évaporation. On le laisse encore sur le feu jusqu'à ce que l'eau ait tout à fait disparu de l'intérieur et jusqu'à ce qu'on sente, à un petit goût de roussi, qu'il commence à gratiner. On peut alors le retirer, si l'on est bien sûr que toute l'eau a disparu ; on a soin, quand il est refroidi, de l'étaler sur une planche pour le désagréger. Il est assez cuit pour être d'une digestion facile et se séparer presque comme de la graine sèche, mais pas assez cependant pour se coller de grain à grain, ni empâter le bec des poules.

Pendant la cuisson, il faut se garder de le déranger, de le remuer et de laisser le feu languir.

§ V. — LE RUCHER.

J'emprunte à M. Hamet les intéressants détails qui suivent :

« Les soins doivent être aussi constants en mai qu'en mars et avril. Il faut veiller à ce que les colonies ne manquent pas de provisions, et que le miel que l'on donne aux abeilles n'occasionne pas de pillage. En avril on a clos les ruches à leur base au moyen de *pourget*, afin d'éviter les courants d'air froid. L'éducation du couvain est en train et elle a besoin de chaleur pour marcher convenablement. Là où les populations sont fortes et les provisions abondantes, il y a moins de précautions à prendre. Il ne faut pas oublier que la réussite de l'année dépend en très-grande partie de l'état des ruches en avril et mai. Si elles sont bien peuplées, pourvues d'une mère vigoureuses, et de provisions nécessaires à l'éducation d'un nombreux couvain, il y a cinq chances contre une qu'elles donneront des bénéfices à leurs possesseurs. Nous pourrions dire qu'il n'y a pas de mauvaises années pour ces ruches. Mais il y a cinq contre un à parier qu'elles ne feront rien, ou pas grand'chose, si elles ne sont pas dans ces conditions. Réunissez donc les ruches aux populations faibles. Assurez-vous aussi de la vigueur des mères, ce que vous pourrez apprécier à la manière dont les abeilles travaillent. Si elles manquent d'activité, sortent tard de leur ruche et rapportent peu de pollen, augurez-en mal, surtout s'il y a des provisions dans la ruche. Assurément la mère est vieille ou malade, ou bien encore elle a été fécondée en temps anomal; dans ces cas, elle pond peu. Vous vous assurerez aussi, en renversant la ruche, si la teigne ne l'aurait pas envahie. Si elle l'avait fait, vous l'extirperiez au moyen d'un couteau à lame recourbée, non sans avoir, au préalable, enfumé les abeilles. Il faut veiller à ce que les abeilles ne manquent pas d'eau, dont elles ont un grand besoin à cette époque pour préparer la bouillie des larves. »

A. Remplacement des mères défectueuses.

« Dans le mois d'avril ou le commencement de mai au plus tard, il convient de marier les populations dont les mères laissent à désirer à d'autres qui ne sont pas dans ce cas. Dans la seconde quinzaine d'avril (latitude de Paris), on peut s'emparer des mères défectueuses, que l'on remplace par des mères actives prises dans des ruches saines, ou par du couvain d'ouvrières qui n'ait pas plus de trois jours. Quand on remplace une mère, il ne faut donner la nouvelle que deux jours au moins après que la première a été enlevée. On peut se dispenser de donner une autre mère, si la ruche à laquelle on enlève la sienne a des œufs d'ouvrières ou des larves de moins de trois jours. Car, dans ce cas, les abeilles, en agrandissant un berceau et en donnant une bouillie particulière à la larve qu'il contient, feront une mère artificielle qui éclôra au bout de 15 ou 16 jours, c'est-à-dire vers les premiers jours de mai, et sera fécondée en temps voulu, parce qu'à cette époque les mâles apparaissent. Mais il vaut mieux remplacer la mère enlevée par une autre mère qu'on sait bonne; parce que celle-ci laisse du bon couvain dans la ruche dont elle sort, tandis que les œufs de la mère vieille ou malade ne sauront produire de sujets vigoureux. S'il n'y avait pas de jeune couvain dans la ruche dont on veut remplacer la mère, on pourrait, après avoir enlevé cette mère, y en introduire au moyen d'un rayon qui en contient, pris dans une ruche dont on sait la mère active, et les abeilles se chargeraient du reste. De quelque manière que l'on opère, il faut, comme pour tous nos animaux domestiques, *choisir les reproducteurs*. Le mariage des populations atteint assez bien ce but; car, dans le combat des mères, c'est presque toujours la moins vigoureuse qui succombe. »

B. *Repeuplement artificiel des ruches.*

« Voici une pratique très-bonne qui est ignorée par trop d'apiculteurs. Il arrive souvent qu'au commencement du printemps des ruches sont tellement dépeuplées d'abeilles, que, si on les laisse dans cet état, elles ont beaucoup de peine à se repeupler, produisent peu de revenus à leur possesseur, tout en courant risque d'être pillées. Si l'on ne veut pas réunir à d'autres ces ruches dégarnies de monde, il convient d'y apporter un certain nombre d'abeilles que l'on prend dans des ruches très-fortes en population. Il y a plusieurs moyens de prendre des abeilles dans les ruches fortes. En voici d'abord un qu'un long usage a assuré être bon à M. V. Crespin. Il faut s'assurer d'abord si la ruche à repeupler est pourvue d'une mère, si elle ne contient pas de couvain gâté et si les vivres y sont abondants.

Après cet examen, si l'on a acquis la certitude que toutes ces conditions sont parfaitement remplies, on choisit une ruche parmi les meilleures et les mieux peuplées, puis on procède de la manière suivante. Il s'agit de ruches vulgaires. Après avoir enfumé la ruche choisie, on l'enlève du siége, et on pose l'embouchure en l'air sur une hausse composée de trois ou quatre cordons, puis on applique dessus une ruche vide; alors on frappe la ruche pleine avec la paume de la main ou légèrement avec un petit bâton, comme s'il s'agissait de transvasement par tapotement, et aussitôt les abeilles, après s'être enfoncé la tête dans les alvéoles, et avoir fait provision de miel, produisent un bruissement considérable en s'agitant et prenant la direction de la ruche vide. Il est bon, durant ce travail, de soulever d'un côté cette ruche pour y voir arriver les mouches et s'assurer que la mère n'y monte point, ce dont il faut bien se garder; si par hasard il arrivait qu'elle vînt à suivre le défilé, on devrait s'en emparer et la garder jusqu'à ce que la quantité suffisante fût montée dans la ruche.

« On ne peut ôter d'une ruche, tant peuplée qu'elle soit, plus de 250 grammes d'abeilles; pour n'en prendre que la quantité voulue, on la pèse avant d'opérer; cette quantité est suffisante pour fournir le calorique nécessaire au couvain des ruches les plus dépeuplées.

« Si, malgré la surveillance apportée, la mère venait à passer sans qu'on s'en fût aperçu et qu'on ignorât dans quelle ruche elle est, il faudrait alors remettre la première sur son siége et l'autre à côté; si, au bout d'une heure environ, les abeilles montées dans la ruche vide s'agitent et sortent en foule, c'est une preuve convaincante qu'elles n'ont pas la mère avec elles; alors on s'empresse de les enfermer dans la ruche provisoire au moyen d'une toile claire. Si, au contraire, après ce même laps de temps, le calme continue dans cette ruche provisoire, c'est un signe certain que la mère y aura suivi les ouvrières; dans ce cas, on doit la retourner, l'ouverture en l'air, l'inclinant tantôt à gauche, tantôt à droite, pour découvrir la mère, dont on s'empare pour la rendre ensuite à sa ruche primitive.

« Le départ des essaims commence dans le mois de mai (latitude de Paris), il faut apprêter les paniers vides pour les loger. Bien qu'en moyenne il n'y ait que les trois quarts des colonies qui essaiment, il faut se munir d'environ une fois et demie de ruches vides qu'on possède du ruches garnies, car un certain nombre pourront essaimer plusieurs fois, et il vaut mieux en avoir de reste qu'en manquer. C'est le moment d'essayer les modèles nouveaux. »

CHAPITRE VII

Travaux horticoles.

§ I. — LE JARDIN FRUITIER.

Pendant le mois de mai, on continue l'ébourgeonnement; on supprime, à mesure qu'elles se montrent sur les arbres fruitiers greffés à haute tige, les pousses inférieures à la greffe. Il faut palisser la vigne en espalier, et l'abricotier en contre-espalier, en évitant d'offenser les bourgeons.

§ II. — LE JARDIN POTAGER.

C'est le moment convenable pour opérer dans tout le potager des binages et sarclages réitérés, et des arrosages de plus en plus abondants. On continue les semis des deux mois précédents, à l'air libre, et on sème en outre du pourpier, des brocolis à repiquer, des cardons, des salsifis et des choux-fleurs ; on transplante des choux de toute espèce, des laitues rondes et romaines, des chicorées, des choux-fleurs.

Il faut semer en place, à cette époque, les melons sur des tas de fumier, sous cloche, au pied d'un mur exposé au midi.

On plante la ciboule, les poireaux; on dédouble les pieds de civette et d'estragon; on met en place les plants de tomates élevés sur couche, en ayant soin de les protéger par des paillassons en forme d'espaliers temporaires. Il faut semer le maïs à poulet, dont les épis à moitié formés seront confits au vinaigre comme les cornichons.

§ III. — LE JARDIN D'AGRÉMENT.

Le parterre offre des jacinthes, des tulipes, des iris, des anémones et des renoncules en fleurs. C'est le moment de renouveler les semis de plantes annuelles d'orne-

Fig. 54. — Chariot pour les orangers.

ment du mois d'avril. On commence à mettre en place les tubercules de dahlia, qui forment, pendant l'automne, l'ornement du jardin, mais il faut avoir bien soin de ne pas briser, en enterrant les tubercules, les pousses qu'ils peuvent avoir émises dans le grenier où ils ont passé l'hiver.

C'est pendant le mois de mai que l'on met en plein air, à moins de froids tardifs exceptionnels, toutes les plantes d'orangerie et de serre froide qui doivent passer la belle saison dehors. A ce propos, on pourra se servir, pour le transport des lourdes caisses d'orangers, d'un chariot analogue

à celui qui est dessiné (fig. 54). Il est d'une construction simple et facile, et on peut se le procurer à peu de frais.

Il faut nettoyer au besoin l'orangerie et la serre froide, et n'y laisser que les plantes malades ou fatiguées.

On recherche pour les arbustes d'orangerie et de serre froide des endroits abrités contre les grands vents, afin de les y placer à l'approche des orages. Les camellias doivent être mis dans des endroits ombragés. On commence, au mois de mai, la multiplication des plantes d'orangerie par la greffe, les marcottes et les boutures.

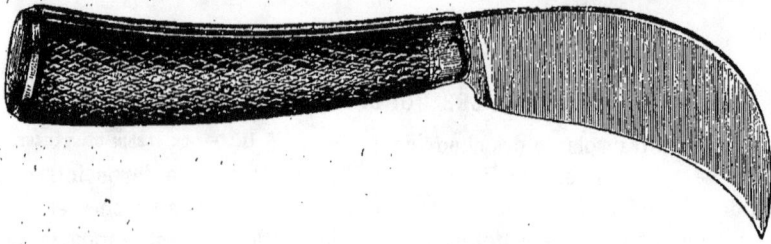

JUIN

Iʳᵉ PARTIE. — PROVERBES ET MAXIMES

Annado dé fé,
Annado dé ré.
Année de foin,
Année de rien.

—∞—

Sanctus Barnabus
Falcem jubet ire per herbas.
A la Saint-Barnabé
La faux au pré.

Quand il pleut et le soleil luit
Lors le pasteur se réjouit.

—∞—

Qui sème bon grain
Recueille bon pain.

—∞—

Terre bien cultivée,
Bonne moisson espérée.

—∞—

Vin, chevaux et blés,
Vendez-les quand vous pouvez.

—∞—

Doublez votre fumier, vous doublez votre champ.

—∞—

Le pré fait le champ.

—∞—

Recule-toi de moi et je produirai pour nous deux,
dit l'arbre à son voisin.   (*Proverbe espagnol.*)

—∞—

Le fumier, sans être un saint, fait miracle là où
il tombe.   (*Id.*)

—∞—

Eau de mai, c'est du pain pour l'année.
Eau à la Saint-Jean ôte le vin sans donner le pain.
                                 (*Id.*)

—∞—

Tout ce qui se consomme dans la ferme elle-même pour obtenir la production, comme la nourriture des animaux de travail et même des animaux en général, les litières, les fumiers, les semences, doit figurer dans les moyens de production et non dans les produits. Il n'y a de véritables produits que ce qui peut être vendu ou donné en salaires.
(Léonce de Lavergne.)

—∞—

Les grands progrès agricoles doivent venir des propriétaires cultivant leurs champs, en secondant leurs fermiers et leurs métayers, ou bien encore, représentant, par leur fortune ou leurs talents, les intérêts généraux du pays.   (E. Lecouteux.)

—∞—

Les trois quarts des terres de la France sont dans ce misérable état qui maintient les jachères, et empêche qu'on n'établisse des prairies artificielles, ou des assolements mieux combinés que ceux qu'ont dictés la routine, la pénurie ou l'ignorance. Voilà un des plus grands obstacles à la prospérité de l'agriculture française.   (François de Neufchateau.)

—∞—

On arrive à concevoir que ce sont les végétaux qui fournissent l'azote aux animaux, et que ces derniers le restituent au règne végétal, lorsque leur existence est accomplie ; on croit reconnaître, en un mot, que la matière organisée vivante tire son azote de la matière organisée morte.   (Boussingault).

—∞—

Il n'y a pas une seule des circonstances agricoles, un seul des procédés de l'art, qui ne puisse devenir l'objet de recherches aussi curieuses qu'utiles, pas une où des efforts heureux ne puissent changer la face de l'industrie.   (Comte de Gasparin.)

—∞—

11

IIᵐᵉ PARTIE. — CAUSERIES.

CHAPITRE PREMIER

Un mal nécessaire.

Un illustre agronome, qui se trompait ce jour-là, s'écriait, il y a près d'un demi-siècle : « Le bétail est un mal nécessaire. »

A cette époque, le bétail était à peu près exclusivement considéré comme une machine à produire du fumier. La machine étant mauvaise, la production devenait coûteuse, et il fallait qu'elle fût bien indispensable pour que l'on se décidât à l'entretenir à grands frais dans la ferme. De là, cet axiome : « Le bétail est un mal nécessaire. »

Aujourd'hui les idées se sont modifiées par la raison toute simple que les choses elles-mêmes ont changé. La machine a été perfectionnée, et, au lieu de rester une cause de pertes elle est devenue une source de bénéfices. On a reconnu qu'un animal de choix bien nourri donnait plus de viande et de meilleur fumier que deux mauvais animaux mal nourris. On a cherché la spécialisation des races ; on n'a pas demandé aux mêmes animaux les services d'un bon travail et la précocité de la viande. La zootechnie, qui était une routine, est devenue une science exacte, et à l'axiome du « mal nécessaire » a été substitué ce principe nouveau : « Une tête de gros bétail par hectare en culture. »

C'est la base de la culture rationnelle, de la culture améliorante, ou plutôt c'est l'idéal vers lequel l'agriculteur progressif doit chercher à se diriger.

Mais, nous devons le reconnaître, la réalisation de cet idéal offre de grandes difficultés.

Pour nourrir les bestiaux, il faut des fourrages ; pour nourrir une tête de gros bétail par hectare cultivé, il faut consacrer la plus grande partie des terres aux cultures fourragères ; et tout le monde n'a pas le courage d'entreprendre, ou la possibilité de réaliser immédiatement cette transformation.

« La masse de chair vivante que peut entretenir un domaine, dit M. Lecouteux, est en rapport direct avec la masse fourragère disponible. » Or quelle masse de fourrage sera nécessaire pour nourrir une tête de gros bétail par hectare cultivé ?

La ration de 3 kilogrammes de fourrage par quintal de poids vivant doit être considérée, suivant le savant agronome, comme une moyenne pouvant servir de base à l'évaluation des fourrages consommés, sur une grande ferme, par des animaux de diverses espèces, chevaux, bœufs, vaches, moutons. Quand je dis 3 kilogrammes de fourrage, j'entends parler des fourrages variés, verts ou secs, racines ou grains, ramenés, par un calcul, à leur équivalent de *foin sec*.

Si donc on donne à chaque tête de bétail 3 kilogrammes par jour et par quintal de poids vivant, l'animal rationné consommera par chaque quintal, pendant les 365 jours de l'année, 1,095 kilogrammes, soit en nombre rond 1,100 kilogrammes.

De cette donnée, M. Lecouteux tire ces deux formules générales, qui seront d'une grande utilité aux agriculteurs lorsqu'ils voudront se rendre compte de leurs opérations.

1° Étant connu un poids de fourrages réduits en équivalent de foin sec, la division de ce poids par 11 fera connaître le poids de bétail nourri par ces fourrages pendant une année.

2° Et réciproquement : un poids de bétail étant donné, la multiplication de ce poids par 11 fait connaître le poids de fourrage que ce bétail devra consommer dans une année.

Il sera donc facile à l'agriculteur de connaître, à l'aide de ces formules, la quantité d'animaux qu'il peut nourrir avec sa récolte habituelle de fourrage, ou bien la quantité de fourrage qu'il devra chercher à produire s'il veut accroître le nombre des têtes de son troupeau.

Maintenant, pour éviter aux agriculteurs le double écueil dans lequel ils peuvent tomber : essayer de tenter l'impossible ou négliger involontairement ces trois sortes de richesses ignorées, je donnerai une idée approximative de la capacité productive de chaque nature de culture fourragère.

On suppose généralement qu'une tête de gros bétail pèse en moyenne 400 kilogrammes, ou que 400 kilogrammes de poids vivant d'un bétail quelconque équivalent à une tête de gros bétail.

Le fourrage qui rend le plus est le ray-grass traité par l'engrais liquide ; 1 hectare peut donner 25,000 kilogrammes, par conséquent, nourrir 5 têtes 1/2 de gros bétail (bétail de 400 kilogrammes). Il faudra donc dix-huit ares pour nourrir une tête de ce bétail.

Les marais de Lombardie, constamment irrigués pendant l'été, et qui fournissent 6 coupes, donnent 20,000 kilogrammes de foin sec, soit la nourriture pour 4 têtes 1/2, ou 22 ares pour entretenir une tête de bétail.

Les prés arrosés du Midi fournissent 3 coupes de 15,000 kilogrammes de foin sec, soit la nourriture pour 3 têtes 1/2, ou 30 ares pour entretenir une tête de bétail.

Les betteraves suivent les prairies du Midi ; elles donnent 13,333 kilogrammes (équivalent de foin sec) : soit la nourriture pour 3 têtes, ou 33 ares pour entretenir une tête de bétail.

Puis vient l'avoine, grains et paille, rendant 7,000 kilogrammes, nourrissant 1 tête 1/2. Il faut 66 ares pour une tête.

Le trèfle à deux coupes donne 6,000 kilogrammes, nourrit 1 tête 1/2. Il faut 75 ares pour une tête.

Les divers fourrages verts, réduits en foin sec, représentent 5,000 kilogrammes, nourrissant 1 tête 1/10 de bétail : 90 ares pour une tête.

La vesce, mangée en vert, donne 4,500 kilogrammes, nourrit une tête de bétail ; ce qui représente juste 1 hectare par tête.

Enfin les pois secs, qui fournissent 3,000 kilogrammes, nourrissent les 2/3 d'une bête, et représentent une tête par 150 ares. Et les pâtures diverses, dont on évalue le produit à 1,500 kilogrammes, pouvant nourrir 1/3 de tête de bétail, ce qui donne 3 hectares pour une tête.

D'après ces chiffres, on peut reconnaître aisément que, dans une ferme dont la moitié des terres serait en fourrages, il faudrait, pour atteindre notre idéal, que chaque hectare assurât la nourriture de deux têtes de gros bétail, c'est-à-dire produisît un équivalent de 9,000 kilogrammes de foin sec.

Or on n'a qu'à jeter un coup d'œil sur les évaluations qui précèdent pour se rendre compte des difficultés que doit rencontrer, dans la plupart des fermes, la réalisation de notre idéal :

« Une tête de gros bétail par hectare de terre cultivé. »

Nous chercherons, dans une prochaine livraison, quelles sont les cultures et les animaux qui permettront de se rapprocher le plus de cette réalisation d'un « mal nécessaire, » que nous considérons aujourd'hui comme « un souverain bien. »

CHAPITRE II
L'agriculture raisonnée.

Il y a un proverbe qui dit : « Laissez la culture aux paysans. » Je n'ai pas une confiance illimitée dans les proverbes, et celui-là ne me plaît guère plus que ses autres collègues.

Les proverbes ont presque toujours une double face et un double sens. Si on se place à un point de vue, la sagesse des nations a raison ; si on se place à un autre point de vue, elle a tort.

Les partisans de la routine vous disent : « laissez la culture aux paysans, » et ils s'empressent de vous prouver, par cent exemples, que les personnes aisées, intelligentes et instruites qui ont voulu cultiver la terre quand elles n'étaient pas nées dans une famille de cultivateurs, se sont ruinées, ou tout au moins ont perdu de l'argent.

Et c'est vrai. Mais pourquoi est-ce vrai?

L'homme, qui, sans être né dans la classe des cultivateurs de la terre, possède une honnête aisance, et avec la fortune, les besoins qu'elle crée et les habitudes qu'elle donne, s'il veut se livrer à une exploitation rurale, est exposé à deux périls aussi graves l'un que l'autre, tous les deux difficiles à éviter, mais sans être inévitables.

S'il suit les procédés des cultivateurs ordinaires, il n'obtiendra que des produits égaux à ceux qu'ils tirent eux-mêmes de la terre; mais, comme les cultivateurs ne parviennent à élever très-modestement leur famille qu'à la condition de vivre avec une stricte économie et une simplicité qui approchent de la privation; comme les cultivateurs travaillent matériellement, eux, leur femme et leurs enfants, il en résulte que, si les conditions de recette sont les mêmes, les conditions de dépenses étant de beaucoup supérieures, on voit arriver fatalement la gêne, le déficit, la ruine.

Mais, si le nouvel agriculteur possède l'instruction que son aisance a pu lui donner les moyens d'acquérir, il ne se contentera pas des procédés des cultivateurs ordinaires, il perfectionnera la culture afin d'augmenter la somme des produits.

Tous les livres d'agriculture vous démontrent que cela est possible.

J'ajouterai que tous les livres d'agriculture ont raison, et qu'il n'est permis à personne aujourd'hui de mettre en doute l'augmentation de produits que l'on obtient en perfectionnant les assolements et les cultures et en consacrant à la terre un certain capital.

Mais augmenter le *produit brut* d'une ferme, ce n'est pas s'enrichir, si le *produit net* ne s'est pas proportionnellement accru.

Voilà le second écueil, celui qui fait sombrer un grand nombre de novateurs imprudents, trop confiants dans les préceptes incomplets de la science pure. Ils ont dépensé beaucoup, afin d'augmenter le produit, mais l'accroissement des produits n'a pas compensé l'accroissement des dépenses.

En faisant ce métier-là, on se ruine un peu plus vite qu'en suivant la routine, sans s'imposer les privations et les travaux manuels du paysan; mais on se ruine aussi sûrement d'une manière que de l'autre.

— Il faut donc « laisser la culture aux ignorants? »

— Pas le moins du monde.

Mais, comme dit très-bien l'illustre Mathieu de Dombasle, ce n'est pas de l'agriculture *perfectionnée* qu'il faut faire, mais de l'agriculture *raisonnée*.

Un de mes excellents amis, — une de nos célébrités agricoles — a acheté, il y a quelque temps, une propriété en Sologne. Il a passé la première année à regarder faire les cultivateurs qui étaient là avant lui; étudiant patiemment le terrain, le climat, les procédés, les usages, les débouchés, les ressources de toute espèce, la routine elle-même.

— Il a gagné 30,000 francs cette année là, me dit M. de B... à qui je racontais cette particularité; 30,000 francs d'écoles qu'il a sagement évitées.

Jacques Bujault, qui sous un style un peu prétentieux cache de précieuses vérités, a dit: « L'agriculture est une science de localité. » Jacques Bujault avait raison.

Ce qui rend l'agriculture un art si difficile, c'est que l'agriculture n'est point une industrie régie par des règles absolues et soumises aux évolutions invariables, monotones, identiques, qui caractérisent l'industrie exclusivement fondée sur la *matière inerte*.

Il y a des principes certains en agriculture, comme il y a des principes incontestables en morale, mais l'application de ces principes varie aussi bien dans les travaux agricoles que dans les actes de la vie.

Je pourrais comparer, dans cette circonstance, l'agriculteur à un général d'armée en présence de l'ennemi. Le maniement des armes, l'école de peloton, de bataillon, de régiment, est invariable; mais les mouvements généraux de l'armée, entièrement subordonnés aux caprices de l'ennemi et au sentiment du général en chef, peuvent assurer le succès de la campagne par la variabilité et l'imprévu de leur caractère.

Pour l'agriculteur, l'ennemi, c'est le climat, la température, les aptitudes diverses du sol, les débouchés, éléments essentiellement variables et qui doivent modifier sans cesse les méthodes et les assolements. « Les circonstances font seules les bons systèmes de culture, dit M. de Dombasle, et vouloir réduire la bonne agriculture à l'adoption de tel assolement, de tel genre de bétail, de telle ou telle pratique, c'est ignorer complétement la portée de l'art; et cette funeste erreur a enfanté une incroyable multitude de mécomptes et de chutes.

Celui-là est le meilleur agriculteur, ou plutôt celui-là seul est agriculteur qui, connaissant les pratiques usitées ailleurs dans diverses circonstances, et sachant s'orienter dans la localité où le hasard le place, parvient à reconnaître quelles sont celles de ses pratiques qui peuvent le mieux convenir aux circonstances dans lesquelles il se trouve placé. Aussi je pense que l'on emploie une expression fausse, lorsqu'on parle comme on le fait si souvent de l'*agriculture perfectionnée;* car il n'y a pas un système agricole particulier, auquel on puisse appliquer ce nom, on devrait dire l'*agriculture raisonnée.* »

Que pourrais-je ajouter à ces paroles pleines d'un bon sens si profond? Elles s'appliquent à bien des novateurs qui malheureusement n'ont pas été plus heureux que sages, et qui ont compromis, pour un temps, le progrès agricole dans leur canton en faisant de l'*agriculture perfectionnée* au lieu de faire de l'*agriculture raisonnée.*

IIIᵐᵉ PARTIE. — TRAVAUX DU MOIS.

CHAPITRE PREMIER

Comptabilité. — Administration de la ferme.

On m'a fait observer qu'il serait difficile à un cultivateur, dont les travaux sont si multipliés, surtout à certaines époques de l'année, comme à celle-ci par exemple, de tenir régulièrement, sans aucune omission, les deux livres des entrées et des sorties qui servent de base et de point de départ à toutes les opérations de notre comptabilité agricole.

Je répondrai qu'en Allemagne, où les livres sont en général fort bien tenus, on voit, chez la plupart des fermiers, une ardoise appendue au mur, accompagnée d'un crayon retenu par une ficelle, et qu'on inscrit sur cette ardoise toutes les notes qui doivent être conservées jusqu'au soir ou jusqu'au lendemain. J'ajouterai qu'en Angleterre on a inventé des agendas de poche, importés en France depuis peu de temps, dont le prix est excessivement modique et sur lesquels on peut inscrire les opérations au moment où elles sont commandées ou accomplies.

CHAPITRE II

Travaux des champs.

Iᵉʳ. CHARROIS ET RÉPARATIONS.

Dès le commencement de juin, les travaux de semaille sont terminés et le cultivateur a un moment de repos jusqu'au moment de la coupe des foins, qui n'a pas lieu, en général, avant la Saint-Jean, c'est-à-dire avant le 22 juin. Il faut profiter de ce temps pour surveiller les préparatifs de la fenaison et de la moisson, et faire opérer par les attelages les charrois que l'on a été obligés d'ajourner. « C'est aussi à cette époque, dit M. Moll, que se font le mieux les réparations aux ponts, digues, jetées, écluses et autres *constructions hydrauliques* (constructions dans l'eau), parce que les eaux sont communément assez basses dans ce mois, et que d'ailleurs les orages, commençant à devenir fréquents, peuvent endommager les ouvrages ou même les détruire, lorsqu'ils sont en mauvais état. Par le premier motif, cette époque est aussi la plus convenable pour faire les diverses constructions à neuf là où elles manquent. »

Les chemins qui conduisent aux prairies et aux champs sont souvent en mauvais état. Il faut songer à les réparer pour faciliter le transport des foins et des gerbes.

On peut aussi conduire les fumiers sur les jachères et sur les terres qui doivent recevoir les plantations de navets, de choux, de rutabagas et de betteraves ; faire transporter les matériaux de construction et le bois destiné au chauffage pendant l'hiver, afin de ne pas laisser chômer les attelages; seulement, il est bon de ne pas pousser le travail avec une trop grande activité, afin de donner un peu de répit aux gens et aux animaux.

§ II. LABOURS ET FAÇONS A DONNER AUX RÉCOLTES SUR PIED.

On continue de labourer les jachères. On donne aussi un labour aux terres qui sont destinées au colza d'hiver.

A. *Binages, buttages, etc.*

La plupart des récoltes sarclées, semées au printemps, exigent actuellement des binages et autres menues façons, qui ont pour but principal de purger le sol des mauvaises herbes qui pourraient étouffer la plante naissante. Ce travail dispendieux est largement rétribué par l'abondance de la récolte et l'appropriation particulière du sol pour la culture des céréales qui doit suivre.

« Dans une exploitation où l'on se livre à la culture de récoltes sarclées, dit Mathieu de Dombasle, la principale occupation du mois de juin consiste dans les binages et les buttages. C'est, de tous les mois de l'année, celui où l'on sent le mieux les avantages de la culture en lignes et de l'emploi de la houe à cheval, à cause de la facilité qu'on obtient de répéter fréquemment les binages, et de les exécuter promptement de la manière la plus économique.

« Dans certains sols sujets à souffrir de la sécheresse, quelques personnes craignent de nuire aux récoltes en favorisant l'évaporation de l'humidité par l'ameublement de la surface du sol. C'est là une grave erreur. Au contraire, les plantes ne souffrent jamais autant de la sécheresse que lorsque la surface de la terre battue et durcie forme une croûte qui interrompt toute communication avec l'atmosphère; mais, lorsque cette croûte est brisée et ameublie, l'influence des rosée se fait sentir jusqu'aux racines des plantes, et suffit presque toujours pour entretenir leur végétation : une pluie légère, dont l'effet se fait à peine sentir sur un sol durci, pénètre au contraire souvent à plusieurs pouces de profondeur, lorsqu'elle trouve une surface meuble. Je recommande aux personnes qui douteraient de cette vérité de faire comparativement cet essai sur deux champs voisins ; je suis bien assuré qu'il ne leur restera aucun doute. Par ce motif, des récoltes sarclées réussissent souvent fort bien dans des sols où d'autres plantes qui ne reçoivent pas de sarclages sont sujettes à périr par la sécheresse. Dans les terres argileuses ou terres blanches, on ne doit pas attendre, pour briser la croûte qui se forme, qu'elle soit devenue trop épaisse et trop dure. Lorsqu'on a ainsi laissé durcir la surface, on ne peut qu'approfondir graduellement la culture, en passant plusieurs fois l'instrument, opération beaucoup plus longue et plus pénible, mais pourtant indispensable. On doit s'efforcer de bien ameublir le sol jusqu'à trois ou quatre pouces de profondeur.

« Les pommes de terre devront presque toujours être binées deux fois dans le courant de ce mois ; ordinairement, c'est aussi le moment du buttage, qui s'exécute pour les plantes placées en lignes, au moyen de la charrue à deux versoirs, avec un degré de perfection qu'il est impossible d'obtenir du travail de la houe à la main, et avec une très-grande rapidité, puisque une charrue peut butter environ un hectare et demi de pommes de terre dans une journée de travail de neuf heures. Les pommes de terre doivent toujours avoir été binées au moins une fois très-profondément avant le buttage, et deux fois valent beaucoup mieux qu'une. En général, le moment de procéder au buttage est celui où les radicules s'étendent pour produire des tubercules, si on attend que les tubercules soient formés, surtout pour certaines variétés où on les trouve assez loin de la touffe et à fleur de terre, on en détruit beaucoup par le buttage. Il y a d'autres variétés, au contraire, où les tubercules se forment très-profondément en terre ; d'autres, où ils sont rassemblés comme une espèce de nid au pied de la plante ; pour celles-là, on peut retarder davantage le buttage ; mais, en général, et pour toutes les variétés, il est utile de procéder à cette opération le plus tôt qu'il est possible, c'est-à-dire à l'époque où les tiges sont assez élevées pour n'être pas couvertes entièrement de terre par l'opération du buttage. Je dois dire, au reste, que des expériences que j'ai faites avec soin et que j'ai continuées pendant plusieurs années ont changé complétement l'opinion que je m'étais faite, d'après celles des agriculteurs les plus recommandables, sur l'utilité du buttage des pommes de terre. J'ai trouvé constamment, dans mes essais comparatifs, que le buttage diminue le produit en tubercules, quoiqu'il favorise évidemment la végétation des tiges, qui sont plus vertes et plus vigoureuses dans les plantes buttées. J'ai donc fini par renoncer au buttage dans mes cultures de pommes de terre. Je n'ose pas assurer que le résultat sera le même dans toutes les espèce de sols; mais je sais que plusieurs autres cultivateurs ont observé des effets semblables. A Roville, la différence de produit a été quelquefois d'un quart en faveur des parties simplement binées à la houe à cheval, sur celles qui avaient été soumises au buttage. Le résultat a été le même dans les années sèches et dans les années humides ; mais la différence a été plus considérable dans des sols riches que dans les sols pauvres. Il reste toutefois, en faveur du buttage, l'avantage d'une destruction plus facile et plus complète du chiendent.

« En Flandre et dans le palatinat du Rhin, il est d'un usage très-fréquent d'arroser de purin les pommes de terre en juin, immédiatement avant le buttage. On y emploie par hectare de vingt-cinq à cinquante tonneaux de purin de six hectolitres chacun, et on les répand sur la surface du terrain, de même qu'on le fait sur les prairies. Le buttage, qui a lieu ensuite, accumule, au pied des plantes, la terre imprégnée de purin, ce qui accroît prodigieusement leur végétation, et l'on obtient ainsi des récoltes considérables de tubercules. »

B. Sarclages.

Toutes les autres plantes qu'on nomme communément récoltes sarclées, et qu'on cultive souvent pour tenir lieu de jachères, telles que les betteraves, rutabagas, maïs féveroles, etc., doivent être tenues parfaitement nette de mauvaises herbes, pendant tout le courant de ce mois et du suivant, et jusqu'à ce qu'elles couvrent entièrement le sol de leurs feuilles, de manière à étouffer toutes les mauvaises herbes qui pourraient naître encore. Sans ce soin, on perd un des grands avantages de leur culture, celui de nettoyer la terre pour les récoltes suivantes, sans compter une diminution considérable sur le produit de la récolte de l'année.

§ III. — SEMAILLES.

A. *Cardères.*

On appelle *cardères* la plante qui fournit les *chardons à foulon, chardons à bonnetier.* C'est une plante industrielle dont l'usage est assez restreint, et dont la culture est conséquemment peu répandue. On sème en juin, dans un carré de jardin bien préparé, les cardères, qui doivent être transplantés en septembre. Ce mode de culture, selon M. de Dombasle est infiniment préférable au semis en place ; parce qu'un hectare en pépinière suffisant pour ensemencer 15 hectares, on évite d'occuper inutilement 14 hectares pendant toute une année, la plante ne produisant qu'à la seconde année.

Lorsque le semis de la pépinière est levé, on le sarcle en ayant soin d'espacer les plants de 8 à 9 centimètres.

B. *Navet, rave, turneps.*

On cultive la rave en Limousin de temps presque immémorial. Rabelais, qui écrivait au seizième siècle, appelle *mâche-rabe* un étudiant de Limoges, ce qui fait supposer que, dès cette époque, la *rave* ou *rabioule* formait la principale nourriture des habitants de cette contrée.

Aujourd'hui la culture de la *rave* et du *navet,* qui est la même, s'est étendue dans une grande partie de la France ; mais c'est en Limousin, en Auvergne, en Alsace, en Flandre, en Vendée et en Bretagne, que cette culture a pris les plus grandes proportions. Ce sont aussi les contrées où le climat leur est le plus favorable, car cette racine demande un climat humide ou brumeux. C'est ce qui fait qu'en Angleterre cette culture a pris un développement immense. Selon des auteurs, elle occupe le dixième des terres cultivables, selon d'autres, elle en a envahi la sixième partie. En anglais, la rave s'appelle *turneps.*

Les Anglais, qui sont d'excellents agriculteurs, ont eu de bonnes raisons pour donner à cette plante un rang aussi important dans leurs cultures.

En France, nous cultivons la rave et le navet généralement en culture dérobée, par exemple entre un blé d'hiver et une céréale de printemps ; mais, en Angleterre, on les cultive sur *jachères,* et on leur donne pour but principal d'ameublir et de nettoyer le sol.

En effet, cette plante est excellente pour préparer le sol à une céréale et pour le purger des mauvaises herbes. Elle occupe utilement la terre, pendant l'année de jachères, dans l'assolement triennal ; comme elle se sème tard, on a tout le temps nécessaire pour donner à la terre toutes les façons préparatoires ; enfin elle fournit en grande quantité une très-bonne nourriture pour le bétail, et empêche les animaux de souffrir du passage du régime de l'été à celui de l'hiver. La rave, donnée aux bestiaux, fournit en même temps de la viande, du lait et du fumier.

Presque tous les terrains sont bons pour la culture de la rave, excepté les terrains argileux-calcaires à l'excès. Quand on a affaire à des terres compactes froides, on peut les amender avec de la marne ou de la chaux. Un sol léger est celui qui convient le mieux.

La rave en culture dérobée ne demande presque aucun soin, mais elle produit peu et n'améliore nullement le terrain ; on pourrait même dire qu'elle l'épuise un peu. On déchaume, soit à la charrue légère, soit avec le scarificateur ; puis on herse pour rassembler les racines, les chaumes et les faire brûler. On sème aussitôt après.

La culture sur jachère est plus utile et plus compliquée.

Elle exige alors trois ou quatre labours suivis d'autant de hersages. Il est indispensable pour la rave (comme du reste pour toutes les plantes à racines pivotantes) d'ameublir profondément le sol. Il faut fumer fortement, cette fumure devant être utilisée pour la céréale qui doit suivre. Si le sol n'est pas très riche, il faut préférer le fumier de ferme, s'il est, au contraire, en bon état, on applique la poudre d'os, de guano ou la cendre.

L'ensemencement à la volée ne remplit point le but qu'on veut atteindre et donne des produits restreints. Il faut de préférence semer en ligne espacées de 65 à 75 centimètres pendant le mois de juillet ou le commencement d'août. Cependant quelques bons agriculteurs sèment vers le 15 juin une jachère et s'en trouvent bien. En Angleterre, on sème fin juin et commencement de juillet au plus tard. La pratique et la connaissance du climat peuvent seules indiquer, en général, l'époque précise des semailles. Si on sème à la volée, il faut employer 4 kilogrammes de grains par hectare; en lignes, 3 kilogrammes suffisent et rapportent davantage.

Les raves semées en lignes exigent deux binages et un éclaircissage entre les deux opérations. Le buttage est pratiqué en Alsace de la même façon que pour les pommes de terre, mais la bonne influence de cette opération est généralement contestée.

La rave et le navet exigent un sol profond; lorsque la couche arable n'a que $0^m.15$ à $0^m.22$ de profondeur, il est bon de les cultiver sur billon, afin de donner artificiellement plus de profondeur au sol.

Elle réussit beaucoup mieux en Angleterre qu'en France; elle redoute beaucoup la sécheresse et s'accommode parfaitement du climat humide de la Grande-Bretagne. En France, la récolte est moins sûre. M. Moll assure que cette culture ne présente chez nous d'avantages que lorsqu'on sème en seconde récolte, après du seigle, de l'escourgeon ou même du blé.

Un des avantages de cette culture en Angleterre, c'est que le climat de ce pays, très-doux en hiver, permet de laisser la récolte en terre et de la faire consommer en grande partie sur pied par les parcs de moutons, ainsi que nous le verrons dans le calendrier d'*octobre* ou de *novembre*.

Les meilleures variétés de raves et de navets sont :

1° Le *turneps hâtif de Hollande*;

2° Le *navet blanc plat hâtif*, plus hâtif que le précédent;

3° La *rave d'Auvergne hâtive*, variété excellente;

4° La *rave du Limousin, navet, turneps, rabioule*, bonne variété, plus tardive que la précédente;

5° Le *navet de Norfolk rouge*, variété tardive, très-estimée en Angleterre;

6° Le *navet globe*, très-productif dans les sols riches;

7° Le *navet jaune d'Écosse*, tardif, supportant les premiers froids;

8° Le *navet boule d'or*, très hâtif et très-rustique.

C. *Navette de printemps.*

La navette est de toutes les plantes oléagineuses celle qui peut se semer le plus tard. On la sème dans la première quinzaine de juin. Dans les sols bien hâtifs, on peut remettre l'ensemencement à la dernière quinzaine de juin; mais, quoique les fleurs aient besoin, pour bien nouer, des longues et fraîches nuits d'automne, il ne faut pas cependant que la récolte soit poussée jusqu'à l'époque des pluies.

Les terres légères, sablonneuses, cependant, sont, selon M. de Dombasle, celles qui conviennent le mieux à cette plante. On sème à la volée sur deux ou trois labours, à raison de quatre kilogrammes de grain par hectare. On fait ordinairement suivre cette récolte par du froment ou du seigle, sur un seul labour.

D. *Sarrasin.*

Le *sarrasin* ou *blé noir* est une des plus importantes céréales par les services qu'elle est appelée à rendre. Elle est peu exigeante pour sa culture. On la place où l'on veut : partout elle se trouve bien. C'est la céréale des pauvres pays et le pain des pauvres gens. En Limousin et en Bretagne, elle fait la base de la nourriture des paysans.

Elle pousse très-bien sur le terrain où les autres céréales ne pourraient pas réussir. C'est la seule récolte qui puisse être encadrée entre deux seigles. On la place indifféremment avant ou après toute autre espèce de récolte.

Le sarrasin est excellent pour combler une lacune dans un assolement ; il n'est pas influencé par la plante qui l'a précédé et ne peut nuire à celle qui doit suivre.

Mélangés au sarrasin cultivé en fourrage, le trèfle, la luzerne, le sainfoin, réussissent parfaitement. On peut aussi enfouir le sarrasin en vert comme engrais, en le semant après du blé.

Enfin, cette précieuse plante laisse le sol dans un aussi bon état d'ameublissement et de propreté qu'une plante sarclée, et elle est moins épuisante qu'aucune autre céréale.

Ses seuls défauts sont : 1° une grande sensibilité, qui lui fait redouter le froid et les intempéries ; 2° l'inégalité avec laquelle ses grains mûrissent dans un même champ.

On peut semer le sarrasin à toute époque de la belle saison. Mais il faut bien prendre garde qu'il ne soit exposé ni aux gelées du printemps ni à celles de l'automne. Comme fumier, les débris de bruyères lui conviennent particulièrement. On ne donne ordinairement qu'un labour ; mais, pour cette culture, deux labours valent toujours mieux qu'un. On exécute les deux labours, l'un en avril, l'autre en mai, en les faisant précéder chacun d'un hersage. Au reste, le mode de préparation varie selon qu'on veut obtenir une récolte en grain ou en fourrage ; le fourrage demande moins de soins.

On sème très-clair et on recouvre très-profondément. Lorsqu'on cultive le sarrasin en fourrage, il faut semer plus épais.

§ VI. — TRANSPLANTATIONS.

La transplantation des *choux*, *choux-navets*, *rutabagas* et *betteraves* semés en pépinière, selon M. Moll, s'effectue ordinairement au commencement de ce mois ; on consacre aux choux un sol argileux, riche et ameubli par plusieurs labours ; aux betteraves, une terre franche, meuble et fertile.

Le terrain dans lequel on repique doit être fraîchement labouré, et l'on tâche de saisir, pour cette opération, un moment où le sol est assez humide et où le temps est à la pluie ; dans les sécheresses, il vaut mieux ne repiquer que le soir et le matin.

On enlève avec précaution le plan de la pépinière, afin d'effectuer cette opération sans léser les racines ; on arrose le sol un jour d'avance lorsqu'il est sec, ou bien on enlève le plan à la bêche. Aussitôt après l'arrachage, on tranche avec un couteau l'extrémité de la racine, et, si le temps est sec, le bout des feuilles. Le plant doit avoir au moins la grosseur d'un fort tuyau de plume à écrire, surtout si l'on a de la sécheresse à craindre.

L'opération de repiquage se fait dans la grande culture avec le rayonneur ; dans la petite avec le cordeau : les lignes sont à 24 ou 30 pouces de distance ; l'écartement doit être plus grand pour les betteraves, et surtout pour les choux, que pour les rutabagas. Chaque ouvrière prend une ligne et fait avec le plantoir, à la distance de 0ᵐ.33 pour les racines, et de 0ᵐ.50 pour les choux, un trou aussi profond que la racine de la plante est longue, et dans lequel elle pose celle-ci en évitant que la racine se replie ; au moyen du plantoir, elle presse la terre contre la plante assez fortement pour qu'on ne puisse arracher celle-ci en la tirant par l'extrémité d'une feuille. On a soin de mettre les plants de choux et de betteraves à la même profondeur qu'ils avaient dans la pépinière, mais ceux de rutabagas s'enterrent un peu plus profondément ; ces derniers se plantent aussi un peu penchés; on assure qu'ils viennent mieux ainsi.

§ V. — RÉCOLTES.

On récolte quelquefois dans le mois de juin la navette et l'escourgeon, qui sont les premiers grains qui mûrissent. On récolte aussi, pour la graine, le trèfle incarnat et la spergule. La graine de trèfle incarnat peut être récoltée à la main; on enfouit ensuite les tiges qui deviennent un excellent engrais, ou bien, on fauche la plante comme à l'ordinaire et on la bat. On emploie cette méthode pour la spergule dont les tiges valent le meilleur foin.

Mais la principale récolte de juin, c'est la fauchaison des prairies naturelles et artificielles. Nous entrerons dans quelques détails sur cet important travail.

A. Récoltes des fourrages verts.

Il faut veiller, en combinant son assolement, à ce que la récolte des fourrages verts ne soit jamais interrompue, depuis les premières pousses du printemps jusqu'au moment où la nourriture avec les racines vient remplacer la nourriture verte pendant les froids de l'hiver. Il faut qu'il n'y ait ni interruption ni abondance excessive de fourrages bons à être coupés en vert.

Le meilleur moment pour récolter les fourrages verts est l'époque où les plantes sont en pleine floraison; il faut donc calculer l'assolement pour que les floraisons des plantes, semées à diverses époques, se succèdent régulièrement; aussitôt qu'une certaine partie du champ est fauchée, on y passe la charrue pour enfouir le chaume vert qui devient ainsi un excellent engrais.

« On doit apporter beaucoup de soin à la distribution de ce travail, qui est très-important pour la régularité du service, dit à ce sujet Mathieu de Dombasle; il est nécessaire, dans une exploitation rurale, qu'un individu déterminé soit chargé de faucher et d'amener journellement le fourrage vert pour tous les bestiaux, sans cela il en résulte beaucoup de désordre dans le service : c'est toujours un sujet de dispute entre les valets, pour savoir qui n'ira pas ; les bêtes manquent souvent de fourrage , et c'est pour tous un sujet toujours prêt pour perdre beaucoup de temps. Lorsqu'on n'a pas beaucoup de bêtes à nourrir, on peut distribuer cette besogne, à tour de rôle, entre les valets, de sorte que chacun en soit chargé pendant une semaine ou pendant un mois. Celui qui est de service *va au vert* aussitôt que les attelages quittent le travail ; de cette manière on peut, avec une surveillance facile, être assuré que les ordres donnés sont bien exécutés, parce que la responsabilité pèse toujours sur un homme en particulier. C'est un principe dont ne doit jamais s'écarter, pour toutes les branches du service, l'homme qui dirige une exploitation. On ne saurait imaginer combien cette attention donne de facilité pour établir l'ordre dans tous les détails. Si l'on nourrit au vert une quarantaine de têtes de gros bétail, le fauchage et la conduite du vert emploient, chaque jour, la demi-journée d'un homme, pourvu que la coupe soit tant soit peu abondante; on doit alors en charger un ouvrier autre qu'un valet d'attelage, et lui assigner une autre besogne fixe pour le reste de la journée. Lorsqu'on a huit ou dix vaches, on peut très-bien leur faire conduire le fourrage vert pour tous les bestiaux de l'exploitation ; en attelant deux vaches à un petit chariot, et, les changeant fréquemment, cela fait pour toutes un exercice salutaire qui ne diminue en rien la qualité du lait qu'elles donnent. »

B. Récolte des fourrages artificiels.

La récolte des fourrages artificiels est soumise à des conditions toutes spéciales. On dit qu'une plante est mûre lorsque les semences qu'elle porte sont susceptibles de servir à la reproduction de cette plante. La maturité des fourrages ne s'entend pas de la même façon, ils sont mûrs lorsque leurs tiges et leurs feuilles sont arrivées au point où elles fournissent la nourriture tout à la fois la plus abondante et la meilleure.

Si le fourrage est destiné aux bêtes bovines, on le coupe plus tôt; s'il est destiné aux chevaux, on le coupe plus tard; les chevaux aiment un foin sec et fibreux.

Les fourrages artificiels doivent être fauchés, en général, à l'époque où les fleurs commencent à tomber, et à moins qu'on ne veuille les consacrer exclusivement à la nourriture des chevaux.

Il ne faut point, aussitôt après la fauchaison des fourrages artificiels, se hâter de répandre sur le sol les andains formés par la faux. Les feuilles de ces plantes, qui sont très-caduques, sont saisies par le soleil et se détachent bien plus facilement. J'emprunterai à la *Maison rustique du dix-neuvième siècle* la description du mode de fanage adopté dans l'Oise pour les prairies artificielles. Ce procédé est depuis longtemps appliqué dans les fermes les mieux dirigées. « Tout ce qui est fauché le matin est *laissé en andains*, tels que les a faits le fauchage. Vers midi ou une heure on les retourne, mais on ne les éparpille pas. Cette opération a seule pour but de les faire également ressuyer des deux côtés; ce qui est fauché le soir est laissé intact. Le lendemain matin, aussitôt que la chaleur du soleil a fait évaporer la rosée, on *met en petit tas* de 10 à 20 kilog. tout ce qui a été fauché la veille indistinctement. On a soin de les soulever le plus tôt possible, afin que la chaleur et le vent les pénètrent dans tous les sens. On les retourne le jour même et les jours suivants jusqu'à ce qu'ils soient secs, mais toujours sans les répandre; aussitôt que l'on s'aperçoit que la dessiccation est terminée, on *apporte des liens de paille* ou d'écorce de tilleul, qu'on a préparés dans les cours pendant que la rosée ne permettait pas de travailler, et on lie ce qui est sec; le lien est étendu par terre et chargé de deux des petits monceaux dont j'ai parlé précédemment. Les ouvriers les plus faibles chargent les liens, et les plus forts, ou mieux

les plus adroits, lient les bottes sans trop les secouer. Par la dessiccation ces sortes de fourrages se réduisent ordinairement au quart du poids qu'ils avaient étant verts, ainsi chaque botte pèse à peu près 6 à 8 kilog. Aussitôt le bottelage terminé, on *met le tout en dizeaux* de vingt-cinq à cinquante bottes. »

Voici comme on fait ces *dizeaux* : on dresse deux lignes de neuf bottes chacune, accolées l'une contre l'autre, on recouvre le tout avec sept autres bottes couchées en travers et formant un peu le toit : le *dizeau* est, de cette façon, composé de vingt-cinq bottes. Ce système permet au fermier de compter rapidement le nombre de bottes qu'il a récoltées.

C. *Récolte des fourrages naturels.*

On peut aisément déterminer l'époque de la récolte des fourrages artificiels; il est beaucoup plus difficile de reconnaître le moment où l'on doit faucher les prairies naturelles. Les prairies artificielles sont généralement homogènes, c'est-à-dire composées d'une plante unique, trèfle, luzerne, sainfoin, ray-grass, etc.; et, quand on mélange quelques plantes, c'est souvent parce qu'on sait qu'elles mûriront en même temps.

Dans les prés naturels, au contraire, les espèces sont très-variées et la plupart viennent à maturité à des époques différentes.

Il est donc bien nécessaire, avant de mettre la faux dans un pré, de savoir quelles sont les principales plantes qui le composent. Ainsi la flouve odorante fleurit vers la fin d'avril : la majeure partie des paturins à la fin de mai; les canches, les bromes, les orges, les houques, fleurissent dans la première quinzaine de juillet et les agrostis dans la seconde quinzaine. Il faut donc, autant que possible, lorsqu'on fait les prés, choisir des plantes qui mûrissent en même temps, et, lorsqu'on veut les faucher, il faut choisir l'époque favorable aux plantes qui dominent dans la composition du pré.

On s'est aussi demandé quelle était l'époque la plus convenable pour faucher les fourrages naturels. Les cultivateurs qui vendent leurs fourrages et n'estiment que le poids brut attendent invariablement que la plupart des graminées aient amené leurs graines à maturité ; mais ceux qui consomment leurs fourrages chez eux et recherchent surtout la quantité de matière nutritive contenue dans la plante ont été conduits à faire des distinctions entre les différentes espèces de graminées et à les ranger en deux classes : celles qu'il convient de faucher à l'*époque de la floraison* ; celles qu'il convient de faucher à l'*époque de la maturité des graines*.

Voici la liste des graminées de la première classe , c'est-à-dire des graminées qu'il convient de faucher à l'époque de la floraison : fétuque élevée, fétuque roseau,

brome stérile, brome des toits, brome à plusieurs fleurs, fétuque dure, fétuque des prés, houque molle, houque laineuse, phalaris roseau, poa à petites feuilles, alopécure des prés, avoine pubescente, avoine jaunâtre, avoine des prés et paturin des prés.

La deuxième classe, comprenant les graminées qu'il convient de faucher à l'époque de la maturité des graines, se compose de la fléole des prés, le dactyle pelotonné, l'agrostis traçante, la fétuque rouge, l'ivraie vivace, la brize tremblante, la cynosure à crête, la flouve odorante et le poa commun.

En résumé, quelle que soit la nature des plantes, il est toujours plus avantageux de faucher les graminées à l'époque de la floraison que de les couper plus tard. Si on fait une seconde coupe, le regain est plus abondant et on peut faire pâturer, immédiatement après la première récolte, le pâturage durant alors plus longtemps.

Fig. 35. — Râteau à bras d'Howard.

D. *Machines à faner.*

On a inventé et appliqué, dans ces derniers temps, des machines destinées au fanage des prairies artificielles et naturelles.

Je parlerai d'abord du râteau à bras inventé par M. Howard (fig. 35). L'usage d'exposer à l'air et aux rayons ardents du soleil les tiges des plantes fauchées à l'aide du râteau ordinaire et de la fourche en bois de cormier a, je crois, été pratiqué de tous temps ; c'est l'instrument des faneuses que

les peintres nous représentent, dans la pittoresque attitude de leurs fonctions.

M. Howard a aussi inventé un râteau à cheval (fig. 36), qui est plus généralement adopté que le premier.

La faneuse dite de Smith, qui a été bien modifiée et perfectionnée depuis sa première apparition, fut inventée, dit-on, vers 1846, par Salmon de Woburn. On avait d'abord pensé à un essieu garni de dents et tournant en même temps que les roues ;

mais cette machine informe ne servit pas à grand'chose. Salmon adapta une paire de roues non fixées à l'essieu. La face intérieure du moyeu de l'une de ces roues était garnie d'un disque denté donnant le mouvement à une lanterne qui faisait corps avec l'essieu d'un râteau circulaire. Cet appareil fut considéré, de tout temps, comme un engin d'un usage impossible.

Smith a construit sa faneuse (fig. 57) sur ces données et en a fait une machine parfaite. C'est toujours une carcasse cylindrique, armée de râteaux, tournant autour de l'essieu des roues qui supportent l'appareil. La charpente cylindrique qui porte les râteaux est divisée en deux parties de 1 mètre de longueur, qui ont chacune un mouvement indépendant. Une roue d'engrenage, placée contre le moyeu des roues, communique le mouvement de rotation aux deux cylindres. Chaque cylindre a huit barres sur lesquelles sont fixés, à l'aide de ressorts, des râteaux qui ont cinq dents : ce qui fait en tout seize râteaux portant ensemble quatre-vingts dents. Les ressorts cèdent, lorsque le terrain présente des inégalités. On peut régler à volonté la distance des dents par rapport à la terre. Les moyeux communiquent à l'ensemble des râteaux un mouvement en sens contraire de celui des roues, les dents rasent le sol d'avant en arrière, étendent et séparent les brins de fourrage, après les avoir vivement soulevés. En deux heures, cette machine peut retourner le fourrage d'un hectare, c'est-à-dire faire l'ouvrage de vingt faneuses; seulement son action serait peut-être trop rude pour le fanage des fourrages artificiels, dont elle séparerait violemment les feuilles. Je l'ai vue maintes fois fonctionner en Angleterre, soit dans les grandes prairies des environs de Londres, soit dans le duché de Cambridge, de la manière la plus satisfaisante.

La faneuse de Smith a figuré avec honneur aux expériences de Trappes. Voici ce que j'écrivais à cette époque dans le *Journal d'Agriculture pratique* : « La faneuse de Smith a clos les opérations ; elle a obtenu un vrai triomphe. En voyant approcher rapidement cette machine légère, répandant autour d'elle une pluie de verdure, le public étonné se demandait ce que cela voulait dire. Mais, au bout de quelques secondes, on a vu derrière la faneuse le foin lestement retourné et uniformément répandu sur le sol ; chacun s'extasiait sur la perfection du travail, sur la simplicité et l'immense utilité d'une machine qui permet de faire sécher et rentrer toute une récolte en un jour. »

E. *Transport des récoltes. Meules.*

Mais il ne suffit pas de faucher et de faner les fourrages, il faut aussi les rentrer à la ferme pour les conserver, soit en meules, soit dans les greniers. La rentrée du foin est une importante opération.

« Le travail des attelages et des ouvriers pour rentrer le foin sec est peut-être, dit Mathieu de Dombasle, de tous les travaux agricoles, celui qui demande le plus d'activité pour le fermier qui a une fenaison un peu considérable. Lorsqu'on travaille avec des chariots à quatre chevaux, la manière de faire le plus d'ouvrage possible est d'employer six chevaux pour trois chariots : l'un se charge, attelé de deux chevaux pour le faire avancer à mesure qu'un tas est chargé ; l'autre, dételé, se décharge dans la cour de la ferme ; le troisième est en route avec quatre chevaux, qu'on joint à ceux qui sont déjà attelés au chariot qui doit se trouver chargé, et l'on part. Le temps du chargement forme, pour deux chevaux, un moment de repos, qu'on a soin de partager entre tous dans le courant de la journée.

« Cependant, l'usage des chariots attelés d'un seul cheval représente, d'après une longue expérience, le moyen d'accélérer encore cette besogne, mais il exige un plus grand nombre de chariots ; pour quatre chevaux attelés il faut, si l'on veut que le service ne chôme jamais, employer six ou sept chariots : aussitôt qu'un chariot chargé est arrivé dans la cour de la ferme, on dételle le cheval et on l'attelle à un chariot vide pour retourner au pré. Après avoir, pendant vingt ans, pratiqué exclusivement cet usage, je suis resté convaincu qu'il offre, pour tous les travaux d'une ferme, le moyen d'obtenir des chevaux la plus grande quantité d'ouvrage possible. En supposant une distance moyenne d'un demi-quart de lieue des champs à la maison, c'est-à-dire que chaque voyage exige, pour l'aller et le rétour, quinze ou vingt minutes, on peut très-facilement, dans une journée de travail de dix heures, faire quarante milliers de foin, ou cinq mille gerbes de froment, dont quatre-vingts ou cent forment une voiture. Pour faire la même quantité d'ouvrage avec des chariots attelés de quatre chevaux, il faudrait employer au moins trois attelages. »

En Angleterre, les granges n'existent pas : on met le foin, la paille et les gerbes en meules. Ces meules sont de vrais chefs-d'œuvre. Elles reposent sur des supports en fonte ou en fer forgé. Supposez sept piliers en fonte de 0ᵐ,50 de hauteur, réunis par une lame de fer sur champ, formant un grand cercle ; au centre de ce cercle, quatre autres piliers réunis par une lame de fer concentrique avec la première. Sur ces deux cercles de fer, on pose des bâtons qui forment comme les rayons de ces deux cercles. Chaque pilier est garni à son extrémité supérieure, c'est-à-dire là où s'emboîte la lame de fer forgé, d'une plate-forme ronde, ou bien d'une calotte hémisphérique dont la cavité est tournée vers le bas. Les souris et autres animaux rongeurs qui montent le long de ces piliers viennent ainsi se heurter contre un obstacle infranchissable.

On fait des supports entièrement en fer forgé, dont les rayons sont aussi en fer ; mais ils coûtent beaucoup plus cher et ne rendent pas de meilleurs services. En Angleterre, un support en fonte, formé de onze piliers, et ayant 4ᵐ,25 de diamètre, ne coûte pas plus de 100 francs.

On couvre aussi les meules avec des couvertures mobiles. Elles se composent de deux mâts plantés aux deux côtés de la meule, en face l'un de l'autre. A ces deux mâts est attachée, par le milieu, une toile carrée bien goudronnée, dont les quatre angles sont tenus écartés par deux traverses ou vergues, de manière à former une espèce de toit, qui s'abaisse graduellement à mesure que la meule diminue de volume.

J'emprunterai à Mathieu de Dombasle des observations fort intéressantes sur les précautions à prendre dans la confection des meules :

« Il y a des pays où l'on conserve le foin en meule exposée à l'air ; dans d'autres, on le met dans des granges ou dans des greniers, ordinairement au-dessus des étables. La première méthode présente des avantages réels : non-seulement elle exige beaucoup moins de dépenses en bâtiments, mais le foin se conserve beaucoup mieux et plus longtemps dans des meules bien faites que dans des bâtiments couverts. Dans les pays où l'une et l'autre méthode sont en usage, on sait distinguer à l'odeur du foin la meule qui a été conservée à couvert : le premier se paye toujours un peu plus cher sur les marchés. Cependant on ne doit pas se dissimuler que la construction de la meule exige plus de travail, et présente souvent de l'embarras dans la saison pluvieuse, parce que le fond n'est en sûreté contre la pluie que lorsque la meule est terminée, et qu'on n'est pas toujours assuré qu'il n'en surviendra pas pendant qu'on la construit.

« On fait les meules rondes ou carrées, ou sous la forme d'un carré long, dont une des petites faces est tournée du côté d'où vient ordinairement la pluie. Ce que je pourrais dire ici sur la manière de construire les meules ne pourrait suffire pour mettre le lecteur en état de les exécuter convenablement ; les personnes qui voudraient introduire chez elle cette méthode ne peuvent mieux faire que de faire venir un homme exercé des pays où cette pratique est en usage.

« Soit qu'on mette le foin en meule ou dans les greniers, il est fort important de presser, de tasser la masse bien également à mesure qu'on le forme. Souvent on fait faire cette opération par des enfants, qui s'en acquittent fort mal; on doit au contraire confier cette besogne à des ouvriers soigneux. Le foin entassé subit toujours une fermentation très-utile pour sa bonne qualité, et qui s'opère très-inégalement, lorsque la masse est tassée plus fortement sur quelques points que sur d'autres. Si le foin n'est pas très-sec, la moisissure, la pourriture ou l'inflammation se manifestent toujours, soit à la surface de la masse, qui, dans les greniers, est ordinairement mal tassée, soit dans les parties qui n'ont pas été assez serrées et où l'air a pu pénétrer. Lorsque au contraire la masse est tassée bien également, surtout si l'on a soin de la couvrir entièrement d'un lit de paille, et de fermer les volets du grenier, pour que l'air n'y joue pas, elle peut s'échauffer et *suer*, mais elle se desséchera bientôt. Peut-être le foin brunira-t-il, s'il a été ren-

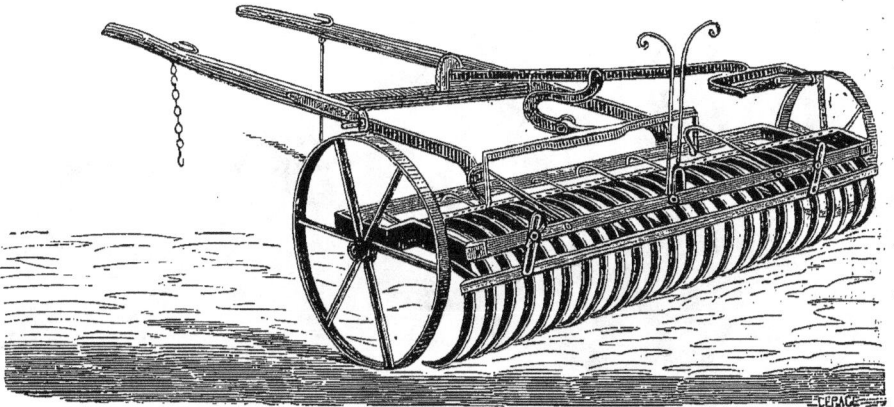

Fig. 56. — Râteau à cheval d'Howard.

tré un peu trop humide; mais cela ne lui fera rien perdre de sa qualité : la moisissure ou l'inflammation ne sont pas à craindre, si l'air ne peut entrer dans la masse, pourvu que le foin n'ait pas été rentré dans un état d'humidité tel, que la forte chaleur qui s'y développe ne soit pas suffisante pour en opérer l'évaporation. »

F. *Récoltes diverses.*

a. Chou cavalier.

Les choux cavaliers plantés en novembre ou en décembre fournissent des feuilles pendant l'été suivant ; on commence à récolter ces feuilles au mois de juin.

b. Avoine d'hiver.

On fauche l'avoine d'hiver vers lafin du mois de mai ou vers le commencement de juin, et l'avoine de mars vers la fin de juin ou vers le commencement de juillet.

c. Orge escourgeon.

On fauche l'orge escourgeon avant le complet développement des épis, afin que leurs barbes ne blessent pas le palais des animaux. Cette récolte s'opère dans les premiers jours de juin au plus tard.

d. Fromental.

Il en est de même du fromental ou

avoine élevée, qu'il faut couper avant le complet développement de sa panicule, parce que cette plante a le défaut de sécher sur pied. Si le fromental est soumis à des irrigations d'été, il peut donner plusieurs coupes dans l'année.

e. Jarosse.

La jarosse doit être fauchée, quand on la cultive pour le fourrage vert, lorsque ses fleurs sont bien épanouies, c'est-à-dire dans le commencement de juin.

f. Luzerne.

Dans les provinces du Midi, on fauche la luzerne quatre à cinq fois chaque année. La première coupe a lieu à la fin d'avril ou à la mi-mai, la seconde dans la deuxième quinzaine de juin, la troisième dans la première quinzaine d'août, la quatrième vers le 20 septembre, et la cinquième de la fin d'octobre à la mi-novembre. Ainsi les coupes ont lieu tous les quarante jours.

Dans les provinces du Nord, on ne fauche la luzerne que trois fois. La première coupe se fait dans la première quinzaine de juin, la seconde a lieu vers le 15 août, la troisième, de la fin de septembre à la mi-octobre. Ainsi les coupes ont lieu tous les soixante jours.

Fig. 37. — Faneuse de Smith.

« On fauche toujours la luzerne en dehors, dit M. Gustave Heuzé. Cette opération exige, à cause de la dureté des tiges de cette plante, que l'angle formé par la faux soit plus fermé que lorsqu'il est question de faucher des prairies naturelles. Il importe que cet instrument soit conduit aussi près de terre que possible afin que les éteules de la faux soient à peine apparentes. Lorsque la faux est mal dirigée, et qu'elle coupe les tiges à $0^m.06$ ou $0^m.09$ au-dessus du sol, on éprouve plus de difficulté pour couper la pousse suivante, à cause de la résistance que présentent les parties de tiges laissées lors du premier fauchage. Quand les luzernes sont très-fournies, on profite souvent de la rosée ou du moment où les tiges ont été mouillées par une pluie, pour exécuter la fauchaison, parce que la faux conserve alors plus longtemps son mordant, et qu'elle coupe plus aisément. Un homme fauche de 50 à 60 ares par jour. On paye, pour faucher un hectare, de 5 à 6 francs; le 100 de bottes, ou 500 kilogrammes revient, tout payé, 1 fr. 60. »

g. Lentillon et lentille.

Le lentillon d'hiver fleurit en juin, le

lentillon de printemps ne fleurit qu'en juillet. On fait consommer ces légumineuses sur place, ou on les coupe quand la plupart de leurs gousses sont formées, afin de convertir les tiges en foin. On donne rarement le lentillon en vert au bétail. Son foin, récolté par un beau temps, est aromatique et convient très-bien aux bêtes bovines, mais plus particulièrement aux brebis et aux agneaux.

La lentille d'Auvergne se fauche en juin, on peut la faire consommer sur place.

h. Maïs-fourrage.

On coupe le maïs-fourrage quand les panicules que forment les fleurs mâles commencent à se développer. Si on attendait, pour commencer la récolte, que les fleurs femelles fussent très-apparentes, les tiges seraient trop dures pour que les animaux pussent les manger facilement. Dans les provinces du Midi, où le maïs est cultivé sur une grande échelle, on coupe dans la première quinzaine de juin les tiges provenant de semis exécutés vers le 1er avril ; les semis du 1er mai sont récoltés dans la première quinzaine de juillet, ainsi de suite. Il faut environ deux mois et demi entre l'époque des semailles et celle de la fauchaison. On écrase les tiges ou on les coupe au hache-paille lorsqu'elles offrent trop de consistance.

Ce fourrage, qui ne se consomme guère qu'en vert, convient à tous les animaux, surtout aux bœufs et aux vaches laitières.

i. Pois gris.

On fauche les pois gris quand ils sont presque défleuris, et que les cosses inférieures sont parfaitement formées. Les pois gris d'hiver fleurissent en mai et en juin. On doit éviter de laisser longtemps les tiges couchées sur le sol. Quand il survient, à l'époque où elles doivent être coupées, des pluies abondantes et continues, elles jaunissent et pourrissent par le pied.

j. Sainfoin.

La récolte du sainfoin a lieu lorsque les fleurs sont épanouies et que les gousses des premières fleurs sont formées, c'est-à-dire lorsque les épis sont au tiers défleuris. L'époque favorable est le mois de mai pour la région du Midi, et la première quinzaine de juin pour la région du Nord. En résumé, il ne faut pas attendre que les fleurs soient complètement fanées, car les tiges fourniraient alors un foin très-dur et de médiocre qualité. Une seconde pousse se récolte en septembre et quelquefois en octobre.

Dans les provinces du Midi, on exécute souvent le fanage en réunissant les tiges en bottes et en appuyant quatre bottes les unes contre les autres ; quelques jours suffisent pour que le foin soit arrivé au point convenable. Fauché et desséché sous un ciel légèrement couvert, le sainfoin donne un foin vert plus aromatique que celui de la luzerne.

La seconde pousse du sainfoin ordinaire est presque toujours consommée sur place par les bêtes bovines, et non par les moutons, qui font périr la plante en la rongeant jusqu'à son collet.

k. Trèfle rouge.

Le trèfle rouge fournit ordinairement deux coupes dans le midi comme dans le nord de l'Europe. La première coupe a lieu en mai ou en juin ; la seconde récolte en août et septembre.

On récolte la première pousse lorsque les boutons apparaissent ou qu'ils commencent à s'épanouir. Lorsque le temps est beau, on trouve avantage à faucher le trèfle rouge prématurément; la production est plus faible, mais la qualité est meilleure. En outre, le trèfle repousse plus promptement, et il est alors moins exposé à souffrir des sécheresses de l'été.

l. Vesces.

Les vesces doivent être fauchées avant que toutes les fleurs soient disparues, si la production verte doit être consommée par les bêtes bovines. « Fauchées quand elles sont en pleine fleur, dit M. Heuzé, elles sont plus nutritives, et secondent davantage la sécrétion du lait. Si l'on attend, au contraire, qu'elles soient toutes défleuries, que les graines soient bien formées dans les cosses, les vaches et les bœufs ne les consomment qu'avec lenteur, et souvent même ne mangent que les sommités des tiges. Les chevaux et les bêtes à laine sont les seuls animaux qui les mangent avec avidité, quand les gousses sont très-développées. »

J'emprunterai encore à M. Heuzé quelques détails sur le fanage des vesces en général.

« Lorsque le produit en vert ne peut être consommé par les animaux, parce qu'il est trop abondant ou que les plantes ont déjà séché sur pied, il est utile de faucher le reliquat et de le convertir en foin.

« La fauchaison, qui se fait ou à la faux ou à la faucille, selon l'état et l'étendue de la récolte, ne doit point avoir lieu tardivement, c'est-à-dire lorsque les semences sont complétement mûres. Arrivée à cet état de végétation, la vesce a perdu la presque totalité de ses feuilles, et ses tiges sont entièrement desséchées.

« Pour que cette légumineuse conserve par le fanage toute sa faculté nutritive, pour qu'elle donne un foin délicat et recherché par tous les animaux, il faut opérer sa conversion en substance sèche quand la plupart des gousses commencent à grossir, lorsque les tiges ont déjà perdu leur couleur verte pour prendre une teinte jaune verdâtre. Car ce ne sont pas les tiges, les feuilles, que les animaux recherchent lorsque la vesce a été convertie en foin; ce sont les gousses, les semences, qu'ils préfèrent à toutes autres parties.

« Le fanage des vesces n'est pas toujours facile à exécuter. Il est très-long, parce qu'il s'opère et doit avoir lieu lentement. Cette opération exige le concours d'un beau

temps, surtout quand les plantes sont couchées sur le sol. Si la température est humide, quelles que soient les précautions prises, les tiges et les feuilles prendront une teinte brune et perdront de leur qualité nutritive.

« Après la fauchaison, la production herbacée reste sur le sol pendant un jour ou deux, afin qu'elle se ressuie; ce n'est qu'après qu'elle a éprouvé cette modification qu'on exécute le fanage. Il faut éviter, pendant cette opération, de laisser les plantes longtemps dans la même position sur le sol. Exposées toute une journée à l'ardeur du soleil et à l'action de la lumière, les tiges acquièrent une teinte blanc jaunâtre qui leur est préjudiciable. Pour éviter cette altération, on réunit d'abord les plantes en gros andains que l'on soulève et retourne de temps à autre. Lorsque la dessiccation est avancée, on réunit le foin en très-petites meules ou *veilloches*. Celles-ci sont renversées et reformées le lendemain, suivant que l'humidité a une tendance à se concentrer à l'intérieur de la masse.

« Aussitôt que les plantes ont perdu la presque totalité de leur eau de végétation, on procède au bottelage. Cette mise en botte se fait avec des liens de paille de seigle. On rentre ensuite le foin dans des locaux sains. »

m. Spergule.

On fauche la spergule quand ses petites fleurs blanches commencent à s'épanouir, c'est-à-dire cinquante jours après l'époque du semis. On ne doit pas attendre que toutes les fleurs soient développées, car la rapidité avec laquelle elle végète ne permettrait pas de la donner verte aux animaux. La production du premier semis doit être coupée en juin.

G. *Récolte des graines.*

Lorsqu'on veut récolter des graines de *choux non pommés*, il faut choisir les pieds les plus vigoureux, et ceux qui présentent le mieux les caractères de la variété à laquelle ils appartiennent, et les laisser en place. On peut aussi arracher en motte, vers la fin de l'automne, les pieds que l'on destine à graine, et les planter dans un jardin. En opérant ainsi, le champ consacré à la culture de cette plante fourragère est entièrement libre et peut être ameubli par la charrue. Il est utile d'éloigner le plus possible les variétés les unes des autres, afin d'éviter l'hybridation. Un hectolitre de graines de choux pèse de 63 à 70 kilog.

La *lapuline* mûrit aussi ses graines en juin. On fauche lorsque les tiges sont presque sèches et que les gousses sont noirâtres. Le battage se fait au fléau. On égraine les gousses avec les appareils qui servent pour le trèfle. Un hectolitre de graines de lupuline pèse de 80 à 84 kilogrammes.

C'est aussi l'époque de la récolte des graines de *navet*. Lorsque les siliques inférieures sont mûres, on coupe les tiges, on les réunit en paquets, que l'on suspend dans les greniers ou sous les hangars pour que les graines achèvent de mûrir. On bat au fléau et on nettoie à l'aide d'un crible. Il faut six ou huit pieds de porte-graines pour récolter 1 kilogramme de semence. La récolte des graines de la *rave* et du *chou rutaga* exige les mêmes soins.

Pour obtenir des graines de *ray-grass*, on ne doit commencer la fauchaison que quand les plantes ont perdu leurs fleurs. On fane comme à l'ordinaire, on bat avec le fléau ou la machine à battre, et on nettoie avec le crible ou le tarare. Un hectolitre de graines de ray-grass pèse de 40 à 42 kilogrammes.

M. Gustave Heuzé, dans ses *Plantes fourragères*, décrit en détail là récolte de la graine de sainfoin.

« La récolte des graines a lieu en juin, sur les sainfoins de trois années au moins d'existence. On fauche les tiges lorsqu'elles sont un peu sèches, que la plupart des gousses ont perdu leur couleur argentée, qu'elles sont arrivées à maturité et qu'elles

ont une teinte jaune, légèrement brune. Je dis que *beaucoup de gousses doivent avoir une teinte déjà foncée*, car toutes ne mûrissent pas au même moment. Il faut exécuter le fauchage de préférence le soir ou le matin, pour éviter la chute et la perte des graines mûres, qui se détachent facilement des épis. Les tiges restent en andains sur le champ. Le surlendemain, on les place sur une bâche sur laquelle on les bat avec une fourche ou un fléau pour ne détacher des tiges que les semences bien mûres. On peut aussi exécuter ce battage au moyen d'une machine à battre.

« Suivant Schwertz, quatre hommes peuvent battre en un jour le produit d'un hectare.

« Quand le battage est exécuté, on sépare les folioles, les débris de tiges des gousses, à l'aide d'un tarare. Aussitôt que ce nettoiement est terminé, on porte les graines dans un grenier, où on les étend en couche peu épaisse. On doit les remuer une ou deux fois tous les huit jours. Dès qu'elles sont sèches et qu'aucune fermentation n'est à craindre, on les réunit en tas ou on les ensache.

« Les tiges peuvent être données aux animaux, quoiqu'elles soient moins nutritives que si elles avaient été fanées. »

J'emprunterai au même agronome des renseignements pleins d'intérêt sur la récolte des graines de *trèfle incarnat*.

« Les graines mûrissent ordinairement vers la Saint-Jean, ou dans les premiers jours de juillet au plus tard. Alors les tiges et les épis sont blanchâtres, et ces derniers sont fortement inclinés vers la terre.

« Les procédés de récolte varient beaucoup. Ici, des femmes et des enfants ramassent les épis à la main et les déposent sur une toile. Là, on enlève les têtes au moyen de cueilloirs. Ailleurs, on procède à l'arrachage des tiges comme on opère pour le lin; puis on forme de petites bottes que l'on place debout sur le sol, jusqu'à ce que là dessiccation des tiges soit presque complète. Plus loin, on fauche les tiges quand les graines sont sur le point de terminer leur maturité ; on les rapporte à la ferme et on les dépose dans un local où elles puissent sécher. Nonobstant ces divers procédés, dès que les graines ont achevé de mûrir, on procède au battage. Comme les capsules se détachent facilement de leur support, on doit opérer un battage léger.

« Après ces diverses opérations, les gousses sont soumises à l'action des machines qui les égrènent.

« Quel que soit le procédé mis en usage, on ne doit pas entreprendre la récolte des graines tardivement. Lorsque les semences sont parfaitement mûres au fond des calices, le moindre vent détache ces dernières avec facilité des épis et les transporte à de grandes distances. En fauchant à la rosée, on évite en grande partie cet égrenage.

« Le produit en graines non mondées s'élève à 35, 40 et même 60 hectolitres par hectare.

« Un hectolitre de graines en bourre pèse de 5 à 7 kilog., et peut donner de 2 kilog. 500 à 3 kilog. de graines nues ou nettoyées. »

CHAPITRE III

Travaux de la ferme.

Les travaux de la ferme, à cette époque de l'année, sont peu importants ; tout le monde est aux champs, et les travaux d'intérieur qu'on a négligé d'exécuter pendant l'hiver, on n'a plus le temps de les faire aujourd'hui.

§ Ier. — TONTE DES MOUTONS.

La tonte des moutons est une des opérations les plus importantes de l'intérieur de la ferme. Dans les pays où on entretient des quantités considérables de moutons dont la laine est précieuse, c'est-à-dire de méri-nos ou métis-mérinos, on confie le soin de tondre les moutons à des ouvriers spéciaux qui parcourent les fermes à cette époque de l'année. Dans d'autres contrées, on confie ce soin aux gens de la ferme et particulièrement aux femmes.

Les uns lavent la laine à dos, d'autres ne lavent qu'après la tonte, cela dépend des usages établis par le commerce du pays.

J'emprunterai, pour les personnes qui lavent à dos, les conseils donnés par Mathieu de Dombasle pour opérer ce lavage le plus commodément possible. « On creuse ou on élargit le lit du ruisseau, dit le savant agronome, sur une longueur de 6 à 7 mètres, et en lui donnant 3 mètres de largeur ; on pave cette partie et on ferme les deux rives par de petits murs qu'on garnit de claies, si cela est nécessaire, pour empêcher les moutons de sortir de cette espèce de canal ; au milieu de sa longueur, on place près de chacune des deux rives un tonneau disposé en cuvier, fixé au fond de l'eau, laissant entre eux une distance d'un mètre au plus, au milieu du canal ; un homme, se plaçant sur chacun de ces deux cuviers saisit les moutons à mesure qu'ils passent entre les deux, et les lave ainsi fort à son aise et les pieds au sec. Entre les deux ouvriers, le canal est barré par une porte, que ces hommes ouvrent ou ferment à volonté ; ce canal se trouve divisé en deux parties : la première partie, où les moutons entrent par une pente douce, qui se trouve à l'extrémité, doit être assez profonde pour que l'eau passe par-dessus le dos des moutons, et on les y fait entrer quelques moments avant de les faire passer entre les mains des laveurs, afin que les ordures de leur toison se détrempent. A mesure qu'ils sont lavés, ils s'échappent par l'autre extrémité du canal, en traversant la seconde partie qui doit être assez profonde pour qu'ils y nagent. A l'extrémité se trouve un parc et un pâturage bien sec, où les animaux se ressuient au soleil. »

« En Angleterre, dit M. Heuzé, aucun mouton n'est tondu sans avoir été préalablement lavé. Le lavage a lieu à dos au milieu de ruisseaux profonds de 0^m.65 à 0^m.80.

« Les laveurs sont au nombre de trois, et ils sont disposés de manière à ce que les animaux passent de main en main en sens contraire du courant. Le premier laveur reçoit un animal d'un aide, le plonge dans l'eau, et, lorsque la laine est bien imbibée, il le passe au second laveur, qui le remet ensuite au troisième opérateur. C'est ce dernier qui termine le lavage en frottant la laine avec ses mains sur toutes les parties du corps. Les animaux, une fois lavés, sont confinés sur une prairie ou un pâturage. On doit éviter de les laisser circuler sur des terres nouvellement labourées.

« Pendant toute l'opération, qui ne doit être faite que par le beau temps et de préférence le matin, afin que les toisons sèchent plus aisément pendant la journée, on a soin de tenir les animaux sur le dos, pour que l'eau arrive plus facilement sur la peau, et qu'elle lave mieux la laine et la débarrasse entièrement des impuretés qui s'y sont mêlées.

« Trois laveurs exercés peuvent laver de quarante à soixante moutons par heure, suivant la taille et la force des animaux.

« Deux ou trois jours après le lavage, lorsque la laine est bien sèche, on pratique la tonte. Cette opération se fait à l'aide de ciseaux que l'on appelle *forces* et qui se composent de deux lames faisant corps avec les branches et le ressort.

Souvent, pour que la main soit moins fatiguée pendant le travail et qu'elle saisisse mieux l'instrument, on corde les branches des deux lames.

« Le plus ordinairement la tonte, que l'on ne doit exécuter que lorsque les toisons sont sèches, se pratique au moyen de trois opérations :

« 1° Après avoir saisi un mouton ou une brebis et étendu à terre une toile, le tondeur s'appuie sur son genou droit, met l'a-

nimal sur le derrière, lui soutient le dos avec sa jambe gauche, et commence la tonte en allant du cou au ventre.

Dès qu'il a terminé, il place les pattes antérieures sous son bras gauche et tond alors le ventre jusqu'aux aînes, en ayant le soin de maintenir la peau tendue avec la main gauche. Ensuite il détache la laine sur les hanches et les cuisses, et termine cette opération en tondant le côté de la queue. Lorsque la laine est courte, on agit avec les pointes des lames en tenant les forces.

« 2° Ensuite le tondeur s'appuie sur les genoux, tourne doucement l'animal sur lui-même, lui laisse les pieds libres, afin qu'il reste aussi tranquille que possible, et, soutenant la tête par sa main gauche, il coupe la laine qui existe sur la nuque, le cou et le haut des épaules ; il place ensuite le cou sous son bras gauche et maintient la peau très-tendue avec la main gauche, afin de tondre plus aisément avec celle de droite. Il continue ainsi jusqu'aux hanches et à la queue, qu'il tond entièrement.

« 3° Enfin, s'appuyant sur son genou droit, le tondeur passe la jambe gauche sur le cou, et maintient la tête avec son pied, et il continue la tonte en partant du point où il s'est arrêté. La main gauche maintient toujours la peau tendue, et elle suit naturellement la main droite qui tient les forces, et qui doit terminer son travail à la queue.

« Quand cette troisième opération est terminée, la toison est entièrement détachée du corps de l'animal et elle est étendue sur la toile sur laquelle la tonte a été faite.

« Un bon ouvrier tond aisément vingt moutons ou brebis par jour. »

§ II. — PLIAGE DES TOISONS

À mesure que la tonte s'exécute, on s'occupe de plier les toisons. Voici, d'après M. Heuzé, comment on procède à ce pliage :

« Une femme soulève avec beaucoup de précaution une des toisons détachées, afin de ne pas la diviser, et elle l'étend sur une porté soutenue par deux chevalets hauts de 0^m.66, en ayant soin de mettre en dessus le côté qui touchait au corps de l'animal et de placer la laine de la queue devant elle. Alors elle l'examine avec soin, la nettoie, enlève les ordures qui ont résisté au lavage, place sur la partie médiane les flocons qui se sont détachés et replie les côtés de manière que la toison n'ait pas plus de 0^m.60 à 0^m.75 de largeur, suivant sa dimension. Ces diverses opérations terminées, elle la roule serrée de la queue au cou, et la maintient ensuite avec le genou, elle forme une corde avec une portion de la laine et l'enroule autour de la toison.

« Lorsque la toison a été roulée et cordée, de manière à ce que les extrémités de la corde s'enroulent autour de celle-ci, la laine de la queue occupe le centre et la partie coupée qui est blanche et brillante s'aperçoit seule extérieurement.

« Les toisons sont ensuite empilées sur des paillassons dans des chambres ni trop chaudes ni trop humides, afin d'éviter que la laine ne se dessèche ou ne s'altère. »

CHAPITRE IV

Cultures spéciales.

§ Ier. — VITICULTURE.

On donne ordinairement la seconde façon aux vignes pendant le mois de juin. Ceux qui hâtent cette opération, s'arrangent de manière à donner cette façon en mai et la troisième en juin, afin d'avoir terminé tous les travaux au 1er juillet ; ils s'exposent ainsi à laisser croître un grand nombre de mauvaises herbes dans leurs vignes pendant le trop long espace de temps qui s'écoule entre les derniers travaux et l'époque de la vendange.

Aussitôt après avoir biné la vigne, on lie pour la seconde fois les ceps et on continue l'ébourgeonnement.

§ II. — OLIVIERS.

On continue les arrosages et les binages dans les semis d'oliviers de l'année et dans ceux de deux ans.

§ III. CAPRIERS.

M. Moll indique la manière dont il faut traiter la culture des câpriers. Le câprier a cet avantage de pouvoir végéter sur les sols les plus arides du midi de la France, et de donner souvent de beaux bénéfices.

« C'est dans le courant de juin que commence la récolte des câpres, écrit le savant professeur du Conservatoire des Arts et Métiers. La câpre n'est autre chose que le bouton à fleur du câprier, cueilli avant son développement. Les câpres sont d'autant plus estimées qu'elles sont plus petites.

« A mesure que croissent les rameaux, chaque feuille qui se développe amène avec elle un bouton porté sur un court pétiole, et accompagné d'un aiguillon qui rend la cueillette assez difficile. Les ouvriers accoutumés à ce genre de travail peuvent cependant ramasser jusqu'à 10 kilog. de câpres par jour.

« La câpre n'est bonne à cueillir que lorsqu'elle est dépouillée de la matière cotonneuse qui la recouvre, et qu'elle a acquis de 2 à 10 millimètres de diamètre ; cette dernière dimension est le plus grand développement qu'elle prenne avant de s'épanouir ; les cultivateurs soigneux évitent de lui laisser atteindre ce terme. Dans ce but, ils font cueillir d'abord tous les huit jours ; puis, à mesure que la végétation se développe plus rapidement, tous les six, tous les quatre, et même tous les trois jours. »

Quand la cueillette est terminée, on étend les câpres, pendant 24 heures, sur une bâche, dans une chambre, et on les jette ensuite dans un tonneau à demi rempli de vinaigre, en ayant soin qu'elles baignent constamment dans le liquide.

§ IV. — SÉRICICULTURE.

En juin, on taille les mûriers. Cette opération, fort importante, et qui deviendrait une cause de dépérissement du mûrier si elle était faite sans précaution, doit être sagement réduite à un simple émondage qui consiste à supprimer les branches mutilées, cassées ou tordues, les chicots, le bois mort, les branches trop faibles, celles qui se croisent, les *gourmands*, et, en un mot, tout ce qui ne peut que faiblement produire et rendrait la cueillette difficile. On paye les ouvriers à la journée, afin qu'ils mettent plus de soin à cette récolte.

CHAPITRE V
Travaux forestiers.

On bine les pépinières, et l'on a soin d'enlever l'herbe des jeunes semis. Les pépinières de saules et de peupliers provenant de boutures de l'année peuvent être taillées vers la fin de ce mois; on supprime tous les jets, excepté un seul qui est destiné à former la tige.

CHAPITRE VI
Animaux domestiques.

§ Ier. — LES CHEVAUX.

A cause des chaleurs, qui commencent à être considérables à cette époque de l'année, on divise le travail de la journée en deux attelées : une le matin, de très-bonne heure, et l'autre après la chaleur de midi.

Les mouches fatiguent beaucoup les chevaux pendant l'été. M. Moll indique un moyen simple et peu coûteux, employé par les rouliers pour garantir les chevaux de leurs attaques; il consiste à passer sous le ventre du cheval, une toile qui couvre entièrement cette partie de l'animal, et que l'on assujettit aux harnais. Elle ne doit pas serrer le ventre; il suffit qu'elle touche devant et derrière; le mouvement qu'elle éprouve chasse les mouches du ventre, qui est la partie la plus sensible du cheval, et celle où il ne peut atteindre.

On met, aux portes et aux fenêtres des écuries et des étables des volets à claire-voie, ou bien on y tend des toiles en gros canevas qui empêchent les mouches d'entrer sans intercepter l'air extérieur.

« Les chevaux sont actuellement sujets, ajoute M. Moll, à plusieurs affections provenant de transpirations supprimées, ou, en général, de refroidissements. La fraîcheur des écuries, les courants d'air, les pluies subites qui surprennent les attelages au milieu des champs, et enfin la fraîcheur de l'eau qu'on leur laisse boire ou dans laquelle on les baigne lorsqu'ils sont encore en sueur, provoquent chez eux des inflammations des organes de l'alimentation ou de la respiration, telles que les *angines* ou *esquinancies* internes; le *coriza*, espèce de rhume de cerveau; les *bronchites*, ou catarrhes pulmonaires; les *pleurésies*, la *colique rouge*, etc. Dès qu'on s'aperçoit qu'un cheval cesse de manger, est agité, a une respiration fréquente et embarrassée, et le pouls accéléré, on doit avoir recours à un bon vétérinaire. En attendant, on répand sous l'animal une abondante litière, et on le bouchonne fortement, après quoi on lui met plusieurs couvertures sur le dos pour provoquer la transpiration. On peut également lui faire prendre une boisson adoucissante, comme l'orge miellée, qu'on lui donne à la dose de 6 à 8 litres. Ces soins sont quelquefois suffisants pour arrêter le mal, et, dans tous les cas, ne peuvent nuire dans les maladies inflammatoires. »

Au reste, si le mal persiste, il faut se hâter d'appeler un vétérinaire.

§ II. — LES BŒUFS.

On prend, pour les bœufs, les mêmes précautions que pour les chevaux, afin de les garantir de la morsure des mouches.

Dans les landes, on couvre les bœufs de travail d'une toile, au lieu de l'attacher sous le ventre. On doit avoir particulièrement soin de leur garantir les yeux avec de la paille ou des branches garnies de feuillage.

§ III. — LES VACHES.

« Les vaches nourries au pâturage, dit M. Moll, doivent, autant que possible, être conduites, au moment de la plus grande chaleur, dans des endroits ombragés. On évite les lieux bas et marécageux le soir et de grand matin, et l'on ne doit pas négliger de leur procurer, plusieurs fois par jour, la facilité de boire. Celles qui sont nourries à l'étable doivent être laissées une partie du jour dehors, soit dans la cour de la ferme, soit plutôt sur l'emplacement du fumier, lorsque cet emplacement est entouré d'une clôture, ainsi que cela se voit dans une partie de l'Allemagne. »

J'emprunte à un excellent livre que vient de publier M. Magne, professeur d'agriculture et d'hygiène à l'école d'Alfort, sous ce titre : *Choix de vaches laitières*, un chapitre plein d'intérêt, et qui pourra être fort utile à mes lecteurs.

La plupart des ruses qu'emploient les marchands de vaches ont pour but de faire paraître les vaches bonnes laitières. On tient peu ordinairement à les faire paraître jeunes : on a en général peu d'intérêt à pratiquer les moyens à l'aide desquels on contre-marque les chevaux.

A. *Râtissage des cornes.*

« Assez souvent on polit les cornes ; on les racle ; quelquefois on les raccourcit tout en cherchant à leur conserver leurs formes naturelles ; mais cette opération a surtout pour but de faire paraître ces organes plus lisses et plus unis : on veut faire croire que les vaches sont plus fines, les rendre plus *belles* plutôt qu'on ne veut les faire paraître plus jeunes.

« En examinant les cornes avec atten-tion, on reconnaît facilement les traces des instruments qui ont été employés.

« Et d'ailleurs, si on les compare aux dents, elles ne sont pas en rapport : elles sont plus unies et présentent moins de cercles qu'elles ne devraient en avoir d'après l'âge marqué par la dentition.

B. *Tonte du périnée.*

« Un moyen de tromper les acheteurs, souvent mis en usage, consiste à raser le périnée et le pis des vaches pour simuler l'écusson des vaches dites *flandrines*.

« Depuis très-longtemps on faisait la toilette aux vaches ; on leur tondait la queue et on leur coupait, avec des ciseaux, les poils longs et gros qui couvrent quelquefois les mamelles ; mais depuis une quinzaine d'années on rase les fesses, le périnée et le pis des mauvaises vaches. C'est en 1844 que nous l'avons vu pour la première fois, avec notre confrère M. Liger, alors professeur à Grignon, à une foire de Houdan. On fait disparaître ainsi momentanément un petit écusson et l'on en représente un très-grand. On enlève en même temps les crins qui sont un des caractères des vaches de montagne.

« Cette ruse se reconnaît d'abord à l'étendue énorme de la plaque tondue toujours plus grande que ne pourrait l'être un écusson, et ensuite à ce que cette plaque est complétement nue ou recouverte d'un poil court et roide comme tout poil tondu qui repousse ; enfin, à ce qu'elle contraste complétement par la longueur du poil avec la partie non tondue qui l'environne.

« Il faut considérer comme mauvaises les vaches auxquelles on a fait cette opération. On ne tond jamais celles qui ont les marques très-bonnes.

C. *Empissement.*

« Une ruse moins innocente consiste, après avoir augmenté la ration des vaches pour pousser à la production du lait, à *les laisser sans les traire* pendant un certain temps. Le pis devient alors dur, gonflé, très-volumineux. Quelquefois on lie même les trayons, afin que le lait ne s'écoule pas spontanément.

« Ce moyen développe souvent des inflammations qui peuvent entraîner la suppuration ou l'induration des mamelles. Il produit toujours l'altération du lait pendant quelques jours.

« Au moment où l'on enlève la ligature, le trayon est serré, mince à la base ; mais ce signe n'est plus apparent quand on expose les vaches en vente.

« Cependant on reconnaît la fraude à ce que le pis est douloureux, le trayon dur, fortement distendu, roide, dirigé en dehors et souvent un peu resserré à la base.

« Il arrive quelquefois qu'en liant les trayons, en s'abstenant de traire les vaches, et en leur donnant une forte ration, on irrite les mamelles et on provoque une altération du lait.

D. *Apparence de part récent.*

« Pour faire croire dans ce cas que cette altération du lait est naturelle, qu'elle est la suite de la mise bas, quelques marchands *injectent dans le vagin une liqueur irritante;* ils veulent provoquer un gonflement et un écoulement morbide : ils donnent alors la vache comme fraîche vêlée.

« On pratique quelquefois ces injections alors même que le pis n'est pas malade.

« Pour ne pas être victime de cette fraude, il ne faut pas acheter des vaches qui ont le pis douloureux, des vaches donnant un lait caillebotté, sanguinolent.

« Celui des vaches fraîches vêlées est gluant, épais, visqueux, jaunâtre ou diversement coloré, mais il est homogène. Sans être malsain, il est fade et n'a pas les qualités du bon lait.

« Un lait de bonne qualité, suave, ayant l'odeur qui caractérise ce liquide dans l'état naturel, chez une vache dont la vulve est gonflée et le vagin irrité, doit faire supposer qu'il y a eu fraude et que, malgré les apparences, la vache est depuis longtemps délivrée.

« Le gonflement artificiel de la vulve et l'injection du vagin se reconnaissent, en outre, en ce que le gonflement est circonscrit, irrégulier, en ce que ces parties sont douloureuses.

« La matière qui s'écoule dans ce cas, par le vagin, est purulente au lieu d'être gluante, visqueuse, comme celle qui sort naturellement après le vêlage.

« Pour faire croire encore que la vache est fraîche vêlée, on attache à son encolure un très-jeune veau que l'on veut ou non vendre avec elle. Si le veau a été habitué à vivre près de la vache, la ruse est difficile à reconnaître.

« On peut toutefois avoir des doutes, si le veau est très-jeune et que la vache ne porte pas au pis, à la vulve, à la base de la queue, les signes d'un vêlage récent; si le lait est suave; s'il est riche en caséum et en beurre.

« D'autres fois, pour faire croire qu'une vache est bonne nourrice, qu'elle fait de beaux élèves, on attache à côté d'elle un gros veau qui n'est pas le sien ou qu'elle n'a pas nourri seule.

« Il faut, quand une vache est suivie d'un veau sur un champ de foire, voir à la robe, aux caractères de race, si le veau provient d'elle, si d'après les signes du part elle peut en être la mère, surtout il faut examiner la vache comme si elle était seule, et ne l'acheter que pour elle-même. »

§ IV. — LES MOUTONS.

On sèvre les agneaux de février et de mars. Pour préparer ce moment et le rendre moins difficile pour les bêtes, on sépare, un mois d'avance, les agneaux de leur mère, en ne les réunissant que deux fois par jour, le matin et le soir, pour téter. On leur supprime d'abord la visite à la mère le matin, et peu après on les réduit au pâturage et à l'avoine mêlée au son qu'on leur donne à la bergerie.

Les agneaux, quoique nourris au vert, se sont habitués à une nourriture liquide en tétant leur mère ; ils éprouvent un besoin fréquent de boire : on leur donne de l'eau pure, mais on a soin de l'amortir et de ne pas les laisser boire s'ils ont trop chaud.

§ V. — LES PORCS.

On ne châtre pas les porcelets au mois de juin, les chaleurs rendraient cette opération dangereuse ; il ne faut pas laisser les porcs au pâturage pendant les grandes chaleurs, parce qu'ils s'échauffent facilement, vont boire et contractent ainsi des maladies.

Il faut avoir un endroit clos, avec un bassin plein d'eau, pour qu'ils puissent prendre l'air et se baigner lorsqu'on ne les fait pas pâturer. La porte des loges doit être constamment ouverte, afin que les porcs puissent entrer et sortir quand ils le veulent.

L'élève des porcs de petites races prend chaque jour plus de faveur. Parmi ces races une des plus remarquables est la race importée par M. Pavy, et appelée par lui race de Middlesex. Ces animaux ont obtenu depuis 3 ans un grand nombre de prix dans les concours régionaux, et ont valu à leur heureux importateur trois fois la coupe d'honneur au concours de Poissy. Je donne (fig. 38) un des plus beaux types de cette magnifique race, dessiné, d'après nature, par M. Eugène Lambert.

Fig. 38. — Porc middlesex.

CHAPITRE VII

Travaux horticoles.

§ Ier. — LE JARDIN FRUITIER.

Au mois de juin, on a soin de supprimer les bourgeons superflus sur les cerisiers, les abricotiers et les autres arbres à fruits à noyau, disposés en espaliers. On commence la récolte des fruits rouges; en ayant soin de ménager les boutons à fruits pour l'année suivante. Les arbres en espaliers exigent à cette époque un soin tout particulier ; il faut veiller au développement épuisant des branches gourmandes ; on arrête ce développement à l'aide de l'ébourgeonnement, et surtout au moyen de l'importante opération du pincement. Il faut, de temps en temps, arroser avec la pompe les pêchers et les abricotiers en espalier.

§ II. — LE JARDIN POTAGER.

Pendant le mois de juin, il faut avoir

presque constamment l'arrosoir à la main. On sème les haricots flageolets, nains, suisses, à rames et les princesses-mange-tout, pour les récoltes hâtives. On doit ramer les pois dix jours après qu'ils sont levés ; mettre en place les salades, les choux et les choux-fleurs semés au printemps en pépinière. Pendant la récolte des fraises, il est bon d'avoir soin d'enlever les coulants dont on n'a pas besoin pour la multiplication. Puis, pour la récolte des artichauts, on coupe les tiges au niveau du sol à mesure qu'elles sont épuisées. On mouille largement les fraisiers et les melons de seconde saison. Il faut pincer les tomates au-dessus des fruits noués, s'ils sont en quantité suffisante, et pincer également les sommités fleuries des navets, des choux, des choux-fleurs, des choux-raves, cultivés comme porte-graines.

§ III. — LE JARDIN D'AGRÉMENT.

C'est la belle saison pour les parterres. Il faut soigner la floraison des œillets, des lis et des rosiers ; multiplier tous les œillets de marcotte ; relever les oignons de jacinthe et de tulipes, dès que les feuilles commencent à jaunir ; planter les greffes de renoncules pour la floraison d'automne ; mettre en place un second assortiment de plantes annuelles élevées en pépinière. On place au pied des rosiers greffés sur églantiers à haute tige des pétunias et des pélargoniums à fleurs rouges. On donne de forts tuteurs aux dahlias.

Il est bon d'arroser largement les orangers, grenadiers et autres arbustes d'orangerie, et de mouiller souvent la terre entre les pots de camellias et autres plantes de serre tempérée, afin que l'évaporation de cette eau profite à leur feuillage.

IVᵐᵉ PARTIE. — ÉTUDE SUR LES RACES BOVINES.

Je commence aujourd'hui un travail sur les races bovines françaises et étrangères. Les particularités qui distinguent surtout les races étrangères sont en général peu connues des cultivateurs qui n'ont pu les examiner sur place. J'espère pouvoir mettre à profit mes études personnelles, faites soit dans les bons auteurs, soit dans les concours auxquels j'ai assisté, soit enfin dans de nombreux voyages en France et à l'étranger, et donner à mes lecteurs un résumé exact des principaux détails qu'il leur importe de connaître pour se faire une opinion juste sur les différentes races et les qualités ou les défauts qui les personnifient.

Races anglaises.

L'Angleterre étant, de l'aveu de tout le monde, le pays où l'amélioration des races a fait le plus de progrès dans ces derniers temps, il est juste de commencer par les races de ce pays.

§ Iᵉʳ. — RACE DURHAM.

Si nous donnons à l'Angleterre les honneurs du pas pour sa race bovine, la race durham doit naturellement venir la première ; c'est à juste titre la plus célèbre des races anglaises, et celle qui est destinée à exercer la plus grande influence sur toutes les autres races du Royaume-Uni.

La race durham est aussi appelée race courte-corne améliorée (short-horned-improved). Il y avait, en effet, autrefois, dans les terres d'alluvions qui forment la partie orientale de l'Angleterre, une race à courtes-cornes qui affectait des dimensions considérables. Elle était analogue à la grande race des marais, originaire de la Hollande, et offrait aussi quelques traits de ressemblance avec celles du Jutland et du Holstein que nous retrouverons dans les races de l'Allemagne. On pense que la race à courtes cornes provient d'importations d'animaux de ces races qui auraient eu lieu dans les premiers temps de la colonisation saxonne;

mais on n'a rien de précis à cet égard. Toutefois on sait que, dans le commencement du siècle dernier, un certain nombre de vaches hollandaises, qui avaient la réputation d'excellentes laitières, furent importées dans le pays.

L'amélioration de la race courtes-cornes remonte au dix-huitième siècle. On retrouve, vers cette époque, des tentatives couronnées de quelque succès. Cependant le travail se borne à une transformation de la race assez générale, mais peu sensible.

C'est à Robert, et surtout à Charles Colling, que l'on doit la race pure de Durham. Le célèbre éleveur entreprit l'amélioration méthodique et raisonnée des courtes-cornes; il suivit les traces de Bakewel, le plus illustre des éleveurs anglais, dont nous parlerons à propos des races ovines. La réputation de Charles Colling date de cinquante ans à peine, et cependant la légende s'est déjà emparée de ses travaux. On raconte qu'il acheta un jour, à une pauvre femme, un veau qui paissait le long du chemin. C'est ce taureau, devenu illustre sous le nom de Hubback, qui serait l'aïeul de la race pure de Durham. Il n'est pas du tout probable que Hubback offrit ces formes parfaites que l'on retrouve dans les beaux durhams purs que nous possédons aujourd'hui, mais il devait avoir une grande partie des qualités que Colling voulut obtenir dans les types qu'il cherchait à produire.

Charles Colling, comme Bakewel, a gardé le secret de sa méthode, que l'on est obligé de reconstruire par induction. Ce qu'on sait parfaitement, c'est qu'ils ont tous les deux amélioré les races par elles-mêmes (*in and in*), par la méthode dite de *sélection*, en éloignant les animaux défectueux et concentrant la reproduction dans les types qui se rapprochaient le plus de leur idéal; mais quel était cet idéal? quelles règles les guidaient dans leur choix? quelle était leur théorie pour les accouplements? Malheureusement nul ne peut le dire.

Le but que les éleveurs anglais se sont proposé est à peu près partout le même: il se résume dans un aphorisme de Bakewel: « Tout ce qui n'est pas viande est inutile. » La race durham offre tous les caractères de la perfection au point de vue de la production de la viande.

Le durham a conservé de ses ancêtres, les courtes-cornes, la disposition à prendre des proportions considérables; mais le tronc est plus cylindrique et plus profond; la tête et les jambes ne sont pas développées en proportion du corps; c'est ce qui, peut-être, rend ces extrémités en apparence plus grêles quelles ne le sont réellement. Le mufle est couleur de chair; la peau est fine au toucher, et se détache facilement; la poitrine est large, le dos offre l'aspect d'une plate-forme parfaitement horizontale; les cuisses sont épaisses, et les muscles qui les forment tombent carrément de chaque côté des hanches, de manière à offrir par derrière l'image d'un carré. Enfin, la forme parallélogrammique qui parait servir de type à tous les éleveurs de durhams doit se présenter exactement aux regards, de quelque côté que l'on considère l'animal.

Les bœufs durhams sont ordinairement arrivés à un complet développement de chair et de graisse à l'âge de 24 mois, ce qui est déjà prodigieux. Le suif et les abats sont, chez eux, en proportion beaucoup moindre que dans toutes les autres races; leur chair est très-succulente.

Maintenant, les vaches sont-elles bonnes laitières? Sur cette question, on est peu d'accord. Cependant, si la race durham a réellement du sang hollandais, elle devrait avoir conservé des qualités de la race primitive. Il est vrai que les créateurs de la race ne se sont nullement préoccupés, dit-on, de ce côté de la question; rien n'empêche pourtant que l'on n'arrive à lui restituer cette qualité héréditaire en dirigeant les travaux de sélection dans ce sens.

§ II. — RACE DEVON, SUSSEX ET ANALOGUES

Cette race est une des plus anciennes du

pays. La conformation générale du devon est légère et gracieuse. Il est moins grand que le durham, plus haut sur ses jambes, et ne présente point les caractères des animaux propres à un engraissement précoce; son poil est rouge foncé, sa peau jaune orangé; le nez, l'intérieur des oreilles et les paupières, sont de la même couleur que la peau; il a quelque chose de nos salers, mais avec des formes plus élégantes et moins colossales.

C'est un excellent bœuf de travail, surtout pour le labourage des terres légères; il est plus leste que vigoureux; il peut trotter sous le harnais. On en obtient difficilement un engraissement précoce, mais la chair est très-estimée comme viande de boucherie.

La vache est beaucoup plus petite que le taureau; elle fournit très-peu de lait, mais son lait est très-riche en crème.

La race de Sussex est une variété de la race devon. La taille du sussex est plus élevée; la peau est moins délicate, les cornes sont plus longues, les jambes moins fines, enfin la physionomie de l'animal est plus lourde et moins élégante.

Le bœuf est plus fort que le devon, et peut être employé à de plus rudes travaux.

Quant aux vaches, elles sont assez mauvaises laitières, et fort difficiles à gouverner.

§ III. — RACE HEREFORD.

Cette race est assez voisine de la race devon. Elle a, comme celle-ci, la peau jaune orangé et des cornes de moyenne longueur, mais les animaux sont un peu plus grands. On ne possède aucun renseignement précis sur la situation de cette race à une époque reculée. On sait seulement qu'elle a été améliorée, dans la dernière moitié du siècle dernier, par Benjamin Tomkins. Tout ce qu'on a pu apprendre sur la formation de la souche des herefords actuels, c'est que B. Tomkins, lorsqu'il succéda à son beau-père, chez lequel il avait été d'abord comme employé, acheta

deux vaches, l'une blanche, l'autre rouge avec la face tachetée, qui furent les aïeules de toute la génération des herefords améliorés. On retrouve les caractères distinctifs de ces deux vaches dans toutes les bêtes de pure race hereford; on ignore complètement par quels croisements Tomkins arriva à créer les magnifiques animaux que nous avons vus à l'Exposition de 1856. Ils sont de très-haute taille et très-faciles à engraisser avec une nourriture ordinaire, ce qui les rend doublement précieux. Les bœufs parviennent rapidement à un poids qui n'a encore été dépassé par aucune autre race, pas même par les durhams. Ils ont sur ceux-ci l'avantage d'être vigoureux, robustes et propres au travail. Leur viande est moins *marbrée* que celle des races plus spécialement créées en vue de la production de la chair; mais ils sont assez recherchés de la boucherie, à cause de leur propension à accumuler du suif au rognon. La vache hereford améliorée est mauvaise laitière. Il est probable que B. Tomkins recherchait particulièrement, dans les animaux consacrés à la reproduction, la grande taille, la disposition à l'engraissement sans se préoccuper des facultés laitières. Aujourd'hui, le grand éleveur des herefords est M. Fisher Hobbs, à Boxted-Loge (Essex).

§ IV. — RACES DES ÎLES DE LA MANCHE, D'ALDERNEY, ETC.

Cette race est originaire des îles charmantes qui relèvent encore de la couronne d'Angleterre, et qui avoisinent nos côtes de la Bretagne et de la Normandie. On suppose qu'elle a été importée, il y a une dizaine de siècles, de la Norvége; la population de ces îles est une colonie norvégienne qui a conservé, en partie, les lois et les coutumes de la mère patrie. Les animaux de la race d'Alderney ont aussi quelque analogie avec la race de la Norvége.

La race d'Alderney est surtout remarquable par les femelles; l'animal est assez mal conformé pour l'engraissement; les bouvillons font de passables animaux de travail, mais la richesse de la race consiste dans ses facultés laitières : non pas que les vaches produisent beaucoup de lait, mais leur lait est très-riche en crème et donne un beurre jaune très-savoureux. Elles coûtent peu à nourrir.

La race de Guernesey est un peu plus grande que les autres variétés, qui sont de très-petite taille. En général leur pelage est jaune et blanc; on rencontre cependant à Jersey des animaux de couleur fauve foncé. Les vaches sont très-douces. Les îles de la Manche, et particulièrement Guernesey, exportent beaucoup de vaches en Angleterre, où toute laiterie bien organisée doit posséder une ou plusieurs vaches alderney pour le service de la table du maître. Elles sont considérées comme les hôtes indispensables de toute maison de campagne un peu confortable.

Afin de conserver la race dans toute sa pureté, les autorités locales ont interdit toute espèce d'importation de bêtes à cornes sur le territoire des îles de la Manche.

§ V. — RACE D'AYRSHIRE

A la fin du siècle dernier, cette race était complétement inconnue; aucun écrivain agricole de cette époque ne parle de la race bovine qui peuplait cette partie de l'Écosse, formant le comté d'Ayr. L'agriculture, du reste, y était excessivement négligée. La fécondité de ce territoire est en général très-médiocre. Depuis cette époque, de grandes améliorations ont été introduites dans la culture et dans l'élève du bétail; cependant nous ne possédons aucune notion précise sur les moyens qui ont été employés pour créer la race d'Ayrshire, qui tient aujourd'hui le premier rang parmi les races laitières. On retrouve cependant, en examinant les animaux, une certaine analogie avec les hollandais et les holstein, et surtout avec la race d'Alderney, de laquelle ils se rapprochent beaucoup par leur pelage rouge brun mélangé de blanc, et par la

forme des cornes qui sont petites et courbées en dedans. Les épaules sont légères, les reins très-larges et profonds; la peau est assez douce au toucher : le cou est petit, la tête est fine, le mufle est noir ou couleur de chair.

On élève peu de bœufs pour l'engraissement; les veaux mâles sont livrés à la boucherie, souvent lorsqu'ils sont encore au pis de la mère. Cette race est assez rebelle à la graisse, mais elle est excellente laitière.

Les vaches sont douces, dociles et très-rustiques; elles se contentent d'une nourriture fort ordinaire. Leurs qualités laitières sont remarquables. Une vache donne, en moyenne 2,750 litres de lait par an; lorsquelles vivent sur des pâturages substantiels, elles donnent de 3,600 à 4,000 litres, ce qui constitue un rendement énorme.

La race ayrshire s'est rapidement répandue dans les comtés voisins de celui d'Ayr. On a essayé de l'introduire en Angleterre, où elle prend une certaine tendance à s'engraisser, mais au détriment de la production du lait.

D'assez nombreuses importations de ces vaches ont eu lieu en France, particulièrement à l'école impériale de la Saulsaie (Ain). Nous ne savons pas encore définitivement ce quelles y deviendront. Il faudrait peut-être rechercher, dans notre pays, pour les y transplanter, des localités analogues à leur pays d'origine, et où elles se trouvassent dans les mêmes conditions de climat et de nourriture.

Depuis quelques années, cette race s'est constamment perfectionnée. On attend encore de nouveaux bienfaits des améliorations qui sont tentées par les agriculteurs écossais.

§ VI. — RACES SANS CORNES D'ANGUS, D'ABERDEEN ET DE GALLOWAY (POLLED-CASTLE).

La race sans cornes, et particulièrement la race d'Angus, a obtenu un des plus grands succès de l'Exposition de 1856. Le premier prix des mâles et celui des femelles appartenaient à la race d'Angus. Les animaux de cette race sont ordinairement noirs; leur tête privée de cornes leur donne un aspect assez étrange qui attirait aussitôt les regards. La vache primée était un des types les plus purs de cette race. Elle avait les hanches très-larges, les côtes assez longues ; sa peau était douce au toucher et l'animal offrait les signes d'une grande docilité. La vache angus et la vache galloway se ressemblent beaucoup, mais la première est meilleure laitière que l'autre, quoique toutes les deux soient spécialement élevées pour la production du lait. On destine les bœufs de cette race à l'engraissement. Le bœuf galloway a la côte très-longue et il est très-apprécié, pour cette particularité, sur le marché de Camden town, qui est le Poissy de Londres.

Nous ne connaissons pas les antécédents de ces races, qu'on a souvent confondues ensemble et qui s'étendent sur des comtés de l'Écosse très-voisins.

Les croisements de durham avec angus donnent à la première génération des produits qui participent des qualités des deux races; mais, si l'on continue à faire reproduire entre eux les animaux obtenus par ce croisement, on remarque aussitôt une dégénérescence évidente: les qualités des deux races primitives disparaissent; la taille des courtes-cornes diminue, et les produits perdent le tempérament robuste et la rusticité de la race angus. Il faudrait donc conserver les deux races pures, et ne spéculer que sur les résultats du premier croisement.

C'est dans le Galloway que la castration des vaches est le plus répandue. J'ai tort de dire castration des vaches, car ce sont les génisses que l'on mutile à l'âge de 2 mois. Les animaux ainsi traités prennent la graisse plus facilement, mais ils n'atteignent jamais la taille des bœufs. La viande de ces génisses est considérée comme plus délicate et on la paye plus cher.

§ VII. — RACE WEST-HIGHLAND.

En anglais, highland signifie *haute terre*; on appelle ainsi toute la partie montagneuse de l'Écosse qui offre les caractères propres aux pays de bruyères. Autrefois ces contrées étaient habitées par de grands troupeaux de bœufs qui vivaient à peu près à l'état sauvage. Vers le milieu du siècle dernier, le duc d'Argyle s'occupa de l'amélioration de la race bovine de sa seigneurie, et exerça une influence marquée sur l'élevage du bétail dans ces contrées un peu sauvages.

La race west-highland conserve un peu de ces caractères primitifs, qui sont considérés, du reste, comme des qualités, par les éleveurs, parce qu'ils sont appropriés au climat et aux conditions hygiéniques dans lesquelles elle se trouve. Le west-highland est de petite taille; ses membres sont courts, trapus, musculeux; sa poitrine est profonde ; son poil, fauve ou noir, est long, frisé et pourtant assez soyeux au toucher ; ses cornes sont légèrement relevées par le bout; le mufle est noir, la tête est courte, le front large. Il porte, sur la nuque, une espèce de crinière frisée. Le fanon est très-développé. C'est la race la plus rustique de tout le Royaume-Uni.

Les vaches donnent peu de lait, mais il est très-riche.

On a, comme pour les angus, essayé les croisements avec les ayrshires et les durhams, sans obtenir de meilleurs résultats. après la première génération.

Quelques west-highland ont été acquis par la ferme-école de Saint-Fargeau (Cantal). Je ne sais pas ce qu'ils y deviennent.

JUILLET

1ʳᵉ PARTIE. — PROVERBES ET MAXIMES

Au plus tard en juillet
Faucille au poignet.

—∞—

Beaucoup de paille, peu de grain.

—∞—

Que toute récolte versée
Au premier beau jour soit coupée.

—∞—

Assure-toi tous les matins
S'il est temps de couper tes grains.

—∞—

A la Magdeleine (22 juillet)
La noix est pleine,
Le raisin formé,
Et le blé renfermé.

—∞—

Qui veut bon navet
En sème en juillet.

—∞—

Admire les grands biens; mais que ta destinée
Soit de tirer parti d'une ferme bornée;
On n'y perd pas, mon fils; cent arpents, bien tenus,
Valent, pour le bonheur et pour les revenus,
Mieux que les mille arpents d'un immense domaine
Désert, que l'on sillonne et qu'on engraisse à peine.

(P. Vannier, trad. par Fr. de Neufchateau.)

—∞—

L'aptitude *fourragère* du sol, c'est là ce qui régit, en grande partie, le choix du bétail, et ce qui doit être pris en sérieuse considération avant de substituer aux races locales d'autres races habituées à un régime substantiel qu'il n'est pas toujours possible de leur procurer.   (E. Lecouteux.)

—∞—

Fonder l'éducation du pauvre sur le travail: et faire servir l'agriculture à la régénération de l'homme.
(De Fellemberg.)

—∞—

Rien ne serait plus avantageux pour l'agriculture que l'attention soutenue que vous donneriez aux expériences utiles qui pourraient être faites dans d'autres parties de l'Angleterre. Si l'âge où les infirmités vous empêchent d'aller voir les choses par vous-mêmes, envoyez vos fils pour comparer aux moyens que vous mettez en pratique les moyens pratiqués par d'autres districts, et, s'ils découvrent une amélioration, n'hésitez pas à en profiter immédiatement.
(Robert Peel, *Discours à la Société agricole de Lichfield.*)

—∞—

En France, tous les produits du commerce et de la fabrication réunis ne s'élèvent pas à plus du *septième* ou même du *huitième* des produits agricoles.
Ainsi, tout progrès de l'agriculture, en France, procurerait à la nation un accroissement de produits, et par conséquent de richesses sept ou huit fois plus considérable qu'un progrès semblable dans les autres branches de l'industrie.   (Henri Saint-Simon.)

—∞—

La charrue, en traçant le premier sillon, a creusé les fondations de la société. Ce n'est pas seulement du blé qui sort de la terre labourée, c'est une civilisation tout entière.   (Lamartine.)

—∞—

La fin de la culture des terres à graines est la moisson: récompense attendue et digne du travail du laboureur. Joyeusement donques, le père de famille mettra la dernière main à sa terre, pour en tirer le rapport selon la bénédiction de Dieu, faisant mestiver ou moissonner ses blés avec diligence.
(Olivier de Serres.)

—∞—

IIme PARTIE. — CAUSERIES.

CHAPITRE PREMIER

La marne.

La marne est un composé d'*argile*, de *sable* et de *carbonate de chaux*.

On appelle *carbonate de chaux* un corps dans la composition duquel il entre 40 pour 100 d'acide carbonique, qui est un gaz, et 60 pour 100 de chaux.

Dans la marne, c'est particulièrement le carbonate de chaux qui agit ; donc plus une marne contient de proportions de carbonate de chaux, plus elle est riche.

On peut classer ainsi les marnes selon leur richesse en carbonate de chaux :

Argile marneuse. . . .	20 p. 100
Marne argileuse.	20 à 40 p. 100
Marne proprement dite. .	40 à 60 —
Marne calcaire.	60 à 90 —

On trouve de la marne presque partout ; mais, pour la trouver, il faut savoir la chercher.

La marne a un aspect très-variable : il y a des marnes de couleurs blanche, verdâtre, violette, bleue, noirâtre. Quelquefois leur couleur est uniforme, d'autres fois elles affectent plusieurs nuances ; les unes ont un grain fin, d'autres présentent une pâte grossière ; quelques-unes sont feuilletées comme des schistes à ardoises, tandis que d'autres forment une masse compacte ; on y remarque souvent des débris de coquillages, mais dans d'autres variétés on n'en aperçoit aucune trace. Enfin, les unes, tendres et friables, se délitent par une simple pression entre les doigts, tandis que d'autres sont presque aussi dures que la pierre.

Il serait donc difficile de reconnaître une marne en s'en rapportant exclusivement à ses caractères extérieurs ; c'est ce qui fait que beaucoup de cultivateurs qui ont à leur portée ce précieux amendement ne se doutent pas des richesses qu'ils possèdent.

Un des principaux caractères d'une marne est la propriété qu'elle a de se déliter dans l'eau et de former une bouillie. Lorsqu'elle est exposée à l'air pendant quelque temps, elle tombe aussi en poudre.

La marne est toujours placée dans les profondeurs du sol, ou tout au moins au-dessous de la couche végétale.

Lors donc que vous voulez savoir à quoi vous en tenir sur une terre que vous soupçonnez être de la marne, le premier soin à prendre est de faire sécher un morceau de cette terre sur une pelle à feu, sans la soumettre cependant à une chaleur trop vive. Lorsque la terre est bien sèche, on en met gros comme une petite noix dans un verre et on verse dans le verre assez d'eau pour que le morceau y baigne à moitié ou aux trois quarts.

L'eau est plus ou moins rapidement absorbée selon les diverses espèces de marne, et la terre tombe en bouillie. Toutes les marnes se délitent ainsi sans qu'on les touche. Ce n'est qu'une question de temps. Quelquefois les pierres se divisent seulement en plusieurs parties ; on les laisse sécher pour les humecter de nouveau jusqu'à ce que chaque morceau soit réduit en poudre fine.

Mais, si ce phénomène ne se produisait pas, il serait inutile d'aller plus loin, la terre expérimentée ne serait point de la marne.

Quelques argiles maigres, traitées de la même façon, se délitent à peu près comme la marne ; c'est pourquoi si la première expérience est affirmative, on a des présomptions en faveur de la marne, mais on ne peut avoir une certitude.

Pour s'assurer d'une manière positive que le corps essayé est de la marne, on verse dans le verre où il est contenu un peu d'eau, et dans cette eau quelques gouttes d'*acide nitrique* (eau-forte). On mélange avec une spatule de verre ou de bois ; il se produit alors une vive effervescence, c'est-à-dire un bouillonnement qui amène à la surface de l'eau une grande quantité d'écume.

C'est le gaz acide carbonique, composant, avec la chaux, le carbonate de chaux, qui se dégage.

On est sûr alors que l'on a affaire à de la marne.

Si on n'a pas d'acide nitrique sous la main, on peut se servir de vinaigre très-fort ; mais alors on ne met pas d'eau : on emploie à peu près autant de vinaigre qu'on aurait mis d'eau. Il se produit au bout de quelques instants une aussi vive effervescence.

Nous avons de la marne, c'est certain ; mais quelle est la richesse de cette marne ?

Faut-il avoir recours aux chimistes ? Je ne le crois pas. Mathieu de Dombasle nous donne, pour connaître la richesse de la marne, un moyen très-pratique et qui est à la portée de tous les cultivateurs.

« On pèse très-exactement, dit-il, 100 parties de la marne qu'on veut essayer, après l'avoir fait parfaitement dessécher, par exemple 100 grains ou 100 décigrammes ; on les met dans un verre à boire ordinaire, et avec un peu d'eau pour les faire déliter, on y verse ensuite quelques gouttes d'eau-forte, on agite avec une baguette de verre ou de bois, et l'on attend que l'effervescence soit passée. Alors on verse encore quelques gouttes d'acide et l'on continue d'en verser ainsi jusqu'à ce que les dernières gouttes ne produisent plus aucune effervescence ; mais on n'en verse toujours que peu chaque fois, parce que, sans cela, les écumes pourraient monter trop et sortir du verre.

Lorsque l'acide qu'on ajoute ne produit plus aucune effervescence en agitant avec la baguette, on peut être assuré que tout le carbonate de chaux est dissous. On emplit alors le verre avec de l'eau ordinaire et bien claire, on agite toute la masse avec la ba-

guette et on laisse déposer. Lorsque la terre est bien déposée au fond du verre et que l'eau est bien claire, on la verse doucement et avec précaution, pour ne pas entraîner la terre avec elle ; on verse encore de nouvelle eau dans le verre, et l'on continue ainsi à trois ou quatre reprises, en emplissant d'eau le verre à chaque fois, et en le vidant avec beaucoup de précaution, lorsque la terre est bien déposée et l'eau qui surnage parfaitement claire. Ces divers lavages entraînent en dissolution le sel qui a été formé par la décomposition du carbonate de chaux, et ce qui reste au fond du verre n'est plus que l'argile et le sable qui existaient dans la marne. Pour s'assurer si tout le sel a bien été dissous et enlevé par l'eau, on met sur la langue quelques gouttes de l'eau du dernier lavage, et, si l'on s'aperçoit qu'elle a encore une saveur âcre ou acide, on continue le lavage jusqu'à ce que l'eau qui en sort n'ait plus aucune saveur. Alors on jette dans une soucoupe la terre qui est au fond du verre ; on rince celui-ci avec un peu d'eau, on verse le lavage sur la soucoupe pour ne perdre aucune partie de terre, et on laisse le dépôt se former. Lorsque l'eau est bien claire et bien séparée de la terre, on incline doucement la soucoupe pour verser l'eau, puis, après avoir bien fait sécher la terre, on la détache soigneusement de la soucoupe et on la pèse exactement. La diminution du poids que la terre a éprouvée indique la quantité de carbonate de chaux qui y existait, et qui a dû être en totalité dissoute par l'acide et enlevée par les lavages. Ainsi, les 100 décigrammes se trouvant réduits à 25, on en conclura que la marne contient 75 pour 100 de carbonate de chaux ; de sorte que c'est une *marne calcaire*. »

La marne agit par son carbonate de chaux, donc elle convient à tous les sols qui manquent de l'élément calcaire. Ces terrains sont très-étendus en France : on en rencontre partout ; mais, comme il y a de la marne à peu près partout, qu'il ne s'agit que de savoir la chercher, le remède est à côté du mal.

Dans certaines contrées, la marne a d'abord produit de véritables miracles; puis le sol épuisé est devenu plus stérile qu'auparavant; et alors, avec cette logique naturelle de l'esprit humain, on a accusé la marne et on lui a fait payer la faute des cultivateurs qui l'avaient employée sans discernement.

La marne est un amendement; ce n'est point un engrais. Or, si à l'aide du marnage vous obtenez une belle récolte et que vous n'ayez pas soin de restituer au sol les éléments nutritifs que les plantes lui ont pris, le sol, surexcité par la présence de la marne, sera bien vite épuisé, et l'abondance fera place à la stérilité.

Dans l'agriculture, pas plus qu'ailleurs, on n'obtient rien de rien. Si vous enlevez à la terre les éléments nutritifs qu'elle contient sans lui rien restituer, la terre, épuisée, ruinée, finira par ne plus vous rien donner.

En marnant, vous faites d'une terre siliceuse, tourbeuse ou argileuse, une terre calcaire, une terre à blé. Mais sur les terres naturellement calcaires vous avez soin de fumer; pourquoi ne fumeriez-vous pas les terres marnées, qui ne sont en définitive, que des terres calcaires artificielles?

Avec de la marne et du fumier on s'enrichit.

Avec de la marne sans fumier on ruine le propriétaire après avoir ruiné le sol.

IIIᵐᴱ PARTIE. — TRAVAUX DU MOIS.

CHAPITRE PREMIER

Administration de la ferme.

Les travaux du mois de juillet ont pour objet principal la moisson. Cette opération doit être conduite avec rapidité; il faut donc faire d'avance tous les préparatifs nécessaires pour accomplir cet important travail.

La récolte du seigle, qui précède de plusieurs jours celle du froment, permet de préparer d'avance les liens de paille destinés à lier les gerbes de blé. Ce sont les gens de la ferme qui confectionnent ces liens, à moins qu'on ne préfère, — ce qui vaut quelquefois mieux, — les donner à la tâche. On paye alors la fabrication de ces liens 10 centimes le 100.

Afin que la paille demeure intacte, il faut battre les seigles à moitié, si l'on ne possède pas de machine batteuse en travers. (Voyez p. 12.) Quelques cultivateurs font ordinairement ce battage à la main en prenant la paille par poignées et frappant les épis soit contre une table, un banc ou un tonneau défoncé. On peut aussi battre au fléau les gerbes toutes liées et en ne frappant que sur les épis.

Si on n'a qu'une machine qui batte en long et qui, par conséquent, brise la paille, on peut se servir d'un procédé fort ingénieux indiqué par Mathieu de Dombasle. On enlève de la machine à battre le cylindre alimentaire supérieur, lorsque cette machine en possède, et on présente le seigle par petites poignées au cylindre batteur en ayant soin de ne laisser couler la paille que jusqu'à moitié de sa longueur et de la retirer aussitôt. Ce procédé demande beaucoup d'attention et un peu d'habileté de la part des ouvriers.

Les granges doivent être mises en bon état. Les greniers, nettoyés et aérés suffisamment, attendent les grains dans les fermes où on a l'habitude de battre la récolte sur place.

Les harnais sont visités avec soin, parce qu'au moment du grand travail de la moisson on n'aura plus le temps de faire convenablement toutes les réparations nécessaires. On vend les toisons provenant de la tonte de juin.

CHAPITRE II

Travaux des champs.

En juillet, les travaux des champs deviennent nombreux et pénibles. C'est l'époque de la moisson. Mais, comme la moisson, entreprise à un jour donné, doit être conduite rapidement, le cultivateur trouve encore le temps nécessaire pour mettre la main à quelques autres travaux qu'il est très-important de ne pas négliger. D'ailleurs, les jours sont longs, et, dans ce moment, les habitants de la campagne n'ont guère le temps de dormir.

§ Ier. LABOURS ET FAÇONS A DONNER AUX RÉCOLTES SUR PIED.

Pendant l'intervalle qui sépare la récolte du colza de la moisson, on passe la herse en long et en travers sur les jachères des terres labourées en mai et on commence les seconds ou troisièmes labours.

On prépare les jachères destinées à être ensemencées en colza ou en navette immédiatement après la moisson.

« Aussitôt après la récolte du colza, dit M. Moll, de même qu'après celle de l'escourgeon et du seigle, qui ont lieu généralement dans ce mois, on se hâte de *déchaumer*. Cette opération s'effectue dans le but de faire germer les graines des mauvaises herbes qui ont mûri avant les récoltes et se sont répandues sur le sol. On donne à cette fin une culture superficielle; la meilleure est un labour de 0^m.6 suivi d'un hersage; néanmoins, lorsqu'on est pressé d'ouvrage, on se contente de faire passer à plusieurs reprises une forte herse de fer, ou mieux encore, le *scarificateur*. Le petit cultivateur déchaume à la houe.

On attend, pour donner un nouveau labour, que le sol *verdisse*, c'est-à-dire que la plupart des graines aient germé, ce qui a lieu au bout de 15 à 20 jours; mais on ne risque rien d'attendre jusque vers la fin de l'automne; on peut dans cet intervalle faire passer les moutons dans les champs. »

A. Binages, hersages, etc.

a. Betteraves.

Dans le courant de ce mois on continue de biner et sarcler les betteraves, les carottes, etc., on butte les pommes de terre et le maïs; les jets qui poussent au pied du maïs sont retranchés après le buttage et donnés aux bestiaux.

« On doit avoir l'œil, dit Mathieu de Dombasle, sur toutes les espèces de récoltes sarclées, afin de n'y laisser croître aucune mauvaise herbe et de ne pas laisser la terre se durcir par la sécheresse; la houe à cheval dans les récoltes plantées ou semées en lignes, et la houe à main, pour celles qui sont semées à la volée, doivent être employées à temps et avec diligence pour prévenir ces deux inconvénients. »

Les binages que l'on donne aux betteraves en juin, juillet et août, pourraient être donnés avec la houe à cheval; cet instrument, bien conduit, permet de biner en un jour un hectare et demi et même deux hectares. Seulement il est nécessaire de compléter le travail de la houe à cheval en faisant biner par des tâcherons les intervalles qui existent sur les lignes entre les plants, parce que la houe ne peut pas pénétrer dans ces espaces. Ce binage complémentaire se paye de 6 à 8 fr. l'hectare.

b. Millet.

Le millet qui n'a pas été biné dans le mois précédent reçoit un bon hersage.

c. Carottes.

On herse également, après la récolte, les carottes semées dans un colza, un escourgeon ou un seigle. « Quinze jours plus tard, dit M. Moll, lorsqu'elles se sont relevées et sont apparentes, on les bine avec soin, au moyen de la houe, et on les éclaircit de manière à les laisser espacées de 0^m.20 à 25. Immédiatement après la moisson, les petits cultivateurs enlèvent les chaumes à la main, ce qui produit sur les carottes l'effet d'une culture. »

d. Navets.

On donne un fort hersage aux navets semés à la volée, en juin, lorsque les feuilles ont 10 à 15 centimètres de longueur; on bine deux ou trois fois à la houe à cheval dans le courant de juillet et d'août ceux qui ont été semés en lignes.

e. Topinambours.

Les topinambours peuvent être binés et buttés dans ce mois; mais, si cette façon favorise, dit-on, le développement du tubercule, elle nuit, à ce qu'il paraît, à la végétation des feuilles.

f. Batate.

La batate demande, pendant sa végétation, des binages réitérés jusqu'à ce qu'elle ombrage le sol par ses nombreuses tiges. En juillet, on butte très-légèrement les pieds pour concentrer plus de fraîcheur autour des racines; on pourrait aussi les arroser une ou deux fois au moyen d'irrigations par infiltration.

g. Citrouille.

Pendant les binages, on exécute un léger buttage aux pieds des plants de citrouilles, afin d'y entretenir plus de fraîcheur. Dans les provinces du Midi, on remplace ce buttage par des arrosements au moyen de l'irrigation par infiltration, mais on cesse ces arrosements dès que la maturité des fruits approche, afin de ne pas les rendre trop aqueux.

h. Luzernières et ray-grass.

Dans les localités du Midi, où l'irrigation des prairies artificielles est praticable, comme en Lombardie, on arrose les luzernières après chaque coupe, et les coupes sont rapprochées, car une luzernière bien arrosée fournit cinq coupes de 3,000 kilog. de foin sec par hectare, ce qui donne un rendement de 15,000 kilog. à l'hectare.

Les mêmes arrosements sont pratiqués par le ray-grass; c'est ce qui fait la fortune des belles prairies de la Lombardie et de l'Angleterre.

i. Chou.

Le binage que l'on donne aux choux pommés, en juin ou en juillet, selon l'époque à laquelle la plantation a eu lieu, a pour but d'ameublir le sol que les ouvriers ont piétiné pendant la plantation et de détruire les mauvaises herbes. Quand les tiges commencent à se développer, on opère un buttage léger à l'aide d'une charrue à deux versoirs.

Quinze jours après la plantation des choux rutabagas, qui a lieu vers la fin de juin, on leur donne un premier binage. Cette opération doit être faite à la main, à cause de la faiblesse des plants. Quinze jours plus tard, on répète ce binage, et alors on peut l'exécuter avec la houe à cheval.

j. Garance.

Les soins à donner à la garance pendant le mois de juillet et pendant le reste de l'été consistent en arrosages par infiltration. Pour irriguer ainsi on utilise les sentiers creusés pour pratiquer le rechaussage. Les premiers rechaussages ont dû être faits en avril ou mai; les rechaussages ont pour but : 1° de combler les trous ou les vides causés par l'enlèvement des mauvaises herbes; 2° d'élever le niveau du sol, qui s'est tassé sous l'action des pluies et qui a mis a nu le collet des plants; 3° de couvrir de terre les pousses qui se développent au collet des garances pendant le mois de juillet.

k. Cardère.

On exécute, en juin ou en juillet, le second binage de la cardère (le premier binage a dû être opéré quelques semaines après la levée des graines). Lorsque la cardère a été associée au froment, on lui donne un bon binage aussitôt que la récolte de cette céréale a eu lieu. Cette opération détruit la dureté que le sol a acquise pendant la végétation du froment, et débarrasse la terre des mauvaises herbes. On ne doit pas oublier que la cardère, provenant d'un semis exécuté dans une céréale, soit à l'automne, soit au printemps, ne commence véritablement à végéter qu'après la moisson.

l. Cameline.

Lorsque les plants ont atteint 0m.15 de hauteur, c'est-à-dire vers le mois de juillet, on doit arracher les mauvaises herbes qui peuvent nuire par leur développement à la végétation de la cameline. Si les plants sont trop serrés, on opère un éclaircissage en faisant passer sur les endroits où les plantes sont trop épaisses une herse légère traînée par un cheval.

B. *Destruction de la cuscute.*

Les mois de juin, juillet et avril sont les époques les plus favorables pour essayer de détruire un des plus terribles parasites de la luzerne : la *cuscute* ou *teigne*. Ce végétal a des tiges filiformes, capillaires, rameuses, qui rampent sur le sol, s'étendent fort loin, s'enlacent, s'enroulent et s'attachent, par leurs suçoirs ou crampons, autour des plantes, en les serrant étroitement. La cuscute a une racine grêle qui cesse de fonctionner aussitôt que cette plante a pu s'attacher à une autre plante. Enfin elle se propage facilement et rapidement par fragments de ses tiges et elle a la propriété de persister pendant l'hiver aux pieds des plantes qu'elle a attaquées.

De tous les procédés imaginés pour combattre ce redoutable parasite, les meilleurs sont indiqués ainsi qu'il suit par M. Heuzé :

« *A.* Couper fréquemment à ras de terre la luzerne attaquée par cette plante, en ayant la précaution d'*enlever avec soin tous les filaments des tiges* qui existent sur la terre. C'est pendant les mois de juin, de juillet et d'août que ce fauchage réitéré doit être fait; il est nécessaire de l'exécuter pendant une année.

« *B. Faucher* aussi bien que possible les parties envahies, les couvrir d'une cou-

che de paille de 0m.10 à 0m,20 d'épaisseur et y *mettre le feu*. Par ce moyen on détruit la plupart, sinon la totalité des filaments et des capsules de la parasite. Si la cuscute reparaissait, il faudrait répéter cette opération. Jusqu'à ce jour, elle a donné d'excellents résultats.

« *C. Écobuer* les parties infestées, et *incinérer les gazons* aussitôt qu'ils sont secs, en ayant soin de replacer au centre du fourneau tous les fragments de tiges que l'on remarque sur le sol, puisque ceux qui n'auront pas été détruits reproduiront la cuscute dans l'espace de quelques jours.

Dans ces trois opérations, il faut agir un peu au delà de l'espace que la cuscute a envahi. »

On doit éviter de labourer ou de piocher les endroits attaqués, afin de ne pas enterrer des graines qui conservent longtemps en terre leur faculté germinative.

C. *Semaille.*

a. Carottes.

Dans la région du Midi, au lieu de semer la carotte en mars et avril, comme on le fait dans les autres parties de la France, les semis se font de préférence dans le courant de juillet, afin d'empêcher les plans de monter à graine au commencement de l'été.

b. Chou cavalier.

On sème les choux non pommés au mois de mars ou d'avril; mais il y a une exception pour le chou cavalier, qui doit être semé vers la fin de juillet. Les plantes qui proviennent de ces semis tardifs doivent être mises en place au mois de novembre. Elles fournissent des feuilles pendant l'été suivant. Les plantes de ces choux exigent les mêmes soins que les variétés pommées.

c. Colza d'hiver.

La culture du colza comme plante oléagineuse prend une place importante dans l'assolement des cultures perfectionnées. Cette plante est une de celles qui donnent les plus riches produits. Dans le Nord, le Centre et l'Est, les semis se font vers le 15 juillet ou dans les premiers jours d'août.

Dans la région Sud-Ouest on les exécute du 15 août à la mi-septembre. Dans l'Ouest on choisit le mois de juin lorsqu'on veut semer sur des terres ensemencées en sarrasin.

En somme, la règle générale à suivre est celle-ci : ne pas semer trop tôt, afin que les plantes ne soient pas trop développées à l'entrée de l'automne, époque de la transplantation; ne pas semer trop tard, afin de ne pas avoir, au moment de la transplantation, des plantes trop faibles pour supporter les froids rigoureux de l'hiver.

La préparation du sol et les précautions à prendre pour les semis ont été, du reste, parfaitement décrits par M. Heuzé, dans les *Plantes industrielles* ; j'emprunterai quelques fragments à ce précieux livre.

Lorsque le sol sur lequel le semis doit être fait est libre, on donne un labour et un hersage, on conduit le fumier et on l'enterre par un second labour. Avant d'exécuter le semis, on roule et on herse, afin que la superficie du sol soit aussi meuble que possible; quand on remplace le fumier par un engrais pulvérulent, on répand celui-ci sur le dernier labour, et on l'incorpore au sol par un hersage, ou un léger coup de scarificateur.

Il est essentiel de bien exécuter cette préparation, afin que la couche arable soit parfaitement ameublie dans toute son épaisseur.

Les semis en place se font de deux manières : à la volée ou en lignes.

Pendant longtemps on semait de préférence le colza à la volée; on croyait que ce mode d'ensemencement remédiait aux ravages des pucerons, et qu'il était économique. Aujourd'hui, on l'a presque complètement abandonné, parce que, quoique simple en apparence, il est coûteux à cause de la difficulté que présentent les binages.

Les semis en lignes parallèles se font avec un *semoir à brouette* ou au moyen

d'un *semoir à cheval*. Dans le premier cas, on rayonne le sol et on couvre les graines avec une herse. Ce hersage est aussi nécessaire lorsque le semoir à cheval ne recouvre pas les grains qu'il répand.

Lorsqu'on prévoit une sécheresse après la semaille, on fait suivre le semoir ou la herse par un rouleau. Ce plombage, en concentrant plus de fraîcheur dans le sol, favorise la germination des graines.

La terre que l'on consacre à une pépinière de colza doit être parfaitement préparée, c'est-à-dire très-bien divisée par des labours, roulages et hersages. On doit commencer cette préparation en juin.

En outre, il est nécessaire que la terre soit naturellement riche et fraîche si cela est possible, et qu'elle ait été fertilisée avec des engrais appliqués dans une forte proportion, afin que les plantes trouvent dans le sol une suffisante quantité de substances alimentaires. On doit éviter, dans cette circonstance, d'employer des engrais qui manifestent leur action très-lentement. Ainsi il faut renoncer à appliquer des fumiers longs ou peu décomposés, des chiffons, des tourteaux, etc., et préférer à ces matières fertilisantes les *excréments de mouton* ou le *parcage*, la *poudrette*, la *chair de cheval desséchée*, etc., substances qui agissent presque immédiatement après leur application.

Ces semis se font aussi à la volée, en lignes ou en rayons à deux ou trois reprises différentes, afin d'avoir en automne des plants à planter successivement.

Le mode de semis le plus en usage consiste à répandre les graines à la volée et très-régulièrement. Cette semaille permet aux jeunes plants de mieux résister à l'attaque des insectes et de se défendre à l'apparition des mauvaises herbes.

Lorsque le sol a été bien préparé et fumé, que la germination des graines a été favorisée par une température à la fois chaude et humide, il n'est pas ordinairement nécessaire de pratiquer pendant le développe-

ment des plantes des sarclages ou des binages.

Les pépinières doivent être semées en
lignes lorsqu'elles sont établies sur des terrains peu fertiles, mal fumés et sujets à être
envahis par un grand nombre de mauvaises
herbes. Alors on leur donne un ou deux sarclages et binages, afin que le sol soit propre
et que les plantes puissent végéter librement et rapidement.

Lorsque les semis se font en place, on
répand par hectare, à la volée, 7 à 8 litres;
en lignes, 3 à 4 litres.

Un hectare de pépinière exige : à la volée,
8 à 10 litres; en lignes, 4 à 5 litres.

On doit éviter de semer trop dru, afin
que les plantes ne s'étiolent pas, et pour
éviter un ou deux éclaircissages.

On a proposé de faire tremper les graines,
pendant six heures environ, dans un mélange de suie et de sel marin, et de les saupoudrer ensuite de cendres de bois. On
pensait que par ce moyen on rendrait la
germination plus prompte, et que leurs cotylédons ne seraient pas ravagés par les al-
tises. L'expérience a prouvé que ce moyen
n'avait pas l'efficacité qu'on lui avait attri-
buée. C'est bien à tort qu'on a proposé de
les couvrir avec de l'huile et de les saupoudrer ensuite avec du plâtre en poudre.

La graine de colza germe promptement.
Quand il survient une pluie après la semaille,
ou que l'ensemencement a été exécuté sur
une terre encore fraîche, on voit ordinairement apparaître les cotylédons à la surface du sol au bout de six à huit jours.

Les lignes de *semis en place* doivent être
espacées de 0m.30 à 0m.45, suivant que les
binages doivent être faits à bras ou à la houe
à cheval.

Les lignes des *semis en pépinières* sont
toujours écartées de 0m.20 à 0m.25. Une
bonne pépinière doit fournir le nombre de
pieds nécessaires pour planter une étendue
de terrain cinq ou six fois plus grande que
la superficie qu'elle occupe. En pratique,
compte, afin de ne pas manquer de

plants à l'époque du repiquage, qu'il faut
un hectare de pépinière pour cinq hectares
de plantation.

d. Gaude d'automne.

On connaît la gaude sous plusieurs noms,
herbe à jaunir, gaude, réséda-gaude. Les
racines, les tiges, les feuilles et les graines
contiennent un principe colorant jaune que
l'on regarde comme le plus solide et le
plus beau.

La Gaude croit en France et en Europe
sur les terrains arides, pauvres, secs, calcaires ou sablonneux; le sol argileux ne lui
convient pas.

On en cultive deux variétés : la *Gaude
d'automne* et la *Gaude de printemps*. La première est plus productive que la seconde.

On ameublit la terre par des labours et
des hersages répétés. Cette plante redoute
les fortes fumures, on ne la cultive que sur
les terres qui ont porté une ou deux récoltes
après avoir été fumées; on sème le plus
ordinairement après une céréale d'hiver
ou de printemps. La Gaude d'automne se
sème en juillet et août, celle de printemps
en mars ou avril.

Les graines perdent rapidement leurs facultés germatives et il ne faut employer que
celles de la dernière récolte. On met ordinairement 4 kilog. de graine par hectare. On
sème à la volée après avoir mêlé aux graines
4 ou 6 fois leur volume de sable fin et sec.
Ce mélange permet d'exécuter le semis avec
plus de régularité; on enfouit la semence au
moyen d'une herse très-légère ou même
d'un simple fagot d'épines. Si on redoute
la sécheresse, on donne un coup de rouleau
afin de conserver, par le tassement, un peu
de fraîcheur au sol.

e. Moha de Hongrie.

Le Moha est un fourrage qui s'est répandu
en France depuis peu d'années, grâce aux
essais et aux écrits de M. Vilmorin. C'est
une espèce de millet (*panicum germanicum*)
appartenant à la famille des graminées.

Cette plante, comme tous les autres millets, est assez sensible aux froids du printemps et de l'automne. Elle demande une certaine humidité dans le sol et dans l'atmosphère, et pourtant elle résiste aux grandes chaleurs.

Le moha doit être cultivé sur des terres argilo-calcaires ou calcaires siliceuses; les terrains sablonneux, argileux et crayeux ne lui conviennent pas; il lui faut une terre légère et profonde et un sol riche. On fume avec de la poudrette ou du guano; on applique le noir animal si la chaux manque dans le sol. Si la terre a été bien fumée les années précédentes pour une ou deux récoltes de céréales, il est inutile de renouveler la fumure.

Dans le Midi, on sème vers la fin d'avril; dans le Nord et l'Ouest, vers le mois de mai, lorsqu'on n'a plus à craindre les gelées tardives. On pratique les semis jusqu'au 15 juillet, si l'on veut obtenir des récoltes vertes successives jusqu'au mois d'octobre.

On répand de 10 à 12 kilog. de graines par hectare; M. Vilmorin ne dépasse pas 8 kilog. dans ses indications, mais la pratique va jusqu'à 12 kilog.

f. Navet en culture spéciale.

En Angleterre on sème les navets en juin, en France on les sème dans le courant de juillet et dans la première quinzaine d'août. Si on sème trop tôt, les tiges se développent et les racines ne grossissent pas. L'étude du climat pourrait seule, du reste, déterminer l'époque de ces semis (voir page 168).

g. Seigle de la Saint-Jean.

Vers la fin de juin ou au commencement de juillet, on sème le seigle pour fourrage. On cultive aussi de la même façon une variété toute spéciale appelée *Seigle de la Saint-Jean*, ou *Seigle multicaule*, qui est plus élevée et plus productive que le seigle ordinaire. On sème le seigle à raison de 200 litres par hectare; on peut semer jusqu'en septembre. On le fauche vers septembre ou octobre, ou bien on le fait pâturer jusqu'aux premières gelées.

h. Trèfle incarnat.

Le Trèfle incarnat, appelé aussi *farouch* et *Trèfle de Roussillon*, est originaire du midi de la France, et redoute les gelées. Aussi le cultive-t-on surtout dans la partie méridionale de notre pays; cependant, semé sur un sol perméable et exempt d'une humidité sensible durant l'automne et l'hiver, il résiste parfaitement aux froids ordinaires.

On cultive une variété plus tardive de 10 à 12 jours que l'espèce ordinaire et qui convient très-bien pour regarnir les semis trop clairs.

Le Trèfle incarnat suit ordinairement nos céréales de printemps ou d'hiver. On se contente de semer après avoir donné seulement un ou deux hersages au chaume, à moins que le sol ne soit envahi par les plantes parasites traînantes, auquel cas il faudrait avoir recours à un instrument plus énergique, extirpateur, scarificateur ou charrue. On recouvre la graine par un coup de rouleau. Ce fourrage exige une terre légère, mais fertile ou bien fumée. Dans le pays basque, j'ai vu le farouch produire des résultats magnifiques. Il entre dans l'assolement suivant: on fait le froment en septembre ou octobre. Aussitôt après la moisson (vers la fin de juillet ou le commencement d'août), on sème le farouch (ou bien des raves). Au mois de mai on coupe le fourrage (ou on arrache les racines) et on sème immédiatement le maïs que l'on récolte en septembre, pour préparer aussitôt la terre à recevoir un nouveau froment. C'est sur le maïs que s'applique la principale fumure. On fume quelquefois le trèfle incarnat, jamais le froment.

Dans les départements de l'Isère, des Hautes-Pyrénées et de la Garonne, on sème du 15 juillet au 10 août. Les ensemencements les plus tardifs ont lieu, en Provence, vers la fin de septembre.

On répand la semence après une pluie récente, ou quand le temps paraît se mettre à la pluie, l'humidité de la terre rend la germination plus prompte et plus assurée.

La semence du farouch se répand ordinairement dépouillée de son enveloppe, c'est-à-dire *mondée*; mais on peut aussi la semer revêtue du calice, c'est-à-dire en *bourre*. La graine de deux ans ne lève pas toujours bien, la graine nouvelle a une couleur jaune clair quelle ne conserve pas au delà de un ou deux ans; elle prend alors une couleur rougeâtre.

Lorsque la graine est mondée, on met de 20 à 25 kilogrammes à l'hectare. Il faut semer très-épais; car, si le Trèfle incarnat talle en automne et s'il prend pendant cette saison une vigueur remarquable, un certain nombre de jeunes plantes disparaissent toujours pendant l'hiver sous l'influence des gelées et des dégels. La graine en bourre se répand en quantités assez variables. Selon M. Vilmorin il faut employer 45 à 50 kilogrammes, ou 8 hectolitres par hectare. Dans le département de l'Aude on met de 6 à 7 hectolitres ; dans celui des Hautes-Pyrénées de 11 à 12 hectolitres ; dans le Dauphiné on va jusqu'à 100 kilogrammes. Ces différences résultent évidemment de la plus ou moins grande propreté de la graine. On parvient difficilement à répandre également la graine en bourre; il vaut mieux semer la graine mondée, parce qu'alors on est bien plus sûr de ce que l'on fait.

On enterre la graine par un léger coup de herse.

On peut associer au Trèfle incarnat le ray-grass, l'avoine d'hiver, le seigle. les raves et les navets.

§ II. — RÉCOLTES.

Parmi toutes les récoltes du mois de juillet la plus importante est sans contredit la récolte des céréales, c'est-à-dire la moisson.

Nous nous occuperons donc avant tout de la moisson, et nous entrerons dans quelques détails indispensables sur cette intéressante opération.

A. *Les outils de la moisson.*

a. La faucille et la faux.

L'instrument le plus généralement employé pour la moisson est la faucille. On se sert de cet outil de deux façon. Dans la première, le moissonneur s'avance la face dirigée vers le champ à récolter. Il saisit les chaumes de la main gauche en tournant la paume en dedans. En même temps, il engage le croissant de la faucille dans la moisson, l'appuie contre le grain saisi de la main gauche, et, tirant brusquement vers lui la lame de l'instrument, la poignée se trouve coupée.

Cette manière de se servir de la faucille, instrument primitif s'il en fut, est la plus répandue.

En Angleterre et dans quelques parties de la Bretagne, on emploie la seconde méthode. Voici en quoi elle consiste : le moissonneur se place de manière que le grain coupé soit à sa gauche ; la main gauche saisit les chaumes à $0^m.50$ ou dessus du sol, la paume tournée en dehors ; puis de la main droite il se sert de la faucille comme d'une faulx pour couper les tiges maintenues par la main gauche ; il fait un pas en arrière en poussant les tiges coupées contre celles qui ne le sont pas et qui les soutiennent, donne un second coup de faucille et recommence la même manœuvre jusqu'à ce qu'il ait assez coupé de blé pour faire une javelle.

L'usage de la faucille remonte aux temps les plus anciens. On a essayé des moyens plus rapides et des instruments moins fatigants. C'est dans ce but qu'on a inventé la sape. L'usage de la sape se rapproche beaucoup de la dernière méthode que je viens de décrire. C'est un des instruments les plus avantageux pour moissonner les céréales. Elle peut-être maniée par une femme et coupe très-bien les blés versés.

La sape se compose d'un crochet (fig. 59) et d'une faux à manche court (fig. 40). Le sapeur rassemble les tiges avec le crochet et les tranche avec la faux ; la javelle se trouve ainsi toute formée.

On emploie aussi la faux pour couper les céréales, mais cette faux est armée d'un accessoire différent selon que l'on veut faucher en dedans ou en dehors.

Lorsqu'il s'agit de céréales dont les chaumes ont une certaine hauteur, parti-culièrement pour le froment et pour le seigle, on fauche en dedans. Le moissonneur a le champ à sa gauche, la pointe de la faux est dirigée vers la moisson ; il manœuvre la lame de droite à gauche, en jetant les tiges coupées contre celles qui ne le sont pas. Une femme, à l'aide d'une faucille ou même d'un bâton recourbé, suit le faucheur et met en javelles les tiges qui viennent d'être coupées, et qui sont appuyées contre les chaumes restés debout,

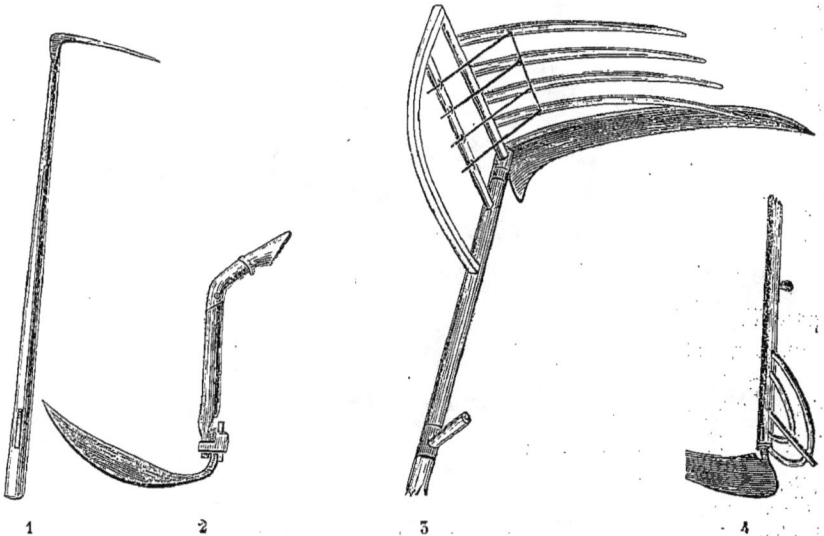

1. Fig. 59. — Crochet.   2. Fig. 40. — Sape.   3. Fig. 41. — Faux garnie de son *râteau*.   4. Fig. 42. — Faux garnie de son *playon*.

Pour faucher en dedans, la faux est munie d'un accessoire appelé *playon* (fig. 42), qui a pour objet d'empêcher les tiges de basculer par dessus le manche de la faux.

Quand les céréales ont peu de hauteur, on les fauche en dehors, parce que le reste de la moisson non entamée ne pourrait pas soutenir les chaumes coupés. La pointe de la faux, au lieu d'être tournée vers la moisson, est dirigée dans le sens opposé ; le moissonneur manœuvre son instrument de gauche à droite. Dans ce cas, la faux est armée d'un *crochet* ou *râteau* (fig. 41), composé de plusieurs baguettes parallèles à la lame de la faux. Le fauchage est le même que celui de l'herbe, les tiges réunies sur le râteau sont déposés par le moissonneur et forment naturellement la javelle.

b. Les machines à moissonner.

On assure que les Gaulois avaient inventé des machines à moissonner. Si ces machines étaient aussi imparfaites que plusieurs de celles que nous avons vues dans ces derniers temps, l'invention n'a jamais dû servir à grand'chose.

Les premières machines à moissonner appliquées de notre temps datent de plusieurs années. Ces lourds appareils étaient poussés par deux chevaux attelés à l'arrière.

Ces machines n'ont jamais été appliquées dans la pratique sérieuse; mais, depuis la nouvelle impulsion donnée aux choses de l'agriculture en France et à l'étranger, dans ces dernières années, on s'est occupé de les perfectionner et de les rendre pratiques. Je crois qu'on y est parvenu.

On a à peu près abandonné l'attelage en arrière, mais on a généralement conservé les piques qui pénètrent dans la moisson et surlesquelles s'appuient les tiges attaquées par la scie dentée (fig. 44).

Les agriculteurs de l'Amérique possèdent d'immenses surfaces ensemencées, et subissent chaque année des crises graves qui ont pour cause le manque de bras; ils ne peuvent pas couper assez vite leurs trop riches moissons. C'est donc tout naturellement en Amérique que devait se développer le plus rapidement la fabrication des machines à moissonner. La nécessité rend les hommes industrieux et sollicite l'activité des inventeurs.

Parmi les machines qui nous sont venues

Fig. 43. — Moissonneuse de Mac-Cormick.

des États-Unis en 1855 et en 1856, une d'elles a conquis rapidement le premier rang et l'a conservé depuis cette époque, C'est la machine à moissonner de M. Mac-Cormick, fabriquée en France par l'Institut agricole de Grignon près Nauphle-le-Château (Seine-et-Oise) et par M. Laurent, rue du Château-d'Eau, 26, à Paris.

La moissonneuse de M. Mac-Cormick date de 1842. En 1855, il a été vendu en Amérique 2,500 de ces machines; le nombre total des machines livrées au commerce à cette époque était de plus de 5,000. Cette machine (fig. 43) se compose d'une large

roue A, supportant l'appareil B, et sur le périmètre de laquelle sont, de distance en distance, des saillies transversales (comme on peut voir dans la machine de M. Manny, a, fig. 47), elles mordent un peu la terre, empêchent la roue de glisser et lui donnent une plus grande résistance. Les évolutions de cette roue distribuent le mouvement à tout le système. Au moyen d'une courroie de transmission, cette roue fait mouvoir dans le sens d'avant en arrière le moulinet K qui exerce une légère pression sur le sommet des tiges pendant qu'elles sont coupées à la base par la scie A glissant dans une entaille pratiquée dans l'épaisseur des piques B (fig. 44).

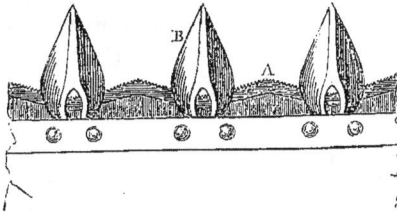

Fig. 44. — Détail de la moissonneuse Mac-Cormick.

La même roue A (fig. 43) transmet un mouvement inverse à un engrenage et à une roue d'angle C faisant mouvoir un axe coudé auquel s'adapte une bielle. Cette bielle donne un mouvement de va-et-vient à la scie G qui coupe le blé à sa base. Le blé aussitôt coupé est renversé par l'action du moulinet K sur la plate-forme d'où un ouvrier à califourchon sur le siége E le retire à l'aide d'un râteau pour former la javelle. Les ailes du moulinet ont une légère courbure hélicoïdale.

Une pointe de soc, placée à gauche, plonge dans le blé et détermine la largeur du sillon. Le conducteur est assis en D;

Fig. 45. — Moissonneuse de Mac-Cormick en action.

les deux chevaux sont attelés en H. En F est un mécanisme destiné à régler la hauteur de la scie. La fig. 45 représente la machine Mac-Cormick de M. Laurent en action.

La machine de Hussey, modifiée par M. William Dray, supprime le volant destiné à pousser le blé contre la scie et à le coucher sur la plate-forme. La coupe (fig. 46) fera suffisamment connaître le mécanisme de cette machine.

La roue a supporte tout l'appareil et sert de base au mécanisme. La roue d'angle b, mue par le pignon qui commande la roue d'engrenage, fait mouvoir, à son tour, le pignon d'angle c qui communique la vitesse à la scie dont on aperçoit la bielle d. Un galet f supporte le palier h et le tablier g. Le mécanisme est contenu dans la boîte e, qui tient fort peu de place. Cette moissonneuse, qui a bien marché aux expériences de 1856, peut passer dans tous les chemins à cause de son petit volume.

La machine à moissonner de Manny-Robert a l'avantage précieux de pouvoir se transformer rapidement et facilement en faucheuse. Il suffit, pour cela, de décrocher le plateau doublé de tôle sur lequel tombent les tiges moissonnées, de descendre une clavette de quelques trous pour abaisser la scie, et de déplacer deux boutons pour abaisser les ailes du moulinet. La rapidité de cette manœuvre dénote la simplicité de la construction.

Une roue en fonte a (fig. 47), comme dans

la machine Mac-Cormick, mais un peu plus large, supporte tout l'appareil et forme son point d'appui sur le sol. La roue d'engrenage *b*, posée sur l'axe de la roue *a*, commande le pignon *c* dont l'axe fait mouvoir la scie par l'intermédiaire des roues d'angle *d* et *e* et fait en même temps tourner le moulinet au moyen de la poulie *g* et de sa courroie de transmission. Cette courroie s'enroule autour de la seconde poulie D (fig. 48) qui commande le moulinet E; le levier H règle la hauteur de la scie L, et le rebord N retient sur la plateforme les tiges moissonnées. G est le point d'appui de l'ouvrier javeleur, armé de son

râteau; le conducteur est assis en F pour diriger les chevaux attelés au timon K.

La machine Manny contient une disposition qui lui donne un certain avantage sur les autres machines. Cette disposition consiste en ce que la roue motrice et la roue de support sont placées en arrière de la scie et permettent ainsi au plateau de basculer autour de la ligne qui passerait par leurs axes. D'un autre côté, le timon est articulé auprès de la naissance de la scie, et la machine est équilibrée de telle sorte, que, lorsqu'elle est attelée, si le conducteur se rejette en arrière et si l'ouvrier râteleur se porte à l'extrémité postérieure du plateau, il suffit,

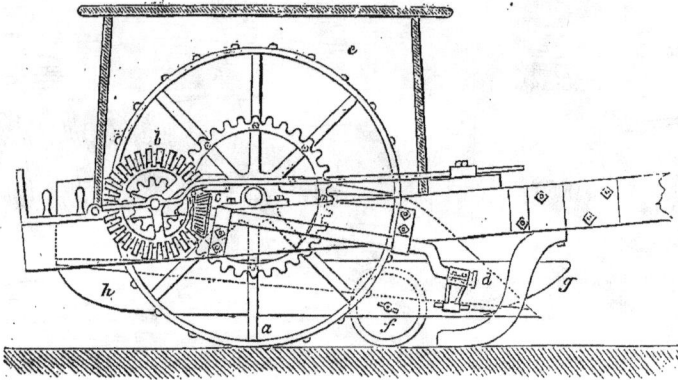

Fig. 46. — Moissonneuse de Hussey.

pour élever le tranchant, de placer à un trou supérieur une clavette qui assemble les deux barres de bois dont l'une est fixée au timon, et l'autre au corps de la machine : l'abaissement du tranchant s'obtiendrait en plaçant la clavette à l'un des trous inférieurs de l'assemblage.

Enfin, une autre particularité importante se remarque dans la machine Manny. Le point d'application de la traction est placé entre la roue motrice et la scie, par conséquent au centre des deux résistances, tandis que dans la machine Mac-Cormick, par exemple, le tirage se fait à l'extrême droite de l'appareil.

Enfin, une autre machine, extrêmement

simple et heureusement modifiée par son inventeur, dans ces derniers temps, nous semble appelée à jouer un rôle important parmi les moissonneuses. La machine de M. le docteur Mazier, de l'Aigle (Orne), est une sorte de moissonneuse *tourne-oreille*, comme on va le voir.

Avec les instruments que je viens de décrire sommairement, on est obligé de diviser préalablement le champ à moissonner en planches, afin que la machine fasse le tour de la planche pour couper le blé. Dans la machine de M. Mazier, la scie a l'avantage de pouvoir se transporter indifféremment à droite ou à gauche de la machine. Il n'y a ni moulinet ni plate-forme ; je l'ai vue fonctionner à Saint-Lô, au mois de mai; elle a fauché un assez grand trèfle avec beaucoup de facilité dans la manœuvre et de perfection dans le travail.

On parle aussi d'une faucheuse moissonneuse de M. Lallié (Aisne), et de la machine Cournier (Isère), qui avait disparu depuis trois ans et qui revient très-perfectionnée.

Toutes ces moissonneuses seront essayées aux grandes expériences qui doivent avoir lieu ce mois-ci au domaine de Fouilleuse, près Paris, et dont je parlerai à mes lecteurs.

B. *Moisson des diverses céréales.*

Les recommandations sages et intelli-gentes de Mathieu de Dombasle relativement à la moisson doivent être lues et méditées avec soin par les agriculteurs qui ont foi dans les leçons de l'expérience.

On a coutume, dit le savant agronome, dans plusieurs cantons et dans diverses parties de l'Europe, de moissonner les grains, et spécialement le froment, quelques jours avant la parfaite maturité, et lorsque le grain cède encore sous le doigt en le pressant fortement.

Il est certain qu'on prévient, par ce moyen, une perte souvent considérable produite par l'égrainage, surtout dans quelques variétés de froment; et, partout où

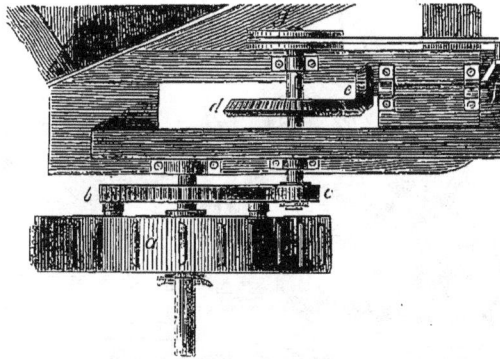

Fig. 47. — Transversion de la moissonneuse Manny-Robert, vue en place.

l'on connaît cette pratique, on s'accorde à dire que le blé ainsi récolté prématurément est de meilleure qualité pour la mouture. On peut en général couper le froment six ou huit jours avant sa complète maturité, c'est-à-dire, lorsque la paille ne conserve presque plus sa teinte verdâtre, et que le grain a acquis une consistance telle que l'ongle s'y imprime encore lorsqu'on le presse entre les doigts, et qu'il ne se laisse plus couper facilement en deux parties avec l'ongle; mais il faut alors que le grain reste en javelle, ou, mieux encore, en meulons, jusqu'à son entière dessiccation, car il s'altérerait infailliblement si on l'entassait dans les granges dans cet état de maturité incomplète.

Il est ordinairement avantageux de couper l'avoine un peu sur le vert, surtout certaines variétés avec lesquelles on courrait risque de perdre beaucoup de graines par l'effet des grands vents, si on les laissait mûrir complétement sur pied. L'avoine qui est ainsi coupée avant sa parfaite maturité doit *javeler*, c'est-à-dire rester pendant une huitaine de jours au moins, sur le sol, pour que le grain arrive à sa perfection. Il est bon même qu'elle reçoive, dans cet intervalle, une ou deux ondées; une trop longue exposition à l'air et à la pluie peut seule nuire au grain, et surtout à la paille, comme on le voit dans les récoltes de presque tous les cultivateurs qui poussent à l'extrême la pratique du javelage de l'avoine.

On pourrait croire que le gonflement que produit sur le grain la pluie qu'il reçoit dans cet état ne doit être que momentané, et qu'en desséchant il reviendra au même état qu'il était auparavant ; mais on se tromperait beaucoup : ce n'est que de l'eau seule qui est entrée dans le grain ; les tiges ramollies par la pluie ou la rosée, en transmettant de l'eau aux grains, par l'effet du reste de vie qui anime encore la plante, leur transmettent en même temps des principes nutritifs, qui augmentent de beaucoup le poids ainsi que le volume du grain.

Lorsqu'une récolte est versée, on doit aussi ne pas manquer de la faire couper au premier beau temps, même un peu avant qu'elle ait acquis toute la maturité désirable, sans quoi les grains courraient risque de s'altérer.

La moisson est un des travaux rustiques qui exigent le plus d'activité et de célérité, surtout dans les années où le temps est pluvieux ou incertain. Le cultivateur qui

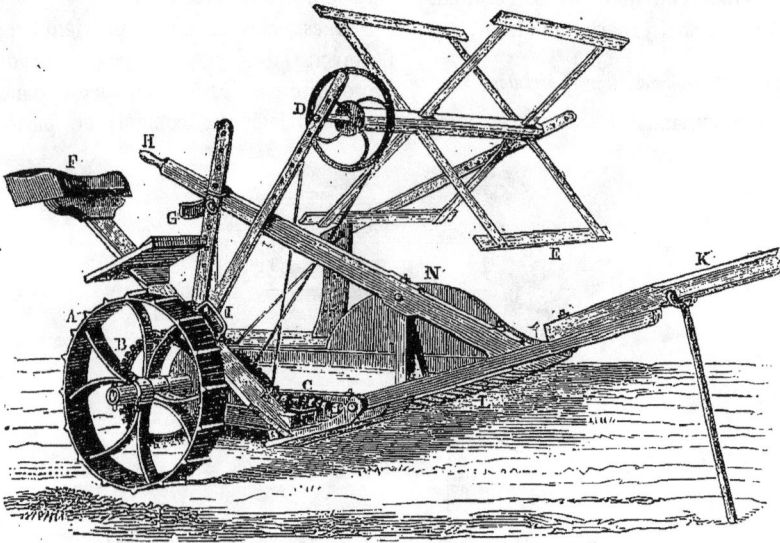

Fig. 48. — Moissonneuse de Manny-Robert.

met de la négligence ou trop peu d'activité à cette partie si importante de ses opérations doit s'attendre à éprouver des pertes considérables. Chaque jour de beau temps doit être employé comme si on comptait avec certitude sur la pluie pour le lendemain, et même pour le soir. Celui qui a toujours ce principe devant les yeux aura bien rarement quelques pertes notables à déplorer ; car il n'arrive presque jamais, même dans les saisons les moins favorables, qu'il ne se rencontre dans le courant de la moisson quelques journées ou du moins quelques demi-journées de beau temps, qui, employées avec activité et intelligence, ne permettent de rentrer les récoltes sans accident ; mais pour cela il est nécessaire que le cultivateur ait sous la main un grand nombre d'ouvriers. En commençant sa moisson, il doit toujours calculer qu'il peut arriver telle circonstance où il faudra, dans quelques heures, faire la besogne ordinaire d'une ou deux journées. L'intelligence avec laquelle les ouvriers procèdent aux divers travaux influe aussi autant que leur nombre sur la célérité de l'exécution. Il faut à chaque chantier un nombre de bras suffisant pour expédier l'ouvrage, de manière à ne pas faire attendre un autre chantier; ainsi le nombre d'ouvriers qui doivent lier les gerbes, charger les voitures, les décharger, doit être proportionné, en sorte que tout marche sans confusion et sans que personne reste un moment sans rien faire. Les attelages et les chariots doivent être en nombre suffisant pour que jamais les ouvriers ne les attendent. Ce que j'ai dit à l'article de la *fenaison*, sur les moyens d'expédier le plus d'ouvrage possible, avec un nombre déterminé de chevaux, s'applique également ici.

De toutes les céréales, l'orge est celle qui court le plus de danger lorsqu'il survient de longues pluies pendant qu'elle est en javelle, parce que c'est celle qui germe le plus facilement, dans ce cas; c'est donc vers cette récolte qu'on doit diriger ses principaux soins dans une saison semblable : aussitôt que le dessus des javelles est ressuyé, on doit les retourner, pour empêcher la germination de se déclarer dans les grains qui touchent la terre. Une méthode très-recommandée, dans les années pluvieuses, est de lier l'orge aussitôt quelle est coupée, en petites gerbe, en ne faisant le lien que d'une longueur de paille de seigle, et de dresser ces gerbes en écartant un peu le pied. Le lien doit être placé près des épis, à peu près aux deux tiers de la hauteur des tiges. Pour ne pas le serrer trop fortement, l'ouvrier qui lie la gerbe ne la presse pas de son genou, comme on le fait communément, mais la serre seulement entre ses bras. Des gerbes faites ainsi et dressées sur le sol, peuvent y rester longtemps sans y souffrir des plus mauvais temps. Cette méthode s'applique également au blé !

Quant à l'avoine, c'est le grain qui a le moins à souffrir de l'humidité de la saison, à moins que la récolte ne soit excessivement tardive.

C. *Les moyettes.*

Dans les années ordinaires, les céréales,

après avoir été coupées, restent couchées sur le sol, en javelles, pendant un temps plus ou moins long, selon la température. Ce séjour, auquel l'on donne le nom de *javelage*, a pour but de hâter les travaux de la moisson et de faciliter la dessiccation des tiges et des mauvaises herbes qui y sont mêlées.

L'expérience prouve chaque année que les céréales coupées prématurément et disposées en javelles sont beaucoup moins sujettes à s'égrainer que lorsqu'elles continuent à végéter, et que le grain, sous l'influence de la rosée et du soleil, achève de grossir et de mûrir.

Toutefois il est nécessaire, pour que les blés coupés avant leur maturité complète, soient pesants, n'aient pas une couleur terne, et qu'ils renferment autant d'amidon et de gluten que ceux coupés en maturité parfaite, que le javelage ait lieu par un beau temps. S'il survient des pluies continuelles durant cette opération, la matière sucrée, qui alors abondait dans les grains, se convertit plus difficilement par l'acte de la végétation en amidon et en gluten. On se rappelle encore les effets fâcheux du javelage pendant les années pluvieuses de 1816 et 1845.

Heureusement on connaît aujourd'hui une méthode qui permet de mettre les céréales à l'abri d'une humidité excessive, et qui favorise d'une manière remarquable la maturité définitive des blés verts et de ceux qui ont mûri inégalement. Ce procédé déjà ancien, mais malheureusement peu répandu, a été décrit pour la première fois en 1771 par Ducarne de Blangy. Grâce aux publications faites par l'administration en 1801 et 1816, il a été adopté dans les années pluvieuses par plusieurs cultivateurs de la Normandie, de la Flandre, de la Picardie et des environs de Paris. Mathieu de Dombasle le regarde comme le meilleur moyen de sauver les céréales de toute avarie dans les années pluvieuses. Voici comment M. G. Heuzé décrit cette opération.

On replie une javelle sur elle-même vers le milieu de la longueur de la paille, en ayant soin que les épis ne touchent pas à terre. On peut aussi se servir d'une gerbe liée au-dessous des épis. Lorsque la javelle ou la gerbe, dont la partie inférieure est très-élargie, a été placée sur un endroit un peu élevé du champ, on forme un premier rang circulaire de javelles dont les épis sont dirigés vers le centre. On superpose ensuite sur ce premier rang, dont la partie supérieure repose sur la gerbe affaissée ou sur une javelle pliée, un deuxième, un troisième, enfin autant de rangs semblable de javelles qu'il en faut pour élever les bords du *meulon* ou *moyette* à la hauteur de 1^m. 20. On doit avoir soin de maintenir d'aplomb les parois circulaires. Quand cette meulette est parvenue à la hauteur voulue, elle ressemble à une petite tour surmontée d'un cône ayant une pente de 50° au moins et une hauteur de 1^m. 65. La pente étant destinée à l'écoulement des eaux du dedans au dehors, il faut, lorsqu'on termine cette moyette, dont le diamètre est égal à environ deux fois la longueur de la céréale, croiser assez fortement les épis des dernières rangées de javelles placées par poignées. Alors on fait une forte gerbe en la liant près de son extrémité inférieure, on écarte les tiges qui la composent et on la renverse sur le sommet du cône, de manière qu'elle couvre la partie supérieure de la moyette. Si on craignait des pluies abondantes, on pourrait employer, pour former cette sorte de chapeau, des gerbes battues. Toutefois, comme cette paille pourrait être bouleversée par les vents violents, il faut la maintenir au moyen d'un grand lien qui embrasse le pourtour du meulon, et que l'on fixe à l'aide de quelques épingles de bois.

Cette mise en moyette ne doit avoir lieu que lorsque les céréales ne sont pas mouillées ; s'il était survenu des pluies après la coupe, ou si les javelles contenaient beaucoup d'herbe verte, il faudrait attendre qu'elles soient ressuyées ou que les mauvaises gerbes aient perdu un peu de leur humidité. Cette précaution est nécessaire pour éviter une fermentation à l'intérieur des meules.

Quand les meulettes ont été bien faites, elles peuvent être abandonnées à elles-mêmes pendant vingt-cinq jours et même un mois sans en souffrir. Le blé y acquiert plus de qualité et pèse davantage que celui que l'on a récolté suivant les anciens procédés. On sait que les blés versés ou non, que l'on a coupés, quand les pailles présentaient encore une légère teinte verdâtre prennent du retrait, restent chétifs s'ils sont surpris par des coups de soleil très-ardent. Ces blés, mis en meulettes, continuent de végéter, et leurs grains s'assimilent tous les principes nutritifs contenus dans les tiges. C'est pourquoi ils augmentent de volume, ont de la main, et donnent toujours plus de farine et moins de son que si le cultivateur les avait laissés en javelles sur le champ. Enfin ces moyettes ont le grand avantage de s'opposer toujours à la germination des grains.

Il est une autre méthode que quelques cultivateurs préfèrent à la précédente, lorsque les blés ne sont pas très-versés. Ce procédé est généralement employé dans la Seine-Inférieure.

Voici en quoi il consiste :

À mesure que le blé est coupé, on prend une quantité de tiges équivalant à 5 ou 6 gerbes, du poids de 15 kilog. environ. On les réunit par un lien au-dessous des épis et on ouvre ensuite ce faisceau par le bas, tant pour lui donner un pied que pour faciliter à l'intérieur la circulation de l'air.

Lorsqu'on a terminé cette gerbe, on la couvre d'un chapeau formé de deux ou trois brassées de tiges liées le plus bas possible.

On doit, dans les deux cas, profiter des intervalles de soleil et de beau temps pour lever le chapeau et donner de l'air aux tiges.

Lorsque le temps et les travaux permettent de s'occuper de la rentrée, on enlève le chapeau de la moyette et on procède à la mise en gerbe. Chaque meulon contient de 25 à 30 gerbes.

Si cette méthode occasionne un surcroît de dépense qui ne dépasse jamais 5 fr. par hectare, elle prévient des pertes dont la valeur est plus élevée. Sous ce rapport, elle est digne de fixer particulièrement l'attention des cultivateurs qui ont lutté en 1852 et 1853, pendant la moisson, contre l'influence si fâcheuse des pluies continuelles.

D. *Notes économiques sur la moisson.*

On a fait des calculs aussi approximatifs que possible sur l'emploi comparatif des moissonneurs et des machines. Ces calculs, qui pourront être facilement vérifiés par nos lecteurs, reçoivent un nouvel intérêt du perfectionnement actuel qu'ont reçu les moissonneuses et du manque de bras qui se fait de plus en plus sentir dans les campagnes.

Dans les expériences qui eurent lieu à Trappes, en 1855, la machine Mac-Cormick qui tenait la tête du concours, moissonna son lot à raison de 1ʰ.5ᵐ. à l'hectare. Le travail sur les champs de concours ne se fait pas dans des conditions normales et ne peut pas être pris comme spécimen d'un travail ordinaire de moisson. Les spectateurs présents aux épreuves convinrent qu'il faudrait au moins deux heures pour moissonner un hectare.

Supposons qu'il y ait eu encore exagération. Il restera toujours assez de marge pour faire la part de cette exagération. On fit alors le calcul suivant : Dans les environs de Paris, un faucheur reçoit 18 fr. pour un hectare d'avoine (c'est dans une avoine qu'on opérait).

Avec la machine on fait 5 hectares en dix heures avec un relai. Voici le prix de revient de ces 5 hectares.

Quatre colliers (pour les deux relais) et un charretier. 13f.00
Un javeleur pour rejeter les tiges de côté. . 5.00
Quatre femmes pour relever les javelles, à
2 fr. 8.00
                            ————
                            26.00

Cinq hectares par un faucheur coûteront 90 fr., et il faudra dix jours.

Cinq hectares par la faucheuse coûteront 26 fr., et il faudra un jour.

Qu'on ajoute ce qu'on voudra pour réparations, usure, intérêts et amortissement d'un capital de 7 à 800 fr., et il restera toujours, quelle que soit l'exagération possible des chiffres en faveur de la moissonneuse, un bénéfice certain de temps et d'argent au propriétaire de cette utile machine.

Maintenant la machine à moissonner peut-elle travailler partout? Est-elle assez exempte d'accidents pour qu'on puisse se hasarder à la transporter dans nos campagnes? Je crois que ces questions graves seront tranchées affirmativement dans un temps rapproché; demain peut-être.

Pour moi, dans ce moment, ces questions ne sont pas encore tout à fait résolues.

Je dois à un praticien distingué, M. Gustave Heuzé, les notes suivantes sur la moisson opérée par des ouvriers :

Coupe — Un bon ouvrier fait par jour :

A la faucille.	18 à 20 ares.
A la faux.	40 à 60 —
A la sape	30 à 40 —

L'hectare exige donc :

Pour la faucille.	5 à 6 journées d'homme.
Pour la faux. .	2 à 2 1/2 —
Pour la sape. .	3 —

Un faucheur coupe par jour :

En blé, jusqu'à.	50 ares.
En orge, ...	40 —
En avoine, ...	60 —

Liage.— Une gerbée de seigle ordinaire de 1ᵐ.66 de circonférence pèse environ 12 kilog., elle sert à faire 100 liens.

100 liens à nœuds bouclés se payent.	20ᶜ
100 — tordus — . .	25.

Un homme fait par jour de 1,000 à 1,200 liens.

Avec des liens préparés à l'avance, un homme peut mettre en dizeaux 500 à 600 gerbes par jour. Chaque gerbe pèse de 12 à 15 kilog.; elle a de 1ᵐ.50 à 1ᵐ.60 de circonférence.

En général, le prix du liage est moitié du prix du fauchage.

Aux environs de Paris, on paye par hectare pour le fauchage et le liage.

Blé.. . . . . de 15 à 25ʳ
Avoine. . . . . de 16 à 18

Un homme met en gerbes par jour:

Blé. . . . . . . de 7 à 800 gerbes.
Avoine. . . . . . de 5 à 600 —
Orge.. . . . . . de 5 à 600 —

Rentrée. — Un homme par jour :

Charge sur les voitures. de 6 à 800 gerbes.
Décharge en grange. . de 4 à 500 —

Meules. — Aux environs de Paris, 3,000 gerbes mises dans une meule sur terre, de 3ᵐ.55 de diamètre, occasionnent une dépense de 60 francs. Six ouvriers, en un jour, mettent en meules de 3,500 à 4,000 gerbes.

On paye pour la couverture 2 francs par chaque cent gerbes.

Une meule de 8 mètres de diamètre sur 12 à 15 mètres de hauteur exige de 2 à 3,000 kilogrammes de paille pour sa couverture.

E. *Notes économiques sur la fenaison.*

Afin de compléter le travail contenu dans la livraison de *juin* sur le travail de la fanaison, j'ajouterai quelques notes sur cette opération.

Fauchaison. — Un homme fauche par jour 30 à 32 ares de prairie naturelle; dans les trèfles et les luzernes, il fauche de 50 à 60 ares.

On paye, pour faucher un hectare, environ 6 francs.

A Orange, le fauchage revient à 1 fr. 25

les 500 kilogrammes de foin, soit 6 fr. 80 par hectare. Aux environs de Paris on paye les 500 kilogrammes 1 fr. 65.

Le prix du fauchage est ordinairement le tiers du prix total de la fenaison.

Fanage. — Dans les prairies productives, une femme fane de 25 à 30 ares par jour. Dans les circonstances ordinaires, elle fane de 35 à 40 ares. Dans ces deux cas, elle retourne l'herbe deux à trois fois.

Aux environs de Paris, le fanage de 500 kilogrammes de foin de prairie artificielle revient à 2 fr. 10, soit 5/12 du prix total.

Par le fanage :

100 kilog.		
Luzerne verte, donnent environ. .	27ᵏ	de foin sec.
Trèfle, — . .	25	—
Sainfoin, — . .	30	—
Vesce, — . .	35	—
Herbe des prés, — . .	35	—

Le déchet que le foin éprouve après la fanaison, dans les greniers ou les meules, varie entre 10 à 15 pour 100.

On compte qu'il faut, pour la mise en meules, une faneuse par 30 à 40 ares.

Un homme met par jour en meules définitives 2,000 kilogrammes de foin.

Bottelage. — Un homme peut botteler par jour :

A 3 liens. . . . . de 300 à 350 bottes.
A 1 lien. . . . . de 450 à 500 —

Le prix du bottelage est fixé comme il suit :

Bottes à 3 liens. . . . . . 1ᶠ.50 le 100
Bottes à 1 lien.. . . . . . 1 » —

Aux environs de Paris les bottes doivent avoir le poids suivant :

De la récolte au 1ᵉʳ octobre. . . . 6ᵏ.50
Du 1ᵉʳ octobre au 1ᵉʳ avril. . . . . 5 .50
Du 1ᵉʳ avril à la récolte 4

Le foin réputé sec contient encore de 10 à 12 pour 100 d'humidité.

Conservation. — Un mètre cube de foin non bottelé pèse en France :

En grange. . . . . . . 80 à 90 kil.
En meule. . . . . 65 à 75 —

En Italie, il a un poids de 100 kilogrammes.

Dans la salaison, on emploie 1 kilogramme de sel par 500 kilogrammes de foin. En Provence, on arrose la même quantité avec un hectolitre d'eau de mer.

§ III. — RÉCOLTES DIVERSES.

A. La cardère.

La *cardère* est une plante bisannuelle et trisannuelle que l'on sème en juillet et que l'on récolte vers la fin de juillet de l'année suivante. La cardère est mûre lorsque les têtes et leurs pédoncules ont pris une teinte jaunâtre ou vert doré et lorsque la chute des fleurs est complète. On coupe le pédoncule, c'est-à-dire la queue, à $0^m.10$, $0^m.20$, et même $0^m.40$, selon les usages des pays. Les cardères sans queue perdent beaucoup de leur valeur. On coupe les pédoncules à l'aide d'une petite serpe dont on se sert dans le Midi pour tailler la vigne et connue sous le nom de *faucillon*. La récolte ne s'exécute pas en une seule fois parce que les têtes ne mûrissent pas toutes en même temps et qu'il faut choisir celles qui sont bonnes à être récoltées. Si on laissait les têtes mûres trop longtemps sur pied, elles deviendraient dures et cassantes, et la pluie ou le brouillard pourraient altérer leur couleur. Si on cueille la plante trop tôt, les bractées, qui forment le peigne (pour peigner les couvertures de laine et les draps) sont encore molles et peu résistantes.

On fait sécher les têtes à l'air libre, si le temps est beau, mais à l'ombre, ou bien sous un hangar. Il faut les faire sécher lentement; lorsque les têtes sont sèches et qu'elles ont cette belle couleur blonde recherchée par le commerce, on les met en paquets, en ayant soin de rejeter les têtes moisies, noirâtres ou fendues. On fait la mise en paquets dans une chambre ou sur une bâche, afin de recueillir les graines qui se détachent.

B. Le colza.

La récolte et le battage du colza sont deux opérations très-importantes qui occupent les cultivateurs pendant le mois de juillet concurremment avec la moisson. Je donnerai un certain développement à l'étude de cette récolte en puisant mes renseignements aux meilleures sources.

« C'est ordinairement dans le commencement de juillet, dit Mathieu de Dombasle, et quelquefois même à la fin de juin, que la navette et le colza d'hiver arrivent à maturité, la navette presque toujours huit ou dix jours avant le colza. Comme ces plantes s'égrainent avec beaucoup de facilité, il est nécessaire de les couper avant leur complète maturité. Le moment le plus convenable est celui où un tiers environ des tiges commencent à jaunir et à devenir transparentes, et où les graines qu'elles contiennent sont d'un brun foncé quoique encore tendres. Bien que les graines de toutes les autres siliques soient encore vertes, elles arrivent presque toutes à une parfaite maturité dans les meulons; comme je le dirai ci-après. Si la maturité est un peu trop avancée quand on le faucille on ne doit couper que le soir ou le matin à la rosée, ou pendant la nuit, s'il fait clair de lune; vingt-quatre heures après le faucillage, ou même immédiatement après, si les plantes étaient déjà un peu mûres, on met le colza en *meulons* en transportant les javelles sur une place élevée et bien sèche, et en les plaçant circulairement, le sommet au centre, de sorte que le meulon a pour diamètre deux fois la hauteur des tiges du colza. On continue d'ajouter de même des javelles en les croisant un peu l'une sur l'autre au centre; ce qui diminue graduellement le diamètre du meulon, qu'on monte ainsi jusqu'à la hauteur d'environ 2 mètres. Dès que le meulon a la moitié de cette hauteur, les tiges prennent une pente du dedans au dehors, qui s'accroît successivement jusqu'en haut, et le sommet en est entièrement conique,

Si on craint de grands vents, on peut assu-jettir les tiges qui forment la pointe du cône en les entourant d'un lien de paille d'osier ou d'un brin de tout autre bois flexible. Les meulons restent en cet état jusqu'à entière maturité du grain, ce qui exige ordinaire-ment de huit à douze jours; et, s'ils ont été faits avec soin, ils sont à l'abri de toutes les intempéries, sauf pourtant les pluies ex-cessivement abondantes et continues, qui causeraient encore plus de dommage à la récolte dans toute autre situation. On peut, néanmoins, former aussi avec le colza, presque aussitôt qu'il a été coupé, de gran-des meules semblables à des meules de grain, qu'on établit sur une portion de terrain dont on a abattu la surface comme une aire, afin qu'on puisse facilement re-cueillir le grain qui y tombera. Les meules peuvent rester en cet état pendant un mois ou deux, et c'est là certainement le moyen de mettre immédiatement le colza à l'abri de toutes les intempéries; mais cette mé-thode est plus coûteuse que celle des meu-lons, parce qu'on est forcé de le charger sur des chariots pour le transporter à la meule. Il faut aussi attendre, pour former les meules, que les plantes soient plus avan-cées dans leur dessiccation que pour les mettre en meulons; autrement les meules s'échaufferaient trop et le grain pourrait s'altérer. Au reste, la fermentation qui s'é-tablit toujours dans ces meules est très-fa-vorable au grain et contribue à lui donner une belle couleur et les qualités qui le font rechercher : elle ne pourrait être nuisible que si on avait entassé dans la meule les tiges encore trop vertes et mouillées. »

Le battage du colza est une importante opération à laquelle on ne saurait apporter une trop grande sollicitude. M. Heuzé a traité cette question avec une supériorité incon-testable dans son traité des *plantes indus-trielles*. Je lui emprunterai une partie de son travail.

Le battage a lieu, dit-il, aussitôt la des-siccation des plantes et la maturité des grai-nes renfermées dans les siliques supé-rieures. On l'opère avec le fléau, soit sur une grande toile tendue sur le champ même où le colza a été cultivé, soit dans une grange.

On arrache d'abord les pieds de colza qui se trouvent sur le sol où on veut battre, on enlève les pierres pour éviter que la toile ou la *bâche* ne soit trouée sous les coups de fléau, et on unit le sol à l'aide d'une bê-che. Quand ces travaux sont terminés, on étend la toile de chanvre sur la surface préparée; on relève ses bords au moyen d'un bourrelet de paille, et on la fiche à des piquets fixés en terre à l'aide de bouts de ficelle. Une *bâche* ordinaire a de 12 à 15 mè-tres de côté; elle exige une *bretelle* de huit à neuf ouvriers. Une telle toile suffit pour une étendue de 10 hectares de colza. Elle doit être déplacée trois à quatre fois pen-dant l'opération.

Lorsque la bâche a été ainsi étendue, quatre ouvriers portant des civières gar-nies intérieurement d'un drap ou d'une toile apportent continuellement des ti-ges; un cinquième, armé d'une fourche, les étend sur l'aire, et les trois ou quatre autres, toujours marchant, exécutent le bat-tage. Au fur et à mesure que les *batteurs* avancent, le cinquième ouvrier, que l'on nomme *poseur*, retourne les tiges; quand celles-ci ont été battues de nouveau, il les secoue et les jette ensuite au dehors de la bâche. Lorsqu'elle est en partie remplie de siliques, l'ouvrier chargé de déposer le colza sur l'aire doit les enlever afin qu'elles n'amortissent pas les coups de fléau. Alors saisissant un râteau en bois à dents écar-tées, il rassemble une partie des siliques ou *cossettes*, et les jette en dehors, en ayant soin qu'elles n'entraînent pas de graine. Il répète cette opération de trois à cinq fois par jour, selon que le produit du battage est plus ou moins élevé et l'accumulation des siliques plus ou moins grande.

On ne procède au battage que quand le temps est beau et certain.

Les porteurs varient en nombre selon la distance qu'ils doivent parcourir à chaque voyage. On peut diminuer le nombre des porteurs en ayant des civières ou des cadres en toile supplémentaires et en faisant charger ces ustensiles par des femmes ou *ramasseuses* intelligentes.

En Flandre, où l'emmeulage du colza est chaque année en usage, le transport du colza est confié à de jeunes filles ; celles-ci l'apportent sur leur tête après l'avoir enveloppé dans des toiles.

Dans quelques localités, les batteurs se servent de gaules de 3 mètres environ de longueur au lieu de fléaux ; dans d'autres contrées, on opère le battage avec des fourches. Ces instruments ne sont pas supérieurs au fléau.

Quand, pendant la journée, la bâche ou *banne* est trop chargée de graines, on la nettoie avec des râteaux et on met les graines dans des sacs.

Le salaire que l'on accorde aux ouvriers qui exécutent le battage à la tâche varie entre 1 fr. et 1 fr. 25 c. l'hectolitre de graines nettoyées, selon le rendement du colza.

Une *bricole* ou *bretelle* de huit hommes bat ordinairement 24 hectolitres par jour, soit par ouvrier le produit de 10 ares ou 2 à 4 hectolitres, selon le rendement par hectare.

M. Bodin a construit récemment une machine à battre mobile destinée au battage du colza ; cette machine, remarquable par sa simplicité et sa grande solidité, est mise en mouvement par un manège ou une locomobile à vapeur ; elle présente une ouverture plus grande que celle des machines avec lesquelles on égraine les céréales ; en outre le batteur, qui est composé de plateaux en fonte, a des batteurs en fer forgé ; enfin, le contre-batteur a été modifié, il a moins d'étendue.

Cette machine a battu 3 hectares 10 ares de colza en 20 heures ; ainsi, elle a égrainé 5 hectolitres de graines par chaque heure de travail, soit en 20 heures 100 hectolitres,

ou plus de 33 hectolitres à l'hectare. Les tiges de cette plante oléagineuse avaient au moins 2 mètres de hauteur, et, après les avoir coupées, on les avait disposées en petits tas ou *moyettes*.

Cette machine rendra d'importants services aux agriculteurs de la région du nord qui ont une locomobile à vapeur et qui cultivent en grand le colza ou la navette d'hiver ou de printemps.

Lorsque par des circonstances particulières on a rentré la récolte dans une grange, on ne procède au battage qu'au moment de la vente des graines. On l'effectue avec le fléau sur l'aire de la grange. Cette opération est moins rapide, moins économique que le battage en plein air ; mais elle a l'avantage sur ce dernier de conserver aux grains leur volume et leur poids, et de leur donner plus de qualité.

On peut aussi, lorsque le colza a été semé à la volée et que la partie inférieure des tiges n'est pas très-développée, opérer le battage à l'aide d'une *machine à battre fixe*, ayant un contre-batteur mobile. Dans ce cas, on règle cette dernière pièce, de manière que les tiges puissent passer sous le batteur sans arrêter ses évolutions et nuire à l'engrenage des siliques.

Les voitures qui servent au transport des tiges de colza du champ à la ferme doivent être garnies intérieurement d'une grande bâche.

Dès que le battage est terminé ou à mesure qu'on l'exécute, on procède au bottelage des tiges. Ces bottes se font avec un lien de paille en seigle ; on les fait ordinairement de 6 à 8 kilog.

Ce bottelage se paye 1 fr. les 104 bottes. Un ouvrier fait environ 300 bottes par jour ; il confectionne lui-même les liens dont il a besoin.

On doit rapporter les graines des champs avec 1/2, 1/4 ou 1/5 de siliques. Celles-ci mêlées aux semences empêchent que ces dernières ne s'échauffent, fermentent et perdent de leur qualité ; elles permettent aussi de les déposer en couche un peu plus épaisse dans les greniers ou dans les granges.

Lorsque les graines ont été nettoyées ou criblées sur le champ, elles doivent être déposées dans les magasins en couche mince.

Dans les deux cas, il faut les remuer plusieurs fois pendant les premières semaines qui suivent le battage, soit à l'aide d'une pelle, soit au moyen d'un râteau.

Les graines qui s'échauffent dans les greniers prennent une teinte blanchâtre et une odeur de moisi qui les font déprécier par les huiliers, parce qu'elles donnent toujours moins d'huile.

On ne peut rentrer les graines complètement nettoyées que lorsque les tiges ont séjourné en meule pendant le battage, ou qu'elles ont été récoltées dans une contrée où l'air est sec et chaud.

Lorsque les graines sont sèches ainsi que les siliques, on procède à leur séparation, on exécute cette opération au moyen d'un crible à larges opercules; la graine passe et les siliques restent sur la peau ou toile métallique, au travers des ouvertures du crible.

On complète ce nettoiement avec un tarare muni d'un petit grillage. Cette opération permet de séparer la poussière et les graines chétives d'avec les bonnes semences. On remplace quelquefois le tarare par un crible à opercules beaucoup plus petits que la grosseur des graines ordinaires de colza.

Une fois ce nettoiement opéré, on conserve les graines en tas de 0m.30 à 0m.50 d'épaisseur: il est utile de temps à autre, tous les mois par exemple, de les soumettre à un nouveau tarage ou criblage. Cette opération empêche les insectes de nuire à la qualité de la graine.

Les graines que l'on conserve pendant 3 ou 4 mois après la récolte, perdent environ 1/5 à 1/10 de leur volume.

C. Gaude d'automne.

On récolte la gaude quand les tiges, les feuilles et les capsules ont presque complètement perdu leur couleur verte et qu'elles ont pris une teinte jaune ou jaune grisâtre. C'est l'indice que les graines renfermées dans les capsules sont arrivées à parfaite maturité.

La gaude d'automne se récolte en juin dans le Midi; dans le reste de la France, on la récolte en juillet. La gaude de printemps se récolte environ un mois plus tard.

On arrache la gaude, parce que toutes les parties de la gaude contiennent un principe colorant, et que le commerce accepte difficilement la gaude fauchée. Il faut choisir pour l'arrachage, si l'on peut, le lendemain d'une pluie, et ne pratiquer cette opération que le matin ou le soir, avec beaucoup de précaution, afin de perdre le moins de grain possible. On calculait autrefois en Normandie qu'il fallait 29 journées d'ouvrier pour arracher et faire la gaude d'un hectare.

Pour faire sécher les tiges, on les appuie contre un mur ou contre une haie, à moins qu'on n'ait disposé, dans le champ, à 0m.40 ou 0m.50 du sol, des gaules soutenues par des piquets et contre lesquelles les tiges sont placées debout. Cependant, si la terre est sèche et sablonneuse, on peut les laisser couchées sur le sol. La dessiccation doit être prompte sous les rayons d'un soleil ardent. Dans le nord de l'Europe il faut trois à cinq jours. Dans le Midi, on ne met pas plus de Deux jours. Lorsqu'elles sont très-sèches, on met les tiges en bottes de 6 kilog. que l'on lie avec des liens de paille de seigle.

D. Navette d'hiver.

La navette d'hiver mûrit une huitaine de jour avant le colza. Elle est arrivée à maturité quand les tiges et les siliques ont pris une teinte jaunâtre et lorsque les graines qui ont mûri les premières sont très-brunes.

On récolte la navette de trois manières : Par l'arrachage, à l'aide de la faucille, ou à l'aide de la faux.

Lorsqu'elle végète sur des terres légères, on arrache les tiges et on les dispose par poignées en javelles sur le sol. Cette opération est très-expéditive et peu fatigante. On la confie à des femmes et même à des enfants.

Lorsque le sol est argileux et compacte et qu'on opère dans un temps chaud, l'arrachage est à peu près impossible; on se sert alors de la faucille pour couper les tiges, de la même façon que l'on coupe le blé.

La faux peut être substituée à la faucille. Avec l'aide de la faux, la récolte se fait plus promptement, mais on perd beaucoup de graines. Il faut avoir soin, dans ce cas, de ne travailler que de grand matin, quand la rosée couvre les plantes, ou même la nuit. Afin d'éviter l'égrainage, suivant la hauteur des tiges, on se sert de la faux nue ou armée d'un playon. (V. p. 204.)

On laisse la navette sur le sol jusqu'à ce que les graines soient tout à fait mûres; c'est assez de trois à six jours selon le climat, la température et la maturité de la récolte au moment de la fauchaison.

L'égrainage des siliques se fait sur une bâche en plein champ comme celui du colza (V. p. 215), ou dans l'intérieur de la grange. On dépose ensuite les graines dans le grenier, mélangées avec une certaine quantité de siliques, afin d'empêcher l'échauffement, jusqu'à ce que la graine soit complétement sèche. On la passe alors au tarare.

E. *Pastel.*

« C'est ordinairement en juillet, dit Mathieu de Dombasle, qu'on fait la première récolte du pastel destiné aux usages de la teinture. On connaît qu'il est temps de le cueillir lorsque les première feuilles commencent à prendre une nuance jaune. On coupe ces feuilles avec des faucilles par un beau temps; et on les laisse exposées au soleil pendant une demi-journée ou une journée, en les retournant, si la récolte est très-épaisse, afin qu'elles soient toutes bien flétries; sans cette précaution, elles donne-

raient trop de jus au moulin, ce qui les rendrait très-difficiles à écraser. Lorsqu'elles sont au point convenable, on les transporte au moulin, qui est ordinairement formé d'une meule verticale tournant sur une meule horizontale, de même que ceux où l'on écrase les graines à huile ou les pommes à cidre. On fait mouvoir la meule sur les feuilles du pastel en les retournant continuellement, jusqu'à ce qu'elles soient réduites en pâte. On place cette pâte sous un hangar exposé à l'air, en en formant un monceau élevé, dont on unit la surface en la battant avec des pelles, et on l'abandonne ainsi à la fermentation, pendant une douzaine de jours, plus ou moins, selon la température de l'atmosphère. Il est difficile de donner une indication certaine sur l'époque où la fermentation est assez avancée; quand on a fait cette opération une seule fois, on reconnaît facilement cette époque à un changement total dans l'odeur qui s'exhale du monceau. Si l'on a attendu trop longtemps, il se forme bientôt des vers d'une espèce particulière dans la croûte du tas. On mêle ensemble toutes les parties du tas, et on en forme des pelotes de la grosseur du poing, soit en les pressant entre les mains, soit au moyen d'un moule fait exprès. On place ces pelotes sur des claies dans un lieu où l'air circule librement, mais à l'abri du soleil et de la pluie. Lorsqu'elles sont parfaitement sèches, elles forment ce qu'on appelle *le pastel en coques.*

« On parle souvent de trois ou quatre coupes de pastel ou même davantage dans une année; quant à moi, dans les deux années que j'ai cultivé cette plante, je n'ai pas remarqué qu'il fût possible d'en faire plus de deux coupes; encore la dernière est-elle peu considérable; cependant elle était placée dans un sol extrêmement riche. Je crois que c'est seulement dans les provinces méridionales qu'on peut espérer d'en obtenir davantage. »

En effet, dans les environs d'Alby, on fait ordinairement cinq récoltes : la première a lieu fin juin ou au commencement de juillet ; les autres récoltes ont lieu, de mois en mois, jusqu'en octobre. En Italie, où elles se renouvellent tous les vingt-cinq jours, on ne fait pas usage de la faucille, on cueille les feuilles en cassant le pétiole avec le pouce et l'index. Il faut éviter d'arracher les feuilles, dans la crainte de déraciner les pieds.

F. Fourrages.

On coupe en juillet l'*avoine* qu'on a semée, comme fourrage, en février, mars ou avril. On la fauche lorsque les panicules sont formées. On pourrait, du reste, la donner encore aux animaux, si on la coupait un peu plus tard; elle durcit moins vite que le seigle.

Le *lentillon de printemps*, qui ne fleurit qu'en juillet, doit être fauché à cette époque. (V. p. 177).

On récolte aussi le *pois gris* et les *vesces*. (V. p. 178.)

On cultive le *ray-grass* pour le récolter en vert ou pour le convertir en foin sec.

Si on a destiné cette graminée à être consommée en vert, on fait la deuxième coupe en juillet ; la première a dû avoir lieu en mai. Il ne faut pas attendre pour la faucher que ses épis soient développés, car alors elle serait dure et le bétail ne pourrait guère la consommer. Cette coupe hâtive a surtout lieu lorsque le ray-grass a été semé seul; s'il était allié au trèfle il faudrait attendre pour faucher que les fleurs de cette légumineuse fussent complétement épanouies.

« Lorsqu'on veut convertir le ray-grass en foin, dit M. Heuzé, il est urgent de le faucher avant que les fleurs soient toutes développées.» Il est vrai qu'en agissant ainsi la production en vert subit un grand déchet par le fanage; mais, lorsque les graines sont formées, on perd beaucoup plus en qualité qu'on ne gagne en quantité, parce que les tiges restent dures et semi-ligneuses.

La fenaison doit être conduite avec la plus grande activité possible, car il importe que les tiges et les feuilles restent peu de temps exposées à l'action de l'air et du soleil ; quand le fanage a lieu avec lenteur, la production herbacée se décolore, prend une teinte blanchâtre, et le foin qu'elle forme n'a pour ainsi dire pas d'arome.

Pour que la production sèche soit aussi nutritive que possible, il faut exécuter la mise en meule quand les tiges ont été desséchées aux 3/4. Alors il s'établit au sein de la masse une légère fermentation qui rend le foin meilleur et plus vert.

Le ray-grass est d'autant plus productif que le sol est riche et frais pendant le printemps et l'été.

Dans les terres produisant 16 hectolitres de froment, on obtient rarement au delà de 5,000 kilogrammes de foin sec à l'hectare.

Quand on arrose après chaque coupe, il n'est pas rare d'obtenir, en 3 à 4 coupes, jusqu'à 8,000 et 10,000 kilogrammes de foin sur la même superficie.

Comme le ray-grass, fauché au moment où les fleurs se développent, perd par la fenaison environ 50 parties de son poids, il résulte que :

3,000^k de foin représent 6,000^k de tiges ou ^{lles} vertes
8,000 — 16,000 —

Dans le midi de la France, on coupe en juillet le *sorgho sucré* cultivé comme fourrage; il repousse rapidement et fournit une seconde coupe en octobre. Dans le centre et dans le nord on ne peut obtenir qu'une seule coupe. Dans les sols fertiles et frais, le sorgho à sucre peut donner, assure-t-on, de 80,000 à 100,000 kilogrammes de tiges et de feuilles vertes; on coupe les tiges avant le développement des panicules.

Quelques cultivateurs coupent les tiges des *topinambours* avant qu'elles soient tout à fait ligneuses, pour les donner comme fourrage vert aux bêtes bovines et aux bêtes ovines. Cette opération se fait au grand détriment du tubercule, comme l'a très-bien démontré M. Boussingault, par des expériences comparatives tout à fait concluantes. Le champ qui avait été dépouillé de tiges a fourni 6,000 kilogr. de tubercules, tandis que le champ qu'on avait laissé intact en a fourni, à surface égale, 24,000 kilogrammes. Il est bon de tenir compte de cette observation.

G. Feuilles d'arbres.

Dans beaucoup de pays, on recueille les *feuilles des arbres* pour les donner aux animaux. On fait cette récolte en juillet, en août ou en septembre. Selon l'époque à laquelle elle a lieu, la méthode employée est différente.

Le procédé le plus simple consiste à émonder après la séve d'août les jeunes branches chargées de feuilles et à les placer sous des hangars à l'abri de l'action du vent et du soleil. Pour que les feuilles soient aussi bonnes que possible comme aliment, il faut choisir un beau temps pour les récolter, et ne pas les exposer à la pluie lorsque la dessiccation est commencée.

On peut encore réunir les branches en petits fagots que l'on expose aux rayons du soleil jusqu'à ce qu'elles soient à moitié sèches; on les rentre ensuite dans la ferme.

H. Récoltes des graines.

La récolte des graines d'*ajonc marin* a lieu vers la fin de juin et surtout pendant la première quinzaine de juillet. Cette récolte est assez longue, parce que les gousses arrivées à maturité s'ouvrent avec difficulté. On procède à cette récolte lorsque les gousses commencent à brunir. On coupe les extrémités des tiges avec une faucille et on les place sur des bâches ou sur des draps à l'abri du soleil. Quand elles sont sèches, on les bat au fléau et on les nettoie ensuite à l'aide d'un crible ou du tarare. L'action ardente du soleil augmente la difficulté qu'éprouvent les gousses à s'entr'ouvrir. Un hectolitre d'ajonc marin pèse 72 kil.

On coupe les tiges de *chicorée sauvage* quand elles sont blanchâtres, lorsqu'on veut en récolter la graine. Quand ces tiges sont complétement sèches, on les bat avec un fléau; un hectolitre de graines de chicorée sauvage pèse 30 kil.

Les *pois gris* que l'on cultive pour leurs grains doivent être fauchés le matin ou le soir afin d'éviter l'égrainage. Les cosses parfaitement mûres s'ouvrent facilement sous l'action du soleil. La récolte se fait de la même façon que pour les *vesces* et la *jarosse*. L'hectolitre pèse de 78 à 80 kil.

Lorsque la *vesce* est destinée à produire des semences, il faut la laisser sur pied assez longtemps afin d'obtenir des graines bien nourries. Cependant il ne faut pas attendre que toutes les gousses soient entièrement mûres, parce qu'on s'exposerait à perdre de la graine, les côtes s'ouvrant facilement sous l'influence de la chaleur ou de l'humidité. On coupe avec la faux et la faucille lorsque les semences des premières fleurs ont atteint leur complète maturité ou lorsque la plupart sont décolorées et commencent à sécher. Les graines encore vertes achèvent de mûrir pendant le javelage. Quand les tiges ont séjourné deux ou trois jours dans le sol, on les met en bottes et on les rentre. On procède au battage lorsque les gousses sont complétement sèches. On détache la graine en frappant légèrement sur les tiges avec un fléau. On mélange pendant l'hiver les tiges hachées aux racines que l'on donne aux bestiaux. 1 hectol. de vesces bien nourries pèse 80 kil.

CHAPITRE III.

Travaux de la ferme.

Les travaux des champs absorbent presque entièrement, pendant ce mois, tous les travailleurs. Les jours sont longs; le cultivateur, pressé par la besogne, reste à peine chez lui pendant les quelques heures de nuit, afin de prendre un repos souvent insuffisant.

CHAPITRE IV

Cultures spéciales.

§ Ier. — VITICULTURE.

Au mois de juillet, on donne la troisième façon à la vigne, et on arrache les mauvaises herbes avant que les graines aient mûri. On ébourgeonne la tige ; on coupe les pousses qui dépassent les échalas, et qui n'ont d'autre effet que d'épuiser le cep en consommant inutilement une partie de la sève nécessaire pour la formation du fruit.

§ II. — MURIERS.

La cueillette des feuilles étant terminée à cette époque, on supprime les branches cassées; on rafraîchit la cassure avec une forte serpe, et on fait un second binage au pied des arbres.

CHAPITRE V

Travaux forestiers.

On continue les travaux du mois précédent. On choisit les baliveaux qui doivent être réservés dans les coupes de l'hiver suivant.

CHAPITRE VI

Animaux domestiques.

§ Ier. — LES CHEVAUX.

Les travaux des attelages sont fort pénibles pendant le mois de juillet; le transport pressé de la récolte, la chaleur excessive à laquelle les animaux sont exposés, rendent nécessaire une bonne nourriture et quelques précautions hygiéniques; ainsi, pendant les travaux de la journée, si la chaleur est considérable, je conseillerai aux charretiers de faire comme pour les chevaux d'omnibus à Paris et à Londres. On remplit un seau d'eau, on y ajoute environ un verre de bon vinaigre. A l'aide d'une grosse éponge

on mouille abondamment les naseaux des chevaux lorsqu'ils prennent un instant de repos. Cette petite ablution éloigne le danger des coups de sang et défatigue beaucoup les animaux.

Le soir, après qu'ils se sont bien reposés, on peut conduire les chevaux au bain, si on se trouve à proximité d'une rivière ou d'un étang; on a soin de les obliger à s'immerger complétement; on les bouchonne vigoureusement aussitôt après leur rentrée à l'écurie.

Il faut absolument éviter de leur donner à cette époque du foin nouveau.

On cesse la monte des juments.

« Les jeunes poulains de l'année que l'on conduit actuellement au pâturage, dit M. Moll, doivent être l'objet d'une attention suivie de la part des cultivateurs. La garde doit en être confiée à des gens sûrs. On évitera avec soin de les faire courir; on doit même, autant que possible, les empêcher de gambader et de sauter, parce qu'ils s'échauffent et se couchent alors sur la terre humide, ce qui leur occasionne souvent des accidents graves. Pendant les moments de la grande chaleur on les rentre, à moins qu'il n'y ait de l'ombre dans le pâturage. Outre le pâturage, il est bon de leur donner encore un peu d'avoine ou de tout autre grain moulu. Si vous voulez avoir de beaux et bons chevaux, nourrissez-les bien dans leur jeunesse. »

Cette observation pleine de justesse du savant professeur s'applique du reste à tous les animaux domestiques.

§ II. — LES BŒUFS.

Il en est des bœufs de trait comme des chevaux : à mesure que leur travail devient plus pénible, il faut que la nourriture soit plus abondante, et surtout plus succulente. On doit leur donner de l'avoine, ou mieux encore, de l'orge, du sarrasin ou des farineux moulus, en même temps qu'on leur donne le vert.

On fait pâturer quelquefois le bétail dans

des pâturages bas et humides. Il faut examiner si les plantes ne sont pas attaquées par la rouille ou envahies par les pucerons, car elles nuiraient à la santé des bestiaux. Ce qu'on a de mieux à faire, si les herbes sont malades, c'est de les faucher pour s'en servir comme litière.

Il faut prendre, pour les jeunes bêtes bovines au pâturage, les précautions indiquées par M. Moll pour les poulains.

Les vaches qui reviennent du pâturage ne doivent être traites ni recevoir de nourriture immédiatement après leur arrivée.

On peut déjà s'assurer si les vaches saillies en mars ou en avril ont conçu : il s'agit d'appliquer la main sur le côté droit du ventre, on sent très-bien le veau, surtout lorsque la vache boit.

L'œstre (œstrus bovis, L.) fait beaucoup souffrir les bêtes bovines à cette époque de l'année ; il choisit de préférence les bêtes jeunes et vigoureuses, leur perce la peau sur le dos et y dépose un œuf qui, devenant ver, détermine une grosseur très-sensible et fait beaucoup souffrir les animaux. Il faut ouvrir la bosse avec un bistouri, et en extraire le parasite. On dit qu'en frottant le dos des bêtes avec une décoction de feuilles de noyer ou un mélange de goudron et de térébenthine, on prévient les piqûres de l'œstre.

A ce propos, je recommanderai un nécessaire très-ingénieux imaginé et construit par M. Arrault, fabricant de produits chimiques, rue de l'Empereur, 11, à Montmartre : cette boîte contient les éléments de tous les médicaments employés dans l'art vétérinaire, une jolie trousse destinée aux opérations que le cultivateur peut faire lui-même, un *formulaire* et des ustensiles qui lui permettent de se passer du pharmacien et de préparer les médicaments chez lui. Toutes les fermes un peu importantes devraient posséder un nécessaire semblable, on éviterait ainsi beaucoup de pertes dans les étables, et ce serait une forte économie de pouvoir préparer les médicaments chez soi.

§ III. — LES MOUTONS.

« Il est bon actuellement de séparer les brebis des béliers si les agneaux sont précoces, parce que, dit M. Moll, souvent l'instinct sexuel se manifeste déjà chez ces jeunes animaux, lorsque l'occasion se présente, et que cette manifestation prématurée peut être nuisible à leur développement.

« La tonte des agneaux tardifs a lieu dans le courant de ce mois ; elle ne doit pas être différée davantage, car la laine ne croîtrait plus assez, avant l'hiver, pour garantir les jeunes bêtes, et elle n'atteindrait plus la longueur désirable pour la tonte de l'année suivante.

« On commence, dans ce mois, le parcours des chaumes ou la *veine pâture*. Il ne doit avoir lieu que lorsque les gerbes sont enlevées des champs ; car, outre la perte qu'il y aurait si, par la négligence du berger, les moutons mangeaient du grain sur les gerbes, l'usage de ce grain nouveau pourrait leur occasionner des maladies graves.

« C'est dans la seconde quinzaine de ce mois qu'a lieu ordinairement la *monte des brebis* pour l'agnelage précoce. Avant qu'elle commence, on visite exactement le troupeau, afin de s'assurer du numéro de chaque bête, et de déterminer les individus qui, par leur âge, l'état de leur santé ou un défaut quelconque, ne doivent pas être saillis; on les sépare des autres, on sépare de même les moutons des brebis, parce que souvent ils essayent de saillir des bêtes en chaleur et les rendent alors moins propres à recevoir le bélier.

« Quinze jours avant la monte, on sépare aussi des autres béliers ceux que l'on destine à la saillie, et on les prépare à ce service par une bonne nourriture. Ils doivent être renfermés dans un endroit aussi étroit que possible, afin qu'ils ne puissent pas se battre. Leur nourriture doit se composer de bon foin de prairie ou de trèfle, et d'environ un litre et demi d'avoine par jour et par tête. On leur donne ordinairement cette avoine entre les repas, la moitié à neuf heures du matin, l'autre moitié à trois heures après midi, après les avoir fait boire.

« On observe diverses méthodes pour la monte. La plus usitée, dans les bonnes bergeries, est celle que l'on nomme le *saut de la main*, ou l'accouplement individuel. On y procède de la manière suivante : on met parmi les brebis des béliers d'essai, ou *boute-en-train*, auxquels on attache une toile sous le ventre, de manière qu'ils ne puissent opérer l'acte : deux béliers suffisent pour cent brebis. Les bêtes en chaleur se rassemblent bientôt autour de ces boute-en-train. Si c'est au pâturage, le berger a soin de les marquer, et, de retour à la bergerie, il les met chacune dans une case séparée. On donne alors à chaque brebis le bélier qu'on lui a destiné d'avance, et qui est celui qui lui convient le mieux sous le rapport de la race, de sa classe, et sous le rapport individuel. On laisse le bélier saillir deux fois dans l'espace d'une demi-heure ; puis on sépare les deux individus, on marque la brebis de manière à la reconnaître, et on la met parmi les agneaux pendant trente à trente-six heures, espace suffisant pour que la chaleur passe entièrement ; au bout de ce temps, on la met avec les autres brebis. Si elle n'avait pas conçu, la chaleur reparaît au bout de huit à quinze ou vingt jours ; on la ferait alors saillir de nouveau, de la même manière, et par le même bélier.

« Après le saut, on note sur le registre de la monte la date et le numéro du bélier et de la brebis.

« Si, malgré ces avantages, on ne pouvait adopter cette méthode, on ferait bien au moins d'observer les précautions qu'indique M. de Dombasle dans son Calendrier du bon cultivateur et dans ses Annales. Elles consistent à n'employer, dans les commencements de la monte, qu'un petit nombre de béliers, qu'on augmente à mesure qu'on s'aperçoit qu'il y a plus de brebis en chaleur ; on les restreint vers la fin de la monte, lors-

que le nombre des brebis en chaleur diminue. De cette manière, on évite ces combats trop fréquents des béliers entre eux, et l'on donne aux brebis des mâles frais et vigoureux pendant tout le temps de la monte.

« Par cette méthode, il faut au moins trois béliers pour cent brebis.

§ IV. — LE POULAILLER.

On plume les oies pour la seconde fois et on peut chaponner les jeunes coqs qui commencent à chanter.

Les poules ne doivent plus couver.

§ V. — LE RUCHER.

On commence ordinairement la récolte du miel pendant la fin de juin ou dans les premiers jours de juillet. Elle se fait par l'enlèvement des calottes pour les ruches à calottes ; des hausses supérieures pour les ruches à hausses, et par le transvasement ou par la chasse pour les ruches d'une seule pièce.

« A la fin de juin, dans beaucoup de localités, dit M. Hamet dans son *Cours pratique d'apiculture*, les abeilles ont achevé leur campagne, et c'est à peine si elles amasseront suffisamment, jusqu'à la fin de l'été, pour leur entretien journalier. Il n'en est pas de même dans les localités de cultures spéciales de blé noir et dans les pays de bruyère, dans les cantons où la miellée des arbres donne et dans quelques autres localités du littoral de la Manche.

« Lorsque les fleurs mellifères sont passées ou qu'elles ne donnent presque plus de miel, la saison des essaims est finie, et les faux-bourdons ne tardent pas à être mis à mort ; mais, si l'on conduit les colonies à quelque pâturage avant cette extermination, les mâles sont conservés, et il arrive quelquefois qu'une saison d'essaimage recommence ; c'est-à-dire que des colonies qui ont essaimé un mois ou six semaines avant donnent encore un essaim.

« Lorsque les abeilles ne trouvent plus rien sur les fleurs devenues rares, ou qu'elles ont péu d'approvisionnement, elles pensent à en aller prendre dans les ruches qui sont mieux fournies ; elles attaquent notamment celles qui n'ont plus de mères, ou dont la population est faible, et aussi celles qui sont malades de la fausse teigne. Il faut veiller au pillage. Les guêpes et les frelons attaquent aussi, en été, les ruches peu peuplées et celles qui tombent en décadence ou sont atteintes par la fausse teigne.

« On doit établir un courant d'air sous les ruches en les élevant au moyen de cales, si les chaleurs de l'été sont très-fortes, et couvrir les habitations d'un bon surtout de paille pour empêcher les rayons du soleil de fondre l'édifice des abeilles. »

CHAPITRE VII

Travaux horticoles.

§ Iᵉʳ. — LE JARDIN FRUITIER.

La fin de juillet est l'époque la plus propice pour écussonner. Il faut desserrer et enlever les ligatures des greffes qui ont bien pris et supprimer les pousses inférieures à la greffe, qui nuiraient à sa végétation en absorbant inutilement la séve ascendante.

On éclaircit avec des ciseaux les grains des grappes de raisins trop serrées et on enlève avec prudence les feuilles qui masquent les pêches et les empêchent de prendre couleur.

Il est bon de soigner la récolte des poires précoces en ménageant les boutons à fruits pour l'année suivante.

En cas de sécheresse prolongée, on arrose au pied les vieux arbres en espaliers qui ont l'air languissants ; on renouvelle les seringuages sur toute la surface des espaliers. On donne la chasse aux limaces et aux insectes qui attaquent les fruits à mesure qu'ils mûrissent.

§ II. — LE JARDIN POTAGER.

Voici en résumé les travaux du jardin potager pendant le mois de juillet.

Semer les derniers pois tardifs. — Repiquer le plant de choux à mettre en place le mois suivant. — Arroser avec modération les melons. — Tenir toujours près de la melonnière des paillassons et de la litière pour couvrir en un tour de main, en cas d'orage avec menace de grêle. — Rajeunir les vieilles fraisières avec du plant de coulants, en les changeant de place. — Tordre les tiges des oignons à conserver pendant l'hiver. — Renouveler les semis d'oignons et de poireaux. — Arracher l'ail et les échalotes. — Récolter les pommes de terre hâtives. — Butter les céleris. — Arroser largement le céléris-rave. — Lier les chicorées et scaroles pour les faire blanchir. — Récolter les graines de plantes potagères à mesure qu'elles mûrissent. — Lier, pailler et butter les cardons. — Récolter les haricots verts et à écosser sans endommager les plantes. — Contenir par le pincement de leurs pousses superflues les tomates dont le fruit approche de la maturité. — Prodiguer l'eau deux fois par jour aux citrouilles pour faire grossir leurs fruits. — Récolter les premiers cornichons.

§ III. — LE JARDIN D'AGRÉMENT

Il faut couper au niveau du sol les tiges des œillets de bordure qui ont fleuri, et palisser sur des treillages en éventail les œillets de jardin qui doivent être en pleine fleur ; les arroser souvent pendant la floraison et marcotter ceux qui ont passé fleur.

On plante de distance en distance des héliotropes pour parfumer le parterre ; on enterre les pots dans la plate-bande, afin que les fleurs semblent croître en pleine terre ; on plante autour des massifs d'azalées et de rhododendrons des bordures de *lobelia erinum*, de *cuphea* et d'*hortensia du Japon* dans la terre de bruyère.

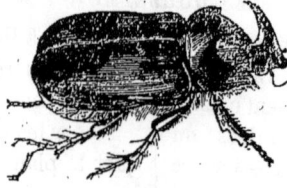

AOUT

Iʳᵉ PARTIE. — PROVERBES ET MAXIMES

Qui dort en août
Dort à son coût.

—∞—

Récolte engrangée,
Récolte assurée.

—∞—

Après soleil couché
Bien fou qui bat son blé.

—∞—

Si l'osier fleurit
Le raisin mûrit.

—∞—

Août mûrit, septembre vendange.

—∞—

Quand il pleut en août
Il pleut miel et bon moût.

—∞—

Beaucoup de noisettes, bonne glandée.

—∞—

Jamais ne gèle en une vigne
Qu'en une autre il ne provigne.

—∞—

Les uns n'hésitent sur rien et pensent que l'agriculture ne suppose aucune étude préliminaire, que le paysan sait tout ; les autres, au contraire, conviennent de la nécessité d'apprendre et de réunir la pratique à la théorie : mais ceux-là ne prennent pas la peine d'étudier.   (L'abbé ROZIER.)

—∞—

Se procurer de l'eau à volonté, pouvant arriver à la surface ou près de la surface du terrain, c'est se rendre indépendant des défauts et des caprices du climat, d'une situation habituellement trop sèche comme d'une saison qui l'est accidentellement.

(Comte DE GASPARIN.)

Je ne pense pas qu'on doive attribuer les disettes qu'on éprouve à l'intempérie de l'air, mais plutôt a notre faute. Nous avons abandonné le soin de nos terres, comme si elles étaient coupables à notre égard de quelque grand crime, à de vils esclaves ou à des mercenaires, tandis que nos ancêtres se glorifiaient de les cultiver eux-mêmes.   (COLUMELLE.)

—∞—

Moins il y a de chevaux employés aux voyages, aux constructions et au luxe des villes, plus il reste de fourrages dans les campagnes, et moins les frais de culture et de transport sont chers. Si l'on pouvait voyager sans chevaux, on augmenterait prodigieusement les produits de la culture et on en diminuerait les frais....   (DE FRESNE. — 1788.)

—∞—

Il ne suffit pas de déclarer l'agriculture la première de toutes les industries; il ne suffit pas de dire à la jeunesse instruite que toutes les autres carrières sont encombrées, et que, par conséquent, il est temps de venir chercher honneur et profit aux champs. il faut, pour être logique avec de tels discours, organiser des moyens d'enseignement qui permettent à la jeunesse, telle que la forment les établissements d'instruction publique, de familier à l'apprentissage de la profession agricole.   (ÉDOUARD LECOUTEUX.)

—∞—

De toutes les carrières auxquelles puisse se consacrer un homme éclairé et laborieux, l'agriculture est incontestablement celle qui offre aujourd'hui en France le plus vaste champ aux spéculations des hommes qui éprouvent le désir ou le besoin d'employer avec profit pour eux et pour la société leur temps et leurs capitaux.   (MATTHIEU DE DOMBASLE.)

—∞—

.15

IIᵐᵉ PARTIE. — CAUSERIES.

CHAPITRE PREMIER
Le phosphate de chaux.

Les phosphastes, et particulièrement le phosphate de chaux, entrent dans la composition de tous les corps animaux. On retrouve le phosphore dans les os, dans les muscles, dans le cerveau, dans la substance nerveuse, dans le sang, le lait, l'urine, et il abonde dans la masse cérébrale et la substance nerveuse. Uni à l'oxygène et à la chaux (phosphate de chaux), il forme l'un des éléments importants des os. « Dissous par les fluides animaux, dit M. Bobiere, célèbre chimiste de Nantes, il est sans cesse porté d'un point à l'autre de l'individu; et alors même que sa dose totale reste fixe pour un animal déterminé, sa molécule néanmoins, déplacée par des actions dissolvantes ou vitales, est excrétée, puis remplacée par une molécule nouvelle qu'apporte le système digestif. Enlever aux aliments l'acide phosphorique et la chaux, essayer de nourrir un animal avec des principes purement azotés, c'est attenter à son existence. L'animal est, sous ce rapport, complètement identique à la plante. »

Les végétaux contiennent de l'acide phosphorique et de la chaux, c'est-à-dire du phosphate de chaux : ainsi 5,172 kilog. de betterave analysés par M. Bobierre ont donné 12 kilog. d'acide phosphorique et 14 kilog. de chaux ; 3,085 kilog. de pommes de terre, 13 kilog. d'acide phosphorique et 2 kilog. de chaux ; 4,029 kilog. de trèfle ont contenu 10 kilog. 5 d'acide phosphorique et 76 kilog. 3 de chaux, etc.

Donc, si l'on trouve, dans les plantes, de la chaux et du phosphore, la chaux et le phosphore sont deux parties constituantes de ces plantes; mais, comme la plante se nourrit des éléments renfermés dans le sol, la chaux et le phosphore doivent figurer parmi ces éléments, et, s'ils viennent à man-

quer, la plante, privée de quelques-unes de ces parties constituantes, ne végétera pas.

Un savant très-distingué, M. Élie de Beaumont, a calculé que nos compatriotes brûlés ou enterrés dans des endroits spéciaux depuis la conquête des Gaules, ont appauvri le sol gaulois en lui enlevant plusieurs milliards de kilogrammes de phosphate de chaux.

On sait donc parfaitement aujourd'hui que le phosphate de chaux est aussi indispensable à la végétation que les matières animales azotées, et qu'il faut en introduire dans les terrains qui en sont naturellement privés.

Le phosphate de chaux que l'on dépose dans un terrain calcaire n'agit pas; il y devient une superfétation. Dans les terrains argilo-schisteux, dans les terreaux acides, dans les sols qui manquent précisément de l'élément calcaire, il produit au contraire des merveilles, il complète la constitution du sol.

On a depuis longtemps découvert l'action fécondante du noir animal sur ces sortes de terrains; mais, comme le noir animal contient de l'azote avec le phosphaste de chaux, on s'imagina d'abord qu'il agissait particulièrement par son azote, et on essaya de substituer des engrais azotés, moins coûteux, au noir animal, dont le prix s'élevait tous les jours.

Ces engrais uniquement azotés ne réussirent point sur les sols privés de calcaire, où le noir opérait presque miraculeusement.

On fut donc amené à reconnaître que, sur ces terrains, le phosphate de chaux avait une action puissante. Mais on reconnut en même temps que les os qui ont servi à la clarification du sucre, c'est-à-dire le noir animal, et les ossements qui peuvent être utilisés directement pour le phosphate qu'ils contiennent, existant en quantités limitées, leur prix s'élevait à mesure que l'usage des phosphates devenait plus fréquent.

Si l'agriculture eût été réduite au phosphaste que fournissent les os, la production eût été de beaucoup au-dessous des besoins les plus urgents. La science géologique a heureusement découvert tout récemment des ressources inépuisables conservées dans le sein de la terre depuis les premières révolutions du globe.

Je veux parler des coprolithes ou nodules de phosphate de chaux fossiles. Ces gisements de phosphate de chaux sont de deux sortes : on les divise 1° en *coprolithes*, véritables excréments fossiles d'animaux antédiluviens, les *sauriens*, dont les proportions énormes ont été déterminées par les magnifiques travaux de Cuvier, de Buckland, etc.;

2° En *pseudo-coprolithes*, masses phosphatées d'origine évidemment organique, mais ayant subi des modifications souvent nombreuses avant d'affecter la forme des *nodules*.

« Au milieu des variations de leur volume et de la multiplicité de leurs formes, dit M. Buckland, les coprolithes offrent l'apparence générale de cailloux oblongs ou de pommes de terre uniformes; leur longueur est ordinairement de deux à quatre pouces, et leur diamètre de un à deux. Leur substance offre une texture terreuse, compacte, pareille à celle de l'argile durcie; leur cassure est conchoïdale et luisante. »

On trouve des quantités considérables de ces coprolithes en Angleterre, et l'agriculture anglaise doit une partie de ses succès à l'emploi intelligent de ces phosphates de chaux.

Des gîtes importants ont été découverts en France; les sondages ont révélé une ligne d'affleurement qui n'a pas moins de 500 kilomètres de développement avec des largeurs variables de 500 à 3,000 mètres et qui s'étend sur les départements de l'Aisne, des Ardennes, de la Meuse, de la Marne, de la Haute-Marne, de l'Aube et de l'Yonne, jusqu'à douze kilomètres environ au sud d'Auxerre. Le lit de nodules phosphatés y est exploitable sans beaucoup de frais sur un très-grand nombre de points, notamment dans la majeure partie des Ardennes, de Novion-Porcien à Marcq et au delà, dans les cantons de Varennes, de Clermont, de Triancourt et de Vaubecourt (Meuse), dans le canton de Sermaise (Marne) et dans le canton de Saint-Dizier (Haute-Marne).

Ces gisements ont été signalés par M. Demolon, qui a entrepris en grand l'exploitation de ces nodules.

Les nodules provenant de ces recherches ont été analysés par M. Bobierre: ils ont fourni de 32 à 70 pour cent de phosphate de chaux.

M. Rohard, dans son *Guide* des fabrications d'engrais, établit le prix de revient des nodules des Ardennes pulvérisés et rendus à Paris, à raison de 5 f. 36 les 100 kilogrammes. On sait que le noir animal vaut de 20 à 26 fr. l'hectolitre de 95 kilog.

Maintenant une question grave est soulevée. Le phosphate de chaux contenu dans les modules est-il directement assimilable et la pulvérisation suffit-elle pour lui donner cette propriété ?

M. Bobierre répond à cette question par le résultat de ses propres expériences, justifiées par les observations de plusieurs praticiens, et il pose les conclusions suivantes :

« 1° Les nodules de phosphate de chaux des Ardennes, réduits en poudre fine et exposés quelques mois à l'air, sont assimilables par les végétaux.

« 2° Leur action favorable dans les sols granitiques et schisteux, dans les défrichements des landes et des bruyères, peut être variable selon qu'on les emploie seuls ou associés à des substances organiques.

« 3° Ainsi que cela se remarque dans l'emploi des phosphates du noir animal, il y a convenance, tantôt à associer des substances organiques aux nodules pour fertiliser les terres pauvres ou agents dissolvants; tantôt, au contraire, ils s'emploient seuls, dans les défrichements où abondent les détritus végétaux.

« 4° L'addition du sang aux nodules de poudre fine donne des résultats excellents, au triple point de vue du rendement en grain, de la vigueur de la paille et de la précocité ;

« 5° Il n'y aura probablement lieu d'employer l'action des acides pour favoriser l'assimilation des nodules que dans les terres ou les cultures où le superphosphate est actuellement reconnu utile par les agriculteurs. Dans tous les cas, au contraire, où le noir d'os en grains est rapidement dissous, les nodules en poudre fine seront eux-mêmes assimilés. »

Cependant, en Angleterre, les phosphates de chaux sont généralement traités par l'acide sulfurique et transformés ainsi en hyperphosphates avant d'être livrés à l'agriculture.

Le traitement par les acides a pour effet de rendre les nodules phosphatés plus facilement assimilables dans les terrains nombreux où l'acidité naturelle du sol n'est pas assez énergique pour assurer la décomposition de ces phosphates.

Mais ce traitement a aussi l'inconvénient de rendre les phosphates acides; leur acidité devient alors nuisible à la végétation et peut asphyxier les plantes.

Un chimiste français, M. Buran, a trouvé moyen de neutraliser cette acidité en augmentant les propriétés fécondantes des nodules, au lieu de les détruire.

Le procédé de M. Buran, acquis par une puissante compagnie, la compagnie Richer, boulevard Montmartre, 4, à Paris, consiste à dissoudre les phosphates fossiles dans des acides énergiques et ensuite à les précipiter dans l'ammoniaque.

Par cette opération on obtient en même temps des phosphates rendus assimilables et, comme conséquence de la précipitation qui leur enlève leur acidité, des sels ammoniacaux fournissant, ainsi que tout le monde le sait, un contingent élevé d'azote.

On obtient donc ainsi les deux éléments essentiels recherchés dans un engrais, le phosphate de chaux et l'azote, et qui ont fait la vogue et la fortune du guano.

Quant aux prix réels de revient et de vente de ces phosphates pulvérisés ou traités par les acides et l'ammoniaque, je les ignore et je ne crois pas qu'ils aient été encore publiés.

C'est une industrie toute nouvelle sur laquelle il est bon d'appeler l'attention des cultivateurs qui ont des terres argilo-schisteuses, granitiques ou acides à défricher.

CHAPITRE II
Le guano.

Le guano est, sans contredit, un de nos meilleurs engrais.

Mais il y a guano et guano, et malheureusement le commerce livre souvent du guano qui ne répond pas du tout à l'idée que messieurs les chimistes nous en ont donnée.

Avant de s'occuper de la manière d'appliquer le guano, il serait bon de connaître la manière de l'apprécier.

Un chimiste distingué de Paris, M. Ernest Baudrimont, a analysé dix-sept échantillons de guano du Pérou ; voici les généralités qu'il a déduites de son travail, et qui contribueront à faire connaître la qualité des divers guanos vendus aux agriculteurs.

1° *Couleur des guanos.* — La teinte café au lait est ordinairement celle des bons guanos. Trop gris, c'est qu'ils sont terreux. De plus en plus bruns jusqu'à la couleur bistre, c'est que la quantité d'eau y est de plus en plus considérable.

2° *Saveur.* — Plus la saveur des guanos est salée, piquante et caustique, plus ils sont riches en sels ammoniacaux.

3° *Odeur.* — L'odeur des guanos ne peut guère servir comme moyen de comparaison, car elle varie avec leur degré de sécheresse ou d'humidité. Cependant une odeur fortement et franchement ammoniacale est de bon signe.

4° *Consistance.* — Un bon guano est ordinairement onctueux au toucher. Il est en petits grains ; souvent même il est pelotonné. S'il est très-riche en urates, les gros pelotons étant rompus en deux fragments offriront une cassure brillante et cristalline. Quand un guano est de qualité médiocre, il est terreux et pulvérulent.

Il est de mauvaise qualité s'il renferme beaucoup de pierres et de graviers.

5° *Flamine.* — Une petite pincée d'un bon guano, placée sur une lame mince de platine qu'on fait rougir sur la flamme d'une lampe à alcool, se boursoufle beaucoup, brûle avec une longue flamme, et laisse un résidu charbonneux assez volumineux : les guanos brûlent et se charbonnent d'autant moins qu'ils sont plus pauvres en matière organique.

6° *Essai par la chaux vive.* — Une pincée de guano, triturée avec une pincée de chaux vive, dégage une odeur ammoniacale d'autant plus prononcée que le guano est plus riche en ammoniaque. Ce mélange répand d'abondantes fumées blanches à l'approche d'un tube en verre imbibé d'acide azotique.

7° *Premier essai par l'acide azotique.* — Une pincée de bon guano mise dans un tube fermé par un bout, et additionnée d'un peu d'eau, puis d'acide azotique, ne doit produire qu'une légère effervescence. Celle-ci serait très-prononcée si le guano renfermait beaucoup de carbonate terreux.

8° *Deuxième essai par l'acide azotique.* —Une pincée de bon guano mise dans une capsule de porcelaine, puis arrosée d'un peu d'acide azotique, doit se colorer en rouge vif par l'évaporation au bain-marie. Le résidu, imbibé d'un peu d'ammoniaque caustique, prend une teinte rouge encore plus foncée sous l'influence de ce réactif. Cette coloration rouge est d'autant plus intense que le guano renferme plus d'acide urique.

Maintenant que nous savons reconnaître le bon guano de celui qui ne l'est pas, une question se pose tout naturellement :

Comment applique-t-on le guano ?

C'est une question qu'on a faite souvent, et à laquelle on n'a pas toujours convenablement répondu.

Cependant il est nécessaire que les agriculteurs soient bien fixés sur les cultures auxquelles le guano peut s'appliquer avec avantage, sur l'époque favorable pour le répandre, enfin sur les quantités que l'on doit en employer.

L'Angleterre est le pays où l'usage du guano s'est le plus généralisé. Les Anglais, essentiellement progressifs en agriculture, emploient des quantités immenses de ce précieux engrais, et en obtiennent des résultats merveilleux. Nous demanderons donc aux agronomes anglais, qu'une longue expérience a éclairés, des renseignements précis sur la manière dont il faut appliquer le guano.

M. Liebig, chimiste distingué et grand agriculteur de l'Angleterre, a formulé, sur la bonne application du guano, quelques règles que compléteront les objections dues aux agronomes français.

1° On doit répandre le guano par un temps humide et sans vent.

2° C'est au printemps, et non vers la fin de mars, au plus tard, qu'il faut répandre le guano sur les prairies naturelles.

3° Lorsqu'on l'applique aux terres à blé, il doit être mélangé avec du sel marin, et immédiatement recouvert avec la herse. Le sel marin donne de la force à la paille, et empêche le blé, dont la végétation a été développée par la présence du guano, de verser.

4° Quand on sème le blé de bonne heure, en automne, il ne faut donner au sol, outre la somme ordinaire du fumier de ferme, qu'une demi-fumure de guano, soit 100 à 120 kilogrammes à l'hectare, et en réserver une quantité égale pour être répandue en couverture au printemps; une fumure compacte de guano en automne produirait une végétation luxuriante qui souffrirait des fortes gelées de l'hiver.

5° Le guano, et, en général, tous les engrais artificiels, ne se doivent dispenser au sol qu'en quantité suffisant strictement à la récolte particulière qu'on se propose de développer. On risquerait d'éprouver de grands mécomptes si on exagérait la fumure d'un champ, dans l'espérance de faire profiter de l'action de l'engrais les récoltes suivantes. Chaque récolte doit être fumée pour son propre compte.

6° Avant l'épandage, il est important de mélanger le guano avec environ cinq ou six fois son propre poids de cendres de charbon de bois ou de terre pulvérisée. On y ajoute un peu de sel.

Certaines variétés de cendres de bois ne conviennent pas; ce sont celles qui contiennent une assez grande quantité d'alcali à l'état libre pour provoquer un dégagement soudain de l'ammoniaque, et par conséquent de l'azote contenu dans le guano, et qui constitue la puissance fécondante de cet engrais. En jetant une pelletée de cendres sur une égale quantité de guano, on peut éprouver la cendre. S'il se dégage aussitôt une forte odeur ammoniacale, c'est que cette cendre ne convient pas.

7° On doit mettre un soin particulier à éviter le contact direct du guano avec la semence, si on ne veut pas s'exposer à ce que la semence soit brûlée. Le pralinage des graines à l'aide du guano serait par conséquent une mauvaise opération.

Par conséquent aussi, lorsqu'on répand le guano à l'aide du semoir, il faut veiller à ce qu'il ne touche pas la semence, et à ce que la graine soit séparée de l'engrais par une épaisseur de terre de 2 ou 3 centimètres.

Maintenant il nous reste à savoir quelles sont les quantités de guano qui doivent être employées.

Les Anglais donnent à leur terre, en automne, après le dernier labour, une demi-fumure de fumier de ferme, c'est-à-dire 20 à 25,000 kilogrammes, et une demi-fumure de guano (100 à 120 kilogr.). Au printemps, ils répandent une couverture sur leurs récoltes céréales de 100 autres kilogrammes de guano par hectare, en recouvrant avec une herse légère.

« Si un champ, fumé au fumier de ferme, dit M. Viennot, présente aux premiers jours de printemps un aspect défavorable, on l'améliore infailliblement en répandant en couverture un mélange de 100 grammes de guano et de 300 grammes de sel. »

Le guano convient à l'orge et à l'avoine, même dans les terres légères.

Pour la culture de la betterave dans les terres fortes, on doit enterrer 30 à 40,000 kilogrammes de fumier de ferme immédiatement après les labours d'automne. Cette opération doit être achevée dans la dernière quinzaine de décembre. Au commencement de mars, on répand sur la terre déjà fumée 400 kilogrammes de guano que l'on recouvre avec la herse; puis la graine de betterave est semée au semoir ou au plantoir, avec un intervalle de 60 à 80 centimètres. Quand on n'emploie pas de fumier ordinaire, on peut porter la dose de guano jusqu'à 750 kilogrammes dans les sols compactes. Ce qui réussit le mieux à la betterave dans des terrains légers et calcaires, c'est l'emploi simultané du guano, du nitrate de soude et du sel marin, à raison de 250 kilogrammes de chacune de ces substances.

Le meilleur mode d'emploi du guano pour les pommes de terre, c'est de le répandre en couverture lorsque la terre a déjà reçu une bonne fumure d'engrais de ferme. On peut y employer de 250 à 300 kilogrammes de guano.

Ces doses d'engrais paraîtront peut-être considérables, exagérées même, aux agriculteurs peu habitués à ces façons de traiter la terre; nous ne leur répondrons qu'un seul mot :

Les fortes fumures enrichissent les cultivateurs anglais.

Les faibles fumures ruinent les nôtres.

CHAPITRE III

Fabrication du cidre.

Il y a bien des siècles que l'on fait du vin. Malgré tous ces siècles écoulés, le mode de fabrication de cette divine liqueur n'a guère été perfectionné.

On fabrique encore le vin, au dix-neuvième siècle, dans beaucoup de pays, selon une méthode qui remonte à la plus haute antiquité. Le progrès changera peu de chose au mode actuel de vinification. On parle de concentrer l'acide carbonique et les vapeurs vineuses, de retirer de la masse les grains de verjus, de rapprocher le moût, c'est-à-dire d'en réduire une partie à l'état de liqueur en la soumettant à l'action du feu; mais les perfectionnements s'arrêtent à ces données générales.

Pour le cidre, c'est bien autre chose.

En Normandie, dans la patrie du cidre, on suit encore des méthodes barbares, et il faudrait aller dans une île modeste de notre Océan, à Jersey, pour trouver des cultivateurs cherchant à obtenir de la pomme tout ce qu'elle peut donner en qualité et en quantité.

Il ne faut pas avoir beaucoup de génie pour faire, avec les pommes, une excellente boisson, tonique, spiritueuse, parfumée, d'une bonne et longue conservation; il faut du soin, « *non ingenium, sed cura.* »

Ce n'est pas plus difficile que cela; mais le Français, né malin, montrera de l'esprit, du courage, de l'enthousiasme; il partira pour la conquête du monde, si on ne le retient pas; rarement le voyez-vous soigneux de ses propres intérêts, montrer de la suite dans ses idées, de la méthode dans ses actes.

Peu à peu le calme de l'esprit et la logique des actions nous reviendront; nous sommes encore si jeunes!

L'opération principale, pour la fabrication du cidre, c'est la fermentation alcoolique de la pulpe. On sait que cette fermentation est produite par la présence de la glucose ou sucre du fruit; or, quand le fruit est vert, le sucre n'est pas encore formé; quand le fruit est trop mûr, qu'il est ce qu'on appelle blette, le sucre a disparu. Donc il faut, pour faire du bon cidre, que le fruit soit arrivé à un degré de maturité suffisante.

Quelquefois on est obligé de cueillir les pommes avant leur entière maturité; on les met en tas, afin de compléter leur maturation.

Il y a, dans ce cas, plusieurs précautions à prendre :

Éviter de cueillir les fruits par un temps pluvieux ou de laisser les tas exposés à la pluie. Mettez une pomme à peu près mûre dans un verre d'eau; au bout de quelques jours, l'eau aura pris une teinte roussâtre et la pomme n'aura plus de goût : le suc de la pomme aura passé dans l'eau.

Divisez les fruits en tas de moyenne dimension, afin d'éviter l'échauffement des couches intérieures; placez sous les tas quelques rangées de tuyaux en terre cuite, posés bout à bout, afin de drainer, d'aérer la masse des pommes.

Assortir, dans chaque tas, les espèces qui arrivent en même temps à leur point de maturité. Si les pommes ne mûrissaient pas ensemble, on s'exposerait, au moment du triturage, à mêler des pommes vertes avec des pommes mûres, ou des pommes mûres avec des pommes pourries.

Pour la trituration, la question change de face; si on isole les espèces différentes dans les tas destinés à les faire mûrir, il faut, au contraire, réunir les variétés au moment de la fabrication du cidre; le mélange des variétés est le seul moyen de neutraliser les défauts des unes par les qualités des autres.

M. Norière, secrétaire de la Société d'agriculture de Caen, a fait un classement des diverses catégories de pommes par les produits qu'elles donnent.

Les pommes douces produisent peu de jus sans addition d'eau; elles fournissent un cidre clair et agréable tant qu'il est doux; il devient amer et pauvre en alcool quand la fermentation s'avance.

Avec les pommes précoces ou de première saison, on obtient un cidre clair, assez agréable, mais peu riche en couleur et en alcool; ce cidre ne se conserve guère plus d'une année.

Les pommes amères et âpres au goût donnent un jus très-dense, coloré, qui fermente longtemps et qui produit un cidre généreux, susceptible d'une longue conservation.

Enfin, les bonnes variétés de pommes de deuxième et de troisième saison fournissent un cidre fort, corsé, capiteux, et qui se conserve longtemps.

Les mélanges de pommes aigres et de pommes amères sont, en général, considérés comme produisant le cidre le meilleur comme qualité et le plus agréable au goût; ce mélange, à proportion égale, donne à la boisson un piquant très-recherché et que l'on peut rendre plus accentué en ajoutant au cidre de l'écorce de chêne qui lui fournit un caractère astringent plus déterminé; cette addition donne au cidre un élément analogue à celui que le tannin représente dans le vin.

Vous avez vu un rayon de miel; la liqueur sucrée est renfermée dans des cellules de cire. Ce rayon de miel vous donnera une idée de la façon dont est constituée la chair de la pomme. Le jus de ce fruit est contenu dans des cellules microscopiques qui ont une certaine analogie avec celle du gâteau formé par les abeilles.

En Normandie, on écrase les pommes sous des meules de granit tournant dans des auges de même matière. Le fond de l'auge et la surface de la meule sont cannelés afin d'empêcher les fruits de glisser.

Depuis que l'usage des meules est connu, et il y a longtemps, on emploie ce mode de trituration des pommes. Cette méthode est défectueuse, d'abord parce que la chair ou la pulpe du fruit, qui est composée des cellules dont nous avons parlé, est transformée en une espèce de bouillie donnant un jus trouble et lent à s'éclaircir; ensuite parce que, malgré l'écrasement apparent de la pulpe, un grand nombre de cellules résistent et conservent leur jus, même sous le pressoir, ce qui constitue une perte sérieuse.

On a inventé, en Angleterre, un moulin à cidre d'une forme plus logique et mieux appropriée à la nature du fruit qu'il est destiné à triturer.

Ce moulin se compose de deux cylindres-hérissons garnis de couteaux qui s'entrecroisent sur toute leur surface. Ces cylindres tournent en sens contraires; les pommes, en passant entre ces cylindres, sont déchirées en tous sens; puis elles tombent entre deux autres cylindres lisses en granit, dont l'écartement peut être réglé à volonté. Dans ce double passage, les cellules sont entièrement entr'ouvertes et laissent échapper tout leur jus, lorsqu'on soumet la pulpe à une pression suffisante.

Les pressoirs à cidre sont partout construits de la même façon et ressemblent beaucoup aux pressoirs à vin remontant aux temps les plus barbares. La pulpe est posée sur une plate-forme appelée tablier ou maie, supportée par une forte pièce de bois appelée brebis, qui est la jumelle d'une autre énorme poutre supérieure appelée mouton; à l'aide d'une vis en bois et d'un bras de levier, plus ou moins long auquel s'attellent quelques hommes, on serre le le mouton contre la brebis.

On a inventé en Angleterre, et, sans aller si loin, en France, des pressoirs en fonte avec vis en fer, qui donnent une pression plus énergique avec une dépense de force beaucoup moins grande.

Avec ces nouvelles machines, la pulpe rend plus de jus au cultivateur, et le cultivateur dépense moins de travail pour l'obtenir : c'est un double avantage.

Veut-on des chiffres à l'appui de cette assertion ? en voici :

Avec les presses barbares de nos campagnes, la pulpe donne de 30 à 35 pour cent de jus ;

Avec les presses en fer, la même pulpe donne 70 pour cent et on fait 18 hectolitres de cidre par jour.

Maintenant, si vous employez une presse hydraulique, le rendement sera le même, mais vous pourrez faire 30, 50 et 80 hectolitres de cidre par journée de travail, selon que vous aurez un pressoir de 1,500, 2,200 ou 2,300 fr.

Si on veut avoir du cidre coloré, comme en France, on laisse macérer la pulpe pendant douze ou quinze heures avant de la pressurer.

Si on veut obtenir du cidre à peu près incolore, comme en Angleterre, on presse aussitôt après la trituration.

La macération produit cet excellent résultat d'exciter dans la pulpe un mouvement intérieur qui fait entr'ouvrir les cellules qui ont échappé à la double action des cylindres.

L'acte de la fermentation des jus exprimés à l'aide du pressoir est très-important. Nos cultivateurs mettent les jus dans des tonneaux dont la bonde est ouverte et abandonnent la fermentation à la grâce de Dieu.

C'est toujours la barbarie des procédés.

Si l'on a un peu de respect et d'amour pour les précieux produits de la nature, voici ce que l'on fera :

Les jus seront placés dans de larges cuves où on laissera se produire la fermentation ; lorsque cette fermentation un peu tumultueuse est achevée, on fait passer la liqueur dans des futailles bien nettoyées et soufrées, afin de laisser continuer la fermentation lente. On approche, quelques jours après, une bougie de la bonde ; si la bougie s'éteint, c'est qu'il y a dégagement de gaz acide carbonique, par conséquent continuation de la fermentation. On opère un nouveau soutirage dans un fût soufré jusqu'à ce que le dégagement de gaz acide carbonique ait cessé.

La fermentation est un phénomène fort délicat. Un changement de température, un simple courant d'air, suffisent pour l'arrêter et compromettre l'avenir de toute une récolte. Il faut que la température du cellier soit maintenue dans les limites de 12 à 15 degrés. On aura donc soin d'avoir un thermomètre et de ménager, dans le cellier, des moyens convenables de ventilation, afin d'y maintenir constamment une température égale.

Quelquefois la fermentation se fait mal parce que les jus manquent de sucre ; on a recours alors à une addition de jus de pommes ou mieux de jus de poires rapprochés sur le feu jusqu'à la consistance de sirop. 20 litres de poiré réduits à 2 litres de sirop suffisent, avec un peu de levûre de bière, pour traiter une cuve de 16 hectolitres.

Quelquefois la fermentation se prolonge trop longtemps ; on l'arrête par l'emploi de charbon de bois récemment calciné et réduit en poudre impalpable ; 3 kilogrammes et demi de charbon suffisent pour près de 5 hectolitres.

Si on veut conserver son cidre, mieux vaut le laisser dans les grandes tonnes que de le diviser dans les petits fûts ; les grands récipients sont moins accessibles aux influences atmosphériques.

Les cidres sont parfois malades.

On prévient beaucoup de ces maladies en donnant à la fabrication et à la manipulation des cidres les soins qu'elles réclament. Brasser les jus avec de bonne eau bien pure ; conserver les barriques en état de propreté parfaite; brûler des mèches soufrées dans les tonneaux lorsqu'ils sont vides et les boucher ensuite jusqu'au moment où on les remplit de nouveau; enfin éviter, dans les caves ou celliers, les brusques variations atmosphériques.

Toutes ces précautions constituent l'hygiène des cidres.

Voyons maintenant les remèdes.

Lorsque le cidre se tue, c'est-à-dire passe de la couleur blonde à une couleur olivâtre, la boisson devient plate et sans montant. On lui restitue sa couleur et son montant en ajoutant 30 grammes d'acide tartrique par hectolitre.

Lorsque le cidre file, lorsqu'il tourne au gras, cela tient à une fermentation visqueuse. Un demi-litre d'eau-de-vie on 4 ou 5 litres de bon poiré par hectolitre suffisent pour ramener le cidre à son état normal : mais buvez-le vite.

Lorsque le cidre reste trouble, 2 ou 3 litres d'eau-de-vie par tonneau de 16 hectolitres suffisent pour précipiter au fond du fût la matière qui trouble la liqueur ; 1 kilogramme de tartrate neutre de potasse mis dans les tonneaux un peu avant la fermentation préviendrait cet accident.

On voit, par ces conseils, empruntés à l'expérience des membres de l'une des principales sociétés agricoles de la Normandie, que le cidre ne se fait pas tout seul, et que si le cultivateur se plaint souvent du mauvais résultat de sa récolte, il ne faut pas s'en prendre à Dieu, qui fait mûrir les fruits, mais à l'homme, qui ne veut pas profiter des enseignements que l'expérience et la science ne cessent de lui fournir.

CHAPITRE IV

Les moissonneuses.

L'emploi des machines à moissonner dans la pratique de l'agriculture française a été pendant assez longtemps un problème qui ne paraissait nullement résolu.

En 1855, des essais eurent lieu à Trappes, dans la propriété de M. Dailly ; en 1856, ces essais furent renouvelés à Villiers, dans l'ancien parc de Neuilly, et ces expériences, solennellement accomplies, n'avaient point répondu aux espérances qu'elles avaient fait naître, ni aux besoins que ces machines nouvelles devaient satisfaire.

Dès le premier jour, les moissonneuses se firent, en général, remarquer par la facilité avec laquelle elles coupaient le blé. Mais ce qui laissait beaucoup à désirer à cette époque, ce qui laisse moins à désirer de nos jours, c'est la manière de former soit l'*andain*, soit la *javelle*.

Aux expériences de Fouilleuse, les 19, 20 et 21 juillet 1859, le public a été frappé des perfectionnements qui ont été apportés précisément dans cette partie de l'opération. Sur 45 machines inscrites au ministère de l'agriculture, 23 ont concouru. Sur ces 23 machines, 10 seulement ont fixé l'attention du jury. C'est déjà beaucoup.

On sait que la machine de Mac-Cormick a de tout temps été préférée à ses concurrentes. On ne lui reprochait qu'un défaut, que l'on reprochait, du reste, à toutes les autres machines : elle rejetait sur le côté les tiges dans un grand désordre.

Or on recherche les moissonneuses pour épargner la main-d'œuvre, si rare à cette époque, et pour gagner du temps, car le temps devient pendant la moisson un capital précieux; mais, si vous avez besoin, pour réparer les désordres produits par la machine, d'un nombre d'ouvriers égal à celui des moissonneurs que vous voulez remplacer, au lieu de faire une économie, vous aggravez vos frais de récolte; au lieu de réaliser un bénéfice, vous vous donnez beaucoup de peine pour réaliser une perte.

C'est ce qu'ont pensé les fabricants anglais, MM. Burgess et Key, quand ils ont apporté à la moissonneuse de Mac-Cormick le perfectionnement ingénieux qui leur a valu la prime d'honneur.

J'ai donné le dessin de la machine de Mac-Cormick dans ma livraison de *juillet* (*voy.* p. 205 et 206.) Le rateleur qui débarrasse la plate-forme des tiges coupées, pour former, tant bien que mal les javelles, est remplacé, sur cette plate-forme, par trois cylindres creux et tournants entourés d'une lame de tôle en hélice. Cette espèce de vis sans fin, entraînée par le mouvement de rotation que lui impriment les roues, dépose les tiges à côté de la machine de manière à faire un *andain* parfaitement régulier.

Cette machine, bien construite, attelée de deux chevaux, coûte 1,062 fr. chez MM. Burgess et Key, Newgate-street, 23, à Londres. Elle est un peu volumineuse et pourrait éprouver de la difficulté à circuler sur certains chemins creux et étroits de nos campagnes ; mais elle est tout à fait pratiqué et appelée à rendre des services importants dans nos grandes fermes.

Immédiatement après la machine anglaise de MM. Burgess et Key venait une petite moissonneuse solide, trapue, armée d'une scie qui coupe aussi bien à droite qu'à gauche, dépourvue du tourniquet qui égrène quelquefois les épis en couchant les tiges sur la plate forme, et pouvant passer par tous les chemins. C'était la moissonneuse inventée par M. le docteur Mazier, de l'Aigle (Orne).

Cette machine (fig. 49) a obtenu, pour la catégorie des machines françaises, un premier prix semblable à celui qu'a obtenu la machine de MM. Burgess et Key pour la catégorie des machines étrangères, outre son prix d'honneur. Elle n'exige qu'un seul cheval et nécessite un rateleur pour faire la javelle. Elle a fonctionné, pendant les trois jours d'épreuves, à la satisfaction de tout le monde. Elle coûte 1,050 fr. prise à la fabrique, chez M. Ganneron, quai de Billy, 56, à Paris. Comme cette moissonneuse est aujourd'hui une machine pratiqué et qu'elle aura sans doute un certain débit, il est probable que ce haut prix ne sera pas maintenu.

Après la moissonneuse de M. Mazier, venait, dans l'ordre de mérite, une autre machine française qui a beaucoup d'analogie avec la première quant au volume et quant à la perfection du travail. La moissonneuse de M. Lallier, à Venizel (Aisne), coupe très-bien les tiges, forme parfaitement la javelle et paraît très-solide. Sa plate-forme et son tourniquet sont peut-être un peu embarrassants. Elle n'exige que deux chevaux de force moyenne, et ne coûte, prise à la fabrique, que 700 fr. Elle n'a obtenu pourtant que le deuxième prix, parce qu'elle n'offrait peut-être pas tous les avantages de la moissonneuse du docteur Mazier.

Après ces trois machines, qui ont laissé toutes les autres assez loin derrière elles, les récompenses ont été données :

A M. Cranston, New-Broad, 11, à Londres, pour une machine inventée par Wood (États-Unis), qui a bien marché et ne coûte à Londres que 875 fr. ; à M. Roberts et Cie, 4, rue Neuve-des-Capucines, à Paris, pour une machine dans le genre de celles de Manny, qui avait le précieux avantage d'avoir travaillé pratiquement pendant deux années chez M. Durand, agriculteur du département de l'Oise, qui la conduisait lui-même, et à des machines de MM. Laurent, de Paris; Club et Smith, de Londres; Ganneron, de Paris; Legendre, de Saint-Jean-d'Angély (Char.-Inférieure), et Cournier, de Saint-Romans (Isère), qui toutes ont convenablement fonctionné.

IIIme PARTIE. — TRAVAUX DU MOIS

CHAPITRE PREMIER

Administration de la ferme.

La grande préoccupation des cultivateurs, pendant ce mois et le suivant, doit avoir pour objet ses récoltes ; tout son temps, s'il le faut, doit être employé à mettre à l'abri ses ressources de l'année. On a semé avec soin; les plantes, végétant par un temps favorable, sont bien venues; toute la fortune de l'agriculteur est heureusement arrivée à maturité. Un moment d'incurie, un peu de négligence, une économie mal entendue, peuvent tout perdre.

La récolte n'est acquise que lorsqu'elle est mise à l'abri.

Il faut beaucoup de bras, et, à cette époque, les bras sont chers parce qu'ils sont rares. — Payez-les, ne remettez pas à demain, sous prétexte que demain il fera aussi beau qu'aujourd'hui, parce que demain n'appartient qu'à Dieu.

« Combien de foin gâté, s'écrie M. Moll, le savant professeur du Conservatoire des Arts et Métiers, de graines germées et détériorées, de racines arrachées à temps inopportun ou même laissées en terre faute de quelques bras ! Combien de centaines de francs perdus pour quelques francs épargnés ! Le paysan français restera toujours pauvre, sa culture sera toujours mauvaise, aussi longtemps qu'il ne saura pas dépenser cinq francs pour en gagner dix. »

Quelques agriculteurs sont d'avis d'acheter, à cette époque, quelques bêtes de travail de plus pour faire marcher plus vite le travail. Dans les bonnes fermes, c'est inutile quand les animaux sont bien nourris, bien soignés ; on peut impunément leur demander pendant les travaux de la récolte un léger surcroît de travail. « Deux bêtes bien nourries travaillent autant que quatre mal nourries, » dit avec raison M. Moll. En outre, deux bêtes mal nourries

mangent plus que deux bêtes bien nourries ; elles coûtent plus cher et offrent une chance double de perte, un double capital d'achat, un double travail d'entretien et une double dépense de harnais.

Donc, il y a toute espèce d'avantage à nourrir mieux les bêtes de travail et à en avoir moins.

CHAPITRE II

Travaux des champs

On continue le travail de la moisson en observant les recommandations spéciales contenues dans le calendrier de *juillet*. Quelques labours indispensables, les façons à donner aux plantes sur pied, quelques semailles, doivent occuper les cultivateurs sans empêcher pourtant le battage sur place des récoltes. Je donnerai une certaine extension à ce dernier travail, le plus important de tous, parce qu'il facilite la rentrée de la récolte et peut la sauver quelquefois.

§ Ier. LABOURS ET FAÇONS A DONNER AUX RÉCOLTES SUR PIED.

A. *Déchaumages.*

Les premiers travaux de labour, après la moisson, sont les déchaumages. Voici, à ce sujet, les instructions excellentes que nous donne Mathieu de Dombasle :

« Le déchaumage est une opération dont l'usage doit être adopté partout où les cultivateurs ont à cœur d'entretenir leurs terres nettes de mauvaises herbes. Après une récolte de céréales et même presque toujours après une récolte de graines oléagineuses, il se trouve sur le sol une quantité plus ou moins considérable de semences de plantes nuisibles, qui ont mûri avant la récolte ou en même temps qu'elle, et qui se sont répandues sur la terre; si on laisse ces semences dans cet état, un très-grand nombre d'entre elles pourra s'y conserver pendant fort longtemps sans y germer, et, si on les enterre par un labour de 14 à 16 cent., la plus grande partie de celles qui se sont enterrées à cette profondeur pourront s'y conserver pendant plusieurs mois et même plusieurs années, et elles infecteront le sol lorsque de nouveaux labours, les ramenant à la surface, les placeront dans des circonstances favorables à la germination. Le déchaumage a pour but de déterminer une prompte germination dans ces graines, afin que les plantes auxquelles elles auront donné naissance, étant détruites par le premier labour qui suivra le déchaumage, le cultivateur en soit débarrassé pour toujours.

« On atteint ce but au moyen d'une culture superficielle qui ne doit pas dépasser 5 cent. de profondeur, et dans laquelle on doit chercher à ameublir autant qu'il est possible la surface remuée, afin de faciliter la germination de toutes les semences; cette opération doit s'exécuter aussitôt que la récolte est enlevée, et l'on y emploie, selon l'état du sol, soit une charrue travaillant très-superficiellement, et qu'on fait suivre de la herse si cela est nécessaire, soit l'extirpateur ou le scarificateur, soit une herse à dents de fer qu'on passe à plusieurs reprises, s'il le faut, afin de gratter et ameublir toute la surface du terrain. Ordinairement huit ou quinze jours suffisent, à moins que le sol ne soit excessivement sec, pour que l'on soit assuré que toutes les semences ont germé; on peut alors donner le premier labour, qui fera périr à coup sûr les jeunes plantes en les enterrant. »

Cette opération de déchaumage n'est cependant nécessaire que pour les terres que l'on ne veut pas ensemencer de suite. Quant aux terres qui sont destinées à recevoir du colza, de la navette, des navets ou des vesces, etc., le premier soin que doit avoir le cultivateur, aussitôt après la ré-

colte, c'est d'y répandre du fumier et de l'enterrer aussitôt par un labour. Si l'on donne deux labours, le premier doit être superficiel et le second profond. Si on n'en donne qu'un, il doit pénétrer toute l'épaisseur de la couche arable.

B. *Binages, hersages, buttages, etc.*

a. Carottes.

C'est le moment de biner les carottes que l'on cultive en culture dérobée, selon la méthode flamande.

Dans les Flandres, le Brabant, les provinces d'Anvers, le Haguenau, une partie des Vosges et de la Franche-Comté, on sème les carottes au printemps dans les cultures de lin, de pavot ou de seigle. Lorsque les plantes qui les protégeaient pendant leur jeunesse ont été enlevées, on donne un hersage pour détruire le chaume de la première plante et ameublir le sol.

Quinze ou vingt jours après, on exécute le binage dont j'ai parlé au commencement.

Dans les Flandres, on fume alors avec de l'engrais humain liquide.

b. Choux.

Pour les choux pommés on répète, à la fin de juillet ou au commencement d'août, le binage qu'on a fait le mois précédent (*voy.* p. 198). On peut opérer ce binage à l'aide d'une houe à cheval.

Quant au chou non pommé, il exige les mêmes soins d'entretien que les choux pommés; mais il faut absolument exécuter le buttage en août ou septembre. Cette opération a l'avantage de contribuer à l'assainissement du sol pendant l'automne et pendant l'hiver. Le chou moellier ne résiste bien aux hivers ordinaires, dans les provinces de l'ouest de la France, que quand on a pratiqué, avant les pluies d'octobre et de novembre, un ou deux buttages.

c. Navets.

On continue les binages du mois précédent. On ne saurait trop ameublir le sol dans lequel sont les navets. Un grand agronome allemand, Schwertz, disait : «Les navets ont besoin d'être tourmentés pour réussir. » Cette image est très-juste.

On cultive le navet en culture dérobée. L'ensemencement a lieu à la volée, sur une céréale, aussitôt après la moisson. Dans le midi, on ne sème qu'en octobre. On enterre le grain par un coup de herse.

Il faut choisir, pour cette culture, le turnep de Hollande, la rave d'Auvergne ou le navet boule d'or.

On n'emploie les variétés tardives que lorsqu'on sème de très-bonne heure, en juillet, par exemple.

La culture d'entretien des navets en récolte dérobée consiste dans des sarclages à la main que l'on fait faire par des femmes. On éclaircit en donnant un bon coup de herse lorsque les plantes ont quatre ou six feuilles. Un proverbe belge dit : « Celui qui herse des navets ne doit pas regarder derrière lui. » Cela signifie qu'on n'a pas à se préoccuper d'arracher trop de plantes dans cet éclaircissage un peu brutal; il en reste toujours assez.

d. Pommes de terre.

« La pomme de terre doit être buttée, dit M. Heuzé, surtout lorsqu'elle végète sur des sols secs ou peu profonds, et qu'elle produit des tubercules à la surface du sol. Cette opération, qui consiste à amonceler la terre au pied des plantes, et que l'on exécute au moyen de la binette ou du buttoir, préserve les tubercules de l'action de la lumière et favorise leur développement par la plus grande fraîcheur qu'elle concentre autour des racines et des bourgeons souterrains.

« On a émis sur le buttage des pommes de terre des opinions très-contradictoires. Mathieu de Dombasle, qui l'avait d'abord recommandé, a fini par le considérer comme une opération plutôt nuisible qu'utile. Cette opinion a été soutenue par plu-

sieurs écrivains qui n'ont pas su se rendre compte du résultat des expériences faites et des causes qui avaient pu exercer sur elles une influence sensible.

« Je ne discuterai pas les opinions émises, je me bornerai à dire que les pommes de terre doivent être buttées dans les sols légers et secs, les étés où il règne de longues sécheresses et lorsqu'on cultive des variétés qui forment leurs tubercules à la superficie pour ainsi dire du sol. Il faut donc, comme le fait observer si judicieusement M. Vilmorin, que chaque cultivateur étudie les effets du buttage sur les variétés qu'il cultive sur son exploitation, avant de mettre en doute son efficacité ou de le proclamer comme une opération indispensable. »

e. Chaulage du trèfle.

Le chaulage appliqué aux légumineuses cultivées sur des terres siliceuses, argilosiliceuses, schisteuses, argileuses et granitiques, produit d'excellents résultats. Le trèfle rouge, qui est une légumineuse, s'en trouve très-bien. On exécute le chaulage de ce trèfle en juillet ou août, c'est-à-dire aussitôt après l'enlèvement de la céréale qui a protégé sa croissance. On chaule par un temps sec, lorsque l'air n'est pas agité.

Dans certaines contrées où le plâtre ni la poussière de chaux ne produisent d'effet, on les remplace par des cendres pyriteuses, des cendres de tourbe, de houille, ou par de la charrée.

f. Gaude et safran.

Vers le mois d'août on donne un binage à la gaude de printemps; la gaude d'automne doit être binée avant l'hiver. Un seul binage suffit pour celle-ci. La gaude de printemps exige que l'on renouvelle plusieurs fois cette opération.

Par un beau temps, on exécute un binage sur toute la surface du champ ensemencé en safran, dans le but de détruire les herbes parasites et d'ameublir le sol que les planteurs ont foulé. Il faut faire cette opération avant la fin d'août, pour éviter de détruire les boutons à fleurs. Lorsque la terre est un peu légère et n'offre pas une croûte épaisse, on peut remplacer le binage par un ratelage.

g. Sorgho à balais.

On procède, vers le commencement d'août, au buttage du sorgho à balais, appelé aussi *grand millet, millet d'Inde* ou *millet à balais*, que l'on a semé en lignes au mois d'avril ou de mai. Cette opération donne plus de fixité à la plante et lui permet de mieux résister au vent lorsque ses panicules sont chargées de grains. Elle a aussi pour objet de concentrer plus de fraîcheur à la base des tiges ; on supprime avec soin les drageons, parce qu'ils épuisent le sol.

C. Arrosages.

A la fin d'août, si la température est par trop sèche, on arrose le ricin, l'arachide et le pastel. Cependant, pour le pastel, il faut attendre que la température soit très-élevée et le sol entièrement privé d'humidité, afin que l'arrosement ne nuise pas à la matière colorante.

On arrose aussi la garance lorsqu'elle végète sur des terres très-fortes ou très-légères. On pratique ces arrosages par infiltration. (*Voy.* p. 198.)

§ II. — SEMAILLES.

A. Chou cavalier.

Le chou cavalier, qui est un chou non pommé, se sème, par exception, dans les premiers jours d'août, tandis que les semis des autres variétés ont lieu en mars et avril. Les plants qui proviennent de ces semis tardifs sont mis en place au mois de novembre et fournissent des feuilles pendant l'été suivant.

Les semis et l'éducation des plants exigent les mêmes soins et les mêmes précautions que pour les choux pommés. (*Voy.* p. 44.)

B. Colza-fourrage.

Lorsqu'on cultive le colza comme plante fourragère, on le sème au mois d'août, sur les terres qui ont porté une récolte de céréales et que l'on a préparées au moyen d'un labour ou d'un ou plusieurs hersages. Ce colza demande un sol un peu argileux et réussit, en général, très-bien sur toutes les terres à froment. Les semis se font à la volée, à raison de 4 à 6 kilogr. de graines par hectare. On recouvre les semences par un hersage léger.

Le colza semé en août fleurit vers la fin de mars ou pendant le mois d'avril. Il ne faut pas attendre, pour le faucher, que les fleurs soient entièrement épanouies, parce qu'alors la tige serait devenue trop dure.

C. Gaude.

La gaude d'hiver doit se semer actuellement, ou au plus tard au mois de septembre, afin qu'elle ait la force de résister aux froids.

Elle demande un sol riche, meuble et propre ; la petitesse de la graine rend nécessaire l'émiettement parfait de la surface.

On emploie 15 litres de semences par hectare.

Cette variété est moins casuelle et donne un plus haut produit que celle du printemps ; elle nécessite aussi moins de frais de binage.

D. Moutarde blanche.

La moutarde blanche peut être cultivée sous toutes les latitudes de l'Europe. Elle réussit très-bien sur les terres argilo-calcaires, silico-calcaires et les sols d'alluvions. Elle vient aussi très-bien sur les terres siliceuses de bonne qualité. On sème depuis les premiers jours de juillet jusqu'à la fin d'août, en répétant les semis tous les quinze jours. On répand de 12 à 15 kilogr. de graines par hectare, à la volée. On recouvre la semence par un coup de herse.

On fauche la moutarde avant la forma-

tion des siliques qui succèdent aux premières fleurs.

On sème encore dans ce mois, après la

récolte des céréales, diverses plantes fourragères comme *récoltes dérobées* : ce sont,
dans les terres fortes, des *vesces*, pour les

Fig. 49. — Moissonneuse de Mazier en action.

couper en octobre et novembre ; dans les
terres légères, du *sarrasin* et de la *sper-*
gule.

E. *Plantation du safran.*

Les oignons, arrachés en juin d'une
vieille safranière, et conservés dans un lieu

Fig. 50.— Machine à vapeur locomobile et batteuse de Renaud et Lotz en action.

sec et frais, doivent être mis en terre actuellement.

Le sol doit avoir été fumé et labouré à la bêche. Un sol argilo-sablonneux, meuble et bien exposé, convient le mieux à cet effet.

On plante les oignons en carré, à 5 centimètres de distance les uns des autres.

Le produit, qui consiste dans la partie supérieure du *style* (organe femelle de la fleur), et que l'on emploie dans la médecine et la teinture, s'élève jusqu'à 9 kilogr. par hectare dans les années favorables.

C'est une récolte lucrative, mais qui ne convient qu'à la petite culture.

Les safranières de deux ou trois ans doivent être binées au commencement de ce mois.

§ III. — RÉCOLTES.

A. *Alpiste.*

Le panicule de l'alpiste que l'on a semé en avril, mai et juin, à raison de 30 à 40 hectolitres de graines à l'hectare, se développe en août. C'est le moment de faucher cette plante fourragère. Récoltée plus tard, elle fournit un fourrage vert un peu dur ou un foin assez grossier.

B. *Cameline.*

On récolte la cameline en août ou septembre, c'est-à-dire lorsque les plantes jaunissent et que les silicules commencent à se dessécher et contiennent des grains jaune rougeâtre; il ne faut pas attendre que toutes les silicules soient mûres, parce que la cameline s'égrène facilement.

« Dans certaines localités, dit M. Heuzé, on arrache les tiges par poignées; dans d'autres, on les coupe à la faucille. Dans les terres légères, l'arrachage se fait plus promptement que le faucillage; cette opération a, en outre, l'avantage de moins faciliter la chute des graines. On peut laisser les tiges en javelles sur le sol pendant quelques jours; mais, lorsque toutes n'ont pas perdu leur couleur verte, on doit les

disposer en *moyettes*. Ce moyen prévient l'égrenage. »

On bat à la gaule sur une bâche en plein champ ou sur l'aire de la grange. On peut aussi se servir de la machine à battre, mais on brise les tiges, ce qui leur fait beaucoup perdre de leur valeur.

C. *Céréales.*

Je reviendrai en quelques mots sur la moisson des céréales, que j'ai traitée en détail dans le calendrier de juillet (p. 203). J'emprunterai à M. Moll, professeur au Conservatoire des Arts et Métiers, quelques indications utiles.

Le *blé d'hiver* se récolte le premier, souvent dans la dernière quinzaine de juillet; puis vient l'*épeautre*, et enfin le *blé de mars*. Il est de règle de moissonner ces trois céréales avant leur entière maturité, d'abord parce que la graine en est de meilleure qualité, et ensuite parce qu'on n'éprouve point de perte par l'effet de l'égrenage.

Le moment le plus propice est celui où le grain, n'étant plus en lait, est encore tendre; la couleur de la paille n'est pas un indice aussi certain. Dans les années sèches, elle est déjà jaune vers le haut, tandis que le grain est encore en lait; le contraire arrive dans les années humides.

C'est surtout l'*épeautre* qu'il est nécessaire de récolter prématurément, ou sinon à la rosée, à cause de la facilité avec laquelle ses épis se brisent; d'un autre côté, il n'est pas prudent de le laisser longtemps en javelle, car aucune céréale n'est plus exposée à germer et à se gâter par l'effet des pluies que l'épeautre après qu'il est coupé; par ce motif, les meulons lui conviennent parfaitement.

Le *seigle de printemps* se récolte aussi dans ce mois, souvent même dans les derniers jours de juillet. Sa récolte se fait comme celle du seigle d'automne.

Quant à l'*orge de printemps*, dont la récolte a lieu ordinairement à la même époque, tout ce qui a été dit sur l'orge d'hiver, dans le numéro précédent, s'y applique également.

A l'exception des espèces hâtives, l'*avoine* se récolte en août, et dans les montagnes même souvent en septembre.

Presque partout on fauche l'avoine, à moins qu'elle ne soit très-élevée.

Cette céréale mûrit inégalement, et l'on est obligé de couper dès que les premiers grains, qui sont toujours les plus parfaits, sont mûrs, et tandis que les derniers sont encore verts. Cette circonstance oblige de laisser l'avoine en javelles plus longtemps que les autres céréales, ce qu'elle supporte aussi mieux que les dernières. Quelques pluies, pourvu qu'elles ne soient pas trop fortes et surtout continues, loin de lui faire du tort, contribuent à la grosseur et à la bonne qualité du grain, qui se nourrit encore des sucs que lui fournit la tige ; le battage en est aussi rendu plus facile ; mais on abuse souvent du javelage, et les suites en sont une détérioration de la paille et la perte d'une grande partie des meilleurs grains.

D. *Féveroles d'hiver.*

« Cette espèce, qui n'est connue que dans quelques départements de l'est et du midi, dit M. Moll, se récolte au commencement de ce mois.

« Les avantages très-grands qu'elle a sur l'espèce printanière, par son produit beaucoup plus considérable et la qualité bien supérieure de ses graines, rendraient inexplicable son absence fatale dans d'autres parties de la France, où elle réussirait très-bien, si l'on ne connaissait toute l'ignorance des cultivateurs relativement à tout ce qui se pratique dans d'autres localités, même peu éloignées de chez eux, ignorance qui est une des principales causes de l'état arriéré de l'agriculture en France.

« Les féveroles demandent à rester assez longtemps sur terre pour qu'elles se dessèchent ; lorsque le temps est pluvieux, on les dresse en faisceaux que l'on entoure d'un lien de paille. Les tiges, bien rentrées, forment une très-bonne nourriture pour le bétail, surtout pour les moutons.

« Les féveroles se récoltent un peu avant leur entière maturité et lorsque les gousses commencent à noircir ; on les coupe à la faucille lorsqu'elles sont claires, et à la faux lorsqu'elles sont épaisses et que les tiges sont faibles. »

E. *Fenu grec.*

Le fenu grec est en pleine fleur vers la fin de juin ou pendant la première quinzaine de juillet. Les graines mûrissent vers la fin de juillet ou au commencement d'août.

On coupe les tiges de fenu grec avec une faucille ou à l'aide d'une petite faux que l'on nomme, dit M. Heuzé, *petit fauchard* dans la Touraine. Lorsque les tiges et les gousses sont sèches, on les met en bottes, qu'on rentre dans une grange ou dans un grenier. On opère l'égrenage des siliques avec le fléau.

F. *Lentilles.*

On est obligé de saisir avec attention le moment propice de récolter cette plante, si l'on ne veut laisser la presque totalité des graines au champ ; car, dès que les gousses sont jaunes, lors même que la plante est encore verte, elles s'ouvrent spontanément, surtout par des alternatives de sécheresse et de pluie.

On fauche ou l'on arrache les lentilles à la rosée ; on les met en petits tas qu'on retourne de temps à autre, et au bout d'un ou deux jours on les rentre et on les bat tout de suite. Après le battage, on fait sécher la paille, qui est égale en valeur à du foin.

G. *Millet.*

L'espèce à panicule se récolte actuellement ; l'espèce à épis, ou *panis*, un peu plus tard. La première mûrit encore plus inégalement que l'avoine, et l'on peut empêcher qu'une partie des premières graines ne tombe tandis que les dernières et la paille sont encore vertes. Pour obvier à cet inconvénient, les petits cultivateurs ne coupent que les panicules, et les mettent tout de suite dans un sac; la paille se fauche plus tard. Cette méthode, trop longue pour la grande culture, est néanmoins la seule que l'on doive employer pour récolter le grain de semence qu'on est obligé de laisser mûrir davantage. On lie et l'on rentre ordinairement tout de suite dans des chariots munis de bâches; on met les gerbes dans la grange, et, lorsqu'elles se sont un peu échauffées, c'est-à-dire au bout de deux jours, on les bat, puis on fait sécher la paille à l'air.

On éviterait en partie l'égrenage si l'on faisait des meulons comme pour le colza, car on pourrait alors récolter plus tôt. En général, la mise en meulons est une pratique très-utile pour toutes les récoltes dont la maturation est inégale et qui s'égrènent facilement.

La paille du millet est la meilleure de toutes les pailles de céréales pour la nourriture du bétail.

H. *Moutarde noire.*

Il est important de saisir le moment favorable pour couper la moutarde, sans quoi on risque beaucoup de perdre par l'égrenage et d'empoisonner le sol pour longtemps.

On récolte lorsque les siliques intérieures commencent à brunir, et l'on met en grosses javelles et en meulons, ce qui vaut mieux; on peut aussi mettre tout de suite en gerbes que l'on dresse.

On bat de même que pour le colza, au bout de huit à quinze jours, au champ ou dans la grange.

I. *Navette de printemps.*

La *navette de printemps, navette d'été,* ou *navette annuelle,* semée en mai, vient à maturité, dans les contrées du centre et du nord, vers le mois d'août. Si on a semé à la Saint-Jean, la récolte n'en peut pas avoir lieu avant le mois de septembre.

On coupe les tiges à la faucille ou à la faux, et on laisse les javelles sur le sol pendant plusieurs jours. Lorsque les siliques sont sèches et les graines mûres, on procède au battage sur une bâche en plein champ ou sur l'aire d'une grange. Un hectare produit de 12 à 16 hectolitres de graines du poids de 60 à 65 kilogr. à l'hectolitre.

J. *Pavots.*

« On reconnaît que les pavots blancs sont mûrs, dit M. Moll, lorsqu'en secouant les têtes on entend les graines se mouvoir librement; les pavots gris ont atteint leur majorité lorsqu'ils s'ouvrent au-dessous de la couronne.

« On fait la récolte des premiers en coupant les têtes, que l'on met immédiatement dans des sacs et que l'on étend ensuite sur un grenier aéré.

« On en ôte les graines en enlevant la couronne avec un couteau. Dans les grandes exploitations, on se sert aussi, dans le même but, de coupe-racines et de fléaux.

« Les pavots gris doivent être arrachés avec beaucoup de précautions; il faut éviter d'incliner les têtes. Une personne, sur quatre à cinq qui arrachent, est occupée à lier en bottes, que l'on renverse ensuite sur une toile en frappant contre les tiges pour faire sortir la graine des loges ouvertes. On dresse après cela plusieurs de ces bottes les unes contre les autres, de manière que le vent ne les renverse pas, et quelques jours après, lorsque le reste des loges est ouvert, on réitère l'opération.

« La paille et les capsules, contenant un principe vénéneux, ne doivent être employées que comme litière ou combustible.

« Le produit moyen est de 12 à 15 hectolitres par hectare. »

K. *Sainfoin et trèfle.*

On récolte la deuxième pousse du sainfoin à la fin d'août, septembre, et quelquefois en octobre. La seconde récolte du trèfle arrive en septembre. (*Voy.* p. 178.)

L. *Arrachage du chanvre.*

« On arrache le chanvre mâle, dit M. Moll, aussitôt qu'il a terminé sa floraison : comme cette opération est longue et difficile, elle n'a pas lieu dans la grande culture. Ou bien on y laisse le chanvre mâle, pour ne le récolter que lorsque le chanvre femelle a porté sa graine, et l'on arrache maintenant le tout ensemble, méthode très-avantageuse et par laquelle on obtient une filasse bien supérieure à celle que donne le premier mode de récolte. On récolte alors en septembre des pieds isolés qu'on a semés, comme je l'ai dit précédemment, dans un champ de pommes de terres ou d'autres plantes sarclées. La graine que l'on obtient de cette manière est bien meilleure que celle que l'on obtient de celle cultivée pour filasse. »

M. *Arrachage du lin.*

« Lorsqu'on cultive le lin en partie pour la graine, on le laisse parfaitement mûrir ; mais si c'est principalement pour la filasse, on récolte dès que les feuilles commencent à jaunir, et même quinze jours seulement après la floraison, lorsqu'on veut avoir la filasse la plus fine.

« On arrache le lin par petites poignées, et on l'étend sur le sol ; ou, si le temps est humide, on réunit trois poignées avec un lien placé à la tête, et on les dresse sur terre ; de cette manière, le lien n'éprouve pas un commencement de rouissage, comme cela a lieu par la première méthode, pour les tiges qui touchent à terre, circonstance qui fait que plus tard le rouissage a lieu inégalement.

« Au bout de huit à dix jours, lorsque les graines sont sèches, on les sépare en faisant passer leurs têtes entre les dents d'un peigne de bois, ou, mieux encore, en battant la tête de chaque poignée sur un billot, avec un morceau de bois pesant. Cette mé-

thode, moins expéditive que la première, a sur elle l'avantage de ne pas laisser de capsules entières, qu'il est difficile ensuite de séparer de la graine et de briser. »

Après le battage, on procède au rouissage. (*Voy.* p. 250).

N. *Arrachage des pommes de terre.*

« Autrefois, dit M. Heuzé, on arrachait les pommes de terre vers la fin de septembre et dans le courant d'octobre. Depuis qu'on a remplacé les variétés tardives par des races précoces, cette opération se fait depuis le 15 août jusqu'au 20 septembre. Quoi qu'il en soit, on doit opérer dès que les fanes sont sèches et par un beau temps. Les tubercules arrachés par un temps sec se conservent mieux, et la terre qui adhère à leur surface est toujours moins grande que lorsqu'on procède à l'arrachage pendant les pluies ou lorsque la terre est humide. »

a. A la houe.

« L'ouvrier qui arrache les pommes de terre à l'aide d'une houe fourchue que l'on appelle *crochet*, se place dans un sillon, de manière que le sillon dans lequel sont situés les tubercules qu'il doit extraire soit placé sa gauche. Alors, d'un seul coup, il enlève une touffe et ramène ses tubercules dans le sillon où il est placé ; il sépare ensuite ces mêmes tubercules et les jette dans le sillon situé de l'autre côté du billon dans lequel il opère. Ce travail terminé, il fouille de nouveau le sol pour s'assurer s'il a arraché tous les tubercules de la première touffe, fait un pas en arrière et arrache un second pied de pommes de terre. Quand il est arrivé à l'extrémité du sillon, il tourne à gauche et arrache la rangée de pommes de terre qui suit celle qu'il vient d'enlever. Les tubercules de cette deuxième ligne sont posés dans le sillon qui a reçu les pommes de terre de la première rangée, et qui est encore placé à la gauche de l'ouvrier.

« L'enfant ou la femme qui accompagne chaque arracheur, ramasse les tubercules et les dépose çà et là, en tas de 0ᵐ.60 à 0ᵐ.80 de hauteur.

« Autrefois on accordait à chaque ouvrier 5 centimes par hectolitre. Depuis l'apparition de la maladie et la diminution des produits des pommes de terre, le prix de l'arrachage varie entre 10 et 15 centimes. A Hohenheim, où l'extraction se fait à bras et à la journée, on paye de 30 à 36 fr. par hectare. »

b. A la fourche.

« L'arrachage à la fourche n'est pratiqué que lorsque les terres sont sablonneuses. Les sols argileux ont trop de ténacité pour que ce moyen puisse y être pratiqué avec facilité. L'ouvrier qui se sert de la fourche implante les dents de cet instrument à une faible distance des touffes, et il soulève celles-ci de manière que les tubercules viennent sur le sol. Avant d'arracher une seconde touffe, il doit remuer une ou deux fois le sol, afin de s'assurer si tous les tubercules ont été mis à découvert. »

c. A la charrue.

« On emploie aussi la charrue ordinaire ou le buttoir, pour arracher les pommes de terre. Ce mode d'extraction laisse à désirer, car il arrive presque toujours, quelles que soient les précautions prises par le laboureur, qu'une certaine quantité des tubercules reste en terre et échappe alors à l'attention des ramasseurs. Pour que ce procédé donne de bons résultats, il faut, après le labour exécuté sur toute la surface du champ cultivé en pommes de terre, faire passer, suivant sa largeur et sa longueur, une herse à dents de fer, ou, ce qui est préférable, un scarificateur à dents rapprochées. C'est par cette opération qu'on peut ramener à la surface de la terre les tubercules que la charrue à enfouis.

M. Lawson a proposé, il y a vingt ans, une charrue particulière pour exécuter l'arrachage des pommes de terre qui ont végété sur des terres légères et meubles.

Lorsque les pommes de terre arrachées ont été réunies en tas, on les laisse ainsi sur le champ pendant quelques jours, en ayant soin de les couvrir le soir de fanes pour les préserver de l'action des gelées qui pourraient survenir pendant la nuit. Chaque matin, si le temps est beau, on les découvre afin qu'elles subissent l'action de l'air et du soleil, qu'elles se ressuient et qu'elles se conservent mieux. »

CHAPITRE III.

Travaux de la ferme.

§ Iᵉʳ, MACHINES A BATTRE.

Après la moisson, on relève les gerbes, soit pour en former des meules, soit pour les engranger. Cependant, dans beaucoup de pays, on a l'habitude de battre la récolte sur le terrain, ou dans la cour de la ferme, aussitôt que le blé est assez sec. C'est pour cette opération que l'on a inventé les machines locomobiles. Les machines fixes sont plus spécialement destinées aux battages qui se pratiquent pendant l'hiver. J'ai traité avec détail ces travaux intérieurs dans la livraison de *janvier* (*voy.* p. 12), à laquelle je renvoie mes lecteurs.

Je compléterai cette étude en m'occupant particulièrement ici des machines à battre locomobiles mues par des manéges ou par des machines locomobiles à vapeur.

A. *Machines à battre mues par un manége.*

On a fabriqué, dans ces derniers temps, un assez grand nombre de machines à battre, battant la paille soit en long, soit en travers. La plupart de ces machines sont construites sur le même principe ou possèdent des organes qui diffèrent fort peu; aussi presque toutes les machines, quand elles sortent de chez un bon fabricant, sont également bonnes; mais ce qui constitue une différence notable entre les diverses machines, c'est le manége.

J'en parlerai tout à l'heure.

Dans la livraison de *janvier*, j'empruntai à M. Pepin-Lehalleur quelques fragments de son rapport au jury du Concours agricole universel de 1856, relatifs aux avantages comparés du battage au fléau et du battage à l'aide de la machine à battre en travers.

Je compléterai ce travail en y ajoutant le parallèle établi par le savant rapporteur entre les machines à battre en long et les machines à battre en travers.

« Les machines à battre en long ont sur les machines à battre en travers, dit M. Pepin-Lehalleur, des avantages qui sont de nature à compenser leurs inconvénients dans certaines circonstances, et, par suite, à les faire préférer par beaucoup de cultivateurs qui, éloignés de centres de population importants pouvant leur acheter leur paille et leur donner le fumier en retour à de bonnes conditions, sont amenés à faire consommer leur paille dans leur propre exploitation ; il y a lieu, dès lors, pour le cultivateur, de se préoccuper du battage le plus économique : or il résulte de l'ensemble de l'expérience faite par la Commission que la durée moyenne du battage de vingt gerbes par une machine en long, mue par un manège à deux chevaux, a varié entre huit et douze minutes, tandis qu'elle a été de douze à

Fig. 51. — Machine à battre de Pitt.

quinze par les machines à battre en travers. Il résulte de ce rapprochement qu'en laissant de côté l'état de la paille après cette opération, le battage de la machine en long serait environ de 25 p. 0/0 meilleur marché. Cette proportion serait encore plus à l'avantage de la machine à battre en long, si le personnel pour l'alimenter ne devait pas être plus considérable, en raison du rendement plus fort que celui des machines à battre en travers.

« Chaque cultivateur, d'après ces données générales, pourra faire le choix de la machine qui servira le mieux ses intérêts. »

Les machines à battre battent sans vanner, ou rendent le grain nettoyé au sortir de la batteuse.

Les premières de ces machines dépensent beaucoup moins de force et sont beaucoup moins compliquées que les secondes, ce qui a décidé beaucoup de cultivateurs à acheter des machines uniquement batteuses, sauf à leur adjoindre un tarare-cribleur.

Les machines de M. Pinet, d'Abilly (Indre-et-Loire), de M. Lotz, de MM. Renaud et Lotz (*fig.* 50), battent sans vanner ni cribler ; la machine de M. Nicolais, de Paris, fabriquée d'après le système américain de

Pitt (*fig.* 51), rend le grain tout nettoyé et propre à être vendu au marché.

La batteuse de Pitt, mue par huit chevaux, a battu, devant le jury du concours agricole universel de 1856, 60 gerbes en cinq minutes; mue par quatre chevaux, elle a mis un quart d'heure. La machine et le manège coûtent 2,250 fr. Cette machine est plus

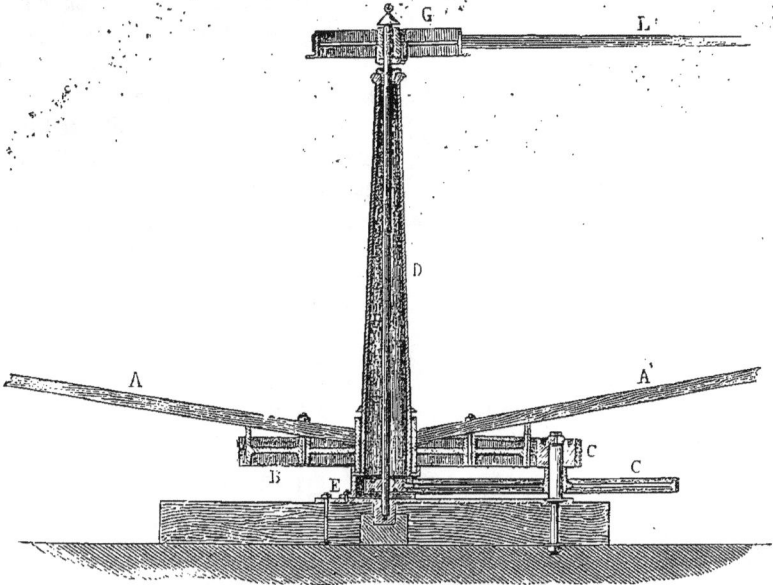

Fig. 52. — Manége Piney (coupe).

particulièrement destinée aux grandes exploitations; quatre chevaux ne suffiraient pas pour la faire marcher pendant une journée; un relais serait nécessaire.

Le manége est un élément important dans l'opération de la machine à battre. Le meilleur manége que je connaisse est le manége Pinet (*fig.* 52 et 53). Ce manége

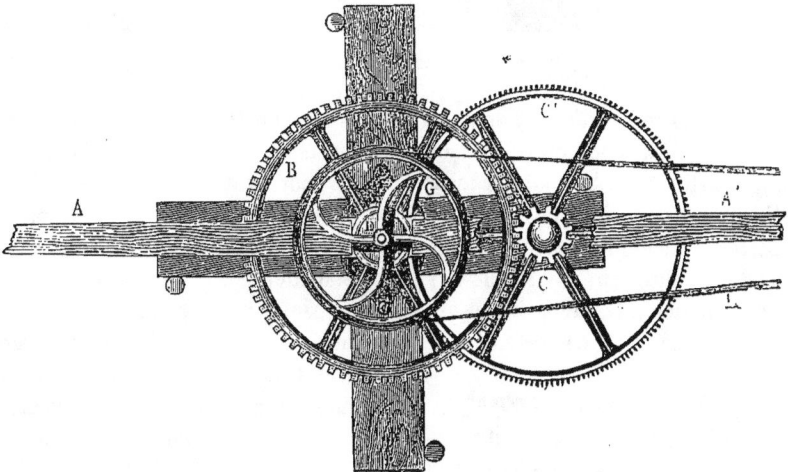

Fig. 53. — Manége Pinet (plan).

est d'une simplicité excessivement remarquable. AA' sont les bras du manége ; une grande roue B, s'engrenant avec le pignon C, donne le mouvement au pignon central, situé à la base de la colonne creuse D, et dont l'axe supporte à la partie antérieure la poulie G; les boulons E fixent la colonne D au palier; la courroie de transmission L communique le mouvement à la machine à battre.

« Le manége de M. Pinet, disait, en 1856, M. Pépin-Lehalleur, évite les transmissions par arbre de couche, qui, lorsqu'ils sont d'une certaine longueur, sont dispendieux et entraînent dans des efforts de torsion, représentant une perte de force. Le mécanisme est simple. Les axes des engrenages sont parallèles, ce qui rend les réparations faciles ; l'addition d'une seconde joue à la poulie motrice permet de déplacer le niveau de la batteuse à 40 centimètres au besoin au-dessus où au-dessous de celui du manége, et d'installer la machine de manière que la paille sorte du côté du manége ou du côté opposé, sans craindre que la courroie sorte de la gorge.

Fig. 54. — Machine locomobile à vapeur.

de la poulie ; trois vis verticales, dont les écrous sont fixés dans les croisillons du manége, permettent de le soulever sans difficulté à la hauteur d'un chariot et de le transporter facilement tout monté. Ces dispositions sont simples et ingénieuses. » Je n'ai rien à ajouter à l'opinion si bien exprimée par un juge aussi compétent.

B. *Machines à battre mues par la vapeur.*

Le manége est le moteur des petites exploitations ; la vapeur est réservée aux grandes exploitations, aux associations agri-

coles et aux battages à façon. Dans certaines circonstances économiques, la vapeur est le moins coûteux de tous les moteurs locomobiles, il est évident que j'en excepte l'eau et le vent, qui n'exigent que les frais d'installation des organes auxquels ils communiquent le mouvement.

Dans l'ouest, dans le nord et dans quelques localités de l'est, les machines locomobiles à vapeur sont assez répandues.

La machine locomobile (*fig.* 54), qui sort des ateliers de M. Pelletier, de Paris, offre un spécimen assez complet de ces moteurs puissants et légers a la fois qui peuvent passer à peu près dans tous les chemins.

On joint une machine à battre ou tout autre instrument à la locomobile, comme ont fait MM. Renaud et Lotz, de Nantes (fig. 50), et on peut obtenir ainsi d'une même machine un rendement supérieur; mais, je le répète, l'emploi de la vapeur n'est pas possible dans toutes les exploitations.

On applique plus particulièrement les machines à vapeur aux batteuses qui criblent, vannent et nettoient complétement le blé.

Un ingénieur agricole, M. Jules Gaudry, a déterminé, dans un livre spécial, les circonstances dans lesquelles on doit préférer la vapeur aux autres forces motrices; il est évident que la solution de ce problème est soumise à des considérations purement locales qui peuvent pourtant se résumer d'une manière générale dans les principes suivants :

1° Il n'y a lieu d'employer les moteurs mécaniques, et en particulier les machines à vapeur, que lorsqu'on a besoin d'une force excédant celle de plusieurs hommes ou bêtes de trait pour faire dans le même temps un travail égal;

2° Le vent et l'eau sont deux sources de force motrice que la nature fournit à discrétion sans autres frais que les appareils récepteurs; mais ces forces sont souvent très-irrégulières et incertaines, et il peut être plus économique d'employer une machine à vapeur dont le travail est constant ;

3° La création de la vapeur demande de l'eau pure et du combustible en assez notable quantité. Si on ne peut se procurer ces deux éléments qu'à grands frais, il faut recourir à une autre force motrice, telle que les manéges, les appareils hydrauliques, etc., etc. ;

4° Dans les exploitations où il est nécessaire d'avoir un grand nombre de chevaux,

bœufs ou vaches susceptibles de travailler, il peut être plus avantageux de les appliquer à la production de la force motrice, à l'aide de grands manéges, plutôt que d'employer les machines à vapeur ou autre force mécanique.

Donc, quelque avantageuse que soit, en principe, la machine à vapeur, il faut, dans son emploi, se garder des règles absolues. Les quatre principes qui précèdent, unis à une sérieuse étude des besoins locaux, permettent à tout homme intelligent de déterminer s'il doit préférer une machine à vapeur aux moteurs animés.

§ II. — ROUISSAGE DU LIN ET DU CHANVRE

« Les fibres qui forment la filasse qu'on extrait du lin et du chanvre, dit Mathieu de Dombale, sont contenues dans l'écorce de ces plantes, où elles sont agglutinées par une matière gommeuse et résineuse dont il faudrait les débarrasser, non-seulement pour pouvoir les extraire, mais pour qu'elles acquièrent cette souplesse nécessaire aux usages auxquels on les destine.

« Le moyen qu'on emploie généralement pour séparer la filasse de cette substance gommo-résineuse est la décomposition par une espèce de fermentation putride: c'est là le but du *rouissage*.

« Le plus souvent le rouissage s'exécute er plaçant dans l'eau courante ou stagnante le chanvre ou le lin, par bottes qu'on maintient plongées dans l'eau soit au moyen de pierres pesantes dont on charge le tas, soit par des traverses horizontales, qui entrent dans des mortaises pratiquées dans de forts pieux placés des deux côtés du tas. Les meilleures eaux pour le rouissage sont celles qui sont presque stagnantes, mais où la masse est néanmoins renouvelée lentement par un faible courant.

« Dans quelques cantons, le rouissage s'exécute, pour le lin principalement, en l'étendant sur un pré, où on le retourne fréquemment, jusqu'à ce que les pluies, les rosées et les autres influences atmosphé-

riques aient achevé la décomposition putride de la substance gommo-résineuse, et
que les fibres se détachent facilement.

« Il y a aussi des cantons où on opère le
rouissage en enterrant le chanvre ou le lin
dans des fosses qu'on recouvre de terre,
et sans l'intermédiaire de l'eau.

« De quelque manière qu'on exécute le
rouissage, le soin le plus important doit
être que la fermentation putride marche
bien également dans toutes les tiges, et
qu'elle soit arrêtée au moment où la matière gommo-résineuse est entièrement dé-
composée, car, si on ne l'arrête pas à ce
point, la fermentation s'exerce sur les fibres elles-mêmes, ce qui les affaiblit beaucoup.

« Lorsque les plantes ont été placées sous
l'eau, on doit surveiller l'opération pour
s'assurer que la fermentation s'établit bien
également sur toute la masse, et, dans le
cas contraire, la démonter pour la construire de nouveau en déplaçant les bottes.
On extrait de temps en temps quelques
brins de l'intérieur de la masse, pour connaître l'instant où le rouissage est terminé,
et alors on ne perd pas de temps pour retirer le tout de l'eau, et étendre les poignées
sur un pré, ou, mieux encore, les placer
debout en les écartant par le pied, afin de
les faire sécher promptement.

« Pour le lin roui sur le pré, on doit avoir
le plus grand soin d'étendre les tiges en
couches minces et d'une épaisseur bien
égale; on doit les retourner au moins deux
fois pendant la durée de l'opération, et
l'on doit se hâter de le faire aussitôt qu'on
s'aperçoit que l'herbe, par sa croissance,
s'entrelace dans les tiges de lin, ce qui arrive fréquemment dans les temps pluvieux.
Dans cette opération, on met les plus grands
soins à ne pas entremêler les tiges et à conserver la plus grande égalité dans les couches; sans cela, une partie des tiges sont
rouies avant les autres, et pendant qu'on
est forcé d'attendre que le rouissage de
celles-ci soit terminé, les premières s'affai-

blissent et ne donnent plus que des étoupes
au peignage.

« Le rouissage sur le pré mériterait peut-
être la préférence sur le rouissage à l'eau,
si sa réussite ne dépendait en grande partie
des circonstances atmosphériques. Lorsqu'il pleut par intervalles, ou même qu'il
fait tous les jours d'abondantes rosées, le
rouissage marche bien, et l'on obtient de
la filasse de très-bonne qualité si l'opération est bien conduite; mais, par des temps
très-secs, il est impossible d'obtenir de la
filasse par ce procédé. Le rouissage à l'eau
est donc plus sûr, mais il exige d'être exécuté par des ouvriers très-exercés. Dans
quelques cantons de l'Allemagne, on vante
beaucoup une méthode mixte, qui consiste
à commencer le rouissage dans l'eau et à
l'achever sur le pré.

« Depuis quelques années, on fait de nombreuses tentatives pour opérer sans rouissage la préparation du chanvre et du lin.
D'après les essais auxquels je me suis livré
sur ce sujet, je doute beaucoup qu'on par-
vienne jamais à obtenir, par ces procédés,
une filasse assez souple pour pouvoir être
bien filée; l'inconvénient contre lequel on
a échoué partout, dans ces tentatives, a
vraisemblablement été le même que j'ai
rencontré dans mes recherches à cet égard :
il consiste en ce qu'il est impossible de séparer assez complétement la matière gommo-résineuse des filaments, pour que ceux-
ci acquièrent la finesse et la souplesse qui
sont nécessaires pour une bonne filature;
au surplus, lorsqu'on y réfléchit bien, on
comprend que c'était là donner à l'industrie
une fausse direction. Le rouissage est une
opération sûre entre des mains exercées, et
n'a nullement pour la salubrité des hommes les inconvénients qu'on a souvent signalés. Si cette pratique était une invention
de nos jours, on la vanterait comme une
admirable découverte. »

CHAPITRE IV

Cultures spéciales.

§ Iᵉʳ. — VITICULTURE.

A cette époque, les trois façons de la vigne ont été données. On coupe les jeunes branches et les feuilles qui empêchent les grappes de raisins de profiter des rayons du soleil.

§ II. — AMANDIERS

« Vers la fin du mois d'août, dit M. Moll, on commence la récolte des amandes. On reconnaît qu'elles sont mûres lorsque le péricarpe, c'est-à-dire l'enveloppe charnue qui entoure la coque, s'ouvre et laisse l'amande à découvert.

« On les *gaule* pour les faire tomber; on les dépouille des péricarpes adhérents; après quoi, les fines, les mi-fines et quelques autres variétés greffées sont livrées au commerce. Les variétés à coque dure et provenant de sauvageons sont cassées.

« On expose au soleil, durant quelques jours, avant de les rentrer, les amandes de première qualité, connues sous le nom d'*amandes princesses*.

« Leur première enveloppe, fraîche ou desséchée, remplace, dans le midi, l'avoine pour les bêtes de labour. L'enveloppe de toutes les autres espèces, desséchée et mise en réserve, est consommée en hiver par les brebis. »

§ III. — OLIVIERS.

On continue, pendant le mois d'août, le troisième labour aux oliviers. On commence la récolte des olives connues sous le nom de *picholines* et destinées à être salées.

§ IV. — SÉRICICULTURE.

Il faut avoir soin de maintenir par quelques binages l'ameublissement du sol au pied des mûriers.

CHAPITRE V

Travaux forestiers.

« On commence, dit M. Moll, à faire maintenant les trous pour les plantations d'automne, lorsque le sol s'y prête. Dans les contrées montagneuses, on peut déjà commencer à planter les *épicéas* ou *pesses*.

On récolte souvent dans ce mois la *graine de bouleau*, quoique cela ait lieu plus ordinairement en septembre.

C'est vers la fin d'août que l'on récolte les feuilles d'arbres qu'on destine à la nourriture d'hiver du bétail. On coupe les branches d'un an ou deux, chargées de leurs feuilles, avant que celles-ci jaunissent. On fait sécher les branches à l'air, puis on les met en fagots que l'on donne aux bêtes dans les râteliers; lorsqu'elles en ont mangé toutes les feuilles, on les emploie comme combustible.

On coupe ces branches sur les haies, sur les têtards ou sur les arbres qu'on *émonde*, c'est-à-dire qu'on dépouille de leurs branches jusque vers la cime, qui reste seule intacte.

Les feuilles que l'on regarde comme les meilleures sont celles d'*ormes*, de *peupliers noirs* du *Canada* et autres espèces du même genre, de *tilleuls*, de *charmes*, de *chênes*, de *hêtres* et d'*autres*, selon l'ordre dans lequel elles se suivent. Les feuilles de frênes, d'érables et de marronniers d'Inde sont aussi un bon aliment, mais elles sont assez difficiles à bien sécher, à cause de leurs tiges charnues. Les feuilles de frênes, étant souvent salies par les excréments de cantharide, peuvent devenir dangereuses pour le bétail. »

CHAPITRE VI

Animaux domestiques.

§ Iᵉʳ. — LES CHEVAUX.

On continue les soins du mois précédent, en évitant encore de donner aux chevaux de la paille et du foin nouveaux. Le vieux foin, les fourrages verts et de fortes rations d'avoine, sont nécessaires pour soutenir les animaux dans le travail fatigant de cette saison et en éviter les accidents.

On peut sevrer les poulains de mars et les séparer de leurs mères.

§ II. — LES BŒUFS.

Il faut avoir la précaution de faire baigner souvent les bœufs et les vaches, afin de les préserver du charbon. On doit aussi éviter de les faire sortir par la grande chaleur.

§ III. — LES VACHES.

On fait pâturer les vaches sur les chaumes si la pâture y est assez abondante; sinon, on les abandonne entièrement aux moutons, en réservant seulement, pour les vaches, les parties humides.

§ IV. — LES MOUTONS.

« La vaine pâture sur chaumes, dit M. Moll, vient fort heureusement suppléer aux pâturages naturels, qui, à cette époque, sont presque toujours desséchés. Mais ce changement de nourriture, fort agréable aux moutons par l'abondance et la nouveauté des herbes, ne doit s'effectuer qu'avec précaution, surtout pour les bêtes nourries jusque-là au pâturage maigre. On aura donc soin de mener le troupeau dans le pâturage ordinaire avant de le conduire dans les chaumes, pour qu'il n'y arrive pas affamé. Cette précaution est surtout nécessaire lorsque beaucoup d'épis (principalement de seigle) sont restés sur le sol ou lorsque le temps est humide; en général, après une grande pluie, le pâturage des chaumes est plus préjudiciable que les autres, parce que l'herbe y est plus salie par la terre.

« Hormis ces cas, le pâturage sur les chaumes de céréales d'hiver est généralement sain et refait bien le troupeau. Il n'en est pas toujours de même des pâturages sur les éteules d'orge et d'avoine : ce n'est qu'avec la plus grande précaution qu'on

peut y conduire les moutons lorsqu'une fois les graines restées sur la terre ont germé; car, bien différents en cela du seigle, l'orge et l'avoine ne leur font que peu de tort lorsqu'ils sont déjà en épis, mais leur en causent beaucoup lorsqu'ils ne sont qu'en herbes; le troupeau peut prendre promptement le germe de la pourriture ou d'autres maladies dans un pâturage qui en est garni. Ainsi donc, aussitôt que ces plantes se montrent en assez grande quantité dans les chaumes, on doit cesser d'y conduire les moutons, jusqu'à ce que la gelée soit venue enlever à ces végétaux leurs propriétés nuisibles.

« Les places les plus grasses et les plus humides des chaumes doivent être réservées pour les moutons à l'engrais; celles qui sont le plus près de la ferme et qui contiennent la plus grande quantité de bonnes herbes, pour les agneaux.

« La monte continue dans ce mois et doit être dirigée selon les règles indiquées précédemment.

« Comme actuellement une bonne partie des brebis est déjà saillie, on n'a plus besoin d'un aussi grand nombre de béliers et l'on peut faire un meilleur choix. »

CHAPITRE VII

Travaux horticoles.

§ Ier. — LE JARDIN FRUITIER.

On continue à écussonner et on gouverne les arbres en espaliers par le pincement et le palissage pendant la dernière sève (la sève d'août).

Il faut enlever des pêchers les feuilles qui empêchent les pêches de se colorer et les pampres des vignes qui ombragent les raisins précoces.

On récolte les pêches, brugnons, abricots et prunes; il est bon d'étendre de la paille au pied des espaliers pour ne pas perdre les fruits qui tombent.

Vers la fin d'août, on peut commencer le *cassement* des brugnons, des poiriers et des pommiers.

A mesure que les fruits sont consommés on sème, dans les pépinières, les noyaux de cerises, d'abricots, de prunes et de pêches.

§ II. — LE JARDIN POTAGER.

Il faut, dans cette saison, arroser largement les cornichons, ainsi que les citrouilles, courges et giraumons, dont on taille les tiges au-dessus des fruits. Il faut aussi arracher et repiquer les plants de fraisiers; renouveler les semis de haricots, laitues d'hiver, chicorée frisée, carottes, navets, épinards; soigner les porte-graines des diverses plantes potagères et les préserver des oiseaux.

Il est bon de mettre un peu de colombine (fiente de pigeons ou de poules) au pied des melons tardifs qui doivent êtres récoltés en septembre.

§ III. — LE JARDIN D'AGRÉMENT.

On renouvelle la terre des planches de jacinthes et de tulipes; on met en place les oignons de tulipes et de jacinthes à la fin de ce mois, on continue à marcotter les œillets de jardin à mesure que les fleurs se fanent.

Il faut arroser fréquemment les lantanas, fuchsias, pélargoniums et verveines, dont les pots sont enterrés dans les plates-bandes du parterre; on doit repiquer du réséda partout où il en manque; le parterre devra en être garni à profusion.

On bouture les plantes de serre tempérée; on seringue fréquemment celles qui passent l'été à l'air libre, et, à la fin du mois, on rentre les plus délicates.

IVME PARTIE. — ÉTUDE SUR LES RACES BOVINES (SUITE).

Races anglaises.

§ VIII. — RACE DE KERRY.

Cette charmante petite race rappelle un peu par sa taille, ses formes et ses qualités laitières, notre ravissante vache bretonne, si douce, si généreuse et si jolie. La race du Kerry est une race des montagnes de l'Irlande. Elle est ordinairement noire, quelquefois avec une tache fauve ou grise sur le dos. Elle est rustique si jamais il en fut. On la nourrit facilement et elle donne du bon lait en abondance; sa chair, marbrée de graisse, est très-estimée pour la boucherie. C'est, pour l'Irlande, une fée bienfaisante qui aide les malheureux tenanciers à ne pas tout à fait mourir de faim; aussi l'appelle-t-on la vache du pauvre. Elle coûte peu et produit beaucoup.

§ IX. — RACE HOLLANDAISE.

Cette race est originaire des rives de l'Escaut, qui sont remarquables par leurs gras et abondants pâturages. La race hollandaise a acquis, pour nous, une grande importance depuis qu'elle s'est répandue dans le nord et l'ouest de la France. Ce n'est point précisément une race de travail. Elle est de haute taille; son pelage est le plus souvent noir et blanc; sa tête est allongée, effilée; ses cornes sont noires, longues, minces, contournées en demi-cercle; son encolure est grêle; son corps, allongé et cylindrique, haut sur jambes; les jarrets sont minces et les genoux étroits. La race hollandaise est éminemment laitière; elle donne ordinairement de 10 à 15 litres par jour, et cette énorme production dure même pendant deux années après le part: seulement ce lait ne fournit pas du beurre et du fromage en proportion, les vaches étant d'un tempérament lymphatique.

Comparativement à l'étendue du territoire, la population bovine est très-considérable en Hollande. Les agriculteurs recherchent uniquement dans leurs élèves la production du lait, qui alimente cet immense commerce de *fromages de Hollande* que l'on retrouve dans toutes les parties du monde.

La race hollandaise, née et élevée en France, est très-répandue dans les départements voisins de Paris, particulièrement dans celui de Seine-et-Marne. Son lait contribue en partie à l'approvisionnement de la capitale : le reste est transformé ordinairement en *fromage de Brie*.

Les bœufs prennent la graisse assez vite et sont conduits à la boucherie. Leur suif est abondant, quoique un peu jauné.

Races germaniques.

§ Iᵉʳ. — RACES FRIBOURGEOISE ET BERNOISE.

Ces deux races sont presque toujours confondues par ceux qui se sont occupés de races bovines; et, à vrai dire, j'ai cherché à me rendre compte exactement de la nuance qui séparait ces deux races et je n'y suis point parvenu; cependant le pelage n'est pas tout à fait le même : dans la race fribourgeoise, il est généralement blanc et noir; dans la race bernoise il est rouge et blanc ou simplement rouge. Ces deux variétés d'une même race ont été remarquées, mais on ne croit pas que la distance qui les sépare soit assez considérable pour constituer deux races différentes. La race bernoise, c'est-à-dire la race rouge, est celle qui offre le plus d'aptitude au travail.

Cette race, qui est aussi connue communément sous le nom de race *suisse*, affecte des proportions colossales. Le cou est garni d'un fanon qui va jusqu'aux genoux, la queue est attachée très-haut, comme dans toutes les races robustes et travailleuses; la tête est forte et un peu courte, elle est quelquefois surmontée d'une espèce de toupet frisé. Ces animaux sont très-doux et très-intelligents. Leur destination principale, en Suisse, est la production du lait. C'est avec leur lait qu'on fait le fromage de Gruyère, qui a une réputation européenne. Seule-

ment, aujourd'hui, la Suisse ou plutôt le canton de Fribourg n'ont plus le privilége de la fabrication de ces fromages, qui s'est étendue dans les Vosges, dans le Jura et dans une partie de l'Allemagne.

Les vaches fribourgeoises et bernoises sont d'excellentes laitières, très-robustes, mais auxquelles il faut un fourrage abondant. On les élève par troupeaux de 20 à 40. Ces superbes cloches que nous avons vues, à l'Exposition universelle, attachées à de splendides colliers en cuir ornés de clous dorés et de drap rouge, ne sont pas destinées à toutes les vaches du troupeau; c'est la marque distinctive de la vache maîtresse, de celle qui conduit les autres. Le choix de cette vache est très-important pour le vacher. Les mœurs de ces animaux sont intéressantes à étudier, et un vacher inintelligent ou brutal serait bientôt cause de la ruine ou de la dispersion du plus beau troupeau.

Les bœufs sont excellents pour les labours et résistent parfaitement à la fatigue. Ils ont moins de finesse que les limousins, et se rapprochent beaucoup des agenais. En Suisse, on engraisse peu, si ce n'est dans deux ou trois districts, entre autres celui de Gruyères.

§ II. — RACE SCHWITZ.

C'est la race proprement dite des montagnes. On la rencontre dans les cantons montagneux de Schwitz, de Zug et de Glaris. Elle nous servira très-bien de transition pour pénétrer en Allemagne; car l'importation de ces animaux dans le Wurtemberg et la Bavière est considérable, à cause du manque de proportion qui existe en Suisse entre les ressources de l'été et celles de l'hiver. Quand l'automne arrive, on est obligé de vendre les élèves et les bêtes de rentes, et de ne garder que les animaux de choix destinés à perpétuer la pureté de la race.

Ces animaux sont bien moins grands que les fribourgeois. Leur pelage les distingue tout de suite: ils sont, en général, bai-marron avec une large raie fauve clair ou grisâtre qui s'étend tout le long de l'épine dorsale. On ne retrouve guère cette particularité que dans la race irlandaise de Kerry. Un trait remarquable de la race schwitz, c'est l'écartement et l'aplomb des jambes de derrière.

La vache est sobre et excellente laitière, son lait contient pourtant plus de caséum que de beurre; elle donne de 25 à 28 litres de lait. Les importations en France ont été assez nombreuses : feu Bella père y a beaucoup contribué.

On a essayé de la croiser avec la race normande et surtout avec la race durham. Le croisement a produit d'excellents résultats. On l'a croisée aussi avec la race cotentine, et les produits ont été très-beaux. Dans notre race cotentine et dans la parthenaise on retrouve beaucoup de sang schwitz.

La vache schwitz est peu propre au travail, mais elle a une grande propension à prendre de la graisse.

§ III. — RACE DE LA SUISSE CENTRALE ET ORIENTALE.

On comprend dans cette catégorie les sous-races de Grison, de Zug, de Lucerne, mais plus particulièrement une race croisée de schwitz-grison. Ces animaux participent beaucoup des qualités de la race schwitz, qui en est la souche sans cesse renouvelée.

§ IV. — RACE D'OBERHASLI ET D'UNTERWALD.

Cette race est la plus petite des races suisses; son pelage est ordinairement brun foncé; la tête est assez petite; les jarrets sont fins et solides; la charpente osseuse est légère. Elle habite les régions les plus élevées des Alpes. Les vaches sont sobres et très-bonnes laitières. On retrouve fréquemment ces vaches en Italie, où on les exporte en grand nombre à cause de leurs qualités laitières.

§ V. — RACES DU PINZGAU ET DE MONTAFON.

Nous allons quitter la Suisse pour pénétrer au milieu de races moins connues qui vivent en Autriche.

La race pinzgau nous rappelle la race bernoise. C'est bien, à peu de chose près, le même signalement; seulement la structure du corps a moins de développement. La tête est très-courte; les yeux sont entourés d'un cercle blanchâtre; le mufle est blanc, les cornes ne sont pas très-longues et se recourbent légèrement vers le haut. Ces animaux ont un aspect très-doux. C'est la race la plus répandue dans le duché de Salzbourg; elle atteint une taille plus élevée dans les vallées. Cette race est rustique et sobre, et donne un lait peu abondant mais très-riche; elle a aussi de la facilité à engraisser.

La race de Montafon ressemble beaucoup à la race de Schwitz; elle n'en diffère guère que par la taille et par le poids, qui sont un peu inférieurs. Cette race a le pelage noir-brun et représente, sur une échelle moindre, les qualités de la race schwitz.

§ VI. — RACES D'OBERINTHAL, DE ZILLERTHAL ET DE DUX.

Nous pénétrons dans le Tyrol, auquel ces trois races appartiennent. Les animaux sont soignés par des vachers coquets, coiffés d'un petit chapeau pointu garni de plumes vertes.

La race d'Oberinthal est une race grise ou jaunâtre; c'est la plus grande des races du Tyrol; c'est aussi celle qui donne le plus de lait. Ces animaux croissent rapidement et fournissent une chair assez bonne.

La race de Zillerthal est rouge-brun; ses dimensions sont assez considérables. Le ventre des vaches se rapproche de la forme cylindrique; les qualités principales de cette race sont la sobriété, l'aptitude à l'engraissement, et la richesse du lait, qui convient surtout à la fabrication des fromages.

On dit que la race de Dux est bonne laitière. Les animaux de cette race sont noirs.

SEPTEMBRE

Iʳᵉ PARTIE. — PROVERBES ET MAXIMES

Rameau court, longue vendange.

—∞—

Après le pain, le vin.

—∞—

Si l'osier fleurit,
Le raisin mûrit.

—∞—

Quinze jours avant la Saint-Michel (29 sept.),
L'eau ne demeure pas au ciel.

—∞—

Quand septembre est venu, si la cigale chante,
N'achète point de blé pour le remettre en vente.

—∞—

Pluie de septembre favorise et vignes et semailles.

—∞—

Pluie de Saint-Michel sans orage
D'un hiver clément est le présage.

—∞—

Les végétaux qu'il importe le plus de multiplier
sont ceux qui peuvent se consommer et se renouveler avec le plus de rapidité.   (DE FRESNE.)

—∞—

Rien n'égale ma surprise quand je considère, d'un
côté, que ceux qui apprennent à bien parler choi-
sissent un orateur dont l'éloquence puisse leur servir
de modèle ; ceux qui désirent s'appliquer à la danse,
à la musique et à tous les arts frivoles, cherchent
évidemment un maître de chant, un maître de grâces ;
en un mot, chacun choisit le meilleur maître pour
faire des progrès rapides sous sa direction ; au lieu
que l'art le plus nécessaire à la vie, et qui tient de
plus près à la sagesse, l'agriculture, n'a ni disciples
qui l'apprennent ni maîtres qui l'enseignent.
(COLUMELLE.)

—∿—

Si, par l'application des sages principes de la théorie à l'expérience, vous obtenez des résultats heureux, alors c'est le cas de traiter sans miséricorde les
coutumes défectueuses, de détruire les abus, et, par
votre exemple, de montrer aux habitants du canton
les défauts ou les absurdités de leurs cultures.
(L'abbé ROZIER.)

—∞—

Ce qui manque pour donner à l'agriculture un
essor rapide vers un état plus prospère, ce sont les
agriculteurs capables et les moyens pécuniaires.
(MATTHIEU DE DOMBASLE.)

—∞—

Les grands progrès agricoles doivent venir des
propriétaires cultivant leurs champs, ou secondant
leurs fermiers et leurs métayers, ou bien encore représentant par leur fortune ou leur talent les intérêts généraux du pays.   (ÉDOUARD LECOUTEUX.)

—∞—

Trois sortes de capitaux concourent au développement de la richesse agricole : 1° le capital foncier,
qui se forme à la longue, par les frais de tout
genre faits pour mettre la terre en bon état ; 2° le
capital d'exploitation, qui se compose des animaux,
des machines, des semences ; 3° le capital intellectuel,
ou l'habileté agricole, qui se perfectionne par l'expérience et par la réflexion.

Ces trois capitaux sont beaucoup plus répandus en
Angleterre qu'en France.   (LÉONCE DE LAVERGNE.)

—∞—

« Mon Dieu, disait Arthur Young en traversant,
en 1790, nos campagnes de France si mal cultivées,
donne-moi patience pour voir un pays si beau, si favorisé du ciel, traité si mal par les hommes. »

—∿—

IIme PARTIE. — CAUSERIES.

CHAPITRE PREMIER

La grande culture.

On est assez généralement d'accord maintenant pour reconnaître que l'agriculture anglaise est de beaucoup supérieure à la nôtre.

Et, quand on se demande pourquoi, on est aussi généralement d'accord pour déclarer que cette supériorité tient à l'aristocratie anglaise, c'est-à-dire à la constitution féodale de la propriété.

Quelques-uns appellent cette forme de la propriété la grande culture.

Si cela était vrai, plus la culture serait étendue, plus l'agriculture serait prospère, plus l'agriculteur serait riche.

L'agriculture n'est prospère que quand on gagne de l'argent en cultivant; le bénéfice net — prolongé, — voilà le vrai criterium d'une bonne et sage agriculture.

Eh bien, c'est là précisément ce qui trompe beaucoup de personnes.

La grande culture a une limite et une limite assez restreinte.

On comprendra tout de suite cette limite naturelle, si on songe au temps que feraient perdre aux ouvriers et aux attelages des champs trop éloignés du centre de l'exploitation ; combien l'étendue extrême de la ferme rendrait coûteux les transports de fumiers, d'amendements, de récoltes, combien la surveillance serait difficile, etc.

« J'ai vu de ces fermes, dit M. Léonce de Lavergne, appartenant à de très-grands seigneurs, et conduites directement par leurs agents, qu'on appelle des fermes de réserve, *home farmes*, et qui frappent l'imagination par leur caractère grandiose, mais où le gaspillage atteint aussi des proportions homériques. Les possesseurs attachent un orgueil héréditaire à ces gigantesques établissements, monuments de richesse et de puissance ; mais, le plus souvent, ils gagneraient beaucoup à les diviser pour les louer à de véritables fermiers. »

Les cultivateurs et les agronomes anglais eux-mêmes sont aussi de cet avis; car ils assignent comme limite extrême à une ferme le chiffre de 120 à 160 hectares.

Et encore le grand nombre des fermes n'atteint pas cette étendue, qui est fort discutée par les agronomes français.

Tout se réduit au reste à une question de localité. Je connais dans la Creuse, près de Boussac, une ferme de 120 hectares exploitée directement par son propriétaire (un agriculteur fort intelligent) dans d'excellentes conditions; mais il faut dire que les prairies y sont nombreuses et que la préoccupation constante du propriétaire est de les augmenter autant que possible.

Une ferme de 120 hectares dans la Flandre serait certainement une charge trop lourde pour un agriculteur et très-probablement une mauvaise spéculation.

Mais, d'ailleurs, s'il est vrai que les grandes fermes font la supériorité de l'agriculture anglaise, elles y sont sans aucun doute très-nombreuses; plus nombreuses que chez nous.

Consultons les chiffres. Nous verrons qu'on ne compte pas moins, dans la seule Angleterre, de 200,000 fermiers, ce qui donne une moyenne de 60 hectares par ferme.

Dans certaines parties, on rencontre les immenses fermes dont parle M. de Lavergne, qui ont plusieurs centaines d'hectares ; mais, dans les districts manufacturiers, dans les pays où l'on fabrique le fromage, — le comté de Chester, par exemple, — la ferme n'a, en général, pas plus de 10 à 12 hectares, et son étendue est quelquefois réduite à 4 hectares.

Il y a 50,000 fermes en Écosse; il y en a 70,000 en Irlande !

En France, nous avons 500,000 fermes, qui ont une étendue moyenne de 50 à 60 hectares.

Les fermes de plusieurs centaines d'hectares s'y rencontrent quelquefois. Il ne nous manque que ces fermes immenses qui ne se trouvent guère que dans les déserts de la haute Écosse ou sur les plateaux crayeux du sud et sont presque exclusivement formées de pâturages pour les moutons.

Ce n'est donc pas l'immobilisation de la propriété qui constitue les grandes fermes; ce ne sont donc pas les grandes fermes qui sont l'élément du progrès.

Les immenses fermes proprement dites n'existent pour ainsi dire pas, et celles qui se rencontrent en Angleterre sont une source de gaspillages effroyables.

En résumé, la culture n'est guère plus divisée en France qu'en Angleterre.

Quelle est donc la source de la prospérité en Angleterre?

C'est que l'agriculture y est considérée comme une industrie.

L'agent principal de la puissance agricole de l'Angleterre, c'est le fermier, mais le fermier et son argent.

Les Français veulent cultiver sans argent; les Anglais qui n'ont pas d'argent ne cultivent pas.

Tous les agronomes anglais, français, allemands, italiens, ne cessent de dire : « Pour cultiver la terre, il ne suffit pas d'avoir la terre; il faut aussi disposer de capitaux. Sans argent, la terre donne peu, par la raison que de rien on ne retire rien. »

En France, on ne tient pas compte un seul instant de cette théorie répétée sans cesse dans tous les livres, dans tous les discours.

On regarde encore la propriété comme un privilège, comme un hochet, comme une chose qui flatte la vanité du possesseur, et qui humilie, en même temps, la personne de l'exploiteur.

Le propriétaire se redresse, le cultivateur se courbe.

En Angleterre, c'est tout autre chose.

On considère la terre comme un instrument de productions et on la traite comme telle.

On sait qu'il faut de l'argent pour la rendre féconde, et on n'a pas peur de lui prêter de l'argent.

Un cultivateur anglais n'engage guère moins de 500 francs par hectare dans sa ferme.

Il y avait autrefois, dans la Grande-Bretagne, une classe importante de petits propriétaires qu'on appelait les *yeomen*, parce qu'ils étaient propriétaires du sol, mais point gentilshommes. Les gentilshommes campagnards, ce sont les *squires*.

Depuis que l'agriculture est devenue une science et une industrie, les *yeomen* ont à peu près disparu : ils ont vendu leurs propriétés pour se faire fermiers, *gentlemen farmers*.

Le propriétaire vivait de privations sur son champ modeste; le fermier vit largement et fait fortune.

En France, le cultivateur qui a un peu d'argent achète un champ pour devenir propriétaire et s'appauvrir.

En Angleterre, le propriétaire qui a un champ le vend pour devenir fermier et s'enrichit.

Voilà la vraie cause de la prospérité de l'agriculture en Angleterre.

Voilà la vraie cause du peu de succès de l'agriculture en France.

CHAPITRE II

La culture intensive.

Nous avons vu, dans le chapitre précédent, que l'agriculteur anglais ne craignait pas de prêter de l'argent à sa terre et que c'était là le secret de la prospérité de l'agriculture anglaise.

Si l'expérience d'une grande nation confirme cette assertion, les chiffres rigoureux fournissent la même preuve.

On sait que les agronomes progressifs ont adopté deux systèmes généraux d'agriculture, le *système extensif* et le *système intensif.*

Voici sur quelles bases ils se sont appuyés pour faire cette distinction.

Ils ont posé en principe qu'il faut chercher à faire dominer dans les opérations agricoles l'agent producteur qui coûte le moins.

Les trois principaux agents producteurs, en agriculture, sont le *terrain*, le *travail* et l'*engrais*.

Dans les pays où le sol a une valeur restreinte et où le travail est d'un prix relativement plus élevé, on a recours à la culture *extensive*. On livre à l'état pastoral de grandes étendues de terrain; on resserre les capitaux sur une surface restreinte que l'on développe peu à peu; on demande beaucoup plus au *temps* qu'à l'*argent*. C'est le propre des immenses fermes anglaises, presque entièrement formées de pâturages, où les moutons constituent le produit net le plus clair de l'exploitation. La culture *extensive* s'applique particulièrement aux défrichements, aux terrains légers, peu riches, des pays de bruyères et des contrées granitiques. « C'est l'art de savoir progresser lentement, dit avec beaucoup de justesse M. Lecouteux, et de mettre en œuvre les forces productives de la nature plus que celles de l'art agricole. »

La culture *intensive*, au contraire, s'applique aux terrains riches, aux sols sur lesquels la civilisation a concentré de nombreuses et actives populations; c'est la culture des fermes restreintes et des grands capitaux. Ici, l'apogée du *produit brut* conduit à l'apogée du *produit net*. On laboure au maximum (0ᵐ.27 environ), on fume au maximum et on récolte au maximum.

C'est l'idéal de l'agriculture.

Jusqu'à une certaine limite, — car tout est limité dans la nature,—plus on dépense d'argent, plus les bénéfices augmentent, non pas proportionnellement à l'argent dépensé, mais dans des rapports de plus en plus considérables : c'est-à-dire que, si 100 fr. donnent 5 fr. de bénéfice, 200 fr. donneront 12 fr. au lieu de 10 fr.

En d'autres termes, plus vous labourez et plus vous fumez un champ, moins l'hectolitre de blé vous revient cher. Je connais des cultivateurs peu aisés, labourant de grandes surfaces, et cultivant le sol presque sans engrais, à qui l'hectolitre de blé revient à près de 20 fr. J'ai visité cette année une ferme, près de Fécamp, au bord de la mer. Les champs, profondément travaillés et fortement fumés, rendaient l'hectolitre à 11 fr. environ.

Dans le premier cas, le rendement moyen était de 8 à 9 hectolitres par hectare; dans le second cas, le rendement moyen était de 35 hectolitres.

J'emprunterai à M. Lecouteux la preuve raisonnée de ce que j'avance.

« Les gros capitaux sont le nerf de la culture intensive, dit-il. Voyons les profits qu'ils apportent.

« Soit 2 hectares emblavés en froment, mais préparés et fumés de manière que, sur l'un, la fumure absorbée par le blé soit de 10,000 kilog. de fumier de ferme et la dépense totale de 314 fr., tandis que, sur l'autre, la fumure sera de 20,000 kilog. et la dépense totale de 482 fr. Admettons que la fumure absorbée de 10,000 kilog. produise une récolte de 15 hectolitres de blé, et que la fumure de 20,000 kilog. donne 30 hectolitres, il n'y aura, en résumé, que la dépense de fumure qui sera doublée : les frais de semences, de loyers, d'impôts, seront les mêmes de part et d'autre; quant aux frais de labours, ils augmenteront proportionnellement à l'épaisseur du sol remué et défoncé, absolument comme les frais de récolte et de battage augmenteront proportionnellement aux produits récoltés. Somme toute, nous verrons à peu près ce qui suit :

DÉTAIL DES FRAIS.	FUMURES ABSORBÉES.	
	10,000 kil.	20,000 kil.
Fumure à 10 fr. les 1,000 kil.	100. »	200. »
Semence (120 litres).	42. »	42. »
Loyer, impôts, frais généraux.	90. »	120. »
Labours, hersages, menues cultures.	35. »	50. »
Récolte, charroi, engrangement.	32. »	40. »
Battage, soins au grenier, frais de vente.	15. »	30. »
Total des frais par hectare. .	314. »	482. »
— par hectolitre.	20.93	16.06
A déduire le prix de la paille. .	3.60	3.60
Prix net de l'hectolitre. . . .	17.33	12.46

« Ainsi donc, telle est l'énorme différence entre les deux systèmes, que le système de la *parcimonie* produit le blé à 17 fr. 33; tandis que le système des *fortes avances* le produit à 12 fr. 46.

« N'est-il pas vrai d'après cela :

« 1° Que plus le capital engagé par hectare est au maximum convenable, plus faible est le prix de revient des récoltes;

« 2° Que, pour une même quantité de produits, la *culture la plus dépensière*, celle qui demande le plus de capital et de terrain, c'est la culture qui fait le moins d'avance par hectare, parce que, dépensant 314 fr. par hectare pour obtenir 15 hectolitres de blé seulement, il faut qu'elle ensemence 2 hectares et dépense 628 fr. pour récolter 30 hectolitres, c'est-à-dire précisément la quantité de blé qu'obtiendrait pour 482 fr. une culture basée sur les fumures maxima.

« Et ce qui est vrai pour le blé l'est à plus forte raison pour les racines, pour les plantes industrielles, pour toutes les plantes qui, demandant beaucoup de travail de main-d'œuvre et d'attelages, ne sont, par cela même, lucratives que dans les terrains abondamment pourvus d'engrais. »

Les chiffres donnés par le savant agronome sont irréfutables. Il est bien entendu toutefois que la fumure absorbée par le blé n'est, dans ses calculs, qu'une portion de la fumure mise en terre pour plusieurs récoltes. Elle consiste ou en fumier seulement, ou partie en fumier et partie en engrais pulvérulent.

Il est facile de reconnaître, d'après cet aperçu, que, si l'agriculture était considérée par les Français comme une industrie sérieuse, où l'on pût placer des capitaux à gros intérêt, la terre féconde de notre pays produirait plus que la terre anglaise.

Il faudrait, pour cela, que la propriété ne fût pas considérée par nous comme un objet de luxe qu'un négociant ou un industriel se donne quand il a fait fortune, et qu'il confie ensuite à un paysan ignorant.

Il faudrait que les propriétaires cultivateurs, au lieu de chercher à s'arrondir, quand ils ont de l'argent, voulussent bien chercher à améliorer leur sol.

Il faudrait que la noble et utile profession de cultivateur ne fût pas regardée comme une profession humiliante.

Il faudrait que le cultivateur aisé qui a un fils, au lieu d'en faire un médecin, un avocat ou un employé, lui fît donner l'éducation solide et sérieuse qui constitue le bon agriculteur et en fît un fermier.

Il faudrait enfin que les parents, au lieu de s'amuser à faire de tous les Français des gens de lettres ou des avocats, songeassent qu'en France il y a 26 millions de cultivateurs qui cultivent mal et beaucoup trop d'avocats qui parlent bien.

Si cela était, nous ne pourrions pas répéter encore aujourd'hui les tristes paroles d'Arthur Young : « Mon Dieu, donne-moi patience pour voir un pays si beau, si favorisé du ciel, traité si mal par les hommes. »

IIIᵐᵉ PARTIE. — TRAVAUX DU MOIS.

CHAPITRE PREMIER

Administration de la ferme.

Le mois de septembre, dans les fermes bien cultivées, est un des plus occupés de l'année. C'est l'époque de la récolte de presque toutes les plantes sarclées : pommes de terre, betteraves, maïs, dans le Midi, etc.

Dans beaucoup de pays de vignobles, on commence ordinairement la vendange en septembre.

Nous répéterons ici ce que nous disions le mois dernier avec M. Moll. On a besoin de beaucoup de bras afin de pouvoir profiter du moment favorable pour mettre la récolte en sûreté. Il ne faut point trop regarder à payer les ouvriers un peu plus cher, ni se laisser devancer par ses voisins. Pour quelques jours de retard, on s'expose à compromettre le fruit d'une année de travail.

Il faut aussi bien nourrir les attelages, bœufs ou chevaux, en raison du surcroît de travail qu'on est obligé de leur demander.

Outre les importantes récoltes de ce mois, il faut aussi aménager les travaux de manière à pouvoir, sans préjudice pour la rentrée des racines et des plantes, donner les premiers labours si le temps le permet.

Dans certains pays, on achète des animaux d'engrais, afin d'utiliser les prairies artificielles qui sont destinées à être retournées. Nous avons souvent vu des agriculteurs laisser sécher sur pied des regains de trèfle, parce qu'ils n'avaient pas assez de bestiaux pour les faire pâturer. Les moutons sont d'un très-bon rapport pour cet objet, et le parcage donne en même temps au sol une riche fumure.

Les attelages sont plus spécialement employés à battre les grains de semence, à achever de conduire les fumiers sur les champs destinés aux céréales d'hiver, à enfouir, comme fumure, les engrais en vert.

On a soin aussi de nettoyer à l'aide d'un trieur (voy. p. 75) les semences destinées aux semailles d'hiver. Le trieur de M. Pernollet est un excellent instrument qui peut être employé avec fruit pour cette importante opération.

« Bonnes semailles, bonne récolte, » dit un proverbe populaire qui ne fait que répéter un axiome agricole élémentaire. Or il n'y a pas de bonnes semailles avec de la mauvaise graine. Quand le bon grain est mélangé, soit avec des grains de qualités inférieures, soit avec de l'ivraie, l'ensemencement se fait dans de mauvaises conditions et la récolte prochaine est compromise. On peut porter au marché les beaux grains de semence après avoir mis de côté les provisions de la ferme ; si les grains sont bien propres, bien homogènes, on est sûr de les vendre un bon prix ; les cultivateurs commencent à apprécier cette vérité que « mauvaise graine ne donna jamais bon grain. »

C'est le moment de vendre les volailles qui se sont engraissées avec les menues graines résultant du battage et du triage.

CHAPITRE II

Travaux des champs.

§ Iᵉʳ. LABOURS ET FAÇONS A DONNER AUX RÉCOLTES SUR PIED.

A. Labours.

Dès le mois de septembre, on commence les labours préparatoires, pour les ensemencements d'automne. Dans le centre de la France, on enterre le fumier, après avoir répandu les petits tas, à l'aide des petites fourches à deux dents ; on laboure immédiatement par-dessus pour l'enfouir.

B. *Binages, buttages, éclaircissages, etc.*

a. Cardère.

La *cardère* est une plante bisanuelle et trisannuelle.

La première année de sa culture, on donne, au mois de septembre ou octobre, un buttage soit avec la houe ou la pioche, soit au moyen d'une charrue à deux versoirs ou d'un buttoir.

Cette opération se fait ordinairement en Angleterre et en Belgique. Elle a pour but de faciliter l'écoulement des eaux de la pluie, et aussi de garantir la plante contre les froids de l'hiver; quelquefois on se contente de chausser la plante du côté du nord. On se sert, dans ce cas, d'une charrue légère traînée par un seul animal.

Si cette précaution ne paraît pas suffisante et surtout si la plante est faible, on répand sur le champ une couverture de paille ou de fumier pailleux.

b. Choux.

Quand les têtes de *choux pommés* commencent à se développer, on donne un buttage léger à l'aide d'une charrue à deux versoirs. Cette opération a pour but de concentrer l'humidité au pied de la plante et de favoriser le développement des feuilles. On renouvelle souvent ce buttage, en septembre, après avoir enlevé les feuilles les plus développées.

Je rappellerai ici ce que j'ai dit pour le *chou non pommé* dans le calendrier d'août (*voy.* p. 237). Le buttage de cette plante est indispensable.

Lorsque les racines de rutabagas sont déjà grosses, c'est-à-dire vers le mois de septembre, on les butte, comme les choux dont je viens de parler, à l'aide de la charrue à deux versoirs. Ce buttage pousse au développement de la racine.

c. Colza.

Le premier binage de *colza* semé en lignes a lieu lorsque la plante a 4 ou 6 feuilles, c'est-à-dire vers la fin d'août ou le commencement de septembre. On exécute cette opération à l'aide d'une binette ou de la rasette flamande.

Quand les ouvriers ne binent que les espaces compris entre les lignes, on leur donne de 10 à 12 francs par hectare. Un binage complet se paye de 20 à 25 francs. Dans le premier cas, on compte qu'un ouvrier peut biner de 20 à 25 ares par jour; dans le second, si le sol présente beaucoup de mauvaises herbes, il ne bine pas au delà de 8 à 10 ares.

Le deuxième binage s'opère en automne; mais, lorsque le premier a été bien fait, on peut se dispenser quelquefois du second. Pour cette seconde façon, on peut se servir de la houe à cheval.

C'est en septembre qu'on exécute l'éclaircissage; les ouvriers le pratiquent souvent en faisant le premier binage : ils arrachent les plantes superflues à l'aide de la binette. Les plants doivent être espacés, selon M. Heuzé, de $0^m.25$ à $0^m.30$ les uns des autres.

On profite aussi de ce travail pour utiliser les plants qu'on a enlevés pendant l'éclaircissage et les repiquer sur les lignes où il y a des vides.

On sème aussi le colza à la volée.

Voici ce que dit Mathieu de Dombasle sur le binage et l'éclaircissage du colza et de la navette semés à la volée :

« Le binage du colza et de la navette au printemps est une opération sujette à deux chances défavorables qui en diminuent fréquemment les bons résultats; car ces plants, prenant un accroissement très-rapide dès la sortie de l'hiver, il arrive souvent que l'humidité du sol et la saison diminuent considérablement l'efficacité des binages, qu'on ne peut exécuter qu'imparfaitement lorsque la terre n'est pas bien sèche, et qu'il vient un moment où les plantes sont trop grandes pour permettre cette opération. Il est donc fort important de profiter des beaux jours qui se présentent en septembre et même en octobre pour commencer à donner au colza et à la navette un binage aussi complet qu'il est possible, sauf à terminer cette opération ou à la compléter au printemps, autant que l'état du sol le permettra.

« Lorsque les plantes sont trop épaisses, on doit tarder le moins qu'on le peut de les éclaircir, parce que leur rapprochement excessif nuit beaucoup à leur végétation. Lorsque les plants sont encore jeunes, c'est-à-dire tant que les racines n'ont que la grosseur d'un tuyau de plume, on peut exécuter très-économiquement cette opération à l'aide de l'extirpateur. A cet effet, on démonte les pieds de la traverse postérieure selon qu'on veut détruire plus ou moins de plants : ainsi, si les pieds ont 28 centimètres de largeur, et qu'on veuille ne laisser qu'un tiers des plants qui garnissent le terrain, on placera les pieds de manière à laisser entre eux un espace de 14 centimètres, et on les rapprochera encore davantage, si l'on veut détruire une plus grande proportion de plants. Lorsque le plant est trop gros, cette opération devient difficile, à cause de la résistance qu'opposent les racines, et parce que l'instrument s'engorge, par la présence des plantes volumineuses que les pieds détachent du sol ; mais, lorsqu'elle est exécutée à temps et avec soin, elle place les plants qu'on laisse en lignes fort régulières, ce qui facilite beaucoup les binages suivants à la houe à main, et l'opération elle-même donne aux plantes une première culture qui leur est très-profitable. »

d. Gaude.

Le premier binage donné à la *gaude* en août, aussitôt qu'on a pratiqué l'éclaircissage des plantes en ménageant entre elles un espace de 0ᵐ.12 à 0ᵐ.16, ne suffit souvent pas. On répète un second et même un troisième binage, si l'état de la terre l'exige. On se sert, pour cette opération, qui doit être faite à bras, d'une binette à lame étroite.

Le premier binage est toujours le plus difficile à exécuter, parce que la plante est assez longue à prendre de la vigueur.

La gaude d'automne doit toujours être binée avant l'hiver.

Le premier binage se paye de 18 à 25 francs l'hectare, et les suivants de 14 à 16 francs ; en 1763, aux environs de Rouen, on payait les façons 18 fr.

e. Navets.

« En Angleterre, dit M. Gustave Heuzé, sur les terres qui ont été labourées, à l'époque de l'ensemencement, soit à plat, soit en billons, on fait passer dans toutes les raies, dix à vingt jours après le second binage (qui a eu lieu en août), un araire à deux versoirs, traîné par un seul cheval, afin de relever la terre de chaque côté des ados et de butter un peu les navets.

La culture en ados est surtout employée dans les climats et sur les sols humides, et sur tous les terrains où la couche arable n'a que 0ᵐ.15 à 0ᵐ.20 de profondeur, comme cela arrive dans tant de localités de la Grande-Bretagne et de la France. Les ados doublent à peu près la profondeur du sol où les racines doivent se développer ; et, sans cet expédient, ces racines ne pourraient prendre l'accroissement qu'on leur connaît partout, à cause de leur racine pivotante, qui atteint souvent jusqu'à 25 à 30 centimètres de longueur. »

f. Navette.

A la fin de septembre ou pendant le mois d'octobre, lorsque la *navette* a développé 4 à 6 feuilles, on procède à l'éclaircissage de la navette semée à la volée et qui est bien venue. Comme pour le navet (*voy.* p. 237), on éclaircit en faisant traîner une herse légère sur les endroits où le plant est trop épais. On attelle un seul cheval à la herse, qui traîne en *accrochant* ou en *décrochant*, c'est-à-dire du côté de la courbe des dents ou du côté opposé, selon qu'on veut arracher une plus ou moins grande quantité de plants. Une distance de 0ᵐ.16 à 0ᵐ.20 entre chaque pied est suffisante.

Il ne faut pas, non plus que pour les navets, trop s'effrayer des ravages de la herse; il restera toujours assez de plants pour couvrir la terre à la fin de l'automne, si le hersage est bien exécuté.

L'éclaircissage à l'aide de l'extirpateur, comme l'indique plus haut Mathieu de Dombasle à propos du colza et de la navette, est moins avantageux, puisqu'il oblige à éclaircir ensuite à la main les lignes qui restent sur le sol.

§ II. — SEMAILLES.

A. *Avoine d'hiver.*

On sème quelquefois l'*avoine* pour le commerce au mois de septembre, cependant l'usage le plus fréquent est de la semer en février et surtout en mars. (*Voy.* p. 43 et 76.) C'est particulièrement dans le centre, dans l'ouest et dans le nord de la France que cet usage est le plus répandu.

Dans ces régions, on cultive aussi l'avoine d'hiver comme fourrage. On sème en septembre à raison de 220 à 250 litres par hectare et on donne à la plante les soins de culture que nous avons indiqués dans le calendrier de *mars.* (*Voy.* p. 76.)

On fauche cette avoine vers la fin de mai et pendant la première quinzaine de juin. L'avoine de mars pour fourrage se fauche à la fin de juin et dans la première quinzaine de juillet.

Cette céréale ne doit être coupée que lorsque les panicules sont formés. Elle ne durcit pas aussi promptement que le seigle, et les animaux la mangent très-bien, fût-elle fauchée un peu tardivement.

« L'avoine coupée alors que les grains sont encore laiteux, dit M. Heuzé, constitue une nourriture à la fois substantielle et rafraîchissante. »

B. *Cardère.*

On sème la *cardère* au printemps ou à l'automne. On sème la cardère de printemps en place vers mars ou avril et en juin pour la pépinière, afin de transplanter en septembre. (*Voy.* p. 168 et 198.) C'est la méthode la plus employée.

Cependant, dans le Midi, dans les environs de Saint-Rémy, Tarascon, etc., on fait les semailles en septembre ou octobre.

« Le mois de septembre est l'époque la plus convenable pour la transplantation des cardères, dit Mathieu de Dombasle; celles qui sont plantées plus tard courent beaucoup plus de risque pendant l'hiver Un sol riche, profond, fortement amendé, préparé par plusieurs bonnes cultures, et surtout parfaitement égoutté, est celui qui convient à cette plante. Le procédé le plus expéditif est de tracer au rayonneur, sur le terrain bien hersé, des lignes à 0ᵐ. 50 de distance; on plante ensuite avec le plantoir ordinaire du jardinier, en espaçant également les plants à 0ᵐ.50 dans la ligne. Les plants doivent être au moins de la grosseur du petit doigt. »

« Il est utile de pratiquer la plantation par un temps couvert ou pluvieux, ajoute à son tour M. Gustave Heuzé; afin que la reprise des plants soit plus assurée. »

Un homme, aidé d'une femme ou d'un enfant, plante un hectare en 10 journées. Dans le département de Seine-et-Oise, la plantation d'un hectare contenant 20,000 pieds est payée de 50 à 60 francs.

C. *Chicorée sauvage.*

On sème aussi la *chicorée sauvage* (*voy.* p. 78) en automne, dans une céréale d'hiver, à raison de 12 kilogr. de graine à l'hectare.

Comme cette plante est vivace, on doit la herser chaque année au printemps, pour détruire les plantes à racines traçantes qui ont envahi le sol. Elle fournit chaque année de quatre à six coupes. On la fauche pour la première fois lorsque la tige et les feuilles ont atteint environ 0ᵐ. 30 de hauteur. Il ne faut pas la laisser grandir davantage: les tiges deviennent dures et les animaux refusent de les manger. On la donne toujours en vert aux bêtes à cornes et aux moutons.

D. *Colza d'hiver.*

On cultive le *colza* comme plante oléagineuse et comme fourrage vert.

Dans la région du sud-ouest on sème la plante oléagineuse du 15 août au 15 septembre. (*Voy.* p. 135, pour le colza d'été, appelé par erreur typographique *colza d'hiver.*) La préparation et les soins sont les mêmes que pour les ensemencements de juillet. (*Voy.* p. 199.)

On sème aussi quelquefois le colza d'hiver pour fourrage à la fin d'août ou au commencement de septembre. (*Voy.* p. 259.)

E. *Escourgeon ou orge d'hiver.*

L'*orge* est cultivée comme plante à grains farineux et comme plante fourragère.

On préfère généralement l'escourgeon d'hiver aux orges de mars. Les travaux pour l'ensemencement des orges d'hiver ne diffèrent pas des travaux nécessités pour les semailles de l'orge de printemps. Cependant nous empruntons à Mathieu de Dombasle ce qu'il dit spécialement sur la culture de l'orge d'hiver ou escourgeon.

« L'escourgeon, connu aussi sous le nom de *sucrion* ou *soucrillon*, peut être semé pendant le courant de septembre; l'époque qui me paraît la plus convenable est du 15 au 20. Son produit est, en général, plus considérable que celui de l'orge ordinaire.

« Au printemps, cette plante offre une ressource très-précieuse pour la nourriture des bestiaux au vert, parce qu'elle est toujours bonne à couper une quinzaine de jours avant le trèfle, et qu'elle forme une excellente nourriture pour toute espèce de bétail. Elle est fauchée d'assez bonne heure pour que le terrain puisse être employé à la plantation des pommes de terre ou à d'autres récoltes, de sorte qu'elle n'occupe le terrain, dans beaucoup de cas, que pendant un temps où il n'aurait rien produit.

« On sème à la volée environ 200 litres par hectare. Le sol doit être bien pré-paré par plusieurs labours; il doit être riche et dans un grand état d'ameublissement. De même que pour les autres céréales d'automne, il est beaucoup de terrains sur lesquels l'orge réussit infiniment mieux sur un labour *repris*, c'est-à-dire donné trois semaines ou un mois avant la semaille, que sur un labour frais : chacun doit s'attacher à connaître à cet égard, par l'expérience, les exigences du sol qu'il cultive; car il est peu de circonstances qui exercent plus d'influence sur le produit des récoltes que la semaille sur un labour frais ou vieux, selon la nature de la terre. On herse immédiatement avant la semaille si le terrain n'est pas bien uni ; on répand la semence à la volée et on la couvre par un coup d'extirpateur, qu'on peut faire suivre encore d'un hersage.

« On ne doit jamais placer l'orge d'hiver après une autre céréale ; mais elle réussit très-bien après du colza, des vesces fauchées en vert ou autres récoltes qui se font de bonne heure dans la saison. En Flandre, on regarde en général une récolte d'escourgeon comme égale en valeur à une récolte de froment ; et, pendant neuf ans que j'ai cultivé l'espèce que j'avais tirée de ce pays, je me suis convaincu que cette opinion est très-fondée. Cependant cette récolte est casuelle, parce que cette plante est moins hivernale que le froment, c'est-à-dire qu'elle est plus facilement détruite par les intempéries dans les hivers très-rigoureux; et elle craint aussi les effets des saisons très-pluvieuses, dans les sols qui ne sont pas parfaitement égouttés. »

M. Heuzé, dans son *Traité des plantes fourragères*, assure que l'escourgeon fournit autant de fourrage vert que l'avoine. Il faut avoir soin de faucher l'orge avant le développement complet des épis, afin que les barbes dont ils sont entourés ne blessent point le palais des animaux.

F. *Féveroles d'hiver.*

La plus répandue des deux variétés de *féveroles* que l'on récolte est celle de printemps, qui est semée en février. (*Voy.* p. 42).

La féverole d'hiver, qui se sème en septembre, octobre et jusqu'à la fin de novembre, se cultive de la même manière.

Voici ce que dit spécialement Mathieu de Dombasle sur la féverole d'hiver :

« La féverole d'hiver est une variété particulière encore peu répandue, mais qui se cultive dans plusieurs départements du centre de la France, et, vers le Nord, jusque dans celui de la Haute-Saône, où on la considère comme résistant aussi bien aux gelées de l'hiver que le colza et l'escourgeon. A Roville, où on ne la cultive que depuis trois ans, elle a bien résisté au froid, excepté dans l'hiver de 1829 à 1830, où elle a été détruite, de même que les colzas et les escourgeons.

« Un sol argileux convient seul à cette plante ; son produit est beaucoup plus abondant que celui de la féverole de printemps et son grain a une valeur élevée sur les marchés des cantons où on la cultive, parce qu'on la regarde comme très-propre à entrer dans la préparation du pain, par le mélange de sa farine avec celle du froment.

« On sème, du 15 au 20 septembre, 150 à 200 litres par hectare, et on recouvre fortement la semence. On bine au printemps, et on éclaircit les plants s'ils sont trop drus. Cette plante, se récoltant de bonne heure en août, laisse un temps suffisant pour la préparation du sol pour une semaille de froment, ce qui est souvent difficile après une récolte de féveroles de printemps. »

Cependant le savant agronome fut obligé plus tard de renoncer à cette légumineuse, parce qu'elle n'offrait point de produit satisfaisant. Mais il constate aussi qu'elle réussit parfaitement dans les environs de Vesoul.

Les féveroles vertes nourrissent très-bien les animaux. En Angleterre, on en fait consommer beaucoup au bétail. Les grains concassés, moulus ou délayés dans de l'eau, sont aussi une excellente nourriture.

G. Froment.

La culture du *froment* est généralement le pivot des assolements français. Je donnerai donc un certain développement à cette importante question. (*Voy.* p. 77.)

Les sols qui conviennent le mieux aux froments sont les limons et les terres argilo-siliceuses calcaires, c'est-à-dire où l'argile domine. Cependant il y a peu de sols qui ne puissent être appropriés à cette culture par des marnages intelligents, en y faisant préalablement, pendant quelques années, des prairies artificielles.

Quand donc on veut employer un terrain à la culture du froment, il faut rechercher s'il se rapproche de la composition que je viens d'indiquer, et, dans le cas où il s'en éloignerait trop, tâcher de le corriger par les amendements.

Chaque grain de froment est composé de l'écorce, qui, après la mouture, forme le *son*, d'une matière blanche qu'on nomme la *fécule*, et d'une matière brune qu'on nomme le *gluten*. Le gluten est la partie la plus nutritive du froment ; c'est lui qui lie la pâte et lui donne son élasticité.

Un champ humide produit des grains à écorce épaisse, par conséquent des grains de qualité inférieure.

Un champ qui prend facilement la chaleur donne une paille moins longue et un grain mieux nourri en farine.

C'est particulièrement l'action du fumier qui augmente la quantité de gluten contenue dans le grain, c'est-à-dire la quantité de matière nutritive.

Donc les terres chaudes fortement fumées donnent le meilleur grain, le grain le plus riche en farine et en gluten ; en même temps, ce sont les fortes fumures, précédées de labours profonds, qui procurent les plus grands rendements au blé.

Pour obtenir un beau froment, il faut avoir soin d'observer les prescriptions qui peuvent se résumer ainsi :

Faire succéder le froment à des cultures fumées et sarclées, qui ont exigé de fréquents binages ou des buttages. Il faut toujours éviter de fumer sur le froment. La fumure appliquée à une récolte précédente réussit mieux. Le trèfle, lorsqu'il n'occupe le sol que peu de temps, est une excellente préparation au froment.

Champ bien nettoyé des mauvaises herbes; c'est ce que font à merveille les binages, sarclages, buttages des soles de plantes dites sarclées.

Sol suffisamment ameubli à la surface, sans cependant être complétement réduit en poussière : les petites mottes ont l'avantage de retenir la neige, et, en se fendant plus tard, à la suite des gelées, elles procurent aux jeunes plantes un bon rechaussement.

Derniers labours peu profonds.

Hersages modérés.

« Dans l'ancien système de culture, dit Mathieu de Dombasle, c'est toujours sur la jachère que l'on sème le blé, et après trois labours au moins ; dans les terres fortes et argileuses, on ne peut, sans négligence, se dispenser de donner à la jachère ce nombre de labours, dont on peut toutefois remplacer un par le travail du scarificateur ou de l'extirpateur.

« Depuis qu'on a admis dans la grande culture, ajoute-t-il, une plus grande variété de récoltes, on a trouvé que, dans beaucoup de cas, il est plus économique de semer le blé, soit sur le trèfle rompu et sur un seul labour, soit après une récolte de féveroles sarclées, qui n'exigent aussi qu'un labour, soit après du colza, des pavots, du maïs, du sarrasin, etc. Lorsqu'on sème sur un trèfle, il est entendu que le trèfle n'était pas infecté de chiendent ou d'autres plantes à racines vivaces. C'est pour cela que, dans un bon système de culture, le trèfle ne doit subsister qu'un an ; car, à la seconde année, presque toujours le trèfle s'éclaircit, et le chiendent ou les autres plantes à racines vivaces s'emparent du terrain.

« Le colza et la navette sont ordinaire-ment suivis d'une très-belle récolte de blé. On doit donner un labour le plus tôt possible après l'enlèvement de ces plantes, et encore un autre avant la semaille du blé. On obtient aussi de beau blé après des pommes de terre ou des betteraves, pourvu que la récolte ait pu être enlevée de bonne heure, et l'infériorité qu'on a souvent remarquée dans le produit des blés placés ainsi provenait du retard qu'éprouve ordinairement la semaille après les récoltes de racines.

« Dans ce système de culture, le terrain n'est pas fumé immédiatement pour le blé; mais, lorsqu'il succède à des féveroles, des vesces, du colza, des pommes de terre, etc., le sol doit avoir été fumé pour ces plantes, et on a rarement à craindre dans le sol un excès de richesse qui donne au blé une disposition à verser; mais, lorsqu'on sème sur une jachère fumée, il y aurait beaucoup d'inconvénients à donner une trop grande quantité de fumier ; l'excès en ce genre peut être aussi nuisible que le défaut contraire. »

Le choix de la semence, aussi bien pour toute espèce de culture que pour celle du froment, est de la plus grande importance : « qui ne sème rien ne récolte rien; qui sème mal récolte mal. » Il importe avant tout, dans le choix des grains de semence, qu'ils soient de bonne qualité, bien mûrs, sans mélange de semences étrangères. Les froments nouveaux doivent toujours être préférés pour semence.

Les meilleurs grains de semences sont ceux qui contiennent le plus de gluten; ils sont plus durs et un peu plus foncés en couleur que les autres. On les passe toujours, au moins une fois, au trieur Pernollet, dont j'ai donné la description et le dessin. (*Voy.* p. 75.)

Quelques cultivateurs croient nécessaire de changer de semence. C'est une question très-controversée. M. Louis Vilmorin a parfaitement démontré que le blé transporté d'une contrée dans l'autre prenait rapidement la forme et les propriétés du blé cultivé dans le pays où on l'importait et perdait ses particularités originaires. Mathieu de Dombasle dit que, lorsque le cultivateur achète du blé hors de chez lui, il achète naturellement ce qu'il trouve de plus beau, tandis que, dans le cas contraire, il ne peut semer que ce qu'il a et se trouve, par conséquent, beaucoup plus limité dans son choix. En outre, chaque espèce de sol favorisant la croissance de certaines mauvaises herbes, il s'ensuit que les graines qui peuvent se trouver mêlées dans le blé doivent moins prospérer lorsqu'on les répand sur un sol nouveau.

Mais notre savant agronome conclut pourtant qu'il ne peut y avoir aucune utilité à changer sa semence pour un cultivateur qui a chez lui du blé bien nourri et exempt de mauvaises graines.

Les grains sont sujets à une maladie connue sous les noms de *carie*, *noir*, *nielle*, *misseron*, etc., qui détruit souvent des récoltes entières. On emploie, pour prévenir le fléau, le *chaulage*, qui consiste à faire tremper le grain de semence dans de la chaux éteinte dans l'eau. On rend cette eau de chaux plus énergique en y ajoutant un peu de sel. Mathieu de Dombasle recommande l'emploi simultané de la chaux et du sulfate de soude. Voici comment il conseille d'opérer :

On fait dissoudre 8 kilog. de sulfate de soude par hectolitre d'eau, ou 80 grammes par litre d'eau. La dissolution doit se faire au moins quelques heures à l'avance, dans un cuvier, et l'on agite fréquemment jusqu'à ce que le sel soit complétement dissous. Dans l'eau bouillante, la dissolution est plus prompte. Le liquide ainsi préparé peut se conserver pendant toutes les semailles.

D'un autre côté, on place quelques pierres à chaux dans un panier, et on plonge le tout, pendant quelques secondes, dans de l'eau pure. On retire aussitôt et on dépose la chaux sur le sol, où elle s'échauffe, fait effervescence et se réduit en poudre.

On prépare cette chaux au moment de s'en servir; car, si on la laissait à l'air, elle perdrait sa force et ses propriétés primitives.

Maintenant voici comment on opère :

On verse un hectolitre de froment au milieu de la pièce, sur un sol de carreaux, de dalles ou de ciment. Trois ouvriers armés de pelles en bois agitent et retournent vivement ce tas, pendant que la personne qui dirige l'opération verse à plusieurs reprises, mais à très-peu d'intervalles, autant de sulfate de soude que le grain peut en absorber, 6 à 8 litres par hectolitre ; on ne s'arrête que lorsque le liquide commence à s'écouler hors du tas. Tous les grains doivent être uniformément humectés.

Alors, sans perdre un seul instant, le chef prend une écuelle de chaux et la répand sur toutes les parties du tas, pendant que les ouvriers retournent activement le grain. Il en ajoute jusqu'à 2 kilog., qui est la quantité suffisante pour un hectolitre de grain.

Cette opération terminée, on rejette ce grain dans un coin de la pièce, et on recommence jusqu'à ce que toute la semence soit préparée. Le grain ainsi sulfaté peut se conserver en tas pendant plusieurs jours. Si on craint qu'il ne s'échauffe, on le change de place en le pelletant.

L'important, c'est que la chaux soit appliquée aussitôt après le sulfate, afin que le liquide ne soit pas absorbé et demeure sur l'écorce du grain, où se trouve précisément le germe de la maladie contre laquelle on veut agir.

On emploie deux modes de semailles :

Les semailles *à la volée* : c'est le mode le plus généralement adopté; elles se font *sur raies*, c'est-à-dire à la surface du champ, pour être recouvertes avec la herse; ou *sous raies*, de manière à être recouvertes par la charrue. Le premier travail est plus expéditif; mais le second, quoique plus lent, est plus avantageux, surtout dans les terres légères.

Les semailles en *lignes* : ce mode est mcontestablement supérieur, théoriquement, au précédent. Le froment n'a pas de plus grands ennemis que les herbes parasites : semer en lignes, c'est le meilleur moyen de faciliter la destruction complète, rapide et économique de ces herbes à l'aide de la houe à cheval. En outre, les blés semés en lignes sont moins sujets à verser ; ils sont de meilleure qualité ; ils se moissonnent plus facilement, et enfin les binages qu'on peut leur donner avec la houe à cheval améliorent d'autant le sol.

On a des semoirs pour semer en lignes et des semoirs pour semer à la volée. J'ai donné dans le *Calendrier de mars* (voy. p. 73 à 75, 80 et 81) la description et le dessin de deux bons semoirs en lignes. La figure 55 donnera l'idée d'un bon semoir à la volée.

Le jury du Concours universel de 1856 n'a pas cru devoir donner de 1er prix dans la catégorie des semoirs à la volée pour céréales et graines de prairies artificielles ; le second prix a été donné au semoir de M. le comte Einsielden (Prusse) pour le semoir inventé par Alban (fig. 55).

Cet instrument sème sur une largeur de 3m.50 ; l'organe distributeur est un axe portant les rouleaux à encoches et tournant devant une ouverture par où le grain arrive de la trémie avec une abondance qu'il est possible de modifier à volonté à l'aide de glissières ; le cylindre a des encoches de diverses grandeurs pour régler les différents grains ou pour régler les différentes quantités à semer. Un levier B, imprimant à l'axe un mouvement de droite à gauche, permet de présenter devant la vanne, par où sort la semence, l'encoche convenable. Le cylindre, chargé de cette semence, la projette sur le bord supérieur d'une planche inclinée C, garnie de taquets triangulaires, disposés en triangles, par trois, qui la forcent à s'étaler et à glisser en nappe uniforme sur le sol.

Le distributeur d'engrais pulvérulent de Chambers (fig. 56) est construit à peu près selon le même principe. Il est très-utile pour semer l'engrais à la volée. Le dessinateur a brisé la porte qui clôt le mécanisme pour montrer une portion du tablier garni de pointes en fer qui servent à distribuer l'engrais.

Selon Mathieu de Dombasle, on sème ordinairement à la volée 200 litres de froment par hectare ; en lignes de 25 centimètres d'écartement, on n'emploie guère que la moitié ou les deux tiers de cette quantité. Cependant les agriculteurs anglais, qui, les premiers, ont pratiqué l'ensemencement en lignes, ont remarqué qu'une parcimonie même légère dans les quantités de semences amenait une diminution notable dans la récolte. Quand on arrive à faire rendre à la semence jusqu'à 15 pour 1 et plus, ce serait un bien mauvais calcul d'économiser la graine avant qu'on ait atteint la limite extrême où s'arrête nécessairement ce magnifique rapport.

M. Édouard Lecouteux, on l'a vu plus haut, emploie 210 litres à l'hectare. La différence avec l'indication de M. Dombasle est à peu près insignifiante.

Cependant on ne peut donner, pour les ensemencements à la volée, des chiffres très-précis. La quantité employée dépend essentiellement de l'époque à laquelle ont lieu les semailles. Quand on sème tardivement, il faut augmenter la semence, parce que la plante aura moins le temps de taler. On ajoute quelquefois un huitième et même un quart aux deux hectolitres par hectare indiqués par Mathieu de Dombasle. Il est vrai que, pour les ensemencements hâtifs, on peut diminuer cette quantité dans la même proportion.

On cultive un grand nombre de variétés de froments. Mathieu de Dombasle assure que la distinction la plus importante pour la culture est celle des *blés fins* et des *blés gros* ou *barbus : «* Ces derniers, dit-il, peuvent donner de riches produits dans des sols où la culture des blés fins ne pourrait réussir, c'est-à-dire dans les terrains bas où un peu humides, ou sur des prés rompus ;

là, la rouille ou d'autres maladies réduiraient très-souvent presqu'à rien les récoltes des blés fins, tandis que les gros blés y résistent beaucoup mieux ; mais les derniers sont d'une qualité très-inférieure à la vente. »

Le nombre des variétés cultivées augmente tous les jours. Chaque pays, chaque cultivateur, chaque terre, a la sienne. Je me contenterai d'indiquer quelques grandes divisions généralement adoptées par les cultivateurs.

On distingue d'abord les *froments proprement dits*, dont le grain est libre dans la balle qui l'enveloppe et s'en détache au battage; et les *épeautres*, dont le grain reste adhérent à la balle.

La première classe se divise en cinq groupes :

1° *Froment ordinaire sans barbes*. Blé blanc de Flandre, blé de Hongrie, tuzelle, blé fellemberg, richelle de Naples, blé d'Odessa, blé de Saumur, blé rouge, marianopoli, blé de mars rouge, etc., etc. Ce sont les plus répandus en France et dans une grande partie de l'Europe. Ce sont aussi les plus estimés sous le rapport de la qualité du grain. Le grain est rougeâtre, jaune ou blanc; tendre ou demi-tendre, selon la variété.

2° *Froment ordinaire barbu.* Il a à peu

Fig. 55. — Semoir à la volée d'Einsiedeln.

près les mêmes qualités que le premier, mais le grain est un peu moins tendre.

3° *Froment renflé, gros blé* ou *poulard.* Les qualités générales de ce blé sont d'être rustique, vigoureux, d'avoir une paille haute et forte. Le grain est inférieur à celui du blé ordinaire. Cette espèce est bonne pour semer sur défrichement dans des terrains bas, humides, ou trop riches en humus.

4° *Froment de Pologne.* Trop délicat pour nos hivers, son grain est dur, d'une excellente qualité, mais il mûrit incomplétement.

5° *Froment dur d'Afrique.* Grain dur, de bonne qualité, on le cultive avec succès en Algérie. Il exige un climat très-chaud. Ce froment et le précédent sont des variétés de la même espèce.

L'épeautre se divise en trois espèces : 1° *l'épeautre proprement dite*; 2° le *froment amidonnier*; 3° le *froment engrain.*

Ces trois blés sont très-rustiques, mais on les cultive peu en France. On les retrouve principalement dans les contrées froides de l'Europe, dans le nord de l'Allemagne et en Russie.

« Le blé, dit Mathieu de Dombasle, a besoin d'être recouvert de 3 centimètres de terre au moins ; 5 à 6 centimètres valent mieux dans la plupart des terrains, et, si le sol est sablonneux et léger, 8 à 9 centimètres ne sont pas de trop, lorsque le dernier labour a été donné trois semaines ou un mois avant la semaille, circonstance la plus favorable, dans beaucoup de terrains, à la réussite du froment; on enterre la semence par un trait de scarificateur qu'on fait suivre quelquefois de la herse. Sur un labour frais, on se contente ordinairement d'enterrer la semence par un hersage ; mais la semaille est bien plus égale lorsqu'on herse le terrain avant de répandre la semence, qu'on recouvre ensuite avec l'extirpateur, comme je viens de le dire. »

II. *Fromental.*

On peut semer le *fromental*, ou *avoine élevée*, en automne ; mais il faut avoir soin de semer sur des terres nues. « Les graines que l'on répand, dit M. Heuzé, pendant cette saison, sur des céréales d'hiver nuisent à ces plantes, soit en épuisant le sol, soit en produisant au printemps des tiges très-élevées. »

On enterre les semences avec une herse ou un râteau, selon l'état et la nature du sol. En automne et au printemps, il est inutile de couvrir, s'il survient des pluies continues.

I. *Jarosse.*

Cette légumineuse est connue sous une foule de noms : on l'appelle *garousse, petite gesse, gesse chiche, pois cornu, arrosse*, etc.; elle est très-rustique et peut être cultivée sous toutes les latitudes ; elle résiste aussi bien aux froids rigoureux qu'aux grandes sécheresses ; toutes les terres lui conviennent ; mais elle croît avec plus de vigueur sur les terres calcaires, argileuses ou siliceuses.

On sème en septembre par un beau

Fig. 56. — Distributeur d'engrais de Chambers.

temps, à raison de 250 à 300 litres de graines par hectare. On recouvre et on cultive comme pour la vesce. (*Voy.* p. 85 et 178.)

La jarosse, quoiqu'elle soit cultivée sur des terrains de moins bonne qualité, donne des produits égaux à ceux que fournit la vesce d'hiver, qu'elle soit consommée en vert ou à l'état sec.

J. *Lentilles et lentillons.*

La *lentille d'Auvergne*, connue aussi sous le nom de *jarosse d'Auvergne, lentille*

à une fleur, offre un grand intérêt en ce qu'elle réussit très-bien sur les mauvais terrains. On la cultive dans les départements de l'Oise, de Seine-et-Oise, d'Eure-et-Loir et de l'Eure ; elle fait l'objet d'un commerce très-important dans le département de la Haute-Loire ; elle croît à merveille sur les terrains volcaniques de cette contrée. Les terrains sablonneux et schisteux lui conviennent également. Elle ne réussit pas sur les terres calcaires.

On sème en septembre et octobre à raison de 100 litres par hectare, et on récolte en juin, quand on veut l'utiliser comme fourrage.

La *lentille ers* croît naturellement dans les moissons. Dans le Midi, on la cultive comme fourrage et on sème en automne. (*Voy.* p. 80.)

Fig. 57. — Machine à battre de M. Albret.

Le *lentillon d'hiver* est une variété assez rustique pour être semée en automne et résister aux froids ordinaires de l'hiver. On sème en septembre ou octobre, et on lui donne les mêmes soins qu'au *lentillon* de printemps. (*Voy.* p. 80.)

K. *Lupuline.*

Dans le Midi, on sème la *lupuline* en septembre ou en octobre, de la même manière qu'au printemps. (*Voy.* p. 82.)

Quand les semis n'ont pas réussi ou qu'ils ont été faits sur des terrains très-pauvres, on applique à la fin de l'automne une fumure en couverture.

La lupuline est moins productive que le trèfle et le sainfoin.

L. *Luzerne.*

La *luzerne* se sème ordinairement au printemps; cependant on la confie aussi à la terre en automne.

« Dans les provinces du Midi, écrit M. Gustave Heuzé, on sème souvent la graine sur des sols nus, après les avoir défoncés et ameublis avec la charrue ou la bêche. Les semis se font alors en septembre-octobre, ou en mars-avril. C'est par exception qu'on les exécute en juillet. Cette méthode de semer la luzerne donne ordinairement de très-bons résultats : sa vigueur est toujours plus grande que si sa graine avait été répandue dans une céréale d'hiver ou de printemps, puisqu'elle n'a été gênée dans son développement par aucune plante et que le sol a été parfaitement ameubli avant la semaille. »

On doit apporter le plus grand soin aux semailles de luzerne, la graine étant extrêmement ténue est difficile à répandre avec la régularité nécessaire. Un ensemencement négligé compromet la récolte. Mêmes soins que pour la culture de la luzerne de printemps. (*Voy.* p. 82 et 177.)

M. *Moutarde blanche.*

On peut semer la moutarde blanche mme fourrage depuis le mois d'avril jusqu'au commencement de septembre (*voy.* p. 122), en répétant les semis, si l'on veut, tous les quinze jours.

N *Navets.*

« Dans la plupart des départements de l'Ouest, dit M. Heuzé, on cultive un navet à racine légèrement fusiforme, que l'on arrache à la fin de l'hiver ou au commencement du printemps, lorsque sa tige est développée et en fleur. Les racines et les tiges de ce navet, que l'on nomme *nabusseau* ou *navisseau,* constituent le premier fourrage vert que les bêtes à cornes consomment au printemps. »

En Anjou et en Bretagne, les nabusseaux résistent parfaitement aux froids de l'hiver, qui est généralement assez doux dans ces contrées. Cependant il faut, pour qu'ils offrent cette résistance, qu'ils aient été semés sur un terrain perméable, drainé, ou assaini par une culture en sillons traversée obliquement dans le sens des pentes par des rigoles d'écoulement.

On sème dans la première quinzaine de septembre un peu dru et à la volée, à raison de 4 à 5 kilog. de graines par hectare. Même culture que pour les navets. (*Voy.* p. 168 et 202). On arrache au printemps (*voy.* p. 86), quand les fleurs sont complétement épanouies, parce que les tiges durcissent promptement.

O. *Navette*

On cultive dans quelques provinces la *navette* comme plante fourragère à cause de sa rusticité et de son aptitude à végéter sur les sols calcaires et de médiocre qualité. On sème à la volée en septembre, raison de 10 à 12 kilog. de graines à l'hectare. Les semis doivent être faits sur des terres bien ameublies par la charrue et la herse.

La navette redoute l'eau stagnante pendant l'hiver. On la fauche au moment où elle épanouit ses fleurs. Il faut la couper de bonne heure.

P. *Pastel.*

Quand on cultive le *pastel* sur des terres fertiles, on peut faire les semis en automne. Même culture que pour le pastel de printemps. (*Voy.* p. 83.)

Q. 1 imprenelle.

On cultive la *pimprenelle* aussi en automne, de la même façon qu'au printemps. (*Voy.* p. 83.)

R. *Pois gris d'hiver.*

Les *pois gris d'hiver* se sèment en septembre et en octobre. Il faut opérer par un beau temps et lorsque la terre est meuble, avec les mêmes soins que pour le *pois gris de printemps*. (*Voy.* p. 44.)

Les pois gris ne réclament aucun soin pendant leur végétation.

S. *Ray-grass.*

On exécute de préférence en septembre les semis de *ray-grass* dans les terres sujettes à souffrir de la sécheresse.

Quand on sème en automne, il faut, autant que possible, projeter les graines sur des terres nues. Les graines que l'on répand pendant cette saison dans des céréales d'hiver nuisent à ces plantes, soit en épuisant le sol, soit en produisant au printemps des tiges élevées. Dans les sols frais, la graine de ray-grass lève en 12 ou 15 jours. (*Voy.* p. 83.)

T. *Seigle.*

Le seigle prospère dans beaucoup de terrains où la culture du froment serait impossible. Il n'est pas exigeant. Tous les terrains qui ne sont pas trop humides lui conviennent. Il viendrait très-bien sur les riches sols à froment, mais on ne l'y cultive pas, et on a raison. On garde cette plante sobre et rustique pour les terrains les plus pauvres, et elle y croît à merveille. C'est la grande ressource des pays montagneux du centre de la France et de la Bretagne.

Le seigle exige les mêmes préparations que le froment; seulement il veut un sol plus ameubli.

Le trèfle ne réussissant pas dans toutes les terres à seigle, on se sert de la lupuline et surtout du sainfoin comme préparation de cette céréale.

Comme le seigle pousse très-bien sur les terrains pauvres, on se croit souvent dispensé de lui donner des engrais. C'est une grande erreur. Il faut, comme pour le froment, éviter de le semer sur une terre épuisée, si on ne veut s'exposer à perdre sa semence.

Dans certains départements du Centre et du Midi, on sème un mélange de seigle et de froment, connu sous le nom de *méteil*. Cette coutume est destinée à se perdre à cause de la précocité du seigle, qui mûrit avant le froment.

« Le seigle, dit Mathieu de Dombasle, peut se semer plus tôt que le froment; et c'est ordinairement par ce grain qu'on commence la semaille des céréales d'automne. Dans quelques cantons, notamment en Bourgogne et en Champagne, on sème même dès le mois d'août; et l'on considère les semailles hâtives comme une condition indispensable de la réussite de cette récolte. Cependant ailleurs, et spécialement en Lorraine, le seigle réussit encore fort bien, quoique semé à la fin de septembre et même en octobre. Il donne généralement alors moins de paille, mais la grenaison est satisfaisante.

« Le seigle se cultive surtout dans les sols trop légers ou trop peu fertiles pour le blé : dans les bonnes terres à froment, on ne sème ordinairement du seigle que pour sa paille, qui sert à faire des liens pour les gerbes de blé, pour empailler les chaises, pour faire des paillassons, lier la vigne, et pour quelques autres usages. On prépare ordinairement la terre par deux ou trois labours, et l'on sème à la volée 150 à 200 litres par hectare, de la même manière que je l'ai indiqué pour le froment.

« Le seigle présente une ressource précieuse pour la nourriture des bestiaux au vert, parce que c'est le premier fourrage qu'on peut faucher au printemps, et, comme la terre se trouve débarrassée de très-bonne heure, cette récolte ne coûte que la semence qu'on y emploie; cependant les sols riches peuvent seuls fournir une bonne coupe à la faux ; et cette ressource est peu durable, parce que les tiges deviennent bientôt trop dures. »

On ne cultive guère que trois variétés de seigle : le *seigle d'automne;* le *seigle de mars,* et le *seigle de la Saint-Jean.* Ce dernier semé pour fourrage donne pour les animaux une excellente nourriture verte. (*Voy.* p. 202.)

U. *Serradelle.*

Dans le midi de l'Europe, on sème la *serradelle* au mois de septembre ou octobre. La douceur des hivers de la région de l'ouest de la France permet de pratiquer les semis pendant cette saison. (*Voy.* p. 123.)

V. *Spergule.*

On sème la *spergule* à deux époques : au commencement du printemps (*voy.* p. 123) et à la fin de l'été. Cependant, pour déterminer l'époque des semis, il faut surtout avoir égard à la fraîcheur du sol et à l'humidité de l'atmosphère, cette plante convenant surtout aux climats humides et brumeux.

X. *Trèfle.*

Le *trèfle rouge* se sème de préférence au printemps (*voy.* p. 84), mais cependant on peut le semer en automne. « Les semis que l'on pratique en automne, dit M. Gustave Heuzé, ne donnent pas toujours d'heureux résultats. Il faut, pour qu'ils soient véritablement avantageux, que l'hiver soit, en général, fort doux, que la terre ne soit pas sujette à être soulevée par les gelées, que l'on n'ait point à regretter les dégâts que commettent souvent les limaces sur les jeunes trèfles vers la fin de l'automne et même durant l'hiver, et que les semis aient lieu comme on le pratique quelquefois dans le Dauphiné, la Provence, le Languedoc, sur des sols nus. On doit renoncer à une telle pratique quand la graine doit être répandue sur une terre couverte par une céréale en végétation, si la nature du sol exige que cette plante soit hersée vigoureusement au printemps. »

Quand on veut semer du trèfle dans une céréale, il faut le semer au printemps et attendre que la céréale ait été suffisamment hersée et que le sol soit bien nettoyé et ameubli.

Quelle que soit l'époque où on les exécute, on doit, dans les semailles de trèfle, selon M. Gustave Heuzé :

1° Profiter de l'humidité du sol et de celle de l'atmosphère ;

2° Prévoir, autant que possible, les effets de sécheresse qui surviennent quelquefois immédiatement après les semailles ;

3° Choisir de préférence pour l'ensemencement le moment où la surface du sol a été ameublie par la herse ;

4° Répandre la graine lorsque la plante protectrice n'a encore que quelques centimètres d'élévation, si l'on ne peut la disséminer aussitôt que la semence de cette plante aura été enfouie dans le sol ; 5° enfin, exécuter les ensemencements quelques semaines avant l'époque où les plantes naturelles nuisibles envahissent la couche arable.

Le *trèfle incarnat* est une culture du midi de la France. On le sème à la fin d'août ou au commencement de septembre. Il souffre beaucoup des gelées et des dégels ; cependant, quand on le cultive sur des sols perméables ou drainés, il peut supporter les froids ordinaires.

Il est plus difficile que le trèfle rouge sur le choix du terrain. Les terres qui lui conviennent le mieux sont les terres argilo-siliceuses, schisteuses et silico-argileuses. Il passe difficilement l'hiver sur les sols humides, imperméables, et sur les terres calcaires.

Le trèfle incarnat offre une particularité digne de remarque : pour que sa semence réussisse bien, il faut qu'elle soit répandue sur un sol battu ou sur une terre labourée depuis longtemps. Ce fourrage suit ordinai-

remènt une céréale. On se contente de le
semer après un ou deux hersages appliqués
sur le chaume, à moins que le sol ne soit
déjà envahi par les plantes parasites traçantes (le chiendent, etc.), car alors il faudrait avoir recours au scarificateur ou à
l'extirpateur.

Il joue un rôle important dans l'assolement des contrées qui avoisinent les Pyrénées; on le place entre le froment et le
maïs.

On répand la semence de trèfle incarnat,
ou *mondée*, dépouillée de son enveloppe, ou
en *bourre*, revêtue de cette enveloppe. Dans
le premier cas, on emploie de 20 à 25 kilogrammes par hectare; dans le second cas,
il faut répandre de 45 à 50 kilogrammes.
On recouvre, soit à l'aide du rouleau, soit
au moyen de la herse.

On le cultive quelquefois avec du ray-
grass (en Bretagne), avec de la vesce (en
Normandie), avec du seigle et même des
navets (dans le département de Lot-et-Garonne).

Les semailles hâtives sont celles qui donnent les meilleurs résultats.

« Quelle que soit l'époque déterminée
pour exécuter les semis, dit M. Heuzé, il est
nécessaire de répandre la semence quand
le temps est disposé à la pluie ou après une
pluie récente. Alors la germination est plus
assurée et plus prompte, à cause de l'humidité que la terre tient à la disposition de
la force végétale des graines. Dans quelques
parties du Midi, dans le Roussillon, par
exemple, on est souvent obligé, à cause
des sécheresses d'août, de rafraîchir la terre
par des irrigations ou d'attendre le mois
de septembre pour pouvoir répandre la
graine, soit sur les chaumes des céréales,
soit sur les terres occupées par la culture
du maïs. »

Y. *Vesce d'hiver.*

La *vesce d'hiver* est très-rustique; si la
terre qui la porte est exempte d'humidité,
elle résiste facilement aux gelées de l'hiver.

Comme elle redoute l'humidité, on doit la
semer de préférence sur les terres siliceuses
et légères, éviter les terrains trop argileux
et compactes. Les terres calcaires, argileuses
et calcaires-siliceuses drainées ou à sous-sol
perméable, lui conviennent parfaitement.

Après une céréale, on retourne le
chaume, en août, et on herse énergiquement. Avant le semis, on laboure en billons
de 2 à 3 mètres de largeur, ou à plat si
le sol est bien perméable.

Quand le sol est exempt de mauvaises
herbes, un seul labour peut suffire.

On sème depuis le mois de septembre
(ce sont les semis qui valent le mieux) jusqu'au 15 novembre. Les quantités varient
de 200 à 300 litres par hectare. (*Voy.* p. 85.)

« Les vesces d'hiver, dit M. Heuzé, sont
des plantes assez exigeantes, et leur réussite
complète est douteuse sur les terres en période fourragère et surtout en période pacagère, quoiqu'elles soutirent de l'atmosphère par leurs tiges et leurs nombreuses
feuilles une partie de leur nourriture. Lorsque la terre est encore dans la période de
fertilité, on doit la fumer avant de terminer
sa préparation. Cette fumure ne sera jamais
entièrement absorbée, et profitera encore
largement à la plante qui suivra cette culture fourragère.

« Les terrains plus riches ne réclament
pas d'engrais; leur vieille force est suffisante, quand ils sont argilo-calcaires ou
calcaires-siliceux, pour que la vesce d'hiver y donne des récoltes fourragères abondantes. »

§ III. — RÉCOLTES.

A. *Arachide.*

Les gousses d'*arachide* sont mûres quand
les plantes ont pris une teinte jaune et que
les tiges et leurs feuilles sont presque sèches. On arrache les pieds au moyen d'une
fourche à dents plates, ou avec la main.
Quand l'arachide est cultivée sur un sol siliceux ou sur des terres d'alluvion très-

sablonneuses, on n'a pas besoin d'employer la fourche.

Quand l'arrachage est terminé, on fait sécher les pieds dans un lieu sec et abrité.

D. Gaude de mars.

La *gaude de mars* ou *gaude de printemps* se récolte à la fin d'août ou en septembre. On suit pour cette récolte les mêmes règles que pour la *gaude d'automne*. (*Voy.* p. 79, 217 et 259.)

C. Cameline.

La *cameline* se récolte en août ou septembre, selon l'époque des semis. (*Voy.* p. 242.)

D. Féveroles.

« La récolte des féveroles, dit Mathieu de Dombasle, se fait rarement avant le mois de septembre, et il est bon de les couper avant la maturité complète des semences, parce que la paille est ainsi de meilleure qualité pour le bétail. C'est une considération fort importante dans la culture de la féverole; car cette paille, lorsqu'elle est bien récoltée, forme un excellent fourrage pour les chevaux, les vaches et les moutons. Lorsque la récolte est épuisée, le bétail mange presque toutes les tiges; si elle est plus claire, il laisse les plus fortes et n'y trouve pas moins une nourriture abondante, et peu inférieure en qualité au foin des prairies naturelles.

« Les tiges des fèves ont besoin de rester assez longtemps sur la terre pour se dessécher complétement. Lorsqu'on veut faire succéder du blé à cette récolte, il est bon, si on le peut, de transporter les fèves, aussitôt quelles sont coupées, sur un champ ou sur un pré voisin, afin de pouvoir labourer tout de suite le terrain.

« Les féveroles forment une excellente nourriture pour tous les bestiaux; mais, dans la plupart des cas, on ne doit les faire consommer qu'après les avoir détrempées dans l'eau, ou les avoir concas-

sées. Ainsi administrées, elles augmentent beaucoup le lait des vaches et engraissent parfaitement le bétail à cornes. Elles sont bonnes aussi pour l'engraissement des cochons, quoique inférieures, sous ce rapport aux pois et au maïs. Pour les bêtes à laine, c'est une des meilleures provendes qu'on puisse leur donner pendant l'hiver. Elles remplacent parfaitement bien l'avoine pour les chevaux, en les faisant concasser et les mêlant avec de la paille hachée. Les féveroles ont une faculté nutritive à peu près double de celle de l'avoine, c'est-à-dire qu'un hectolitre remplace presque deux hectolitres d'avoine. » (*Voy.* p. 42 et 243.)

On obtient, dans les saisons très-favorables, de 25 à 50 hectolitres par hectare.

E. Garance.

La récolte de la *garance* est une importante opération qui se fait ordinairement depuis la fin d'août ou le commencement de septembre jusqu'à la fin de novembre.

On arrache plus tôt dans le Midi qu'en Alsace, afin de profiter des derniers beaux jours de l'été pour sécher les racines; en somme, il vaut mieux arracher tôt que tard.

Dans le Comtat d'Avignon, on arrache la garance quand elle a trente mois, c'est-à-dire à la fin de sa troisième année d'existence.

En Alsace, dans les provinces Rhénanes et en Hollande, on arrache toujours la garance à dix-huit mois. Attendre plus longtemps compromettrait la récolte de ce produit. Il est vrai que les agriculteurs du Midi de la France multiplient la garance par grains, tandis que dans le Nord on se sert de boutures ou de provins, ce qui avance considérablement la végétation.

On arrache généralement la garance de deux manières : à bras ou à la charrue. M. Gustave Heuzé, dans son livre les *Plantes industrielles*, a examiné avec détail ces deux procédés, et en a fait ressortir les conséquences économiques.

1. *Arrachage à bras.*

« Les ouvriers chargés d'arracher la garance à bras, dit-il, ouvrent une tranchée que l'on nomme quelquefois atelier. Cette fosse est tantôt parallèle, tantôt perpendiculaire à la direction des planches et des billons. On lui donne ordinairement un mètre de largeur sur 0^m.50 ou 0^m.65 ou 0^m.80 de profondeur, selon le point auquel sont parvenues les racines.

« Quand la tranchée est terminée, on enlève un peu de terre en dessus et en dessous de la tranche suivante, que l'on fait ensuite tomber dans la rigole. En agissant ainsi, la terre se divise aisément et un grand nombre de racines sont mises à nu. On enlève celles-ci avec les mains ou au moyen d'un crochet ou d'une houe à deux dents et on les dépose dans des paniers.

« Lorsque les racines de cette première bande de terre sont extraites, on relève la terre de manière qu'elle comble la première fosse, et on attaque une troisième tranche.

« Les ouvriers qui ameublissent la terre doivent marcher à reculons dans les rigoles. Ils se servent ou de houe à une pointe ou de *chards*, ou de bêche à branches qu'on nomme *lichets*, ou de houes fourchues qu'on appelle *accrocs*.

« Lorsque le terrain est déclive et lorsqu'on divise les billons transversalement, on commence toujours l'opération par le bas du champ.

« L'arrachage à bras est plus long, mais il exige moins de bras que l'arrachage à la charrue. Il a, en outre, l'avantage d'être plus parfait, puisqu'il permet de mieux extirper les racines et de les avoir moins divisées ou plus entières.

« Le nombre de journées nécessaires pour arracher un hectare de garance varie suivant la nature des terres.

Les terres légères en exigent de. . . .	120 à 140
Les sols compactes de.	220 à 250

« La sécheresse, en durcissant les terres argileuses, augmente le nombre de journées d'un cinquième ou d'un quart.

« Il résulte de ces chiffres qu'un ouvrier arrache :

Dans le 1er cas. . .	1 are de garance en	1 jour 1/2
Dans le 2e cas. . .	—	2 jours 1/2

« Il faut que les terres soient très-compactes pour qu'un ouvrier emploie trois journées pour exécuter ce travail.

« Enfin, ces résultats permettent de dire qu'un ouvrier, auquel on donne 3 francs par jour, arrache par jour, dans le premier cas, 70 mètres; dans le second, 40 mètres carrés environ.

« Les déboursés qu'occasionne l'arrachage d'un hectare de garance dans le Comtat s'élèvent, dans les *terres légères*, de 360 à 400 francs, et, dans les terres compactes, de 660 à 775 francs.

« La société d'agriculture de Vaucluse évalue les frais d'arrachage à 750 francs par hectare.

« En Alsace, où les racines sont moins nombreuses et moins pivotantes, où les terres sont plus siliceuses ou légères, cette opération revient de 175 à 200 francs. »

2. *Arrachage à la charrue.*

« L'arrachage à la charrue exige une charrue spéciale. Celle que l'on emploie de préférence dans le département de Vaucluse est connue sous le nom de *charrue Bonnet*, et se vend 240 à 265 francs, selon ses dimensions.

« Cette charrue, d'une puissance considérable, pénètre jusqu'à 0^m 80 de profondeur. On y attelle de huit à seize mules, selon la force de la charrue et la résistance de la couche arable.

« La charrue doit autant que possible pénétrer d'un seul ravage à la profondeur à laquelle sont parvenues les racines. Lorsque cet instrument laboure moins profondément et revient dans la même raie pour compléter le travail qu'il doit exécuter, il est rare qu'il ne divise pas les racines en plusieurs parties.

« La garance âgée de trente mois exige une charrue plus forte que la garance de dix-huit mois.

« Chaque charrue est suivie par douze ou seize hommes, armés de pelles en fer ou de râteaux, ayant pour mission d'ameublir la bande de terre qu'elle a renversée, et par vingt-quatre à trente-deux femmes, chargées de séparer les racines. Ainsi trente-six à quarante-huit travailleurs sont nécessaires pour terminer le travail commencé par la charrue.

« L'arrachage de la garance, ainsi exécuté, est plus économique que l'arrachage à bras; mais il a l'inconvénient de laisser des racines dans le sol, de les diviser en plusieurs fragments et d'exiger un grand nombre de bras.

« Une charrue Bonnet, munie de trois roues et traînée par douze ou seize animaux, arrache par jour de 50 à 60 ares de garance, quand la terre est fraîche ou qu'elle a été préalablement détrempée par les pluies, et 25 à 30 ares seulement quand on opère pendant une sécheresse.

« En général, il faut trois journées d'attelage pour arracher un hectare.

« L'arrachage à la charrue est plus économique que l'arrachage à bras. Voici les dépenses qu'il occasionne en moyenne par hectare :

48 journées de mules, à 3ᶠ.	. . . .	144ᶠ
12 —	de conducteur, à 3ᶠ.	36
48 —	d'hommes, à 3ᶠ.	144
90 —	— à 1ᶠ.50.	135
	Total.	459ᶠ

« La différence qui existe en faveur de l'emploi à la charrue varie donc entre 100 et 200 francs. »

« D'après la société d'agriculture de Vaucluse, l'arrachage d'un hectare de garance exécuté avec la charrue, traînée par seize animaux, revient à 562 francs. »

M. Garcin a imaginé de disposer deux charrues qui sont mises en mouvement par un treuil central et mobile. Cet appareil,

qui est, je crois, appliqué en ce moment en Algérie à l'arrachage des palmiers-nains, emploie dix hommes et huit femmes. Avec les deux charrues de M. Garcin, on arrache dans un jour la garance sur seize ares, ce qui établit le prix de revient d'un hectare sur les bases suivantes : 25 journées de chevaux, 62 journées d'hommes et 50 journées de femmes, soit 305 francs en argent.

La société d'agriculture de Vaucluse a ainsi résumé les frais comparatifs d'extraction par les trois procédés :

Pour 10 kilogr. de racines desséchées à l'air

Arrachées à bras, l'arrachage revient à. . .		0ᶠ.15
— à la charrue, —	. . .	0.11
— au treuil de M. Garcin. —	. . .	0.07

F. Houblon.

La culture du *houblon*, fort répandue en Angleterre, n'est guère pratiquée en France qu'en Alsace, en Lorraine, en Franche-Comté et dans les Vosges. On récolte ordinairement le houblon en septembre.

« On connaît, dit Mathieu de Dombasle, que le houblon a atteint sa maturité, lorsque les cônes prennent une odeur aromatique et changent leur couleur d'un vert foncé contre une teinte plus claire qui incline au jaunâtre.

« Il est très-important de ne faire cette récolte que par un temps sec et lorsque le houblon n'est couvert d'aucune humidité. Après avoir coupé le houblon par le pied, on arrache les perches et on cueille sur place, ou on les transporte sous un hangar ou dans un autre local, pour en faire la cueillette à couvert. On place une perche horizontalement soutenue par les deux extrémités, à la hauteur convenable pour que des femmes et des enfants puissent cueillir commodément les cônes. Ce travail se fait ordinairement à la tâche, le propriétaire payant une somme convenue par chaque corbeille de houblon cueilli.

« Le houblon est transporté, soit sur des greniers très-aérés, mais à l'ombre, où on l'étend sur des claies, en couches minces qu'on remue souvent; soit sur un séchoir d'une construction analogue à celles des touailles des brasseurs. Dans ce dernier cas, le feu doit être très-doux et la dessiccation lente. Lorsque le houblon est bien sec on le met en balles pour la vente. » (*Voy.* p. 150.)

G. Maïs.

On récolte le *maïs* de trois manières différentes : quelques-uns arrachent la tige, mais c'est le petit nombre. D'autres la coupent à fleur de terre avec la serpe ou la houe tranchante; d'autres enfin se contentent de détacher l'épi et laissent la tige sur place. Après la cueillette, on étend les épis sur l'aire ou sous un abri aéré, et on y forme des couches de 20 centimètres d'épaisseur que l'on remue fréquemment.

Le dépouillement des épis se fait à la main. On prend l'épi d'une main, on détache les spathes dont il est enveloppé et on le frotte entre les doigts pour enlever les taches encore adhérentes aux grains. Dans quelques pays, au lieu de dépouiller complétement l'épi, on lui laisse deux ou trois feuilles qui permettent, en réunissant plusieurs épis ensemble, de les suspendre sur des cordes, à l'intérieur des maisons ou en dehors sous les saillies des toits. Afin d'éviter la fermentation, quelques cultivateurs ont soin de ne récolter que la quantité d'épis qu'ils peuvent dépouiller le même soir ou le lendemain.

« Pour compléter la dessiccation du maïs, dit M. Bonnafous, on connaît plusieurs procédés différents. Dans les climats méridionaux, dès que les épis sont effeuillés, on se contente de les déposer sur le sol ou sur des toiles, en couches peu épaisses, et de les remuer assez souvent pour que l'air et le soleil les dessèchent. Dans les pays où cette céréale mûrit plus difficilement, on fait sécher les épis dans des étuves garnies de claies, et, le plus souvent, dans des fours de boulangers dont on porte la température au-dessus de celle qu'exige la cuite du pain. On y introduit ensuite les

épis effeuillés, dont l'évaporation adoucit la chaleur ambiante, et, pour obtenir une dessiccation plus prompte et uniforme, on les remue dans tous les sens cinq à six fois dans la journée à demi-heure d'intervalle. L'opération se termine ordinairement dans les vingt-quatre heures. » (*Voy.* p. 123.)

H. Moutarde blanche.

On récolte la *moutarde blanche* depuis la fin d'août jusqu'en novembre. (*Voy.* p. 122 et 259.) Quand elle a été semée en juin et juillet et que les tiges ne dépassent pas 0^m.30 d'élévation, on la fait quelquefois consommer sur place par les bêtes à cornes. Elle ne produit qu'une coupe.

Sur de bonnes terres à blé, la moutarde blanche fournit de 15,000 à 25,000 kilog. de fourrage vert.

I. Ricin.

Le *ricin* ou *palma-christi* n'est cultivé, en France, comme plante oléagineuse, que dans deux ou trois communes des Bouches-du-Rhône et du Var.

J. Sarrasin.

On fauche le *sarrasin* pour fourrage lorsque les fruits des premières fleurs sont formés, c'est-à-dire vers le mois de septembre. Si on attendait que ses fleurs blanches ou purpurines s'épanouissent, il fournirait un fourrage de qualité inférieure. Lorsqu'on le récolte trop tardivement, les tiges ont perdu une partie de leur propriété alimentaire.

Un hectare de sarrasin peut fournir de 15,000 à 20,000 kilog. de fourrage vert, si son développement n'a pas été contrarié par la sécheresse. Les bœufs et les vaches mangent ce fourrage avec plaisir, mais il faut le donner avec modération. On dit qu'il détermine le vertige. Consommé en trop grande quantité, il produit, chez les animaux, la météorisation. (*Voy.* p. 169.)

K. Seigle de la Saint-Jean.

On récolte en novembre et décembre le

seigle de la Saint-Jean ou seigle multicaule. Il fournit plus de fourrage vert que le seigle commun, parce que ses touffes sont plus fortes, plus vigoureuses et plus élevées. (Voy. p. 202.)

L. Sésame.

Le sésame végète dans la région des oliviers. On le sème en avril ou en mai, à la volée, à raison de 15 à 20 litres par hectare; il ne faut pas semer trop épais. La semence ne doit être que très-légèrement recouverte. On éclaircit les pieds quand ils ont 0m,15 environ de hauteur, de manière qu'ils soient espacés à 0m.30. On arrose ensuite par infiltration tous les quinze ou vingt jours, selon la température et la nature du sol.

On récolte dans la première quinzaine de septembre, lorsque les tiges sont jaunes et les siliques rougeâtres et que les premières capsules éclatent.

On coupe les tiges par poignées avec une faucille en prenant quelques précautions,

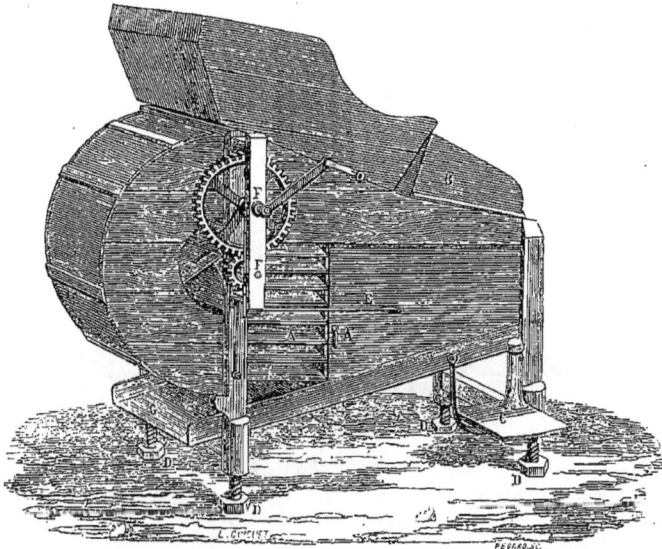

Fig. 58. — Tarare.

parce que cette plante s'égrène facilement. On dresse les javelles sur le sol, et au bout d'une quinzaine de jours, lorsque les tiges et les siliques sont sèches, ont les bat avec des baguettes ou des fléaux légers.

CHAPITRE III

Travaux de la ferme.

§ Ier. MACHINES A BATTRE.

A. Machines à battre le blé, Tarare.

Afin de compléter l'étude que nous avons publiée dans la livraison d'août sur les machines à battre, nous donnons aujourd'hui le dessin de la machine à battre à manége (fig. 57) de M. Laurent, rue du Château-d'Eau, 26, à Paris. Cette machine peut battre de 300 à 350 gerbes du poids de sept kilogrammes chaque dans l'espace d'une heure; elle emploie la force de quatre chevaux. Cette puissante machine est portative.

Plusieurs des machines à battre dont j'ai donné le dessin dans cette livraison et dans la livraison d'août ne nettoient pas la graine ou la nettoient imparfaitement. En général, les machines destinées aux petites exploitations rendent les grains mêlés à des fragments de paille ou de glume. Il est nécessaire de se procurer dans ce cas un bon tarare débourreur (*fig.* 58), muni d'un cylindre cribleur, afin d'obtenir le blé complétement propre.

Il serait superflu d'insister sur la plus-value qu'une grande propreté donne au blé lorsqu'on le porte au marché.

Le tarare peut être mû soit à bras, soit à l'aide du manége de la machine à battre.

Lorsque le blé est menacé de fermentation ou attaqué par les insectes, il est bon de le passer au tarare, si on veut le sauver d'une destruction à peu près certaine.

B. *Égrenoir de maïs.*

On emploie encore aujourd'hui, dans beaucoup de contrées, des moyens un peu primitifs pour égrener le maïs. Les uns procèdent à l'égrenage en frottant deux épis l'un contre l'autre; ou bien on racle l'épi sur une lame de fer fixée à un banc; ou bien on bat les épis au fléau; ou bien aussi, comme je l'ai vu faire dans le pays basque, on place les épis sur une claie, et on tape dessus avec des bâtons courts et solides jusqu'à ce que les grains soient détachés. D'autres cultivateurs mettent les épis dans un sac qu'ils remplissent à moitié et frap-

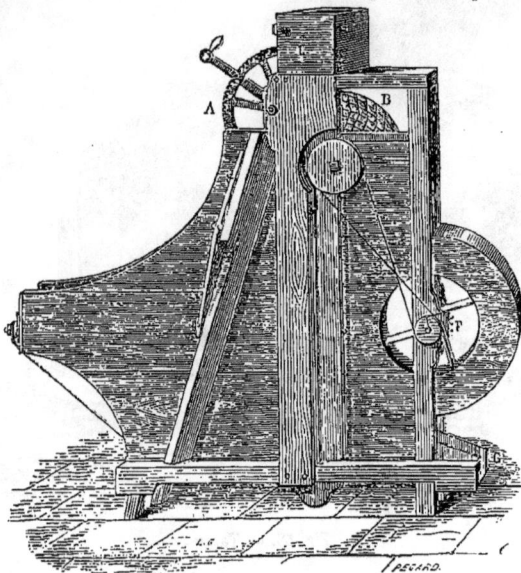

Fig. 59. — Égrenoir de maïs.

pent sur le sac à coups de bâton, moyen tout aussi peu expéditif, mais plus dispendieux que les autres. Enfin, on assure qu'en Sicile les jeunes paysans et paysannes se rassemblent au son de la cornemuse et dansent sur les épis avec des sabots de hêtre, donnant à ce dépiquage d'un nouveau genre l'aspect d'une partie de plaisir.

Je n'ai pas besoin d'insister pour démontrer l'insuffisance de ces procédés. La mécanique agricole, qui a fait de si grands progrès depuis quelques années, ne pouvait manquer de trouver un appareil sim-

ple et solide pour opérer économiquement et rapidement le battage du maïs; c'est, en effet, ce qui est arrivé.

L'égrenoir de maïs fabriqué par M. Desportes aîné, à Nontron (Dordogne), est le meilleur appareil de ce genre que je connaisse. C'est une trémie dans laquelle on engage les épis de maïs (*fig.* 59) : un ressort presse l'épi entre la meule verticale cannelée B et un cône garni d'aspérités en fer. L'épi est rapidement dépouillé de ses graines par le frottement en passant entre le cône et la meule cannelée. Un ventilateur F chasse les débris des épis, qui suivent la courbure d'une grille placée en D, qui a pour objet de les séparer des grains; ceux-ci sont reçus en G.

Une seule personne suffit pour faire mouvoir la manivelle qui met tout le système en mouvement au moyen de la roue dentelée A. Cet appareil peut égrener 4 hectolitres par heure.

§ 2. Pompes.

Dans une ferme un peu importante, une pompe est un appareil indispensable. On a cherché naturellement à fabriquer des pompes simples, solides et économiques, qualités indispensables lorsqu'il s'agit d'instruments ou de machines agricoles.

J'avais remarqué à l'Exposition universelle agricole de 1855 une pompe dite *pompe arabe* (fig. 60), exposée par M. Ragoucy, de Paris; j'en ai donné la description dans le temps et elle a obtenu un succès mérité.

Cet appareil peut être fabriqué par les ouvriers ruraux les moins habiles, sous la direction du fermier. Il se compose d'un soufflet en cuir A immergé dans l'eau du tonneau H. Ce soufflet, attaché solide-

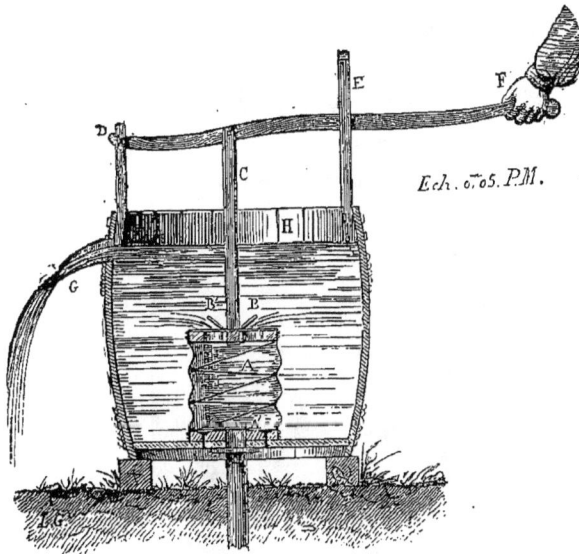

Fig. 60. — Pompe arabe.

ment au fond du tonneau, est mis en communication avec le puits ou la fosse à purin par un tube quelconque fermé par un clapet d'aspiration en A'; B et B' sont les clapets ou soupapes de sortie. C est la tige du piston qui est mue par la brinsballe DF, qui a son point d'appui en E. L'eau s'échappe par l'ouverture G.

Cette pompe aspirait sans effort, à une assez grande profondeur, un volume d'eau considérable.

La pompe aspirante de M. Perreaux (fig. 61 et 62) est spécialement destinée à élever le purin. Cet appareil ne diffère des pompes ordinaires que par l'emploi d'un piston et d'un clapet en caoutchouc dont la figure 63 donne la coupe, et qui peut laisser passer le liquide sans s'engorger de cailloux, de morceaux de bois, etc. Au bas du corps de pompe est une première soupape en caoutchouc C, retenue par son collier; le piston est muni d'une seconde soupape B. Ce piston est mis en mouvement par le bras de levier H.

Cette pompe peut facilement fournir un jet continu. Pour cela, au moyen de la

Fig. 61. — Pompe Perreaux.

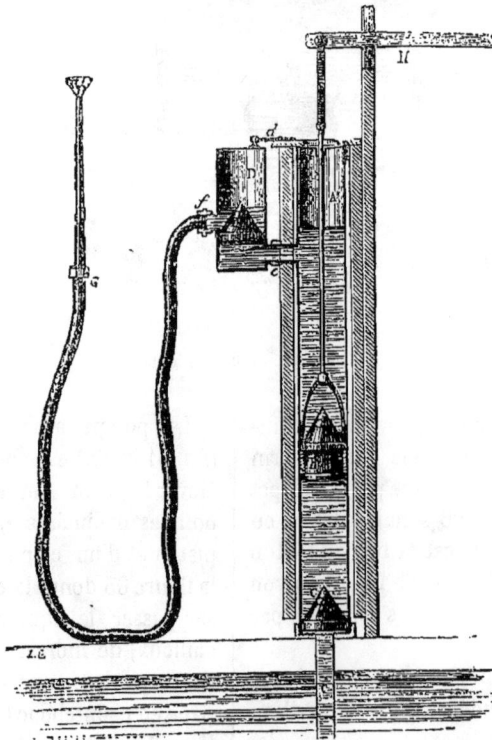

Fig. 62. — Coupe de la pompe Perreaux.

frette *d* et d'un anneau de caoutchouc placé en *e*, on ajuste à la pompe le réservoir d'air D, muni d'une troisième soupape en

Fig. 63. — Coupe de la soupape en caoutchouc de la pompe Perreaux.

caoutchouc E. On visse en F le tuyau qui se termine par la lance, et on peut ainsi utiliser la pompe en cas d'incendie.

CHAPITRE IV
Travaux forestiers.

Pendant les mois d'août et de septembre, on récolte les feuilles des arbres pour fourrage. Dans le Berry et dans beaucoup de contrées de l'Ouest de la France, on forme des têtards avec les arbres des haies, afin d'en récolter plus aisément les feuilles. Il vaudrait mieux couper les branches le long de la tige, en ménageant une houppe à la cime ou sommet de l'arbre. Il repousse bientôt de nouvelles branches que l'on couperait tous les deux ou trois ans. Ce mode d'exploitation rend davantage, mais il a le défaut de nuire aux récoltes des terres voisines ; ce qui lui fait préférer le têtard par beaucoup d'agriculteurs.

Les arbres dont la feuille peut être employée à la nourriture du bétail sont : l'orme, le frêne, l'érable, le charme, le hêtre, les peupliers, les saules, le bouleau, l'aune et le tilleul.

CHAPITRE V
Animaux domestiques.

J'emprunterai à M. Moll quelques lignes fort justes sur les soins à donner aux animaux pendant ce mois.

§ Iᵉʳ. — LES CHEVAUX.

« La nourriture au vert, dit M. Moll, est moins nécessaire aux chevaux qu'aux autres animaux domestiques. Dans plusieurs contrées, ils n'en reçoivent même jamais ; on y supplée en été par des boissons rafraîchissantes, au moyen desquelles on les entretient en fort bon état de santé. Néanmoins la nourriture verte est si commode et à si bon marché, que partout où croissent les trèfles et la luzerne il y a un avantage évident à l'appliquer également aux chevaux de trait. Mais il est inutile de la leur continuer aussi longtemps qu'aux bêtes à cornes ; dès que la température se refroidit et devient humide, comme cela a lieu dans le courant ou plutôt vers la fin de ce mois, on fait bien de les remettre au sec, d'autant plus que l'accroissement de travail qui résulte des semailles exige des aliments plus stimulants que le vert.

« C'est donc ordinairement en septembre qu'on fait passer les chevaux à la nourriture sèche. Dans ce but, on a coutume de hacher le vert et d'y mêler du sec, dont on augmente progressivement la proportion.

« Quoiqu'il soit préférable de n'employer encore actuellement que du vieux foin et de l'avoine de deux ans, on peut déjà faire consommer l'un et l'autre de ces produits de l'année, pourvu qu'ils aient été rentrés en bon état, bien conservés, et qu'ils aient eu le temps de se *faire* en tas. Il serait toujours prudent de leur adjoindre dans les premiers temps de l'avoine et du foin vieux.

« Quant au regain que l'on vient de récolter, il est pour le bétail, mais surtout pour les chevaux, un aliment fort dangereux. Il se met en pelote dans les intestins et cause des accidents souvent très-graves, notamment la *colique rouge* et le *vertigo*.

« On sèvre actuellement les poulains les derniers venus. »

§ II. — LES BŒUFS.

« On peut leur continuer la nourriture verte pendant tout ce mois, si l'on en a en quantité suffisante, sans quoi on les met également au sec, avec cette différence qu'on y joint dès à présent, et en quantité assez notable, des racines, telles que navets, betteraves, rutabagas, pommes de terre, ainsi que des choux. Là où on les cultive en grand, ces divers produits se récoltent au fur et à mesure du besoin.

« Afin d'obvier au mauvais effet que produisent souvent un changement de nourriture et celui de la température, on ajoute un peu de grain moulu et de sel aux racines coupées. »

§ III. — LES VACHES.

« Les fourrages verts étant particulièrement favorables à la sécrétion du lait, on doit les réserver de préférence aux vaches laitières et les leur faire durer aussi longtemps que possible.

« Partout où vient la luzerne, la nourriture au vert n'offre aucune difficulté pendant ce mois et une partie du suivant; mais, dans les localités où cette précieuse plante ne réussit pas, on est obligé d'avoir recours à des expédients. On sème alors en juin, juillet et août, ainsi que nous l'avons déjà dit, des vesces, soit seules, soit en mélange avec du sarrasin et du millet, de la spergule, du moutardon, etc. On parvient ainsi à prolonger la nourriture verte jusque vers le mois de novembre.

« Dans un but semblable, on leur fait pâturer actuellement la troisième pousse des prés, la seconde des sainfoins et la première des jeunes trèfles de l'année. Cette pratique a lieu même dans les exploitations où la stabulation (nourriture à l'étable) pure est introduite, et ne doit être nullement confondue avec le vagabondage du bétail dans de stériles parcours. Les prés naturels et artificiels n'en souffrent pas, tant qu'on ne les surcharge pas et surtout qu'on n'y met pas le bétail par des temps humides. Quant aux vaches, elles se trouvent fort bien de ces changements momentanés de régime, pourvu qu'on ait soin de leur donner en outre un repas à l'étable soir et matin. »

§ IV. — LES MOUTONS.

« Les bergers doivent être actuellement plus attentifs que jamais sur l'état des pâturages et éviter les places tant soit peu humides; car c'est un fait généralement observé que les moutons prennent à cette époque plus facilement la pourriture qu'en aucune autre saison de l'année, et qu'il suffit actuellement, pour leur faire contracter cette maladie, d'un séjour de quelques heures dans les lieux où, le printemps, ils pouvaient paître impunément.

« Cette circonstance nécessite des précautions particulières, dont nous ne saurions trop recommander l'emploi aux propriétaires de troupeaux. Dès que la température devient froide et humide, comme cela a lieu d'ordinaire dans la deuxième quinzaine de ce mois (c'est pour le nord et pour le centre que nous parlons ici), il faut aux bêtes ovines, en sus du pâturage, quelque abondant qu'il soit d'ailleurs, des aliments secs, un peu de bon foin et de fine paille, soir et matin.

« Mais rien n'est plus efficace, dans cette occurrence, pour prévenir la pourriture, qu'une petite quantité de grain, surtout d'avoine, donnée le matin avant de sortir. Un hectolitre d'avoine suffit pour 500 ou 600 bêtes.

« Un mélange de tourteaux de colza pulvérisés, de grains de genièvre et de sel avec l'avoine, c'est encore plus efficace que cette dernière seule.

« Ce sont surtout les agneaux de l'année précédente qui exigent ces précautions. Le premier automne et le premier hiver sont des époques critiques pour ces jeunes animaux. Un manque de soin dans cette saison peut faire naître en eux le germe de maladies qui se développent et les emportent en hiver ou au printemps suivant.

« Malheureusement ces soins, ces précautions, sont encore bien peu généralisés chez nous. J'ai vu des exploitations célèbres où ils sont tout à fait négligés; aussi, tandis que, dans le nord de l'Allemagne, on considère 4 pour 100 de perte, en bêtes quelconques dans un troupeau, comme un chiffre bien élevé, en France, où les circonstances physiques sont infiniment plus favorables aux bêtes ovines, 9 à 10 pour 100 sur un certain nombre d'années est une moyenne ordinaire.

« Après les agneaux, ce sont les brebis portières qui exigent le plus de soins.

« Les pâturages ne manquent pas actuellement; mais, comme nous l'avons dit plus haut, il est essentiel de faire un choix et une distribution convenables. Les trèfles de l'année, et surtout la seconde pousse des vieux sainfoins, conviennent particulièrement aux agneaux et aux brebis. Lorsque les sainfoins ont au moins trois ans et qu'on évite de les surcharger et d'y mettre des animaux affamés, les bêtes à laine ne leur font point de tort, et ils leur offrent le pâturage le plus sain.

« La monte pour l'agnelage précoce cesse au commencement de ce mois ; mais on continue la ration d'avoine aux béliers pour qu'ils se refassent.

« La monte pour l'agnelage tardif commence vers la fin du mois, et l'on choisit actuellement les béliers que l'on destine à ce service. On les met à part et on leur donne une nourriture fortifiante, ainsi qu'il a été dit précédemment pour la monte précoce.»

L'agnelage tardif, qui est aussi le plus conforme à la nature, est plus convenable que l'agnelage précoce dans la majorité des cas.

§ V. — LES PORCS

« C'est dans ce mois, ajoute M. Moll, que l'on met les porcs dans les bois pour utiliser les glands, les faînes et les fruits sauvages qui tombent. On commence aussi à engraisser les cochons de lait, et l'on sèvre ceux qui sont venus en juin et juillet. Vers la fin de ce mois, on commence l'engraissement des cochons que l'on destine à la consommation du ménage. Si l'on désire avoir beaucoup de lard, on choisit des bêtes d'un an et demi à deux ans et demi; si, au contraire, on veut avoir de bonne viande, des jambons savoureux, les porcs d'un an sont préférables. »

CHAPITRE VI
Travaux horticoles

§ Iᵉʳ. — LE JARDIN FRUITIER.

Pendant le mois de septembre, on continue le cassement de bourgeons des arbres à fruits à pepins; on prévient par le pincement le développement des branches gourmandes sur les arbres à espaliers. Il faut avoir soin d'épamprer les vignes pour découvrir les grappes, lorsque les raisins approchent de leur maturité.

On bine superficiellement les carrés de la pépinière d'arbres fruitiers.

§ II. — LE JARDIN POTAGER.

On fait les derniers semis à l'air libre de radis roses et blancs; on cueille les citrouilles, courges, giraumonts, et on les place dans un endroit frais et bien aéré. On prépare les silos ou les celliers pour la conservation des légumes d'hiver, on plante les poireaux, choux rouges et *choux de Bruxelles*. Une partie des carrés sont devenus disponibles par l'enlèvement des diverses récoltes. Il est bon de labourer et de semer au besoin les carrés libres du potager.

On récolte les derniers melons.

§ III. — LE JARDIN D'AGRÉMENT.

Le mois de septembre est, pour les fleurs, une des plus belles époques de l'année. Les chrysanthèmes de l'Inde, la sauge éclatante, doivent peu après remplacer les pots enterrés dans les plates-bandes et ceux que l'on rentre dans la serre tempérée. Il faut avoir soin des tiges des plantes de pleine terre, dont la floraison est terminée. On teille et nettoie à fond les plantes d'orangerie, de serre tempérée et de serre froide, qui doivent reprendre leur domicile pour l'hivernage. On retranche une partie des boutons aux camellias qui en sont trop chargés.

L.GUCUET.   V.CHOQUET.

OCTOBRE

Iʳᵉ PARTIE. — PROVERBES ET MAXIMES

Acheter un bien sans argent
C'est se tromper en l'achetant.

—∞—

Si l'hiver va son droit chemin
Vous l'aurez à la Saint-Martin.

—∞—

Froid d'octobre tue les chenilles.

—∞—

Si saint Gall coupe le raisin
C'est mauvais signe pour le vin.

—∞—

A la Saint-Thomas (21 déc.)
Les jours sont au plus bas.

—∞—

De tout poil, bonne bête.

—∞—

Ne perd pas son aumône
A son porc qui la donne.

—∞—

Vignes entre vignes,
Maisons entre voisins.

—∞—

A la Toussaint, blé semé
A aussi le fruit serré.

—∞—

Qui recueille grain par grain remplit la mesure.
 (*Proverbe russe.*)

—∞—

Les froments sèmeras en la terre boueuse,
Les seigles logeras en la terre poudreuse.

—∞—

Les biens que donne la terre sont les seuls inépuisables, et tout fleurit dans un État où fleurit l'agriculture. (SULLY.)

—∞—

Selon que vous dépouillerez une colline de ses arbres ou que vous y ferez croître une forêt, vous priverez son terrain de la rosée du ciel, ou vous ferez couler du rocher aride d'abondantes eaux.
 (BALLANCHE.)

—∞—

De bons prés sont un trésor pour une ferme ; de mauvais prés sont la honte du fermier et de la ferme ; des prés médiocres sont une charge pour l'agriculture. (SCHWERTZ.)

—∞—

Les visites d'automne s'appliquent à juger les récoltes de regains et de racines du domaine, ainsi que la facilité avec laquelle s'opéreront les emblavures propres à cette saison. On prend des notes sur la dose de fumures et des semences, sur la profondeur des labours, sur le nombre des chevaux par charrue, sur l'époque des premiers et des derniers ensemencements, sur les rendements du battage.
 (ÉDOUARD LECOUTEUX.)

—∞—

Le grand fléau de la propriété c'est la dette, non celle qui a été contractée pour faire valoir son bien et qui est presque toujours avantageuse, quoique rare, mais celle beaucoup plus commune qui porte sur le fonds lui-même et qui laisse le propriétaire nominal sans ressource pour l'entretenir en bon état. Voilà le mal réel de la propriété française, non la division du sol proprement dite.
 (LÉONCE DE LAVERGNE.)

—∞—

L'art de loger les hommes, les animaux et les récoltes, avec simplicité, solidité, économie, est le premier problème que l'on ait à résoudre dans la science des campagnes. (FRANÇOIS DE NEUFCHATEAU.)

—∞—

IIme PARTIE. — CAUSERIES.

CHAPITRE PREMIER

La vie rurale.

« Selon moi, dit M. Léonce de Lavergne, la richesse agricole de l'Angleterre dérive de trois causes principales. Celle qui se présente la première et qui peut être considérée comme le principe des deux autres, est le goût de la portion la plus opulente et la plus influente de la nation pour la vie rurale. »

Les deux autres causes tiennent, suivant le savant écrivain, aux institutions libérales de l'Angleterre et aux débouchés innombrables créés par le développement de son commerce.

Nous nous renfermerons aujourd'hui dans l'étude de la première de ces trois causes de prospérité agricole.

Avons-nous l'amour de la vie rurale?

Je ne répondrai pas d'une manière absolue, non; mais je dirai, pour être dans le vrai : pas encore.

Mais entendons-nous bien d'abord sur la valeur des mots.

On n'a pas le goût de la vie rurale parce qu'on habite une maison de campagne ou un château pendant les beaux mois de l'année;

Parce qu'un beau jour on retire ses économies d'un fonds de commerce ou des valeurs publiques pour acheter un domaine et confier ce domaine à un métayer ou à un fermier;

Parce qu'on fait bâtir une maison au Vésinet, dans l'avenue du bois de Boulogne ou à Chatou.

On n'a pas le goût de la vie rurale parce qu'on aime à causer d'agriculture ou à lire les journaux agricoles.

Pas plus que M. Troyon, qui peint de très-beaux bœufs, M. Mêne, qui modèle de fort beaux chevaux, et M. Cain, qui fait en bronze des poules ravissantes, ne sont pour cela d'excellents agriculteurs;

Ceux qui ont véritablement le goût de la vie rurale aiment l'agriculture pour elle-même. Ils habitent la campagne toute l'année et pratiquent l'agriculture, soit comme propriétaires-cultivateurs, soit comme fermiers.

Ceux-là savent parfaitement que le sol ne produit rien si on ne lui demande rien; que laisser la culture de la terre entre les mains du travailleur ignorant, c'est condamner la terre à demeurer inféconde.

En Angleterre, ce sont les *gentlemen farmers*.

Gentleman ne veut pas du tout dire, en anglais, gentilhomme : il signifie homme instruit, homme intelligent, homme bien élevé. Or il paraît qu'on peut être en Angleterre homme bien élevé, homme intelligent et homme instruit tout en pratiquant l'agriculture.

En est-il de même en France?

La raison et le bon sens répondraient : Oui.

Cependant, à voir comment les choses se passent dans le beau pays de France, le pays le plus spirituel de la terre, — au dire de ses habitants, — on peut croire que l'homme intelligent, instruit, bien élevé, qui se déciderait à cultiver le sol s'exposerait infailliblement à perdre la bonne réputation qu'il aurait pu acquérir par son propre mérite.

Aussitôt qu'un campagnard se voit un peu à son aise, son unique désir est d'envoyer son fils à la ville et de l'y *caser*. Il cherchera d'abord à en faire un fonctionnaire public, un employé de l'enregistrement ou des contributions. S'il ne peut parvenir à ce but suprême, on en fera un avocat, un médecin ou un marchand; quant à en faire un cultivateur, on se respecte trop pour cela.

Maintenant que l'habitant de la ville, le citadin, comme on dit, songe à transformer son fils en cultivateur ou en fermier, il n'y faut même pas songer! Si pareille chose lui arrivait, on parlerait de faire interdire ce père de famille insensé et de l'envoyer à Charenton.

Et pourtant l'*absentéisme*, — c'est un mot nouveau, forgé pour signaler un vice récemment découvert, — l'absentéisme est une des causes principales de nos défaites agricoles.

Figurez-vous les ingénieurs des ponts et chaussées laissant le tracé des routes aux soins des cantonniers, les architectes confiant les plans et les devis aux lumières des jeunes Limousins pleins d'espérances qui servent les maçons; le rédacteur en chef d'un journal suppléé par les garçons de bureau, et le général en chef d'une armée confiant son commandement au fusilier Bridet;

Croyez-vous que tout irait pour le mieux dans le meilleur des mondes possible?

C'est pourtant ce qui arrive aujourd'hui pour les terres que l'on confie à d'ignorants fermiers ou à des métayers plus ignorants encore.

Et après ça on voudra que les routes soient bien tracées, que les maisons soient bien bâties, les articles bien écrits et les armées bien commandées, n'est-ce pas absurde?

Et pourquoi ce qui serait absurde pour une route à tracer ou une maison à construire ne le serait-il pas pour un domaine à cultiver?

Je demande à ceux qui savent que le blé ne pousse pas tout seul s'il ne faut pas autant de savoir, autant d'étude, autant de travail intellectuel pour diriger la culture d'un domaine que pour diriger le tracé d'une route ou la bâtisse d'une maison?

Et si l'on me prouve qu'il en faut moins, je consens à considérer les cultivateurs ignorants comme les sauveurs de l'humanité, et un rendement de 9 hectolitres de blé à l'hectare comme le plus bel indice des progrès agricoles.

CHAPITRE II

La chaux et le fumier.

Faut-il mélanger la chaux au fumier?

C'est là une grave question que se sont posée les praticiens, les chimistes et les agronomes.

Les uns répondent non, les autres répondent oui.

Lesquels faut-il croire?

Les uns et les autres ont peut-être raison.

M. Rohart, dans son *Guide de la fabrication des engrais*, s'exprime ainsi :

« La présence de la chaux caustique est toujours funeste dans les engrais où déjà les matières animales sont en décomposition, parce que, dans ce cas, la chaux a toujours pour effet de dégager l'ammoniaque de ces matières. »

Voici ce qu'ajoute M. Ed. Vianne, dans le *Journal d'Agriculture progressive* :

« L'action de la chaux vive sur les matières qui sont en voie de décomposition est connue de tous; on sait qu'elle a pour effet de dégager l'ammoniaque. Or les soins des fermiers et le but qu'ils se proposent en aménageant les fumiers tendent à conserver le plus possible l'ammoniaque, qui est reconnue pour être le principe le plus énergique des engrais.

« Il n'est donc pas rationnel d'y ajouter de la chaux vive. »

Enfin M. Barral écrivait, en 1855, dans le *Journal d'Agriculture pratique* :

« Nous condamnons tout mélange au fumier, aux déjections animales, de chaux ou de marne, non pas parce que l'engrais obtenu ne serait pas de bonne qualité, mais parce qu'il aurait moins de richesse que du fumier bien préparé d'ailleurs. La marne et la chaux ne doivent être portées que sur le sol. »

Il est donc évident que, selon tous les agronomes que je viens de citer, l'introduction de la chaux dans le fumier produit un très-mauvais résultat.

Madame Cora Millet-Robinet, dont les travaux agronomiques sont universellement estimés, écrivait pourtant, en 1853, dans le *Journal d'Agriculture pratique* :

« S'il était vrai que la marne nuisît autant aux fumiers en dégageant l'ammoniaque, n'y aurait-il pas un grand inconvénient à marner les terres dépourvues de calcaire, puisque ces amendements viendraient paralyser en partie les bons effets des engrais? D'un autre côté, les fumiers devraient avoir moins d'action dans les terres calcaires que dans celles qui ne le sont pas. Les paysans disent que plus on fume les terres chaudes, moins elles donnent. »

M. P. Joigneaux, dont le nom fait autorité en ces matières, dit dans la *Feuille du Cultivateur* : « Nous nous bornons à constater deux faits que voici :

« 1° La chaux employée sur des terrains non calcaires et richement fumés produit les meilleurs résultats, tandis qu'il n'en est pas ainsi sur les terrains médiocrement fumés.

« 2° La chaux délayée dans de l'eau et utilisée pour arroser les fumiers de ferme donne également d'excellents résultats. »

Enfin, M. Barral, qui a probablement changé d'avis, dit, en 1858, dans son *Bon Fermier* :

« On a proposé de mêler au fumier soit de l'acide sulfurique, soit du plâtre, soit du sulfate de fer, pour empêcher la déperdition du carbonate d'ammoniaque volatil qui se forme pendant la fermentation. Nous ne partageons pas l'opinion de l'utilité d'une telle pratique. Dans un tas de fumier bien soigné, la déperdition n'a pas lieu, et les divers agents conservateurs conseillés ont pour effet de faire naître des composés moins actifs que ceux du fumier, ou mieux des composés nuisibles (des sulfures).

« Nous croyons qu'il serait préférable d'ajouter de la chaux caustique au fumier; elle serait surtout utile pour les tas de fumier placés sur les plates-formes et convenablement arrosés; elle excite probablement, dans ce cas, la formation des nitrates. »

Je voudrais bien savoir ce que doit faire le cultivateur partagé entre les deux opinions contraires, également absolues, sur l'utilité ou le danger d'introduire de la chaux vive dans les fumiers.

Il en retirera d'abord cette conviction que la science, quelle que soit la forme tranchante qu'affectent ses avis, n'est nullement infaillible.

Et ensuite il s'en rapportera à sa propre expérience. Si, lorsqu'il aura mélangé la chaux avec le fumier, il constate un fort dégagement d'odeur ammoniacale, il devra en conclure que le mélange lui est préjudiciable, et il ne recommencera pas.

Au reste, un savant chimiste de la province a donné, à mon sens, une explication qui tend à concilier presque toutes les opinions, c'est-à-dire l'opinion de M. Bobart avec celle de madame Cora Miller-Robinet et de M. Joigneaux. Si la chaux ne nuit pas au fumier, dans certaines circonstances on le doit à la présence d'une grande quantité de terre mêlée au compost.

« Si dans quelques contrées, écrit M. Malagutti, l'expérience a démontré que les composts de chaux et de fumier sont très-actifs, c'est sans doute parce que la chaux se trouve heureusement associée à une grande quantité de terre; alors le fumier se décompose avec beaucoup de lenteur, et les pertes d'ammoniaque qu'il éprouve sont insignifiantes. Hors de ce cas particulier rien n'est plus mauvais que de mêler de la chaux à du fumier fait; si vous en voulez la preuve vous n'avez qu'à passer à côté de certaines *tombes* de la Mayenne pour être frappé de leur odeur ammoniacale. Et cette ammoniaque, qui va dans l'air, à quoi sert-elle? pas certainement aux cultures auxquelles on destine la chaux. »

Il faut donc conclure de tout ceci qu'il vaut mieux, en somme, fumer en même temps qu'on applique la chaux ou faire les deux opérations l'une après l'autre.

CHAPITRE PREMIER
Administration de la ferme.

C'est à cette époque de l'année que le cultivateur doit évaluer aussi exactement que possible la quantité en fourrage qu'il possède pour l'hiver qui va suivre. Il compare la quantité de nourriture dont il peut disposer avec le nombre des animaux qui garnissent ses étables, ses écuries, ses bergeries. Il faut calculer, pour chaque bête, une bonne ration et ne pas trop compter sur un printemps précoce. Si le fourrage et les racines ne sont en rapport avec le bétail, il passe ses bêtes en revue pour se défaire aussitôt de toutes celles qui lui paraîtront défectueuses. Dans ce cas, il ne faut pas hésiter à diminuer son étable. Quelques personnes s'imaginent qu'en retranchant sur les rations de tous les animaux on pourra en garder quelques-uns de plus : c'est là une erreur déplorable : une bête mal nourrie, au lieu d'être une source de bénéfices devient une cause de perte. A plus forte raison, si toutes les bêtes sont mal nourries, la perte se multiplie et le cultivateur trop économe court à sa ruine.

A cette époque de l'année on fait passer les animaux du vert au sec. Ce passage ne doit pas se faire sans transition. On diminue peu à peu la ration de foin vert et on y mélange progressivement du foin sec.

En règle générale, il ne faut jamais faire passer les animaux d'un régime à un autre sans transition. C'est une précaution qui est recommandée par tous les agronomes.

Dans le mois d'octobre, on vend les moutons engraissés dans les chaumes et les bœufs gras, dits *bœufs d'embouche*, lorsqu'on engraisse deux fois dans la belle saison. (*voy.* p. 20.) On achète en même temps les bœufs pour l'engraissement à l'étable. L'achat de ces animaux est une opération importante pour le cultivateur, car il engage d'ordinaire de fortes sommes dans cette opération, qui exige de la part de l'acheteur une certaine connaissance des animaux. Mes lecteurs ne trouveront pas mauvais que j'insiste un peu sur ce sujet et que j'emprunte à M. Moll les règles que l'on doit observer pour faire un bon choix.

« 1° L'animal ne doit être ni trop jeune ni trop vieux ; aussi longtemps qu'il prend encore un grand accroissement, ou lorsqu'il est déjà usé par l'âge, il s'engraisse difficilement ; 2° il doit avoir subi la castration dans sa jeunesse ; les bêtes châtrées, après avoir servi à la propagation, non-seulement s'engraissent mal, mais encore ont une chair de qualité inférieure, à moins toutefois qu'elles n'aient travaillé pendant plusieurs années depuis la castration ; 3° il ne doit pas être trop maigre, et il doit être exempt d'affections organiques, surtout de celles du poumon. On reconnaît la santé chez le bétail à la vivacité de l'œil, à la régularité des battements du cœur, à l'état brillant et uni du poil et à la souplesse de la peau ; 4° enfin une bête qui a de la disposition à bien s'engraisser a les les formes suivante : le corps long, large et bien voûté, la tête et les os petits, les jambes courtes, la peau lâche et souple, le museau large, les cornes blanches, le tempérament doux sans être paresseux. »

Je pourrais renvoyer, au reste, aux sages observations que M. Jamet fait à ce sujet (*voy.* p. 19), qui serviront de complément à celles-ci.

On peut diminuer la litière du bétail mesure qu'ils reçoivent moins d'alimen aqueux. On cesse le parcage.

C'est le moment de conduire sur le jachères ou sur les terres destinées aux r coltes de printemps les amendements, te que la marne, la chaux, la tourbe, la va d'étang, etc. On forme des tas hauts étroits, afin que les matières qui les composent subissent l'influence de l'atmosphère. Si on répand ces amendements sur les prairies, il faut les étendre tout de suite, afin qu'ils ne brûlent pas l'herbe.

Le curage des fossés et des rigoles d'écoulement ne doit pas être négligé dans ce mois, parce que c'est surtout en hiver qu'ils sont nécessaires pour l'égouttement des eaux. Si on nettoyait les fossés au printemps, les herbes les auraient bientôt obstrués et on serait obligé de recommencer avant l'hiver. Cette opération est très-importante. « Les soins relatifs aux fossés d'écoulement, dit Mathieu de Dombasle, sont un des points sur lesquels on remarque, en général, la plus incroyable négligence de la part des cultivateurs dans presque tous les cantons, et rien n'est plus commun que de voir de grandes étendues de terre submergées en partie pendant l'hiver ou après de longues pluies, parce qu'on néglige de faire ou d'entretenir un fossé qui pourrait les saigner complétement. Il se rencontre une multitude de cas où le creusement d'un fossé, qui coûterait une cinquantaine de francs ou un entretien annuel qui n'exigerait que quelques journées d'ouvriers, augmenterait d'un dixième ou même d'un quart toutes les récoltes d'une vingtaine d'hectares de terre; et il ne serait pas difficile de trouver même telle localité où une dépense encore moindre assurerait un profit annuel de plusieurs milliers de francs.

« Dans le curement annuel des fossés, on évite beaucoup de travail en se contentant de nettoyer le fond des fossés sur la largeur de la pelle seulement, et sans toucher aux talus, qui acquièrent de la solidité en se garnissant de gazon; cela suppose, toutefois, que le fossé a été primitivement creusé avec soin, en donnant à son fond une pente suffisante dans toute sa longueur et en formant des talus réguliers et assez prolongés pour que leur pente ne soit pas trop forte. Lorsque les fossés ont été ainsi exécutés, le curage annuel n'exige que très-peu de travail en le faisant comme je viens de le dire. On comprend bien qu'il ne s'agit pas ici des fossés qui sont sujets à s'emplir par des atterrissements considérables dans les crues d'eau. »

C'est aussi, en général, au mois d'octobre que l'on fait la vendange.

Pendant ce mois, le chef de la ferme doit surveiller avec soin les emblavures ainsi que l'emmagasinage des racines dans les caves et dans les silos. Il visite et fait réparer les toitures.

CHAPITRE II

Travaux des champs.

§ Ier. LABOURS ET FAÇONS A DONNER AUX RÉCOLTES SUR PIED.

A. Labours.

Lorsqu'on a semé le sarrasin, la spergule, les raves, etc., pour être enfouis en vert, ce qui constitue une fumure. On procède à cet enfouissement en retournant le sol au mois de novembre, après l'avoir préalablement roulé énergiquement pour courber les tiges.

Les végétaux que l'on enfouit en cet état sont moins actifs que les engrais animaux, mais ils produisent d'excellents effets dans toutes les provinces du Midi. « Les engrais verts, dit M. Heuzé, ne sont véritablement utiles que dans les provinces du midi de l'Europe, et ils ne conviennent, dans les pays septentrionaux, qu'aux sols légers siliceux, aux terres sèches et brûlantes aux terrains qui sont très-éloignés des bâtiments d'exploitation, et aux terres arables des montagnes auxquelles on ne parvient que par des chemins d'un accès très-difficile. »

L'engrais vert a presque autant d'influence dans les sols secs par l'humidité qu'il contient que par ses parties albumineuses, mucilagineuses, etc.

Voici les différentes plantes que l'on cultive pour les enfouir en vert dans le champ sur lequel elles ont végété : le lupin blanc, le lupin jaune, les fèves, le trèfle incarnat, la vesce, la luzerne, le sainfoin, le trèfle rouge, le sarrasin, la spergule, la navette, le navet, le colza d'hiver, la moutarde blanche et le seigle.

« Dès qu'on a terminé les semailles, dit M. Moll, on se hâte de donner un labour profond aux terres argileuses destinées à porter des récoltes de printemps ou à faire des jachères. Ces labours d'automne sont de la plus grande utilité dans les terres de cette nature et même dans des terres lé-gérés sur lesquelles les gelées ont de l'action. Le sol, ayant ainsi subi l'influence des gelées, se trouve, au printemps suivant, mieux préparé pour une semaille quelconque par un coup d'extirpateur, ou même par un fort trait de herse que par plusieurs labours de printemps. Les terres blanches, qui se tassent par l'effet des pluies, sont les seules auxquelles les labours d'automne ne conviennent pas. On doit s'y prendre de bonne heure dans les sols forts pour les exécuter; car, une fois les pluies survenues, on ne peut plus y entrer. Afin de laisser plus de marge à l'action de l'atmosphère, on ne herse jamais après le labour. »

Fig. 64. — Rouleau-squelette.

Lorsque la luzerne cesse de donner des récoltes moyennes et que les plantes parasites envahissent la surface du sol, on procède au défrichement par un labour de 0m.15 à 0m.20. Cette opération s'exécute en automne lorsqu'elle doit être suivie par un blé d'hiver, et pendant les mois de décembre et de janvier si le sol doit être ensemencé en avoine de printemps.

B. *Binages, buttages, éclaircissages, etc.*

a. Colza.

« En Flandre, et sur quelques fermes des environs de Paris, dit M. Heuzé, où le sol est disposé en planches de 2m.50 ou 4 mètres de largeur, lorsque les plantes sont bien enracinées, on creuse les *dérayures* ou *ruots* à l'aide d'un louchet ou d'une bêche. La terre que l'on extrait des dérayures est déposée sur les planches, à droite et à gauche, entre les pieds et les rangées de colza. Il faut éviter de diviser les bêchées de terre. Les ouvriers doivent les laisser sous forme de mottes à la surface du sol. Plus ces bêchées sont grosses et plus elles préservent le colza de l'action du froid pendant l'hiver. »

b. Safran.

Dans la région du Centre on donne un

binage aux safranières aussitôt après la récolte des fleurs. On peut aussi remplacer
le binage par un labour léger exécuté à la
bêche. On choisit un beau temps pour pratiquer cette opération, qui a pour but d'a-
meublir la surface du sol.

Au moment des ensemencements, après
les gelées et pendant les sécheresses, dans
les prairies fatiguées par le piétinement
des animaux, etc., on donne des roulages
quelquefois assez énergiques. On se sert
ordinairement des rouleaux unis, divisés
en trois pièces indépendantes sur le même
axe, et qui sont plus ou moins lourds. Tous
les cultivateurs connaissent certainement
ces instruments; il est donc inutile de
les décrire.

Cependant il est reconnu qu'en beaucoup
de cas ces rouleaux unis, quelque lourds
qu'ils puissent être, sont insuffisants, même
dans les terres ensemencées et les prairies.
On emploie alors des rouleaux-squelettes,
dont l'énergie est plus considérable à poids
égal. On raffermit ainsi complétement les
blés déchaussés par la gelée, on comprime le
sol au point de détruire les insectes nuisibles.
On peut se servir des rouleaux Crosskill
à disques. Le rouleau-squelette de Cambridge (fig. 64 et 65) est aussi très-convena-
ble pour la prairie et même pour les blés.
Une curette A (fig. 65) est destinée à net-

Fig. 65. — Détail du rouleau squelette.

toyer la gorge du disque B lorsque la terre
s'y engage.

§ II. — SEMAILLES.

La plupart des céréales, plantes fourragères, etc., dont j'ai indiqué l'ensemencement dans le calendrier de *septembre*, peuvent aussi être semées pendant le mois
d'*octobre*.

A. Fenugrec.

Le *fenugrec*, connu aussi sous le nom
de *senegrain*, est cultivé comme plante
industrielle particulièrement dans l'arrondissement de Bourgueil (Indre-et-Loire);
on le cultive aussi en Allemagne, en Suisse
et en Italie. « Les graines de cette plante,
dit M. Heuzé, sont données aux bêtes à cornes, aux porcs et aux chevaux qu'on veut
engraisser, à la dose de 25 à 40 grammes
par jour; il faut éviter de leur en donner
au delà de 50 grammes.

« Ces semences excitent les animaux à
boire et à digérer; elles renferment une
très-forte proportion de mucilage et un
principe actif dont la nature est encore inconnue. C'est très-probablement ce principe
qui leur permet de faire naître, sur les animaux auxquels on en donne, un embonpoint factice.

« Les tiges qui ont produit les grains
n'ont aucune valeur alimentaire. On peut
les employer comme litière. »

Un hectare de fenugrec produit de 1,000
à 1,200 kilog. de graines qui valent de
40 à 80 centimes le litre. L'hectolitre de
graines pèse de 68 à 70 kilogrammes.

Dans les provinces du Midi, on sème le
fenugrec en automne : ailleurs l'ensemencement n'a lieu que du 15 février au 15
mars. On sème à la volée ou en lignes, à
raison de 8 à 10 kilogrammes par hectare.

Les semences doivent être enfouies par
un hersage.

Le fenugrec est en pleine fleur vers la
fin de juin ou pendant la première quinzaine de juillet, et les graines mûrissent en
août. On coupe les tiges avec une petite
faux et on les bat au fléau pour en extraire
la graine contenue dans les gousses desséchées. (*Voy.* p. 243.)

B. Gaude.

La *gaude de printemps* se sème en mars ou avril (*voy.* p. 79); la *gaude d'automne* se sème en juillet et août. (*voy.* p. 201). Dans le Midi, on sème toujours cette dernière variété en automne, comme l'indique son nom, c'est-à-dire vers le mois d'octobre.

Le mode de culture et d'ensemencement pour toutes ces variétés ne diffère pas.

C. Gesse cultivée.

Dans le midi de l'Europe, on sème de préférence la *gesse cultivée* (*voy.* p. 79) en automne et on l'associe souvent à l'avoine. Elle fournit au printemps un fourrage vigoureux et abondant.

Quelle que soit l'époque à laquelle elle a été semée, on la fauche à la fin du printemps quand elle est en pleine fleur, ou lorsque les gousses des premières fleurs sont déjà formées et apparentes.

La récolte se fait de la même manière que pour les *vesces*. (*Voy.* p. 178.)

D. Navets en culture dérobée.

La culture des *navets en culture dérobée*, c'est-à-dire pratiquée sur le chaume des céréales que l'on vient de récolter, est depuis fort longtemps en usage dans le Limousin, l'Anjou, la Bresse, l'Alsace, la Flandre, etc. C'est la méthode la plus économique, mais elle n'est pas la plus productive. Elle a pourtant l'avantage d'introduire une récolte de plantes sarclées entre une céréale d'hiver et une céréale de printemps sans nuire ni à l'une ni à l'autre.

Aussitôt après la récolte, on divise le sol et on arrache les herbes à racines traçantes à l'aide d'une charrue légère, d'un scarificateur ou d'une forte herse. On rassemble les herbes au moyen d'un léger hersage et on les brûle.

Ordinairement on ne fume pas. Pourtant si le sol n'est pas fertile, on peut appliquer 4 à 6 hectolitres de noir animal ou 150 à 200 kilogrammes de guano, ou bien du pu-

rin, des tourteaux pulvérisés, de la poudre d'os, etc.

On fait ordinairement les semis dans le mois d'août; mais, dans la région du Midi on attend jusqu'au mois d'octobre.

Il faut choisir de préférence les variétés hâtives : le turneps de Hollande, la rave d'Auvergne ou le navet boule-d'or, conviennent particulièrement pour les semis.

On sème à la volée et on enterre la graine par un léger hersage.

On arrache en novembre ou décembre.

E. Pavot.

Les semis de *pavots* se font vers la fin de février ou en mars. (*Voy.* p. 42.) Dans le Midi et en Algérie, on sème en octobre ou dans les premiers jours de novembre. Si on pratiquait ces ensemencements à la fin de l'hiver, les plantes n'auraient pas assez de force pour résister aux hâles ou aux sécheresses de mars ou d'avril.

J'ai dit dans la livraison de février, d'après Mathieu de Dombasle, que l'ensemencement des pavots se faisait à la volée. Aujourd'hui, sur un grand nombre d'exploitations bien tenues, cette opération se fait en lignes distantes les unes des autres de 0^m.40 à 0^m.60. De cette façon la culture d'entretien est plus facile à exécuter et moins coûteuse.

Dans les contrées du Nord et de l'Est, la récolte du pavot a lieu en août (*voy.* p. 244), mais dans le Midi on la pratique en juin. Les deux récoltes se font de la même manière.

F. Sainfoin.

On sème le *sainfoin* au printemps et en automne. (*Voy.* p. 84). Dans le Midi on choisit de préférence l'automne, parce que les plantes résistent mieux aux sécheresses de la fin du printemps. Quelle que soit l'époque des semailles, l'ensemencement, la culture, l'entretien et la récolte sont les mêmes. Dans le Midi on récolte en mai, et dans le Nord en juin. (*Voy.* p. 178 et 244.)

§ III. — RÉCOLTES.

A. *Alpiste.*

On sème quelquefois l'*alpiste* à la fin de juillet. Il se consomme alors vert sur pied jusqu'en décembre et fournit une excellente nourriture pour les bêtes à cornes. (*Voy.* p. 242.)

B. *Choux non pommés.*

L'effeuillage d'automne, pour les choux pommés, qui commence à la fin de septembre, se continue jusqu'à l'approche des gelées.

On ne doit enlever sur chaque pied, chaque fois que l'on pratique l'effeuillage, que deux ou trois feuilles. Il va sans dire qu'il ne faut détacher que les feuilles inférieures, celles qui ont atteint leur plus complet développement. Quand on enlève trop de feuilles à la fois, le plant a une grande tendance à s'élever; il est alors plus sensible à la gelée et fournit moins de ramifications au printemps.

On a soin de ne pas détacher le pétiole de haut en bas. On doit le casser de manière qu'une partie de sa longueur reste attachée à la tige. Si on arrachait brutalement le pétiole, l'œil qui est situé au point d'insertion de la feuille s'annulerait. « Ce fait a une importance si grande, dit M. Heuzé, que les fermiers de la Vendée ont soin de surveiller les personnes qui pratiquent l'enlèvement des feuilles pendant l'automne. » Ce qui est tout simple : car, si vous détruisez l'œil de la plante, c'est une ramification que vous perdez pour la récolte du printemps.

On compte, en Vendée, qu'un homme peut effeuiller, pendant l'automne ou le printemps, de 20,000 à 25,000 pieds de choux.

Si les pieds de choux ont été trop altérés pendant l'hiver, on les coupe presque rez terre, au fur et à mesure des besoins, et, avant de les donner aux animaux, on les divise dans leur longueur.

C. *Luzerne.*

Dans la région du Midi, on fait la cinquième et dernière coupe de *luzerne* de la fin d'octobre à la mi-novembre. Dans la région du Nord, la troisième et dernière coupe a lieu de la fin de septembre à la mi-octobre.

« Ordinairement, dit M. Heuzé, on fait consommer sur place cette dernière pousse par les bêtes à cornes ou les bêtes à laine. On a dit plusieurs fois que cette plante souffrait du piétinement des animaux; c'est une erreur : le hersage que l'on donne au printemps détruit toujours le tassement que le bétail a exercé à la surface du sol pendant la durée du pâturage. »

D. *Safran*

On ne cultive en France le *safran* que dans le Gâtinais, aux environs de Carpentras (Vaucluse) et dans la commune de Champniers (Charente). On plante le safran depuis la fin de juin jusqu'au commencement d'août, et on récolte les fleurs de cette plante tinctoriale de septembre à la Saint-Martin, selon les pays. Je renverrai, pour cette culture exceptionnelle, au *Cours d'agriculture pratique* de M. G. Heuzé, volume des *Plantes industrielles*.

E. *Sorgho sucré.*

Le *sorgho sucré* végète aussi bien dans le Nord que dans le Midi. Ses graines ne mûrissent cependant que dans la partie méridionale de la France.

On peut le cultiver partout pour fourrage. Il végète bien sur les terres légères, profondes, fraîches et fertiles. Dans le Midi, on le coupe en juillet, et il donne une deuxième coupe pour octobre. Dans le Centre et dans le Nord, on ne peut en obtenir qu'une seule coupe en vert.

Un hectare de sorgho bien cultivé, dans un terrain passable, peut donner de 80,000 à 100,000 kilogr. de tiges et de feuilles vertes.

On coupe les tiges avant le développement des panicules.

Pendant quelque temps, un rapport d'un vétérinaire du département d'Eure-et-Loir avait jeté de la défaveur sur cette plante, qu'on disait être nuisible au bétail; mais des expériences, répétées sur tous les points de la France, ont rassuré les cultivateurs.

F. Arrachage des betteraves.

L'arrachage des betteraves a lieu du 15 septembre à la fin d'octobre. Il ne faut pas attendre que les pluies d'automne aient détrempé la couche arable; car non-seulement l'arrachage et le transport des betteraves sont plus difficiles, mais les racines chargées d'eau se conservent moins bien.

On arrache la betterave de trois manières. Nous empruntons à M. Heuzé la description de ces trois procédés.

a. Arrachage à la bêche ou louchet.

La bêche est un instrument très-commode pour arracher les betteraves; elle n'endommage pas les racines. C'est avec elle ou le louchet qu'on exécute l'arrachage des betteraves à sucre dans la plupart des fermes de la Flandre et de la Picardie.

L'ouvrier qui opère doit planter le fer de l'instrument à une distance de $0^m.10$ environ de la plante qu'il veut arracher, et abaisser le manche vers le sol de manière à soulever la terre et la racine. Au fur et à mesure qu'il agit, une femme ou un enfant tire la racine de bas en haut, par les feuilles, pour la déraciner.

b. Arrachage à la fourche ou à la houe fourchue.

Ces deux instruments ne valent pas la bêche, quoiqu'ils soient souvent employés. Ils déchirent les racines; les racines entamées se conservent difficilement dans les silos. On ne s'en sert guère que lorsque les betteraves végètent sur un sol pierreux.

c. Arrachage à la charrue.

Mathieu de Dombasle a proposé d'arracher les betteraves au moyen d'un araire débarrassé de son versoir et armé d'une pièce de fer de $0^m.10$ de large fixée obliquement sur les étançons, à partir de la partie postérieure du soc. Ce moyen est peu en usage aujourd'hui en France; mais, en Bohême, on continue à le préférer à l'emploi de la bêche. Les agriculteurs français qui l'avaient adopté l'ont abandonné, parce que les betteraves étaient trop endommagées par la charrue et par les pieds des animaux, et qu'elles étaient, après l'arrachage, plus sensibles aux gelées.

Aussitôt après qu'elles ont été arrachées, les betteraves doivent être décolletées. Cette opération consiste à couper à l'aide d'une serpe moyenne, d'une faucille ou d'un fragment de lame de faux assujettie à un manche, la partie de la racine à laquelle tiennent les feuilles et sur laquelle on observe des bourgeons. Elle a pour but d'empêcher le développement de nouvelles feuilles, d'arrêter ou de suspendre en grande partie la vitalité de la racine, afin de lui faire garder ainsi toute sa richesse.

On conserve la betterave de deux maières : en *caves* ou en *silos*.

Les *caves* ou *celliers* où l'on renferme les betteraves ne doivent être ni trop secs ni trop humides. Ils doivent présenter à leur partie supérieure des ouvertures qui assurent la ventilation et qui puissent être bouchées en temps opportun, afin de conserver une température qui ne varie guère de 6 à 10 degrés au-dessus de zéro. On entasse les betteraves, rentrées sèches par un beau temps, sur 2 ou 3 mètres de hauteur, en ayant soin de ne pas les meurtrir.

Les *silos* dans lesquels on conserve les betteraves sont de deux sortes : les *silos permanents* et les *silos temporaires*.

Les *silos permanents* construits en maçonnerie ressemblent beaucoup à une cave et sont couverts en chaume. Les silos de M. Dailly, à Trappes (Seine-et-Oise), son cités comme d'excellents modèles.

Les *silos temporaires* constituent la façon la plus économique et la plus répandue de conserver les betteraves : ils consistent en une fosse de 0ᵐ.30 de profondeur sur 1ᵐ.50 de largeur, à laquelle on donne la longueur que l'on juge convenable. On creuse cette fosse dans un endroit élevé et dans un sol très-sain, et on y dépose les racines en continuant de les ranger en forme de prisme triangulaire jusqu'à une hauteur de de 0ᵐ.80, à partir de la surface du sol et de manière que le tout représente deux pentes, comme le comble d'un bâtiment.

Quand les betteraves sont ainsi disposées, on les couvre d'une couche de paille de seigle, par-dessus laquelle on répand des feuilles. On creuse ensuite sur les côtés de la fosse, à 0ᵐ.50 de ses bords internes, des fossés profonds de 0ᵐ.50 à 0ᵐ.60, de manière que leur fond soit plus bas que le sol du silo. La terre qui provient de ces fossés est appliquée sur la paille et les feuilles, de manière à les couvrir entièrement. Cette couche de terre doit avoir 0ᵐ.30 d'épaisseur. On bat à la pelle la terre sur toute la surface, afin qu'elle ne glisse pas dans les fossés et que les eaux de la pluie ne puissent pénétrer jusqu'aux racines.

Quelques personnes établissent tous les 4 mètres, à l'aide d'un tuyau de drainage, des soupiraux ou cheminées, afin de renouveler l'air intérieur. En cas de gelée, on bouche ces ouvertures avec de la paille. Elles ne sont pourtant pas indispensables. Les silos de M. Moll, à Vaujours, près Paris, n'ont pas de cheminées ; cependant les racines s'y conservent très-bien.

La pulpe qui provient des distilleries de betteraves par le procédé Champonnois forme un excellent aliment pour le bétail, lorsqu'elle est mélangée à du foin, de la paille ou des siliques de colza hachés.

On conserve les pulpes en silo comme les racines de betteraves ; seulement elles se conservent beaucoup plus longtemps, c'est-à-dire jusqu'à deux années entières. C'est ce qui a engagé beaucoup de cultivateurs habiles à établir chez eux des distilleries de betteraves, comme moyen de conserver la betterave destinée à la nourriture des animaux.

G. *Arrachage des carottes.*

Dans les pays où le froid n'est pas intense, on arrache la carotte au moment de la consommer. Dans les autres contrées, on procède à cette opération vers le mois d'octobre, lorsque la température est à 6 ou 8 degrés au-dessus de zéro.

On arrache les carottes de la même façon que les betteraves, et on les conserve de la même manière.

H. *Arrachage des navets.*

Lorsque les navets doivent être conservés pour être donnés aux animaux, pendant l'hiver, on les arrache en octobre, novembre ou décembre, avant que la température soit descendue à huit degrés au-dessous de zéro. « On enlève d'abord les feuilles par la torsion, dit M. Heuzè, et on arrache les racines à la main au moyen d'un crochet ; ensuite on détache la terre qui peut adhérer à la surface et on coupe le pivot de la racine et légèrement le collet. Cette dernière opération doit être faite avec précaution, afin que le navet ne soit pas endommagé. Les navets attaqués par le couteau avec lequel on fait le décollage pourrissent facilement dans les silos. »

Comme on doit faire consommer les navets avant les carottes et les betteraves, on peut les conserver en les amoncelant en forme de prismes de 1ᵐ.30 de hauteur sur 1ᵐ.60 de base, en les couvrant soit avec des paillassons tressés selon le système de M. le docteur Guyot, soit en les couvrant simplement d'une couche de paille que l'on maintient à l'aide de liens croisés afin qu'elle puisse résister à l'action du vent.

I. *Arrachage des choux pommés.*

« La récolte des choux pommés, dit

M. Heuzé, commence dès le mois d'octobre.
On arrache d'abord toutes les têtes qui se
fendent. On peut arracher les têtes les unes
après les autres, mais il vaut mieux couper
les pieds avec une serpe. De cette manière les
feuilles sont moins chargées de terre quand
elles arrivent à la ferme. On enlève les *tro-
gnons* ou *tronçons* lorsqu'on laboure de nouveau le sol. On ne doit couper chaque jour
que le nombre de têtes que l'on peut faire
consommer dans les vingt-quatre heures.

« Avant de distribuer les choux pommés
aux animaux, on les divise au moyen d'une
serpe ou d'une forte faucille; les morceaux,
pendant ce travail, doivent tomber dans
des paniers ou sur un endroit propre et
garni de planches. Les parties des têtes
qui commencent à pourrir doivent être rejetées. »

J. *Récoltes de graines.*

A la fin de septembre ou au commencement d'octobre, quand les fruits ont une
teinte jaune-brune, on coupe les tiges de
betteraves que l'on a choisies pour monter
en graine l'année précédente et qu'on a
mises en place en mars ou avril. (*voy.*
p. 26.) On laisse ensuite les tiges sèches
sous un hangar ou dans un grenier aéré.
On égrène les semences en frottant les ramifications entre les mains. La graine de
betterave peut conserver sa faculté germinative cinq ou six ans, mais il vaut mieux
ne pas attendre pour la semer plus d'un
ou deux ans.

K. *Prairies.*

Les travaux d'entretien des prairies commencent au mois d'octobre. On a soin,
dès les premières pluies d'automne, de
mettre l'eau dans les prés. Les arrosements
doivent être de peu de durée. On arrose
une partie de la prairie pendant une heure,
et on la laisse sécher pendant qu'on donne
l'eau aux autres parties.

« Un d'eau et un de soleil ne font pas
deux, dit M. de Gasparin ; ils font quatre. »

Mais il faut bien se garder de submerger
les prairies ; pour que l'irrigation soit féconde, il est indispensable que l'eau coule
sans cesse sur la surface du sol et qu'elle
ne soit jamais stagnante.

La quantité d'eau nécessaire pour les irrigations varie selon la nature du sol et la
nature du sous-sol; il va sans dire que si le
sous-sol est imperméable et que la prairie
n'est pas drainée, on aura beaucoup de
chances pour avoir un marécage au lieu
d'un pré.

La moindre quantité d'eau que l'on
puisse employer en irrigation, d'après
M. Villeroy, est une nappe d'eau de trois
millimètres d'épaisseur avec une vitesse de
cinq millimètres par seconde.

Puvis dit: « Nous croyons pouvoir admettre, en résumant de nombreuses observations personnelles et en les comparant
à celles recueillies par d'autres, que quatre
à six mètres cubes d'eau, dérivés des petits
cours d'eau et répandus à propos sur le sol
suffiraient, sans engrais, en moyenne, aux
prairies des deux tiers de la France; que
vingt-cinq à trente jours d'arrosement
sont suffisants avec cette quotité d'eau,
mais il n'y a aucun inconvénient à en doubler le nombre. Il est difficile de mettre
trop d'eau sur les terrains à forte pente. »

Tous les agronomes reconnaissent que
la meilleure époque pour irriguer, c'est
l'automne. On commence aussitôt après la
coupe des regains, au moment où la végétation se ralentit et se prépare au som-
meil de l'hiver. C'est de cette irrigation
que dépend le succès de la récolte prochaine. Plus on donne d'eau en ce moment,
mieux cela vaut ; mais il faut que l'eau
coule doucement et continuellement sur la
même place, afin d'opérer ce qu'on appelle
le limonage de la prairie.

Si l'hiver est doux on peut irriguer, s'il
y a menace de gelée, il faut s'arrêter. On
peut cependant faire couler l'eau pendant
tout l'hiver sur les places maigres ou infestées de mauvaises herbes.

CHAPITRE III

Travaux de la ferme.

§ 1er. — LA VENDANGE.

Lorsque le raisin est mûr, la queue de la grappe devient brune, la grappe est pendante, la pellicule du grain est mince, non cassante sous la dent, le grain a une saveur sucrée.

Il faut proscrire pour la récolte du raisin la *serpette* ou le *couteau*, qui ébranchent le sarment et égrènent la grappe. On doit munir les vendangeurs de petits sécateurs faits exprès qui coûtent environ trois francs et dont le propriétaire fera la dépense, car les vendangeurs n'y consentiraient pas. A défaut de cet instrument, on ne permet que les ciseaux bien affilés.

L'utilité de l'*égrappage* est un problème important que se posent tous les vignerons et que personne n'a encore résolu d'une manière absolue. On sait que l'égrappage consiste à séparer les grains de la rafle. Voici l'opinion de Mathieu de Dombasle à ce sujet; c'est, je crois, ce qui a été dit de plus sage sur cette question:

« L'opération de l'égrappage tend à diminuer, dans une proportion considérable, le principe acerbe qui se rencontre dans le vin, et qu'il tire en grande partie des grappes pendant le curage et dans le pressurage. Le vin produit par le raisin égrappé est donc plus délicat, mais il ne peut se conserver aussi longtemps que celui provenant de raisins non égrappés, parce qu'il contient en bien moins grande proportion le principe conservateur de cette liqueur, et sans lequel elle passe promptement à la fermentation acide ou à d'autres altérations. Le principe acerbe n'est pas utile seulement sous ce rapport; quoiqu'il ait une saveur fort désagréable lorsqu'il est isolé, cependant c'est un ingrédient essentiel pour donner au vin la qualité savoureuse qu'on y recherche, seulement il ne faut pas que cette saveur astringente y domine trop, parce qu'elle ne devient agréable que par sa juste combinaison avec celles des autres parties constituantes de cette liqueur.

« Il est donc impossible de déterminer d'une manière générale s'il est utile ou non d'égrapper. Cela dépend essentiellement de la nature du raisin, du terroir, de l'année, ainsi que de la qualité du vin qu'on désire obtenir. Sans égrapper la totalité de la vendange, il sera souvent très-utile de pratiquer cette opération sur la moitié, le tiers ou le quart de la quantité du raisin que l'on met dans la cuve, ou d'en égrapper entièrement une cuve pour en mélanger le vin avec celui des autres cuves, dans une proportion variable, si l'on désire obtenir des vins de diverses qualités et destinés à être bus à des époques successives. »

On s'occupe beaucoup, depuis quelque temps, de perfectionnements à apporter dans la fabrication du vin. Après le choix des cépages, la manière de tailler la vigne et les façons qu'on leur donne, le mode de fabrication influe considérablement sur la qualité du vin.

Parmi les quelques opérations qui constituent la fabrication du vin, le *cuvage* est une des plus importantes. On a parlé de fermer les cuves afin d'éviter les déperditions que peut entraîner le dégagement de gaz acide carbonique; voici ce qu'écrivait Mathieu de Dombasle à ce sujet; on n'a encore rien dit de plus intéressant sur la question de la couverture des cuves.

« Il est très-essentiel de soustraire à l'action de l'air le *chapeau* qui s'élève au-dessus du liquide pendant la fermentation. Le contact de l'air fait passer promptement à la fermentation acide le vin dont il est imprégné, et dans les saisons très-chaudes la fermentation putride s'y développe même souvent. C'est par l'effet de l'une et de l'autre de ces deux fermentations qu'il arrive souvent que la température du chapeau se maintient à un degré beaucoup plus élevé que celle du liquide qui est au-dessous, lorsque la fermentation vineuse approche de sa fin. On conçoit facilement que, le chapeau est mêlé, dans cet état, avec e reste de la vendange, il y porte des levains de décomposition qui altèrent la saveur du vin et qui nuisent à sa conservation.

« D'un autre côté, lorsque le chapeau est exposé à l'air, il éprouve une évaporation considérable par l'effet de la chaleur qui s'y entretient, ce qui donne lieu à une perte importante sur la quantité du vin.

« C'est donc avec beaucoup de raison qu'on a recommandé depuis longtemps de couvrir les cuves avec soin. On a proposé récemment d'adapter aux cuves un appareil destiné à rendre la fermeture encore plus complète, et, en même temps, à recueillir le liquide spiritueux qu'on suppose être entraîné par l'acide carbonique qui se dégage pendant sa fermentation. Des expériences très-exactes, dont les résultats ont été à peu près uniformes sur tous les points de la France, ont prouvé que la quantité d'alcool qui se perd ainsi était trop insignifiante pour qu'on se donnât la peine de la recueillir, et que l'appareil ne présentait aucun avantage réel ; mais elles ont démontré en même temps qu'on éprouve une perte de vin considérable lorsque la vendange fermente dans une cuve découverte.

« Le seul doute qui puisse exister aujourd'hui, relativement à la fermeture des cuves, est de savoir s'il importe qu'elle soit plus ou moins exacte. Dans plusieurs des expériences qui ont été faites, on a couvert hermétiquement la cuve avec un couvercle scellé en plâtre, en y ménageant une ouverture à laquelle était appliqué un tube recourbé, qui venait plonger dans un baquet d'eau. Il serait fâcheux que ce degré d'exactitude dans la fermeture fût nécessaire : en effet, pour que ce tube fût de quelque utilité, il faudrait que les douves de la cuve, dans leur partie supérieure, et les planches qui forment le couvercle fussent assez bien jointes, et que ce dernier fût scellé ou luté avec assez d'exactitude

dans son pourtour, pour ne laisser aucune issue au gaz qui, ainsi enfermé, ne pourrait s'échapper que par le tube, ce qu'on reconnaîtrait au bouillonnement de l'eau. »

Mais, comme cette opération serait trop difficile, Mathieu de Dombasle propose le procédé suivant :

« En faisant usage d'un couvercle de deux pièces, débordant la cuve de quelques pouces dans tout son pourtour, la simple application du couvercle, en prenant soin de le faire le mieux qu'on le peut et sans aucun lut, suffit pour maintenir la partie de la cuve qui n'est pas occupée par la vendange, toujours remplie par une portion de l'acide carbonique qui se dégage, et les petites ouvertures qui se rencontrent nécessairement entre la cuve et le couvercle, ainsi qu'entre les deux parties de ce dernier, remplacent suffisamment et avec moins de peine et de soins l'ouverture unique qu'on pourrait laisser au couvercle.

« On sait, en effet, que le gaz acide carbonique, étant beaucoup plus pesant que l'air, remplit exactement toute la capacité vide de la cuve, avant que la grande abondance qui s'en dégage ne force une partie à se verser en dehors. Ce gaz forme, pour la vendange, la couverture la plus exacte qui puisse la soustraire au contact de l'air. La principale fonction du couvercle doit donc être de garantir le fluide gazeux de tout mouvement de l'air extérieur qui viendrait le déplacer en se mélangeant avec lui. Il remplit également bien cette condition, soit que le gaz n'ait qu'une ouverture unique pour s'échapper, soit qu'il en ait plusieurs, pourvu que ces dernières ne soient pas trop larges, ce qu'il est facile d'obtenir en posant avec quelque soin le couvercle sur la cuve.

« On doit avoir la précaution de ne pas remplir la cuve jusque près de ses bords, afin que le chapeau, en s'élevant par l'effet de la fermentation, laisse toujours un vide de 25 centimètres au moins entre lui et le couvercle ; 35 à 40 centimètres valent encore mieux; de cette manière, la vendange se trouve toujours couverte d'une couche suffisamment épaisse de gaz acide carbonique. On doit aussi avoir le soin de soulever le moins souvent possible le couvercle pendant la fermentation, et, lorsqu'on croit devoir le faire pour examiner l'état de la cuve, on doit le soulever très-lentement et éviter, dans l'intérieur de la cuve, tous les mouvements brusques des bras, qui tendaient à déplacer la couche d'acide carbonique qui recouvre la vendange. »

La question du *foulage* est aussi un problème important qui préoccupe sérieusement les cultivateurs. Tout le monde est d'accord pour considérer cette opération comme indispensable afin d'assurer une fermentation prompte, uniforme et régulière; mais on diffère sur le point de savoir si on doit fouler la vendange dans un baquet pour la verser ensuite dans la cuve, ou si l'on doit fouler dans la cuve au fur et à mesure que les raisins y sont déposés.

Mathieu de Dombasle se prononce d'une

Fig. 66. — Coupe-racines de M. Laurent.

manière catégorique à ce sujet, et ses arguments sont assez solides pour être pris en considération.

« Il est toujours utile, dit-il, d'écraser le raisin lorsqu'on le met dans la cuve : la fermentation monte bien plus régulièrement. Lorsqu'on foule la cuve dans le cours de la fermentation, on a pour but de donner plus de couleur au vin; mais on n'atteint ce but que lorsque le foulage a lieu au moment où la fermentation est déjà avancée, parce que, comme je l'ai dit, la partie colorante

de la pellicule du raisin ne peut se dissoudre que lorsque le vin contient déjà une quantité plus ou moins considérable d'alcool.

« Au reste, ce foulage pendant la fermentation présente le grave inconvénient de déranger la couche d'acide carbonique qui recouvre la vendange, et d'exposer celle-ci au contact de l'air; d'ailleurs, si le chapeau d'une cuve découverte a déjà contracté quelque acidité, on ne peut que nuire à la masse en l'y mélangeant. »

On a cherché à substituer, dans le foulage de la vendange, une machine à l'usage malpropre et barbare des pieds des vendangeurs. M. Dezaunay, de Nantes, a inventé un appareil qui remplace heureusement et économiquement les pieds des vendangeurs. Le *fouloir* de M. Dezaunay se compose d'une caisse en bois au fond de laquelle sont placés des cylindres portant des cannelures hélicoïdales, et tournant en sens contraire. On fabrique deux modèles de cet appareil très-simple. Le grand modèle, supporté sur 4 pieds, peut fouler un hectolitre et demi de raisin par minute et coûte 120 francs: le petit modèle qui s'appuie tout bonnement contre un mur ne revient qu'à 65 fr. Il fait à peu près la moitié de l'ouvrage du premier.

Le réchauffement artificiel d'une partie du moût, afin d'accroître la fermentation, est généralement blâmé. Si la fermentation est entravée à cause de la fraîcheur de la température, la chaleur artificielle accélérera bien la fermentation; mais elle n'ajou-

Fig. 67. — Coupe-racines de M. Laurent.

tera rien à la quantité de spiritueux que contient le vin. Si la cuve est bien couverte, on n'a rien à redouter d'une prolongation de fermentation. Si la fermentation est retardée parce que le raisin n'est pas assez mûr, ce n'est pas de la chaleur qu'il faudrait ajouter à la cuve, mais du sucre, sans lequel la chaleur ne peut pas faire de vin, et qui suffit pour produire la chaleur provenant naturellement de la fermentation.

Le retard apporté dans le *décuvage* contribue à donner plus de couleur au vin, parce que l'alcool dissout le principe colorant des pellicules du raisin; mais, en même temps qu'il dissout la matière colorante, l'alcool, laissé quelque temps en contact avec la rafle, dissout aussi les principes astringents que celui-ci contient. On obtient alors un vin qui se conserve plus longtemps, mais dont le goût devient âpre et dur.

Comme, dans beaucoup de pays, on aime le vin coloré, comme il est nécessaire de donner la faculté de la conservation à des vins qui en manquent, on devra donc égrapper une partie de la vendange et prolonger la fermentation en ayant soin de laisser les cuves couvertes.

Le *vin pressuré* est plus coloré et plus chargé de principes astringents que le vin sorti de la cuve. Il est par conséquent plus âpre et de meilleure conservation. Dans les vignobles où le vin est rude, on se garde bien de le mélanger au vin de cuve, mais dans les pays où le vin de cuve est susceptible de peu de conservation, on l'améliore en le mélangeant avec le vin de pressoir.

Cette manipulation est entièrement laissée au tact et à l'expérience du propriétaire de vignobles.

§ II. — DU FUMIER.

Je trouve dans les excellents articles publiés par mon ami M. Joigneaux une méthode d'aménagement du fumier qui me paraît devoir être suivie, surtout dans les contrées où le chaulage est nécessaire, et je m'en empare pour la faire connaître à mes lecteurs.

« Au lieu de former nos tas de fumier au niveau du sol de nos cours de ferme, commençons par amener des terres inutilisées. Faisons avec ces terres un premier lit de 0m.15 à 0m.20 d'épaisseur et arrosons-le copieusement avec de la chaux délayée dans de l'eau. Faisons ensuite un second lit de terre, arrosons-le comme le premier; passons à un troisième lit et à un troisième arrosage, et continuons ainsi jusqu'à une hauteur de 1m.50 environ.

« Cette opération exécutée, formons notre tas de fumier sur le tas de terre, en foulant bien chaque couche avec les pieds et en retroussant de notre mieux la litière à la circonférence. De loin en loin, de 0m.60 en 0m.60 par exemple, recouvrons le fumier de 0m.15 à 0m.20 de terre, terminons notre tas en forme de toit à deux ou quatre pans, battons avec le fer de la bêche ou le dos d'une pelle en fer, afin d'empêcher l'eau des pluies de pénétrer trop abondamment dans la masse, et, en dernier lieu à temps perdu, crépissons l'extérieur de notre fumier avec de la boue des rues ou avec de la terre glaise pétrie. Nous aurons ainsi un engrais qui ne souffrira ni des pluies, ni du soleil, qui ne prendra point le *blanc* et qui vaudra le double et le triple de nos engrais de ferme négligés. Et nous n'aurons pas seulement gagné sur la qualité, nous aurons aussi gagné sur la quantité, puisque la terre chaulée en dessous recevra les égouts du fumier, les épongera, s'en enrichira et nous évitera en partie les pertes de purin si considérables dans nos campagnes.

« Cette préparation des engrais de ferme ne présente pas la moindre difficulté, et n'exige, pour être bien comprise, aucun effort d'intelligence. Il y a donc lieu d'espérer qu'on n'hésitera guère à la prendre en considération.

« Quant à l'emploi des fumiers ainsi préparés, rien n'enpêchera de répartir également, sur les terres blanches, partie du dessus et partie du dessous. On pourrait aussi conduire le fumier de litière sur les terrains les moins compactes et réserver exclusivement le terreau chaulé aux argiles fortes ou à la culture des racines que suivrait une céréale avec trèfle. Ce terreau chaulé et rempli de purin ferait merveille sur les betteraves, les carottes, les rutabagas, qui exigent une végétation rapide, et la présence de la chaux, même en très-minime proportion, favoriserait singulièrement le trèfle qui viendrait après la récolte des racines.

« En chaulant de cette façon, il n'y aura pas d'inconvénient à craindre, et l'opération pourrait être renouvelée tous les ans. »

CHAPITRE IV
Travaux forestiers.

Pendant le mois d'octobre, on commence l'élagage des arbres. Cette opération consiste à couper tous les trois, quatre, cinq ou six ans, selon les essences, selon la vigueur de l'arbre, un petit nombre de branches afin de le disposer à prendre une forme plus élancée. On coupe la branche bien net et à fleur d'écorce afin que la plaie se cicatrise plus rapidement. Pour les arbres résineux, on laisse un chicot de 0ᵐ.08 à 0ᵐ.10.

C'est le moment de récolter les semences d'érables, de frênes, de charmes, de chênes et de hêtres. Il faut les semer tout de suite, car elles se conservent difficilement.

Les cônes de sapins mûrissent en octobre. On laisse les graines dans les cônes jusqu'au printemps, époque des semailles.

On opère, pendant ce mois, la transplantation des arbres résineux. « Dès que les premières gelées, dit M. Moll, ont fait tomber les feuilles, on commence aussi la plantation d'arbres résineux. Le plant que l'on emploie doit être sain, avoir crû dans un lieu peu ombragé, et être bien garni de chevelu et de racines. On choisit de préférence les plus jeunes sujets, parce qu'ils reprennent toujours mieux, surtout lorsque ce sont des espèces à pivot, comme le chêne et le pin silvestre. On enlève le plant de manière à conserver intacts, autant que possible, les racines et surtout le chevelu. Dans ce but on se sert de la bêche courbe, au moyen de laquelle on enlève la motte de terre avec le plant. »

CHAPITRE V

Animaux domestiques.

§ Iᵉʳ. — NOURRITURE D'HIVER.

Les fourrages que l'on peut donner aux bestiaux pendant l'hiver sont de diverses natures, selon l'espèce de bétail à laquelle ils sont destinés; mais les agriculteurs ne doivent point perdre de vue que les aliments variés produisent le meilleur effet sur les animaux, et que, sauf le foin, il n'est pas de fourrage qui puisse leur être donné exclusivement sans danger.

Le *foin* est le fourrage le plus natu-

et le plus sain, en supposant qu'il provienne d'une bonne prairie; néanmoins la production de la graisse et du lait n'est jamais que médiocre par l'effet d'une nourriture consistant seulement en foin.

Le *regain* est préférable sous ce rapport; toutefois il est également rare que le cultivateur trouve de l'avantage à en faire l'unique nourriture du bétail; les fourrages donnés seuls sont, en général, moins profitables que lorsqu'ils sont mélangés avec des aliments aqueux; en revanche, ils doivent toujours composer une partie, au moins la moitié de la nourriture.

Lorsqu'on ne donne que du foin, 2ᵏ.75 à 3ᵏ.50 sont nécessaires pour chaque quintal métrique du poids de l'animal vivant; ainsi une vache de 4 quintaux métriques doit recevoir de 11 à 14 kilogr. de foin par jour, selon M. Moll.

Les foins provenant de prairies artificielles, trèfle, luzerne, vesce et sainfoin, peuvent très-bien remplacer le foin des prairies naturelles. Le sainfoin est même préférable pour les bêtes à cornes et les moutons. Le trèfle fait boire les animaux; c'est pour cela qu'il convient de le donner concurremment avec les aliments aqueux aux vaches laitières, afin d'augmenter la sécrétion du lait.

Lorsqu'on donne aux animaux des tourteaux de betteraves ou des pulpes de distilleries, il est très-avantageux d'y joindre une nourriture qui ne contienne pas trop d'eau, et qui offre un volume suffisant pour lester l'estomac. La paille hachée, les balles de grains et les siliques de colza conviennent parfaitement à cet égard. On se sert, pour hacher la paille, d'un instrument fort simple qui en débite de grandes quantités, rapidement et sans grand travail. (*Voy.* p. 60.)

Les meilleures pailles sont celles des plantes farineuses, telles que la lentille, la vesce, le pois, le millet, etc.; puis vient la paille des céréales de printemps, et aussi celle des céréales d'automne. La paille doit être, en général, utilisée à la nourriture des animaux dans les trois ou quatre premiers mois de sa récolte. Passé cette époque, elle perd considérablement de sa valeur nutritive. La même chose a lieu pour les racines.

Les agronomes en concluent que l'on doit faire consommer paille et racines pendant l'hiver. Cependant il faut faire une exception pour la pulpe provenant des distilleries de betteraves, d'après le système Champonnois. Ces pulpes, mises en silos, se conservent un an et même deux ans sans la moindre altération, ce qui a décidé beaucoup d'agriculteurs à joindre une distillerie à leur exploitation, par l'unique raison que la pulpe se conservait mieux que les racines. « Quand même je devrais un peu perdre sur l'alcool, me disait un des grands agriculteurs des environs de Paris, je distillerais toujours, afin d'obtenir des pulpes qui puissent se conserver. »

Les cultivateurs qui n'ont pas à leur disposition une distillerie donnent les betteraves et les racines à leurs bestiaux, après les avoir préalablement débitées en tranches minces au moyen d'un instrument analogue au *hache-paille*, et appelé *coupe-racines*.

Mais, avant de couper les racines, il est indispensable de les débarrasser de la terre qui est demeurée adhérente à leur surface après l'arrachage. Le *laveur de racines* (fig. 68) est un cylindre à jour dans lequel se trouve une vis d'Archimède. Ce cylindre, plongé dans l'eau, tourne sur son axe. La racine, culbutée par cette révolution, suit la spirale formée par la vis d'Archimède, et se débarrasse dans sa route de la terre qui la salissait.

Le *coupe-racines* reçoit ensuite la betterave lavée, et la débite pour le bétail. Un des meilleurs instruments, parce qu'il est solidement construit, et parce qu'il fait beaucoup de bonne besogne, c'est le coupe-racines de M. Laurent, rue du Château-d'Eau, 26, à Paris (fig. 66 et 67). Cet appareil est monté sur un bâtis construit avec

de fortes pièces de bois ; une solidité, même un peu lourde, est indispensable pour les appareils de ce genre. On jette dans la trémie la betterave, qui, glissant de la pente pratiquée sur le côté opposé à la roue, vient s'appuyer sur la paroi verticale, dans laquelle est encadrée une roue pleine percée de trois ou quatre ouvertures soit verticales et perpendiculaires à son axe (fig. 66), soit en forme courbe (fig. 67), réunies, par une extrémité, à l'axe de la roue. Des lames dentées et tranchantes sont insérées dans ces ouvertures et pénètrent elles-mêmes dans l'épaisseur de la roue, mais elles dépassent de quelques millimètres la surface intérieure de cette roue; il en résulte que, lorsque celle-ci est mise en mouvement, les betteraves sont aussitôt entamées par les dents et débitées en lames minces et étroites.

Les fragments de *betteraves* sont généralement donnés avec de la paille, des siliques ou du foin hachés. On place ce mélange dans des compartiments en bois, et on le laisse fermenter pendant 3 jours environ. Les bestiaux le mangent ensuite avec plus d'avidité.

On débite aussi par le coupe-racines les rutabagas, les choux-raves, les navets, les carottes, etc.

« Les rutabagas et les choux-raves, dit M. Moll, sont plus nutritifs que les betteraves et plus recherchés des bêtes à cornes et des moutons; il est même des contrées où ils sont meilleurs que les pommes de terre, à poids égal, surtout pour l'engraissement. Le lait et le beurre qui en résultent sont d'une excellente qualité.

« Les navets sont aussi mangés avec plaisir par le bétail ; mais de toutes les racines, ce sont les moins nutritives; il en faut 2 kilogr. et demi pour équivaloir à 1 demi-kilogr. de foin. Malgré cela, c'est un bon aliment qui favorise la production de la graisse et procure aux animaux une excellente chair. Il est à regretter que les navets se conservent moins bien encore que les rutabagas ; aussi doit-on les faire consommer en automne.

« Les carottes sont de toutes les racines celles dont le bétail est le plus avide ; ce sont les seules que les chevaux mangent avec plaisir, même sans y être habitués ; aussi est-il avantageux de les réserver pour ces animaux. 6 kilogr. de carottes par jour, avec autant d'avoine, suffisent pour entretenir un cheval ordinaire en bon état pendant l'hiver ; s'il travaille fort, on peut lui donner en sus la moitié de sa ration ordinaire d'avoine. Du reste, les carottes sont moins nutritives que la betterave blanche ; il en faut plus de 1 kilogr. et demi pour équivaloir à un demi-kilogr. de foin. »

On peut donner les pommes de terre crues aux bêtes bovines et aux moutons lorsqu'elles sont exemptes de la maladie et mélangées avec une suffisante quantité de foin sec. Cependant elles causent souvent des diarrhées et peuvent même provoquer l'avortement chez les vaches. Le meilleur moyen d'éviter tous les inconvénients est de faire cuire les pommes de terre. Données de cette façon, elles poussent plus vite à la graisse, mais elles augmentent moins la sécrétion du lait.

On a imaginé, pour faire cuire économiquement les pommes de terre et les autres légumes, des appareils où la vapeur joue le principal rôle. L'un d'eux, inventé, je

Fig. 68. — Laveur de racines.

crois, par M. Clamageran, agriculteur à la Lambertie (Gironde), se compose d'un générateur à vapeur, sorte de fourneau en fonte qui contient l'eau destinée à être transformée en vapeur. Ce générateur est flanqué de deux tonnes en douves qui communiquent avec lui par deux tuyaux conducteurs de la vapeur. Les tonnes sont traversées par un tube en zinc percé de trous qui distribuent également la vapeur parmi les légumes. Le prix de l'appareil est de 520 fr., et la cuisson d'un hectolitre de pommes de terre revient à 17 ou 18 centimes.

M. Charles et Cie, quai de l'École, à Paris, ont inventé aussi des appareils à cuire les légumes qui sont plus simples et moins

chers, mais qui ne doivent point avoir une aussi longue durée. C'est un fourneau en fonte, traversant le fond, rempli d'eau, d'une vaste chaudière en zinc. Au-dessus de la ligne de l'eau, on place un grillage en bois sur lequel repose le tas de pommes de terre ou de légumes. On chauffe le fourneau, qui réchauffe l'eau : la vapeur se dégage, enveloppe les légumes et leur donne le degré de cuisson désirable.

J'ai déjà parlé de la méthode qui consiste à donner au bétail des fourrages secs et des racines soumis à une sorte de fermentation. Cet usage se répand beaucoup parmi les agriculteurs progressifs ; car la fermentation donne aux aliments la plus haute faculté nutritive possible. Je crois utile de citer à ce sujet une note très-complète de M. Schweizer, le savant directeur de l'institut agronomique de Tharandt, en Allemagne. « Pendant l'hiver de 1856 à 1857, écrivait-il, je fus forcé, par manque de fourrages, de borner la ration journalière de 14 têtes de gros bétail à 25 kilogr. de pommes de terre, 50 kilogr. de paille hachée et de balles de grain, 12 kilogr. et demi de foin et 2 kilogr. de grain moulu qu'on leur donnait dans le boire. Cette nourriture, qui était consommée moitié en soupe et moitié froide, se réduisait à 5 kilogr. de foin par tête. Mon bétail déclina rapidement, et les vaches cessèrent de donner du lait. Dans cette occurrence, j'eus recours à la méthode de la fermentation des fourrages, et, à dater de la mi-janvier, je ne donnai plus la nourriture autrement. La paille hachée, les balles et les pommes de terre furent seules préparées de cette manière. On donna le foin entier et le grain moulu dans le boire. Le résultat de ce changement fut que les bêtes mangèrent avec beaucoup plus d'avidité cette nourriture, dont la saveur appétissante et l'odeur vineuse et agréable leur plaisaient singulièrement; que leur état s'améliora d'une manière sensible au bout de quelques semaines, et que les vaches donnèrent plus de lait et des veaux plus forts et mieux portants. Voici comment j'opère pour ce mode de préparation :

« Faute d'autre vaisseau convenable, j'ai fait faire une grande caisse en planches, divisée intérieurement en trois compartiments égaux, assez grands chacun pour contenir la ration d'un jour, et pouvant être fermée non hermétiquement par un couvercle également en planches. Dans le bas est une porte à coulisse pour permettre d'enlever le contenu de chaque compartiment. Il résulte de cette disposition que le fourrage fermente pendant trois fois 24 heures, temps suffisant pour lui donner toutes les qualités requises. Chaque jour on enlève le contenu d'un compartiment, qu'on remplit de nouveau immédiatement après. Le bétail aime particulièrement cette nourriture lorsqu'elle a acquis une température assez élevée et une odeur vineuse bien sensible. Arrivée à ce point, elle doit être enlevée de la caisse et étendue de manière qu'elle puisse se refroidir, sans quoi les matières passent à la fermentation putride et sont repoussées du bétail.

« Je fais entasser, par couches alternatives, la paille hachée, les balles et les pommes de terre coupées; je fais presser le tout fortement et arroser d'eau froide au moyen d'un arrosoir, de telle sorte que toute la masse soit également humectée. L'eau surabondante s'échappe par en bas. Si la masse manquait d'humidité ou en avait trop, elle ne s'échaufferait pas convenablement. »

Il me paraît utile de donner ici, pour régler exactement les rations des animaux, les équivalents des divers fourrages ramenés, par différents chimistes et agronomes, à l'unité générale de 100 kilogrammes de bon foin.

D'après Schevertz, voici la valeur comparative des fourrages le plus généralement employés.

Pour représenter 100 kilogr. de foin sec de première qualité, il faut :

50 kilog. d'avoine.
50 — de tourteaux (colza ou lin).
100 — de regain.
100 — de trèfle (à l'état sec).
100 — de luzerne (à l'état sec)
150 — de rutabagas.
200 — de pommes de terre.
200 — de topinambours.
270 — de carottes.
350 — de betteraves.
400 — de paille d'orge ou d'avoine.
500 — de navets.
600 — de choux.

Je dois faire observer pourtant que les données de ce genre ne sont qu'approximatives et qu'elles ne pourront jamais avoir rien d'absolu, la richesse relative de chaque espèce de fourrage étant essentiellement variable selon les terrains, les climats, les fumures, les cultures, etc.

Mathieu de Dombasle a cherché aussi à reconnaître la valeur comparative de certaines substances alimentaires; voici le résultat de ses expériences personnelles.

Il a pris aussi pour unité comparative 100 kilogrammes de luzerne sèche ou de oin sec de première qualité.

Pour représenter 100 kilogrammes de oin sec il faut :

- 56 kilog. de tourteaux de lin.
- 48 — d'orge (l'hect. de 60 kilog.).
- 186 — de pommes de terre crues.
- 176 — de pommes de terre cuites, pesées après la cuisson.
- 162 — de pommes de terre cuites, pesées avant la cuisson.
- 220 — de betteraves de la variété blanche.
- 506 — de carottes.

§ II. — LE POULAILLER.

On comprend de plus en plus l'importance que doit avoir, dans une exploitation rurale, quelque modeste qu'elle soit, la formation et l'entretien d'un bon poulailler. J'emprunterai à un savant de beaucoup de mérite, qui est aussi un praticien habile, quelques lignes que les agriculteurs consulteront avec fruit. C'est de la pure pratique et cela n'en vaut que mieux.

« Afin d'arriver le plus promptement possible, dit M. Paul Letronne, membre correspondant de la Société d'agriculture et arts de la Sarthe, à la réalisation d'un projet d'épuration des animaux qui peuplent nos basses-cours, projet reconnu si nécessaire pour obtenir désormais tout ce qu'on est en droit d'attendre des éducations bien dirigées, on ne saurait trop conseiller à tous les éleveurs, à la campagne comme à la ville, de suivre exactement les conditions indispensables et toutes radicales qui suivent :

« Faire disparaître toutes les volailles qui n'auront pas conservé les caractères distinctifs appartenant à une race franche de tout mélange, et ne possédant pas quelques qualités tranchées ;

« Les remplacer par un choix fait dans les races les plus pures, et offrant tous les avantages d'une bonne reproduction et d'un bon produit, savoir : la *fécondité*, la *précocité*, la *délicatesse de la chair* et la *disposition à l'engraissement.*

« Établir autant de parcs ou divisions et logements que l'on aura d'espèces à élever.

« Dans les campagnes où l'on ne pourra pas établir de divisions, n'élever qu'une seule variété de poules, celle qui paraîtra le mieux s'acclimater, en la choisissant dans les espèces les plus robustes.

« Lorsque, dans une ferme, on élèvera une race qui ne possédera pas les qualités de bonne couveuse et bonne mère, on y devra suppléer en admettant les poules d'une autre race bien disposée à cet office, mais en évitant d'y joindre les coqs de leur espèce. Ces poules pourront fournir des métis de bonne qualité, si le choix est judicieux. Ces produits ou métis devront disparaître annuellement, et leurs mères être renouvelées aussitôt que l'âge les rendra impropres au service qu'on attendra d'elles.

« Ces conditions nous paraissent absolues pour arriver à ce but désiré de conserver les races dans leur état de pureté; et par elles on amènera inévitablement dans toutes nos contrées, où l'on a tant négligé les produits de la basse-cour, sinon une régénération complète des bonnes espèces qui durent y être élevées jadis, du moins d'autres races qui, par leurs qualités reconnues, pourront de beaucoup dépasser les avantages que ces premières devaient même avoir dans le principe.

« Aura-t-on à regretter l'entière disparition de ces poules sans nom et sans caractère tranché, produit de mélanges successifs de tant de races et familles dégénérées qui ne devaient que leur faire perdre, de degrés en degrés, une grande partie du peu de qualités qui leur étaient propres? Cette réforme une fois faite, ne sera-t-il pas de toute utilité que quelques éleveurs adoptent : les uns, une race primant par la ponte des œufs ; les autres, celles qui se distinguent soit par la précocité, soit par le volume, la qualité de la chair, la bonne disposition à l'engraissement ; ou bien les bonnes couveuses et les bonnes mères, etc., etc.

« Si cela peut avoir lieu par une bonne entente, nul doute que, dans nos campagnes, on ne trouve ces parcs variés et toujours bien garnis de bonnes espèces de volailles qui possèdent des qualités profitables à l'éleveur, quelle que soit leur race, et qui les feront rechercher, par le mérite que chacune d'elles ne pourra manquer de fournir.

« Nous devons ici faire remarquer que l'on peut, quoiqu'on ait avancé le contraire, acclimater en toute assurance, et sans trop de difficulté, toutes les races de poules d'une région étrangère à l'autre, sans qu'on ait à craindre une dégénérescence sensible qui, dans tous les cas, pour un grand nombre, ne devrait être que très-lente à s'opérer. Si cela même arrivait, serait-ce un motif de s'abstenir ? Cette hypothèse admise, on aura, dans un avenir peu éloigné, bien plus de facilités pour renouveler ces races, en recourant au moyen d'échanges ou achats nouveaux.

« Pour consolider les bienfaits de la réforme dont on s'occupe, le mode de reproduction des espèces épurées mérite une sérieuse attention ; pour cela, nous conseillons aux éleveurs de s'appliquer :

« A opérer continuellement des *croisements* entre les sujets de la même race, moyen qui devient des plus faciles en exécutant des échanges entre voisins, afin d'éviter la consanguinité qui, avec le temps, occasionne la dégénérescence des familles : ces échanges doivent avoir lieu au moins tous les trois à quatre ans ;

« A choisir les coqs, de un à deux ans au plus, les mieux constitués, possédant les formes les plus en rapport au type particulier à la race à laquelle ils appartiennent, et provenant de poules annonçant aussi les meilleures qualités à transmettre ;

« A ménager les coqs reproducteurs, en les tenant renfermés ou à l'écart, jusqu'à l'époque reconnue favorable à la fécondation et à l'incubation des œufs ;

« A choisir pour l'incubation les œufs d'une bonne grosseur, bien arrondis et les moins allongés, ayant la coque parfaitement lisse ; les plus fraîchement pondus seront ceux qui écloront les premiers, et fourniront les plus robustes poulets ; il faut aussi préférer ceux de ces œufs qui proviennent de poules annonçant les meilleures qualités à transmettre ;

« A proportionner au chiffre de 4 à 6 le nombre de poules pour un coq, et ne jamais dépasser ce nombre, pour assurer la vigueur des germes ;

« A commencer de bonne heure les incubations : le temps le plus convenable à la reproduction et à l'élevage se répartit dans les mois de février, mars, avril et mai ; on peut faire quelques couvées tardives, mais nous faisons remarquer que ces derniers produits ne peuvent être conservés comme reproducteurs : ce serait contrarier la marche du perfectionnement des races ;

« A préférer par-dessus tout les moyens naturels aux instruments inventés si ingénieusement pour les incubations. On peut par exception, et en toute sûreté, confier des œufs à couver à des poules d'Inde. Celles-ci, bien souvent, couvent et conduisent le mieux les petits poussins.

« Et comme conditions générales : à suivre les avis et conseils donnés par tous les traités de gallinoculture publiés par de vrais praticiens, qui tous, dans un accord à peu près parfait, ont donné les conseils que l'expérience leur a suggérés, soit sur le mode de conduite et de surveillance dans la basse-cour à l'égard de l'établissement, soit sur le choix du local, l'habitation, la confection du matériel nécessaire, l'entretien complet d'une propreté minutieuse de ce matériel et des logements, l'aération fréquente, la chaleur nécessaire, l'orientation des constructions, le régime de nourriture pour chaque âge, les soins et toutes les conditions à observer dans les incubations, le régime particulier propre à l'élevage des poussins et poulets, la séparation obligée de ceux-ci, enfin l'exercice qui doit leur être ménagé selon leur force, etc. Tels sont les points les plus saillants de nos observations relativement à cette seconde question. »

Si nous nous permettons de donner ici un aperçu de la tenue de notre établissement, ce n'est pas pour engager d'une manière absolue qui que ce soit à suivre notre méthode, bien qu'elle nous convienne parfaitement; mais plutôt pour donner une idée générale de ce qu'exigent de soins les basses-cours où l'on s'étudie à faire produire et perfectionner les races de volailles qu'on y renferme.

Ainsi nous nous sommes occupé :

« 1° De choisir l'exposition la plus convenable pour construire notre basse-cour. Il est reconnu que c'est celle du sud-est que l'on doit préférer.

« 2° Nous avons établi autant de divisions que nous avions d'espèces ou races à placer, et nous avons donné à ces divisions l'espace le plus vaste.

« 3° Chaque division a été pourvue de son logement (poulailler ou perchoir), qui a été construit pour y loger à l'aise et dans des proportions calculées le nombre de volailles voulu (1). Le sol intérieur, établi en élévation du sol des cours, a été garni d'une aire en terre glaise foulée.

« 4° Nous avons fait recouvrir le sol des cours et parcs d'une couche épaisse de sable maigre.

« 5° Malgré cette précaution pour absorber l'humidité des cours, elles sont con-

stamment recouvertes en partie d'une bonne couche de paille, hiver comme été, et que l'on renouvelle lorsqu'il le faut. Ces *coursières* offrent encore l'avantage de donner un aliment très-recherché des volailles, par quelques graines germées et une infinité de petits vers qu'elles trouvent en remuant ces litières.

« 6° Un minutieux entretien de propreté est maintenu partout, principalement dans les logements et le matériel contenant la nourriture.

« 7° Nous avons fait établir dans toutes les cours, en dehors du logement principal, des abris, recouverts en chaume, où les poules se réunissent de préférence lorsqu'il pleut, et où, dans les grandes chaleurs, elles trouvent un ombrage qui leur plaît. Ces réduits sont garnis de paille en hiver, et en été les poules peuvent se rouler dans le sable et s'y poudrer.

« 8° Notre matériel consiste d'abord en des couvoirs, sorte de caisses faites en bois léger et couvertes, fermant par une porte grillagée établie sur l'un des côtés. Ces caisses ou couvoirs ont $0^m.50$ en profondeur, largeur et hauteur. Les jours de la porte doivent être assez rapprochés pour empêcher l'entrée des souris, rats et autres animaux nuisibles. Ces couvoirs sont suspendus à l'appui des murs et tout autour d'un local exprès, réchauffé par quelques moutons que l'on y place pendant le temps de l'incubation. Nous avons disposé des petits parcs de deux sortes, les premiers consistant en un assemblage sans fond, sorte d'épinette d'une forme carrée de 1 mètre de côté, et d'une élévation de $0^m.50$, sur lequel assemblage sont clouées de petites tringles ou lattes étroites et assez rapprochées. On les place, rangés côte à côte, dans un autre local échauffé de la même manière que celui qui est destiné pour les incubations. Ils servent aux poulets nouvellement éclos, qu'on y renferme avec leurs mères. Les seconds sont d'assez grandes caisses recouvertes d'un vitrage

---

1. Nos parcs ont 5 mètres sur 3 mètres de superficie, et les perchoirs, construits en colombages et lattis couverts d'ardoises, ont $1^m.65$ sur $1^m.33$ pour loger un coq et quatre ou cinq poules.

ou d'un filet, et où l'on place les plus petits poulets lorsqu'on veut leur faire prendre par degrés l'air du dehors.

« Une autre sorte de caisses recouvertes avec une ouverture comprenant tout l'espace de l'un des côtés, d'une grandeur convenable pour y placer une volaille seule, sont placées dans chaque poulailler à 0^m.20 du sol : celles-ci servent de nids ou pondoirs, On en établit plusieurs selon le nombre de poules réunies dans une même cour. Les perchoirs proprement dits sont placés à des hauteurs déterminées d'après le besoin et les habitudes des variétés de volailles. Ce sont des limandes en chêne de 0^m.06 sur 0^m.03 dont on a rabattu les angles, et que l'on pose sur le plat. Des augettes longues et à compartiments pour contenir séparément différentes graines; des cuvettes à eau dans toutes les cours; tel est notre matériel le plus essentiel.

« Maintenant, voici comment nous distribuons la nourriture. Pendant les premiers jours, nous donnons aux poulets naissants une pâtée sèche composée avec un œuf durci, le blanc et le jaune hachés menu, mie de pain et graine de millet. Nous leur donnons aussi une autre pâtée faite avec moitié son et farine détrempée avec un peu de lait. On leur en donne, dans les premiers temps, à discrétion, et lorsqu'ils sont en état de se nourrir de graines sèches, nous n'en fournissons plus qu'une ration, au repas de midi. Nous augmentons aussi le volume du son à mesure que les poulets prennent de la force, et cessons l'adjonction de la farine à l'époque où ils sont parvenus à leur terme de croissance.

« A partir du plus bas âge jusqu'à leur accroissement parfait, nous leur distribuons, pour varier l'alimentation, soit de l'orge ou de l'avoine crevée, des graines sèches de sarrasin, de petit blé, d'orge et d'avoine dont on garnit les compartiments des augettes afin qu'ils aient toujours à manger

à discrétion. Le riz commun, auquel on fait subir une légère cuisson, est encore un aliment très-prisé des jeunes volailles; ce manger est très-profitable; quoique son prix dépasse celui des autres graines, parce que son assimilation est parfaite. Quand l'occasion s'en présente, on leur donne aussi des résidus de toutes sortes de viandes hachées, cuites ou crues, dont ils sont très-friands. Nous ne les laissons jamais chômer de verdure, soit, dans la saison, des feuilles de choux verts, d'oseille, des pieds de laitue alternativement, que l'on suspend en petits paquets à une élévation convenable, et liés avec une ficelle à nœud coulant fixée à un poteau placé à l'ombre. En hiver, pour y suppléer, on leur donne des racines cuites ou crues de betteraves, de carottes et de pommes de terre, des concombres, citrouilles, etc.

« En dehors de ces soins de nourriture et de propreté bien observés, nous avons reconnu qu'il était nécessaire aussi, pour obtenir une amélioration dans les races, de ne pas négliger ceux qui regardent l'hygiène. Ainsi nous faisons rester, quand il pleut, les jeunes poulets dans les poulaillers garnis de sable sec, et on y établit un large nid fait avec une couche épaisse de paille; pour que les mères conduisent et couvrent le plus longtemps possible leurs petits, nous enlevons les échelons et perchoirs, afin de les forcer à résider sur cette chaude litière, à côté de leurs élèves. Nous ne les laissons sortir dans les cours que par un temps doux, et lorsque celles-ci sont sèches. Les perchoirs sont replacés au moment où les poulets sont arrivés au degré de force et au désir de percher. Enfin, aussitôt que ceux-ci sont sevrés de leurs mères, nous les plaçons dans un local qui leur permet de courir en toute liberté sur la large pelouse de verdure d'un verger, jusqu'à ce qu'ils soient parvenus à leur première mue, et après le terme de ce moment critique, nous les enfermons dans des parcs. »

§ III. — LE RUCHER.

Il faut avoir soin, à l'entrée de l'hiver, de mettre les ruches à l'abri du froid. J'ai déjà parlé des soins à prendre à ce sujet. (*Voy.* p. 30.)

Voici un moyen d'abriter les ruches, conseillé par Gélieu, et recommandé par M. Hamet, pour les pays où le froid est vif. « Je me procure, dit Gélieu, de la mousse bien sèche; on en trouve partout; elle ne coûte que la peine de la ramasser. A l'entrée de l'hiver, j'en couvre mes ruches et j'en remplis les intervalles qui se trouvent entre elles (les ruches de Gélieu étaient placées sur un banc commun). La mousse tient fort chaud; elle n'attire point les souris, qui semblent plutôt la craindre et l'éviter. Quand on la met par poignées, en la serrant beaucoup, elle forme une masse ou une plaque assez bien liée pour résister à l'effort du vent. Je la contiens derrière et devant avec des morceaux de grosse toile d'emballage dite *serpilière*, ou des haillons, ou de vieux sacs, ou de vieilles paillasses, ou des bouts de planches, ou même des petits bâtons, en serrant le tout avec des bouts de cordes, de la ficelle ou de longs osiers. Je couvre aussi de mousse le haut de la ruche à quatre doigts d'épaisseur, et je mets au-dessus une petite planche chargée d'une pierre ou simplement d'une large pierre. Je n'ôte cet emballage qu'au commencement, au milieu, ou même à la fin d'avril; je place alors la mousse dans quelque réduit, à l'abri de la pluie, et elle peut servir plusieurs années. »

CHAPITRE VI

Travaux horticoles.

§ Ier. — LE JARDIN FRUITIER.

On commence à la fin d'octobre la plantation des arbres à fruits qui perdent leurs feuilles. On fera provision de terreau végétal et de gazons décomposés pour garnir le pied des arbres à fruits à planter en novembre.

Il faut avoir soin de récolter les fruits à pepins et ne pas attendre qu'ils tombent d'eux-mêmes, et renfermer dans des sacs de crin ou de calicot gommé les raisins que l'on désire conserver sur place.

§ II. — LE JARDIN POTAGER.

On peut supprimer les vieux plants d'artichauts, œilletonner les plantes en plein rapport et supprimer la tige des asperges. On récolte les baies d'asperges et on en sépare les graines en les faisant mariner dans l'eau.

C'est à cette époque que l'on fait l'approvisionnement des légumes qui seront conservés dans la cave ou le cellier pour les consommations de l'hiver. On plante les pommes de terre d'automne à $0^m.35$ de profondeur au moins et on plante les greffes d'asperges dans les terrains légers et secs en ayant soin de leur donner une bonne couverture en fumier long; enfin on met en place les choux de printemps et les laitues d'hiver.

§ III. — LE JARDIN D'AGRÉMENT.

On soigne la floraison des dahlias, des chrysanthèmes de l'Inde, des chèvrefeuilles et des rosiers du Bengale et de la Chine et on retranche jour par jour les fleurs fanées. C'est le moment de féconder artificiellement les dahlias que l'on désire croiser entre eux afin d'obtenir des variétés nouvelles.

A la fin de ce mois on taille court les rosiers de la Chine et on garnit leur souche de paille ou de feuilles sèches.

Vers le milieu du mois on achève de rentrer, après un nettoyage général, ce qui peut être resté de lantanas, de verveines et d'héliotropes dans le parterre. On laboure à sa surface et on arrose largement les orangers, grenadiers, lauriers-roses, au moment de leur rentrée dans l'orangerie, qui ne doit pas dépasser la première quinzaine d'octobre.

IVme PARTIE. — ÉTUDE SUR LES RACES BOVINES (SUITE).

Races germaniques.

§ VII. — RACES DE MÜRZTHAL, DE LA HAUTE STYRIE, DE
LAVANTHAL ET DE WIENERWALD.

On assure que la plupart des races bovines autrichiennes et allemandes dérivent de la race primitive hongroise, au pelage blanc et aux cornes immenses, dont nous avons vu quelques curieux échantillons au concours universel de 1856. Pour la race de Mürzthal, il ne peut y avoir le moindre doute : c'est bien la race hongroise modifiée par l'agriculture améliorante. La robe de la race de Mürzthal est grise, les cornes sont raccourcies et rejetées un peu en arrière. La tête est plus courte et plus large que celle des hongroises, les jambes sont moins longues, le corps est plus large, la queue est plantée un peu bas.

Cette race est bonne laitière ; on rencontre assez fréquemment des vaches appartenant à la grande espèce qui donnent jusqu'à 3,537 litres de lait dans l'année; cependant le rendement moyen n'est évalué qu'à 2,122 litres. Les étables des nourrisseurs de Vienne sont, en général, garnies de vaches mürzthal.

Cette race est très-apte à l'engraissement. Par des chiffres qui ont été donnés dans un travail publié par les soins du ministère autrichien, nous voyons qu'un animal de Mürzthal consomme, en moyenne, 1,680 kil. de foin ou ses équivalents, pour former 56 kil. de viande.

Dans la haute Styrie, la race bovine offre un mélange de bestiaux de couleur grise, blanche, fauve, et rouge brun tachetée de blanc. La croupe arrondie est considérée comme une beauté chez les vaches. On recherche, surtout chez les taureaux, des cornes courtes entièrement jaunes, des crins foncés à la tête et au cou, un garrot large et des aplombs bien droits; les taureaux à petite tête sont préférés. Les bêtes blanches sont regardées comme les meilleures laitières. La race de Mariaho est la principale des races indigènes de la haute Styrie.

La race de Lavanthal est une variété de cette race. Les bœufs en sont très-estimés; leur viande est fine et succulente. La peau est assez mince et douce au toucher. Ces bœufs arrivent souvent à peser de 560 à 672 kil. les quatre quartiers.

La race de Wienerwald (cercle de la forêt de Vienne) est une grande race aux formes massives, qui tend à se substituer aux autres races de la basse Autriche. Les plus belles vaches ont la tête d'une longueur moyenne, le front large, les yeux grands et vifs, les cornes blanches, fines, pas trop longues et recourbées dans le sens de la hauteur. On n'aime pas les cornes de couleur foncée; on les regarde comme l'indice d'un croisement avec des taureaux de Mürzthal ou de Schwitz; les vaches donnent environ 1,000 litres de bon lait par an.

Les taureaux doivent avoir le mufle couleur de chair et les cils clairs.

Le but principal des éleveurs de ce gros bétail est d'en faire des bœufs de travail que l'on engraisse ensuite. Une paire de bœufs de trait de 4 ans vaut de 350 à 650 francs.

§ VIII. — RACES ET SOUS-RACES DE LA HONGRIE ET DE
LA GALICIE.

Ce sont ces animaux blancs ou gris, au corsage échevelé et très-ouvert, qui ont eu, à l'Exposition de 1856, un si grand succès de curiosité. On avait exposé deux taureaux, cinq vaches, et, par exception, six bœufs de trait. Cette race est encore à peu près sauvage ; elle vit par troupeaux immenses dans les vastes plaines de la Hongrie. Sa taille est petite, élégante; l'épine dorsale et les hanches sont saillantes; les jambes sont longues et nerveuses, son agilité est extrême.

La tête est légère et pointue, le mufle et les yeux sont noirs ; la position des yeux est un peu oblique ; la poitrine est large, forte, et faite pour le travail ; le fanon est peu volumineux, les côtes sont plates et les hanches écartées.

Les taureaux se laissent difficilement approcher ; ils sont d'une vigueur peu commune et ont l'air courageux.

C'est naturellement une des races les plus rustiques et les plus sobres que l'on connaisse. Elle vit en plein air, dans un climat fort doux, où la température ne s'abaisse pas au-dessous de 0°.41. Les agronomes autrichiens regardent cette race comme la souche antique d'où sont sorties toutes les races bovines de l'Europe. C'est une opinion que je n'entreprendrai ni de justifier ni de discuter.

Les vaches donnent de bon lait, mais en petite quantité (775 litres par an).

Le bétail hongrois est lent à se développer. On ne met pas les bœufs au joug avant la quatrième ou la cinquième année Ils sont excellents au travail, peu difficiles sur la qualité du fourrage ; supportant facilement les fatigues et même les privations, ils traînent de lourds fardeaux avec une agilité remarquable. Leur viande est excellente, et les bons bœufs hongrois donnent souvent de 65 à 70 pour 100 de viande nette.

La sous-race de Galicie est rouge avec des taches blanches. Elle a moins de caractère et de cachet que la race hongroise d'où elle sort.

§ IX. — RACES ET SOUS-RACES DE BOHÊME ET DE MORAVIE.

Ici, la race indigène commence à disparaître ; nous sommes dans un pays de grande culture améliorée. La race morave a la tête mince et oblongue, les cornes fines, le cou délié, les côtes peu développées, les reins obliques et tombant en arrière, la peau mince et le poil lisse. Elle se recommande par ses qualités laitières.

L'ancienne race bohême est petite et chétive. Elle est peu estimée. Elle pèse, en moyenne, poids vif, 168 à 224 kilog.; son rendement en viande est très-faible; elle ne vaut guère mieux comme laitière : une vache donne environ 2 litres et demi de lait par jour.

Dans ce pays de grande et belle culture, on croise principalement la race morave avec les Schwitz et les Bernois pour la production du lait, et avec les races de la Styrie et du Tyrol pour obtenir un plus grand rendement de viande.

L'origine du perfectionnement du bétail, par l'introduction des races étrangères, est due aux efforts intelligents du prince de Schwarzenberg, qui a obtenu le 1er prix à l'Exposition de 1856, pour un taureau de race dérivée de la race bernoise, race devenue constante par la méthode rationnelle employée à son élevage depuis près d'un demi-siècle.

§ X. — BUFFLES.

La Hongrie avait exposé, en 1856, des buffles appartenant au type asiatique. C'est une espèce du genre bœuf. Cet animal est sobre, robuste, assez docile, d'un entretien et d'un élevage peu coûteux. Il aime les lacs, les marais, les lieux humides et fangeux. Il travaille pendant quelques années. La femelle donne un lait qui a un parfum de musc assez désagréable. Le buffle s'engraisse facilement, mais sa chair est toujours dure et coriace. Le cuir est épais et on en fait des buffleteries pour les soldats. On les utilise en Hongrie, en Italie, en Égypte. On en importa, il y a une trentaine d'années, quelques troupeaux dans les landes de Gascogne; ils y réussissaient assez bien. Je crois pourtant que cette race, abandonnée à elle-même, a disparu du pays.

§ XI. — RACE DU GLANE OU DE BIRKENFELD.

Nous revenons vers la Bavière rhénane, où nous trouvons une race très-intéressante, mais que l'on connaissait peu, avant que notre ami, M. Villeroy, l'eût recommandée aux agriculteurs; c'est la race du Glane. Le Glane est une petite rivière qui prend sa source non loin de Hombourg et se jette dans le Rhin entre Mayence et Coblentz, après s'être réunie à la Nahe. Les animaux du Glane sont, en général, bien conformés, à l'exception de la croupe qui est courte et parfois avalée. Leur pelage est bai ou isabelle, ou mélangé de bai et d'isabelle. Les bœufs sont dociles, travaillent bien, engraissent facilement, et leur viande est d'excellente qualité. Les vaches sont bonnes laitières. M. Villeroy pense que cette race est originaire de la Prusse; il la recommande aux cultivateurs de l'est de la France.

§ XII. — RACE DE WOIGTLAND.

C'est une race indigène de la Saxe. Elle est rangée parmi les races communes de l'Allemagne qui n'offrent aucune particularité remarquable. Sa couleur est presque toujours châtain roux; au moins tous les animaux que j'ai vus sont uniformément de cette couleur. Les taureaux et les vaches exposés sont de taille moyenne. La tête est étroite, le mufle pointu; les cornes sont longues. Cette race a la réputation d'être bonne pour le trait, pour l'engraissement et pour le lait; mais on croit difficilement au développement simultané de ces facultés si diverses. Cependant, on remarque, dans cette race, de jolies vaches de petite taille, très-fines de construction et rappelant un peu la structure élégante des vaches irlandaises de Kerry.

§ XIII. — RACE DU JUTLAND OCCIDENTAL (*Danemark*).

C'est encore une petite race assez bien faite, au pelage pie noir, qui ressemble beaucoup à nos petites bretonnes; seulement, je ne les crois pas aussi bonnes laitières.

§ XIV. — RACE D'ANGELN OU DU GEEST.

Les animaux de cette race sont de petite taille, la charpente osseuse est saillante, à la hanche surtout. Les jambes sont très-fines, la tête est légère, la forme est élégante; le pelage uniformément rouge

clair ou rouge foncé. Ses petites cornes retroussées au-dessus de la tête ressemblent assez, par leur direction, aux pinces d'un cerf-volant. On les donne pour excellentes laitières. L'aspect du pis et de l'écusson ne contredit pas, du reste, cette assertion.

§ XV. — RACE DES POLDERS DU HOLSTEIN (MARSCH VIEH) ET DE BREITENBURG.

Ces deux races sont originaires du duché de Holstein. Elles ont l'une et l'autre un pelage rouge bigarré et paraissent très-rapprochées. Ces animaux sont assez forts; ils ont un fanon développé. Ce sont des bêtes de travail, qui s'engraissent facilement.

Races françaises.

§ Ier. — RACE NORMANDE PURE.

Nous arrivons aux races françaises. La première que nous allons étudier est la race normande. La Normandie comprend les départements du Calvados, de l'Eure, de l'Orne, de la Manche et de la Seine-Inférieure; elle est célèbre par l'excellence de ses gras pâturages. On y élève un grand nombre de bêtes à cornes, destinées presque exclusivement à l'approvisionnement des marchés de Paris. Les chevaux étant généralement employés aux travaux de la ferme, les bœufs normands ne sont point considérés comme animaux de travail. La race bovine y est spécialement consacrée à la boucherie; dans quelques contrées, pourtant, on vise à la production du lait.

La race normande se subdivise en deux sous-races ou variétés: la race cotentine et la race du pays d'Auge.

L'opinion la plus répandue est que ces deux sous-races, qui sont très-voisines, dérivent de la race hollandaise. Elles en ont la haute taille; et, si cette assertion est exacte on peut dire que la race hollandaise n'a pas dégénéré sur le sol fertile de la Normandie.

Les sous-races normandes ont beaucoup de points communs. Elles sont toutes les deux d'une taille très-élevée et fortement charpentée; les bœufs pèsent, en moyenne, de 750 à 800 kil. sur pied; ils ont la faculté de prendre la graisse très-rapidement : on les conduit à la boucherie vers l'âge de quatre ans.

La race cotentine (le Cotentin forme le département de la Manche) a le pelage tantôt brun avec des teintes noires, tantôt rougeâtre marqué de blanc; cependant la couleur la plus répandue est la couleur appelée, dans le pays, *bringée*, une sorte de poil truité qui se rapproche beaucoup du *rouan* des durhams. La tête est longue et fine, la peau est assez mince, le dos un peu voûté, le ventre volumineux; les membres sont minces et les jarrets étroits; la queue est attachée bas.

La race du pays d'Auge, connue aussi dans le pays sous le nom de *race de Hollande*, est ordinairement pie blanc et noir. Le ventre est moins volumineux, la taille moins élevée; les extrémités sont plus fortes; elle a la tête plus carrée, les cornes courtes, grosses, blanches et arrondies à leur extrémité.

Nous avons dit que la race normande ne travaillait pas et que sa destination principale était la boucherie. Cependant, dans le pays de Bessin, on élève au point de vue de la production du lait. Les vaches du Cotentin et du Bessin donnent en moyenne 20 litres de lait par jour; quelques-unes produisent jusqu'à 40 litres, mais ce sont des cas fort rares. Le lait est très-remarquable par ses qualités butireuses. Le beurre qui en résulte se vend à Paris à des prix souvent très-élevés; ce sont les beurres d'Isigny (Manche) et de Gournay (Seine-Inférieure) qui constituent la plus grande partie de la consommation du beurre de table. C'est un commerce très-important : en 1853, il s'est vendu à la halle de Paris 2,862,955 kil. de beurre d'Isigny, au prix moyen de 2 fr. 40 le kilogr. et 1,965,449 kil. de beurre de Gournay, à 2 fr. 05 le kil. Nous ne tenons pas compte des apports à domicile, qui se sont élevés à

plus de trois millions de kil. pour toutes les espèces de beurre.

La race du pays d'Auge fournit la majeure partie des taureaux exportés pour l'amélioration des races voisines.

Le commerce des bœufs normands est aussi très-important. Leur débouché principal est Paris. Voici les chiffres des arrivages de ces bœufs sur les marchés de la capitale de 1845 à 1852 : le Calvados a fourni 296,844 bœufs; l'Eure 1,317; la Manche 14,400; l'Orne 133,316; la Seine-Inférieure 2,737. On sait que presque chaque année le bœuf gras traditionnel provient des pâturages du Calvados; cet animal exceptionnel pèse de 1,500 jusqu'à 1,900 k.

On s'occupe beaucoup des résultats que l'on peut obtenir en croisant la race normande avec du sang de durham.

La Normandie a produit des éleveurs et des agronomes d'une haute distinction, parmi lesquels nous pourrions citer MM. de Kergorlay, Hervé de Saint-Germain, de Torcy, d'Eurville de Grangers, d'Herlincourt, etc.

§ II. — RACE FLAMANDE PURE.

Cette race dérive directement de la race hollandaise, mais son aspect en diffère essentiellement : elle est haute sur jambes, grêle et anguleuse; la côte est un peu plate, mais la peau est fine, la charpente osseuse est légère, la tête petite; les cornes sont courtes.

La race flamande fournit de bons animaux de boucherie; mais elle se distingue surtout par ses qualités laitières : une bonne vache produit en moyenne de 20 à 30 litres de lait par jour. Le paysan flamand se nourrit presque exclusivement de beurre et de laitage; les vaches sont une grande ressource pour les campagnes. Cette race ne s'étend guère au delà des limites du département du Nord. Cependant on exporte un assez grand nombre de taureaux qui sont achetés par les fermiers des environs de Paris pour la production des veaux destinés à l'approvisionnement de la capitale.

La stabulation permanente est appliquée dans une grande partie de la Flandre française. On nourrit principalement le bétail avec les résidus des fabriques de sucre ou d'alcool de betteraves.

§ III. — RACE CHAROLLAISE PURE.

La race charollaise est une des races françaises les plus remarquables. Aux deux Concours universels qui ont eu lieu à Paris en 1855 et en 1856, les éleveurs anglais, dont la compétence en pareille matière ne saurait être récusée, n'ont pu s'empêcher de manifester leur admiration pour les magnifiques sujets qui figuraient à ces expositions.

Le charollais a le pelage café au lait, tirant beaucoup sur le blanc. La couleur blanc pur tend à devenir, du reste, un des signes distinctifs permanents de cette race. La peau est rose, fine ; si on pince le flanc de la bête, on remarque très-peu d'adhérence de la peau, particularité recherchée pour les bêtes de boucherie, et qui se rencontre chez le durham.

La race charollaise, ainsi que l'indique son nom, est originaire des environs de Charolles (Saône-et-Loire). Depuis 1789, elle s'est répandue dans le Nivernais. Aujourd'hui le Nivernais et le Cher sont le véritable centre de la production des charollais.

Ces animaux ont une grande précocité et une grande facilité pour prendre la graisse, ce qui n'exclut pas, chez eux, une aptitude remarquable au travail. On les garde nuit et jour dans des pâturages très-gras, appelés dans le pays *embouches*, et leur tendance à engraisser est tellement manifeste, que cette nourriture suffit presque toujours pour les mener à point en très-peu de temps. La stabulation permanente n'est point encore pratiquée dans les contrées où on les élève.

Les beaux échantillons que l'on avait présentés au Concours de 1856 offraient un grand nombre des qualités qui distinguent la race durham : finesse extrême de la peau, profondeur de la poitrine, largeur de la culotte ; le dos offrant l'aspect d'une vaste plate-forme horizontale, et en même temps des jarrets solides, les aplombs bien droits, indices d'une grande vigueur

La physionomie et la destination de ces animaux les rapprochent des durhams ; aussi, dès 1825, de nombreux essais de croisements ont été tentés avec plus ou moins de succès. La précocité de l'engraissement était augmentée par l'influence du sang durham, mais la stabulation permanente était nécessaire pour développer cette précieuse qualité. Or la stabulation n'est pas dans les usages du pays et ne répond pas aux conditions économiques de la culture ; malgré de beaux résultats obtenus par quelques éleveurs très-distingués, les croisements avec durham ne sont pas devenus populaires dans le pays.

Les bœufs charollais pèsent sur pied jusqu'à 1,200 et 1,400 kilogrammes. Ils sont très-recherchés pour la boucherie ; c'est surtout à Lyon qu'on les envoie, malgré les inconvénients qui résultent des faillites qu'ont fréquemment à supporter les éleveurs. Ils sont obligés de confier leurs bêtes à des revendeurs qui les prennent très-souvent à crédit pour se rendre à Lyon, et ne reparaissent plus. Le commerce avec Paris tend à s'accroître chaque jour, malgré l'éloignement et grâce aux chemins de fer. De 1845 à 1852, la Nièvre a conduit sur les marchés de Paris 51,012 bœufs, le Cher 12,956, et Saône-et-Loire 1,867. Une grande partie de ces animaux appartenait à la race charollaise.

Les vaches charollaises sont estimées pour leurs qualités laitières. Les éleveurs, du reste, ne recherchent pas précisément ces propriétés dans le choix de leurs reproducteurs.

NOVEMBRE

Iᴿᵉ PARTIE. — PROVERBES ET MAXIMES

Il vaudrait mieux faire le fol
Que de labourer en temps mol.

—∞—

Si tu laboures mal, tu moissonneras foin.

—∞—

Qui ne laboure quand il peut
Ne laboure pas quand il veut.

—∞—

A faible champ fier laboureur.

—∞—

A l'hiver, s'il est en eau,
Succède été bon et beau.

—∞—

De la Toussaint à la fin de l'Avent,
Jamais trop de pluie ou de vent.

—∞—

Veux-tu surprendre ton voisin?
Plante le mûrier gros, mais sain,
Le peuplier droit, le figuier nain;
Fume tes prés à la Saint-Martin.

—∞—

A sainte Catherine (20 nov.)
Tout bois prend racine.

—∞—

Sans bétail, point d'agriculture ; sans beaucoup de
bétail, point de bonne agriculture.

(FÉLIX VILLEROY.)

—∞—

Il vaut mieux, pour la conservation et l'amélioration d'un fonds quelconque, que le propriétaire soit lié
par un engagement long, que d'avoir la liberté de le
reprendre de temps en temps. La perspective d'en
être bientôt dépouillé devient, pour le fermier, un
sujet de ralentissement de zèle, et de décourage-
ment, qui nuit à sa culture et fait tort au propriétaire.

(TESSIER.)

—∞—

La présence du maistre sur son mesnage est tant
recommandée des antiques, que *Mago* de Carthage,
excellent homme des champs, et l'un des premiers
autheurs de rustication, de peur d'oublier chose tant
importante, commence son livre par un commandement, faict à celui qui veut achepter une métairie :
de vendre premièrement sa maison de ville, ou, ne
le voulant faire, lui défend d'acquérir aucune terre
aux champs : pour l'incompatibilité de ces deux façons de vivre.   (OLIVIER DE SERRES.)

—∞—

Je sens tous les jours combien, pour mon âme
dont les penchants sont droits, la tâche de cultiver
la terre et de multiplier ses produits est plus satisfaisante que la vaine gloire de la ravager par une
suite de conquêtes non interrompue. (WASHINGTON)

—∞—

Il semble que le dédain de l'opinion rejaillit sur
ceux qui ont le courage d'écrire ou de parler sur
l'agriculture. Dans les académies, les salons et dans
les pamphlets, fût-il un Olivier de Serres ou un
Rozier, un auteur est, par le titre seul de son livre,
aussitôt et irrévocablement jugé comme un homme
sans moyens de philosophie, de style ou d'érudition;
mais c'est bien pire encore quand on peut dire d'un
agronome que c'est un *économiste*.

(ROUGIER DE LA BERGERIE.)

—∞—

Pour faire mieux que les simples cultivateurs, il
faut commencer par faire comme eux.

(MATHIEU DE DOMBASLE.)

—∞—

Tels fourrages tels bestiaux, voilà ce que ne devraient jamais oublier les cultivateurs qui veulent
mener de front l'amélioration de leurs terres et l'a-
mélioration de leurs animaux. (ÉDOUARD LECOUTEUX.)

—∞—

IIme PARTIE. — CAUSERIES.

CHAPITRE PREMIER
Les plantes fourragères.

Le concours que la science apporte à l'agriculture ne saurait être révoqué en doute par personne ; cependant les agriculteurs praticiens doivent apporter une certaine discrétion dans l'adoption des principes, quelquefois trop absolus, que formulent les savants.

Il ne faut pas confondre, comme l'a très-bien dit un homme d'esprit, les arrêts de la science avec l'opinion des savants.

L'opinion des savants est sujette à erreur.

Mais, lorsque les arrêts de la science sont appuyés sur un nombre considérable de faits pratiques, on peut les admettre sans avoir à redouter les dures leçons de l'expérience.

Pénétré de ces idées, je me garderai bien de recommander à mes lecteurs aucune théorie de laboratoire, aucune méthode contestable et contestée. Les faits dont nous allons nous entretenir ne rentrent point dans ces catégories.

Il s'agit d'un travail sérieux, d'une étude tout à fait pratique.

Quelle étendue relative doivent occuper les cultures fourragères dans un domaine bien cultivé ?

Telle est la question que s'est posée M. Gustave Heuzé, professeur d'agriculture à l'école impériale de Grignon.

Nous allons examiner la solution qu'il en donne.

On sait que les plantes cultivées peuvent être rangées en deux classes : les plantes épuisantes et les plantes améliorantes. Les plantes épuisantes sont celles qui ne permettent pas de fabriquer une quantité de fumier équivalente à celle qu'elles absorbent. Les plantes améliorantes sont les plantes fourragères.

Quel rapport doit exister entre les plantes épuisantes et les plantes améliorantes ?

Pour répondre à cette question, il faut savoir combien chaque plante cultivée produit de fumier et combien elle en absorbe.

Ainsi le blé, pour 100 kilogr. de grains, absorbe 640 kilogr. de fumier et n'en produit que 367 ; il manque donc 273 kilogr. de fumier, et, pour combler ce déficit, il faudra avoir recours à 150 kilogr. de foin sec.

Le seigle produit et absorbe à peu près dans les mêmes proportions.

L'avoine absorbe 600 et produit 261 ; il faut 180 kilogr. de foin sec pour réparer la perte de fumier.

L'orge absorbe 560 et produit 315 ; elle exige 135 kilogr. de foin sec.

Le maïs absorbe 510 et produit 331 et exige 99 kilogr. de foin sec.

La pomme de terre absorbe 100, produit 45, exige 30.

La betterave absorbe 65, produit 37, exige 21.

La carotte absorbe 60, produit 23, exige 20. Ce sont les deux plantes qui absorbent le moins de fumier et qui accusent le plus petit écart entre la consommation et la production du fumier. Les plantes qui contrastent le plus avec elles sont :

Le pavot, qui absorbe 1,100 de fumier, rend 414 et exige 380 de foin sec ;

Et le colza, qui absorbe 1,000, ne rend que 266 et exige 407 de foin sec.

En partant de ces chiffres, pour connaître la quantité de terrain à cultiver en plantes améliorantes, c'est-à-dire en plantes fourragères, on arrive aux résultats suivants :

Par chaque produit de 100 kilogr. de blé ou de seigle, par exemple, il faut 3 ares 75 c. de prairies donnant 4,000 kilogr. de foin sec à l'hectare. C'est la bonne moyenne. Pour chaque produit de 100 kilogr. d'avoine, plante plus épuisante que le blé, il faudra 4 ares 50; pour l'orge, moins épuisante que les autres graminées que je viens de citer, il faudra 3 ares 37; pour le maïs, qui est en même temps une plante sarclée, il faudra 2 ares 50; pour 100 kilogr. de pomme de terre, qui épuise fort peu le sol, à cause du fumier qu'elle rend, et qui est une plante sarclée, il ne faudra que 8 centiares; pour la betterave et la carotte, qui sont dans les mêmes conditions, 5 centiares; mais s'il s'agit de plantes industrielles, comme le pavot, qui rend peu de fumier et épuise considérablement le sol, il faudra 9 ares 50; et pour le colza, 10 ares 20.

Vous comprenez que, dans le travail qui précède, nous employons deux valeurs différentes : pour les plantes épuisantes, le poids du grain ou de sa racine; pour les plantes améliorantes, la superficie. Nous ne nous occupons donc point, quant au blé, au seigle, etc., des surfaces cultivées, mais du produit réel de ces surfaces, et c'est suivant le produit de ces surfaces quelconques que nous modifions l'étendue des prairies dont la puissance productive est évaluée d'avance à 4,000 kilogr. de foin sec par hectare. Si la prairie artificielle et naturelle produisait plus ou moins, le nombre des hectares en serait proportionnellement modifié.

Nous allons maintenant appliquer les données qui précèdent à l'assolement.

Supposons d'abord un assolement triennal :

1° Jachère labourée et fumée,

2° Blé d'hiver,

3° Avoine de printemps.

C'est l'assolement de la Beauce; les terres ayant une fertilité de 20 hectol. de blé et de 25 hectol. d'avoine à l'hectare; la prairie rendant 4,000 kilogr. de foin sec.

D'après les calculs que j'ai exposés, nous pourrons établir la proportion suivante :

$100 : 3,25 :: 1560 : x$, en supposant l'hectolitre du poids moyen de 78 kilogr. En dégageant l'inconnue, nous trouvons que, 1 hectare produisant 20 hectolitres de blé, du poids de 78 kilogr., l'hectolitre, exige 58 ares 50 de prairies, et nous arrivons aussi par le même moyen à trouver que 1 hectare d'avoine exige 45 ares; d'où nous sommes amenés à conclure que les céréales demandent, pour réparer les pertes du sol, à être soutenues par une étendue de prairies moitié moindre que la surface qu'elles occupent.

Donc, dans un assolement triennal, si la jachère occupe 25 hectares, le blé 25 hectares et l'avoine 25 hectares, les prairies artificielles devront occuper aussi une surface de 25 hectares, c'est-à-dire le quart des terres arables.

C'est précisément ce qui arrive dans la Beauce, où on suit encore l'assolement triennal pur.

Nous prendrions l'assolement quadriennal : 1° Betteraves; 2° avoine de mars; 3° trèfle; 4° blé d'hiver, que nous trouverions un résultat analogue. Seulement l'étendue totale des prairies se trouverait diminuée d'une surface proportionnelle au produit de la troisième sole de trèfle, qui est elle-même une culture fourragère.

Il est facile de voir, d'après ce rapide aperçu, qu'en agriculture rien n'est laissé au hasard et que l'on peut calculer l'étendue des diverses soles avec la même certitude qu'un administrateur calcule l'approvisionnement de ses soldats. Il faut toujours s'arranger, si on ne veut pas voir la terre perdre sa fécondité, pour équilibrer la production avec la consommation. Nous sommes malheureusement encore un peu éloignés de cet idéal, et c'est la jachère morte qui se charge de rétablir, mais avec le temps, l'équilibre rompu.

CHAPITRE II

Le métayage.

Il y a deux manières d'administrer un domaine : ou il est administré par un métayer, ou il est administré par un fermier.

Le propriétaire qui *fait valoir* est son propre fermier à lui-même, puisqu'il fait figurer à part, dans ses comptes, la rente du sol.

Le métayage peut s'appeler la *culture par le travail*, le fermage la *culture par le capital*.

Le métayage est une nouvelle forme de la culture par les serfs, les tenanciers, etc. C'est un dernier vestige des usages d'autrefois. Cependant cette forme d'administration de la ferme est encore la seule possible dans l'état de culture et de fécondité des grandes surfaces de terre du centre et du midi de la France.

Si le fermage est le mode d'administration des pays riches, le métayage convient particulièrement aux pays pauvres. Il tient essentiellement à la nature même des contrées où les récoltes sont rendues casuelles par les rigueurs du climat et par l'état peu avancé des cultures.

Le métayer ne possède aucuns capitaux. Il donne son travail à la terre et partage les fruits avec le propriétaire du sol qui fournit tout le fonds, le cheptel, les semences et les instruments; il ne doit donc avoir qu'un but : « tirer de son travail le plus d'effet utile possible; développer autant qu'il le peut les cultures dont les produits ne se partagent pas ; laisser le plus de terre possible en pâturage, afin de récolter la moitié des produits des animaux sans travail. »

Un métayer qui trouverait une ferme exclusivement formée de prairies naturelles pourrait exercer un autre état et jouir, sans rien faire, d'un bon revenu.

Aussi le métayer est-il naturellement, fatalement l'ennemi de tout progrès qui procurera au sol une part d'accroissement de produits qui ne serait pas en rapp avec le travail fourni. C'est pourquoi métayer pousse aux grandes surfaces cultivées et aux petites fumures.

Pour fumer fortement, il faut faire des prairies artificielles, cultiver des plantes sarclées qui demandent une main-d'œuvre considérable ; or c'est le métayer qui est chargé de fournir la main-d'œuvre, tandis que le propriétaire bénéficie de la moitié de l'excédant de récolte. Si l'accroissement de main-d'œuvre produit un bénéfice de cent francs, le métayer a cinquante francs de profit qui payent quelquefois à peine sa main-d'œuvre; le propriétaire reçoit cinquante francs pour n'avoir rien fait. Au moins c'est l'idée que s'en fait le métayer. Il aime bien mieux cultiver plus mal une plus grande surface, parce qu'alors il augmente sa part de tout ce qu'il enlève à la rente du propriétaire. Aussi voyez-vous constamment le métayage rechercher les grandes surfaces et fuir les cultures concentrées.

D'un autre côté, là où il n'y a pas de capital, il ne peut y avoir de fermier. Que voulez-vous que devienne un fermier dans les contrées où la récolte est casuelle? où une mauvaise saison peut supprimer les ressources de l'année? Dans les pays à métayage, on voit périodiquement les propriétaires obligés de prêter à leurs métayers, non-seulement une partie de la nourriture de l'année, mais jusqu'aux semences qui doivent assurer la récolte de l'année suivante.

Les terres pauvres ne peuvent être cultivées par le métayage ; le métayage est destiné à perpétuer la pauvreté du sol.

Comment sortir de ce cercle vicieux?

Peut-on renvoyer les métayers et renouveler ces discordes périodiques qui ont affligé un pays voisin? Il n'y faut pas songer; cependant, à mesure que le capital se rapprochera de la terre, la plaie du métayage devra disparaître devant lui; que deviendront les métayers?

La transition est toute naturelle : « Les colons dépossédés, dit un agronome distingué, M. Édouard Lecouteux, passent, à moins de griefs contre eux, de leur ancienne condition à celles de bouviers, de vachers ou de manouvriers. Ils conservent le logement sur le domaine ainsi qu'un petit jardin; rétribués, partie en nature, partie en argent, ils sont en position de faire des épargnes, au lieu de s'endetter comme par le passé. Mais plus on améliore leur position, plus on a le droit d'exiger qu'ils acquièrent le sentiment de leurs nouveaux devoirs, devoirs d'autant plus faciles à remplir d'ailleurs, que ces hommes peuvent espérer de s'élever un jour de la condition de salariés à celle de fermiers possédant des avances. »

M. Félix Villeroy a adopté pour les domestiques de son faire-valoir une méthode qui offre, avec quelques inconvénients, de grands avantages qui compenseront les inconvénients; pourquoi ne l'appliquerait-on pas aux métayers dépossédés ?

« Je me suis décidé, dit-il, à adopter la méthode écossaise : domestiques mariés qui se nourrissent, auxquels on donne le logement pour eux et leur famille, et un salaire qui consiste presque uniquement en denrées, produits du sol. Chacun a un petit jardin, du fourrage pour une vache, une chènevière, du grain pour le pain, des pommes de terre, le combustible néces-

saire et une petite somme d'argent. Le salaire a été calculé pour trois cents journées de travail d'un manœuvre et en estimant les denrées au prix moyen du pays.

« L'homme me doit son temps, la femme et les enfants travaillent comme journaliers payés, quand on a besoin d'eux. Je trouve dans les villages voisins les manœuvres dont j'ai besoin, sans les nourrir ; et, de cette manière, je suis dans la position d'un chef de fabrique qui ne nourrit aucun des ouvriers qu'il emploie.

« J'ai ainsi des hommes faits qui s'attachent à la ferme dont ils font partie ; — plusieurs sont chez moi depuis plus de vingt ans, — qui contractent des habitudes de bonne conduite, d'ordre, d'économie, et qui vivent dans leur maison de la vie de famille. »

Il est certain que le métayage tend chaque jour à disparaître de notre sol. L'organisation dont parlent M. Lecouteux et M. Villeroy est sans aucun doute destinée à donner au métayer et au domestique cette dignité, cette moralité que l'homme ne peut guère acquérir qu'en possédant l'indépendance de la vie privée et en pratiquant les devoirs de la famille.

On évite ainsi les gaspillages et les abus, en donnant aux fonctionnaires de la ferme des habitudes d'ordre et d'économie qui sont les compagnes inséparables d'une bonne moralité.

IIIᵐᵉ PARTIE. — TRAVAUX DU MOIS.

CHAPITRE PREMIER

Administration de la ferme.

Dans les fermes auxquelles se trouvent annexées des industries agricoles, telles que distilleries, sucreries de betteraves, féculeries, etc., il n'est pas difficile au chef de l'exploitation d'utiliser, pendant l'hiver, les bras de ses ouvriers et de tirer parti des attelages que l'on est obligé de nourrir à l'écurie ou à l'étable.

Mais dans les fermes qui n'ont point la ressource d'une campagne industrielle pendant l'hiver, et c'est le plus grand nombre, il faut chercher une occupation aux gens et aux bêtes, afin de mettre à profit les loisirs que le chômage des travaux des champs leur fera. Les domestiques coûtent cher aujourd'hui; ils se montrent de plus en plus exigeants pour leurs gages. Un cheval à l'écurie coûte bien près de 400 francs par an, et quelquefois même davantage. Si on laisse l'ouvrier à la ferme et le cheval à l'étable sans avoir rien à faire, c'est une perte sèche qu'il est de l'intérêt d'une bonne administration d'éviter. M. Moll donne à ce sujet d'excellents conseils : « Un cultivateur intelligent, dit-il, en profitant des circonstances particulières à sa position, en combinant bien son système de culture, saura réduire de beaucoup le nombre de jours chômés en hiver; outre le transport des produits de sa ferme au marché, il aura celui du bois de service et de chauffage dont il fera maintenant provision pour toute l'année, de même qu'il fera emplette des autres articles de consommation. S'il est auprès d'une ville, il emploiera ses attelages à y chercher des engrais; s'il a une marnière, un étang desséché, des nivellements à faire, il conduira de la marne, de la vase, de la terre dans les champs. Si ces derniers ne sont pas en pente, il peut encore y conduire du fumier qu'il étendra tout de suite; sinon il fera un dépôt de fumier près du terrain destiné à être fumé au printemps. Une machine à battre lui permettra d'utiliser ses chevaux et ses gens au battage de ses greniers; il pourra même battre pour ses voisins, moyennant une rétribution qui, dans tous les cas, pourra être moindre que celle que reçoivent ordinairement les batteurs en grange. S'il possède des terrains tourbeux, marécageux, il profitera des temps de gelées pour les assainir, y pratiquer des saignées, ou y conduire de la terre, etc. »

On pourra aussi, à cette époque de l'année, travailler à la réparation des chemins d'exploitation, en suivant les règles que j'ai déjà indiquées. (*Voy.* p. 11.)

Il sera très-utile de visiter les terres de l'exploitation qui ont été ensemencées dans l'année et de s'assurer que l'eau n'y séjourne pas. Dans le cas où l'eau des pluies se serait accumulée dans quelques parties du champ, on a soin de pratiquer les saignées nécessaires pour en faciliter l'écoulement.

Lorsque les silos qui contiennent les racines n'ont pas été faits dans de bonnes conditions, la conservation est souvent compromise. On a soin d'inspecter les silos en pratiquant, par intervalles, de petites tranchées qui pénètrent jusqu'aux racines, et permettent de se rendre compte de leur situation. Lorsqu'on aperçoit un affaissement de la couverture à certaines places, c'est le signe certain que la putréfaction existe. Si les racines commencent à se gâter, il ne faut pas hésiter à défaire le silo. On enlève avec soin tout ce qui est endommagé, et on renferme le reste dans un nouveau silo.

La visite des caves, des celliers ou des silos en maçonnerie doit être faite aussi de temps en temps, afin d'extraire toutes les racines qui pourraient être altérées.

On fait des composts et on va chercher des bruyères dans les landes et des feuilles dans les bois pour faire de la litière.

CHAPITRE II

Travaux des champs.

§ Ier. — LABOURS.

Labours préparatoires.

On commence en novembre, aussitôt que les semailles sont finies, les labours d'hiver destinés à préparer les terres qui doivent être ensemencées en orge, avoine ou froment de mars, ainsi que celles qui sont destinées à une culture fourragère de printemps, à des pommes de terre ou à des betteraves. Il faut avoir soin de labourer profondément sans s'inquiéter de la grosseur des mottes soulevées par la charrue. Ces mottes sont très-utiles pour l'ameublissement du sol au moment des semailles. Si on les hersait ou si on les roulait pour les briser en ce moment, la terre se prendrait en croûte sous l'influence des pluies, et les gelées n'auraient plus d'action sur le sol. Tandis que, si ces mottes restent pendant tout l'hiver exposées aux gelées et aux dégels, lorsque les labours de printemps arrivent, ces masses sont pénétrées par les gaz atmosphériques et se détachent très-facilement.

En novembre et décembre, les jours sont devenus très-courts; on se contente de ne faire qu'une seule attelée de 9 heures du matin à 4 heures de l'après-midi, c'est-à-dire à la tombée de la nuit. De cette façon, on ne perd pas un temps précieux pour retourner, dans le milieu du jour, à la ferme.

§ II. — DÉFRICHEMENTS.

A. *Défrichement des landes.*

On pratique en novembre ou décembre, si on a le temps, pour le continuer en janvier (*voy.* p. 8), le premier labour de défrichement des landes, particulièrement dans l'ouest de la France. Quelquefois cette opération s'exécute plus facilement en janvier; le gazon étant plus humide, les bandes sont détachées plus facilement et mieux renversées par la charrue. Cette humidité a un autre avantage: le premier labour peut être donné à une plus grande profondeur, et la charrue peut soulever et renverser plus aisément à plat des bandes d'une plus grande largeur.

Avant de commencer le labour, il faut d'abord avoir soin d'enlever les bruyères; pour cela, on les fauche ou on les brûle superficiellement. Il ne s'agit pas du tout ici d'écobuage. L'écobuage produirait un effet très-fâcheux, en ce qu'il a la propriété d'annuler à peu près complètement l'action du noir animal. Pour brûler, on choisit un temps sec, une belle journée d'hiver, et on limite, par un trait de charrue, la surface où l'on peut concentrer le feu.

On règle la charrue destinée à ce premier labour de façon que la raie soit large, mais peu profonde, afin que les bandes soient bien retournées, ce qui est la condition absolue d'un bon travail. Quand on rencontre des pierres incrustées dans le sol, on fait sauter la charrue par-dessus, et on marque l'endroit en fixant une branche en terre, afin de revenir, après le labour, les extraire à la pioche. Si l'on négligeait cette précaution, on s'exposerait à casser la charrue en opérant plus tard le deuxième labour.

Dans les landes où croît l'ajonc épineux, il faut arracher les souches avec soin, avant d'entamer le premier labour, afin d'éviter d'engager le soc de la charrue dans des racines tenaces qui arrêteraient sa marche et feraient perdre un temps précieux aux hommes et aux bêtes.

Cette époque est assez favorable pour procéder aux seconds labours sur les parties qui ont été défrichées l'hiver précédent. Cette opération exige moins de force, c'est-à-dire, moins d'animaux de travail que le premier labour. Ce second labour doit être opéré transversalement par rapport au premier. En dirigeant ainsi la charrue ou l'araire, on divise très-bien la lande qui a été retournée sur elle-même. Si la charrue suivait la direction qui lui a été imprimée au premier labour, les landes reprendraient leur position première et seraient très-faiblement divisées. Lorsqu'on laboure perpendiculairement à la direction suivie par la charrue lors du défrichement, la surface des champs présente une multitude de morceaux carrés de gazon sans aucun ordre, toute la couche superficielle de la lande ayant été bouleversée.

B. *Défrichement des pâturages.*

On peut donner en novembre, décembre, et même en janvier, le premier labour aux prés et pâturages que l'on veut mettre en culture, surtout s'ils sont d'une nature argileuse. « Si au printemps, dit M. Moll, on veut leur donner un second labour, le labour actuel doit, autant que possible, n'aller qu'à 8 ou 10 centimètres de profondeur; le labour de printemps se donne alors à une profondeur double. Si, au contraire, on veut se borner à un seul labour, ce qui, dans la plupart des cas, est préférable, on le pratique tout de suite à 15 ou 20 centimètres de profondeur. Dans ce dernier cas, il est quelquefois plus avantageux de n'opérer le labour qu'au printemps, surtout lorsqu'on peut craindre que le sol ne se tasse par l'effet des pluies de l'hiver. »

M. Heuzé, dans un travail qui n'a malheureusement pas été continué, sur l'agriculture de l'ouest de la France, a traité la question du défrichement des pâturages. Je lui ai emprunté, dans la livraison de février, un passage relatif à l'exécution des labours et auquel je renvoie mes lecteurs. (*Voy.* p. 46.)

§ III. — OUTILS DE DÉFRICHEMENT.

On peut se servir, pour les défrichements, à défaut de charrues suffisamment fortes, d'un instrument anglais d'un grand mérite appelé *Broad-share* ou *déchaumeur*, de M. Bentall. Cet instrument (fig. 69) se compose de trois pieds ou dents courbes très-fortes E en fonte, auxquelles sont fixées horizontalement des lames plates C d'acier ou de fer aciéré, destinées à couper sous terre les racines que le pied-dent soulève et arrache en partie. Le soc D du milieu reste seul quand l'instrument agit comme charrue-fouilleuse.

On peut le transformer aussi en scarifica-

Fig. 69. — Déchaumeur.

teur proprement dit, en enlevant les lames des socs C et en faisant fonctionner les dents nues.

Le seul reproche que l'on fait au déchaumeur de M. Bentall, c'est d'être un peu lourd.

Le *Cultivateur-extirpateur* de M. Colman (fig. 70) ne laisse rien à désirer comme répartition et variété d'action des dents, comme mécanisme de soulèvement, etc. Chacune des dents de ce cultivateur peut tourner autour d'un boulon-axe horizontal, lorsqu'on presse sur le grand levier F. L'axe C de ce levier est un fort cylindre creux en fonte armé d'oreilles faisant fonctions de

manivelles et commandant de petites bielles qui agissent sur l'extrémité supérieure des dents : il y a autant d'oreilles sur le cylindre et de bielles intermédiaires qu'il y a de dents ; si donc, en arrivant au bout du champ, on presse sur le grand levier F, toutes les dents tournent en même temps et leurs pointes s'élèvent hors de terre, ce qui permet d'exécuter la tournée pour recommencer un nouveau trait contigu au précédent. Lorsque la tournée est effectuée, il suffit d'abandonner peu après le grand levier à lui-même ; les dents retombent par leur propre poids, et, une fois qu'elles ont mordu au sol, elles tendent à y pénétrer de plus en plus jusqu'à ce que les roues portent sur le sol et arrêtent cette pénétration, ou jusqu'à ce que le grand levier soit arrêté par une cheville dans le demi-cercle régulateur B qu'il parcourt.

La limite de l'enture se règle donc par l'élévation plus ou moins grande des roues par rapport au châssis ; ce règlement se fait séparément, pour chaque roue d'arrière, par des leviers portant à l'extrémité de leur petit bras l'axe même des roues. Une che-

ville permet de fixer plus ou moins haut chaque levier dans le quart de cercle régulateur qu'il parcourt. De sorte que, si le terrain présente une forte pente ou des dérayures, on peut élever inégalement les roues, et par conséquent faire un travail uniforme, malgré les variations de la surface.

Outre le règlement de l'enture par l'élévation ou l'abaissement des roues, il y a, dans ce scarificateur, un régulateur pour

Fig. 70. — Cultivateur-extirpateur.

le point d'attache des traits, de sorte qu'on peut le placer à une hauteur telle, que la ligne de traction soit, autant que possible, dans la direction même de la résistance, ce qui empêche que les roues ne portent trop fortement sur le sol, pression qui augmenterait inutilement la fatigue de l'attelage.

La roue régulatrice a un support mobile K. Le point de tirage est en L, et le tirage est modifié par la bride fourchue M, qui sert à imprimer la direction voulue à la roue régulatrice et par conséquent à tout l'appareil supporté par le bâti en fer A.

La répartition des dents de ce bras opé-

rateur est faite de façon à éviter autant que possible l'engorgement.

Les pieds-dents peuvent marcher nus, ou être armés à volonté de socs I plus ou moins larges, plats et tranchants.

§ IV. — SEMAILLES.

A. *Avoine d'hiver*.

Dans les contrées de l'ouest de la France, et dans une partie du Midi, on termine les semailles de l'avoine d'hiver en novembre, parce que, le climat étant plus doux, elle germe de bonne heure et prend assez de force pour supporter les hâles du commencement du printemps, qui sont très-redoutables dans cette contrée. L'avoine d'hiver ne se distingue guère de l'avoine commune que par sa grande rusticité.

B. *Blé*.

Il arrive souvent que, dans le midi de la France, la sécheresse prolongée de l'automne ajourne les semailles de blé jusqu'au mois de novembre. Pour ces contrées, cela n'a aucun inconvénient, mais il arrive quelquefois aussi, dans le Nord, que la rentrée tardive des racines produit le même résultat. Là, c'est autre chose. « Dans nos contrées, des semailles tardives, dit M. Moll, courent le risque, sinon d'être détruites, au moins d'être endommagées par les gelées hâtives au moment où le grain est en lait. Dans les bonnes expositions, dans les terrains légers, et lorsque le temps est favorable, on obtient souvent d'aussi beaux produits que par une semaille précoce ; néanmoins, comme on ne peut plus compter sur le *tallement*, on emploiera une quantité de semence plus grande qu'à l'ordinaire, quantité qui peut aller jusqu'à la moitié en sus, et, afin qu'elle lève plus vite, on la recouvrira très-légèrement. » On remarquera que ces conseils sont donnés afin d'atténuer les conséquences du mal, lorsque des circonstances majeures ont obligé le cultivateur à laisser passer l'époque ordinaire des semailles.

§ V. — RÉCOLTES.

A. *Navets*.

On sait que la culture des navets (*turneps*) est très-répandue en Angleterre. Le climat brumeux et humide de ce pays facilite considérablement cette culture, qui constitue une de ses plus grandes ressources pour l'alimentation du bétail, et surtout pour les moutons. On parque, pendant l'automne et une partie de l'hiver, les moutons sur le champ de navets, et les animaux mangent d'abord sur place la moitié du globe qui dépasse le niveau du sol ; ensuite on arrache le reste. Un coupe-racine suit le parc, et le reste des navets, débité en fragments, est déposé dans de petites auges portatives à l'heure des repas.

En France, la rigueur du climat empêche qu'il en soit ainsi.

« La récolte des navets sur jachère, dit M. Moll, a lieu ordinairement en septembre ou octobre (*voy.* p. 300) ; celle des navets sur chaumes se fait en novembre ; cette opération s'effectue de la même manière que pour les autres racines. (*Voy.* p. 299.) Souvent on se contente d'enlever les plus grosses racines, et on laisse en terre les petites, qui, au printemps suivant, montent de très-bonne heure en tige, et fournissent ainsi un fourrage précoce, que l'on peut faire pâturer ou consommer en vert à l'étable. »

De toutes les racines, ce sont les navets qui se conservent le plus difficilement. La meilleure manière est de les mettre sous un hangar, en tas étroits, peu élevés et recouverts de paille, comme on le fait pour les choux à tête. La facilité avec laquelle ils se détériorent, une fois sortis de terre, et les chances qu'ils courent, lors de la levée de la semence, par la sécheresse et par les pucerons, empêcheront toujours de les cultiver chez nous sur une grande échelle et comme première récolte ; on commence même à les abandonner, dans plusieurs contrées, comme *récolte dérobée* (seconde récolte), depuis que l'on s'est convaincu que des betteraves ou des rutabagas repiqués dans les mêmes circonstances, c'est-à-dire dans les chaumes d'un colza ou d'une céréale hâtive, sont d'une réussite plus assurée et d'un plus grand rapport.

B. *Topinambours*

Les tubercules des topinambours, au contraire des navets, se conservent parfaitement en terre, pourvu que le sol ne soit pas humide. M. Moll assure même qu'il est prouvé que, pendant l'hiver, ils augmentent d'un quart à un tiers de volume.

Cependant on les arrache quelquefois en novembre, époque ordinaire de leur floraison, soit à cause de la difficulté de les arracher au printemps, avant qu'ils repoussent, soit parce qu'on en a besoin pour la consommation quotidienne. « Dans tous les cas, dit M. Moll, on coupe les tiges vers cette époque; on les fait sécher de même que celles de maïs, et on les emploie avec avantage à la nourriture du bétail, surtout des moutons. »

Quant aux tubercules, on les arrache de même que les pommes de terre; cependant l'opération est ici plus difficile, à cause de la quantité de petits tubercules et de leur adhérence à la tige.

La plupart des cultivateurs qui ont cultivé des topinambours s'accordent à désigner leur produit en tubercules comme moindre que celui des pommes de terre, et les regardent aussi comme moins nutritifs. D'après les expériences de Mathieu de Dombasle, les topinambours n'ont que 22.64 pour cent de parties solides, tandis que la plupart des pommes de terre ont près de 30. Quant à la valeur nutritive des tiges de topinambours, Schwertz a trouvé, par des essais faits sur des vaches, que 50 kilogr. équivalent à environ 15 kilogr. de foin sec. (Voy., pour la valeur nutritive du tubercule, p. 310.)

On conserve les topinambours, arrachés au mois de novembre, en silos, comme les autres tubercules, pommes de terre, betteraves, etc. La couverture de terre n'a pas besoin d'être aussi épaisse, les topinambours craignant peu la gelée.

§ VI. — PRAIRIES NATURELLES ET ARTIFICIELLES.

A. Assainissement des prairies.

« Si l'eau favorise la végétation, dit M. Heuzé, si elle concourt à augmenter la fertilité de la terre, si elle assure toujours aux graminées, aux légumineuses, etc., une vé-

gétation active et remarquable au printemps, quand elle est sans cesse courante, on ne doit pas oublier qu'elle nuit beaucoup aux légumineuses et aux graminées, et qu'elle seconde l'existence des joncs, des laîches (carex), et des choins (schœnus) appelés raiches, des scirpes, et quelquefois des massettes (typha), que l'on nomme quenouilles ou pavas, quand elle est abondante au sein de la couche arable ou stagnante sur le gazon durant l'hiver. Ces plantes, qui croissent dans de telles conditions, toujours au détriment des bonnes plantes, augmentent parfois la production en foin d'une manière remarquable; mais, si le cultivateur gagne en quantité, il perd beaucoup en qualité. En effet, le foin que produisent les sols humides, les terres marécageuses, est grossier, dur, sans odeur et sans saveur; aussi les animaux, quels qu'ils soient, le consomment-ils toujours avec une certaine lenteur, une certaine répugnance. Ce foin est tout à fait impropre à l'engraissement des animaux, et ce n'est qu'à la dernière extrémité qu'il peut être donné aux vaches laitières. Les animaux de travail sont les seuls qui doivent le consommer. Il existe dans les régions de l'Ouest un grand nombre de prairies sur lesquelles des travaux d'assainissement pourraient être pratiqués avec le plus grand succès.

« On parvient à modifier les propriétés des prairies trop humides, soit que les eaux sortent du sol, soit qu'elles proviennent des parties supérieures, soit qu'elles soient le résultat de pluies abondantes, en pratiquant des rigoles d'assainissement. Ces rigoles ou saignées sont de deux sortes : les rigoles ouvertes et les rigoles souterraines.

« Les premières peuvent être pratiquées quand les eaux sont stagnantes ou courantes à la superficie de la prairie. La surface qu'elles occupent ne doit nullement préoccuper le cultivateur qui veut en créer, car c'est à tort qu'on s'imagine qu'elles diminuent la production herbacée.

La pratique démontre chaque jour, au contraire, que, facilitant l'écoulement continuel des eaux pendant tout l'hiver, elles concourent à rendre la végétation beaucoup plus précoce au printemps. Or, quand les plantes couvrent de bonne heure une prairie, à cette époque de l'année, il est certain que les agents atmosphériques, le soleil et les vents, ont très-peu d'effets défavorables sur les propriétés physiques du sol et l'action vitale des plantes. Quand une prairie a été couverte d'eau durant une partie de l'hiver, que l'humidité surabondante l'a rendue marécageuse, les plantes qui la composent végètent toujours très-tardivement. De là il résulte que, souvent, les hâles de mars et avril ou les rayons solaires de mai ou juin dessèchent la terre et la durcissent. Cette dessiccation est toujours préjudiciable à la production en foin ; car, quand le sol a été durci, en ce moment de l'année, par la chaleur, il est bien difficile ensuite aux plantes de végéter avec vigueur. Pour que la production herbacée soit abondante et qu'elle couvre entièrement le sol en juillet, il faut que les pluies viennent, après ces faits accomplis, détremper le gazon.

« Les rigoles superficielles doivent être, quant à leur largeur et leur profondeur, en rapport avec le volume des eaux qui peuvent séjourner ou être courantes sur la prairie. Nonobstant, il est bien utile, si les circonstances le permettent, que leur profondeur soit plus grande que l'épaisseur de la couche végétale. Quand elles sont ainsi créées, elles contribuent aussi à diminuer l'humidité qui s'est interposée durant l'hiver entre les molécules constituant le sol arable, et elles favorisent l'écoulement des eaux qui pourraient exister à la partie supérieure du sous-sol, si celui-ci est imperméable ou composé d'argile.

« Les rigoles souterraines sont fort utiles pour les terrains qui contiennent des sources. D'un côté, elles n'obligent le cultivateur à les nettoyer qu'annuellement : car, une

fois créées, établies, elles peuvent durer des années ; d'un autre, elles ne nuisent pas à la circulation des véhicules, et les animaux peuvent pâturer sans les dégrader. Toutefois, comme elles sont plus coûteuses à établir que les rigoles ouvertes, il en résulte qu'elles ne peuvent être établies au sein d'une prairie que par le propriétaire. Un fermier ne peut en créer que lorsqu'il a un bail de douze à quinze ans. Ces rigoles contribuent toujours à augmenter d'une manière sensible et la valeur foncière et la valeur locative des prairies sur lesquelles elles ont été établies.

« Les canaux couverts doivent être profonds ; il faut que leur partie inférieure soit en contre-bas de $0^m.10$ à $0^m.20$ de la superficie du sous-sol. La largeur qu'elles doivent avoir est très-faible. Dans les circonstances ordinaires, une tranchée de $0^m.30$ à $0^m.40$ est suffisante ; quand l'ouverture est pratiquée, on la remplit à la moitié de pierres ou de rondins de pins maritimes, sur lesquels on place quelques branchages de genêt, de bruyères ou d'essences résineuses. Ces ramifications sont recouvertes de plaques de gazon. L'ouverture de la rigole se remplit au moyen de la terre qu'on a enlevée primitivement et mise de côté. Lorsque l'opération est terminée, on répand des semences de foin sur toutes les parties sur lesquelles on a pratiqué ces canaux souterrains.

« Ces rigoles, comme les rigoles superficielles, doivent toutes correspondre à un fossé ouvert, et elles doivent être, autant que possible, pratiquées un peu obliquement à la pente du terrain ; la direction perpendiculaire ou parallèle est fort mauvaise. On a constaté souvent qu'ainsi créées elles concourent peu à l'assainissement du terrain. Quand elles sont transversales, l'eau y séjourne très-souvent, et alors elle s'infiltre à travers la couche arable et rend le sol inférieur quelquefois plus humide.

« En général, ces rigoles doivent être espacées les unes des autres de cinq à sept mètres. Il faut que les eaux soient peu abondantes et les joncs peu nombreux pour qu'on puisse avec succès les éloigner davantage les unes des autres. Ces rigoles devront être toujours plus larges à leur extrémité qu'au point où elles commencent. Cette plus grande largeur est nécessaire pour que les eaux, qui augmentent continuellement dans la rigole, puissent s'écouler librement de ces saignées couvertes.

B. Enlèvement des plantes nuisibles dans les prairies.

« Chaque année, on constate dans les prairies naturelles qui ont été négligées les années précédentes, ou qui existent sur des fonds de médiocre qualité, un certain nombre de plantes qui doivent être regardées comme nuisibles. Les plus défavorables à la production herbacée sont : la ronce, l'ajonc épineux, le genêt, les bruyères, les joncs. Ces plantes sont très-distinctes des autres pendant l'hiver. Aussi cette saison est-elle l'époque la plus convenable pour procéder à leur enlèvement. Les bruyères peuvent être enlevées à la main ou par le moyen d'un instrument; mais, comme elles ne sont pas fortement fixées au sol et qu'elles sont quelquefois en très-grand nombre et sur beaucoup de points, il y a avantage à renoncer à l'emploi d'outils. L'arrachage à la main permet de conserver le gazon de la prairie intact, et il est certainement plus expéditif que l'enlèvement à la tranche ou à la pioche. Quant aux autres plantes, il faut de toute nécessité employer un instrument pour les extirper. Dans ce genre de travail, il faut avoir soin de ne pas pratiquer des trous inutilement dans la prairie, car la récolte suivante pourrait en être diminuée. On comprend qu'il ne peut être question ici de recommander d'opérer l'enlèvement de tous les pieds de joncs, de bruyères et de genêts épineux qui peuvent exister au sein d'une prairie. Ces plantes ne sont véritablement nuisibles que lorsqu'elles se distinguent des autres par

leur élévation, et c'est alors qu'il faut penser indubitablement à les extirper. Quand les plantes nuisibles sont nombreuses, et que leur enlèvement a nécessité ou occasionné, sur certains points, la destructi du gazon, on doit répandre sur ces droits, aussitôt le travail terminé, de graine de foin.

C. Irrigations.

« Les irrigations doivent se continuer dans le cours de ce mois. Par leur concours, à cette époque de l'année, on parvient souvent à détruire la mousse, si nuisible aux plantes. Toutefois, on devra cesser ces arrosements, si le temps devient froid. Les gelées à glace nuisent fort peu aux plantes des prairies, quand celles-ci existent sur des fonds secs, peu humides; mais, lorsqu'elles sont intenses et qu'elles agissent sur des sols humides ou couverts d'eau, elles font périr le trèfle rouge, le vulpin des prés, etc.; et les plantes qui résistent à leur action sont souvent déchaussées. Pour que les plantes des prairies irriguées ne souffrent pas des gelées à glace, il faut que l'eau soit sans cesse courante, ou qu'elle couvre entièrement le sol. Les prairies qui limitent les rivières et les ruisseaux, et qui sont inondées une partie de l'hiver, résistent très-bien à ces débordements et à ces gelées à glace. On cessera donc l'irrigation à la moindre appréhension de gelée; ordinairement, on ôte de bonne heure, dans la journée, l'eau des rigoles alimentaires ou d'irrigation, et on enlève les gazons qu'elles comportent çà et là, afin que le sol puisse convenablement s'égoutter avant le soir.

D. Épierrement des prairies artificielles.

« On doit continuer l'enlèvement des pierres qui existent à la surface des champs ensemencés en trèfle, luzerne et sainfoin. Nonobstant, il faut éviter cet épierrement par un temps de dégel, afin de ne pas nuire à ces plantes. On sait que la terre, après la gelée, s'attache aisément aux souliers et aux sabots.

§ VII.—CURAGE DES FOSSÉS ET SILLONS D'ÉCOULEMENT.

Le curage des fossés, l'entretien des sillons d'écoulement, est un soin fort important qui a frappé tous les agronomes et dont ils se sont tous occupés avec sollicitude dans leurs livres. « Dans toutes les terres qui ont été implantées ou semées, dit Mathieu de Dombasle, en automne, ainsi que dans celles qui ont été labourées pour être ensemencées au printemps, et même dans celles qui n'ont pas été labourées, mais qui doivent l'être de bonne heure après l'hiver, il est essentiel, si le sol est argileux et propre à retenir les eaux, de faire, en automne, des sillons d'écoulement qui ne permettent pas à l'eau d'y séjourner. Je suppose que cette opération a été faite dans chaque pièce, à mesure qu'elle a été ensemencée ou labourée. Dans ce mois, on doit visiter exactement et fréquemment les sillons de toutes les pièces, afin que rien n'obstrue jamais le cours des eaux. » M. Moll ajoute : « Un des principaux soins du cultivateur, à cette époque (novembre), doit être d'entretenir les moyens d'écoulement dans les champs, ou d'en pratiquer de nouveaux là où cela devient nécessaire. Ces précautions s'appliquent aussi bien aux terres vides qu'à celles qui sont cultivées ; car on remarque généralement que les terrains dans lesquels l'eau a séjourné pendant l'hiver sont infiniment plus lents à se réchauffer au printemps, et ne peuvent pas être cultivés et ensemencés d'aussi bonne heure que ceux qui ont été bien égouttés ; ils souffrent même beaucoup plus des hâles de printemps, qui ordinairement les durcissent plus que les autres terrains. » Enfin M. Gustave Heuzé dit à son tour : « Le cultivateur doit surveiller les sillons d'écoulement qui ont été pratiqués en automne aussitôt après l'exécution des semailles. Il arrive souvent que les terres qui se *laissent aller à l'eau* obstruent les rigoles et ne permettent pas aux eaux de s'écouler librement. Ce défaut d'écoulement est toujours préjudiciable aux plantes ; les eaux dont le cours est embarrassé, dont l'issue n'est pas libre, augmentent l'humidité de la couche arable, et quelquefois même elles couvrent le sol et occasionnent la disparition d'un grand nombre de céréales. C'est surtout à la fonte des neiges et pendant les jours très-pluvieux que le cultivateur doit être attentif au défaut d'écoulement des eaux dans les terres emblavées. »

CHAPITRE III
Travaux de la ferme.

§ Ier. — LA MACHINE A BATTRE LE COLZA

Dans la livraison de *juillet* (*voy.* p. 216), à l'occasion de la récolte du colza, j'ai parlé de la machine à battre le colza de M. Bodin, de Rennes, peut-être un peu trop sommairement, ne la connaissant pas très-bien. Aujourd'hui que j'ai pu l'apprécier et que l'expérience a prononcé, j'ai hâte de revenir sur cette importante question. Cette question n'est pas tout à fait déplacée ici ; si on a rentré le colza avec sa tige, c'est le moment de le battre.

On avait déjà essayé de battre le colza avec la machine à battre le blé. On réglait l'espace entre le batteur et le contre-batteur de manière à laisser passer les grosses tiges du colza, sans nuire pour cela à l'égrenage des siliques. C'était difficile, et on a vite renoncé à cette appropriation de la machine à battre le blé, qui pouvait compromettre la solidité de l'appareil sans obtenir un effet suffisamment utile.

Cependant le battage au fléau, à la gaule ou à la fourche, généralement pratiqué dans les grandes comme dans les petites cultures, ne s'exécute qu'au détriment des autres travaux qui doivent avoir lieu à la même époque. On est même obligé de rentrer la récolte dans la grange, ce qui occasionne des pertes de grains, malgré toutes les précautions, et exige des charrois inutiles. On ne peut pas enlever les plantes chargées de grains qui doivent être transportées dans des charrettes garnies de toiles, aussi facilement qu'on enlève, après le battage, des sacs de grains et des bottes de paille.

D'un autre côté, le moment de la récolte et du battage du colza coïncide avec l'époque de la récolte du foin, avec le binage à donner aux betteraves. Si vous avez fait une quantité assez importante de colza, il sera difficile, sinon impossible, de mener simultanément à bien tous ces travaux; il faudra chercher partout, et payer très-cher des ouvriers qui deviennent de plus en plus rares; occuper un grand nombre de bras aujourd'hui pour les renvoyer demain, parce que demain ils deviendront inutiles; croyez-vous que cela encourage les travailleurs à rester aux champs?

C'est alors que les avantages de la machine agricole se font clairement apercevoir. La machine, en général, a pour résultat, non pas d'enlever le travail aux ouvriers, mais de régulariser le travail en le rendant à la fois plus intelligent et plus productif: plus productif pour le maître aussi bien que pour l'ouvrier. La machine a pour but d'affranchir le travailleur des champs de la fonction abrutissante et peu lucrative de moteur: au point de vue de la force pure, un cheval vaut mieux et gagne plus qu'un homme; la vapeur vaut mieux et gagne plus qu'un cheval. Aux animaux et à la vapeur la force puissante, mais aveugle, qui meut; à l'homme le travail intelligent que la machine ne fera jamais.

C'est pour ces motifs que M. Bodin, qui est un agriculteur distingué et un mécanicien non moins habile, a cherché à suppléer, par la machine, les bras de l'homme dans le battage du colza; c'est pourquoi il a remplacé, en partie, les bras de l'homme dans le binage des betteraves, en propageant la houe à cheval Dombasle, qui est considérée comme une des meilleures; c'est pourquoi il a substitué, dans sa ferme, au râteau à bras et à fourche le râteau à cheval et la faneuse.

Mais la houe à cheval, le râteau à cheval, la machine à faner, étaient connus depuis longtemps. M. Bodin savait que la batteuse pour le blé ne pouvait être utilisée, sans inconvénients, au battage du colza; il a dû chercher à résoudre le problème en inventant une machine à battre le colza.

« Ordinairement je battais mon colza à bras, sur des toiles, écrivait-il à la fin de 1858, et je fanais mon foin à la main; il me fallait une cinquantaine d'ouvriers ou d'ouvrières, et encore, aussitôt le colza et le foin mûrs, malgré tous mes efforts, mes betteraves étaient négligées, envahies par l'herbe, et celles qui avaient été binées les dernières à la houe à cheval ne pouvaient l'être à la main entre les plants. De sorte que, sur 7 à 8 hectares de betteraves que je fais chaque année, j'en avais au moins deux (les dernières semées ou plantées) qui ne donnaient qu'un chétif produit.

« Cette année, avec la faneuse, le râteau à foin, la machine à battre le colza, le travail s'est fait rapidement, en temps convenable, et mes betteraves sont propres et bien binées. »

La machine à battre de M. Bodin, dont je donnerai le dessin le mois prochain, est remarquable par sa simplicité et sa grande solidité. Elle peut être mise en mouvement par un manége ou par une machine à vapeur. La machine dont se sert M. Bodin pour le battage de sa ferme est mue par une machine locomobile de Tuxford marchant à une très-faible pression.

L'ouverture de la machine est beaucoup plus grande que celle des batteuses ordinaires, à cause du volume de la plante. Le contre-batteur est moins étendu, le cylindre batteur a besoin d'une très-grande force pour résister aux chocs que lui font éprouver les grosses tiges de colza; aussi

Fig. 71. — Grenier conservateur de M. Émile Pavy,

est-il composé de solides plateaux en fonte et de traverses en fer forgé.

Une ouverture de dégagement a été ménagée pour donner issue à la poussière.

Un arbre placé au-dessus de la machine est muni de deux poulies : l'une pour recevoir le mouvement du moteur; l'autre pour transmettre ce mouvement au cylindre batteur.

La plus grande difficulté que M. Bodin ait eu à vaincre en construisant la machine à battre le colza résidait dans la force des tiges principales et dans la résistance qu'elles opposaient à l'action du batteur. Les pailles de blé sont souples et régulières : elles permettent de resserrer l'espace entre les deux principaux organes de la batteuse; les pailles du colza, au contraire, sont irrégulières et fort grosses; elles exigent une grande pression pour passer sous

Fig. 72. — Stalle d'écurie de MM. Ransomes et Sims.

le batteur; avec les perfectionnements introduits dans la culture du colza, cet inconvénient tend à disparaître en partie; au lieu de planter 35 à 40,000 pieds à l'hectare, on a reconnu l'avantage, au point de vue du produit, de serrer les plantes beaucoup plus; on plante de 60 à 65,000 pieds qui produisent davantage et qui donnent des tiges beaucoup plus fines, et, par conséquent, offrant moins de difficultés au battage.

La machine à battre de M. Bodin a battu, en vingt heures, 3 hectares 10 ares de colza dont les tiges, énormes à la base, n'avaient pas moins de 2 mètres de hauteur; cette étendue a produit 150 hectolitres de graine; ce qui donne plus de 45 hectolitres à l'hectare; par conséquent, on peut considérer la machine comme battant 65 hectolitres dans une journée ordinaire de 10 heures de travail : c'est un beau résultat.

Je n'ai pas besoin d'ajouter que cette machine est construite avec le soin et la conscience que l'on remarque dans tous les produits sortis des ateliers de M. Bodin.

II. — GRENIER CONSERVATEUR.

Le blé a deux ennemis implacables : la fermentation, qui altère la partie nutritive du grain, et les insectes, le charançon et l'alucite, qui la dévorent.

Pour combattre ces deux fléaux, on n'emploie qu'un moyen dans nos campagnes : on dépose le blé, par couches de 40 à 50 centimètres, sur le plancher d'un grenier bien sec et bien aéré, et de temps en temps, le plus souvent possible, on transporte le blé d'un coin du grenier dans l'autre, en le lançant à l'aide d'une pelle en bois. On appelle cette opération le pelletage.

Je n'ai pas besoin de faire observer que ce travail est long et coûteux. J'ajouterai que très souvent, — la plupart du temps, — le pelletage ne sauve le blé ni de son parasite ni de la fermentation.

Aussi les agriculteurs s'ingénient-ils à construire, en imagination, des greniers où le blé serait pelleté et aéré suffisamment par des moyens mécaniques peu coûteux.

Jusqu'ici ces greniers n'ont guère été construits que sur le papier.

Mais, objectera-t-on, l'aération et le pelletage sont-ils indispensables pour conserver les céréales?

Pas précisément, puisque les Égyptiens, les Maures et les Romains gardaient leurs blés en silos pendant plusieurs années, puisque les Arabes le conservent encore de la même manière. Mais ces peuples n'étant pas civilisés comme nous, il est tout naturel que nous ne voulions pas leur demander des conseils.

Un savant de mes amis, savant et modeste à la fois, — comme cela arrive toujours, — a bien essayé de prendre aux Arabes et aux Romains leurs silos en les appropriant à notre climat et à nos habitudes; mais on s'est bien gardé de suivre son exemple. C'eût été pour nous une véritable humiliation!

Les silos de M. Doyère avaient en partie résolu la question. Le blé s'y conservait parfaitement; les expériences d'Asnières, auxquelles j'ai eu la satisfaction d'assister, n'ont laissé aucun doute à ce sujet dans mon esprit.

Mais, comme c'était un procédé trop simple et trop vieux, on l'a dédaigné. — C'est très-naturel.

On en est revenu, — toujours sur le papier, — aux greniers mécaniques.

Cependant quelques tentatives ont été faites, et les magasins de la manutention ont adopté un système de conservation que je crois très-coûteux et qui n'a jamais été, que je sache, appliqué dans une simple ferme : c'est le grenier de M. Huart. L'illustre Philippe de Girard et John Saint-Clair ont aussi imaginé des greniers conservateurs; mais ces greniers n'ont jamais été construits.

Un agriculteur du département d'Indre-et-Loire a essayé d'aborder le problème, et tous ceux qui ont pu voir fonctionner l'appareil appelé par son inventeur *grenier conservateur* sont d'avis que le problème est complétement résolu sous tous les rapports : bonne conservation, conservation facile, et enfin économie.

M. Émile Pavy a remporté trois fois la coupe d'honneur au concours de boucherie de Poissy, où il a exposé trois fois. La ferme de Girardet (Indre-et-Loire) est aujourd'hui célèbre en France et à l'étranger : c'est assez dire que M. Pavy est un homme pratique.

Lorsqu'il a imaginé de faire fabriquer par ses ouvriers un grenier pour conserver son blé et ne le vendre qu'à bon escient, il n'en a pas cherché bien long, et je lui en sais gré.

Le grenier John Saint-Clair consiste en une vaste guérite, ouverte par une trappe en haut, terminée en bas par neuf trémies qui se déversent dans une plus grande qui les renferme toutes. Des ouvertures pratiquées dans les parois correspondant avec des conduits placés alternativement à angles droits les uns au-dessus des autres, et aboutissant d'un mur au mur opposé, servent à donner passage à l'air dans l'intérieur même de la masse du grain.

Si on soutire par le bas quelques litres de grains, la masse tout entière est mise en mouvement; mais ce mouvement, très-lent, n'équivaut pas à un léger pelletage.

Au projet de John Saint-Clair il faudrait ajouter un tarare pour nettoyer et pelleter le grain, une noria, — chaîne à godets, — pour le transporter à la partie supérieure du grenier.

Eh bien, figurez-vous maintenant le grenier de John Saint-Clair sans ce qu'il a de trop et avec ce qui lui manque, vous aurez le *grenier conservateur* de M. Pavy.

Quatre réservoirs coniques juxtaposés, réunis au sommet par un entonnoir commun dans lequel la noria verse le blé qu'elle prend au sortir du tarare. Le tarare est placé sous les réservoirs cylindriques terminés en entonnoir; ceux-ci communiquent soit avec le tarare, si on veut absolument pelleter le blé, soit avec l'*ensacheur*, si on veut l'expédier. Une sonde très-ingénieuse et une échelle d'étiage permettent de connaître à chaque instant le contenu de chaque réservoir.

Le grenier peut être placé partout; dans une grange, sous un hangar. La machine à battre, disposée convenablement, verse son grain dans un récipient qui communique avec le tarare au moyen d'une petite chaîne à godets, de sorte que le grain, battu, vanné, est transporté dans le réservoir par le même moteur, le moteur de la machine à battre.

Je dis le moteur de la machine à battre, parce que l'excédant de force d'un manége suffit pour faire mouvoir le tarare et les deux norias du grenier.

Huit ou dix pelletages suffisent dans l'année. Si on ne peut utiliser la force du moteur employé à une autre besogne, la force d'un homme suffit pour mettre tout le système en mouvement. M. Pavy calcule que cette ventilation faite à bras d'homme ne lui revient pas, pour dix pelletages dans l'année, à plus de 10 c. par hectolitre.

Quant aux prix de revient de la construction, je ne crois pas qu'il dépasse, tout compris, 7,500 fr. pour un grenier de 2,000 hectolitres, c'est-à-dire environ 3 fr. 75 par hect. Ce grenier peut durer cent ans, ce qui réduit considérablement la part affectée à chaque hectolitre.

Le grenier de M. Pavy est celui qui m'a paru jusqu'ici le plus pratique, et je suis heureux de trouver mon opinion confirmée par les jurys de Nantes et d'Auxerre.

Les Anglais, qui s'y connaissent, ont été aussi de cet avis. M. Pavy a reçu une des neuf grandes médailles d'argent distribuées par la Société royale d'agriculture d'Angleterre, qui n'a pas donné, cette année, de médailles d'or.

Au reste, pour donner une idée exacte du grenier de M. Pavy, je ne puis faire mieux que de reproduire la légende de cet ingénieux appareil.

a. Réservoirs cylindriques (fig. 71) d'un nombre et d'une dimension indéterminés servant de grenier. Ils peuvent se construire en tôle, en bois, en cylindres de poterie ou de carton paille, ou de carton de bois; et, suivant la matière, le prix de ces réservoirs est de 1 fr. 50 c. à 2 fr. 40 c. par contenance d'hectolitre.

b. Sonde et échelle d'étiage pour en mesurer instantanément le contenu.

d. Robinets ou vannes pour l'écoulement du blé dans le tarare.

e. Tarare nettoyant simultanément le blé qui lui vient de la batteuse et celui que lui versent les greniers; pouvant, à bras d'un seul homme, nettoyer et emmagasiner 20 hectolitres à l'heure.

f. Conduit pour la mise en sac du blé: le modèle diffère du dessin.

g. Bascule dont le dessin est aussi incom

plet; elle pèse exactement le blé qui tombe du grenier dans le sac, ferme d'elle-même l'issue du grenier quand le sac atteint le poids voulu, fait en même temps résonner un timbre et apparaître un chiffre correspondant au nombre des sacs pesés.

h. Batteuse avec ou sans nettoyage, indépendante du grenier, qui peut fonctionner sans elle.

i. Table supportant la batteuse sans nettoyage et grille secouée au travers de laquelle passe le blé dégagé de la paille ; une batteuse qui nettoie n'en a pas besoin ; une trappe sous-sol peut remplacer la table.

j. Conduit dirigeant le blé brut de la batteuse à la petite chaîne à godets L.

k. Récipient commun où la chaîne à godets L ramasse le blé venant de la batteuse et celui qu'a repoussé le vent du tarare par le conduit V.

l. Petite chaîne à godets économisant deux personnes, l'une pour ramasser le blé de la batteuse, l'autre pour ramasser le blé chassé par le mouvement et le vent du tarare. Les chaînes à godets doivent être enveloppées d'un étui. La petite chaîne à godets est, au besoin, armée de dents destinées à enlever les courtes pailles et à prévenir les engorgements.

m. Conduit dirigeant le blé de la petite chaîne à la trémie du tarare.

n. Grande chaîne à godets, ramassant le blé à sa sortie du tarare et le montant au sommet du grenier.

o. Récipient commun dans lequel la grande chaîne déverse le blé et d'où on le dirige à volonté, d'en bas, dans l'un ou l'autre réservoir vertical.

p. Tuyaux pour l'emmagasinage du blé.

q. Bouchons fixes ou mobiles fermant le grenier et servant de regards.

r. Transmission recevant le mouvement d'une locomobile ou d'un manège, et le communiquant à tout le système.

s. Poulie communiquant le mouvement au tarare et secouant la grille de la batteuse.

t, u. Poulies actionnant les chaînes à godets.

« Loin de moi la pensée, dit M. Heuzé en parlant de ce grenier, d'engager les agriculteurs qui ont des greniers vastes, éclairés et bien aérés, à renoncer à ces bâtiments pour conserver leurs grains dans l'appareil imaginé par M. E. Pavy. Parler ainsi serait méconnaître les principes sur lesquels repose l'économie rurale vraie. Mais si, en France, beaucoup de propriétaires cultivateurs ou fermiers ne doivent point trouver un puissant auxiliaire dans le grenier conservateur, combien d'autres s'estimeraient heureux s'il en existait un sur leur exploitation ! Qu'on ne l'oublie pas : si les régions du nord et de l'est se plaignent rarement des dégâts que causent les insectes aux grains déposés dans les greniers, il n'en est malheureusement pas ainsi des contrées du centre et du midi, et de l'Espagne et de l'Algérie. Ici, c'est l'alucite, qui, par la facilité avec laquelle elle se propage, diminue d'un vingtième et quelquefois d'un dixième la principale richesse du cultivateur. Ailleurs, les grains déposés dans les magasins perdent une partie de leur valeur par les dégâts qu'y causent les charançons ou la fausse teigne.

« Le grenier conservateur de M. Pavy me paraît donc appelé à rendre d'importants services dans le Berry, la Saintonge, le Languedoc, la Provence et les pays méridionaux de l'Europe. »

J'ajouterai que cet appareil peut être appelé à devenir le véritable entrepôt où le cultivateur consignera ses grains en garantie de l'argent qu'on lui aura prêté. Ceux qui croient à l'efficacité des réserves officielles ordonnées par le gouvernement trouveront aussi, dans ces greniers, un usage économique et facile de mettre cette mesure à exécution

§ III. — ÉCURIES ET ÉTABLES.

A. *Stalles anglaises.*

Les dispositions particulières que l'on

peut attribuer aux écuries et aux étables peuvent être prises pendant les chômages de l'hiver. Les Anglais ont imaginé, à cet égard, des arrangements fort ingénieux que je ne conseillerai pas de copier exactement, parce que nous n'avons pas l'habitude d'introduire, en général, dans nos écuries le luxe et le confortable des écuries anglaises; mais ce spécimen donnera une idée de ce qu'on peut faire dans ce genre, et inspirera peut-être à quelques cultivateurs des perfectionnements utiles auxquels ils n'ont pas songé, et qui pourront être pratiqués sans une trop grande dépense. On a dit que « le mieux était l'ennemi du bien; » on pourrait bien ajouter qu'en agriculture « la dépense est l'ennemie du mieux. » Si la somme dépensée cesse d'être en rapport avec le service rendu par le perfectionnement, quelque ingénieux que soit le perfectionnement obtenu, quelque utile qu'il puisse être, ce sera toujours une faute, et je me garderai bien de paraître la conseiller.

Dans l'angle gauche de l'écurie de MM. Ransomes et Sims (fig. 72) est une cage dans laquelle on place le foin. Le fond A de cette cage est mobile; il est constamment soulevé par la chaîne C et le contre-poids B, de manière que le fourrage soit continuellement à la portée de l'animal, qui n'est ainsi jamais obligé de lever la tête, de tendre le cou pour atteindre sa provende. L'auge D est divisée en deux compartiments. On sait combien d'avoine gaspillent les chevaux lorsqu'on la place dans une auge ordinairement, et qu'ils barbotent, soufflent, remuent leurs museaux au milieu de la ration entière. Avec l'auge de M. Ransomes, ces inconvénients et cette perte sont évités. L'avoine mise dans le compartiment E tombe à mesure que l'animal mange dans le second compartiment D, de sorte que, n'ayant devant lui qu'une petite quantité de grains dans une auge profonde, il ne peut les faire jaillir au dehors. La longe E, ayant un con-

tre-poids à son extrémité inférieure, monte et descend dans un cylindre creux, afin que les *prises de longe* ne puissent avoir lieu, accident qui devient ainsi absolument impossible. Un caniveau G en fonte conduit les urines dans la fosse à purin.

B. *Fumifuge-ventilateur.*

Tous les agronomes sont d'accord sur ce point, que le moyen de ventilation généralement employé dans les étables, et qui consiste tout simplement à tenir la porte entre-bâillée et à ouvrir la fenêtre en face de la porte, est un moyen barbare qui tue souvent plus de bêtes que le boucher.

Tous les agronomes sont d'accord pour recommander le procédé de ventilation suivant ou un procédé analogue : percer des fenêtres étroites, élevées, sous le plafond même de l'étable, s'ouvrant de haut en bas, et pratiquer, dans le plafond, une cheminée de tirage qui surgit au-dessus du toit. De cette façon, le courant d'air s'établit dans la région supérieure de l'écurie ou de l'étable, et ne frappe pas directement les animaux.

Mais la cheminée dite de tirage tire souvent fort peu ou fort mal, et l'air, dans certaines circonstances, se renouvelle difficilement. Avec l'appareil *fumifuge-ventilateur* de M. Charles Venant, d'Orléans, à la moindre brise vous pouvez obtenir un vigoureux courant d'air.

Cet appareil (fig. 73) se compose d'une boule divisée en trente-deux ailes ou lames de tôle, qui donnent prise au vent de quelque côté qu'il vienne. C'est une espèce de *rose des vents*.

Cette boule est placée sur un tube en tôle qui s'adapte à l'extrémité de la cheminée. En tournant sous la pression du vent, elle fait mouvoir une tige en fer autour de laquelle s'enroule une lame de tôle disposée en hélice ou vis sans fin, dont les bords touchent presque les parois du tube. Cette hélice, mue par le vent, produit exactement, pour l'air ou pour la fumée, le même effet que la vis d'Archimède, qui sert à épuiser l'eau qui envahit les fossés de fondations.

Mais l'excès du bien est souvent un abus : la ventilation avec l'appareil Venant, appliquée, par exemple, au tirage d'un poêle ou d'une cheminée, devient quelquefois trop puissante.

Vous adaptez alors au bas du tuyau un disque d'un diamètre égal à celui du tuyau et tournant sur son axe horizontal, enfin ce qu'on appelle la *clef du poêle*, et vous mesurez le degré de ventilation comme il vous convient.

Ce système a été appliqué aux guérites des cantonniers sur la ligne du chemin de fer de Lyon à Roanne, et le rapport des ingénieurs lui a été très-favorable. Avant les appareils Venant, les gardes ne pouvaient modérer le feu de leur poêle. Si on mettait

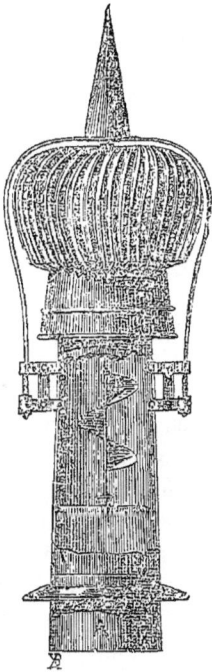

Fig. 73. — Fumivore-ventilateur.

Fig. 74. — Pharmacie vétérinaire de M. Arrault.

peu de charbon, le feu s'éteignait; pour faire marcher le poêle, il fallait le remplir; et, quand le poêle était rempli, il brûlait tout, même les tuyaux de la guérite.

C. *Pharmacie du cultivateur.*

On n'est souvent pas obligé d'appeler le médecin vétérinaire pour toutes les indispositions qui frappent les animaux, et quelquefois, en attendant qu'il arrive, on est obligé de prendre des soins d'urgence qui sauvent les bêtes atteintes; enfin, il est toujours très-dispendieux de demander les médicaments au pharmacien, et généralement dangereux de les acheter aux droguistes de village ou aux marchands ambulants.

Un chimiste de Paris, M. Arrault, a imaginé de réunir dans un coffre (fig. 74) fermant à clef les drogues qui peuvent servir à confectionner tous les médicaments en usage pour le traitement des animaux ; il y a ajouté une trousse complète dans laquelle il a introduit deux flammes de son invention qui rendent impossibles, même entre les mains du plus maladroit, les conséquences graves d'une saignée mal faite ; une double cuiller et un flacon gradué, accompagnés d'un tableau indicatif, permettent d'opérer toutes les pesées sans le secours des balances ; enfin, un traité pratique, rédigé sous les yeux des meilleurs médecins vétérinaires de Paris, indique les maladies, les traitements des animaux et les cas où il faut appeler sans retard le médecin vétérinaire. Ce livre, intitulé le *Cultivateur vétérinaire*, est surtout important par sa partie technique, qui enseigne la manière de faire soi-même très-facilement tous les médicaments nécessaires pour le traitement et la guérison du bétail. Ce nécessaire est indispensable dans toute ferme un peu importante.

CHAPITRE IV

Travaux forestiers.

Pendant le mois de novembre, les travaux forestiers ont une certaine importance.

On continue de récolter les semences d'érable, de frêne, de charme, de chêne et de hêtre. On commence la récolte des graines d'aune, des cônes d'épicéas et de ceux des pins sauvages. On continue la transplantation des arbres résineux (*voy.* p. 307), et on fait les semis de chênes, de hêtres, de bouleaux et de sapins. Il vaut mieux faire les semis en octobre et en novembre que d'attendre au printemps. M. Moll donne à ce sujet des conseils excellents, que les cultivateurs ne sauraient trop suivre.

« Pour toute espèce de graines, dit-il, le sol doit être ameubli. Lorsqu'il est exempt de souches, elle se fait au moyen de la charrue, et on répand alors la semence à la volée, et on la découvre à la herse, et même à la charrue, si la semence est grosse. Si l'on peut en même temps semer une céréale, cela n'en vaut que mieux : c'est un abri qui garantit le jeune plant. Mais, lorsque le terrain est rempli de racines et de souches, et qu'il est en même temps très-enherbé, comme il deviendrait trop coûteux de cultiver le tout à la pioche, on défriche, au moyen de cet instrument ou avec le hoyau, de petits espaces çà et là de 35 à 60 centimètres carrés de superficie ; c'est ce qu'on appelle semis en échiquier, ou des bandes de 30 à 50 centimètres de largeur et distantes entre elles de 1^m à 1^m.65, et l'on y répand la semence. On a soin d'ameublir profondément le sol de ces espaces défrichés.

« Pour les semis de *glands*, le labour à la charrue et l'enfouissage par le même moyen est ce qui convient le mieux. On emploie 5 à 600 kilogr. de glands par hectare.

« Les *faînes* se sèment rarement de cette manière : l'ombre leur est trop nécessaire dans leur jeunesse pour qu'ils puissent réussir dans des terrains nus ; on ne fait usage de semis que pour organiser les clairières.

« Le *bouleau* demande un sol meuble, et, autant que possible, sans culture déjà ancienne. On doit enfouir la semence avec soin, au moyen d'une herse légère que l'on fait passer plusieurs fois. On sème, par un temps calme, 70 à 75 kilogr. par hectare.

« Le *sapin* est dans le même cas que le hêtre : il ne réussit qu'avec un abri suffisant ; toutefois on peut le lui procurer, même dans des situations nues, en semant une céréale en même temps. On enfouit le tout à la herse, et on passe le rouleau par-dessus. 80 kilogr. suffisent pour un hectare.

« Lorsqu'on veut regarnir une clairière, on fait usage du semis par bandes ou en échiquier, ou bien on se contente de répandre la semence parmi les broussailles et de la recouvrir de terre ou de feuilles. »

Mathieu de Dombasle donne, à son tour, des indications précieuses sur les travaux forestiers du mois de novembre. « C'est le moment, dit-il, de commencer à préparer la terre pour les semis et plantations qui doivent se faire au printemps, ou de donner le dernier labour aux terres qui doivent en recevoir plusieurs. On laboure, soit à la bêche, soit à la charrue, les terrains destinés aux semis, afin que la terre s'ameublisse par l'effet des gelées et qu'elle ait un temps suffisant pour se reprendre ou se tasser avant la semaille. On ouvre les trous destinés aux transplantations, et on a soin de séparer en trois parties la terre qui en sort : d'abord les gazons qui formaient la surface; ensuite la terre végétale placée immédiatement au-dessous; et enfin la terre du fond. Au moment de la transplantation, on donnera un léger coup de bêche au fond du trou, afin que les racines de l'arbre reposent sur un sol meuble. On couvrira ensuite celles-ci de la terre végétale douce tirée précédemment du trou, en la tassant modérément; on plante le gazon sur cette dernière, et enfin on mettra à la surface la terre tirée du fond. Ces précautions devront être prises dans la transplantation de toutes les espèces d'arbres fruitiers ou forestiers, au printemps comme à l'automne. Les trous doivent être proportionnés aux dimensions des racines des arbres qu'ils doivent recevoir, de manière qu'on ne soit forcé de supprimer que le moins possible. L'économie seule doit empêcher de faire les trous trop grands; car plus le trou sera grand, plus l'arbre prospérera. Cependant, si le trou est un peu profond, on doit l'emplir en partie de terre douce, avant d'y placer l'arbre; car celui-ci ne profitera pas et pourra même périr, si les racines sont enterrées trop profondément. On peut prendre pour règle générale d'enterrer les racines à la même profondeur qu'elles avaient dans la pépinière, ce qu'on reconnaît en recherchant sur la tige le point qui se trouvait être à la surface du sol; mais on doit pré-

voir aussi que l'arbre s'enfoncera plus ou moins avec le temps, par l'effet du tassement de la terre placée sous ses racines. »

CHAPITRE V

Animaux domestiques.

§ Ier. — LES CHEVAUX.

On a conseillé aux agriculteurs de retrancher, pendant cette saison, une partie de la ration d'avoine des chevaux et de la remplacer par des carottes. Je suis d'avis, avec d'excellents praticiens, qu'il faut se montrer très-prudent dans les modifications du régime. Quand il y a un chômage à peu près complet, on peut bien, sans inconvénient, diminuer la ration d'avoine, mais à la condition de restituer la mesure entière aussitôt que les chevaux reprennent leurs travaux. D'un autre côté, en hiver, si les journées de travail sont moins longues, le labour est plus pénible à cause de l'état d'adhésion du sol et des difficultés que présentent les chemins d'exploitation. Ce sera donc une question que le cultivateur devra mûrement examiner et ne trancher qu'avec une grande prudence.

Il arrive souvent aux chevaux des accidents graves, lorsqu'ils sont appliqués, pendant les froids, à un travail pénible. Les bons charretiers emportent avec eux des couvertures, afin de couvrir les animaux pendant les courtes suspensions de travail, et de leur éviter des refroidissements dangereux. Avant de mettre les couvertures, si les chevaux transpirent beaucoup, on *abat l'eau*. Cette opération a pour but de faire sécher plus promptement la sueur, en raclant légèrement la peau à l'aide d'une vieille lame en fer émoussé, appelée *couteau de chaleur*. Ensuite on *bouchonne* vigoureusement la bête, et on la couvre. Il est bon d'étendre quelquefois de la paille sous la couverture. Si, en rentrant à l'écurie, les chevaux sont couverts de boue, on se contente d'abattre la boue avec le *couteau de chaleur* et de bien essuyer avec des bouchons de paille les jambes et les parties mouillées.

Un proverbe dit : « Cheval bien pansé est à moitié fourragé, » ce qui n'est pas précisément exact; le pansage ne remplace pas la nourriture; un coup de bouchon ne suppléera jamais une bonne poignée d'avoine ni une botte de foin. Il faut bien nourrir les animaux si l'on veut en tirer tout le profit qu'ils sont susceptibles de fournir. Un bon pansage est aussi une opération indispensable, si on veut maintenir dispos et en santé les animaux de rente ou de travail.

« La propreté est une vertu, dit M. Félix Villeroy, le savant agronome de Rittershoff dans son *Manuel de l'éleveur de chevaux*, et la propreté s'étend à toutes choses. L'ordre et l'exactitude dans le service sont de première importance dans une exploitation, et le pansage des chevaux doit avoir lieu régulièrement tous les jours. Enfin, pour la santé des chevaux, on ne doit pas laisser la poussière et la crasse s'accumuler sur leur corps et boucher les pores de la peau; leurs jambes et leurs pieds doivent être débarrassés de la boue qu'ils rapportent à l'écurie par les temps pluvieux.

« Les charretiers des cultivateurs ont généralement peu de temps à consacrer au pansage de leurs chevaux. Un homme a au moins deux, souvent quatre chevaux à soigner, et, outre les chevaux de travail, il y a presque toujours des poulains. Quand on attelle dès cinq ou six heures du matin, ce n'est ordinairement que pendant le repos de midi que les chevaux peuvent être pansés, et c'est seulement les jours où l'on n'attelle pas qu'ils peuvent l'être complètement. Cependant on doit toujours exiger que les chevaux soient propres, et un cheval ne doit jamais sortir de l'écurie souillé de fumier, la crinière en désordre, la tête couverte de débris de foin, ou la bouche et les naseaux barbouillés de son. Un charretier

soigneux trouve toujours le temps de faire à ses chevaux la toilette indispensable, même celui de laver et de savonner les chevaux gris ou blancs.

« Dans la cavalerie française, la durée du pansage est déterminée et des appels de trompette indiquent aux cavaliers le moment d'étriller, de brosser, bouchonner, etc. De cette manière, un homme remue les bras pendant un temps prescrit, et, rigoureusement, on ne devrait pas lui demander compte du résultat.

« La méthode prussienne est beaucoup meilleure : on ne fixe pas aux soldats le nombre de quarts d'heure, ni la manière dont ils doivent panser leurs chevaux; on exige que les chevaux soient propres et parfaitement propres. Comme le temps ne manque pas aux soldats, on les laisse libres sur la manière de l'employer, on s'inquiète seulement des résultats.

« De même je crois qu'il est bon de laisser aux charretiers et autres gens d'écurie une entière liberté sur les heures de pansage et le temps qu'ils y consacrent. Quand on a un homme qui mérite quelque confiance, qu'on lui a remis de bons instruments de pansage et qu'on a la certitude qu'il sait s'en servir, le maître n'a pas besoin de voir pendant combien de temps on étrille, mais seulement d'inspecter les chevaux au sortir de l'écurie, et de s'assurer qu'ils sont suffisamment propres.

« Quand on a plusieurs attelages, ajoute M. Villeroy, chacun doit avoir son conducteur. Chaque charretier conduit toujours les mêmes chevaux, et chacun a un numéro, dont sont marqués les harnais et ustensiles; mais c'est toujours le premier charretier qui doit avoir la surveillance et la responsabilité; c'est à lui qu'on délivre le fourrage pour tous les chevaux; c'est lui qui a soin que chacun d'eux reçoive sa ration; c'est aussi lui qui reçoit directement les ordres du maître et qui lui rend compte de tous les travaux d'usage. »

§ II. — LES BŒUFS.

C'est ordinairement dans le mois de novembre que cesse le pâturage du gros bétail, dans la majeure partie de la France. A cette époque de l'année, les bêtes ne peuvent trouver dans les pâturages une nourriture suffisante. On commence à donner aux bœufs de travail de la paille hachée mélangée avec des racines coupées en tranches et macérées pendant deux ou trois jours.

« Si le lait, dit M. Moll, est vendu ou employé à la fabrication du beurre, on se gardera bien de réduire la ration des vaches; il faut, au contraire, les bien nourrir, afin d'obtenir des produits abondants et de bonne quantité, le lait et le beurre étant un article fort recherché actuellement pour la consommation de l'hiver. Par cette raison, si on ne nourrissait les vaches qu'au sec, et qu'on ne pût leur donner des fourrages sous forme de soupe ou préparés par la méthode de l'*échauffement spontané* (c'est la méthode qui consiste à faire macérer et fermenter les racines coupées, mélangées avec de la paille hachée, des siliques de colza ou des fourrages secs), on ferait bien de mettre dans leur boisson un peu de farine et de sel et de ne la leur donner que tiède; de cette manière, elles boivent davantage, ce qui favorise la sécrétion du lait. Cette méthode occasionne sans doute plus de peine et un peu plus de frais que celle de lâcher les vaches chaque jour à l'abreuvoir; mais aussi, dans la plupart des cas, on sera bien récompensé par l'augmentation du lait, et l'on évitera, de cette manière, les accidents que cause souvent à des vaches pleines et même à d'autres l'introduction trop prompte d'une eau glacée dans l'estomac.

« La plupart des cultivateurs saxons qui n'ont pas de distilleries pratiquent cette méthode et s'en trouvent parfaitement bien. Ils ont des poêles ou des foyers disposés de manière que le feu qui chauffe l'appartement ou cuit le repas, chauffe en même temps une chaudière murée et constamment remplie d'eau. Comme la boisson n'a besoin que d'être tiède, une petite quantité d'eau bouillante suffit pour plusieurs vaches. Les tourteaux d'huile peuvent très-bien remplacer la farine pour cet usage. »

Pour donner la nourriture aux animaux pendant l'hiver, on doit procéder de la même façon que pendant l'été : heures des repas réglées; pas trop rapprochées, afin que les animaux aient le temps de ruminer et de digérer entre leurs repas; donner peu à la fois et attendre pour donner une portion que l'autre soit consommée. La méthode le plus généralement adoptée consiste à donner la nourriture en trois repas divisés chacun en deux parties, ou bien deux repas, divisés en trois parties.

Pendant l'hiver, on fait consommer, comme je l'ai déjà dit, les racines au gros bétail. Il faut alors avoir soin de ne pas faire boire les bêtes aussitôt qu'elles ont mangé. Une trop grande quantité d'eau absorbée immédiatement après un repas de racines peut provoquer des accidents analogues à la météorisation.

§ III. — LES MOUTONS.

En France, on mène les troupeaux à peu près toute l'année au pâturage. Dans certaines contrées, comme la Sologne et le Berry, on ne donne pas autre chose à certains troupeaux que les brins d'herbe qu'ils trouvent dans les champs, sous la neige que l'on a soin de balayer. C'est une spéculation particulière. Ces animaux sont destinés à être revendus au printemps pour l'engraissement. On a soin, dans tous les cas, de faire sortir les bêtes tard et de les faire rentrer de bonne heure. En général, même dans les plus beaux jours, on donne à la bergerie un supplément de nourriture, et quand il fait mauvais temps, les animaux doivent recevoir la ration complète. M. Moll donne, à ce sujet, d'excellents conseils que je vais reproduire, en conseillant aux agriculteurs de ne pas se laisser entraîner par une fausse économie et de croire aux enseignements d'un cultivateur aussi expérimenté que le savant professeur du Conservatoire des arts et métiers.

« Dans les bergeries où l'agnelage tardif est introduit, dit-il, on commence par donner actuellement les fourrages de moindre qualité, tels que les diverses espèces de paille, et l'on garde les meilleurs pour la fin de l'hiver, époque de l'agnelage. Mais là où les brebis agnèlent déjà en décembre, ou même vers la fin de novembre, il leur faut, dès à présent, une bonne nourriture, et surtout des aliments qui favorisent la sécrétion du lait, comme les pommes de terre ou mieux encore les rutabagas, les betteraves, les carottes, le bon foin, le grain, etc.

« Les *antenois* doivent de même être bien nourris pendant tout l'hiver; une faible ration de grain leur est nécessaire si on veut les conserver en bonne santé et leur donner de la taille et de la vigueur. Quant aux *moutons*, ils peuvent recevoir une nourriture de moindre qualité.

« La boisson ne doit pas manquer au troupeau. On peut le faire boire deux fois par jour entre les repas. Dès que les froids ont commencé, il est bon de l'abreuver à la bergerie avec de l'eau un peu tiède. On aura soin pendant tout l'hiver d'aérer de temps à autre la bergerie, et avant chaque repas on fera sortir le troupeau dans la cour pendant que l'on remplit les râteliers; par un beau temps, on peut l'y laisser pendant une heure ou deux chaque jour, ce qui concourt efficacement à maintenir les animaux en bonne santé. La distribution des repas peut être la même que pour les vaches, c'est-à-dire que l'on peut donner trois fois par jour à manger; il est cependant des éleveurs qui, pour les brebis nourrices, considèrent quatre repas nécessaires. Il faut faire tout son possible pour donner à chaque repas un fourrage différent, et pour le matin et le soir des aliments de moindre qualité que pour le midi. »

On fera terminer, en novembre, la monte pour l'agnelage tardif, si on a cependant un nombre suffisant de béliers, car il ne faudrait pas s'exposer pour faire plus tôt la monte à épuiser les reproducteurs; la fécondité des animaux serait certainement compromise par les excès.

§ IV. NOURRITURE COMPARATIVE DES BŒUFS ET DES CHEVAUX.

La question du travail comparé du bœuf et du cheval est très-controversée, et je crois qu'elle doit recevoir deux solutions diverses, selon les conditions économiques dans lesquelles se trouve placé le cultivateur. M. de Béhague a traité ce problème au point de vue de sa culture, dans le département du Loiret, d'une manière fort remarquable (*voy.* p. 90); voici maintenant l'étude comparative faite par M. Durand, ancien maire de Saint-Gilles (Gard), aujourd'hui régisseur de M. de Gasparin dans le département de Vaucluse, qui est citée par M. de Dampierre.

Sa conclusion est conforme à celle de M. de Béhague.

12 paires de bœufs étaient nourries neuf mois à l'étable et trois mois au pâturage;

6 juments étaient nourries à l'écurie.

Voici la dépense de ces divers animaux :

BŒUFS.

NOURRITURE.

2,160 journées où l'on a donné 509 kilog. 20 de marc de raisin (12 litres par bœuf), à 2 fr. l'hectolitre. .	518f.40
4,320 journées à 15 kilog. de foin, à 3 fr. les 100 kilog.	1,944 »
2,280 journées à 0 fr. 30 c. par jour. .	684 »
8,760 journées.	3,146f.40

Par journée, 0 fr. 358, c'est-à-dire un peu moins de 36 centimes.

DÉPENSE ANNUELLE.

Nourriture..	5,146f.40
1 palefrenier..	800 »
12 valets ou bouviers.	7,200 »
Ferrures et outils, à 23 fr. par couple..	276 »
Harnais et vétérinaire..	72 »
Intérêts à 10 p. 100 du capital du cheptel à 550 fr. la paire (6,600).	660 »
	12,154f.40

Ou par couple, 1,012 fr. 87 c.; soit, par jour moyen, 2 fr. 814, et pour 252 jours de travail, chaque jour 4 fr. 019. Mais, comme on parvient, au moyen du charroi, à porter le nombre des journées à 275, la journée de travail ne coûte que 3 fr. 672.

SIX JUMENTS.

NOURRITURE.

2,160 journées à 16 kilog. de foin, à 5 fr. les 100 kilog.	1,728f. »
2,160 journées à 6 litres d'avoine.	1,666.40
300 — à 3 litres de farine d'orge, à 12 fr. l'hectolitre.	129.60
4,080 journées..	3,524f. »

Par journée, 1 fr. 40 c.

DÉPENSE ANNUELLE.

Nourriture..	3,024f. »
1/2 palefrenier.	400 »
3 valets à l'année, à 750 fr.	2,280 »
3 valets à 6 mois, à 800 fr..	1,200 »
Ferrure et entretien d'outils (54 fr. par couple.	162 »
Harnais (abonnement 15 fr. par couple).	135 »
Vétérinaire (3 fr. par bête)..	18 »
Intérêts du capital de 3,600 fr. (600 fr. par jument), à 21 p. 100..	720 »
	7,939 »

Chaque jument occasionne une dépense de 1,223 fr. 17 c. par an, soit, pour chaque jour moyen, 3 fr. 251, et pour chacune des 252 journées de travail, 4 fr. 854; enfin, en admettant 275 jours de travail, à cause du charroi, 4 fr. 448.

La journée d'une couple de bœufs coûte donc.	5f.672
La journée d'une couple de juments coûte donc.	8f.896

Examinons maintenant le travail effectué. Avec le bœuf, on laboure, savoir :

Défoncement de 1 hect. avec.	2 coupl.	en 5 jours.
Labours d'ameublissement.	1 —	5. —
Avec le scarificateur (Griffon).	1 —	1 —

Ainsi, avec les bœufs, la jachère complète coûte :

Labour de défoncement.	36f.72
2 labours d'ameublissement.	36.72
1 labour d'ensemencement.	3.67
	77.11

Avec les juments, on laboure :

Défoncement de 1 hect. avec.	2 coupl.	en 5 jours.
2 labours suivants.	1 —	5 —
Avec le scarificateur..	1 —	1/4 —

La journée étant, pour la couple, de 8 fr. 896, la jachère complète coûte :

Défoncement.	53f.376
2 labours d'ameublissement..	53.376
1 labour de semaille.	8.896
	115.648

Le travail fait par les bœufs coûte donc 77 fr. 11 c. par hectare; le même travail fait par les chevaux coûte 115 fr. 648.

Maintenant, il y a un autre calcul à faire à l'avantage des chevaux : c'est que, les chevaux marchant plus vite, ils cultiveront 20 hectares pendant que les bœufs n'en cultivent que 12, et il leur restera encore un supplément de 30 journées disponibles pour les charrois.

En somme, et en les considérant par rapport au temps employé à labourer un même espace de terre, on trouve que

Le bœuf vaut.	1.00
et que la jument vaut..	0.60

C'est-à-dire que 6 juments feraient le travail de 10 bœufs; mais que les 6 juments coûteraient par an 7,939 fr., les 10 bœufs, 5,060 fr.

« Et, on le voit, ajoute M. de Dampierre, ces calculs sont encore basés sur une ration fort économique pour les juments, tandis que l'on n'ignore pas que la ration ordinaire d'un cheval de ferme, aux environs de Paris, par exemple, est de 15 à 18 litres d'avoine et du foin à volonté. Il faut lui donner, en outre, des soins plus intelligents et plus délicats, plus de place à l'écurie, des harnais plus chers. S'il lui survient un accident, il n'est plus bon que pour l'équarrisseur; au contraire, le bœuf conserve pour le boucher la plus grande partie de sa valeur.

« Tandis que le capital engagé dans le cheptel d'une ferme se conserve, augmente même infailliblement par une administration intelligente, quand la culture est faite par des bœufs; que la même intelligence ne peut prévenir cette loi fatale de l'anéantissement du capital à un jour donné quand la culture est faite par des chevaux, il y a encore un autre avantage qu'il est utile de faire ressortir : c'est la différence du capital engagé. Le prix d'une bonne paire de bœufs n'est tout au plus que le tiers ou la moitié du prix d'une paire de forts chevaux de travail; et c'est à peine, nous l'avons vu, si le gros capital engagé, et qui doit périr, fournit *un cinquième* ou *un quart* de plus que le petit capital, qui doit se conserver et même progresser. — Quel est, dans le Midi, le paysan qui consent à livrer ses bœufs achetés depuis six mois sans gagner quelque chose sur leur prix?

« Et pourquoi ne pas dire encore la différence de mœurs, d'habitudes, que semblent communiquer à ceux qui les soignent les animaux entre lesquels j'établis ici un parallèle? Verra-t-on souvent un bouvier violent, impétueux comme le sont un si grand nombre de charretiers? Non; il est toujours pacifique et grave dans ses manières, et il y a pour cela de bonnes raisons : le bœuf s'effraye du bruit, il est sensible à la crainte, à la colère, et des manières brutales le rendraient indocile et incapable des services qu'on en réclame. Le cheval, au contraire, vif et gai dans ses mouvements, le plus souvent sans rancune contre les coups de son guide, n'a rien de ce qui apaise un caractère emporté, et n'inspire ni le calme ni la crainte.

« Doit-on conclure de ces considérations qu'il faut se hâter de remplacer partout le travail des chevaux par celui des bœufs? Non, certes, telle n'est pas ma prétention. Les riches fermiers de la Flandre, de la Brie et de la Beauce tirent des chevaux un excellent parti : leurs exploitations, souvent considérables, puisqu'il y a des fermes qui sont louées jusqu'à 25,000 francs, ont besoin des agents de culture les plus rapides, et leur agriculture, plus avancée que dans tout le reste de la France, compense, par l'abondance et la qualité de ses produits, des mises de fonds plus considérables. Il y a plus, je ne veux pas proscrire des grandes cultures du midi et de l'ouest de la France le travail des chevaux. Combiné avec celui des bœufs, on en peut tirer, au contraire, un excellent parti, je l'ai déjà dit; il est telles circonstances où l'on est heureux de faire exécuter, même à un prix élevé, un travail pressé; et, pour les transports lointains, par exemple, la supériorité des chevaux pour la marche rend leur emploi plus avantageux.

« Non, ce que je veux conclure des observations que je viens de présenter, c'est que, lorsqu'il est prouvé que le travail du bœuf est moins coûteux que celui du cheval, lorsque tel est l'avis d'agriculteurs aussi éminents qu'*Olivier de Serres, Arthur Young, Thaër, sir John Sinclair, Mathieu de Dombasle* et *M. de Gasparin,* on ne doit pas chercher à la légère à substituer le cheval au bœuf dans les pays où l'espèce bovine est employée à la culture des terres, et bouleverser ainsi des habitudes prises et une situation économique fondée sur la tradition de longs siècles. »

CHAPITRE VI

Travaux horticoles.

§ 1er. — LE JARDIN FRUITIER.

On commence, dans ce mois-ci, les grandes plantations d'arbres à fruits en plein vent et en pyramide. On peut aussi commencer la taille des arbres fruitiers, en attaquant d'abord les plus âgés et ceux qui sont dépouillés les premiers de leurs feuilles. On prépare les trous pour les plantations du printemps.

Il faut avoir soin d'empailler les figuiers.

Le journal de la Société centrale d'horticulture de Paris publie sur la conservation des fruits une note pleine d'intérêt que je crois devoir consigner ici.

« La conservation des fruits pendant l'hiver, dit-il, est une question d'un haut intérêt, mais qu'il est difficile de résoudre d'une manière satisfaisante. Les fruitiers eux-mêmes sont loin de répondre toujours à ce qu'on en attend; lorsqu'ils sont trop secs, les fruits qu'on y renferme se fanent, se rident et perdent non-seulement de leur beauté, mais encore de leur saveur ; s'ils sont, au contraire, trop humides, ils favorisent la pourriture ou déterminent la moisissure. D'ailleurs, leur construction est assez dispendieuse. Le procédé employé par M. Thieme depuis plusieurs années avec des résultats qui, assure-t-il, ont été toujours avantageux, est aussi simple que peu coûteux ; il est donc bon d'en propager la connaissance, ne fût-ce que pour déterminer quelques personnes à en faire l'essai. Il consiste à placer les fruits, dès le commencement de l'hiver, dans des caisses ou des tonneaux, en un mot dans ce qu'on a sous la main, en réunissant le plus possible les espèces, ou du moins en ne plaçant ensemble que celles qui mûrissent en même temps ou qui se conservent pendant le même espace de temps; on en sépare les différentes couches, et on remplit les vides avec du sable très-fin, qui ne soit ni humide ni très-sec. On fait cette opération

dans l'endroit même où doivent rester les récipients ainsi remplis, parce que leur poids considérable, lorsqu'ils sont pleins, ne permettrait pas de les transporter; cet endroit doit être à l'abri de la gelée, comme l'est, par exemple, une bonne cave. Lorsqu'on veut livrer ces fruits à la consommation, on les brosse pour enlever les particules de sable qui y adhèrent, ou, mieux encore, on les lave. Si, pour s'épargner cette petite peine, on voulait remplacer le sable par de la paille hachée ou des balles, on aurait souvent le désavantage de voir les fruits contracter un goût désagréable et sentir le moisi.

« Voici maintenant les avantages que M. Thieme signale comme distinguant son procédé fort simple de conservation :

« 1° On n'a pas besoin de perdre du temps à visiter les fruits ; car, s'il y en a un ou même quelques-uns qui pourrissent, ils n'infectent pas les autres dont le sable les sépare ;

« 2° Les fruits conservés dans le sable gardent une fraîcheur remarquable ; ils ne se rident à peu près jamais, et leur saveur particulière persiste sans altération pendant plus longtemps qu'avec les autres procédés connus de conservation ;

« 3° On peut, par ce moyen, serrer une grande quantité de fruits dans un espace proportionnellement restreint, puisqu'on peut placer les caisses les unes sur les autres, pourvu toutefois qu'on ait le soin de mettre en dessus celles où sont les fruits qui moisissent les premiers.

« 4° Ce procédé de conservation n'entraîne que des frais insignifiants, le même sable pouvant servir plusieurs années de suite. »

§ II. — LE JARDIN POTAGER.

On sème en pleine terre les mâches comme salade d'hiver. On bute les artichauts, et on tient la litière toute disposée entre les lignes pour les couvrir rapidement en cas de gelée. Il faut avoir soin de renouveler les bordures d'oseille, éclaircir les semis d'épinards, rentrer dans les caves ou dans les celliers les derniers artichauts, céleris et choux-fleurs. On continue les labours et les fumures des carrés vacants.

⸻

§ III. — LE JARDIN D'AGRÉMENT.

faut arracher, avant les grandes ge-lées, les tubercules de dahlias, pour les conserver en un lieu sec et à l'abri de la gelée. On achève de recéper et d'empailler les rosiers de la Chine, et on donne au parterre sa façon pour l'hiver. Il est bon de donner de l'air à la serre froide, toutes les fois que la température le permet.

IVᴹᴱ PARTIE. — ÉTUDE SUR LES RACES BOVINES (SUITE).

Races françaises.

§ IV. — RACE GASCONNE.

La race gasconne est surtout remarquable par son aptitude au travail; son pelage est ordinairement fauve très-clair; sa taille est moyenne. Ces animaux joignent une grande légèreté de mouvements à une vigueur extraordinaire. La tête est courte et carrée, la poitrine est large, le fanon est très-développé; les formes un peu massives de cet animal lui donnent un aspect trapu, et attestent une grande puissance au travail.

En effet, les bœufs gascons, qui habitent le département du Gers, au pied des Pyrénées, ont une tâche fort rude à accomplir. Le pays qu'ils occupent est très-accidenté; ils sont constamment obligés de tirer la charrue ou de traîner les charrettes sur des pentes difficiles; mais, grâce à leur vigueur et à leur rapidité, les difficultés du terrain sont facilement vaincues.

Les éleveurs des Pyrénées, en général, ne tiennent pas à produire beaucoup de lait; l'usage du beurre n'entre pas dans la cuisine méridionale, et, si on fait du fromage, c'est surtout du fromage de brebis. Tout ce qu'on demande à une vache, c'est de nourrir son veau et de prendre une part active aux travaux de la campagne. Aussi rencontre-t-on fréquemment des attelages de vaches qui labourent avec autant d'ardeur, avec autant d'aisance qu'une paire de bœufs.

Après cinq ou six ans de travail, vaches et bœufs sont imparfaitement engraissés et livrés au boucher. La viande, sans avoir l'aspect magnifique et le haut goût des races spécialement destinées à la boucherie, est néanmoins savoureuse et délicate.

§ V. — RACE GARONNAISE OU AGENAISE PURE.

Dans son rapport comme membre du jury des animaux au Concours régional d'Agen, en 1853, M. Chambellant, inspecteur général de l'agriculture, s'exprimait ainsi : « La race agenaise ou garonnaise est la même race en théorie et en pratique ; il importerait de faire cesser une synonymie toujours embarrassante, et souvent mère d'erreurs difficiles à détruire. Je voudrais que d'Agen même, de cette solennité naquît un accord unanime pour donner à la race qui se retrouve dans toute la vallée de la Garonne le nom plus générique de *garonnaise*, sauf à conserver comme sous-titre le nom des familles formées par le temps et par les conditions de localité. »

Le désir exprimé par M. Chambellant est parfaitement motivé par la difficulté qu'on aurait à distinguer la race agenaise de la race garonnaise. La race garonnaise occupe les bords de la Garonne entre Toulouse et Bordeaux, sur une étendue de plus de soixante lieues. Le centre de la production est Agen ; mais cette race rayonne en aval et en amont sur les rives du fleuve qui lui ont donné son nom.

La race garonnaise est une des plus grandes et des plus belles races françaises. Son pelage est ordinairement blond ou rouge, très-clair. Ses cornes énormes sont recourbées en avant, et coiffent d'une façon pittoresque une tête courte qui n'est pas dépourvue de finesse. La ligne dorsale est horizontale; les jambes sont fortes et basses; les aplombs laissent un peu à désirer ; les hanches sont étroites, et amènent un léger pincement des genoux dans les jambes de derrière.

Cette race se divise en deux sous-races, celle des plaines hautes et celle des coteaux. La première affecte des proportions colossales, et montre moins d'harmonie dans ses formes; la seconde est plus trapue, plus sobre et résiste mieux au travail. Cependant la ligne de démarcation tend à disparaître, à cause des nombreux croisements effectués entre ces deux variétés d'une même et seule race. M. de Dampierre constate l'usage judicieux qui s'est introduit, dans le pays, de croiser les grandes et belles vaches de la plaine avec les taureaux du coteau.

La race garonnaise possède la faculté rare de fournir des animaux de travail très-vigoureux et des bœufs remarquables par leur précocité à prendre la graisse. Les bœufs garonnais ne sont pas seulement employés au labourage et aux durs labeurs des champs; on en utilise un grand nombre dans le port de Bordeaux pour le chargement et le déchargement des navires. Leur aptitude au travail est incontestable ; leur disposition à s'engraisser de très-bonne heure est aussi parfaitement démontrée, surtout depuis quelques années.

En remontant en 1849, aux premiers Concours de boucherie, on pourra se rendre compte des progrès qui ont été accomplis par cette race au point de vue de l'engraissement.

En 1849, le 1er prix accordé à l'engraissement précoce a été remporté par un bœuf durham; en 1850, par un bœuf garonnais pur; en 1851, par un bœuf limousin; en 1852, en 1853 et en 1854, par des bœufs garonnais purs; en 1855, par un garonnais croisé durham; en 1856, par un durham; mais le 2e prix et la mention honorable ont été remportés par deux garonnais purs.

Évidemment le garonnais, sous le rapport de l'engraissement précoce, ne peut lutter avec les magnifiques échantillons de la race durham ; mais on pressent que cette race, convenablement améliorée, pourra un jour atteindre les formes parfaites de l'animal qui sert de type à tous les bœufs destinés à la boucherie. Il ne faut pas désespérer de voir un jour les charollais, les garonnais et les durham-manceaux, le disputer aux plus beaux sujets de la race de Teeswater.

On ne sait pas bien au juste de quelle race du continent dérive la race durham. Les opinions les plus accréditées la font descendre de la race hollandaise ; l'obscurité de cette origine autorise les Bordelais à supposer que leur race garonnaise pourrait bien n'être pas demeurée étrangère à la création de la race type d'Angleterre, car la tradition constate que les Anglais, pendant leur longue domination dans la Guienne, exportèrent un grand nombre de garonnais.

Cette opinion, qui ressemble beaucoup à une fantaisie, prouve du moins la tendance des éleveurs du pays à rechercher et à développer dans leurs animaux la précocité à l'engraissement.

L'opportunité du croisement du garonnais avec le durham est très-controversée dans le pays; nous nous garderons bien d'intervenir dans un débat aussi délicat; nous nous contenterons de reproduire les chiffres obtenus par le rendement des animaux abattus après le Concours de boucherie de 1855. Ces chiffres pourront servir plus tard d'éléments dans l'appréciation des croisements.

DÉCEMBRE

Iʳᵉ PARTIE. — PROVERBES ET MAXIMES

Telle étable, telle bête.

—∞—

Qui veut labour mal fait doit le payer d'avance.

—∞—

Bonne est la neige qui vient en sa saison

—∞—

En décembre froid,
Si la neige abonde,
D'année féconde
Laboureur a foi.

—∞—

Décembre prend et ne rend pas.

—∞—

La bonne agriculture est une bonne divinité.
(*Proverbe anglais.*)

—∞—

Sir Jean Grain-d'Orge est le plus fort des chevaliers.   (*Ibid.*)

—∞—

Le bon soldat, tire-le de la charrue.
(*Proverbe espagnol.*)

—∞—

En réalité, la distinction entre l'agriculture et l'industrie est fausse : c'est aussi une industrie que la mise en valeur du sol; c'est aussi un commerce que le transport, la vente et l'achat des produits ruraux. Seulement, cette industrie et ce commerce, étant tout à fait de première nécessité, peuvent un peu plus se passer d'habileté et de capital que les autres, mais alors ils restent dans l'enfance, et, quand ces deux puissants secours ne leur manquent pas, ils deviennent cent fois plus féconds.
(Léonce de Lavergne.)

—∞—

La pauvreté du paysan frappe à sa racine la prospérité nationale, la consommation du pauvre étant d'une bien autre importance que celle du riche : la richesse d'un peuple consiste dans la circulation intérieure et dans sa propre consommation.
(Arthur Young.

—∞—

J'ai voulu prouver aux agriculteurs de profession que leurs pratiques n'étaient pas un simple empirisme, mais qu'elles pouvaient se déduire de principes scientifiques, comme ceux de la physique et de la physiologie; enfin que leur art pouvait devenir une science, en lui appliquant les méthodes que les sciences emploient dans leurs recherches : le nombre, le poids, la mesure. D'un autre côté, j'ai voulu prouver aux savants que l'agronomie, qu'ils traitaient avec mépris, avait toutes les propriétés, les qualités, les proportions des sciences que l'on appelle *techniques*, et qui sont des divisions, des branches détaillées de plusieurs sciences pures.
(Comte de Gasparin.)

—∞—

L'homme peut se nourrir partout : partout aussi le bétail peut le suivre, car partout peuvent venir des fourrages   (Édouard Lecouteux.)

—∞—

Les pays ne sont pas cultivés en raison de leur fertilité, mais en raison de leur liberté.
(Montesquieu.)

—∞—

L'agriculture, comme l'industrie, a besoin, avant tout, de sécurité et de liberté; de tous les fléaux qui peuvent l'accabler, il n'en est pas de plus mortel qu'un mauvais gouvernement. Les révolutions et les guerres laissent du répit : le mauvais gouvernement n'en laisse pas.   (Léonce de Lavergne.)

—∞—

IIᵐᵉ PARTIE. — CAUSERIES.

CHAPITRE PREMIER

Les engrais liquides.

Les agriculteurs disent : « Si vous voulez répandre du guano en couverture, choisissez un temps pluvieux. »

En effet, la pluie dissout les parties fertilisantes de l'engrais, les entraîne dans le sol et les rend plus facilement assimilables pour les plantes.

Cette théorie, confirmée par la pratique, est universellement admise. C'est elle qui a donné l'idée de ce qu'on appelle les « engrais liquides. »

Il y a trois sortes d'engrais liquides : 1° les vidanges des fosses d'aisances, qu'on a nommées aussi *engrais humain;* 2° les égouts des villes; 3° le purin des étables et des écuries.

Dans les Flandres, en Alsace, en Suisse, dans le Dauphiné, en Italie, on applique depuis fort longtemps le résultat des vidanges à la fécondation du sol. Cet engrais liquide s'emploie soit à l'aide d'écopes, soit au moyen de tonneaux.

Les égouts de la ville de Milan fécondent ces magnifiques prairies de Lombardie dont la végétation puissante fait l'admiration de tous les agriculteurs qui ont traversé les *marcites.* Les eaux des égouts, reçues dans le Vettabia, sont répandues dans les prairies par un système fort ingénieux d'irrigation. En Écosse, la même méthode a été suivie par M. Millet aux environs d'Édimbourg, par M. Quentin Kennedy dans l'Ayrshire, et par M. Alexandre M'Laurin, près de Crieff. En Angleterre, les égouts et les vidanges des villes ont été mis à profit par le duc de Bedfort et le duc de Portland.

Ce fut M. Chadwick, secrétaire du bureau général de santé d'Angleterre (*general board of Health*), qui proposa, en 1839, de faire circuler les matières provenant des égouts et des vidanges dans des tuyaux de poterie. En 1842, on appliqua le système proposé par M. Chadwick; mais, au lieu de tuyaux de poterie, M. Henry Thimpson, de Clitheroe, se servit de tuyaux en toile de 27 mètres, formant un développement total de 750 mètres.

On n'avait pas encore songé à utiliser de cette façon le purin d'étables.

En 1844, le Conseil de salubrité défendit à M. Harvey, directeur d'une grande distillerie de grains et d'une vacherie considérable, aux portes de Glasgow, de continuer à déverser les vinasses provenant de sa distillerie dans le canal Calédonien. M. Harvey réunit à ses vinasses les purins de sa vacherie et transporta ces liquides dans ses prairies, au moyen d'un système de tuyaux souterrains en poterie ou en fonte, à l'orifice desquels on adaptait des tuyaux mobiles en toile, cuir, ou gutta-percha.

Ce ne fut qu'en 1849 que, sur un rapport transmis par M. Chadwick à M. James Kennedy, celui-ci décida M. F. W. Kennedy, fermier de la ferme de Myer-Mill, près Maybole, dans l'Ayrshire, à organiser le système tubulaire et l'expansion des engrais liquides au moyen de la pression de la vapeur. M. Telfer, à Cunning-Park, M. Balston, à Dundreff, M. le marquis d'Ailsa, à New-Ark, suivirent bientôt l'exemple de M. Kennedy.

M. Harvey avait été le premier à appliquer le système tubulaire souterrain pour la conduite des engrais liquides; c'est pourquoi on est convenu, en France, de donner à cette méthode le nom de *système Kennedy.*

On appelle bien *pomme de terre* le tubercule importé par l'illustre Parmentier, quoique ce tubercule ne soit point une *pomme* et quoiqu'il ait cela de commun avec tous les végétaux, qu'il provient de la terre.

Enfin, depuis 1850 jusqu'en 1857, vingt-deux nouvelles fermes de la Grande-Bretagne emploient les engrais d'étable à l'état liquide au moyen du système tubulaire.

Quatre fermes emploient le même système pour répandre l'engrais provenant des égouts et vidanges des villes.

En France, cet exemple a été imité. M. Moll, agriculteur d'un rare mérite et professeur au Conservatoire des arts et métiers, secondé par les travaux de M. l'ingénieur Mille, a établi le système tubulaire dans la ferme de Vaujours, sur les lisières de la forêt de Bondy, afin d'utiliser les vidanges de la ville de Paris.

L'installation de M. Moll est terminée et fonctionne régulièrement, à l'aide d'une petite machine à vapeur, disposée sur les rives élevées du canal de l'Ourcq, qui traverse la propriété.

Des installations semblables s'établissent dans les départements du Cher, de l'Orne, du Pas-de-Calais et du Bas-Rhin.

L'efficacité des engrais liquides, provenant soit des égouts des villes, soit des vidanges, soit des engrais de ferme liquéfiés, n'est et ne peut être contestée par personne.

J'ai vu, dans la ferme de M. Mechi, à Tiptree-Hall, des résultats splendides obtenus par l'engrais de ferme liquéfié et distribué par des tuyaux souterrains à l'orifice desquels on adaptait des tuyaux munis de lances, assez semblables aux tuyaux des pompes à incendie.

Il eût fallu être aveugle pour nier la puissance extraordinaire de la fumure administrée à l'état liquide.

Le côté économique est seul discutable encore. Mais je crois qu'il en est du système tubulaire comme de tous les systèmes de culture; c'est une question de localité. La nature des terrains, les circonstances économiques dans lesquelles on se trouve, la manière plus ou moins intelligente et plus ou moins dispendieuse d'établir les appareils, peuvent faire varier considérablement le *produit net* et transformer une excellente opération en une spéculation ruineuse.

Le principe est excellent, attendons que l'expérience ait prononcé sur les cas particuliers. Le chiffre du *produit net* donnera seul la valeur réelle de cette grande innovation.

Il n'y a rien d'absolu, pas plus en agriculture que dans les autres choses de la vie. Il ne faut donc rien repousser ni rien admettre sans mûr examen

CHAPITRE II

Influence de l'engrais humain.

J'ai dit qu'on appelait, dans le langage policé, les résultats des vidanges des villes, *l'engrais humain.*

Cet engrais n'agit pas également sur toutes les cultures.

Des expériences fort intéressantes ont été faites à ce sujet aux environs de Paris par MM. Moll et Mille avant d'installer la ferme de Vaujours.

J'ai rendu compte, il y a quelques années, de ces expériences, que j'ai suivies avec un vif intérêt, et voici à peu près ce que j'en disais :

Le terrain qui entoure le dépotoir de la Villette a été divisé en plusieurs lots, sur lesquels on a ensemencé des céréales, des racines, des plantes commerciales, des plantes potagères et des fourrages. Les lots ont été soumis au régime des arrosements, soit avec l'engrais humain liquide pur, soit avec les engrais plus ou moins étendus d'eau.

Le résultat sur les céréales, sur les farineux (fèves, haricots, pois, lentilles, etc.), a été nul ou plutôt mauvais.

Les plantes commerciales, les racines et les tubercules ont donné des résultats très-variés. Dans les expériences comparatives, le pavot et le lin arrosés ont donné moins que ceux qui poussaient sur le même terrain et auxquels l'engrais liquide n'avait point été appliqué. Le chanvre de Piémont et de Chine, la chicorée à café et le colza de printemps ont donné davantage, le colza surtout, qui a fourni dans la proportion de 55 à 50.

Les pommes de terre et les topinambours arrosés ont donné moins.

La production des betteraves, au contraire, a augmenté dans les proportions suivantes, grâce aux arrosements : ainsi, pour la *jaune des Vertus*, le produit s'est élevé de 23 à 56, et, pour la *jaune globe*, de 28 à 64; mais, pour la *divette*, il n'a été que de 33 à 54, et, pour la blanche à sucre, de 42 à 52, ce qui représente encore 25 pour 100.

Les plantes potagères (radis, tomates, artichauts, épinards), se sont parfaitement trouvées de l'arrosement, et leur croissance hâtive n'était accompagnée d'aucun goût décelant la nature de l'engrais.

Mais c'est sur la production des fourrages que les résultats ont été vraiment merveilleux.

Le trèfle et la luzerne ont donné des résultats magnifiques. Le trèfle blanc, qui, ordinairement, ne peut être que pâturé, a donné en deux coupes 50,310 kilog. de fourrage vert à l'hectare. La luzerne, qui, l'année de la semaille, ne pousse jamais assez pour être coupée, a été fauchée trois fois et a donné 31,500 kilog. de fourrage vert dans la partie fumée, tandis que l'autre ne produisait que 14,650 kilog.

Les fourrages de la famille des graminées, et particulièrement les ray-grass d'Italie, ont donné des résultats vraiment incroyables.

Le ray-grass d'Italie a donné, en trois coupes, sur sa partie non arrosée, 27,640 kilog. de fourrage vert à l'hectare.

Le même fourrage a donné, en cinq coupes, sur la partie arrosée, 86,260 kilog. de fourrage vert.

Si nous réduisons ce produit en foin sec, nous obtiendrons, pour un hectare de ray-grass, le chiffre énorme de 28,800 kilog. de foin sec, produit ordinaire de six hectares de bons prés naturels.

Il s'est agi de savoir ensuite si l'engrais humain n'a aucun des inconvénients aromatiques que les préjugés lui attribuent.

Les expériences faites par M. Moll ont entièrement détruit ce préjugé.

On a arrosé, avec de l'engrais liquide, deux hectares de terrain en talus, pris dans l'intérieur d'un bastion de l'enceinte fortifiée, et ensemencés en luzerne depuis une dizaine d'années. L'état de la végétation était si misérable, que la conservation des profils de la fortification était compromise. A la fin de l'année le produit en était quadruplé.

Une jeune vache flamande, fraîche en lait, fut exclusivement nourrie avec le fourrage provenant de ces terrains ; elle mangea toujours avec bon appétit. Son lait, sa crème, son beurre, goûtés par plus de cent personnes, ont été trouvés excellents. Ce lait a été analysé à plusieurs reprises dans le laboratoire de l'école des Ponts et Chaussés, par M. H. Mangon ; on en a envoyé aux hôpitaux de la Salpêtrière et de Lariboisière ; chimistes et médecins se sont accordés à lui reconnaître toutes les qualités qui constituent le meilleur lait.

Que faut-il conclure maintenant de tout ce qui précède ?

L'engrais humain, appliqué à l'état liquide, produit de merveilleux effets.

Donc, quand son transport et son application ne coûtent pas plus que l'engrais ne produit, ce serait une grande faute que de ne pas le mettre à profit.

IIIme PARTIE. — TRAVAUX DU MOIS.

CHAPITRE PREMIER

Comptabilité.— Administration de la ferme.

Pendant le mois de décembre les travaux extérieurs sont nécessairement restreints : un bon administrateur a dû réserver, pour cette époque, une occupation pour les gens de la ferme et pour les attelages ; une journée inoccupée est une perte *sèche*, c'est-à-dire une perte qui n'est compensée, en tout ou partie, par aucun profit.

Dans beaucoup d'exploitations rurales, on clôt les comptes fin décembre, à l'exemple des exploitations purement industrielles ou commerciales. Cet usage, je l'ai déjà dit, n'a aucun inconvénient quand il s'agit des produits de l'industrie ou des objets dont s'occupe le commerce : les valeurs en sont exactement appréciables en tout temps. Dans l'agriculture, il n'en est pas de même ; plusieurs exploitations importantes, parmi lesquelles je citerai l'école impériale de Grignon, ont préféré clore les opérations au 30 avril, parce qu'à cette époque de l'année, presque toutes les valeurs douteuses étant réalisées, elles peuvent être appréciées aussi exactement que possible. Les gerbes sont battues, les racines et fourrages consommés en grande partie ; la campagne est terminée pour les industries agricoles ; on opère donc, à cette époque, avec une plus grande certitude.

Je renvoie donc les cultivateurs qui ont voulu conserver les anciens usages et qui ont à faire leur inventaire et à clore les comptes de l'année au calendrier d'*Avril*. (*Voy.* p. 100.)

CHAPITRE II

Travaux des champs.

§ Ier. — LABOURS.

On continue dans les terres argileuses, si le temps le permet, les labours d'hiver qui ont été commencé en novembre. (*Voy.* p. 326.) Novembre, décembre et janvier, sont la meilleure époque pour pratiquer les labours ; — plus tard, ils ne sont plus aussi efficaces pour l'ameublissement du sol. (*Voy.* p. 7, 39 et 49.)

C'est le moment de défricher les vieux sainfoins, les vieilles luzernes et les trèflières de deux ans. Quand cette opération doit être suivie d'un blé d'hiver, on l'exécute en automne ; mais, si l'on veut ensemencer le champ en avoine de printemps, on attend au mois de décembre pour donner ce labour. On exécute un seul labour de $0^m,15$ à $0^m,20$ de profondeur, avec une forte charrue, retournant et renversant bien la motte, de manière qu'on n'aperçoive point de traces de gazon à la surface du sol profondément remué. Un second labour, en faisant reparaître les gazons et les racines des plantes, produirait un mauvais effet : les fourrages végéteraient de nouveau au printemps, au grand préjudice de la céréale cultivée. (*Voy.* p. 327.)

On donne un hersage léger, le printemps venu, pour briser les mottes et ameublir le sol ; puis on sème en ayant soin d'enterrer la graine au moyen de deux coups d'une forte herse.

§ II. — CHARROIS, ÉPIERREMENT, ETC.

Lorsque le temps est trop mauvais pour permettre aux charrues d'aller aux champs, on utilise les attelages et les charretiers ou bouviers en leur faisant faire des charrois.

« Les luzernières établies sur des sols non calcaires, dit M. Heuzé, et qui fournissent des coupes abondantes, peuvent être marnées. La marne agissant sur la luzerne par le carbonate de chaux qu'elle renferme, accroît toujours leur vigueur et les rend plus productives. C'est pendant l'hiver, alors que le sol a été durci par la gelée, que la conduite de la marne doit être faite. »

On peut remplacer la marne par des *faluns* ou de la *tangue*. Ces matières contiennent aussi des éléments calcaires.

On profite aussi des chômages de cette époque de l'année pour transporter les terres et les feuilles dont les couches doivent former des composts, et pour conduire le fumier sur les terres labourées et destinées aux cultures printanières, mais seulement lorsqu'on emploie du fumier très-peu décomposé. On choisit un temps de gelée à glace, afin de l'enfouir aussitôt après le dégel. On n'applique en février et mars que les fumiers courts, décomposés et terreux.

L'épierrement est un travail très-utile, qu'on exécute rarement, et qui, appliqué, par exemple, dans les luzernières, les tréflières et les cultures d'ajonc marin, produit d'excellents résultats.

Pendant l'hiver qui suit le semis, on doit faire enlever, selon M. Heuzé, les pierres qui existent à la surface du sol et qui gêneraient plus tard l'action de la faux. Cette opération, que l'on confie ordinairement à des femmes et à des enfants, doit être faite par un beau temps. On les dépose en tas et on les enlève au moyen de charrettes ou de brouettes pendant une bonne gelée.

Quand les luzernes doivent être hersées au printemps, on n'épierre qu'après le hersage, parce que la herse amène toujours des pierres à la surface du sol. La première année, en faisant rouler la luzerne après l'ensemencement on évite l'épierrement; le rouleau enfonce facilement les pierres dans le sol ameubli.

On agit de même pour les tréflières de deux ans. Dans les contrées où l'on cultive l'ajonc marin, on se borne à épierrer le champ la première année, quand cette opération paraît nécessaire.

§ III. — RÉCOLTES.

A. *Topinambours.*

On commence ordinairement l'arrachage des topinambours à la fin de novembre (*voy.* p. 330); mais généralement on attend le 15 décembre pour continuer jusqu'au 15 mars. Le tubercule du topinambour, formé d'un tissu spongieux et perméable, se conserve très-bien dans le sol, tandis qu'il est exposé à se gâter hors de terre, quoique en silos il ne craigne pas la gelée. C'est pourquoi, en général, on l'arrache au fur et à mesure des besoins. Le tubercule ne grossit pas pendant l'hiver, comme quelques personnes l'ont cru; mais, d'après les expériences de M. Bouchardat, il a été constaté qu'il gagnait, pendant l'hiver, en proportions sucrées.

On coupe, vers la fin de novembre ou le commencement de décembre, les tiges sèches, on les lie en bottes et on les conserve à l'abri de la pluie si on veut les utiliser comme combustible.

Le tubercule du topinambour convient très-bien aux vaches laitières, aux bœufs de travail et aux bêtes à laine.

B. *Rutabagas.*

Dans les départements maritimes de la région de l'ouest, où la température est généralement douce en hiver, on laisse les rutabagas en terre. Dans les pays plus froids on les arrache fin novembre et dans le commencement de décembre, afin de les soustraire à l'action de la gelée à glace, qui pourrait altérer profondément la racine de ce chou.

§ IV. — PRAIRIES.

Si le temps est doux, on continue l'arrosement des prairies, en ayant soin de prendre les précautions et de suivre les règles indiquées pour les mois précédents. (*Voy.* p. 301 et 331.)

CHAPITRE III

Travaux de la ferme.

Toutes les fois que le temps et l'état du sol ne permettent pas de procéder aux labours d'hiver, on en profite pour faire les charrois; quand les domestiques et les attelages ne sont occupés ni aux labours, ni aux charrois, il faut avoir en réserve des travaux afin d'utiliser les chômages et d'éviter les pertes de temps.

§ Ier. — BATTAGE DES CÉRÉALES LÉGUMINEUSES, ETC.

Lorsque le battage ne s'effectue pas aussitôt après la moisson, il constitue un des plus importants travaux de la ferme pendant les mois de décembre et de janvier. La machine à battre occupe alors les hommes et les animaux. (Voy. p. 12 et 246.)

On ne peut supposer que, dans une ferme bien tenue, l'usage du fléau soit conservé, au moins pour les céréales. Cependant,

Fig. 75. — Machine à battre le colza de M. Bodin.

pour le battage des fèves, pois, vesces, on emploie généralement le fléau; mais on n'a pas besoin d'employer une force aussi grande que lorsqu'il s'agit des céréales : il suffit de frapper légèrement avec le fléau. En outre, on opère sans *éméchage* préalable. L'éméchage consistait à battre les gerbes sans les délier. On étend tout de suite les bottes en couche mince sur le sol et on les retourne une, deux ou trois fois, selon l'adhérence du grain.

Les pailles ou les tiges qui ont été dépouillées de leurs graines sont peu nutritives.

Cependant on peut les donner aux animaux, hachées ou mélangées avec des racines.

On se sert, pour le battage du colza, de la machine de M. Bodin (de Rennes), que j'ai décrite dans le calendrier de *novembre* (voy. p. 334), et dont je donne aujourd'hui le dessin (fig. 75). Cette machine solidement établie est appelée à rendre de grands et de longs services.

§ II. — CONSERVATION DES GRAINS ET DES FOURRAGES.

Dans les contrées où l'on redoute les ravages du charançon et de l'alucite, il est bon de visiter assez fréquemment les tas de grains afin de s'assurer s'ils conservent assez de chaleur pour faciliter le développement de ces insectes; lorsqu'on s'aperçoit d'un commencement de dégâts, il faut se hâter, soit de pelleter vigoureusement le blé à l'aide de pelles en bois, soit de faire passer le grain dans le tarare, ce qui vaut toujours mieux. Le tarare peut être mû par la force perdue d'un manége appliqué à des hache-paille, coupe-racines, etc.

Quelquefois on s'aperçoit que la paille battue depuis longtemps a contracté un mauvais goût, provenant des ravages des rats, ou de la présence de l'humidité. Cette paille, ainsi altérée, répugne aux animaux. Le meilleur remède est de la faire repasser dans la machine à battre.

Les cultivateurs soigneux ont l'habitude, afin d'éviter les gaspillages, de faire botteler leurs fourrages selon un poids déterminé, pendant les moments de loisir que les travaux laissent aux gens de la ferme. Un botteleur habile peut faire, dans sa journée d'hiver, de 200 à 250 bottes de foin. Le bottelage exactement fait permet d'apporter plus de régularité dans l'administration des rations, ce qui est une condition importante, autant au point de vue de l'économie qu'au point de vue de la bonne nutrition du bétail.

CHAPITRE IV

Travaux spéciaux.

§ I. — LE DRAINAGE.

Le mois de décembre n'est pas précisément l'époque la plus favorable pour entreprendre les travaux de drainage; cependant, si le temps le permet, on peut occuper les ouvriers à extraire la terre pour fabriquer les tuyaux et à commencer le creusement des tranchées.

Mais, comme les rigueurs de la saison bornent forcément l'énumération et le dé-

tail des travaux agricoles, comme elles laissent des heures de loisir aux agriculteurs, j'en profite pour donner place ici à quelques notions élémentaires relatives au drainage.

Drainage est un mot emprunté à la langue anglaise, qui signifie assainissement du sol.

Lorsque la couche arable repose sur un sous-sol argileux, imperméable, l'eau de la pluie et celle qui provient des sources ne peuvent traverser la terre végétale pour aller se perdre dans le sein de la terre : le sous-sol argileux intercepte les communications, l'eau est maintenue à la surface jusqu'à ce que l'évaporation, c'est-à-dire l'action combinée de l'air et du soleil, ait absorbé l'humidité.

Quand il s'agit de l'eau de la pluie, la terre finit toujours par sécher à la longue; mais le séjour prolongé des racines des plantes dans l'eau, l'état de trop grande sécheresse qui suit une trop grande humidité, nuisent considérablement aux progrès et au succès de la végétation.

Lorsque l'humidité est produite par des sources qui surgissent à la surface du sol, la terre devient un marais improductif et malsain.

De tout temps les cultivateurs ont essayé de remédier à un tel état de choses; de tout temps et dans presque tous les pays, on a creusé des canaux, des fossés, des rigoles d'écoulement, pour faciliter l'écoulement des eaux et assainir le sol.

Mais, avant ces derniers temps, on n'avait pas donné à ces divers travaux l'ensemble méthodique qui communique à cette opération les caractères qu'elle revêt de nos jours.

Le drainage est devenu aujourd'hui une branche importante de la science agricole.

Le drainage, dans l'acception scientifique du mot, consiste dans un ensemble de tranchées souterraines, dirigées dans le sens des pentes du terrain; au fond de ces tranchées on place, bout à bout et à une profondeur moyenne de 1ᵐ.20 des tuyaux de terre cuite d'une longueur de 0ᵐ.33 et d'un diamètre de 25 à 30 millimètres, appelés *drains*. Ces tuyaux reçoivent l'excès d'humidité du sol et conduisent l'eau dans des tuyaux d'un diamètre plus grand situés au bas des pentes et appelés *collecteurs*. Les collecteurs déversent l'eau provenant du drainage dans les fossés d'écoulement, canaux, ruisseaux ou *puits perdus*.

Je n'ai pas besoin d'insister sur les bienfaits du drainage, ils sont connus de tous les agriculteurs qui observent et qui lisent. Les marais transformés en prairies par le drainage donnent de riches produits, et les influences malsaines qui souvent déciment la population des campagnes disparaissent.

C'est surtout sur les terres riches que le drainage produit des merveilles au point de vue des résultats financiers.

Tous les gouvernements ont apprécié l'utilité du drainage, et le gouvernement français a récemment consacré une somme de cent millions à la propagation de cette méthode d'assainissement. Malheureusement, des formalités administratives que l'on a crues nécessaires, la timidité des cultivateurs et un peu la tendance volage de l'esprit français, ont rendu à peu près inutile cette disposition du gouvernement.

C'est en Angleterre que le drainage a été appliqué sur la plus grande échelle. Tout le monde connaît la grande fécondité du sol anglais; elle est en grande partie due au développement qu'a pris le drainage dans ce pays. Non-seulement les fermiers anglais se félicitent d'avoir accompli ces travaux qui les enrichissent, mais ils y trouvent un avantage inappréciable : dans les contrées humides, le drainage a complètement chassé les maladies épidémiques qui faisaient périr régulièrement chaque année un grand nombre de cultivateurs. Des renseignements officiels constatent que, dans certaines contrées malsaines, les cas de fièvre et de maladie diminuaient à mesure que le drainage des terres avançait et qu'ils

ont disparu entièrement depuis que les travaux sont terminés dans toute l'étendue de la localité.

Pour produire tous les bons résultats qu'on est en droit d'en attendre, le drainage doit être accompagné de labours profonds et de fortes fumures. Cela se conçoit aisément. Les labours profonds permettent aux fortes fumures de féconder une plus grande quantité de particules terreuses, et, par conséquent, assurent aux plantes une nourriture plus abondante.

§ II. — TERRES A DRAINER.

On se demande d'abord quelles sont les terres où le drainage est utile, ou plutôt à quels caractères on reconnaît les terres où le drainage est indispensable.

Il est évident qu'on n'a pas à s'occuper des sols qui reposent sur un sous-sol perméable.

M. Barral, dans son traité sur le *Drainage*, indique les caractères qui signalent les terres à drainer. Je résumerai quelques-uns de ces caractères.

Il faut drainer :

Partout où, quelques heures après la pluie, on aperçoit de l'eau qui séjourne dans les sillons;

Partout où la terre est forte, grasse, où elle s'attache aux souliers, où le pied, soit des hommes, soit des animaux, laisse après son passage des trous remplis d'eau;

Partout où le bétail ne peut pénétrer, après un temps pluvieux, sans enfoncer dans une sorte de boue;

Partout où le soleil forme sur la terre une croûte dure légèrement fendillée, resserrant les racines des plantes comme dans un étau;

Partout où un bâton enfoncé dans le sol à une profondeur de 0ᵐ.40 à 0ᵐ.50 forme une sorte de puits au fond duquel l'eau stagnante s'aperçoit;

Partout enfin où l'on a cru devoir prendre l'habitude de cultiver en billons à cause de l'humidité du sol.

Le drainage, appliqué dans ces terrains, remboursera le propriétaire en peu d'années, et donnera au sol une plus-value supérieure à la dépense qui aura été faite.

§ III. — EXÉCUTION DU DRAINAGE.

A. *Sondages.* — *Levée des plans.* — *Nivellements.*

Quand on a un champ à drainer, il faut d'abord étudier le terrain et voir aussi bien dans le sous-sol qu'à la surface du sol.

La direction à donner aux tranchées dépend des pentes superficielles, mais elle est aussi déterminée par la profondeur du sous-sol imperméable et par la direction de ses couches. C'est ce sous-sol qui empêche l'infiltration de l'eau; il faut connaître, aussi exactement que possible, sa situation, afin de pouvoir utilement combattre son influence.

On peut se rendre compte de la composition du sous-sol et de la direction générale des couches géologiques, en pratiquant des sondages faits à l'aide d'une tranchée transversale, accompagnée à droite et à gauche de trous pratiqués, soit à la bêche, soit à l'aide d'une sonde, dite *sonde à main*, et qui a à peu près la forme d'une grande tarière, dont le manche et la cuiller ont environ 2^m.15 de longueur.

Il faut ensuite lever le plan de chaque champ et en faire le nivellement.

Je n'ai pas à entrer ici dans le détail de ces opérations très-simples. Il n'y a pas un cultivateur, ayant reçu une instruction primaire suffisante, qui ne puisse être mis, en quelques heures, au courant de ce travail, surtout si cet enseignement est donné sur le terrain.

Une chaîne, une mire, une équerre d'arpenteur, un niveau d'eau, un crayon et du papier, suffisent pour toutes les opérations que nécessitent la levée d'un plan et les nivellements.

B. *Direction des tranchées.* — *Puits perdus.*

Les pentes d'un champ une fois déterminées, il va sans dire que si ce champ ne présente qu'une seule pente faible et régulière, les tranchées seront toutes dirigées dans le sens de cette pente. Les drains, placés à la distance d'une dizaine de mètres les uns des autres, déboucheront sur les drains collecteurs placés au bas des pentes.

Si le champ offre deux inclinaisons différentes, les drains, partant du sommet des pentes, se dirigeront vers les parties basses où seront disposés les collecteurs. Enfin, si le champ présentait plusieurs pentes, on subdiviserait tout simplement le champ en autant de parcelles qu'il y aurait de pentes diverses; les drains seraient toujours parallèles entre eux, placés dans chaque champ selon le sens de la pente, et communiqueraient avec un réseau de collecteurs destinés à conduire les eaux hors du champ par le plus court trajet.

Maintenant, le plus ou moins de profondeur des tranchées, le plus ou moins grand écartement de ces tranchées, sont autant de problèmes dont la solution dépend de la nature du sol. Dix mètres pour l'écartement et 1^m.20 pour la profondeur des tranchées sont les chiffres les plus généralement admis. On peut les faire varier en plus ou en moins selon la constitution du terrain.

Je n'ai pas besoin d'ajouter que dans les sols plats la pente doit être prise sur la profondeur des tranchées, afin de ménager toujours l'écoulement des eaux.

Si on n'est à proximité d'un canal, d'un ruisseau ou de tout autre moyen facile ou naturel d'écoulement des eaux, on est obligé de creuser de distance en distance des puits profonds, appelés *puits perdus*, où viennent aboutir les collecteurs. L'infiltration de l'eau dans les profondeurs de la terre a lieu par la perméabilité du fond et des parois des puits.

J'ai vu fréquemment employer ce moyen

un peu dispendieux, dans les plateaux de la Brie.

C. *Creusement des tranchées.*

J'ai dit que la profondeur des tranchées était assez ordinairement de 1ᵐ.20. Elle varie quelquefois : j'ai vu, en Angleterre, chez un grand agriculteur, pratiquer des tranchées de plus de 2 mètres, au sommet d'une petite colline. Je ne conseillerai pas d'employer souvent cette méthode, qui ferait peut-être du drainage une opération trop coûteuse. La tranchée n'est jamais inférieure à 1 mètre.

La tranchée pour le drainage avec des tuyaux a une forme particulière, calculée pour économiser autant que possible la main-d'œuvre sans nuire à l'action des drains.

On donne à la tranchée la forme évasée, c'est-à-dire qu'elle est beaucoup plus large à l'ouverture qu'au fond. Pour donner un exemple des proportions de ces fossés, je prendrai les deux tranchées les plus usitées, la tranchée profonde et la tranchée moyenne.

La tranchée profonde a 1ᵐ.50 de profondeur et 0ᵐ.60 d'ouverture; la tranchée moyenne a 1ᵐ.20 de profondeur et 0ᵐ.47 d'ouverture. La largeur du fond de ces deux tranchées est invariablement de 0ᵐ.10. Cependant, pour les terrains pierreux, on a soin de faire l'ouverture plus large afin d'éviter les éboulements. Cette ouverture est alors de 0ᵐ.80 pour la tranchée profonde et de 0ᵐ.63 pour la tranchée moyenne.

On a créé, pour creuser ces tranchées, des instruments qui ont pour but d'apporter une grande économie dans la main-d'œuvre en réduisant le déblai des terrains à un très-faible volume. On se sert ordinairement d'un jeu de 4 bêches dont les fers sont de moins en moins larges et dont le manche est armé d'une pédale sur laquelle l'ouvrier terrassier pose le pied pour enfoncer la lame dans le sol.

On termine le fossé avec une *drague*, sorte de pelle courbe à lame étroite, dont les bords sont renversés comme l'outil d'un sabotier. Cette drague sert à régulariser et à nettoyer le fond de la tranchée, dans laquelle l'ouvrier se glisse, revêtu d'épaisses plaques de cuir aux épaules, aux hanches, et chaussé de longues bottes. Cette espèce de costume est destiné à mettre le travailleur à l'abri de l'action humide des parois du fossé avec lesquelles il est sans cesse en contact.

Enfin une *dame anglaise*, dont le manche s'allonge et se raccourcit à volonté, selon la profondeur du fossé, sert à battre le fond des tranchées sur lequel doivent poser les tuyaux.

D. *Pose des tuyaux.*

Les tuyaux doivent être achetés avant l'hiver, et ils doivent supporter sans accidents les premières gelées.

Lorsque les tuyaux sont amenés par une voiture dans le champ à drainer, on évite de les placer immédiatement sur le sol, parce que la terre y adhérerait par la moindre gelée.

L'ouvrier place, à l'aide d'un *posoir*, les tuyaux au fond des tranchées, préparées comme je l'ai dit plus haut. On appelle posoir un manche long de 2 mètres, en bois léger, qui se termine par une surface renflée à laquelle est adapté, à angle droit avec le manche, un petit mandrin de 0ᵐ,23 de longueur. On enfile le tuyau dans le mandrin, et on le descend ainsi au fond de la tranchée, en ayant soin de le juxtaposer exactement à côté de celui qui est déjà placé.

Une fois les tuyaux couchés dans la tranchée et parfaitement placés bout à bout, de façon à présenter une file continue, on procède au remplissage.

Lorsque les tranchées sont profondes ou qu'il s'agit de drains collecteurs, on recouvre les tuyaux d'une couche de pierres cassées et on place par-dessus l'argile bien tassée à l'aide d'un pilon de bois.

Dans les tranchées peu profondes, on peut supprimer les cailloux et mettre l'argile immédiatement sur les tuyaux. Cette couche d'argile a de 15 à 25 centimètres ; puis on replace la terre par-dessus le tout, en ayant bien soin de jeter en dernier lieu la terre de la surface, qu'on a déposée isolément sur un des côtés du fossé en creusant la tranchée.

E. *Fabrication des tuyaux.*

Lorsqu'on a une grande étendue à drainer, il est souvent plus économique de faire les tuyaux soi-même : on a alors recours à des machines dont les premières ont été inventées en Angleterre et qu'on appelle *machines à étirer les tuyaux.*

Cette invention est d'une importance majeure : sans machine à fabriquer les tuyaux, le drainage serait impossible. Les tuyaux faits au tour ou au moule reviendraient à des prix exorbitants. Si l'on était obligé d'acheter les tuyaux au prix de la poterie, il ne faudrait pas songer à drainer. On utilise l'argile imperméable qui rend le drainage nécessaire en fabriquant le remède avec la matière qui cause le mal.

Cette argile est plastique, c'est-à-dire qu'elle est douée de la faculté de prendre, sous la main de l'ouvrier, toutes les formes qu'il veut lui donner ; elle est donc excellente pour fabriquer les tuyaux. Si sa plasticité était trop grande, on corrigerait les excès avec du sable, quel qu'il soit, pourvu qu'il ne contienne pas de cailloux trop gros.

C'est dans le mois de décembre et de janvier que l'on doit s'occuper de choisir la terre dont on devra se servir pour faire les tuyaux de drainage, de l'extraire et de la disposer en tas qu'on laisse exposés à l'action de l'air, du froid, des changements de température et plus tard aux alternatives d'humidité et de sécheresse au printemps.

Ce n'est qu'au bout de trois ou quatre mois, vers mars ou avril, qu'on devra faire subir à l'argile la préparation nécessaire pour être transformée ensuite par la machine.

On lui donne d'abord une espèce de trituration, appelée malaxage, qui a pour objet de séparer de la pâte les petites pierres, les corps étrangers, etc., et de lui donner le degré de pureté indispensable pour la confection des bons tuyaux.

Il y a plusieurs sortes de malaxeurs. Les plus usités sont construits à peu près sur le même principe. On a essayé de faire épurer, mélanger la terre par les mêmes machines qui étiraient les tuyaux ; mais elles exigent une dépense de force motrice en disproportion avec les services rendus. Ces deux appareils doivent être séparés.

Le malaxeur anglais de M. Witehead est un de ceux qui demandent le moins de force. Son arbre A (fig. 76) est représenté isolément dans la gravure. En B, sont les bras pétrisseurs, qui forment une sorte de vis d'Archimède. Il est placé verticalement et repose sur sa crapaudine par l'extrémité C ; à l'autre extrémité D, on applique le levier moteur. Cet arbre est enfermé dans un cylindre en fonte avec deux orifices latéraux, ménagés à la partie inférieure du cylindre.

Mais le malaxeur qui a présenté les plus sérieux avantages est celui de M. Schlosser, de Paris. Ce malaxeur (fig. 77) est un tonneau broyeur analogue aux appareils de ce genre employés pour la poterie, mais il a une incontestable supériorité d'action, à cause de la multiplicité et de la bonne disposition de ses couteaux. L'arbre vertical BDD repose, par le bas, sur une crapaudine E ; il est maintenu, dans le haut B, dans un collet porté par des arcs C, solidement vissés sur les parois du tonneau. AA sont les bras de levier du manège qui fait mouvoir directement l'appareil. On pourrait cependant le mettre en mouvement de toute autre manière. La partie intérieure DD est armée de huit bras garnis de couteaux F légèrement inclinés par rapport à l'horizon, de telle façon que l'ensemble constitue une véritable hélice. Deux couteaux racleurs GG forcent la terre malaxée à sortir par les orifices HH.

C'est cet appareil qui a obtenu la médaille d'or au concours universel agricole de 1856 à Paris. Les malaxeurs de M. John Witehead et de M. Schlickensen ne sont venus qu'après lui.

L'*étirage* des tuyaux n'entre pas pour un dixième et même un huitième dans le prix total de revient des tuyaux, qui ne forment eux-mêmes que le tiers, à peu près, de la dépense d'une opération du drainage; cependant le perfectionnement des appareils à mouler les tuyaux a exercé une très-grande influence sur la propagation du drainage dans notre pays.

Les fours ordinaires des tuiliers, leurs séchoirs, leurs appareils pour préparer la terre, peuvent, à la rigueur, servir à la fabrication des tuyaux. La machine qui sert au moulage est le seul appareil nouveau nécessaire pour cette opération. Il faut donc une machine aussi peu compliquée et aussi solide que possible.

Je crois que c'est un peu à ce titre que le jury a donné, en 1856, le premier prix à la machine à étirer les tuyaux de drainage de M. Witehead. Celle de M. Schlosser n'est venue qu'au second rang.

La machine de M. Witehead (fig. 78), dont la disposition a été imitée par les constructeurs de toutes les parties de l'Europe, est à piston et à caisse rectangulaire. Il y a des machines à simple et à double effet. Ces dernières peuvent être mises en mouvement à l'aide de la vapeur. On place la terre dans la caisse rectangulaire qui est solidement fermée en abattant le couvercle en fer forgé et très-fort. Une manivelle fait tourner un pignon qui entraîne une roue dentée, concentrique avec deux pignons qui dirigent deux tiges attachées à deux pistons, dont l'un se retire quand l'autre entre. On remplit de terre l'une des boîtes tandis que l'autre fournit des tuyaux : de cette façon le travail de cette machine est à peu près continu.

La machine de M. Schlosser (fig. 79) est à double effet; elle peut épurer la terre et fabriquer les tuyaux avec une seule opération. La terre est placée dans un boisseau cylindrique en tôle que l'on peut mettre et enlever facilement. Ce boisseau s'applique en avant d'une pièce en fonte fixe qui peut recevoir la grille d'épuration du côté où s'applique le boisseau et qui porte la filière à sa partie antérieure. Le piston s'engage dans le boisseau et force la terre à traverser la grille, puis la filière. Cette machine porte deux appareils à filières et deux pistons, placés aux extrémités d'une même crémaillère. Lorsque l'un des pistons pousse la terre en avant, l'autre se dégage du boisseau, comme dans toutes les machines à deux pistons. Pendant que l'un des deux pistons travaille, on remplit de terre un troisième boisseau, que l'on met en place sans perdre un instant, au moment où le piston sort du boisseau vide. Un coup de racloir suffit pour nettoyer la grille d'épuration.

La machine de M. Schlosser peut donc servir, soit pour mouler des tuyaux, soit pour épurer la terre, soit enfin pour exécuter en même temps ces deux opérations, ce que ne peuvent pas faire la plupart des autres machines.

§ IV. — DRAINAGE A VAPEUR.

Le creusement des tranchées, la pose des tuyaux, le remblai qui doit suivre, sont des opérations assez longues à exécuter et par conséquent assez coûteuses. On a essayé en Angleterre de suppléer, dans cette circonstance, le travail de l'homme par celui de la vapeur. M. Fowler, à qui on doit déjà une excellente charrue à vapeur, a inventé aussi une *charrue de drainage*, mue par la vapeur. J'extrais du rapport de M. Barral, rapporteur du jury de l'Exposition universelle de 1856, la description de la fonction de cet ingénieux appareil.

Il faut distinguer, dans cette invention, la charrue de drainage proprement dite et son moteur. L'une est réunie à l'autre par un câble. Ce câble, en s'enroulant sur un tambour, traîne la charrue, qui ne laisse aucune autre trace de son passage dans la terre qu'une fente analogue à celle produite par un couteau dans un pain de beurre ; seulement, de distance en distance, tous les 40 à 50 mètres, un trou creusé dans le sol pour permettre d'attacher les uns aux autres les chapelets de tuyaux, comme nous l'expliquerons plus loin. Une puissante chaudière, distincte de la machine motrice, lui fournit la vapeur nécessaire à produire les efforts considérables de traction que le système exige.

Voici comment se produit l'opération qui est représentée dans la fig. 82

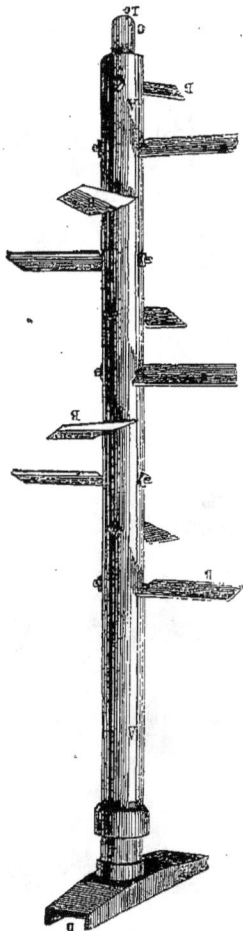

Fig. 76. — Arbre du malaxeur de M. Witehoaa. (Angleterre.)

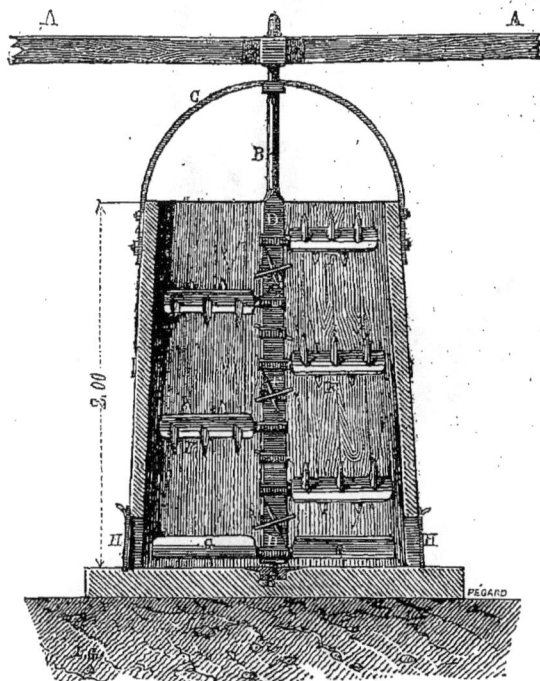

Fig. 77. — Malaxeur de M. Schlosser. (Paris.)

Le signal est donné, la vapeur mugit ; le câble de fil de fer qui réunit les deux appareils s'enroule lentement autour du treuil et attire à lui, avec une puissance énorme, la charrue à drainer. Le coutre, sollicité par le treuil de la machine à vapeur qui l'attire, tranche verticalement le sol ; le soc, c'est-à-dire la taupe (c'est le mot qui rend le mieux l'idée), creuse immédiatement, au-dessous de cette coupure verticale, un souterrain horizontal d'un diamètre un peu supérieur à celui des tuyaux. Il plonge ainsi dans les entrailles du sol, entraînant après lui le chapelet de tuyaux qui disparaît peu à peu. Cet appareil peut poser, assure-t-on, 6 mèt. de tuyaux par minute.

CHAPITRE V

Travaux forestiers.

On récolte la graine d'aunes et on continue celle des cônes de pins sauvages et

Fig. 78. — Machine à étirer les tuyaux de drainage de M. Wittehad.

Fig. 79. — Machine à étirer les tuyaux de drainage de M. Schlosser.

d'épicéas. On continue aussi, si la terre n'est pas gelée, les trous pour les plantations de printemps. La coupe des bois est en pleine activité.

CHAPITRE VI

Animaux domestiques.

§ Ier. — LES BŒUFS.

Les bœufs sont rentrés à l'étable depuis le mois dernier. Il faut avoir soin de tenir chaudement les bœufs d'engrais, tandis que les étables des bœufs de travail seront maintenues à une température beaucoup moins élevée; cette précaution est fort utile : c'est pourquoi les cultivateurs qui engraissent du gros bétail ont toujours soin de les placer dans une étable séparée. Il faut éviter d'entrer trop fréquemment dans l'étable des bœufs d'engrais, ni de leur causer aucun trouble. Ils ont besoin de beaucoup de calme pour prendre graisse rapidement.

On assure que dans les contrées où l'hiver est peu rigoureux, on met, dès le mois de décembre, dans les prés d'embouche les bœufs d'engrais que l'on doit vendre en mai et juin de l'année suivante. Je crois qu'il est peu tard, dans ce mois-ci; il vaut

Fig. 80. — Charrue de drainage à vapeur de M. Fowler en action.

mieux les y mettre dès la fin de l'automne, afin de ne pas exposer les animaux à la transition subite de l'atmosphère tiède de l'étable à la fraîcheur de décembre. (*Voy.* p. 20.)

§ II. — LES VACHES.

Dans une vacherie bien administrée et un peu considérable, on a soin de répartir le vêlage sur toute l'année et de calculer surtout l'époque où le lait et les veaux ont chance de se vendre le plus cher. Dans chaque pays on connaît ces époques; ainsi, aux alentours des grandes villes, c'est généralement dans l'hiver que le lait se vend le mieux, on doit donc tâcher que les vaches mettent bas en décembre et janvier. Il est inutile de recommander le plus grand soin pour les vaches pendant le vêlage. (*Voy.* p. 25.) Il ne faut jamais hésiter à appeler le médecin vétérinaire si le part se présentait mal, et ne pas tolérer les pratiques brutales qui sont en usage parmi les gens de la campagne, sous prétexte de venir en aide à la nature.

§ III. — LES MOUTONS.

En décembre commence l'agnelage hâtif; les brebis qui sont prêtes à agneler exigent plus de soin et une meilleure nourriture, afin de leur donner d'avance des forces pour résister aux fatigues de l'agnelage et de la lactation.

On a soin, à cette époque, de calfeutrer avec des bouchons de paille les fuites des bergeries afin de garantir les brebis du froid.

§ IV. — LES PORCS.

Les porcs redoutent moins le froid que les autres animaux; cependant les jeunes animaux et leurs mères doivent être tenus chaudement.

« A mesure que les porcs prennent graisse, dit M. Moll, ils deviennent plus difficiles pour la nourriture; on est alors obligé de leur augmenter la quantité de grain et de leur donner la nourriture par portions plus petites et plus fréquemment répétées, mais toujours à des heures régulières. Vers les derniers temps, les pois et le maïs concassés ou trempés conviennent particulièrement. »

CHAPITRE VII

Travaux horticoles.

§ 1er. — LE JARDIN FRUITIER.

On continue les plantations et la taille des arbres fruitiers; il faut avoir soin de rechercher les nids de chenilles ; couper les branches sur lesquelles on trouve les chapelets d'œufs et brûler le tout.

§ II. — LE JARDIN POTAGER.

On débarrasse de la neige les choux de printemps et on donne aux plants de choux-fleurs sur couche sourde un repiquage. Il faut donner de l'air pendant le jour, s'il ne gèle pas trop aux caves et celliers où sont conservés les légumes pour la provision d'hiver.

§ III. — LE JARDIN D'AGRÉMENT.

Pendant ce mois on peut planter, dans le parterre, des galanthus perce-neige, des hépatiques et des troënes. Il faut surveiller les planches de jacinthes et de tulipes pour les préserver des limaces. On coupe au niveau du sol les tiges de chrysanthèmes qui ont achevé de fleurir.

IVᵐᵉ PARTIE. — ÉTUDES SUR LES RACES BOVINES (FIN)

Races françaises.

SUITE DE LA RACE GARONNAISE OU AGENAISE PURE.

Le 1er prix du concours universel de 1856 fut obtenu par un garonnais-durham, et le 2e prix par un garonnais pur.

Voici les rendements des deux animaux :

	Garonnais durham.	Garonnais pur.
	kil.	kil.
Poids vif le jour de l'abatage. .	875.00	825.00
Poids des quatre quartiers seuls. .	540.00	533.00
Poids du suif.	80.00	67.00
Poids du cuir.	49.00	47.00
Issues.	145.00	147.00

On peut voir que le garonnais pur a rendu proportionnellement plus de viande nette que le garonnais-durham, car, si nous établissons la proportion 875 : 825 :: 540 : x, nous trouverons pour le quatrième terme 513 au lieu de 533, ce qui assure au garonnais pur un avantage assez sérieux, puisqu'il a donné proportionnellement en viande nette 20 kil. de plus que le garonnais-durham.

L'engraissement précoce paraîtrait destiné à faire de sérieux progrès dans les contrées occupées par la race garonnaise, qui se prête à cette méthode de production avec

une si merveilleuse facilité. Malheureusement les bouchers et une partie du commerce de Bordeaux semblent peu favorables à cette innovation, car ils demandent
avec instance qu'un prix soit accordé au
bœuf qui produira le plus haut poids de
suif d'entrailles. Ce sont les animaux engraissés vieux qui produisent le plus de suif.
Les jeunes animaux produisent moins de
suif, mais plus de viande ; l'intérêt des consommateurs se trouve là en opposition di-
recte avec celui du boucher ou du marchand
de suif. Les chiffres suivants, pris sur sept
bœufs garonnais purs, abattus à l'abattoir
de Bordeaux, démontrent irréfutablement
que plus un animal donne de suif, moins il
donne de viande, et réciproquement.

	Poids vif. kil.	des quatre quartiers ou viande nette. kil.	du suif. kil.
1er	931	62.9	8.0
2e	943	65.2	7.9
3e	1,042	65.4	9.7
4e	1,125	65.0	8.0
5e	1,134	58.3	10.5
6e	1,135	63.7	9.8
7e	1,180	61.7	10.5

Proportion à 100 du poids vif

Les numéros 5 et 7, qui ont fourni le
plus de suif, ont fourni le moins de viande.

Les vaches garonnaises sont médiocres
laitières ; tout ce qu'elles peuvent faire, c'est
de nourrir leur veau ; mais on les emploie
aux travaux des champs, et elles se montrent aussi utiles, mais un peu plus vives et
moins dociles que les bœufs.

La race garonnaise, qui occupe une
grande étendue, est très-considérable. Dans
le département de Lot-et-Garonne, qui est
le principal centre de production de cette
race, on comptait, il y a dix ans, 129,973
animaux de la race bovine seulement.

§ VI. — RACE BAZADAISE.

Bazas est une petite ville du département de la Gironde, située sur les confins
des départements du Lot-et-Garonne et des
Landes. La race bazadaise, à laquelle la
ville de Bazas a donné son nom, est peu
nombreuse, elle s'étend sur la lisière de la
Lande et un peu sur les bords de la Garonne.

On n'est point d'accord sur l'origine de
cette race, que quelques personnes attribuent à un croisement de la race suisse et
de la race garonnaise, sans doute à cause
de sa robe, qui ressemble un peu à la robe
des animaux schwitz. D'autres auteurs pré-
tendent qu'elle se rapproche plus de la race
gasconne que de la race garonnaise.

Quelle que soit leur origine, les animaux
bazadais sont superbes : ils ont le dos horizontal, les côtes cylindriques, la poitrine
et les épaules larges, les hanches ouvertes,
les jambes courtes et les fesses basses, la
tête courte et carrée, les cornes contournées vers la terre. Les yeux sont entourés
de poils blancs, ce qui leur donne une
physionomie singulière. Leur robe, qui est
brune, tire sur le noir en allant vers les
extrémités, et rappelle la couleur des animaux schwitz ou aubrac.

Les bœufs bazadais sont excessivement
vigoureux ; on les emploie particulièrement à traîner de lourds chariots à deux
roues, sur lesquels on charge les planches
de pins qu'on expédie des Landes vers Bordeaux. J'ai vu, sur les routes des environs
de Bordeaux, des paires de grands bœufs
de cette race, attelés par un joug qui tenait
les deux bêtes un peu écartées l'une de
l'autre ; ils traînaient des charges énormes
avec une facilité surprenante, malgré la
chaleur du jour. Ils étaient peut-être bien
stimulés par les piqûres des mouches.

Après avoir travaillé six ou huit ans on
les pousse à la graisse ; ils arrivent facilement à peser 700 à 800 kilogr., et fournissent abondamment une chair de première
qualité, bien mélangée de graisse.

Les vaches sont moyennes laitières. Celles
de grande taille donnent 10 à 12 litres de
lait par jour, les autres 7 à 8 litres.

§ VII. — RACE COMTOISE.

Cette race se subdivise en deux variétés

ou sous-races : la *tourache* et la *fémeline*, c'est-à-dire la race des montagnes et celle de la plaine. Ces deux races occupent le territoire de l'ancienne province de Franche-Comté, d'où elles ont tiré leur nom commun.

La race de tourache se trouve encore sur la chaîne de montagnes du Jura qui sépare la Franche-Comté des cantons de Vaud et de Neufchâtel. Sa robe est rouge foncé, son poil est épais et frisé sur la tête ; ses formes sont lourdes, massives, larges à la poitrine et étroites vers la partie postérieure. Les bœufs sont vigoureux, mais peu faciles à engraisser ; les vaches sont d'assez médiocres laitières.

Dans les contrées primitivement habitées par la race tourache, l'industrie des fromages est fort développée. On y fabrique une contrefaçon de gruyère appelée, dans le pays, *vachelin*, et une contrefaçon de roquefort, très-estimée à Paris sous le nom de *septmoncel*.

Comme les vaches de la Franche-Comté seraient insuffisantes à fournir le lait nécessaire à la fabrication de ces fromages, on loue en Suisse, chaque année, plusieurs milliers de vaches des races de Berne ou de Fribourg, afin d'utiliser les excellents pâturages des montagnes du Jura. L'envahissement du pays par ces races supérieures a presque complétement absorbé et fait disparaître la sous-race de tourache.

La race fémeline se distingue de la race tourache, indépendamment de la robe, par d'autres caractères plus importants, parce qu'ils sont le signe de qualités supérieures. L'arrière-train est un peu plus large, les cuisses sont plus épaisses, la peau, plus fine, se laisse pincer et se détache aisément ; elle a cette mobilité et cette délicatesse qui sont l'indice d'une certaine aptitude à l'engraissement. La race fémeline et la race charollaise alimentent presque exclusivement la boucherie de Lyon.

Les vaches fémelines sont bien meilleures laitières que les vaches touraches.

Ces deux variétés ont été sans doute fréquemment mélangées ; cependant, la race fémeline s'est conservée plus intacte que la race tourache, qui, comme nous l'avons dit plus haut, est destinée à se fondre complétement dans les races suisses, qui valent beaucoup mieux qu'elle.

§ VIII. — RACE LIMOUSINE.

La race limousine est une des races françaises les plus estimées et les plus répandues ; elle est également apte au travail et à l'engraissement ; sa robe est généralement couleur froment, « de la couleur du grain de blé. » Les formes sont bien équilibrées, le dos est horizontal, la poitrine est un peu étroite, les côtes sont cylindriques, l'arrière-train est large, le ventre est habituellement un peu trop volumineux, les os sont petits, le cou est court, la tête est légère et fort élégante, les cornes, minces et longues, se dirigent latéralement en se contournant légèrement.

Il y a dans cette race des animaux de deux tailles différentes. Les grandes vaches donnent de 10 à 12 litres de lait par jour ; celles de la moyenne taille donnent de 7 à 9 litres. Le rendement en lait des vaches limousines n'a rien de remarquable ; aussi ne sont-elles pas considérées, sous ce point de vue, par les cultivateurs ; leur lait n'est utilisé que pour l'élevage des veaux et la consommation du ménage.

On fait travailler indistinctement les bœufs et les vaches dès l'âge de deux ou trois ans. Après quatre ou cinq ans de travail, on les engraisse. Ils produisent une chair de bonne qualité, et donnent un suif abondant et très-blanc.

Les bœufs limousins, achetés jeunes (dès l'âge de quinze à dix-huit mois) par les cultivateurs de la Saintonge, sont engraissés, après avoir été appliqués à un travail doux, et vendus sur les marchés de Paris sous le nom de *bœufs saintongeois*. Ainsi des bœufs achetés à dix-huit mois 200 à 300 fr. la paire, sont revendus, au bout de deux ou

trois ans, de 600 à 800 fr. Les engraisseurs ne leur demandent que de payer
leur nourriture par leur travail. Ce serait
un calcul à examiner, car les bœufs limousins, pour être maintenus dans un état
d'engraissement convenable, consomment
beaucoup de nourriture.

Nous avons vu, il y a cinq ans, si je ne
me trompe, deux jeunes bœufs limousins
croisés durham, provenant des étables de
M. Henri Michel, de Limoges, qui ont été
fort remarqués au dernier concours de
Poissy pour la perfection de leurs formes
et la précocité de leur engraissement. Je
ne sais pas si l'expérience a été continuée
par M. Henri Michel, ou renouvelée par
d'autres éleveurs.

§ IX. — RACE DE SALERS.

Nous arrivons à une race supérieure
sous presque tous les rapports, et qui est
appelée à un grand avenir. La race de Salers est bonne laitière, apte au travail et à
l'engraissement; elle est intelligente et docile.

Sa robe est rouge foncé; la peau est
moelleuse et un peu épaisse; son poil est
lisse en hiver, un peu frisé en été; sa tête
est courte, large. Le taureau porte, comme
les grandes races de la Suisse, une espèce
de toupet frisé; le dos est horizontal; les
côtes sont cylindriques, les cuisses épaisses;
l'arrière-train est bien carré; l'attache est
très-élevée; les extrémités sont courtes, un
peu lourdes.

La race de Salers se multiplie depuis des
siècles dans les montagnes du Cantal, autour de la petite ville qui lui a donné son
nom. Elle rayonne de là dans presque toute
la France. Chaque année on voit descendre
de la montagne de grands troupeaux d'a-
nimaux, âgés de trois à quatre ans, qui
sont dirigés vers les départements voisins.
Dans les pays les plus rapprochés de Salers, l'époque de ce passage est connue d'a-
vance, et les aubergistes louent des prairies
pour y parquer pendant la nuit le bétail
voyageur.

Il y a, dans la race de Salers comme dans
la race limousine, des animaux de deux
tailles différentes. Les vaches, selon qu'elles
appartiennent à l'une ou à l'autre de ces
deux catégories, donnent en moyenne de
16 à 18 litres de lait par jour pour la grande
taille, et de 12 à 14 litres pour la petite espèce. On compte que le lait d'une vache de
Salers produit environ 150 kilogr. de fromage chaque année. On cite même, dans
chaque troupeau, des vaches exception-
nelles qui donnent jusqu'à 250 et 300 kilogr.
de fromage.

Comme la principale industrie du pays
est l'élevage et le commerce du bétail, on
tue rarement les veaux. On les laisse à leur
mère, mais en ayant soin de ne leur faire
consommer que le quart tout au plus de
son lait. Vers l'âge de deux ans on les met
dans de bons pâturages, comme il y en a
beaucoup en Auvergne, pour qu'ils prennent l'embonpoint nécessaire à la vente.

Lorsque les bœufs ont travaillé quatre ou
cinq ans, c'est-à-dire vers l'âge de sept ans,
on les engraisse pour la boucherie. Les her-
bagers de la Normandie en achètent un très-
grand nombre.

La race de Salers a une grande analogie
avec celle du Devonshire pour la robe, pour
la forme, pour l'aptitude au travail et à
l'engraissement. La race française est cependant supérieure au point de vue du poids
et de la qualité laitière. Les Anglais ont
donné à la race du Devonshire une aptitude
à la précocité de l'engraissement par des
croisements avec la race durham. Nous ne
savons pas si on a essayé pour la race salers, comme on l'a déjà fait pour la race
limousine, les croisements avec la race
durham.

§ X. — RACE D'AUBRAC.

On discute beaucoup sur les rapports
que peut avoir cette race avec la précédente, ou avec les variétés de races de l'Au-

vergne. *Sub judice lis est;* nous n'essaye-rons pas de trancher la question, qui paraît presque résolue déjà dans l'esprit de l'ad-ministration, puisqu'elle réunit dans ses catalogues de concours la race d'Aubrac à la race de Salers et aux variétés originaires de l'Auvergne.

Quoi qu'il en soit, les animaux de la race d'Aubrac sont faciles à reconnaître au mi-lieu de toutes les variétés auvergnates; leur poil fauve clair, nuancé de roux sur le dos et sur le ventre en tirant sur le noir vers les extrémités, les distingue parfaitement. Les jambes sont fortes, courtes, les pieds lourds, le poitrail développé, le dos un peu *ensellé* et large; le mufle est entouré d'une auréole blanchâtre.

La forme, et surtout la robe, rappellent beaucoup la roce bazadaise et par consé-quent la race suisse de Schwitz.

Les qualités qui distinguent ces animaux les rapprochent des salers et des limousins. Ils sont inférieurs à ces derniers, en ce que leur chair est peut-être moins savou-reuse et leur suif ordinairement moins blanc. Les vaches sont moyennes laitières : elles donnent de 7 à 12 litres par jour, se-lon leur taille.

Cette race habite particulièrement le dé-partement du Gers; mais, à l'âge de huit à neuf ans, on exporte les bœufs dans le pays du Mézin, où ils sont engraissés pour être vendus à la boucherie de Lyon sous le nom de *bœufs du Mézin.*

§ XI. — RACE PARTHENAISE.

Les catalogues officiels enveloppent dans cette dénomination les deux principales va-riétés de la race de la Vendée qui est élevée dans le pays connu sous le nom de Bocage : la race *parthenaise* et la race *choletaise.* On appelle indifféremment cette dernière race de *Parthenay* ou race de *Cholet.* Cependant les animaux des environs de Parthenay ne sont pas tout à fait semblables à ceux des environs de Cholet, quoique appartenant à la même race.

Le type de la race consiste dans un front large et plat, des cornes longues, effilées, blanches dans la plus grande partie de leur longueur, noires à leur extrémité; les épaules et les hanches sont larges et peu saillantes, le dos est horizontal, la croupe carrée, les cuisses sont épaisses, les jambes fortes et d'aplomb; la peau est fine et moelleuse; la robe est froment tirant plus ou moins sur le rouge brun; le tour des yeux, du mufle et la culotte offrent un duvet blanc perlé, qu'un agronome distingué qui a fait une étude spéciale de cette race, M. de Sourde-val, compare avec beaucoup de justesse aux marques semblables du chevreuil. Les yeux sont noirs et brillants.

Les bœufs parthenais ont les membres plus forts, la peau est moins fine, le poil moins soyeux; la corne est plus grosse, plus courte et moins élégante.

Les attelages de bœufs parthenais émi-grent vers la Saintonge, le haut Poitou et la Touraine, où on les retrouve sous le nom de *bœufs de Gatine.* Ce sont eux qui char-rient les marchandises sur le port de Nantes, comme les garonnais à Bordeaux.

Les vaches sont très-bonnes laitières et excellentes beurrières; elles sont égale-ment aptes au travail et à l'engraissement.

On attribue plus spécialement le nom de *race choletaise* aux bœufs de la race de la Vendée que l'on dirige de tous les points du pays sur la rive droite de la Sèvre, dans le delta compris entre cette rivière et la Loire, pour y être engraissés. Des milliers de bœufs renfermés dans des étables sont en-graissés dans cette contrée pour être ven-dus aux marchés de Cholet et dirigés de là vers Paris. Les bœufs, qui reçoivent alors le nom commun de *choletais*, contribuent pour une bonne part à l'approvisionnement de Paris, particulièrement pendant tout le printemps.

§ XII. — RACE BRETONNE.

Nous terminerons cette étude des races bovines par la charmante race bretonne. La race bretonne type est très-petite de taille, élégante; sa robe est noire ou blanche et noire; elle est renommée pour sa rusticité et sa douceur. La vache est très-recherchée pour ses qualités comme laitière; il y a deux sous-races, issues sans doute de croisements, qui affectent des formes un peu plus développées.

La sous-race rennoise est rouge froment avec de larges taches blanches; sa taille est de 1^m.10, tandis que la race type n'atteint jamais 1 mètre. Elle est meilleure laitière, mais elle exige une nourriture plus substantielle et plus abondante.

La sous-race de Guingamp est rouge et blanche, quelquefois rouan ou rouge clair; elle atteint 1^m.20 de hauteur. Elle est très-laitière, rustique et courageuse au travail.

FIN

TABLE DES MATIÈRES

TABLE DES GRAVURES

2872.76. — Boulogne (Seine) — Imprimerie Jules BOYER.